智能科学与技术丛书

面向信号处理的机器学习

数据科学、算法与计算统计学

[英] 麦克斯 · A. 里特尔 (Max A. Little) 著

张铁 译

MACHINE LEARNING FOR SIGNAL PROCESSING

Data Science, Algorithms, and Computational Statistics

机械工业出版社
CHINA MACHINE PRESS

图书在版编目（CIP）数据

面向信号处理的机器学习：数据科学、算法与计算统计学 /（英）麦克斯・A. 里特尔（Max A. Little）著；张铁译 . —北京：机械工业出版社，2022.12（2024.6 重印）

（智能科学与技术丛书）

书名原文：Machine Learning for Signal Processing：Data Science，Algorithms，and Computational Statistics

ISBN 978-7-111-72530-5

Ⅰ. ①面…　Ⅱ. ①麦… ②张…　Ⅲ. ①数字信号处理　Ⅳ. ① TN911.72

中国国家版本馆 CIP 数据核字（2023）第 010682 号

机械工业出版社（北京市百万庄大街 22 号　邮政编码 100037）

策划编辑：曲　熠　　　　责任编辑：曲　熠

责任校对：李小宝　贾立萍　　责任印制：张　博

北京建宏印刷有限公司印刷

2024 年 6 月第 1 版第 2 次印刷

185mm × 260mm・18.25 印张・430 千字

标准书号：ISBN 978-7-111-72530-5

定价：109.00 元

电话服务　　　　　　网络服务

客服电话：010-88361066　　机　工　官　网：www.cmpbook.com

010-88379833　　机　工　官　博：weibo.com/cmp1952

010-68326294　　金　　书　　网：www.golden-book.com

封底无防伪标均为盗版　　机工教育服务网：www.cmpedu.com

译者序

数字信号处理(digital signal processing，DSP)是电子/电气工程等专业的核心课程，也是多媒体、雷达、通信等领域的基础。机器学习(machine learning，ML)作为数学和计算机学科中当下热门的研究领域之一，在强大的硬件平台和软件架构兴起的背景下，已成为解决多类问题(如计算机视觉、自然语言处理、元宇宙、区块链、信息加密等)的主流方法。然而，多数高校在院系和课程开设上还是将这两个方向的课程分开(比如斯坦福大学分别开设在电子工程和计算机科学学院)，仅有少数高校联合开设(比如MIT将电子工程和计算机科学合并在一个学院)。国内目前还没有相关教材将这两门课程的内容有机结合，这也导致学生很难较好地同时理解这两部分知识，并熟练地解决实际工程问题。本书恰好弥补了这一空缺，能够为电子和计算机两个专业的学生及业内人士提供指导。

本书首先介绍相关的数学基础知识，包括代数、集合、线性运算、概率论、图论、计算复杂性、优化等；接下来介绍信号处理的基础知识，包括采样、统计建模、线性时不变系统、小波变换等，同时穿插机器学习的基本概念和运算，如回归、支持向量机、聚类、主成分分析等。在此基础上，阐述了非参数模型和信号处理中的机器学习算法。

本书的一大特色是内容由浅入深，易于理解，适合本科高年级和研究生阶段的学生阅读，同时也可作为科研和工程技术人员的参考手册。

本书作者Max A. Little为英国伯明翰大学计算机科学学院副教授，牛津大学荣誉副教授，同时兼任MIT媒体实验室(人类动力学组)客座副教授。他的研究领域涉及软件、信号处理算法、生物医学信号处理、游戏等。

本书的中文版是四川大学视觉合成图形图像技术国家重点学科实验室团队努力的结果。在翻译过程中，我们也查阅了其他相关教材，力求准确地反映原著内容，同时保持原著的风格。但由于译者水平有限，书中难免有不妥之处，恳请读者批评指正。

前　言

数字信号处理(DSP)是现代世界中一个“基础”的工程课题，但在某种意义上也是一个看不见的工程课题。如果没有它，许多我们习以为常的技术——数字电话、数字收音机、电视、CD和MP3播放器、WiFi、雷达等——都是不可能实现的。相比之下，统计机器学习(statistical machine learning)是一种相对较新的技术，它是目前已经达到普及水平的多项前沿技术的理论支柱，例如汽车牌照识别、语音识别、股市预测、装配线上的缺陷检测等自动化技术，机器人导航和自动汽车导航。统计机器学习起源于最近古典概率论和统计学与人工智能的融合，它利用了生物大脑中智能信息处理、复杂统计建模和推理之间的相似性。

数字信号处理和统计机器学习在知识经济中具有广泛的重要性，两者都经历了迅速的变化，在范围和适用性方面都有了根本性的改善。数字信号处理和统计机器学习都利用了应用数学中的重要知识，如概率统计、代数、微积分、图形学和网络。这两个学科之间存在着密切的联系，因此，一种正在形成的观点是，数字信号处理和统计机器学习不应被视为单独的学科。这两个学科之间存在的许多知识和技术的重叠可以被开发和利用，生产出具有惊人的实用性、高效性和广泛适用性的数字信号处理工具，非常适合当今世界普及的数字传感器和高性能但廉价的计算硬件。本书为面向信号处理的统计机器学习课题提供了坚实的数学基础，包括当代概念的概率图模型(PGM)和非参数贝叶斯(nonparametric Bayes)，以及最近才出现的解决DSP问题的重要概念。

这本书面向高年级本科生、研究生以及相关领域的研究人员和从业人员，阐述了基本的数学概念，并通过工程和科学中一系列问题的相关实例加以说明。其目的是使具有数学、统计学或物理学等学科背景的学生，能够在这个快速发展的领域中迅速掌握新的技术和概念。本书中数学的呈现方式与标准的本科物理或统计学教科书大致相同，没有繁杂的技术内容和专业术语，同时又不缺失严谨性。这将是一本很好的教科书，适用于面向信号处理的机器学习新兴课程。

第1章 数学基础

统计机器学习和信号处理是应用数学中的课题，其建立在许多抽象数学概念的基础上。清晰地定义这些概念是本书最重要的第一步。本章的目的是介绍这些基本的数学概念。本章还证明了这样一种说法，即将统计机器学习应用于信号处理领域时，成功的关键在于选择在实践中碰巧有用的数学模型。在这种情况下，我们可以很方便地以一种可管理的方式来选择数学模型。这种可管理性的根源则是建立在学科基础上的基本数学概念。

1.1 抽象代数

本书将采取一个简单的观点，即数学是基于应用于集合的逻辑的。集合是对象的无序集合，通常是实数，例如集合$\{\pi, 1, e\}$(有三个元素)或所有实数 $\mathbb{R}$ 的集合(有无限个元素)。从这个简单的例子可以看出一个显著的事实，即我们可以构建所有所需的数学方法。我们首先回顾(抽象)代数的一些基本原理。

1.1.1 群

代数是一种结构，它定义了当运算对集合中的元素对进行操作时的规则。一种被称为群$(+, \mathbb{R})$的代数，是实数对进行加法时的常用概念。之所以称之为群，因为它具有恒等性，比如数字零(零加上任何数字，它都保持不变，即 $a+0=0+a=a$)。其次，集合中的每个元素都有一个逆(对于任何数字 a，都有一个逆 $-a$，写为 $a+(-a)=0$)。最后，运算满足结合律，也就是说，当对三个或更多的数字进行运算时，加法不取决于数字的加法顺序(即 $a+(b+c)=(a+b)+c$)。加法还有一个直观的性质，即 $a+b=b+a$，数字是否交换并不重要：该运算称为可交换的，这个群称为阿贝尔群(Abelian group)。镜像加法是作用于去掉零的实数集$(\times, \mathbb{R}-\{0\})$的乘法，它也是一个阿贝尔群。1 是单位元(identity element，也称为幺元)，其逆是每个数的倒数。乘法也是可结合、可交换的。请注意，我们不能包含零，因为这就包含了并不存在的零的逆 1/0(见图 1.1)。

$(+, \mathbb{R})$	$(\times, \mathbb{R}-\{0\})$
$\ln(a)=b$	$e^{b}=a$
$\ln(a_1)+\ln(a_2)=\ln(a_1\times a_2)$	$e^{b_1}\times e^{b_2}=e^{b_1+b_2}$
$\ln 1=0$	$e^{0}=1$

图 1.1 抽象群以及它们之间的映射关系。图中为两个连续的实数群，其加法为左列，乘法为右列，其中单位元分别为 0 和 1。指数的同态将加法映射到乘法(从左到右的列)，而相反的对数将乘法映射到加法(从右到左的列)。因此，这两个群是同态的

群与对称性有着天然的联系。例如，矩形的一组刚性几何变换使矩形在同一位置保持不变，这些变换的组合形成一个群(沿水平和垂直中线翻转，绕中心顺时针旋转 180°，而恒等变换则不做任何改变)。这个群可以被记作 $V_4=(\circ,\{e, h, v, r\})$，其中，$e$ 为单

位元，h 为水平方向翻转，v 为垂直方向翻转，r 为旋转，$\circ$ 为复合运算符。对于矩形，我们可以看到 $h \circ v = r$，即水平后垂直翻转对应于 180°的旋转(见图 1.2)。

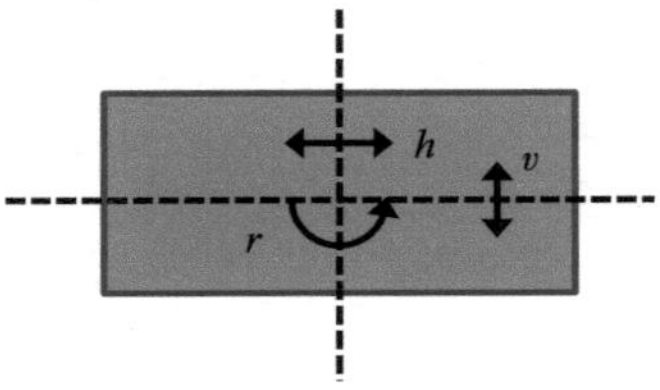

图 1.2　矩形的对称群，$V_4=(\circ, \{e, h, v, r\})$。它包括围绕中心进行的 180°水平和垂直翻转。这个群与群 $M_8=(\times_8, \{1, 3, 5, 7\})$ 为同构关系，见图 1.3

通常，我们能够在统计机器学习和信号处理中进行一些方便的代数计算，这可以追溯到由于数学假设的选择而产生的一个或多个对称群的存在。在后面的章节中，我们会遇到许多这种现象的例子，这通常会显著提高计算效率。经典代数中群这个概念解释了为什么不能用加法、乘法和根来表达一般多项式方程 $\sum_{i=0}^{N} a_i x^i = 0 (N \geqslant 5)$ 的解。这一事实有许多实际的结果，例如，当 $N<5$ 时，用简单的分析计算就可以求出 $N \times N$ 的一般矩阵的特征值(尽管分析计算变得异常复杂)，但当 $N \geqslant 5$ 时，不可能使用类似的分析方法，必须借助数值方法，但这些方法有时不能保证找到所有的解！

许多元素数目相同的简单群彼此之间是同构(isomorphic)关系，即有唯一的函数可以将一个群的元素映射到另一个群的元素，使得运算可以始终应用于被映射的元素。直观地说，一个群中的单位元映射到另一个群中的单位元。例如，上述的旋转群 V_4 与群 $M_8=(\times_8, \{1, 3, 5, 7\})$ 是同构的，其中的 $\times_8$ 表示模 8 的乘法(即取乘法除 8 后的余数，见图 1.3)。

$\circ$	e	h	v	r
e	e	h	v	r
h	h	e	r	v
v	v	r	e	h
r	r	v	h	e

$\times_8$	1	3	5	7
1	1	3	5	7
3	3	1	7	5
5	5	7	1	3
7	7	5	3	1

图 1.3　对称群 $V_4=(\circ, \{e, h, v, r\})$ 和群 $M_8=(\times_8, \{1, 3, 5, 7\})$，通过映射可得到它们之间的同构 $e \mapsto 1$、$h \mapsto 3$、$v \mapsto 5$ 和 $r \mapsto 7$

虽然两个群可能不是同构的，但它们有时是同态(homomorphic)的：在一个群和另一个群之间有一个函数，它将第一个群中的每个元素映射到第二个群中的一个或多个元素，但是在第二个运算下映射仍然是一致的。一个非常重要的例子是指数映射 $\exp(x)$，它将实数集上的加法转换为正实数集上的乘法：$e^{a+b}=e^a e^b$。此映射的一个强大变体广泛应用于统计推断中，通过将独立统计事件的概率转换为具有相关信息内容的计算，来简化和稳定涉及独立统计事件概率的计算。负对数映射写为 $-\ln(x)$，它将乘法下的概率转换为加法的熵。我们将看到，这种映射在统计推断中被广泛使用。

要了解更详细且更容易理解的群理论背景，请阅读(Humphreys，1996)。

1.1.2　环

相较于群是处理一组数字的一种操作，环则是一个稍微复杂的结构，当两个运算应用于同一数集时，通常会出现这种结构。最直观的实际例子是对整数集 $\mathbb{Z}$(零以及所有正负整数)的加法和乘法运算。根据上面的定义，加法运算下的整数集形成一个阿贝尔群，而乘法运算下的整数集形成一个称为幺半群(monoid)的简单结构——一个没有逆的群。与整数相乘满足结合律，且存在一个单位元(正数 1)，但乘逆运算的结果不是整数(它们是分数，如 1/2、−1/5 等)。最后，整数乘法的分配律表示为 $a\times(b+c)=a\times b+a\times c=(b+c)\times a$。这些属性定义了环：它有一个与集合一起形成阿贝尔群的运算，还有一个与集合一起形成幺半群的运算，第二个运算分布在第一个运算上。与整数一样，在通常的加法和乘法下的实数集也具有环的结构。另一个非常重要的例子是在方阵的加法和乘法下，所有 $N\times N$ 大小的实元素方阵的集合。这里乘性单位元是 $N\times N$ 大小的单位矩阵，而加性单位元是大小相同的方阵，且所有元素均为零。

环是一种强大的结构，可以减少许多统计机器学习和信号处理问题的计算量。例如，如果我们去掉加法运算必须可逆这个条件，就可得到一对幺半群。这种结构被称为半环(semiring)或半域(semifield)，结果表明，在许多机器学习和信号处理问题中，这种结构的存在使得这些在计算上难以解决的问题成为可能。例如，用于确定隐马尔可夫模型(HMM)中最可能的隐藏状态序列的经典 Viterbi 算法是最大和半域(max-sum semifield)在动态贝叶斯网络上的应用，该网络定义了模型中的随机依赖项。

Dummit 和 Foote(2004)以及 Rotman(2000)包含对抽象代数(包括群和环)的详细介绍。

1.2 度量

距离是数学中的一个基本概念。距离函数在机器学习和信号处理中起着关键作用，特别是作为对象之间相似性的度量，例如，将集合中的项编码为数字信号。我们还将看到，统计模型通常意味着使用一种特定的距离度量，此度量确定了可以进行的统计推断的属性。

几何是通过将距离的概念附加到一个集合而获得的：它成为一个度量空间。度量取集合中的两个点，并返回一个表示它们之间距离的单个值(通常为实数)。度量必须具有以下属性才能满足距离的直观概念：

(1) 非负性：$d(x, y)\geqslant 0$。

(2) 对称性：$d(x, y)=d(y, x)$。

(3) 一致性：$d(x, x)=0$。

(4) 三角不等性：$d(x, z)\leqslant d(x, y)+d(y, z)$。

这些要求分别是：(1) 距离为非负，(2) 从 x 到 y 的距离与从 y 到 x 的距离相同，(3) 只有相互重叠的点之间的距离为零，(4) 由三个点定义的三角形的任何一边的长度不能大于另外两条边长度之和。例如，D 维集合上的欧氏度量是：

$$d(\boldsymbol{x}, \boldsymbol{y})=\sqrt{\sum_{i=1}^{D}(x_i-y_i)^2} \tag{1.1}$$

这代表了我们在日常几何中所处理的距离的概念。距离的定义属性衍生出了大量可能的几何图形，例如，城市街区(city-block)几何图形由绝对距离度量定义：

$$d(\boldsymbol{x},\ \boldsymbol{y})=\sum_{i=1}^{D}|x_i-y_i| \tag{1.2}$$

城市街区距离之所以这样命名，是因为它在平行于坐标轴的网格上测量距离。距离不一定是一个实际的数值，例如，当 $x=y$ 时，离散度量表示为 $d(x,\ y)=0$，反之则写为 $d(x,\ y)=1$。另一个非常重要的度量是马氏(Mahalanobis)距离：

$$d(\boldsymbol{x},\ \boldsymbol{y})=\sqrt{(\boldsymbol{x}-\boldsymbol{y})^{\mathrm{T}}\boldsymbol{\Sigma}^{-1}(\boldsymbol{x}-\boldsymbol{y})} \tag{1.3}$$

此距离不能与轴对齐：它对应于在沿着每个轴施加任意拉伸或压缩，然后进行任意 D 维旋转之后求出的欧式距离(如果 $\boldsymbol{\Sigma}=\boldsymbol{I}$，该单位矩阵就等同于欧式距离)。图 1.4 给出了各种度量的二维圆 $d(\boldsymbol{x},\ \boldsymbol{0})=c$ 的图形，特别是当 $c=1$ 时，在该度量空间中称为单位圆。

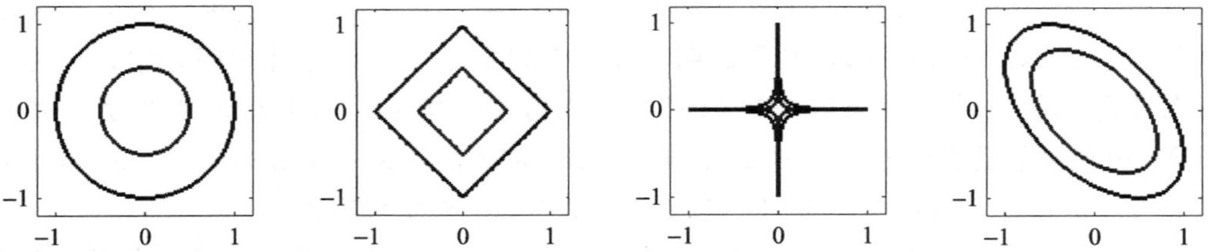

图 1.4　度量的二维圆方程 $d(\boldsymbol{x},\ \boldsymbol{0})=c$ 用于各种距离的度量。图中分别是欧氏距离、绝对距离、$d(\boldsymbol{x},\ \boldsymbol{y})=\left(\sum_{i=1}^{D}|x_i-y_i|^{0.3}\right)^{0.3^{-1}}$ 以及马氏距离，其中 $\Sigma_{11}=\Sigma_{22}=1.0$，$\Sigma_{12}=\Sigma_{21}=-0.5$。图中的轮廓分别对应 $c=1$(外层)以及 $c=0.5$(内层)

Sutherland(2009)在实际分析和拓扑的上下文中引入了度量空间，对此感兴趣的读者可进一步深入阅读。

1.3　向量空间

空间就是对集合的命名，它被赋予了一些额外的数学结构。(实)向量空间是线性代数的关键结构，线性代数是多数经典信号处理的中心话题，例如，所有数字信号都可被视作向量。(有限)向量空间的定义以 N 个实数的有序集(通常写为列)开始，称为向量，单个实数称为标量。在这个向量上，我们附加了一个加法运算，这个加法运算既满足结合律，又是可交换的，它只是把每个向量中的每个对应元素相加，写为 $\boldsymbol{v}+\boldsymbol{u}$。此操作的单位元是具有 N 个零的向量 $\boldsymbol{0}$。此外，我们定义了标量乘法运算，它将向量的每个元素与标量 λ 相乘。将向量与标量 $\lambda=-1$ 相乘，就可以形成任何向量的逆。标量乘法的发生顺序与两个标量乘法的发生顺序无关，比如，$\lambda(\mu\boldsymbol{v})=(\lambda\mu)\boldsymbol{v}=(\mu\lambda)\boldsymbol{v}=\mu(\lambda\boldsymbol{v})$。我们还要求标量乘法都满足加法的分配律：$\lambda(\boldsymbol{v}+\boldsymbol{u})=\lambda\boldsymbol{v}+\lambda\boldsymbol{u}$。反之，标量相加同样满足乘法分配律：$(\lambda+\mu)\boldsymbol{v}=\lambda\boldsymbol{v}+\mu\boldsymbol{v}$。

每个向量空间至少有一个空间基：这是一组线性无关向量，这样向量空间中的每个向量都可以写成这些基向量的唯一线性组合(图 1.5)。因为我们的向量有 N 项，所以基中总是有 N 个向量。因此，N 是向量空间的维数。最简单的基的形式是所谓的标准基，其包

含 N 个向量：$\boldsymbol{e}_1=(1, 0, \cdots, 0)^{\mathrm{T}}$，$\boldsymbol{e}_1=(0, 1, \cdots, 0)^{\mathrm{T}}$，以此类推。很容易看出，$\boldsymbol{v}=(v_1, v_2, \cdots, v_N)^{\mathrm{T}}$ 可以用基的形式表示为 $\boldsymbol{v}=v_1\boldsymbol{e}_1+v_2\boldsymbol{e}_2+\cdots+v_N\boldsymbol{e}_N$。

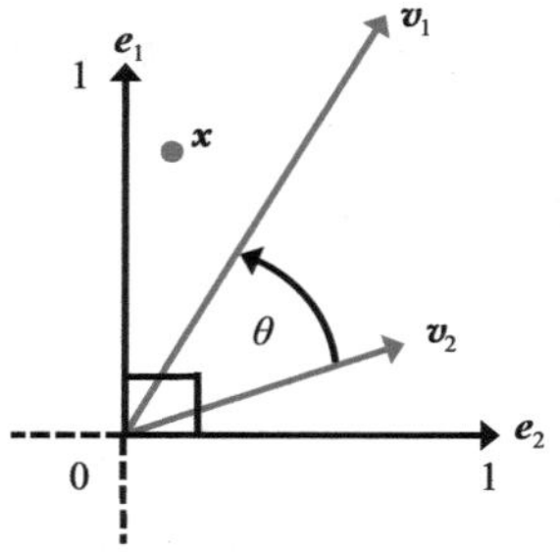

图 1.5 二维向量空间中的重要概念。标准基($\boldsymbol{e}_1$，$\boldsymbol{e}_2$)与轴对齐。另外两个向量($\boldsymbol{v}_1$，$\boldsymbol{v}_2$)也可以用作空间的基，所需的只是它们彼此线性独立(在二维情况下，它们不只是彼此的标量倍数)。这样，向量 $\boldsymbol{x}$ 可以用任意两种基来表示。两个向量之间的点积与它们之间夹角的余弦呈正比，即 $\cos(\theta)\propto\langle\boldsymbol{v}_1, \boldsymbol{v}_2\rangle$。因为($\boldsymbol{e}_1$，$\boldsymbol{e}_2$)互为直角，所以它们的点积为零，因此基是正交的。另外，它们还是标准正交基，因为它们具有单位范数(也叫单位长度)(即 $\|\boldsymbol{e}_1\|=\|\boldsymbol{e}_2\|=1$)。其他基向量既不是正交的，也不具有单位范数

通过给向量空间附加一个范数(见下文)，我们可以测量任何向量的长度，这样的向量空间被称为赋范空间。为了满足长度的直观概念，范数 $V(\boldsymbol{u})$ 必须具有以下性质：

(1) 非负性：$V(\boldsymbol{u})\geqslant 0$。

(2) 正向可扩展性：$V(\alpha\boldsymbol{u})=|\alpha|V(\boldsymbol{u})$。

(3) 可分离性：如果 $V(\boldsymbol{u})=0$，那么 $\boldsymbol{u}=0$。

(4) 三角不相等性：$V(\boldsymbol{u}+\boldsymbol{v})\leqslant V(\boldsymbol{u})+V(\boldsymbol{v})$。

我们通常用 $\|\boldsymbol{u}\|$ 来表示向量的范数。我们最熟悉的是欧式范数 $\|\boldsymbol{u}\|_2=\sqrt{\sum_{i=1}^{N}u_i^2}$，但是另一个在统计机器学习中得到广泛应用的范数是 L_p 范数：

$$\|\boldsymbol{u}\|_p=\left(\sum_{i=1}^{N}|u_i|^p\right)^{\frac{1}{p}} \tag{1.4}$$

其中欧几里得($p=2$)和城市街区($p=1$)范数是两个特别的例子。同样重要的是最大范数 $\|\boldsymbol{u}\|\infty=\max_{i=1,\cdots,N}|u_i|$，也就是最大坐标的长度。

有几种方法可以形成向量的乘积。在本书中，最重要的是两个向量之间的*内积*：

$$\alpha=\langle\boldsymbol{u}, \boldsymbol{v}\rangle=\sum_{i=1}^{N}u_iv_i \tag{1.5}$$

这有时也被称为*点积* $\boldsymbol{u}\cdot\boldsymbol{v}$。对于复向量，定义如下：

$$\langle\boldsymbol{u}, \boldsymbol{v}\rangle=\sum_{i=1}^{N}u_i\overline{v}_i \tag{1.6}$$

其中 $\overline{a}$ 为 $a\in\mathbb{C}$ 的复共轭。

我们稍后将看到，点积在相关(correlation)的统计概念中起着核心作用。当两个向量的内积为零时，称它们为*正交向量*；在几何上它们以直角相交。这也有一个统计解释：对于某些随机变量，正交性意味着统计独立性。因此，正交性显著简化了经典数字信号处理器中常见的计算过程。

一种特殊且非常有用的基是*正交基*，其中每对不同基向量之间的内积为零：

$$\langle\boldsymbol{v}_i, \boldsymbol{v}_j\rangle=0, \ i\neq j, \ i, j=1, 2, \cdots, N \tag{1.7}$$

另外，如果每个基向量都有单位范数 $\|\boldsymbol{v}_i\|=1$，那么基向量就是标准正交的。标准基也是正交的，例如图 1.5。正交性/标准正交性极大地简化了向量空间上的许多计算，部分

原因是在这个基础上用内积可直接求任意向量 $\boldsymbol{u}$ 的 N 个标量系数 a_i：

$$a_i=\frac{\langle \boldsymbol{u}, \boldsymbol{v}_i\rangle}{\|\boldsymbol{v}_i\|^2} \tag{1.8}$$

这样，在标准正交情况下就可以简化为 $a_i=\langle \boldsymbol{u}, \boldsymbol{v}_i\rangle$。正交基是数字信号处理和机器学习中许多方法的基础。

我们可以用内积来表示欧式范数：$\|\boldsymbol{u}\|_2=\sqrt{\boldsymbol{u}\cdot\boldsymbol{u}}$。内积满足以下性质：

(1) 非负性：$\boldsymbol{u}\cdot\boldsymbol{v}\geqslant 0$。

(2) 对称性：$\boldsymbol{u}\cdot\boldsymbol{v}=\boldsymbol{v}\cdot\boldsymbol{u}$。

(3) 线性性：$(\alpha\boldsymbol{u})\cdot\boldsymbol{v}=\alpha(\boldsymbol{u}\cdot\boldsymbol{v})$。

距离和长度之间有一种直观的联系：假设度量是齐次的 $d(\alpha\boldsymbol{u}, \alpha\boldsymbol{v})=|\alpha|d(\boldsymbol{u}, \boldsymbol{v})$，且满足平移不变性 $d(\boldsymbol{u}, \boldsymbol{v})=d(\boldsymbol{u}+\boldsymbol{a}, \boldsymbol{v}+\boldsymbol{a})$，则范数可以被定义为到原点的距离 $\|\boldsymbol{u}\|=d(\boldsymbol{0}, \boldsymbol{u})$。一个常见的例子就是所谓的平方 L_2 加权范数 $\|\boldsymbol{u}\|_A^2=\boldsymbol{u}^{\mathrm{T}}\boldsymbol{A}\boldsymbol{u}$，也就是前面讨论的马式距离的平方 $d(\boldsymbol{0}, \boldsymbol{u})^2$，其中 $\boldsymbol{\Sigma}^{-1}=\boldsymbol{A}$。

另一方面，在某种意义上，每一个范数都会产生一个与结构相关的度量 $d(\boldsymbol{u}, \boldsymbol{v})=\|\boldsymbol{u}-\boldsymbol{v}\|$。这种结构在机器学习和统计数字信号处理器中有着广泛的应用，可以量化两个信号之间的“差异”或“误差”。事实上，由于范数是凸的(稍后讨论)，因此这样从范数构造的度量也是凸的，这在实践中至关重要。

在后面的章节中，我们要得到的是逐元素的乘积 $\boldsymbol{w}=\boldsymbol{u}\circ\boldsymbol{v}$，通过将向量中的每个元素相乘得到 $w_n=u_n v_n$。

1.3.1　线性算子

线性算子或映射作用于向量以创建其他向量，同时保留向量加法和标量乘法运算。它们的向量空间之间是同态的。线性算子是经典数字信号处理和统计的基础，在机器学习中有着广泛的应用。线性算子 L 有着以下线性组合性质：

$$L[\alpha_1\boldsymbol{u}_1+\alpha_2\boldsymbol{u}_2+\cdots+\alpha_N\boldsymbol{u}_N]=\alpha_1 L[\boldsymbol{u}_1]+\alpha_2 L[\boldsymbol{u}_2]+\cdots+\alpha_N L[\boldsymbol{u}_N] \tag{1.9}$$

这意味着，算子通过标量乘法和向量加法进行切换：可以先缩放，然后再与向量相加，最后将算子应用于结果；或者先将算子应用于每个向量，然后再对其进行缩放，最后将结果相加；这两种操作将得到相同的结果(图 1.6)。

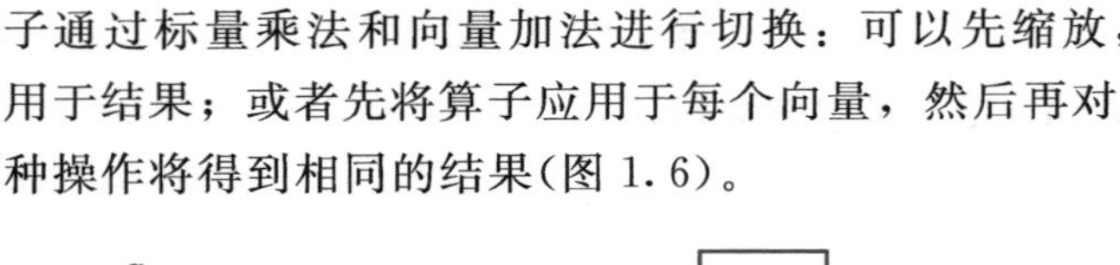

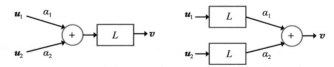

图 1.6　线性算子的“流程图”。所有线性算子都具有这样的特性，即将算子 L 应用于(两个或多个)向量 $\alpha_1\boldsymbol{u}_1+\alpha_2\boldsymbol{u}_2$ 的缩放和(scaled sum)与首先将算子 L 应用于这些向量中每个向量再求缩放和的结果相同。换句话说，将该算子放在缩放和之前还是之后并不重要

矩阵(我们接下来讨论)、微分和积分以及概率的期望运算都是线性算子的例子。积分和微分的线性性是从基本定义中导出的标准规则。二维空间中的线性映射有一个很好的几何解释：向量空间中的直线被映射到其他直线上(如果它们是退化映射，则映射到点上)。

这种方法可以扩展到高维向量空间。

1.3.2 矩阵代数

当向量“叠加”在一起时，它们形成了一个强大的结构，这是信号处理、统计和机器学习的一个核心主题：矩阵代数。矩阵是由 $N\times M$ 个元素组成的“矩形”数组，比如 3×2 的矩阵 $\boldsymbol{A}$：

$$\boldsymbol{A}=\begin{pmatrix} a_{11} & a_{12} \\ a_{21} & a_{22} \\ a_{31} & a_{32} \end{pmatrix} \tag{1.10}$$

这可以被看成两个三维列向量的并排堆叠。矩阵的元素通常用下标符号 a_{ij} 来表示，其中 $i=1, 2, \cdots, N$，$j=1, 2, \cdots, M$。两个矩阵的加法是可交换的，即 $\boldsymbol{C}=\boldsymbol{A}+\boldsymbol{B}=\boldsymbol{B}+\boldsymbol{A}$，其中的加法是将下标对应的元素相加，比如，$c_{ij}=a_{ij}+b_{ij}$。

与向量一样，矩阵乘法也有许多可能的定义方法：最常见的一种是行与列对应相乘的内积。比如两个矩阵 $\boldsymbol{A}$ 和 $\boldsymbol{B}$，$\boldsymbol{A}$ 是 $N\times M$ 的，$\boldsymbol{B}$ 是 $M\times P$ 的，内积 $\boldsymbol{C}=\boldsymbol{A}\times\boldsymbol{B}$ 得到一个新的 $N\times P$ 的矩阵，定义如下：

$$c_{ij}=\sum_{k=1}^{M} a_{ik}b_{kj} \quad i=1, 2, \cdots, N, \; j=1, 2, \cdots, P \tag{1.11}$$

这可以被看作 A 的每一行和 B 的每一列的所有可能内积的矩阵。请注意，左侧矩阵的列数必须与右侧矩阵的行数匹配。矩阵乘法满足结合律，在加法的基础上进行运算，并且与标量乘法兼容：$\alpha\boldsymbol{A}=\boldsymbol{B}$ 即可得到新矩阵，其中 $b_{ij}=\alpha a_{ij}$，这只是向量标量乘法在每列中的应用。相反，矩阵乘法是不可交换的，比如 $\boldsymbol{A}\times\boldsymbol{B}$ 和 $\boldsymbol{B}\times\boldsymbol{A}$ 得到的结果是不一样的。

一种有用的矩阵运算是将行、列相交换的转置；如果 $\boldsymbol{A}$ 是一个 $N\times M$ 的矩阵，那么 $\boldsymbol{A}^{\mathrm{T}}=\boldsymbol{B}$ 是一个 $M\times N$ 的矩阵，其中 $b_{ji}=a_{ij}$。转置的一些性质包括：它是自可逆(self-inverse)的即 $(\boldsymbol{A}^{\mathrm{T}})^{\mathrm{T}}=\boldsymbol{A}$，对应的加法为 $(\boldsymbol{A}+\boldsymbol{B})^{\mathrm{T}}=\boldsymbol{A}^{\mathrm{T}}+\boldsymbol{B}^{\mathrm{T}}$；而乘法则颠倒了顺序，即 $(\boldsymbol{AB})^{\mathrm{T}}=\boldsymbol{B}^{\mathrm{T}}\boldsymbol{A}^{\mathrm{T}}$。

1.3.3 方阵和可逆矩阵

到目前为止，我们还没有讨论如何求解矩阵方程。加法很容易，因为我们可以用标量乘法得到矩阵的负数，比如，给定 $\boldsymbol{C}=\boldsymbol{A}+\boldsymbol{B}$，要计算 $\boldsymbol{B}$ 的话需要通过 $\boldsymbol{B}=\boldsymbol{C}-\boldsymbol{A}=\boldsymbol{C}+(-1)\boldsymbol{A}$。对于乘法，我们需要找到矩阵的“倒数”，比如，计算 $\boldsymbol{C}=\boldsymbol{AB}$ 中的 $\boldsymbol{B}$，我们会自然地通过代数准则来计算 $\boldsymbol{A}^{-1}\boldsymbol{C}=\boldsymbol{A}^{-1}\boldsymbol{AB}=\boldsymbol{B}$。然而，通常会由于 $\boldsymbol{A}^{-1}$ 的不存在，使得计算过程变得更复杂。接下来我们将讨论矩阵在何种条件下具有乘法逆的条件。

大小为 $N\times N$ 的所有方阵可以任意顺序求和或相乘。除主对角线外，所有元素都是零的方阵 $\boldsymbol{A}$(记为除非 $i=j$，否则 $a_{ij}=0$)叫作对角阵。对角阵中的特例 $\boldsymbol{I}$ 被称为单位阵，其主对角线上的所有元素 $a_{ii}=1$。$N\times N$ 的单位阵被记为 $\boldsymbol{I}_N$，若上下文描述清晰，也可直接写为 $\boldsymbol{I}$，忽略维度。另外，如果 $\boldsymbol{AB}=\boldsymbol{I}=\boldsymbol{BA}$ 成立，那么矩阵 $\boldsymbol{B}$ 一定是良态且唯一的，且 $\boldsymbol{B}$ 是 $\boldsymbol{A}$ 的逆($\boldsymbol{B}=\boldsymbol{A}^{-1}$)。我们称 A 为可逆阵；如果 $\boldsymbol{A}$ 不可逆的话，我们称其为退化阵或奇异阵。

矩阵可逆有许多等价条件，比如，使得 $\boldsymbol{Ax}=\boldsymbol{0}$ 成立的唯一解是向量 $\boldsymbol{x}=\boldsymbol{0}$ 或 $\boldsymbol{A}$ 的列向量线性无关。但检验矩阵可逆性的一个特别重要的方法是计算行列式 $|\boldsymbol{A}|$：如果矩阵是奇异阵，行列式的值为 0。因此，所有可逆矩阵都有 $|\boldsymbol{A}|\neq 0$。对于一般的方阵，行列式的计算是相当复杂的，虽然可利用公式进行计算，但是几何方面的直觉有助于理解这些计算：当由矩阵定义的线性映射作用于具有一定体积的向量空间中的几何对象时，其行列式值是该映射的尺度因子。映射作用下的体积按行列式的大小进行缩放。如果行列式的值为负，则任何几何对象的方向都将反转。因此，可逆变换是那些不将向量空间中任何对象的体积坍塌(collapse)为零的变换(见图 1.7)。

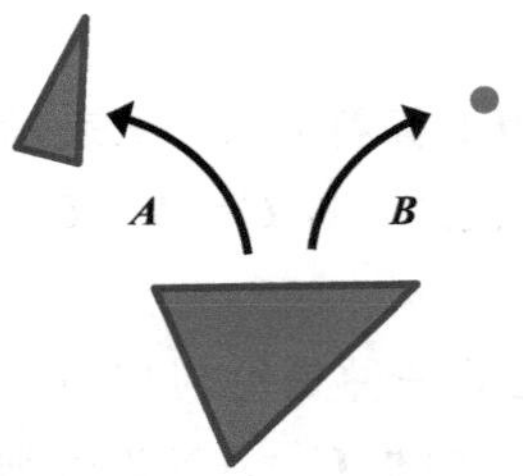

图 1.7　可逆与不可逆方阵的几何效应。可逆方阵 $\boldsymbol{A}$ 将底部的三角形映射到“较薄”的三角形(比如，通过变换每个顶点的向量)。它通过行列式 $|\boldsymbol{A}|\neq 0$ 来缩放三角形的面积。但是，不可逆方阵 $\boldsymbol{B}$ 将三角形折叠到一个没有面积的孤点上，因为 $|\boldsymbol{B}|=0$。由此可见，$\boldsymbol{A}^{-1}$ 有着明确的定义，而 $\boldsymbol{B}^{-1}$ 则没有

另一个有重要用途的矩阵算子是方阵的迹，写为 $\mathrm{tr}(\boldsymbol{A})$：简单理解就是对角线元素的和，即 $\mathrm{tr}(\boldsymbol{A})=\sum_{i=1}^{N}a_{ii}$。迹具有加法不变性，$\mathrm{tr}(\boldsymbol{A}+\boldsymbol{B})=\mathrm{tr}(\boldsymbol{A})+\mathrm{tr}(\boldsymbol{B})$；转置不变性，$\mathrm{tr}(\boldsymbol{A}^{\mathrm{T}})=\mathrm{tr}(\boldsymbol{A})$；乘法不变性，$\mathrm{tr}(\boldsymbol{AB})=\mathrm{tr}(\boldsymbol{BA})$。对于三个或三个以上矩阵的乘积，迹对循环置换也是不变的，$\mathrm{tr}(\boldsymbol{ABC})=\mathrm{tr}(\boldsymbol{CAB})=\mathrm{tr}(\boldsymbol{BCA})$。

1.3.4　特征值和特征向量

与向量空间中代数问题相关的普适计算是给定 $N\times N$ 方阵 $\boldsymbol{A}$ 的特征值问题：

$$\boldsymbol{A}\boldsymbol{v}=\lambda\boldsymbol{v} \tag{1.12}$$

解此方程的任何非零 $N\times 1$ 向量 $\boldsymbol{v}$ 称为 $\boldsymbol{A}$ 的特征向量，而标量 λ 则被称为与之对应的特征值。特征向量不是唯一的：它们可以被任何一个非零标量相乘，而对应的特征值仍然保持不变。因此，通常求解单位长度的特征向量并将其作为公式(1.12)的解。

需要注意的是式(1.12)一般出现在向量空间，例如线性算子。一个重要的例子出现在函数 $f(x)$ 的向量空间中，其微分算子 $L=\mathrm{d}/\mathrm{d}x$。这里，对应的特征值问题是微分方程 $L[f(x)]=\lambda f(x)$，其中对于任何(非零)标量值 a 的解是 $f(x)=a\mathrm{e}^{\lambda x}$。这就是微分算子 L 的特征函数。

如果它们存在，则可以通过获得所有标量值 λ 来求方阵 $\boldsymbol{A}$ 的特征向量和特征值，使得 $|(\boldsymbol{A}-\lambda\boldsymbol{I})|=0$。这之所以成立，是因为当且仅当 $|(\boldsymbol{A}-\lambda\boldsymbol{I})|=0$ 时，有 $\boldsymbol{A}\boldsymbol{v}-\lambda\boldsymbol{v}=\boldsymbol{0}$。展开这个行列式方程，得到一个关于 λ 的 N 阶多项式方程 $a_N\lambda^N+a_{N-1}\lambda^{N-1}+\cdots+a_0=0$，方程的根即是特征值。

此多项式被称为 $\boldsymbol{A}$ 的特征多项式，并通过以下方式确定作为空间的基的一组特征向量的存在性。代数的基本定理指出这个多项式有 N 个根，但有些根可以重复(即多次出现)。如果特征多项式没有重复根，则特征值都是不同的，因此有 N 个特征向量是线性无关的。这意味着它们构成了向量空间的基，即矩阵的特征基。

并非所有的矩阵都有特征基。然而，矩阵也可以对角化，也就是说，它们具有与对角矩阵相同的几何效果，但其基不同于标准矩阵。这个基可以通过求解特征值问题来找到。将所有特征向量放入矩阵 P 的列中，将所有对应的特征值放入对角矩阵 D 中，然后重写矩阵：

$$\boldsymbol{A}=\boldsymbol{PDP}^{-1} \tag{1.13}$$

见图 1.8。对角矩阵简单地将空间的所有坐标按不同的固定量缩放。它们的处理比较简单，在信号处理和机器学习中有着重要的应用。例如，多变量上的高斯分布是实际应用中最重要的分布之一，它用协方差矩阵来编码问题中每个变量之间的概率关系。通过对角化这个矩阵，可以找到一个线性映射，使得所有变量在统计上相互独立：这大大简化了许多后续计算。

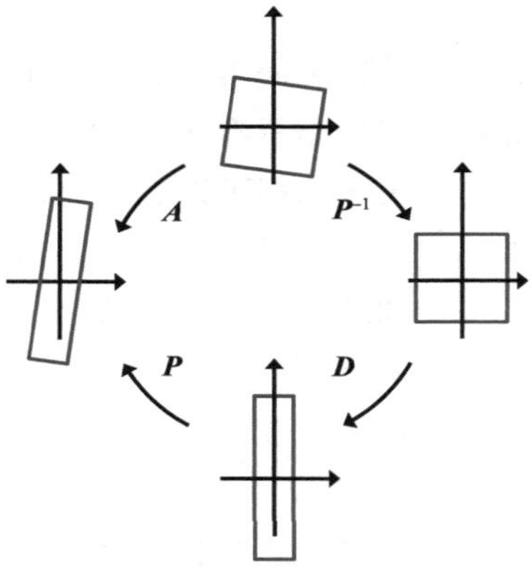

图 1.8　矩阵对角化的一个例子。可对角化的方阵 $\boldsymbol{A}$ 具有包含特征值的对角矩阵 $\boldsymbol{D}$ 和包含特征基的变换矩阵 $\boldsymbol{P}$，因此 $\boldsymbol{A}=\boldsymbol{PDP}^{-1}$。$\boldsymbol{A}$ 以相同的方向将旋转的正方形(上部)映射到矩形(左侧)。这相当于首先“取消旋转”正方形($\boldsymbol{P}^{-1}$ 的效果)，使其与坐标轴对齐，然后沿每个轴拉伸/压缩正方形($\boldsymbol{D}$ 的效果)，最后旋转回原始方向($\boldsymbol{P}$ 的效果)

尽管特征向量和特征值是一个线性问题，但通常不可能通过分析计算求出所有特征值。因此，人们通常采用迭代数值算法来获得一定精度的答案。

1.3.5　特殊矩阵

除了已经讨论过的内容外，对于具有 $N\times M$ 自由度的一般矩阵，没有什么特别的。具有较低自由度的特殊矩阵具有非常有趣的性质，在实际中经常出现。

一种有趣的特殊矩阵是具有实数项的对称矩阵——自转置，因此方阵被定义为 $\boldsymbol{A}^{\mathrm{T}}=\boldsymbol{A}$。这些矩阵总是可对角化的，并且具有正交的特征基。特征值总是实的。如果存在逆的话，也同样是对称阵。对称矩阵有 $\frac{1}{2}N(N+1)$ 个唯一项，近似于任意方阵 N^2 项的半阶。

正定矩阵(positive-definite)是一个特殊的对称阵，其中对任意的非零向量 $\boldsymbol{v}$ 而言有 $\boldsymbol{v}^{\mathrm{T}}\boldsymbol{A}\boldsymbol{v}>0$。所有的特征值都是正的。对任何一个实的可逆矩阵 $\boldsymbol{B}$ 来说(对于所有的 $\boldsymbol{v}$ 有 $\boldsymbol{B}\boldsymbol{v}\neq\boldsymbol{0}$)，设 $\boldsymbol{A}=\boldsymbol{B}^{\mathrm{T}}\boldsymbol{B}$，那么有 $\boldsymbol{v}^{\mathrm{T}}\boldsymbol{B}^{\mathrm{T}}\boldsymbol{B}\boldsymbol{v}=(\boldsymbol{B}\boldsymbol{v})^{\mathrm{T}}(\boldsymbol{B}\boldsymbol{v})=\|\boldsymbol{B}\boldsymbol{v}\|_2^2>0$，这使得 $\boldsymbol{A}$ 满足正定性。如下一节所述，这类矩阵在机器学习和信号处理中非常重要，因为一组随机变量的协方差矩阵是正定的。

正交矩阵具有构成空间正交基的向量的所有列。这些矩阵的行列式是 $+1$ 或 -1。与对称矩阵一样，它们总是可对角化的，尽管特征向量通常是模为 1 的复数。正交矩阵总是可逆的，其逆矩阵也是正交的，并且等于其转置，即 $\boldsymbol{A}^{\mathrm{T}}=\boldsymbol{A}^{-1}$。行列式为 $+1$ 的子集，对应于向量空间中的旋转。

对于上(下)三角矩阵，对角线和对角线上(下)项是非零的，其余的是零。这些矩阵通

常在求解 $\boldsymbol{Av}=\boldsymbol{b}$ 等矩阵问题时出现，因为如果 $\boldsymbol{L}$ 是下三角的，则矩阵方程 $\boldsymbol{Lv}=\boldsymbol{b}$ 很容易通过前向替换求解。前向替换是一个简单的顺序过程，它首先根据 b_1 和 l_{11} 获得 v_1，然后根据 b_1、l_{21} 和 l_{22} 等获得 v_2。上三角矩阵和后向替换也是如此。由于这些代换过程的简单性，存在将矩阵分解为上、下三角矩阵和伴随矩阵的乘积的方法。

托普利兹矩阵是具有 $2N-1$ 个自由度且具有常数对角线的矩阵，即矩阵 $\boldsymbol{A}$ 的项 $a_{ij}=c_{i-j}$。所有离散卷积都可以表示为托普利兹矩阵，正如我们稍后将讨论的，这使得它们在DSP中具有基本的重要性。由于矩阵的自由度降低以及矩阵的特殊结构，托普利兹矩阵问题 $\boldsymbol{Ax}=\boldsymbol{b}$ 比一般矩阵问题在计算上更容易解决：一种称为 Levinson 递归的方法极大地减少了所需的算术运算。

循环矩阵属于托普利兹矩阵的一种，每一行都是通过将上面的行向右旋转一个元素来获得的。由于只有 N 个自由度，它们是高度结构化的，可以理解为离散的循环卷积。矩阵对角化的特征基是离散傅里叶基，它是经典数字信号处理的基石之一。因此，使用快速傅里叶变换(FFT)可以非常有效地解决任何循环矩阵问题。

Dummit 和 Foote(2004)包含从抽象角度对向量空间的深入阐述，而 Kaye 和 Wilson (1998)则提供了更容易理解和更具体的介绍。

1.4　概率与随机过程

概率是不确定性的直观概念的形式化。统计学是建立在概率论基础上的。因此，统计数字信号处理和机器学习从根本上来说，是对不确定性的定量处理。概率论包含了不确定性的公理基础。

1.4.1　样本空间、事件、度量和分布

我们从一组元素开始，比如说集合 Ω，我们称其为结果，这个结果是我们通过测量或实验得到的。这个集合 Ω 被称为样本空间(sample space)或全集(universe)。例如，骰子有六种可能的结果，因此样本空间为 $\Omega=\{1, 2, 3, 4, 5, 6\}$。考虑到这些结果，我们想要量化某些事件发生的概率，例如在任何一次投掷中得到6或偶数。这些事件构成了一个抽象的 σ-代数 $\mathcal{F}$，也就是说，通过将补集和(可数的)并集的基本集合运算应用于 2^{Ω}(Ω 的所有子集)中元素的选择，可以构造的所有结果子集。$\mathcal{F}$ 的元素是事件。比如，掷硬币时，有正面和反面两种可能的结果，所以 $\Omega=\{H, T\}$(H：Head，头；T：tail，尾)。一组感兴趣的事件组成一个 σ-代数 $\mathcal{F}=\{\varnothing, \{H\}, \{T\}, \Omega\}$，所以我们可以计算出“空”“头”“尾”或“头和尾”发生的概率(注：“头”或“尾”是“明显的”，“空”是不可能的，但是我们将看到，要做概率演算，我们总是需要空集和全集的集合)。

给定一对 Ω 和 $\mathcal{F}$，我们要给事件分配概率，即介于0和1之间的实数。概率为0的事件是不可能发生的，并且永远不会发生；而如果事件的概率为1，那么它一定会发生。确定任何事件发生概率的映射称为度量函数 $\mu: \mathcal{F}\to\mathbb{R}$。例如，随机抛硬币的度量函数是 $\mu(\{\varnothing\})=0$，$\mu(\{H, T\})=1$，$\mu(\{H\})=\mu(\{T\})=1/2$。度量值满足以下规则：

(1) 非负性：对于所有的 $A\in\mathcal{F}$，$\mu(A)\geqslant 0$。

(2) 单位度量：$\mu(\Omega)=1$。

(3) 不相交可加性：如果事件 $A_i \in \mathcal{F}$ 没有互相重叠，则 $\mu\left(\bigcup_{i=1}^{\infty} A_i\right)=\sum_{i=1}^{\infty}\mu(A_i)$（也就是说，它们是相互不相交的，因此不包含来自样本空间的任何元素）。

我们主要使用符号 $P(A)$来代表事件 A 的概率(度量)。我们可以得出这些规则的一些重要结果。比如，如果一个事件完全包含在另一个事件中，则它的概率必须更小：如果 $A\subseteq B$，那么 $P(A)\leqslant P(B)$；如果 $A=B$，则两者等概率。类似地，某事件不发生的概率是 1 减去该事件发生的概率：$P(\overline{A})=1-P(A)$。

实数的样本空间对统计学有重要意义。一种有用的 σ-代数是 Borel 代数，其由所有可能的(开放的)代数实数线间隔组成。有了 Borel 代数，我们可以把概率赋给一个实数范围，比如用 $P([a, b])$来表征实数 $a\leqslant b$ 范围内的概率。公理的一个重要结果是 $P(\{a\})=0$，也就是点集事件的概率为零。这与离散(可数)样本空间不同，离散(可数)样本空间中任何单个元素的概率都可以是非零的。

给定一组包含所有可能事件的集合，通常很自然地将数字“标签”与每个事件关联起来。这非常有用，因为这样我们就可以对事件进行有意义的数值计算。随机变量是将结果映射到数值的函数，例如将硬币掷入集合$\{0, 1\}$的随机变量 $X(\{T\})=0$ 和 $X(\{H\})=1$。累积分布函数(cumulative distribution functions，CDF)是如上所述的度量，但其中事件是通过随机变量选择的。比如，上述(公平)投币的累积分布函数为：

$$P(\{A\in\{H, T\}: X(A)\leqslant x\})=\begin{cases}\frac{1}{2}, & x=0\\ 1, & x=1\end{cases} \tag{1.14}$$

这是伯努利分布的一个特例(见下文)。两种常用的累积分布函数记法是 $F_X(x)$和 $P(X\leqslant x)$。

当样本空间是实数线时，随机变量是连续的。在这种情况下，事件的关联概率，即实数线的(半开放)间隔是

$$P((a, b])=P(\{A\in\mathbb{R}: a<X(A)\leqslant b\})=F_X(b)-F_X(a) \tag{1.15}$$

通常我们还可以通过概率密度函数(probability density function，PDF) $f_X(x)$定义分布：

$$P(A)=\int_A f_X(x)\mathrm{d}x \tag{1.16}$$

其中 $A\in\mathcal{F}$，在实际中统计数字信号处理和机器学习最常(尽管不是唯一的)涉及的是 $\mathcal{F}$ 是实数线(Borel 代数)的所有开放区间的集合，或实数线的某些子集，如$[0, \infty)$。为了满足单位度量的要求，我们必须使 $\int_{\mathbb{R}} f_X(x)\mathrm{d}x=1$(对于整条实数线来说)。在离散情况下，等价的是概率质量函数(probability mass function，PMF)，它为每个单独的结果分配一个概率度量。为了简化表示，当上下文描述清楚时，我们经常删除随机变量下标，简写为 $F(x)$或 $f(x)$。

我们可以推导出累积分布函数的某些性质。首先，它必须是非减的(non-decreasing)，因为相关的概率质量函数/概率密度函数必须是非负的。其次，如果 X 是定义在范围$[a, b]$上的，则必须有 $F_X(a)=0$ 和 $F_X(b)=1$(在通常情况下，a 或 b 都是无穷大的，那么我们有 $\lim_{x\to-\infty}F_X(x)=0$，$\lim_{x\to\infty}F_X(x)=1$)。这里，离散随机变量和连续随机变量之间的一个重

要区别是，对于随机变量范围内的某些 x，概率密度函数可以有 $f(x)>1$，而对于范围内 x 的所有值，概率质量函数必须有 $0\leqslant f(x)\leqslant 1$。对于概率质量函数，这是满足单位度量属性所必需的。这些概念在图 1.9 中给出了说明。

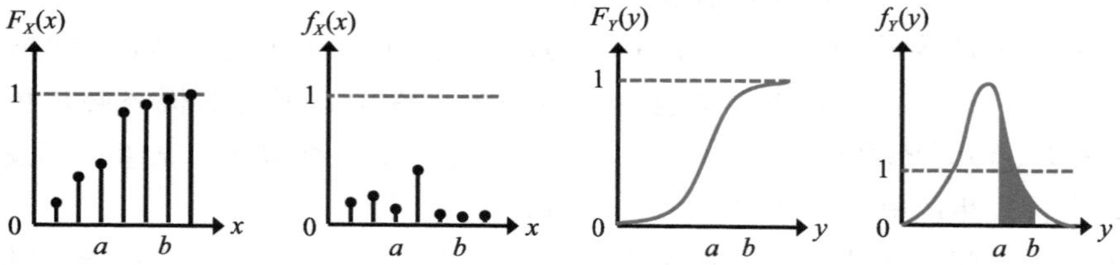

图 1.9　离散和连续随机变量 X 和 Y 的分布函数及概率。对于定义在整数域上的离散的 X，当 $a\leqslant X(A)\leqslant b$ 时，事件 A 的概率为 $\sum_{x=a}^{b} f_X(x)$，即 $F_X(b)-F_X(a-1)$。对于定义在实数域上的连续的 Y，事件 $A=(a, b]$的概率为 f_Y 曲线下的面积，即 $P(A)=\int_A f_Y(y)\mathrm{d}y$。根据微积分的基础理论，这个值就是 $F_Y(b)-F_Y(a)$

概率质量函数的一个基本例子是随机扔硬币，其中：

$$f(x)=\frac{1}{2},\quad x\in\{0, 1\} \tag{1.17}$$

为了满足单位度量，必须有 $\sum_{a\in X(\Omega)} f(a)=1$。衡量一个事件的概率类似于

$$P(A)=\sum_{a\in X(A)} f(a) \tag{1.18}$$

一些普遍存在的概率质量函数包括表示二进制结果的伯努利分布：

$$f(x)=\begin{cases}1-p, & x=0\\ p, & x=1\end{cases} \tag{1.19}$$

其紧致表示是 $f(x)=(1-p)^{1-x}p^x$。一个非常重要的连续分布是高斯分布，其密度函数为

$$f(x;\mu,\sigma)=\frac{1}{\sqrt{2\pi\sigma^2}}\exp\left(-\frac{(x-\mu)^2}{\sigma^2}\right) \tag{1.20}$$

分号用于将随机变量与决定 X 精确分布形式的可调(非随机)参数分开。当参数被视为随机变量时，则使用条形符号 $f(x|\mu,\sigma)$，表示 X 在一致的概率意义上取决于参数的值。后一种情况出现在贝叶斯框架中，我们将在后面讨论。

1.4.2　联合随机变量：独立性、条件性和边缘性

我们常常对同时发生多个事件的可能性感兴趣。构造底层样本空间的一致方法是形成所有可能事件的组合集。这就是所谓的积样本空间。例如，两次投硬币的积样本空间是 $\Omega=\{(H, H), (H, T), (T, H), (T, T)\}$和 σ-代数集 $F=\{\varnothing, \{(H, H)\}, \{(H, T)\}, \{(T, H)\}, \{(T, T)\}, \Omega\}$。与单一结果一样，我们希望定义一个概率度量，以便评估任何联合结果的概率。这种方法称为联合累积分布函数(joint CDF)：

$$F_{XY}(x, y)=P(X\leqslant x\text{ 且 }Y\leqslant y) \tag{1.21}$$

换句话说，联合累积分布函数是一对随机变量 X 和 Y 同时至多取值为 x 和 y 的概率。对

于连续随机变量，每一个都定义在整条实数线上，这个概率是多重积分：

$$F_{XY}(x, y)=\int_{-\infty}^{y}\int_{-\infty}^{x} f(u, v)\mathrm{d}u\mathrm{d}v \tag{1.22}$$

其中的 $f(u, v)$是联合概率密度函数(joint PDF)，这里样本空间是平面 $\mathbb{R}^2$，所以为了满足单位度量公理，必须有 $\int_{\mathbb{R}}\int_{\mathbb{R}} f(u, v)\mathrm{d}u\mathrm{d}v=1$，$\mathbb{R}^2$ 中任意区域 A 的概率是那个区域上的多重积分：$P(A)=\int_A f(u, v)\mathrm{d}u\mathrm{d}v$。

在对应的离散情况下，对于两个事件的乘积的概率，有 $P(A\times B)=\sum_{a\in X(A)}\sum_{b\in Y(B)} f(a, b)$，其中 $A\in\Omega_X$，$B\in\Omega_Y$，Ω_X 和 Ω_Y 分别是 X 和 Y 的样本空间。$f(a, b)$则是联合概率质量函数(joint PMF)。在整个乘积样本空间中，联合概率质量函数必须总和为 1，即 $\sum_{a\in X(\Omega_X)}\sum_{b\in Y(\Omega_Y)} f(a, b)=1$。

N 个变量上更一般的联合事件定义与多个累积分布函数、概率密度函数和概率质量函数的定义类似并相关联，比如 $f_{X_1X_2\cdots X_N}(x_1, x_2, \cdots, x_N)$，而且，当函数参数明确时，为了表示简单，我们将下标放到函数名中。这自然使得我们可以定义随机变量向量上的分布函数，比如对于 $\boldsymbol{X}=(X_1, X_2, \cdots, X_N)^{\mathrm{T}}$ 的 $f(\boldsymbol{x})$，其中，向量的每个元素通常来自相同的样本空间。

已知联合概率质量函数/概率密度函数，我们总是可以通过积分这个变量来"删除"联合集中的一个或多个变量，比如：

$$f(x_1, x_3, \cdots, x_N)=\int_{\mathbb{R}} f(x_1, x_2, x_3, \cdots, x_N)\mathrm{d}x_2 \tag{1.23}$$

这种计算被称为边缘化。

考虑联合事件时，我们可以计算当一个事件已经发生时(或者固定要发生)，另一个事件发生的条件概率。这个条件概率用竖线符号写为 $P(X=x\mid Y=y)$，描述为"给定 $Y=y$，随机变量 $X=x$ 的概率"。对于概率质量函数和概率密度函数，我们将它简写为 $f(x\mid y)$。这个概率可以通过条件变量的联合分布和单分布来计算：

$$f(x\mid y)=\frac{f(x, y)}{f(y)} \tag{1.24}$$

实际上，条件概率质量函数/概率密度函数是我们通过将联合样本空间限制为 $Y=y$ 的集合，并计算任意所选 x 的联合样本空间的交集的度量结果得到的。上式除以 $f(y)$确保了条件分布本身就是这个受限样本空间上的一个标准化度量，我们把等式右边的 x 去掉后便可看出这一点。

如果 X 的分布不依赖于 Y，我们说 X 独立于 Y。这种情况下 $f(x\mid y)=f(x)$。这意味着 $f(x, y)=f(x)f(y)$，即 X 和 Y 上的联合分布分解为 X 和 Y 上的边缘分布的乘积。独立性是统计数字信号处理和机器学习中的核心之一，因为当两个或更多的变量是独立的时，能使问题显著简化，在某些情况下，可以直接区分该问题是否可解。事实上，统计机器学习的主要目标是找到一个问题的所有随机变量的联合分布的良好分解。

1.4.3 贝叶斯准则

如果我们有一个随机变量以另一个随机变量为条件的分布函数，有可能交换条件变量之间的角色吗？回答是肯定的：假设我们有所有变量各自的边缘分布。这使我们进入了贝叶斯推理(Bayesian reasoning)的领域。演算很简单，但其结果对统计数字信号处理和机器学习具有深远的意义。我们将使用连续随机变量来说明这些概念，这些原理是通用的，适用于任何样本空间上的随机变量。假设有两个随机变量 X 和 Y，我们在已知 Y 的条件下知道 X 的条件分布，那么 Y 在 X 上的条件分布是

$$f(y|x)=\frac{f(x|y)f(y)}{f(x)} \tag{1.25}$$

这就是著名的贝叶斯准则。在贝叶斯公式里，$f(x|y)$被称为似然度，$f(y)$被称为先验概率，$f(x)$被称为观测，$f(y|x)$被称作后验概率。

通常，我们不知道 X 上的分布；但是，由于贝叶斯规则中的分子是 X 和 Y 的联合概率，所以可以通过从分子中去掉 Y 来获得：

$$f(y|x)=\frac{f(x|y)f(y)}{\int_{\mathbb{R}}f(x|y)f(y)\mathrm{d}y} \tag{1.26}$$

这种形式的贝叶斯规则是普遍存在的，因为它在只知道先验概率和似然度的基础上计算后验概率。

不幸的是，当试图计算多个变量上的积分来计算式(1.26)中的后验概率时，在应用贝叶斯公式时出现了最困难和最难计算的问题。然而，幸运的是，在一些常见的情况下，不需要知道观测的概率。观测的概率可以被认为是后验概率的归一化因子，这是为确保后验概率的计算结果满足单位度量的特性：

$$f(y|x)\propto f(x|y)f(y) \tag{1.27}$$

这种形式在机器学习中的许多统计推断问题中非常常见。例如，当我们希望知道某个参数或随机变量的值时，如果给定的数据使后验概率最大，并且观测的概率与该变量或参数无关，那么我们可以从计算中排除观测的概率。

1.4.4　期望、生成函数和特征函数

归纳随机变量的分布有很多方法。特别重要的是测量集中趋势，如均值和中位数。(连续的)随机变量 X 的均值是所有可能结果的概率加权和：

$$E[X]=\int_{\Omega}xf(x)\mathrm{d}x \tag{1.28}$$

在上下文描述不太清晰时，我们写为 $E_X[X]$，表示这是关于随机变量 X 的积分。对于离散变量而言，上式应该写为 $E[X]=\sum_{a\in X(\Omega)}xf(x)$。根据前面的讨论，期望值是一个线性算子，即对于任意常数 a_i，都有 $E[\sum_i a_iX_i]=\sum_i a_iE[X_i]$。常数的期望值是恒定的，即 $E[a]=a$。均值也称作期望值(expected value)，积分也称作期望(expectation)。期望在概率论和统计学中起着重复作用，实际上可以用来构造一个完全不同的概率公理。随机变量 $g(x)$进行任意变换后的期望写为

$$E[g(X)]=\int_{\Omega}g(x)f(x)\mathrm{d}x \tag{1.29}$$

基于这一点，我们可以定义一个随机变量分布的层次结构，称为 k 阶矩：

$$E[X^k]=\int_{\Omega} x^k f(x)\mathrm{d}x \tag{1.30}$$

从概率的单位度量性质可以看出，零阶矩 $E[X^0]=1$。一阶矩恰好与均值一致。中心矩被定义为变量在其均值周围的聚集程度：

$$\mu_k=E[(X-E[X])^k]=\int_{\Omega}(x-\mu)^k f(x)\mathrm{d}x \tag{1.31}$$

其中 μ 指均值。一个非常重要的中心矩是方差，$\mathrm{var}[X]=\mu_2$，这是一个关于均值分布扩散程度的度量。标准差是$[X]=\sqrt{\mu_2}$的平方根。高阶中心矩包括偏度(μ_3)和峰度(μ_4)度量，分别测量分布的不对称性和尖锐性等方面。

对于具有联合密度函数 $f(x, y)$的联合分布，期望值为

$$E[g(X, Y)]=\int_{\Omega_Y}\int_{\Omega_X} g(x, y)f(x, y)\mathrm{d}x\mathrm{d}y \tag{1.32}$$

由此，我们可以得出联合矩：

$$E[X^jY^k]=\int_{\Omega_Y}\int_{\Omega_X} x^j y^k f(x, y)\mathrm{d}x\mathrm{d}y \tag{1.33}$$

一个重要的特例是联合二阶中心矩，称为协方差：

$$\begin{aligned}\mathrm{cov}[X, Y]&=E[(X-E[X])(Y-E[Y])]\\&=\int_{\Omega_Y}\int_{\Omega_X}(x-\mu_X)(y-\mu_Y)f(x, y)\mathrm{d}x\mathrm{d}y\end{aligned} \tag{1.34}$$

其中 μ_X 和 μ_Y 分别被称为 X 和 Y 的均值。

有时，矩分布的层次有助于唯一地定义分布。一种非常重要的期望是矩生成函数(moment generating function，MGF)，对于离散变量：

$$M(s)=E[\exp(sX)]=\sum_{x\in X(\Omega)}\exp(sx)f(x)\mathrm{d}x \tag{1.35}$$

实变量 s 代替离散变量 x 成为新的自变量。当式(1.35)的和绝对收敛时，矩生成函数存在，且可用于计算 X 分布的所有的矩：

$$E[X^k]=\frac{\mathrm{d}^kM}{\mathrm{d}t^k}(0) \tag{1.36}$$

这可以从指数函数的级数展开式中看出。使用上面伯努利的例子，矩生成函数为 $M(s)=1-p+p\exp(s)$。通常，在矩生成函数下，随机变量的分布有一个简单的形式，使得处理随机变量的任务相对容易。例如，已知一个独立随机变量的线性组合：

$$X_N=\sum_{n=1}^{N}a_nX_n \tag{1.37}$$

计算 X_N 的分布不是一件简单的事情。虽然，和的矩生成函数仅仅需要计算

$$M_{X_N}(s)=\prod_{n=1}^{N}M_{X_n}(a_ns) \tag{1.38}$$

有时可以从中很快地辨识出和的分布。例如，参数为 p 的(未加权)N 个独立同分布(i. i. d)的伯努利随机变量和的矩生成函数为

$$M_{X_N}(s)=(1-p+p\exp(s))^N \tag{1.39}$$

也就是二项式分布的矩生成函数。

对于连续变量，类似的期望是特征函数(characteristic function，CF)：

$$\psi(s)=E[\exp(\mathrm{i}sX)]=\int_{\Omega}\exp(\mathrm{i}sx)f(x)\mathrm{d}x \tag{1.40}$$

其中 $\mathrm{i}=\sqrt{-1}$，这可以理解为密度函数的傅里叶变换。特征函数与矩生成函数相比的一个优势是特征函数始终存在。因此，它可以作为定义分布的另一种方法，这对于一些著名的分布(如 Levy 分布或 α 稳定分布)是必要的。傅里叶变换所具有的众所周知的特性使得用特征函数来处理随机变量变得很容易。例如，已知一个随机变量 X，其特征函数为 $\psi_X(s)$，那么随机变量 $Y=X+m$(其中 m 为常数)的特征函数为

$$\psi_Y(s)=\psi_X(s)\exp(\mathrm{i}sm) \tag{1.41}$$

基于此，假设具有零均值和单位方差的标准正态高斯的特征函数为 $\left(-\frac{1}{2}s^2\right)$，则移位随机变量 Y 具有特征函数 $\psi_Y(s)=\exp\left(\mathrm{i}sm-\frac{1}{2}s^2\right)$。另一个性质类似于矩生成函数，是线性组合性：

$$\psi_{X_N}(s)=\prod_{i=1}^{N}\psi_{X_i}(a_i s) \tag{1.42}$$

我们可以利用这一点来证明，对于具有均值 μ_n 和方差 σ_n^2 的独立高斯随机变量的线性组合(1.37)，其和的特征函数为

$$\psi_{X_N}(s)=\exp\left(\mathrm{i}s\sum_{n=1}^{N}a_n\mu_n-\frac{1}{2}s^2\sum_{n=1}^{N}a_n^2\sigma_n^2\right) \tag{1.43}$$

上式可被视为另一个高斯分布，其均值为：$\sum_{n=1}^{N}a_n\mu_n$，方差为 $\sum_{n=1}^{N}a_n^2\sigma_n^2$。这表明高斯函数对线性变换是不变的，这一性质被称为(统计)稳定性，在经典的统计数字信号处理器中具有重要意义。

1.4.5　经验分布函数和样本期望

如果我们从概率质量函数(PMF)或概率密度函数(PDF)开始，那么这些函数参数的具体值就决定了分布的数学形式。然而，我们通常希望某些给定的数据能够“自我表达”，并直接确定分布函数。一个重要而简单的方法是使用经验累积分布函数(empirical cumulative distribution function，ECDF)：

$$F_N(x)=\frac{1}{N}\sum_{n=1}^{N}\mathbf{1}[x_n\leqslant x] \tag{1.44}$$

这里的 $\mathbf{1}[\cdot]$以逻辑条件作为参数，如果条件为真的话，结果为 1，反之为 0。因此，经验累积分布函数统计等于或小于变量 x 的数据点的数量。它看起来像一个楼梯，在每个数据点的值处向上跳一个计数。经验累积分布函数估计数据分布的累积分布函数，并且可以表明，在特定的概率意义上，该估计在给定有限数据量的情况下收敛于真实的累积分布函数。通过对式(1.44)进行微分，相关的概率质量函数(概率密度函数)是狄拉克(Kronecker)δ 函数的和：

$$f_N(x)=\frac{1}{N}\sum_{n=1}^{N}\delta[x_n-x] \tag{1.45}$$

见图 1.10。由于这个估计器的形式比较简单，因此它在实践中非常有用。例如，关于

连续随机变量的经验累积分布函数的函数 $g(X)$的期望是

$$E[g(X)]=\int_\Omega g(x)f_N(x)\mathrm{d}x$$
$$=\int_\Omega g(x)\frac{1}{N}\sum_{n=1}^{N}\delta[x_n-x]\mathrm{d}x \tag{1.46}$$
$$=\frac{1}{N}\sum_{n=1}^{N}\int_\Omega g(x)\delta[x_n-x]\mathrm{d}x=\frac{1}{N}\sum_{n=1}^{N}g(x_n)$$

利用 δ 函数的筛选性，$\int f(x)\delta[x-a]\mathrm{d}x=f(a)$。因此，随机变量的期望值可以由应用于数据的期望函数的均值来估计。这些估计被称为样本期望，其中最著名的是样本均值 $\mu=E[X]=\frac{1}{N}\sum_{n=1}^{N}x_n$。

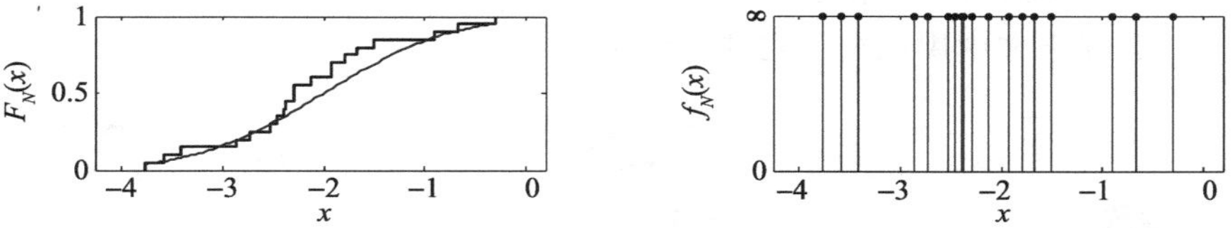

图 1.10　$N=20$ 时，$\mu=-2$ 和 $\sigma=1.0$ 的高斯随机变量的经验累积分布函数(ECDF)和经验概率密度函数(EPDF)。对于估计的经验累积分布函数，“阶梯”出现在每个样本值上，而曲线是高斯分布的理论累积分布函数。经验概率密度函数由非常高的狄拉克“尖峰”组成，其出现在每个样本上

1.4.6　变换随机变量

我们经常需要对随机变量进行某种变换。变换后，这个随机变量上的分布会发生什么变化？通常，计算变换后变量的累积分布函数、概率质量函数或概率密度函数是很直接的。通常来说，对于一个随机变量 X，其累积分布函数为 $F_X(x)$，如果变换 $Y=g(x)$是可逆的，那么若 g^{-1} 是递增的，则 $F_Y(y)=F_X(g^{-1}(y))$，反之若 g^{-1} 是递减的，则 $F_Y(y)=1-F_X(g^{-1}(y))$。对于对应的概率密度函数，则 $f_Y(y)=f_X(g^{-1}(y))\left|\frac{\mathrm{d}g^{-1}}{\mathrm{d}y}(y)\right|$。这种计算方法可以推广到除了一部分孤立点以外，$g$ 一般都不可逆的情况上。这个过程的一个例子是 $g(X)=X^2$ 这个变换，将高斯分布转化为卡方分布。

另一个普遍存在的例子是线性变换的效果，即是 $Y=\sigma X+\mu$，对于任意的变量参数 μ 和σ，有 $f_Y(y)=\frac{1}{|\sigma|}f_X\left(\frac{y-\mu}{\sigma}\right)$。这可以用来证明许多分布按正实值缩放具有不变性(指数分布和伽马分布是重要的例子)，或者包含在一个位置尺度族中，也就是说，分布族中的每个成员都可以通过适当地平移和缩放同一个族中的任何其他成员而获得(这适用于高斯分布和逻辑分布)。

1.4.7　多元高斯分布和其他极限分布

正如本节前面所讨论的，对线性变换的不变性(稳定性)是高斯分布的特征之一。另一

个特征是中心极限定理：对于一个具有有限均值和方差且彼此独立的无限序列的随机变量，该序列随机变量和的分布将趋向于高斯分布。使用特征函数可进行简单的证明。在许多情况下，这个定理被作为选择高斯分布作为某些给定数据的模型的一个理由。

将单个高斯随机变量的这些理想性质转移到具有 D 元的向量上，其多元高斯分布如下：

$$f(\boldsymbol{x};\ \boldsymbol{\mu},\ \boldsymbol{\Sigma})=\frac{1}{\sqrt{(2\pi)^D\ |\boldsymbol{\Sigma}|}}\exp\left(-\frac{1}{2}(\boldsymbol{x}-\boldsymbol{\mu})^{\mathrm{T}}\boldsymbol{\Sigma}^{-1}(\boldsymbol{x}-\boldsymbol{\mu})\right) \tag{1.47}$$

其中 $\boldsymbol{x}=(x_1,\ x_2,\ \cdots,\ x_D)^{\mathrm{T}}$，向量均值 $\boldsymbol{\mu}=(\mu_1,\ \mu_2,\ \cdots,\ \mu_D)^{\mathrm{T}}$，$\boldsymbol{\Sigma}$ 为协方差矩阵。多元高斯分布的等概率密度等值线通常是 D 维上的(超)椭圆。最大概率密度出现在 $\boldsymbol{x}=\boldsymbol{\mu}$ 处。正定协方差矩阵可以分解为围绕点 $\boldsymbol{\mu}$ 的每个轴的旋转和膨胀(或收缩)。多元高斯的另一个非常特殊和重要的性质是，所有边缘也是(多元)高斯的。同样，这意味着一个多元高斯对另一个多元高斯进行条件化运算后，得到另一个多元高斯。所有这些性质都在图 1.11 中做了描述，并在下文中用代数形式进行描述。

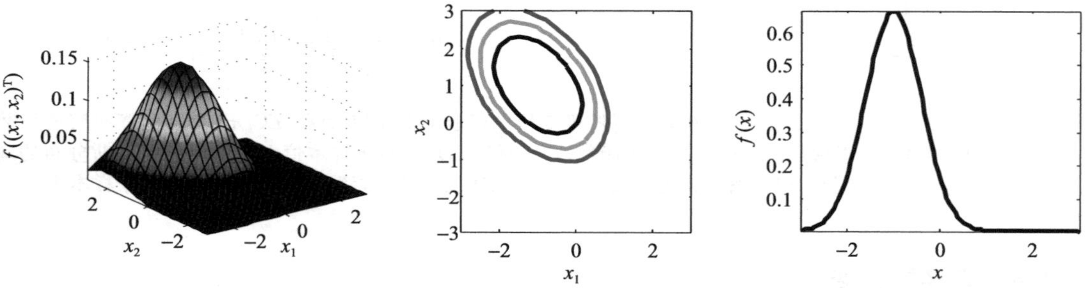

图 1.11　一个多元高斯($D=2$)的例子，其中第一幅图为概率密度函数 $f((x_1,\ x_2)^{\mathrm{T}};\ \boldsymbol{\mu},\ \boldsymbol{\Sigma})$，纵坐标为概率密度值，另外两个轴是 x_1 和 x_2。在第二幅图中，恒定概率的等高线是椭圆，这里显示的概率密度值为 0.03(深灰色)、0.05(浅灰色)和 0.08(黑色)。最大概率密度与均值相重合[这里 $\boldsymbol{\mu}=(-1,\ 1)^{\mathrm{T}}$]。边缘均为单变量高斯分布，$\mu=-1$ 时的边缘 PDF 如第三幅图所示

将一元高斯的统计稳定性性质推广到多维是很简单的，这一性质也被证明了适用于多元正态。首先，我们需要联合随机变量 $\boldsymbol{X}\in\mathbb{R}^D$ 的特征函数的概念，其中 $\psi_{\boldsymbol{X}}(\boldsymbol{s})=E[\exp(\mathrm{i}\boldsymbol{s}^{\mathrm{T}}\boldsymbol{X})]$，变量 $\boldsymbol{s}\in\mathbb{C}^D$。现在考虑一个标准正态单变量的独立同分布向量，$\boldsymbol{X}\in\mathbb{R}^D$。其特征函数为 $\psi_{\boldsymbol{X}}(\boldsymbol{s})=\prod_{i=1}^{D}\exp\left(-\frac{1}{2}s_i^2\right)=\exp\left(-\frac{1}{2}\boldsymbol{s}^{\mathrm{T}}\boldsymbol{s}\right)$。这是标准多变量高斯函数的特征函数，它具有零平均向量和单位协方差，即 $\boldsymbol{X}\sim\mathcal{N}(\boldsymbol{0},\ \boldsymbol{I})$。如果我们对(满秩)矩阵应用(仿射)变换 $\boldsymbol{Y}=\boldsymbol{A}\boldsymbol{X}+\boldsymbol{b}$(其中 $\boldsymbol{A}\in\mathbb{R}^{D\times D}$，$\boldsymbol{b}\in\mathbb{R}^D$)，会发生什么？这种转换对任意特征函数的影响是

$$\begin{aligned}\psi_{\boldsymbol{Y}}(\boldsymbol{s})&=E_{\boldsymbol{X}}[\exp(\mathrm{i}\boldsymbol{s}^{\mathrm{T}}\boldsymbol{A}\boldsymbol{X})]\\&=\exp(\mathrm{i}\boldsymbol{s}^{\mathrm{T}}\boldsymbol{b})E_{\boldsymbol{X}}[\exp(\mathrm{i}(\boldsymbol{A}^{\mathrm{T}}\boldsymbol{s})^{\mathrm{T}}\boldsymbol{X})]\\&=\exp(\mathrm{i}\boldsymbol{s}^{\mathrm{T}}\boldsymbol{b})\psi_{\boldsymbol{X}}(\boldsymbol{A}^{\mathrm{T}}\boldsymbol{s})\end{aligned} \tag{1.48}$$

插入标准多元正态函数的特征函数，得到

$$\begin{aligned}\psi_{\boldsymbol{Y}}(\boldsymbol{s})&=\exp(\mathrm{i}\boldsymbol{s}^{\mathrm{T}}\boldsymbol{b})\exp\left(-\frac{1}{2}(\boldsymbol{A}^{\mathrm{T}}\boldsymbol{s})^{\mathrm{T}}(\boldsymbol{A}^{\mathrm{T}}\boldsymbol{s})\right)\\&=\exp\left(\mathrm{i}\boldsymbol{s}^{\mathrm{T}}\boldsymbol{b}-\frac{1}{2}\boldsymbol{s}^{\mathrm{T}}(\boldsymbol{A}\boldsymbol{A}^{\mathrm{T}})\boldsymbol{s}\right)\end{aligned}\tag{1.49}$$

这是另一个多元正态函数的特征函数，其中 $\boldsymbol{Y}$ 是多元正态函数，其均值 $\boldsymbol{\mu}=\boldsymbol{b}$，协方差 $\boldsymbol{\Sigma}=\boldsymbol{A}\boldsymbol{A}^{\mathrm{T}}$，或 $\boldsymbol{Y}\sim\mathcal{N}(\boldsymbol{\mu},\boldsymbol{\Sigma})$。现在可以直接预测，应用另一个仿射变换 $\boldsymbol{Z}=\boldsymbol{B}\boldsymbol{Y}+\boldsymbol{c}$ 会得到另一个多元高斯：

$$\begin{aligned}\psi_{\boldsymbol{Z}}(\boldsymbol{s})&=\exp(\mathrm{i}\boldsymbol{s}^{\mathrm{T}}\boldsymbol{c})\exp\left(\mathrm{i}(\boldsymbol{B}^{\mathrm{T}}\boldsymbol{s})^{\mathrm{T}}\boldsymbol{\mu}-\frac{1}{2}(\boldsymbol{B}^{\mathrm{T}}\boldsymbol{s})^{\mathrm{T}}\boldsymbol{\Sigma}(\boldsymbol{B}^{\mathrm{T}}\boldsymbol{s})\right)\\&=\exp\left(\mathrm{i}\boldsymbol{s}^{\mathrm{T}}(\boldsymbol{B}\boldsymbol{\mu}+\boldsymbol{c})-\frac{1}{2}\boldsymbol{s}^{\mathrm{T}}(\boldsymbol{B}\boldsymbol{\Sigma}\boldsymbol{B}^{\mathrm{T}})\boldsymbol{s}\right)\end{aligned}\tag{1.50}$$

其中均值为 $\boldsymbol{B}\boldsymbol{\mu}+\boldsymbol{c}$，方差为 $\boldsymbol{B}\boldsymbol{\Sigma}\boldsymbol{B}^{\mathrm{T}}$。如果我们考虑一组维数指标 P 的正交投影，即投影到 $P=\{2,6,7\}$，那么这个式子也可以用来证明所有的边缘也是多元正态的。那么投影矩阵 $\boldsymbol{P}$ 具有项 $b_{P,P}=1$，其他项均为 0。这样，我们就可以得到以下特征函数：

$$\begin{aligned}\psi_{\boldsymbol{Z}}(\boldsymbol{s})&=\exp\left(\mathrm{i}\boldsymbol{s}^{\mathrm{T}}(\boldsymbol{P}\boldsymbol{\mu})-\frac{1}{2}\boldsymbol{s}^{\mathrm{T}}(\boldsymbol{P}\boldsymbol{\Sigma}\boldsymbol{P}^{\mathrm{T}})\boldsymbol{s}\right)\\&=\exp\left(\mathrm{i}\boldsymbol{s}_P^{\mathrm{T}}\boldsymbol{\mu}_P-\frac{1}{2}\boldsymbol{s}_P^{\mathrm{T}}\boldsymbol{\Sigma}_P\boldsymbol{s}_P\right)\end{aligned}\tag{1.51}$$

其中 $\boldsymbol{a}_P$ 表示删除 P 中元素后的向量，$\boldsymbol{A}_P$ 表示删除 P 中行和列后的矩阵。这是另一个多元高斯。相似的参数可以用来说明条件分布也是多元正态分布。将 $\boldsymbol{X}$ 分解为 $\boldsymbol{X}_P$ 和 $\boldsymbol{X}_{\overline{P}}$，其中 $\overline{P}=\{1,2,\cdots,D\}\setminus P$,那么 $P\cup\overline{P}=\{1,2,\cdots,D\}$。这样，$f(\boldsymbol{x}_P\mid\boldsymbol{x}_{\overline{P}})=\mathcal{N}(\boldsymbol{x}_P;\boldsymbol{m},\boldsymbol{S})$，其中 $\boldsymbol{m}=\boldsymbol{\mu}_P-\boldsymbol{\Sigma}_{P\overline{P}}\boldsymbol{\Sigma}_{\overline{P}\overline{P}}^{-1}(\boldsymbol{x}_{\overline{P}}-\boldsymbol{\mu}_{\overline{P}})$，$\boldsymbol{S}=\boldsymbol{\Sigma}_{PP}-\boldsymbol{\Sigma}_{P\overline{P}}\boldsymbol{\Sigma}_{\overline{P}\overline{P}}^{-1}\boldsymbol{\Sigma}_{\overline{P}P}$。更详细的证明过程参见 Murphy(2012，4.3.4 节)。

尽管高斯分布是特殊的，但它并不是唯一具有统计稳定性的分布：另一个重要的例子是 α 稳定分布(包括高斯分布作为特例)；事实上，中心极限定理的一个推广表明，具有无限方差的独立分布之和的分布趋向于 α 稳定分布。另一类同样对线性变换具有不变性的分布是*椭圆分布*，其密度是根据马氏距离均值的函数来定义的，即 $d(\boldsymbol{x},\boldsymbol{\mu})=\sqrt{(\boldsymbol{x}-\boldsymbol{\mu})^{\mathrm{T}}\boldsymbol{\Sigma}^{-1}(\boldsymbol{x}-\boldsymbol{\mu})}$。这些有用的分布也具有椭圆分布的边缘，而多元高斯分布是一个特例。

正如中心极限定理通常被用作选择高斯分布的理由一样，*极值定理*通常是选择极值分布的理由。考虑一个具有相同分布但独立随机变量的无限序列，该序列的最大值为 Frechet、Weibull 或 Gumbel 分布，与序列中随机变量的分布无关。

1.4.8 随机过程

*随机过程*是统计信号处理和机器学习中的关键。实际上，随机过程只是同一样本空间 Ω(也被称为*状态空间*)上随机变量 X_t 的集合，其中下标 t 来自任意集 T，该集在大小上可以是有限的或无限的、不可数的或可数的。当这个下标的集合有限时，比如 $T=\{1,2,\cdots,N\}$，则可以考虑集合与随机变量向量相一致。

在本书中，下标几乎都是*与时间相关的*，因此起着至关重要的作用，因为几乎所有的信号都是基于时间的。当下标是一个实数时，比如 $T=\mathbb{R}$，集合称为连续时间随机过程。可数集合称为离散时间随机过程。尽管连续时间过程在理论上很重要，但我们从现实世界中捕获的所有记录信号都是离散时间和有限的。必须对这些信号进行数字化存储，以便对它们进行信号处理计算。信号通常以均匀的时间间隔从现实世界中采样，每个采样占用有限的数字位。

后一个约束影响了过程中每个随机变量的样本空间的选择。有限位只能编码有限范围的离散值，因此，用数字方式表示写为 $\Omega=\{0, 1, 2, \cdots, K-1\}$，其中对于 B 位，有 $K=2^B$，但是这种数字表示也可以安排成以有限精度编码实数，一个常见的例子是 32 位浮点表示，这可能更专注于如何对正在采样的真实过程进行建模(详见第 8 章)。因此，在实数样本空间 $\Omega=\mathbb{R}$ 上处理随机过程在数学上通常是现实的和方便的。然而，样本空间的选择关键取决于对记录信号的真实解释，我们不应该忘记，实际的计算可能只相当于它们所基于的数学模型的近似值。

如果变量集合的每个成员彼此独立，并且每个成员具有相同的分布，那么为了刻画过程的分布性质，重要的是每一个 X_t 的分布，比如概率密度函数在真实状态空间上的 $f(x)$。具有此特性的简单过程被称为独立同分布(i. i. d.)过程，这在本书的许多应用中都是至关重要的，因为在整个过程中的联合分布分解为单个分布的乘积，这在很大程度上简化了统计推断问题中的计算。

然而，更有趣的信号是那些随机过程与时间相关的信号，其中每个 X_t 通常不是独立的。任何过程的分布特性都可以通过考虑组成随机变量的所有有限长集合的联合分布来分析，即过程的有限维分布(f. d. d. s)。对于真实状态空间，f. d. d. s 由 N 个时间指数向量 $\boldsymbol{t}=(t_1, t_2, \cdots, t_N)^{\mathrm{T}}$ 定义，其中向量 $(X_{t_1}, X_{t_2}, \cdots, X_{t_N})^{\mathrm{T}}$ 的 PDF$f_{\boldsymbol{t}}(\boldsymbol{x})$ 为 $\boldsymbol{x}=(x_1, x_2, \cdots, x_N)^{\mathrm{T}}$。正是这些 f. d. d. s 对过程中随机变量之间的依赖结构进行了编码。

除了依赖结构外，f. d. d. s 能做更多编码。统计数字信号处理和机器学习充分利用了这一结构。例如，高斯过程是信号处理中的卡尔曼滤波和机器学习中的非参数贝叶斯推断等普遍存在的问题的基础，其中的 f. d. d. s 都是多元高斯过程。另一个例子是用在非参数贝叶斯中的狄利克雷过程，其中的狄利克雷分布是 f. d. d. s(参见第 10 章)。

强平稳过程是 f. d. d. s 对时间平移不变的特殊过程，即 $(X_{t_1}, X_{t_2}, \cdots, X_{t_N})^{\mathrm{T}}$ 和 $(X_{t_1+\tau}, X_{t_2+\tau}, \cdots, X_{t_N+\tau})^{\mathrm{T}}$ 在 $\tau>0$ 时具有相同的 f. d. d. s。这意味着其局部分布性质将始终保持相同。这是另一个数学简化，并且应用广泛。当第一和第二联合矩对时间延迟不变时，平稳性的限制较少：对于所有 t、s 和 $\tau>0$ 有 $\operatorname{cov}[X_t, X_s]=\operatorname{cov}[X_{t+\tau}, X_{s+\tau}]$和 $E[X_t]=E[X_s]$。这就是所谓的弱平稳性。强平稳性涵盖了弱平稳性，但除非在特殊情况下，否则反过来不一定成立(平稳高斯过程就是这样一个例子)。弱平稳过程的时间协方差(自方差)仅依赖于时间平移：τ：$\operatorname{cov}[X_t, X_{t+\tau}]=\operatorname{cov}[X_0, X_\tau]$(见第 7 章)。

1.4.9　马尔可夫链

另一类广泛的简单非 i. i. d. 随机过程是那些对时间的依赖具有有限效应的过程，称为马尔可夫链(Markov chain)。给定一个离散状态空间上指数 $t=\mathbb{Z}$ 的离散时间过程，该过程满足马尔可夫性质：

$$f(X_{t+1}=x_{t+1} \mid X_t=x_t, \; X_{t-1}=x_{t-1}, \; \cdots, \; X_1=x_1) \\ =f(X_{t+1}=x_{t+1} \mid X_t=x_t) \tag{1.52}$$

对于所有的 $t \geqslant 1$ 和所有的 x_t。这种条件概率称为转移分布。

这说明随机变量在任意时刻 t 的概率只取决于前一时刻的指数，或者换句话说，在给定前一时刻随机变量的状态的基础上，过程是独立的。马尔可夫性质可以在很大程度上简化计算，这使得在隐马尔可夫模型中的推理可以节省大量的计算量。(注意，依赖于 $M \geqslant 1$ 以前的时间指数的链称为 M 阶马尔可夫链，但在本书中，我们通常只考虑 $M=1$ 的情况，因为任何高阶链都可以通过选择适当的状态空间重写为一阶链。)马尔可夫链如图 1.12 所示。

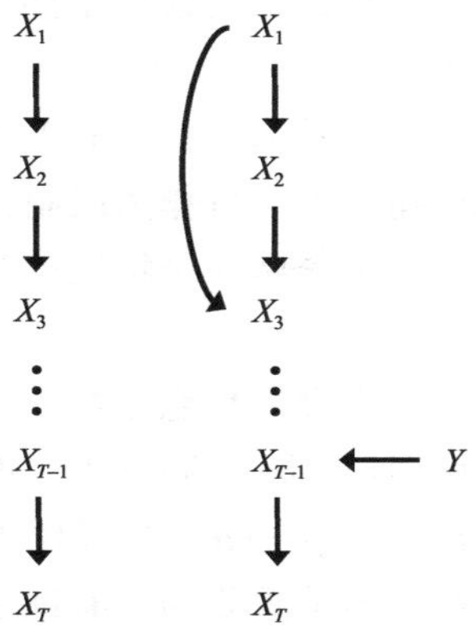

图 1.12　左为马尔可夫链，右为非马尔可夫链。对于马尔可夫链，随机变量 X_t 在时间 t 的分布仅取决于前一个随机变量 X_{t-1} 的值；左图的链正是这样的。右图所示的是非马尔可夫链，因为 X_3 的值由 X_1 决定，而 X_{T-1} 由一个外部随机变量 Y 决定

如果时间依赖是时间平移不变的，则会进一步简化：

$$f(X_{t+1}=x_{t+1} \mid X_t=x_t) \\ =f(X_2=x_2 \mid X_1=x_1) \tag{1.53}$$

对于所有的 t。这样的马尔可夫过程是强稳定的。现在，利用概率的基本性质，我们可以求出 $t+1$ 时刻状态的概率分布：

$$\sum_{x'} f(X_{t+1}=x_t \mid X_t=x')f(X_t=x')=\sum_{x'} f(X_{t+1}=x_{t+1}, \; X_t=x') \\ =f(X_{t+1}=x_{t+1}) \tag{1.54}$$

也就是说，通过将 $t+1$ 和 t 时刻的状态联合分布中随时间 t 的概率边缘化，得到 $t+1$ 时刻状态的无条件概率。但是，通过对过渡分布的定义，联合分布只是过渡分布乘以时间 t 的无条件分布的乘积。

对于大小为 K 的有限状态空间上的链，我们总是可以用一个自然数 $\Omega=\{1, \; 2, \; \cdots, \; K\}$ 重新标记每个状态。这允许我们为任何有限离散状态(强平稳)链构造一个非常便于计算的符号：

$$p_{ij}=f(X_2=i \mid X_1=j) \tag{1.55}$$

$K \times K$ 矩阵 $\boldsymbol{P}$ 称为链的转移矩阵。为了满足概率公理，这个矩阵必须有非负项，并且必须是对于所有 $j=1, \; 2, \; \cdots, \; K$ 满足 $\sum_i p_{ij}=1$ 的情况。这些性质使其成为(左)随机矩阵。此矩阵表示从 t 到 $t+1$ 的链的条件概率，并且 $\boldsymbol{P}^s$ 转移矩阵是从 t 到 $t+s$ 的多步链状态。令 K 元素向量 p^t 包含 X_t 的概率质量函数，即 $p_i^t=f(X_t=i)$，公式(1.54)可以被写为以下形式：

$$p_i^{t+1}=\sum_j p_{ij}p_j^t=(\boldsymbol{P}\boldsymbol{p}^t)_i \tag{1.56}$$

或矩阵向量形式：

$$\boldsymbol{p}^{t+1}=\boldsymbol{P}\boldsymbol{p}^{t} \tag{1.57}$$

换言之，时间指数 $t+1$ 处的 PMF 可以通过将时间指数 t 处的概率质量函数乘以转换矩阵来得到。现在，方程(1.57)只是一个线性递归系统，其解是简单的 $\boldsymbol{p}^{t+1}=\boldsymbol{P}^{t}\boldsymbol{p}^{1}$，或一般的 $\boldsymbol{p}^{t+s}=\boldsymbol{P}^{s}\boldsymbol{p}^{t}$。这说明了如何利用矩阵代数中的工具找到离散状态空间上平稳马尔可夫链的分布性质。

我们通常对强平稳链的平稳分布 $\boldsymbol{q}$ 很感兴趣，它们在转移矩阵的作用下是不变的，因此有 $\boldsymbol{Pq}=\boldsymbol{q}$。这可以作为限制，即从某个初始的 PMF $\boldsymbol{p}^{1}$，在 $t\to\infty$ 时有 $\boldsymbol{p}^{t}\to\boldsymbol{q}$。找到一个平稳分布等于求解一个特征值为 1 的特征向量问题：对应的特征向量将具有严格的正项，并且和为 1。

是否存在多个平稳分布？是只有一个还是没有？这是任何链要回答的关键问题。如果有一个(而且是唯一的)极限分布，那么它被称为平衡分布 $\boldsymbol{\mu}$，且所有可能的初始概率质量函数可以得到 $\boldsymbol{p}^{t}\to\boldsymbol{\mu}$，这样便可有效地“忘记”初始状态 $\boldsymbol{p}^{1}$。这种性质对于机器学习的许多应用都是至关重要的。有助于确定链的这一性质的两个重要概念，一个是不可约性，也就是说，是否可以通过有限数量的转换从任何状态转换到任何其他状态；另一个是非周期性，即链不会陷入重复的状态“循环”。

正式地，对于不可约的链，$s>0$ 步的转移矩阵对于所有 i，$j\in K$ 必须是非零的：

$$(\boldsymbol{P}^{s})_{ij}>0 \tag{1.58}$$

有几种等效的方法可以定义非周期性，下面介绍一种。对于所有的 $i\in K$：

$$\gcd\{s:(\boldsymbol{P}^{s})_{ii}>0\}=1 \tag{1.59}$$

其中 gcd 是最大公约数。这个定义意味着链在不规则的时间返回到相同的状态 i。

另一类非常重要的链是那些满足细致平衡条件的链，以如下形式呈现：

$$p_{ij}q_{j}=p_{ji}q_{i} \tag{1.60}$$

对于状态 $\boldsymbol{q}$ 上的一些分布，$q_{i}=f(X=i)$。展开来可以得到

$$\begin{aligned}f(X=i\mid X'=j)f(X'=j)&=f(X=j\mid X'=i)f(X'=i)\\ f(X=i,\ X'=j)&=f(X=j,\ X'=i)\end{aligned} \tag{1.61}$$

意味着 $p_{ij}=p_{ji}$，换言之，这些链具有对称转移矩阵，即 $\boldsymbol{P}=\boldsymbol{P}^{\mathrm{T}}$，这是双重随机的，因为列和行都是归一化的。有趣的是，分布 $\boldsymbol{q}$ 也是链的平稳分布，因为：

$$\sum_{j}p_{ij}q_{j}=\sum_{j}p_{ji}q_{i}=q_{i}\sum_{j}p_{ji}=q_{i} \tag{1.62}$$

这种对称性还意味着，如果处于静止状态，那么这种链是可逆的，即 $\boldsymbol{p}^{t}=\boldsymbol{q}$：

$$\begin{aligned}f(X_{t+1}=i\mid X_{t}=j)f(X_{t}=j)&=f(X_{t+1}=j\mid X_{t}=i)f(X_{t}=i)\\ f(X_{t+1}=i,\ X_{t}=j)&=f(X_{t}=i,\ X_{t+1}=j)\end{aligned} \tag{1.63}$$

因此，X_{t+1} 和 X_{t} 在相邻指数的状态联合分布中的角色是可以交换的，这意味着 f. d. d. s 以及链的所有分布性质对时间反转是不变的。

对于连续状态空间，其中 $\Omega=\mathbb{R}$，每次时间指数的概率是一个概率密度函数，即 $f(X_{t}=x_{t})$，而转移概率是条件概率密度函数，即 $f(X_{t+1}=x_{t+1}\mid X_{t}=x_{t})$。比如，考虑下列线性随机递推关系：

$$X_{t+1}=aX_{t}+\boldsymbol{\epsilon}_{t} \tag{1.64}$$

这里 $X_{1}=x_{1}$，a 是一个是特定的标量，而 t 是一个零均值的 i. i. d. 高斯随机变量，其标

准差为 σ。这是一个离散时间马尔可夫过程，具有以下转换概率密度函数：

$$f(X_{t+1}=x_t \mid X_t=x_t)=\mathcal{N}(x_{t+1};\ ax_t,\ \sigma^2) \tag{1.65}$$

即均值为 aX_{t-1}、标准差为 σ 的高斯。高斯-马尔可夫链的这个重要例子称为 AR(1)或一阶自回归过程；由高阶链定义的更一般的 AR(q)过程在信号处理和时间序列分析中普遍存在，将在第 7 章中详细讨论。

虽然我们不能再使用有限矩阵代数来预测具有连续状态空间的链的概率性质，但上述许多理论经过纠正之后对有限状态链都适用。在连续样本空间的情况下，对于下一时间索引的概率密度函数，式(1.54)的等效式是

$$f(X_{t+1}=x_{t+1})=\int f(X_{t+1}=x_{t+1} \mid X_t=x')f(X_t=x')\mathrm{d}x' \tag{1.66}$$

因此，如果它存在，具有不变性的概率密度函数满足下式：

$$f(X=x)=\int f(X_{t+1}=x \mid X_t=x')f(X=x')\mathrm{d}x' \tag{1.67}$$

细致平衡要求下式成立：

$$f(X=x \mid X'=x')f(X'=x')=f(X=x' \mid X'=x)f(X'=x) \tag{1.68}$$

事实上，对于上述 AR(1)的情形，可以证明链是可逆的，具有高斯平稳分布 $f(x)=\mathcal{N}(x;\ 0,\ \sigma^2/(1-a^2))$。

如果想进一步阅读，Grimmett 和 Stirzaker(2001)的文章提供了关于概率和随机过程的非常全面的介绍，Kemeny 和 Snell(1976)包含关于有限平稳马尔可夫链的基础知识。

1.5　数据压缩与信息论

实际问题中，大多数数学和统计建模都可以被视为*数据压缩*的一种形式——按照比从现实世界获得的记录信号的“大小”更紧凑的形式来表征被测量的物理现象。关于如何准确地测量数学模型和一组测量数据的大小，有许多悬而未决的问题。比如，Kolmogorov 复杂度 $K[S]$代表最小的计算机程序的大小(指令的数目或符号的数目)，它可以再现构成测量数字表征的符号序列。数据集大小的这种度量有一个理想的特性，即它对所使用的计算机编程语言(直到一个常数)是不变的。

例如，序列 $S_1=(1,3,1,3,1,3,1,3,1,3,1,3,1,3,1,3,1,3)$的算法复杂度(最多)是输出子序列(1，3)的程序长度的 9 倍。然而，序列 $S_2=(8,2,7,8,2,1,8,2,6,8,2,8,8,2,3,8,2,9)$与 S_1 具有相同的长度，如果我们去研究它的 Kolmogorov 复杂度则会发现，显然没有如此简单的程序能够再现它(尽管我们可以想象简单的方案可以比 S_2 的长度更紧凑地编码这个序列)。因此，我们可以假设 $K[S_1]<K[S_2]$，即 S_2 的复杂度大于 S_1。

我们可以说复杂度的一个上界(但不是严格的上下界)是 $K[S]\leqslant|S|+C$，即 S 的长度加上一些(小的)常数 C，因为程序只要有一张表供其按照正确的顺序从序列中检索出对应的项，就可以复制任何序列。这个上界程序必须包含整个序列(因此是 $|S|$ 部分)和依次检索序列的程序(C 部分)。我们也可以展示很简单的程序：它们很短，但不能完全复现这个序列(例如，对于上述 S_2，输出子序列(8，2，4)6 次的程序复杂度小于 $|S|$，但该序列

的每三个序列元素都是错误的)。这些“有损”程序可以作为下界。实际的 $K[S]$介于这些界限之间。主要的困难在于,$K[S]$是不可计算的,即我们可以证明,一般来说,给定任何序列,都不可能输出该序列的 Kolmogorov 复杂度(Cover 和 Thomas,2006,第 163 页)。这意味着对于任何序列和复制它的程序,我们只能确定 $K[S]$的上界。

一个可计算的、适用于随机变量的相关量是概率值 P 的香农信息映射 $-\ln P$。这是信息论这门学科的基础。由于 $P\in[0,1]$,相应的信息范围为$[+\infty,0]$(见图 1.13)。熵度量的是一个随机变量分布中所包含的平均信息。用概率质量函数或概率密度函数 $f(X)$定义的样本空间 Ω 上离散随机变量 X 的香农熵为

$$H[X]=E[-\ln f(X)] \tag{1.69}$$

对于离散随机变量,这是 $H[X]=-\sum_{x\in X(\Omega)} f(x)\ln f(x)$,而对于连续变量为 $H[X]=-\int_{\Omega} f(x)\ln f(x)\mathrm{d}x$。在连续的情况下,$H[x]$称为微分熵。需要注意的是,虽然这确实是对随机变量函数的期望,但期望函数是变量的分布函数(图 1.13)。

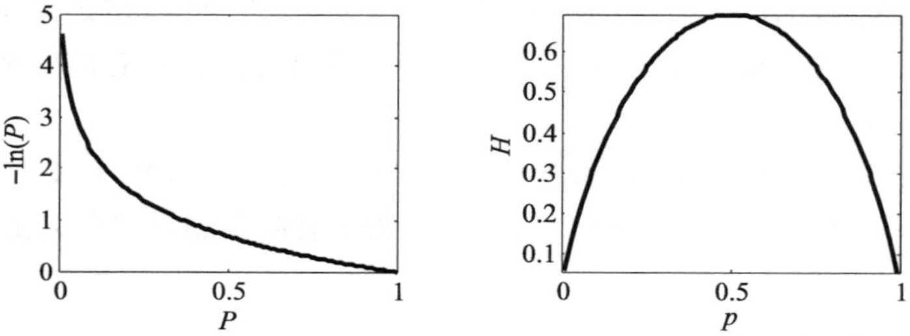

图 1.13 香农信息图和熵图。信息图纵轴的 $-\ln(P)$将概率范围$[0,1]$映射到熵值$[+\infty,0]$。熵是随机变量的期望信息,$H[X]=E[-\ln f(X)]$,这里显示的是伯努利随机变量,其中概率质量函数为 p 的方程:$f(x)=p^x(1-p)^{1-x}$,$x\in\{0,1\}$。因为伯努利分布为均匀分布 $p=1/2(f(x)=1/2)$,因此,熵在该值处最大化,从图中可以清楚地看出

迄今为止,关于信息论的唯一公理基础有一些不同的说法,但下面的公理对于定义香农熵是足够和必要的。

(1) 置换不变性:事件可以在不改变 $H[X]$的情况下重新标记。

(2) 有限极大值:固定样本空间上的所有分布,$H[X]$通过均匀分布(对于离散情况)或高斯分布(对于连续情况)最大化。

(3) 非信息类的新的不可能事件:通过包含具有零概率度量的附加事件来扩展随机变量不会改变 $H[x]$。

(4) 可加性:$H[X,Y]=H[X]+E_X[H[Y|X]]$,换言之,联合分布的熵是 X 的熵,加上以 X 为条件的 Y 的平均熵。

注意,上面的公理 4 意味着如果 X 和 Y 是独立的,那么 $H[X,Y]=H[X]+H[Y]$,即两个独立随机变量的熵是单独变量熵的和。例如,公理 4 可以被这个较弱的陈述所代替,在这种情况下,香农熵并不是满足所有公理的唯一熵。然而,香农熵是唯一对条件概率结果一致的熵:

$$P(X|Y)=\frac{P(X,Y)}{P(Y)}\Rightarrow H[X|Y]=H[X,Y]-H[Y] \tag{1.70}$$

这是很直观的：它指出在 Y 条件下 X 的信息，是通过从 X 和 Y 同时包含的联合信息中减去 Y 中的信息得到的。由于这个原因，本书中通常会提到香农熵，我们常说的“熵”指的就是香农熵。

对于随机过程，Kolmogorov 复杂度与熵密切相关。考虑离散时间下在离散有限集 Ω 上的 i. i. d. 过程 X_n。另外，用 $K[S|N]$表示条件 Kolmogorov 复杂度，其中序列 N 的长度假定为程序已知。参见 Cover 和 Thomas(2006，第 154 页)，我们可以得到当 $N\to\infty$ 时，有

$$E[K[(X_1, \cdots, X_N)|N]]\to NH_2[X] \tag{1.71}$$

式中，$H_2[X]$是熵，取以 2 为底的对数，以比特为单位进行测量。换句话说，i. i. d. 序列的期望(条件)Kolmogorov 复杂度收敛到序列的总熵。之所以出现这种显著的联系，是因为香农熵也可以用一种普遍适用的编码方案来定义所有的 i. i. d. 随机序列(例如霍夫曼编码，它创建唯一可解码的比特序列)，也就是说，一种构造任意随机变量实现的压缩表示的方法。香农著名的信源编码定理表明(通用的)压缩表示中的比特数介于 $NH_2[X]$和 $NH_2[X]+N$ 之间(Cover 和 Thomas，2006，第 88 页)。

表示这种压缩的另一种方法是，给定$|\Omega|\leqslant 2^L$，其中整数 L 表示样本空间 Ω 的所有成员所需的比特数。因此，需要 $N\times L$ 比特未压缩的二进制表示方式来表示序列 S。相比而言，使用熵编码，由于 $H_2[X]\leqslant\log_2|\Omega|$，且假设 X 的分布是非均匀分布，我们可以在不丢失信息的情况下减少表示 S 所需的比特数。熵值告诉我们，在最佳情况下平均能实现多少压缩量。

1.5.1 信息映射的重要性

为什么信息论和数据压缩对机器学习和统计信号处理如此重要？最基本的是，在以 2 为底的对数中，在随机序列 $\boldsymbol{X}=(X_1, \cdots, X_N)$上分布了$-\log_2 f(\boldsymbol{x})$的信息映射，其量化了压缩序列的期望长度。对于一个长度为 N 的 i. i. d. 序列，在具有 $M=|\Omega|$个元素的离散集上，如果每个结果具有一定的概率 p_i，$i\in\{1, \cdots, M\}$，那么结果 i 预计会出现 Np_i 次。序列的分布是

$$f(x)=\prod_{n=1}^{N} p_{x_n}\approx\prod_{i=1}^{M} p_i^N p_i \tag{1.72}$$

现在，应用信息映射，有

$$\begin{aligned}-\log_2 f(x)&\approx-\sum_{i=1}^{M} Np_i\log_2 p_i=-N\sum_{i=1}^{M} p_i\log_2 p_i\\&=NH[X]\end{aligned}$$

这与总熵和期望的 Kolmogorov 复杂度近似一致。通过典型集的概念和渐近均分原理，使这种近似的确切性变得严格(Cover 和 Thomas，2006，第 3 章)。因此，在机器学习领域中，信息映射使得我们可以通过从概率到数据压缩建模等多个角度进行研究。

这里一个关键的代数方面的结果是，应用信息映射$-\ln P(X)$具有将乘法概率计算转换为加法信息计算的效果。对于条件概率：

$$-\ln P(X|Y)=-\ln\left(\frac{P(X, Y)}{P(Y)}\right)=-\ln P(X, Y)+\ln P(Y) \tag{1.73}$$

对于独立随机变量：

$$-\ln P(X, Y)=-\ln(P(X)P(Y))=-\ln P(X)-\ln P(Y) \tag{1.74}$$

这个映射具有计算上的优势。许多概率的乘积会变得难以控制地小，在有限的数值精度下进行计算时会遇到困难，而在 $\mathbb{R}^+$ 尺度上信息是可加的，相应的信息计算更稳定。

信息映射还具有代数上的优势。例如，一个普遍存在的问题涉及最大化关于某个参数的联合概率，其中联合分布因为独立性而可以继续进行分解。在这种情况下，联合分布成为负对数概率的总和。最小化负对数概率等同于最大化联合概率，通常可以通过将负对数概率之和的参数的导数设置为零来实现其最小化。但是，由于微分是线性的，所以最大联合概率的条件是每个负对数概率的导数之和为零。在这种形式下，最大概率问题通常更容易解决。

另一个优点是大量重要的分布(包括高斯分布和伯努利分布)属于所谓的*指数族*(参见4.5节)，其可以写作 $f(\boldsymbol{x}; \boldsymbol{p})=\exp(\boldsymbol{p}\cdot\boldsymbol{g}(\boldsymbol{x})-a(\boldsymbol{p})+h(\boldsymbol{x}))$。在这个指数族上应用信息映射，可以得到 $-\ln f(\boldsymbol{x}; \boldsymbol{p})=-\boldsymbol{p}\cdot\boldsymbol{g}(\boldsymbol{x})+a(\boldsymbol{p})-h(\boldsymbol{x})$，它稳定并简化了使用这些分布的所有概率计算。

抽象地说，概率密度在 $[0, +\infty]$ 上形成一个半域，在其间进行加法和乘法运算。加法恒等式和乘法单位元通常是 0 和 1。应用负对数转换后，乘法转换为单位元为 0 的加法。对应的加法则是(*负的*)log-exp-sum 计算 $-\ln(e^{-x}+e^{-y})$，其单位元为 $+\infty$。这就揭示了信息映射的弊端：在负对数变换下，概率的加法并不简单，甚至会更复杂。举个例子，这里考虑边缘化计算 $P(X)=\sum_{y\in Y}(\Omega_Y)P(X, Y=y)$，借助信息映射可以得到 $-\ln P(X)=-\ln\sum_{y\in Y}(\Omega_Y)P(X, Y=y)$，这已经是最简化形式了，我们将在后面的章节中看到一些处理这个问题的有效计算技巧。

1.5.2 互信息和 KL 散度

联合熵 $H[X, Y]$ 表征联合分布中包含的信息总量，*互信息*用分布函数 f_X、f_Y 以及联合分布函数 f_{XY} 量化随机变量 X 和 Y *之间共享的信息量*：

$$I[X, Y]=E_{XY}\left[-\ln\left(\frac{f_X(X)f_Y(Y)}{f_{XY}(X, Y)}\right)\right] \tag{1.75}$$

其中，期望是关于联合分布的。对于离散样本空间，这是

$$I[X, Y]=-\sum_{x\in X(\Omega_X)}\sum_{y\in Y(\Omega_Y)}f_{XY}(x, y)\ln\left(\frac{f_X(x)f_Y(y)}{f_{XY}(x, y)}\right) \tag{1.76}$$

而对于连续分布是

$$I[X, Y]=-\int_{\mathbb{R}}\int_{\mathbb{R}}f_{XY}(x, y)\ln\left(\frac{f_X(x)f_Y(y)}{f_{XY}(x, y)}\right)\mathrm{d}x\,\mathrm{d}y \tag{1.77}$$

利用对数的性质和期望的线性，很容易证明 $I[X, Y]=H[X]+H[Y]-H[X, Y]$，即互信息是边缘熵之和与联合熵的差。那么这个量有什么性质？最重要的是以下几项：

(1) 独立性：$I[X, Y]=0$ 当且仅当 X 独立于 Y。

(2) 非负性：$I[X, Y]\geqslant 0$，X 和 Y 独立时取等号。

(3) 对称性：$I[X, Y]=I[Y, X]$。

(4) 自信息性：$I[X, X]=H[X]$。

前三个属性偏度量方面。与协方差相比，对于自变量而言这就等于零，但是如果两个随机变量的协方差为零，并不意味着它们是独立的(除非在特殊情况下，例如，它们都是高斯的)。因此，互信息通常被用作衡量变量之间依赖性的一般度量。

信息映射还可用于量化两个随机变量分布之间的“不相似性”。例如，给定两个随机变量 X 和 Y，以及概率密度函数/概率质量函数 f_X 和 f_Y，Kullback-Leibler(KL)散度定义为

$$D[X, Y]=E_X\left[-\ln\left(\frac{f_Y(X)}{f_X(X)}\right)\right] \tag{1.78}$$

这也被称为信息增益或相对熵。它也可以表示为两个分布中包含的平均信息的差异，对于 X 的分布：

$$\begin{aligned} D[X, Y]&=E_X[-\ln f_Y(X)]-E_X[-\ln f_X(X)] \\ &=H_X[Y]-H[X] \end{aligned} \tag{1.79}$$

其中 $H_X[Y]$被称为 Y 与 X 的交叉熵。因此，我们可以看到，如果 X 和 Y 具有相同的分布，那么 $D[X, Y]=0$。再者，KL 散度是非负的，所以 $D[X, Y]\geqslant 0$。这看起来像某种度量吗？幸好不是，因为它不是对称的，不满足三角不等式。尽管如此，在本书中的许多信号处理问题中，KL 散度对统计推断具有重要意义。

Cover 和 Thomas(2006)的经典教科书包含对本节内容的深入研究。

1.6 图

本书的主题之一是希望找到信号的较好的数学模型，这些模型代表产生这些信号的系统中变量和参数之间的关系。例如，如果信号 X_1 中的一个随机变量依赖于另一个 X_2，而 X_2 又依赖于另一个 X_3，我们可以得到一个图，以某种方便的形式表示其关系 $X_3 \to X_2 \to X_1$。图(又被称为网络)是可以用来表示这种关系的最通用的数学结构之一(相较于其他形式)。

图 G 是由有限个顶点(节点)V 和边 E 组成的数学对象。其中的顶点由边连接。如果图的边有明确的方向性，则表示图是有方向的，如果没有，则表示图是无方向的(图 1.14)。边可能有权重，这些通常是实值；没有权重的图称为无权图。图的大小就是边的数目 $N=|E|$。

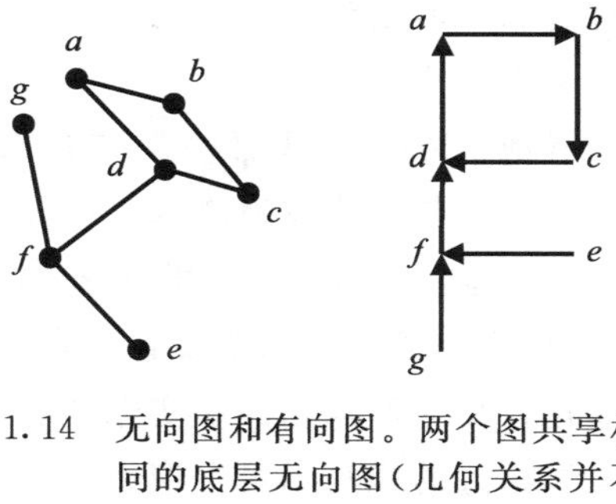

图 1.14　无向图和有向图。两个图共享相同的底层无向图(几何关系并不重要，只有连通性才重要)。它们也共享循环 $abcda$，但有向图中不存在循环 $adcba$。将顶点 b 移出这两个图后，循环就消失了，这两个图都变成了树结构，有向图变成了有向无环图

我们可以将这个对象转换成另一种形式，用一种名为邻接矩阵的表示来计算它。通常，我们只考虑节点之间没有边或只有一条边的图。在这种情况下，对于无权图，这是一个有 1 或 0 的矩阵；边上的权重可以放在这个矩阵中。通过构造，该矩阵对无向图是对称的，对有向图是非对称的。

连接到任何节点的边数称为(节点)的度。显然，对于未加权的无向图，这是对应于该节点的行(和列)和。对于有向图有两个量，分别对应于进入节点和离开节点的边数的入度和出度。对于非对称邻接矩阵，这些是相应的行和列的和。

图中的移动(或路径)是两个节点之间通过一系列相互连通的边的遍历。循环(cycle)是一条周期性的路径，即边和顶点的序列在一定的步数后重复。环(loop)是一个自边，即连接节点到自身的一条边(但是请注意，在某些文献中，环是循环的同义词——我们将在必要时明确表示)。

图中两个节点之间的距离是连接它们的最短可能的路径。即使两个节点可能是连接的，但在有向图中，也可能无法在它们之间找到一条遵循该路径中所有边的方向的路径。显然，无向图就没有这个限制。图的直径是图中最大的距离，即任意两个节点之间最长路径的长度。

特殊图

因为上面的基本概念非常简单，所以我们最终得到了大量可能的图，但很难说它们有什么意义或有什么用。但是，通过固定一个特定的属性或一组感兴趣的属性，可以定义具有非常重要的数学属性的图类。例如，图的特定顶点-边的连通性是最重要的特征之一(图 1.14)。

连通图是指所有节点都可以通过所有其他节点的路径到达的图，即没有孤立节点。我们通常只关注连通图，因为如果图不连通，那么我们可以很快挑选出所有孤立节点，并将它们作为一个较小的独立的图来研究。

全连通图是所有节点都与其他节点相连接而不存在循环的图。全连通图的未加权邻接矩阵中除了对角线是全 0，其他所有元素均为 1。

全连通图在某种程度上是没有意义的，因为它们没有包含任何我们可以加以利用的“结构”。事实上，有向网络中最有意义的一种是有向无环图(directed acyclic graph，DAG)。有向无环图是没有有向环的连通图(注意，当引入方向性时，无向图中的循环可能就消失了)。在随机变量之间存在概率条件链的情况下，自然会用到 DAG，机器学习文献中称之为概率图模型(probabilistic graphical models，PGM)。实际上，概率图模型也是本书的关键概念之一。

其他重要的图是那些没有环和边的图，称为树，因为该结构的形态与一棵树相似(图 1.14)。树结构较为简单，它有一些非常重要的性质：任何两个节点都由唯一的路径连接；如果删除任何边，则树将分成多个部分，也不再连接。树有 $N-1$ 条边，$|V|=|E|-1$；如果添加了连接两个现有节点的新边，则将形成循环。这些性质使得计算量得到极大的简化，从而使得在许多实际情况下对有向无环图树的统计推断变得容易。经典的例子是前面讨论过的隐马尔可夫模型。

二分图是将节点分割成两个不相交集 V_1 和 V_2 的连通图。边不连接同一集合中的节点，即边只将 V_1 中的节点连接到 V_2 中的节点，反之亦然。机器学习中的重要例子包括条件随机场(conditional random fields，CRF)下的无向二分图。

为了更深入地了解相关内容，建议阅读(Bollobás，1998)。Henle(1994)将图形作为拓扑对象进行介绍，浅显易懂。

1.7 凸性

统计决策的核心是优化问题：找到“最佳”解，通常是在相互冲突的需求之间进行的折中。统计推断包括在给定的约束条件下找到某个变量或参数的最优值，如最大化问题中变量和参数的联合概率，或最小化相应的负对数、KL 散度或者概率或概率密度模型的其他数量。因此，在本书中，最优化问题通常可以作为目标函数 F 的最大化/最小化问题被提出，即 $\mathbb{R}^D \to \mathbb{R}$：

$$\hat{\boldsymbol{x}} = \arg\min_{\boldsymbol{x}} F(\boldsymbol{x}) \tag{1.80}$$

见图 1.15。当这样一个优化问题是凹(最大化)或凸(最小化)时，任何局部最优解都是解决该问题的最优解。注意，我们总是可以通过用 $-F$ 替换 F 并最小化(而非最大化)来将凹问题转化为凸问题。

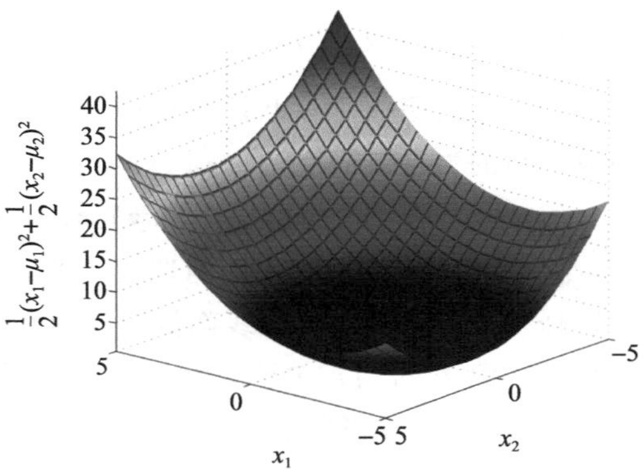

图 1.15 双变量典型的(凸)目标函数 $F(x)=\frac{1}{2}(x_1-\mu_1)^2+\frac{1}{2}(x_2-\mu_2)^2$，其中 $\mu_1=-2$，$\mu_2=1$。上图中颜色代表 F 的值。通常，目标是通过调整参数 x 的值，使该函数值最小化。在这个例子中，最优值是 $\hat{\boldsymbol{x}}=(\mu_1, \mu_2)^{\mathrm{T}}$

凸优化问题有一个非常重要的结果，即如果存在一个最优解，则可以通过局部搜索找到它。这通常可转化为一种直观的想法，即通过在某个地方选择一个起点，并在“下坡”方向上对其进行修正，最终就会得到最优解。这种想法存在的不可避免的复杂性在于，为了使下坡搜索有效，必须要定义一个梯度 ∇F——当梯度在每个点上都没有很好定义时，就需要采用其他特殊的技术(见图 1.16)。

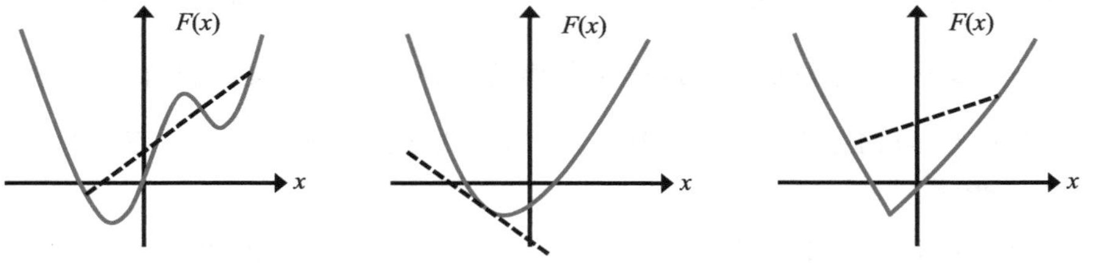

图 1.16 光滑但非凸函数、光滑且凸函数和不可微凸函数。非凸函数不满足零阶凸性条件：函数图上连接每对点的线必须始终位于图的上方。可微凸函数的切线位于函数图的下方，但与图有交点的地方除外(一阶条件)；它们在每个维度上都有非负的二阶导数(二阶条件)。不可微凸函数满足零阶条件，但由于梯度不是处处定义的，因此不可能通过选取一个起始点并沿下坡方向对其进行细化来最小化这些函数(因为它是光滑的凸函数)

凸函数是 F 和 $0 \leqslant \theta \leqslant 1$ 域中所有 x 和 y 的(零阶)凸性条件成立的函数，称为 Jensen 不等式：

$$F(\theta \boldsymbol{x} + (1-\theta)\boldsymbol{y}) \leqslant \theta F(\boldsymbol{x}) + (1-\theta) F(\boldsymbol{y}) \tag{1.81}$$

这个条件意味着连接任意两点($\boldsymbol{x}$，$F(\boldsymbol{x})$)和($\boldsymbol{y}$，$F(\boldsymbol{y})$)的线永远不会低于 F 的图(见图 1.16)。

统计机器学习和信号处理中的许多重要功能是凸的。在学习相关知识前，我们要了解以下概念：

- 负对数：$-\ln(x)$。
- 指数：$\exp(ax)$，$a\in\mathbb{R}$。
- 绝对值指数：$|x|^p$，$p\geqslant 1$。
- 负熵：$\sum_{i=1}^{N}|x_i\ln(x_i)|$。
- 范数(包括最大范数)。
- 对数和指数：$\ln\left(\sum_{i=1}^{N}\exp(x_i)\right)$。

对于可微函数 F，凸性可以用微积分来刻画。F 域中所有 $\boldsymbol{x}$ 和 $\boldsymbol{y}$ 的一阶凸性条件是，函数是凸的当且仅当

$$F(\boldsymbol{y})\geqslant F(\boldsymbol{x})+\nabla F(\boldsymbol{x})^{\mathrm{T}}(\boldsymbol{y}-\boldsymbol{x}) \tag{1.82}$$

这个方程的右边是 $\boldsymbol{x}$ 处的切线，即 $\boldsymbol{x}$ 处与 F 具有相同梯度的直线。对这种情况的一种解释是，每个点上的切线都低于或刚好等于到该点上的函数值(见图 1.16)。考虑梯度在每个维度消失的情况 $\nabla F(\boldsymbol{x})=0$，那么从式(1.82)可以得到，对于 F 域中的所有 $\boldsymbol{y}$，$F(\boldsymbol{y})\geqslant F(\boldsymbol{x})$，这意味着当每个维度的梯度消失时，$F$ 确实是最小化的值。

同样，对于二次可微函数，二阶凸性条件是，对于 F 域中的所有 $\boldsymbol{x}$，函数 F 是凸的当且仅当

$$\nabla^2 F(\boldsymbol{x})\geqslant \boldsymbol{0} \tag{1.83}$$

以上这个不等式可以按每个元素来解释。这只是说明二阶导数处处都是非负的，即函数在每个维度上都有非负曲率(见图 1.16)。从上述凸函数的基本描述中，我们可以形成同样的凸组合。接下来讨论一些非常重要的例子。

非负线性组合。如果一组函数 $F_i(\boldsymbol{x})$，$i=1$，2，…，N 是凸的，那么对于 $a_i\geqslant 0$ 和 $b\in\mathbb{R}$，$\sum_{i=1}^{N}a_iF_i(\boldsymbol{x})+b$ 也是凸的。这就是所谓的凸组合。这是复合目标函数的典型形式，出现在最大后验概率(MAP)推断中，其中一些 a_i 被称为正则化参数，而 b 是由于后验的归一化而产生的。

凸函数的最大化。一组 N 个凸函数 $F_i(\boldsymbol{x})$，$i=1$，2，…，N 在给定点 $\boldsymbol{x}$ 处的最大值是凸的。例如，本书经常使用(凸)分段线性函数 $F(\boldsymbol{x})=\max\{\boldsymbol{a}_1^{\mathrm{T}}\boldsymbol{x}+b_1,\ \boldsymbol{a}_2^{\mathrm{T}}\boldsymbol{x}+b_2,\ \cdots,\ \boldsymbol{a}_N^{\mathrm{T}}\boldsymbol{x}+b_N\}$，它们构成分段线性概率密度函数的函数基。

凹函数的边缘化。如果 $f(x,\ y)$在 x 中每个 $y\in\mathbb{R}$ 上是凹的，那么 $\int_{\mathbb{R}}\int(x,\ y)\mathrm{d}y$ 在 x 上也是凹的。研究结果发现，许多重要的联合分布函数在定义它的随机变量中至少有一个是凹的，因此，将另一个变量边缘化会保持凹性(例如多元高斯函数)。

希望对凸分析有全面了解的读者可以参考 Boyd 和 Vandenberghe(2004)，该书还讨论了许多实际应用。

1.8 计算复杂性

机器学习和数字信号处理的基本理论大多是构造可以为某种计算机硬件编程的算法。在实际应用中，总是只有有限的资源来实现这些算法。我们需要重点考虑的是算法的“效率”。在实践中，通常高效利用资源的算法比效率较低的算法更受青睐。因此有必要量化算法的效率，以便预测哪些算法将是更为实用的，以及了解如何修改现有算法以提高其计算效率。算法效率的量化是计算机科学中一个被称为计算复杂性理论的课题。

1.8.1 复杂性的阶和大 O 表示法

最常出现的两个效率问题是时间效率和空间效率。时间是指为了执行一个算法而必须采取的基本(不可约)计算步骤的次数，不考虑具体的硬件。在这个上下文中，空间是指为了执行算法而必须保存在计算机内存中的基本不可约数据结构的数目。我们通常可以预期，时间和空间需求严重依赖于算法输入数据的大小 N，例如，数字信号将需要更多的时间来处理，并且需要比短信号更多的内存来存储。

通常，我们感兴趣的不是任何一个例子所需的非常具体的时间或空间量，而是了解这些计算资源需求相对于竞争算法是如何随着输入大小的变化而变化的。例如，算法 1 需要 $f(N)=N^2+5N$ 的基本步数，这与所需要的基本步数为 $g(N)=N^2/2$ 的算法 2 的资源需求大致相同。这两种算法在这方面的等价性可用大 O 表示法表示：两种算法的计算复杂性都是 $O(N^2)$阶，因为在 f 和 g 中，N^2 这一项都会随着 $N\to\infty$占主导。尽管我们可以证明，对于所有 N 都有 $f(N)>g(N)$，而当 $N\to\infty$时，有 $\text{limit}(f(N)/g(N))\to 2$，因此算法 1“仅”需要两倍于算法 2 的步数。若算法 3 需要 $h(N)=2^N+6N^2$ 步，则 $h(N)/f(N)$和 $h(N)/g(N)$随 N 的增加无上限地递增。因此，对于较大的输入，算法 1 和算法 2 的运行时间将具有相似的数量级，但算法 3 可能需要更高数量级的时间。

根据这些等价性的阶数，我们可以给出计算复杂性和效率的层次(表 1.1)。最有效的算法完全或几乎对 N 不敏感，然而，随着 N 的增加，最低效的算法将不断提高计算复杂性。

表 1.1 常见的计算复杂性的阶，用大 O 表示法表示。效率高的位于顶层，效率低的位于底层。多项式和更好阶数的算法通常被认为在实践中是“可处理的”

阶	名称
$O(1)$	常值
$O(\log N)$	对数
$O(N)$	线性
$O(N\log N)$	对数线性
$O(N^k)$，$k>1$	多项式
$O(k^N)$，$k>1$	指数
$O(N!)$	阶乘

1.8.2 可处理和难处理的问题：NP 完全性

当然，在绝对意义上，什么样的阶数被认为是有效的还没有定数，但即便是一个不太大的 N，其对应问题的指数时间复杂度都可能是个天文数字。举个例子，考虑一个复杂度为 $O(2^N)$的算法，如果输入为 $N=1000$ 的话，那么需要 $2^{1000}\approx10^{300}$ 步计算，即便是用计算机来处理，其处理速度为每秒 10^9 次运算，完成这个算法都需要 3×10^{283} 年！现在考虑数字信号，其长度可以轻松地达到 $N=10^6$ 甚至更长，我们可以理解指数时间算法在实践中是无用的。$O(N^2)$阶的另一种多项式算法需要 $1000^2=10^6$ 个步骤，这在当今普遍使用的计算机硬件上只需几秒钟即可解决。多项式和指数级复杂性之间的对比很好地说明，像多项式一样糟糕的算法是我们所能接受的极限，而那些指数级或更差的算法是难以处理的。

所以，面对一个特殊的数学问题，我们想找到最有效的算法来解决它。通常，最明显的解决方案涉及某种暴力计算，它只是彻底地解决或评估问题中的一系列数学表达式，而且这种解决方案不会非常有效。但是，通过利用问题中的特性(例如底层的组结构)，我们通常可以找到一种效率更高的算法。一个著名的例子是离散傅里叶变换的计算：简单地逐项求和的朴素算法具有时间复杂度 $O(N^2)$，但是一种被称为快速傅立叶变换(FFT)的算法可以仅用 $O(N\log N)$的复杂度来解决这个问题。在技术创新的驱动下，针对机器学习和 DSP 中常见的计算问题，研究者设计了一些高效的算法。

这就提出了一个问题：对于每一个数学问题，是否都存在高效的算法。不幸的是，这问题的答案似乎是“否”。值得注意的是，有些问题没有已知的、高效的算法，而且一般来说，我们不能期望有比指数时间复杂度更好的算法。这些算法本质上都是等价的。由于技术上的原因，这些问题的细节并不重要，在有关算法复杂度的文献中，这些问题被称为非多项式时间完全(NP-complete)。它们包括统计机器学习和 DSP 中的一些重要问题，如特征选择、k 均值聚类和稀疏信号恢复。在这些情况下，正如我们稍后将看到的，所能期望的最好的是找到好的近似解的易于实现的算法。

Dasgupta(2008)等人写了一本可读性很高的教科书，其中深入讨论了计算复杂性和 NP 完全性，以及 NP 难的相关概念。

优　　化

不确定性下的决策是本书的中心主题。一种常见的情况是：数据是由某个(数字)传感器设备记录的，我们知道(或假设)这些数据中包含一些“基础”的信号，这些信号被噪声所掩盖。我们的目标是提取这些信号，但是噪声的存在使得这个任务无法完成：我们永远无法知道真正的潜在信号。因此，我们必须做出数学上的假设，使这项任务成为可能。不确定性通过概率的数学机制形式化(见1.4节)，并在这些假设下做出决定，找到最佳选择。本章探讨了在DSP和机器学习中做出这些最佳选择的主要方法。

2.1　预备知识

如1.7节所讨论的，最优化问题(optimization problem)通常是以最小化某个(广义)目标函数(例如 $F: X \to \mathbb{R}$ 对参数向量 $\boldsymbol{x} \in X$)的标准形式呈现出来。当 $X = \mathbb{R}^D$ 时，称为*连续问题*。相比之下，当 X 由一个有限的集合组成，或者是可数的无限集合时，那么问题就变成*离散的*或*组合型的*。我们如何解决这个问题，关键取决于 F 的性质。特别是，无论它是连续的还是离散的，它是否有一个或多个“局部”最优的点(在某种意义上稍后会明确)？如果 F 是连续的，有多少个导数存在？

2.1.1　连续可微问题与临界点

最重要的一类问题是连续问题，其中 F 至少可以被微分两次。对于这些问题，我们可以给出一个必要的条件，使点 $\hat{\boldsymbol{x}}$ 成为 F 的*局部极小值*：在每个 D 方向上，梯度必须为零，即 $\nabla F(\hat{\boldsymbol{x}}) = \boldsymbol{0}$。所谓的局部极小值，我们指的是对于任何足够小的位移向量 $\|\Delta\hat{\boldsymbol{x}}\| > 0$，$F(\hat{\boldsymbol{x}}) < F(\hat{\boldsymbol{x}} + \Delta\hat{\boldsymbol{x}})$(注意，可能有有限数量的孤立点，这是真实存在的)。这些局部极小值的点被称为*临界点*。这些知识都来自基础微积分。

然而，梯度条件还不够：如果二阶偏导数的矩阵——称为 Hessian *矩阵* $\nabla^2 F(\hat{\boldsymbol{x}})$——是正定的，那么 $\hat{\boldsymbol{x}}$ 确实是最小值，而函数在每个维度上都在增加，向远离临界点的任何方向上移动。否则，它可能是*局部极大值*或*鞍点*，在某些维度上增加而在其他维度上减少。在一维中，$D=1$，要使临界点最小，二阶导数必须在该点为正。在整个函数范围内只有一个极小值的函数 F 是凸的，事实上，正如1.7节所述，Hessian矩阵在任何地方都是正定的。

大多数实际的连续问题都无法求解。即使如此，如果要求解的问题除了处处可微以外还是凸的，那么有一个简单的过程可以保证其在有限的计算步骤中，总能找到具有一定精度的解。从迭代 n 处的“猜测” $\boldsymbol{x}_n$ 开始，在最陡下降方向 $-\nabla F(\boldsymbol{x}_n)$ 上采取适当的“步骤”，我们将得到一个改进的估计 $\boldsymbol{x}_{n+1}$。另一个类似的步骤得到了一个更好的估计，这可以无限地重复。这就是所谓的*梯度下降法*。在这种幸运的情况下，一个简单的贪婪算法可以解决大量实际问题，这可能是凸的、可微的问题最吸引人的特征，在后面的章节中我们会详细讨论。然而，我们将看到，这样一个简单的设想在实践中往往表现得非常糟糕，因此我们将为解决这一局限性而引入一些最有效的补救措施。

2.1.2 等式约束下的连续优化：拉格朗日乘子

有时，我们还面临一组 N 个(等式)约束函数 G_i：$\mathbb{R}^D \to \mathbb{R}$：

$$
\begin{aligned}
&\text{最小化 } F(\boldsymbol{x}) \\
&\text{受 } G_i(\boldsymbol{x})=0,\ i=1,\ 2,\ \cdots,\ N \text{ 约束}
\end{aligned}
\tag{2.1}
$$

类似于式(2.1)这样的问题被称为(连续)约束优化问题。约束引入了一些额外的复杂性：一般来说，$\mathbb{R}^D$ 的某些(子)区域将被“禁止”，因为在这些区域内，约束方程不成立。约束成立的 $\mathbb{R}^D$ 区域称为可行域或可行集。

式(2.1)的目标是在使 F 最小的可行区域内找到点 $\hat{\boldsymbol{x}}$。对于 F 可微的问题，有一个简单的解，称为拉格朗日乘数法，它能使得我们找到点 $\hat{\boldsymbol{x}}$。我们可以通过例子来加深几何上的直觉(见图 2.1)。这里，我们希望最小化方程 $F(\boldsymbol{x})=x_1^2+2\left(x_2-\frac{1}{2}\right)^2-2$，该方程受到的单一约束为 $G(\boldsymbol{x})=x_1^2+x_2^2-1=0$，该约束将单位圆固定为可行域。图 2.1 中所示为等值线，即满足 $F(\boldsymbol{x})=c$ 的 $\boldsymbol{x}$ 的集合，c 为某一常数。图中还显示了所选点处的最陡下降方向 $-\nabla F(\boldsymbol{x})$。关键的观察结果是 F 的水平曲线仅在两个点 $(0,\ \pm 1)^{\mathrm{T}}$ 处与可行集局部平行，并且目标函数 F 在 $(0,\ 1)^{\mathrm{T}}$ 处小于在 $(0,\ -1)^{\mathrm{T}}$ 处的值。所以，约束极小化问题的解是 $(0,\ 1)^{\mathrm{T}}$。

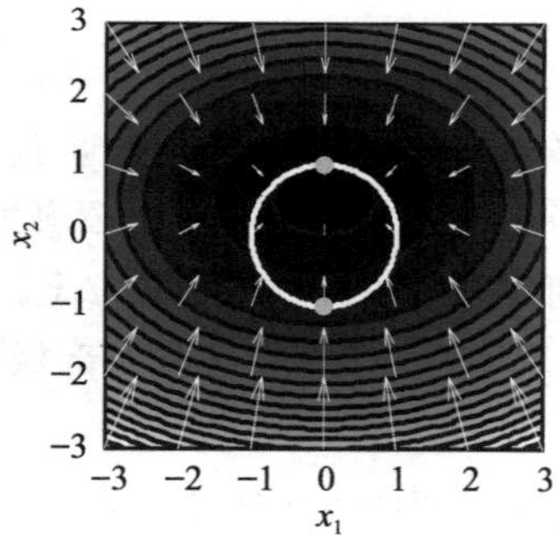

图 2.1　等式约束连续优化的拉格朗日乘子法。具有轮廓 $F(\boldsymbol{x})=c$(灰色曲线)的凸目标函数 F 显示为从黑色(F 的较小值)到浅灰色(较大值)的灰色渐变。箭头显示(下坡)梯度 $-\nabla F$，这些是垂直于等高线的法向量。白圈是构成可行集的约束条件。只有两个点的梯度 $-\nabla F$ 与可行集的法向量平行。在这些点上，不可能通过沿可行集的(微小的)移动来减少 F，因此，它们代表了优化问题的潜在解(在这种情况下，点(0，1)对应 F 的最小值)

为了理解以上说法的正确性，我们观察到一个切实可行的方法，就是从可行集合的任何地方开始，并通过沿着集合的局部移动，在 F 最大减少的方向上使 F 最小化。当我们到达其中一个点 $(0,\ \pm 1)^{\mathrm{T}}$ 时，局部运动不会导致 F 的显著变化，因为沿可行集的局部运动也就等同于沿水平集的局部运动(即根据定义，它是常数)。

这是几何上的直觉，相应的代数表达如下：最陡下降向量 $-\nabla F(\boldsymbol{x})$ 是在 x 处设置的水平集的法向量，它垂直于那个位置的水平集。类似地，可行集的法向量垂直于 x 处的可行集。由于水平集和可行集是平行的，因此它们的法向量也是平行的。然而，它们通常有不同的幅值，因此我们可以记：

$$-\nabla F(\hat{\boldsymbol{x}})=\nu \nabla G(\hat{\boldsymbol{x}}) \tag{2.2}$$

其中的标量 $\boldsymbol{\nu}$ 要满足 $\boldsymbol{\nu}>0$。因此，可知最优解必须同时满足式(2.2)和 $G(\hat{\boldsymbol{x}})=0$，一种简单的将这些条件进行编码的方法就是引入拉格朗日算子：

$$L(\boldsymbol{x},\boldsymbol{\nu})=F(\boldsymbol{x})+\boldsymbol{\nu}G(\boldsymbol{x}) \tag{2.3}$$

其中$\nabla_x L(\boldsymbol{x}, \boldsymbol{\nu})=\mathbf{0}$ 可推导出$\nabla F(\boldsymbol{x})+\boldsymbol{\nu}\nabla G(\boldsymbol{x})=\mathbf{0}$(公式(2.2)也一样)，而$\nabla_\nu L(\boldsymbol{x}, \boldsymbol{\nu})=0$ 就是约束 $G(\boldsymbol{x})=0$。额外的自由度 $\boldsymbol{\nu}$ 被称为该问题的拉格朗日乘子。

回到上面讲的例子，我们有 $L(\boldsymbol{x}, \boldsymbol{\nu})=x_1^2+2\left(x_2-\frac{1}{2}\right)^2-2+\boldsymbol{\nu}(x_1^2+x_2^2-1)$，那么，$\nabla_x L(\boldsymbol{x}, \boldsymbol{\nu})=(2x_1(1+\boldsymbol{\nu}), (4+2\boldsymbol{\nu})x_2-2)^{\mathrm{T}}$。通常我们假设 $x_1\neq 0$，可以得到 $\boldsymbol{\nu}=-1$，且 $x_2=\frac{1}{2+\boldsymbol{\nu}}=1$。最后，应用约束方程，我们发现 $x_1=0$，这与几何解是一致的。

当存在更多约束时，我们通过形成通用的拉格朗日方程，以基本相同的方式处理这些约束：

$$L(\boldsymbol{x},\boldsymbol{\nu})=F(\boldsymbol{x})+\sum_{i=1}^{N}\boldsymbol{\nu}_i G_i(\boldsymbol{x}) \tag{2.4}$$

其中拉格朗日乘子 $\boldsymbol{\nu}$ 的维度为 N。找到最优解需要求解 $D+N$ 方程$\nabla_x L(\boldsymbol{x}, \boldsymbol{\nu})=\mathbf{0}$ 和$\nabla_\lambda L(\boldsymbol{x}, \boldsymbol{\nu})=\mathbf{0}$。通常情况下，我们不能用解析的方法求解这些方程，而需要使用某种数值方法。

2.1.3 不等式约束：二元性和 Karush-Kuhn-Tucker 条件

在许多情况下，除了等式约束外，我们还有一组 M 个不等式约束函数 H_j：$\mathbb{R}^D\to\mathbb{R}$：

$$\begin{aligned}&\text{最小化 } F(\boldsymbol{x})\\&\text{受 } G_i(\boldsymbol{x})=0,\ i=1,\ 2,\ \cdots,\ N\\&H_j(\boldsymbol{x})\leqslant 0,\ j=1,\ 2,\ \cdots,\ M \text{ 约束}\end{aligned} \tag{2.5}$$

相关的拉格朗日方程是：

$$L(\boldsymbol{x}, \boldsymbol{\nu}, \boldsymbol{\lambda})=F(\boldsymbol{x})+\sum_{i=1}^{N}\boldsymbol{\nu}_i G_i(\boldsymbol{x})+\sum_{j=1}^{M}\lambda_j H_j(\boldsymbol{x}) \tag{2.6}$$

其中 $\boldsymbol{\lambda}$ 为 M 维向量的拉格朗日乘子，向量$(\boldsymbol{\nu}, \boldsymbol{\lambda})$称为对偶变量。

不等式乘数受到两个限制。首先，在最优解上必须满足互补松弛(complementary slackness)条件：

$$\lambda_j H_j(\hat{\boldsymbol{x}})=0,\ j=1,\ 2,\ \cdots,\ M$$

即对于每个不等式约束，要么乘数为零，要么约束条件为零(或两者兼具)。为了了解其中的原因，考虑当 $H_j(\hat{\boldsymbol{x}})<0$ 时的情况，$\hat{\boldsymbol{x}}$ 的位置与忽略不等式时的位置是一样的，因此可以通过设置 $\lambda_j=0$ 将其从问题中“移除”。此外，如果最优点位于不等式约束的边界上，则 $H_j(\hat{\boldsymbol{x}})=0$，那么相关乘数 λ_j 可以是非零的。其次，不等式乘子必须是非负的，即 $\boldsymbol{\lambda}\geqslant 0$，原因如下：考虑对于满足不等式约束条件的可行集，$F$ 中的最速下降向量必须与该可行集的法线平行，但方向相反，这就跟公式(2.2)恰巧一致，因为我们要求 $\boldsymbol{\lambda}\geqslant 0$。

很容易证明(Boyd 和 Vandenberghe，2004，第 223 页)如果 $\boldsymbol{x}$ 满足问题(2.6)中的约束条件，并且由于 $\boldsymbol{\lambda}>0$，对偶(目标)函数 $\Lambda(\boldsymbol{\nu}, \boldsymbol{\lambda})=\inf_x L(\boldsymbol{x}, \boldsymbol{\nu}, \boldsymbol{\lambda})$是式(2.6)最优值 $F(\hat{\boldsymbol{x}})$的

下界。因此，通过求解凹(拉格朗日)对偶问题得到关于乘数向量($\boldsymbol{\nu}$，$\boldsymbol{\lambda}$)的最佳下界如下：

$$\begin{aligned}&\text{最大化}\ \Lambda(\boldsymbol{\nu},\ \boldsymbol{\lambda})\\&\text{受}\ \lambda_i>0,\ i=1,\ 2,\ \cdots,\ N\ \text{约束}\end{aligned}\tag{2.7}$$

在这种情况下，式(2.6)被称为原始问题。我们可以把 $\mathbb{R}^{D+N+M}$ 中的点($\boldsymbol{x}$，$\boldsymbol{\nu}$，$\boldsymbol{\lambda}$)作为组合“原始-对偶”优化问题的新变量。

数量方程 $F(\boldsymbol{x})-\Lambda(\boldsymbol{\nu},\ \boldsymbol{\lambda})\geqslant 0$，即原始目标和对偶目标之间的差异被称为对偶间隙。结果表明，对于凸原始问题，如果原始约束严格满足 $F(\hat{\boldsymbol{x}})=\Lambda(\hat{\boldsymbol{\nu}},\ \hat{\boldsymbol{\lambda}})$，间隙就是0(Boyd和Vandenberghe，2004年，第226页)。这种理想的情况称为强对偶性，它为检验求解凸优化问题的数值方法的收敛性提供了一种方便的策略，我们将在后面讨论。

罗列出原始一对偶变量($\boldsymbol{x}$，$\boldsymbol{\nu}$，$\boldsymbol{\lambda}$)要达到最优必须满足的所有条件是很有用的。假设原始问题是凸的且强对偶成立，则Karush-Kuhn-Tucker(KKT)条件适用于原始-对偶最优点($\hat{\boldsymbol{x}}$，$\hat{\boldsymbol{\nu}}$，$\hat{\boldsymbol{\lambda}}$)：

$$\begin{aligned}&G_i(\hat{\boldsymbol{x}})=0,\ i=1,\ 2,\ \cdots,\ N\\&H_j(\hat{\boldsymbol{x}})\leqslant 0,\ j=1,\ 2,\ \cdots,\ M\\&\hat{\boldsymbol{\lambda}}_j\geqslant 0,\ j=1,\ 2,\ \cdots,\ M\\&\nabla F(\hat{\boldsymbol{x}})+\sum_{i=1}^{N}\hat{\boldsymbol{\nu}}_i\nabla G_i(\hat{\boldsymbol{x}})+\sum_{j=1}^{M}\hat{\lambda}_j\nabla H_j(\hat{\boldsymbol{x}})=0\\&\hat{\lambda}_jH_j(\hat{\boldsymbol{x}})=0,\ j=1,\ 2,\ \cdots,\ M\end{aligned}\tag{2.8}$$

前三个条件只是对原始-对偶等式和不等式约束的重申。由于 $\hat{\lambda}_j>0$，在 $L(\boldsymbol{x},\ \hat{\boldsymbol{\nu}},\ \hat{\boldsymbol{\lambda}})$处的拉格朗日方程对于 $\boldsymbol{x}$ 必须是凸的，因此它得出了拉格朗日方程相对于原始变量的梯度在最优点必须为零——这给出了第四个条件。第五个条件是前面描述的互补松弛条件。

2.1.4　迭代法的收敛性和收敛速度

大多数求解优化问题的数值方法都是迭代的，也就是说，它们产生一系列“猜测”：$\boldsymbol{x}_0$，$\boldsymbol{x}_1$，…，$\boldsymbol{x}_n$。我们希望至少这些猜测集中在一个固定点 $\boldsymbol{x}^\star$ 上，即 $\boldsymbol{x}_{n+1}=\boldsymbol{x}_n=\boldsymbol{x}^\star$(或者更实际的，当 n 足够大时，$\boldsymbol{x}_{n+1}\approx\boldsymbol{x}_n$)。相应地，当 n 足够大时，我们需要一些小的容差(tolerance)$\boldsymbol{\epsilon}>0$，满足 $|F(\boldsymbol{x}_n)-F(\boldsymbol{x}^\star)|<\boldsymbol{\epsilon}$。理想情况下也是如此，我们希望这个固定点是优化问题的解，即随着 n 的增大，$\boldsymbol{x}_n\to\boldsymbol{x}^\star=\hat{\boldsymbol{x}}$。当然，我们希望这种融合能尽快完成。给定两个收敛算法，我们如何判断哪个收敛得更快？收敛速度是回答这个问题的一种方法。

考虑一个在定点 $x^\star$ 上收敛的迭代算法，当 $q\geqslant 1$ 时，该算法以 $\rho\in[0,\ 1]$的速率以 q 阶收敛：

$$\lim_{n\to\infty}\frac{|F(\boldsymbol{x}_{n+1})-F(\boldsymbol{x}^\star)|}{|F(\boldsymbol{x}_n)-F(\boldsymbol{x}^\star)|^q}=\rho\tag{2.9}$$

写成 $\Delta F_n=|F(\boldsymbol{x}_n)-F(\boldsymbol{x}^\star)|$，我们有 $\Delta F_{n+1}\to\rho\Delta F_n^q$，因此，$\Delta F_n\to\Delta F_0^{q^n}R$，其中 $R=(\rho^{q^n-1})\rho^{1-q}$。因此，$\ln\Delta F_n\to q^n(\ln\Delta F_0+\ln\rho)$，当 limit $q\to 1$ 时，我们有 $\ln\Delta F_n\to(\ln\Delta F_0+n\ln\rho)$。因此，这种极限的特殊情况被称为线性收敛(它将是 n 与 ΔF_n 的线性-对

数图上的一条线)。此外，$\rho=0$ 的迭代称为*超线性收敛*(superlinearly convergent)，另一个极端情况，$\rho=1$ 的迭代称为*次线性收敛*(sublinear convergence)，$q=2$ 的特殊情况称为*二次收敛*(quadratic convergence)。一个关键点是线性收敛 $q=1$，这与 ΔF_0 偏离最优解多大无关，在相同的指数速率下，迭代次数趋于最优，然而，对于其他 q 值，算法应该满足 $\Delta F_0<\rho^{-1}$，否则，许多初始迭代将在线性算法已经取得进展的地方进行"预热"。

2.1.5　不可微的连续问题

导数处处存在的连续优化问题具有上一节中描述的局部和全局最优性准则。然而，在统计机器学习中存在许多实际问题，其中 F 域中某些点的导数没有被定义，那么，就不能保证可以得到必要条件 $\nabla F=\mathbf{0}$。也许最简单的实际例子是绝对值函数 $F(x)=|x|$，其中 $x=0$ 处的梯度没有定义。而且，大多数不可微的问题是不可解析解决的，解决这些问题需要一些特殊的数学概念和技术，下面我们将介绍这些概念和技术。

考虑一个连续目标函数 $F:\mathbb{R}\to\mathbb{R}$。虽然梯度可能不存在于某个孤立点 x 处，但该点的一个*次导数*始终存在。考虑任意数 $m\in\mathbb{R}$，有

$$F(x+\Delta x)\geqslant m\Delta x+F(x) \tag{2.10}$$

对于所有 $\Delta x\in\mathbb{R}$。m 的每一个值都是"次切线"的梯度，各处均不高于 $F(x+\Delta x)$，见图 2.2。

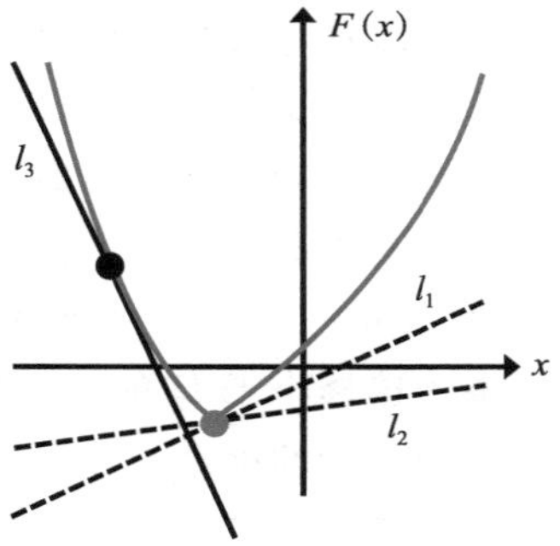

图 2.2　定义在 $\mathbb{R}$ 上的目标函数 $F(x)$，具有可微(黑色)和不可微(灰色)点。对于不可微的点，l_1 和 l_2 表示两根"次切分线"。相反，可微点只有一条切线 l_3，其梯度是该点的导数。不可微点也是函数的局部极小值，因为有一条零梯度的水平次切线穿过该点

所有这些梯度 m 的集合称为 x 处的*次微分*，表示为 $\partial F(x)$，它是一个闭合区间，位于左侧和右侧导数 $[F'_-(x),\ F'_+(x)]$ 之间。这泛化了微分的概念，因为如果函数在 x 处是可微的，那么左、右导数相等，所以次微分只有一个数，即普通梯度 $F'(x)$。最后，当 $0\in\partial F(x)$ 时，点 x 是 F 的局部最优解，如果 F 是凸的，则该点是全局最小值。这些关于次微分的事实为解决凸的、不可微的连续问题提供了各种实用的方法，这些方法将在后面的章节中进行探讨。

为了说明，函数 $F(x)=|x|+(1/2)x^2$ 具有次微分：

$$\partial F(x)=\begin{cases}x+1, & x>0\\ [-1,\ 1], & x=0\\ x-1, & x<0\end{cases} \tag{2.11}$$

从中我们可以看出 $x=0$ 是一个局部最优解，并且由于可以证明函数是凸的，所以这一点也是全局最小值。

次导数和次微分的概念可以被推广到多维。对于函数 $F:\mathbb{R}^D\to\mathbb{R}$，$F$ 在 x 处的*次梯度*是任何向量 $\boldsymbol{u}$，因此：

$$F(\boldsymbol{x}+\Delta\boldsymbol{x})\geqslant\langle\boldsymbol{u},\ \Delta\boldsymbol{x}\rangle+F(\boldsymbol{x}) \tag{2.12}$$

对于所有的 $\Delta\boldsymbol{x}\in\mathbb{R}^D$。类似于 $D=1$ 的例子，这只是任何接触到或低于 $F(\boldsymbol{x}+\Delta\boldsymbol{x})$的次切超平面的梯度。次微分 $\partial F(\boldsymbol{x})$就是所有这些次梯度的集合，因此当 $\mathbf{0}\in F(\boldsymbol{x})$时，$\boldsymbol{x}$ 是局部最优的。

2.1.6 离散(组合)优化问题

如果目标函数被定义在一个有限或可数无限的值集或对象 X 上，那么优化结果是离散的或组合的。例如，回归中的变量选择问题是统计机器学习中经常遇到的问题。在这里，给定一个模型中包含的大量可能的变量，目标是找到一组在某种意义上与上下文相适应的“最佳”变量。与连续问题相比，这类目标函数缺乏相同的连续性和可微性的基本概念，这些概念对于找寻和确定局部和全局最优解的存在至关重要。因此，处理离散问题需要利用与处理连续问题完全不同的数学方法。

很明显，如果有一个统一的数学方法来解决所有这些离散问题，将是非常有价值的。考虑 X 是有限集时的特殊情况，一个(最小化)问题的明显通用解是穷举(暴力)枚举：计算每个 $x\in X$ 的 F 值，并简单地选取值 $\hat{x}$，当所有 $x\neq\hat{x}$ 时，都满足 $F(\hat{x})<F(x)$，这就是穷举搜索。假设存在这样一个唯一的最优解，很明显，通过这个过程可以保证求出该解。当然，通过这个过程也可以发现是否存在这种唯一的最优解。

不幸的是，由于组合爆炸(combinatorial explosion)，像这样的穷举搜索并不能解决大多数优化问题。例如，考虑前面提到的从一组 D 个变量中选择变量的问题。我们可以在集合 $X=\{0,\ 1\}^D$ 上定义一个目标，因此每个 $x\in X$ 都是一个由 D 个 1 和 0 组成的串，区间 $1\leqslant d\leqslant D$ 里的一个 1 表示被选中的变量数 d。通常要考虑任何可能的变量组合，因此我们不局限于选择小于 D 的某个数。基于此，X 的维度是 2^D。若要使用穷举搜索，必须依次检查每个可能的组合，如果 $D=4$，则需要 $2^4=16$ 个步骤；如果 $D=32$，则需要 2^{32} 个步骤。换句话说，虽然穷举搜索是有限问题的通用解，但它可能具有指数时间复杂度，因此，一般来说，除了最小的有限域 X 外，它几乎没有任何用处。当然，对于无限的定义域来说，这是很难解决的。

通常，一个离散的问题会有一些特性，这使它更容易被处理。例如，如果我们将变量选择问题限制为在每个子集中仅选择固定数量的变量 $d<D$，则存在 $D!/(d!(D-d)!)$种可能的子集。这样，穷举搜索变得更容易处理，因为当 $D\to\infty$时，子集的数量接近 $D^d/d!$，它是 D 中的多项式。

在寻求离散优化问题的统一方法时，我们会遇到一大类看似完全不同的问题(例如著名的旅行商问题——找到边加权图中所有顶点的加权和最小的环)，这可以表述为整数线性规划(integer linear programming，ILP)问题。整数线性规划需要最小化非负整数参数向量 $\boldsymbol{x}\in\mathbb{Z}^D$ 的整数线性组合 $\boldsymbol{c}^{\mathrm{T}}\boldsymbol{x}$，并受全整数矩阵系统约束。因此，如果一个离散的机器学习或 DSP 问题可以被重新表述为整数线性规划问题，那么我们可以求助于许多已知算法中的一个，这些算法可以找到精确的解，例如割平面法和枚举法。然而，令人失望的是，整数线性规划是 NP 完全的，因此一般情况下，整数线性规划将具有最坏情况下的指数时间复杂度，这使得它无法用于机器学习和 DSP 中遇到的典型问题。

从最新的离散优化理论中得出的一个不可避免的结论是，除非一个问题具有减轻组合爆炸的特性，否则我们将被迫接受近似解。这里的一些关键思想被称为启发式的(heuristics)：优化的策略不一定保证找到最优解，但能找到一个足够好的解。重要且通常相当成功的策略包括贪婪搜索、禁忌搜索、模拟退火等，这些将是后面章节的重点。

2.2 连续凸问题的解析方法

解析方法是一种通过对最优化问题进行代数处理，通过指定的计算步骤序列来获得最优解的方法。然而，解析方法是非常罕见的，因为我们在本书中描述的大多数实际问题都不适用于代数操作，而代数操作使得这些解成为可能。

2.2.1 L_2 范数目标函数

有一个非常重要和普遍的例子，即具有解析极小值的目标函数，再进一步说就是具有一般形式的 L_2 范数目标函数：

$$F(\boldsymbol{x})=\frac{1}{2}\|\boldsymbol{A}\boldsymbol{x}-\boldsymbol{b}\|_2^2 \tag{2.13}$$

其中 $\boldsymbol{A}\in\mathbb{R}^{M\times D}$，$\boldsymbol{b}\in\mathbb{R}^M$，参数 $\boldsymbol{x}\in\mathbb{R}^D$ 可以调整为最小化函数 F。这样的问题被称为线性最小二乘问题，其解特别简单。首先要说明的是，这个目标函数在 $\boldsymbol{x}$ 上是凸的，这是因为它在每个维度上都是一个正的二次多项式。

由于式(2.13)中的范数是平方的形式，我们可以展开范数得到 $F(\boldsymbol{x})=(1/2)(\boldsymbol{A}\boldsymbol{x}-\boldsymbol{b})^{\mathrm{T}}(\boldsymbol{A}\boldsymbol{x}-\boldsymbol{b})$，进一步展开得到：

$$F(\boldsymbol{x})=\frac{1}{2}\boldsymbol{x}^{\mathrm{T}}\boldsymbol{A}^{\mathrm{T}}\boldsymbol{A}\boldsymbol{x}-\boldsymbol{x}^{\mathrm{T}}\boldsymbol{A}^{\mathrm{T}}\boldsymbol{b}+\frac{1}{2}\boldsymbol{b}^{\mathrm{T}}\boldsymbol{b} \tag{2.14}$$

$F(\boldsymbol{x})$对 $\boldsymbol{x}$ 求导，令结果为 0，得到：

$$\frac{\partial F}{\partial \boldsymbol{x}}(\boldsymbol{x})=\boldsymbol{A}^{\mathrm{T}}\boldsymbol{A}\boldsymbol{x}-\boldsymbol{A}^{\mathrm{T}}\boldsymbol{b}=\boldsymbol{0} \tag{2.15}$$

上式等价于 $\boldsymbol{A}^{\mathrm{T}}\boldsymbol{A}\boldsymbol{x}=\boldsymbol{A}^{\mathrm{T}}\boldsymbol{b}$，因此，优化问题的解是：

$$\hat{\boldsymbol{x}}=(\boldsymbol{A}^{\mathrm{T}}\boldsymbol{A})^{-1}\boldsymbol{A}^{\mathrm{T}}\boldsymbol{b} \tag{2.16}$$

这种解在统计学中非常普遍，因此它有自己的名字：正规方程(或正则方程)。它表明解决最小二乘问题只需要标准矩阵计算，事实上这样计算起来相当方便。在本书中，我们将在大量段落中找到关于这个等式裁剪的问题。它在经典的线性 DSP 中具有重要的意义，在统计机器学习中也得到了广泛应用。

有些特殊情况特别有价值。如果 $\boldsymbol{A}$ 是正交的，那么由于 $\boldsymbol{A}^{\mathrm{T}}\boldsymbol{A}=\boldsymbol{I}$，式(2.16)可以简化为 $\hat{\boldsymbol{x}}=\boldsymbol{A}^{\mathrm{T}}\boldsymbol{b}$。这在几何上很有指导意义：由于 $\boldsymbol{A}$ 是正交基，因此通过将 $\boldsymbol{b}$ 映射到这个新基来解决该基中的线性最小二乘问题。逆映射通过左乘以 $\boldsymbol{A}$ 得到 $\boldsymbol{\zeta}=\boldsymbol{A}\hat{\boldsymbol{x}}$，换句话说，就是投影回原来的基上。稍后，我们将看到离散傅里叶变换(DFT)是这种正交基映射的一个实例，其中 $\hat{\boldsymbol{x}}$ 为频域信号，$\boldsymbol{\zeta}$ 为时域信号，$\boldsymbol{A}$ 被称为离散傅里叶矩阵。

我们经常会遇到所谓的 L_2 范数正则化(也称为 Tikhonov 正则化或岭回归)，其中目标函数的形式是 $F(\boldsymbol{x})=(1/2)\|\boldsymbol{A}\boldsymbol{x}-\boldsymbol{b}\|_2^2+\frac{\gamma}{2}\|\boldsymbol{x}\|_2^2$，它类似于最小二乘法，但包含一个正则

化项 $\gamma \geqslant 0$，而当 $\gamma \to \infty$ 时，它迫使 $\boldsymbol{x}$ 的项变为 0。这可以被重写为：

$$F(\boldsymbol{x})=\frac{1}{2}\|\boldsymbol{A}\boldsymbol{x}-\boldsymbol{b}\|_2^2+\frac{1}{2}\|\boldsymbol{\Gamma}\boldsymbol{x}\|_2^2 \tag{2.17}$$

该式的解为 $\hat{\boldsymbol{x}}=(\boldsymbol{A}^{\mathrm{T}}\boldsymbol{A}+\boldsymbol{\Gamma}^{\mathrm{T}}\boldsymbol{\Gamma})^{-1}\boldsymbol{A}^{\mathrm{T}}\boldsymbol{b}$，这只是对上述法方程的一个小小的修改。检查特殊情况 $\boldsymbol{\Gamma}=\gamma\boldsymbol{I}$ 具有指导意义：当 $\gamma=0$ 时，我们恢复正规方程(法方程)(2.16)。当 $\gamma \to \infty$ 时，$\boldsymbol{x} \to \gamma^{-2}\boldsymbol{A}^{\mathrm{T}}\boldsymbol{b}$，也即 $\boldsymbol{0}$。

在加权最小二乘问题中，一个类似形式的正规方程也会出现，其中 $F(\boldsymbol{x})=(1/2)\|\boldsymbol{A}\boldsymbol{x}-\boldsymbol{b}\|_W^2$，其中 $\boldsymbol{W}$ 是一个正定权矩阵(positive-definite weight matrix)。这种情况下，正规方程是 $\hat{\boldsymbol{x}}=(\boldsymbol{A}^{\mathrm{T}}\boldsymbol{W}\boldsymbol{A})^{-1}\boldsymbol{A}^{\mathrm{T}}\boldsymbol{W}\boldsymbol{b}$。

矩阵求逆和矩阵乘积使得这些优化解的复杂性为 $O(N^3)$。

2.2.2　混合 L_2-L_1 范数目标函数

还有另一个非常有趣的特殊情况，在有限的情况下，解析解是可能的，也就是所谓混合 L_2-L_1 范数问题的形式是：

$$F(\boldsymbol{x})=\frac{1}{2}\|\boldsymbol{A}\boldsymbol{x}-\boldsymbol{b}\|_2^2+\gamma\|\boldsymbol{x}\|_1 \tag{2.18}$$

这是凸函数，因为它是两个凸范数的凸组合。这样的问题被称为 Lasso 回归(Lasso regression)问题。当 $\boldsymbol{A}$ 为正交时，可以证明极小化问题的最优值为：

$$\hat{x}_i=\operatorname{sgn}(\tilde{x}_i)[|\tilde{x}_i|-\gamma]_+ \tag{2.19}$$

对于所有的 $i=1, 2, \cdots, D$，当 $x \geqslant 0$ 时，$[x]_+=x$，反之等于 0，而 $\tilde{\boldsymbol{x}}=\boldsymbol{A}^{\mathrm{T}}\boldsymbol{b}$(这只是前面描述的 $\gamma=0$ 时的正规方程解)。非常有趣的是，当 $\boldsymbol{A}$ 为正交时，将此解与岭回归解(2.17)进行比较：

$$\hat{x}_i=\frac{1}{1+\gamma}\tilde{x}_i \tag{2.20}$$

在这两种情况下，γ 的增加都使每个 $\hat{x}_i$ 趋向零，但不同于公式(2.20)中当 $\gamma \to \infty$ 时 $\hat{x}_i \to 0$，Lasso 解(2.19)是当 $\gamma \geqslant |\tilde{x}_i|$ 时有 $\hat{x}_i=0$。因此，对于惩罚参数 γ 的某些有限值，Lasso 解趋于零(见图 2.3)。这个有趣的有限 γ 解的“收缩”趋近于零在统计机器学习和 DSP 中得到了广泛的关注，因为它具有一些重要的统计特性，这些特性将在后面讨论。

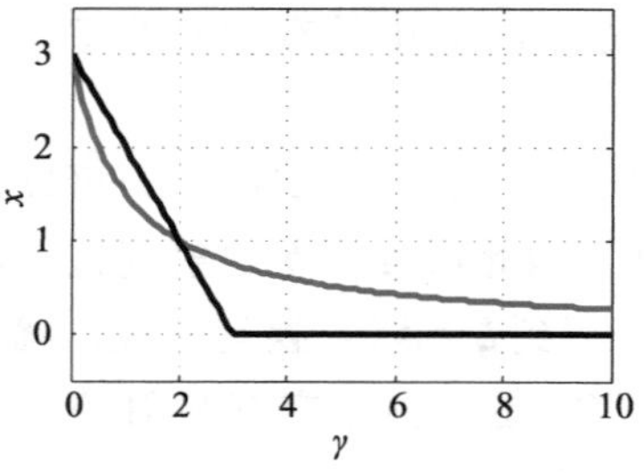

图 2.3　由于使用惩罚目标函数，出现了两种重要的解析上的“收缩”：L_2 范数(岭)惩罚(灰色线)和 L_1 范数(Lasso)惩罚(黑色线)。初始最小二乘解(正则化参数 $\gamma=0$)为 $\hat{x}=3.0$，随着 γ 的增加，这会趋近于零。对于岭惩罚，我们有 $\hat{x} \to 0$ 的极限；而对于 Lasso 惩罚，当 $\gamma \geqslant \hat{x}$ 时，$\hat{x}=0$，其中 $\hat{x}$ 是非惩罚最小二乘解

由于需要进行矩阵求逆和矩阵积运算，求解的计算复杂度为 $O(N^3)$。不幸的是，当 $\boldsymbol{A}$ 不正交时，Lasso 解析解(2.19)不再成立，我们不得不借助数值技术来解决如式(2.18)所示的混合范数问题。

2.3 连续凸问题的数值方法

我们在前面已经看到，使用 L_2 范数的目标函数在某种程度上是唯一的，因为最优解总是可以解析计算的，并且我们讨论了另一种有限的情况，在这种情况下，解析解是可能的。有没有其他类型的(凸)目标函数具有解析解？确实，一维问题($D=1$)特别适用于这一点，但在实践中，我们遇到了高维非线性问题，其中 $\boldsymbol{x}$ 的零导数条件的求解，本质上是很困难的。在本节中，我们将探讨众多数值方法中的一部分，这些方法被设计用来寻找连续凸优化问题的近似(事实上，通常是非常精确的)解，对于这些问题，没有哪个解析解是很容易求解的。

2.3.1 迭代重加权最小二乘法

我们的第一个例子是一类问题，从某种意义上讲，这类问题与 L_2 范数问题仅有很小的“偏离”，在这里我们可以使用线性最小二乘解作为解决这些非线性问题的一部分。我们将引入一个*误差*或*损失函数* f，它是(严格)凸的，至少二次可微，且相对于 0 对称，即 $f(e)=f(-e)$，$f(0)=0$，同时我们要求 f 是无界的(那么当 $|e|\to\infty$ 时，$f(e)\to\infty$)。同时，我们定义*权重函数* $w(e)=f'(e)/e$，并希望选择 f 使得 $w(e)<\infty$(有界)且 $w(e)$ 不增加。利用这个误差函数，我们可以设计一个非线性目标函数：

$$F(\boldsymbol{\beta})=\sum_{i=1}^{N}f\left(\sum_{j=1}^{D}X_{ij}\beta_j-y_i\right) \tag{2.21}$$

并对参数向量 $\boldsymbol{\beta}\in\mathbb{R}^D$ 建立最小化 F 的优化问题。这可以理解为*拟合*或*回归*的一种形式，我们希望最小化“输出”向量 $\boldsymbol{y}\in\mathbb{R}^N$ 的预测值与每个参数 β_j 和矩阵 $\boldsymbol{X}$ 的行中“输入”向量的线性和之间的总误差。每一个误差项的子项都是通过损失函数形成的。在 $f(e)=e^2$ 的特殊情况下，我们有前面讨论过的线性最小二乘解。目标函数(2.21)在 $\boldsymbol{\beta}$ 中也是凸的，并且是可微的(因为它是凸函数的凸组合)。

为了找到 F 的最优值，我们需要每个参数 β_k 的导数：

$$\frac{\partial F}{\partial\beta_k}(\beta_k)=\sum_{i=1}^{N}X_{ik}f'\left(\sum_{j=1}^{D}X_{ij}\beta_j-y_i\right) \tag{2.22}$$

这里误差项表示为 $e_i=\sum_{j=1}^{D}X_{ij}\beta_j-y_i$，而 $w_i=w(e_i)$，则可将上述内容表示为：

$$\frac{\partial F}{\partial\beta_k}(\beta_k)=\sum_{i=1}^{N}X_{ij}w_i\left(\sum_{j=1}^{D}X_{ij}\beta_j-y_i\right) \tag{2.23}$$

以矩阵的形式，在全局最小值下，我们有：

$$\boldsymbol{X}^{\mathrm{T}}\boldsymbol{W}(\boldsymbol{X}\boldsymbol{\beta}-\boldsymbol{y})=\boldsymbol{0} \tag{2.24}$$

其中对角加权矩阵元素 $W_{ii}=w_i$。这仅仅是我们之前提出的加权最小二乘问题的(重新排列的)正规方程，我们可以很容易地将其解为 $\hat{\boldsymbol{\beta}}=(\boldsymbol{X}^{\mathrm{T}}\boldsymbol{W}\boldsymbol{X})^{-1}\boldsymbol{X}^{\mathrm{T}}\boldsymbol{W}\boldsymbol{y}$。但是，请注意，权重取决于误差项 e_i，而误差项 e_i 取决于估计的参数，这一点当然是未知的。解决这一僵局的一个建议方案是从对参数 β_j^0 的一些初始的、良好的猜测开始，找出误差 e_i，计算权重 w_i，然后解决加权最小二乘问题，得到新的估计 β_j^1。这种方法被称为*迭代重加权最小二*

乘法(iteratively reweighted least squares，IRLS)，下面用算法的形式介绍这种方法。

算法 2.1　迭代重加权最小二乘法

(1) 初始化。选择一些关于 $\boldsymbol{\beta}_0$ 的较好的估计。设置迭代次数 n 为 0，设置容差为 $\epsilon>0$。

(2) 计算权重。使用 $\boldsymbol{\beta}_n$，找出误差项 e_i，从中我们可以计算权重 w_i 并构造权重矩阵 $\boldsymbol{W}$。

(3) 求解加权最小二乘法。得到新的参数估计 $\boldsymbol{\beta}_{n+1}=(\boldsymbol{X}^{\mathrm{T}}\boldsymbol{W}\boldsymbol{X})^{-1}\boldsymbol{X}^{\mathrm{T}}\boldsymbol{W}\boldsymbol{y}$，计算新的目标函数值 $F(\boldsymbol{\beta}_{n+1})$，计算目标函数增量 $\Delta F=|F(\boldsymbol{\beta}_{n+1})-F(\boldsymbol{\beta}_n)|$，且如果 $\Delta F<\epsilon$，则退出，并得到解为 $\boldsymbol{\beta}_n$。

(4) 迭代。按照 $n\leftarrow n+1$ 更新，重新回到第二步。

通过对函数 f 施加早期条件(并假设 $\boldsymbol{X}$ 是满秩)，证明了无论如何选择 $\boldsymbol{\beta}_0$，这种迭代方法都会收敛到最优解(Byrd 和 Payne，1979，定理 3)。显然，为参数选择良好的初始值会加快收敛速度。

作为迭代重加权最小二乘法的一个例子，考虑一个逻辑误差函数 $f(e)=\ln\cosh(e)$，其中 $f'(e)=\tanh(e)$，权重函数 $w(e)=\tanh(e)/e$(见图 2.4)。这证明了迭代重加权最小二乘法算法的良好收敛性，在仅仅 8 次迭代中就达到了 $\epsilon=10^{-8}$ 的最优容差。

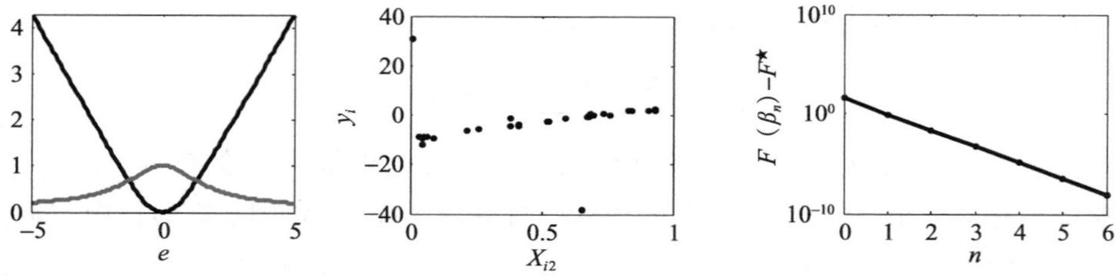

图 2.4　迭代重加权最小二乘法图解。误差函数 $f(e)$(左图中的黑色曲线)和权重函数 $w(e)=f'(e)e^{-1}$(左图中灰色曲线)。与平方误差函数 e^2 相比，误差函数几乎随 e 的增大呈线性关系。中间的图为从线性模型 $y_i=\beta_0+\beta_1X_{i2}+\epsilon_i$ 中提取数据建立回归模型的示例，其中 $X_{i1}=1$。随机数 ϵ_i 是独立同分布的逆高斯数，它有更高的概率出现非常大的“离群值”，这会混淆回归参数 $\boldsymbol{\beta}$ 的任何最小二乘的拟合结果。从目标函数 $F(\boldsymbol{\beta}^0)$ 的最小二乘法开始，迭代以线性速率收敛($F^\star$ 是给定特定数据时 F 的最佳值)

可以看出，收敛速度是线性的(Byrd 和 Payne，1979，定理 6)，因此要获得一个具有容差的解，需要最坏情况下的 $O(-\ln\epsilon)$ 次迭代。由于加权最小二乘极小化的计算复杂度为 $O(N^3)$(这是由于矩阵乘法和求逆的复杂度造成的)，因此总复杂度为 $O(-N^3\ln\epsilon)$。

迭代重加权最小二乘法无处不在，并且在统计机器学习中得到了大量应用，其中对输入变量 $\boldsymbol{X}$ 的依赖是线性的，但误差函数不是一个可以得出解析解的函数。特别是，迭代重加权最小二乘法通常用于寻找所谓的广义线性模型的参数，广义线性模型是一类回归问题，适用于误差项 e_i 的广泛且非常有用的一类分布。稍后我们将看到，迭代重加权最小二乘法可以理解为牛顿法的一个修正的例子。

2.3.2　梯度下降

如前面所述，解决优化连续凸问题的一个明显方法是求方程 $\nabla F=\boldsymbol{0}$ 的精确数值解。

下面将介绍调用梯度下降的直观方法。

算法 2.2　梯度下降

(1) 初始化。选择一些关于 $\boldsymbol{x}_0$ 的较好的估计，一个收敛容差 $\boldsymbol{\epsilon}$，一个正步长 $\alpha_n \in \mathbb{R}$，然后设置迭代次数 $n=0$。

(2) 选择步长。选择步长为 α_n。

(3) 梯度下降步长。得到新的参数估计 $\boldsymbol{x}_{n+1}=\boldsymbol{x}_n-\alpha_n \nabla F(\boldsymbol{x}_n)$，计算新的目标函数值 $F(\boldsymbol{x}_{n+1})$，计算目标函数增量 $\Delta F=\left|F(\boldsymbol{x}_{n+1})-F(\boldsymbol{x}_n)\right|$，且如果 $\Delta F<\boldsymbol{\epsilon}$，退出，得到解为 $\boldsymbol{x}_{n+1}$。

(4) 迭代。按照 $n \leftarrow n+1$ 更新，重新回到第二步。

假设在第二步中适当地选择了 α_n，该算法得到了 $F(\boldsymbol{x}_0)>F(\boldsymbol{x}_1)>\cdots>F(\boldsymbol{x}_n)$ 的递减迭代序列。现在最迫切的问题就变成了选择步长以保证收敛到全局最小值，最好是尽可能快地收敛。

也许最简单的选择是恒定步长 $\alpha_n=\alpha$。很明显，如果 α 太大，对于某些 n，可能发生 $F(\boldsymbol{x}_{n+1}) \geqslant F(\boldsymbol{x}_n)$，那么，我们能保证收敛吗？答案是肯定的，但是需要基于一定的条件，即(Bertsekas，1995，1.2.3 节)：

$$\|\nabla F(\boldsymbol{x})-\nabla F(\boldsymbol{y})\| \leqslant \lambda\|\boldsymbol{x}-\boldsymbol{y}\| \tag{2.25}$$

对于所有的 $\boldsymbol{x}$，$\boldsymbol{y} \in \mathbb{R}^D$ 和部分 $\lambda>0$，同时对于一些 $\boldsymbol{\nu}>0$，步长必须满足 $\boldsymbol{\nu} \leqslant \alpha \leqslant (2-\boldsymbol{\nu})/\lambda$。这意味着，对于在其域中某一点具有“大”曲率的目标函数，步长必须随目标函数梯度的最大斜率而减小，我们必须具有对应的小步长。在实践中，找到 λ 和 $\boldsymbol{\nu}$ 来确保收敛性当然是非常困难的，这是使用更复杂的方法的一个主要原因，这种方法可以根据实际情况调整步长。

2.3.3　调整步长：线搜索

将梯度下降算法中每个新步骤的目标函数值被视为步长 $\Phi(\alpha)=F(\boldsymbol{x}_n-\alpha \nabla F(\boldsymbol{x}_n))$ 的函数。最佳步长为：

$$\hat{\alpha}_n=\arg\min_{\alpha} \Phi(\alpha) \tag{2.26}$$

可知 $\hat{\alpha}_n>0$，这是一个沿射线 $\boldsymbol{x}_n-\alpha \nabla F(\boldsymbol{x}_n)$ 的一维优化问题，其中属于 $\mathbb{R}^D$ 的 $\alpha>0$。可以解决这个最小化问题的算法称为*精确线搜索法*。在大多数情况下，精确的线搜索是不可能的，因为最小化 $\Phi(\alpha)$ 在解析上是不太可能易于处理的。因此，通常采用数值方法。这里有一个非常简单的近似线搜索算法，可以在算法 2.2 的第二步中使用。

算法 2.3　回溯线搜索

(1) 初始化。设置 $a>0$，$c \in (0, 1/2)$，且 $d \in (0, 1)$，初始化为 $\alpha=a$。

(2) 回溯。如果 $\Phi(\alpha) \leqslant F(\boldsymbol{x}_n)+\alpha c\|\nabla F(\boldsymbol{x}_n)\|_2^2$，则退出，并得到解为 α，否则更新 $\alpha \leftarrow d\alpha$。

(3) 迭代。回到第二步。

第二步结果的上限 $F(\boldsymbol{x}_n)+\alpha c\|\nabla F(\boldsymbol{x}_n)\|_2^2$ 被称为 Armijo 界。对于 $c=1$，这只是 $\boldsymbol{x}_n$ 处的一阶泰勒展开式，它位于凸曲线 F 之下，对于 $0<c<1/2$，总有一个很小的 α 可以满足这个条件。算法 2.3 可以保证找到这样一个步长。我们可以证明带回溯的梯度下降收敛于 F 的一个极小值，并且最坏情况下的收敛速度是线性的(Boyd 和 Vandenberghe，2004 年，第 468 页)。图 2.5 显示了简单回溯(收敛速度 $\rho\approx0.26$)相对于恒定步长(速率 $\rho\approx0.75$)可获得的改进。回溯的典型值为 $a=1$，$c\geqslant10^{-4}$，$d\leqslant0.8$。

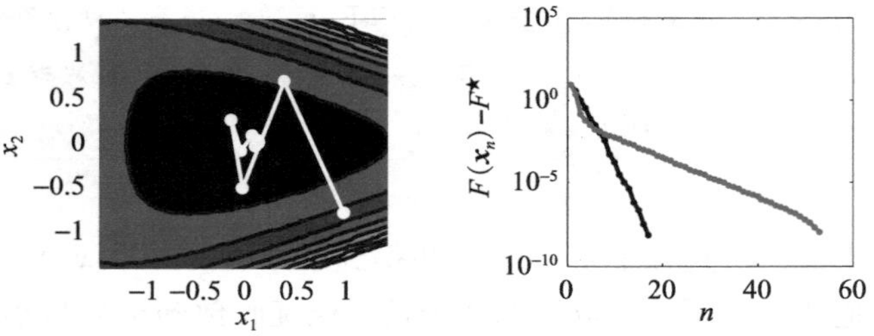

图 2.5　等步长梯度下降法与回溯线搜索法的比较。带回溯的梯度下降迭代 $\boldsymbol{x}_n$(左图，白线)叠加在目标函数 $F(\boldsymbol{x})=\exp\left(x_1+\frac{5}{2}x_2-\frac{3}{5}\right)+\exp\left(x-\frac{5}{2}x_2-\frac{3}{5}\right)+\exp\left(\frac{2}{5}-x_1\right)$ 的轮廓上，显示了从起始点 $\boldsymbol{x}_0=(1.0,\ -0.8)^{\mathrm{T}}$ 开始的收敛过程。这两种算法的收敛速度都是线性的(右图)，但是使用回溯(黑色曲线)需要一半的步数来达到 $\epsilon=10^{-8}$ 的收敛，而不是恒定步长(灰色曲线)。回溯参数为 $c=10^{-4}$，$d=0.8$

回溯不能解决问题(2.26)，因此，每次迭代的步长都是次优的，这意味着用更好的线搜索算法可以提高梯度下降的收敛速度。

当然，任何梯度下降复杂性的降低都会以增加复杂度的线搜索为代价。接下来我们将描述一个简单的一维搜索算法，称为**黄金分割搜索**(golden section search)。这是一个**内插法**：我们保持一个区间，它总是包含最佳步长 $\alpha_n\in[\alpha_l,\ \alpha_u]$，并按**黄金比例** $\phi=(\sqrt{5}-1)/2$ 依次缩小这个区间，从而找到 $\hat{\alpha}_n$ 的近似值，达到期望的容差。该算法的主要优点是不需要知道方向梯度 $\frac{\partial\Phi}{\partial\alpha}(\alpha)$。下面给出完整的算法。

算法 2.4　黄金分割搜索

(1) **查找初始范围**。设置容差 $\epsilon>0$，初始范围搜索参数 $d>1$，$\Delta\alpha>0$。搜索从 j 开始的子序列，使其满足 $\Phi(\alpha_j^\star)>\Phi(\alpha_{j+1}^\star)$ 和 $\Phi(\alpha_{j+1}^\star)<\Phi(\alpha_{j+2}^\star)$，集合 $\alpha_k^\star=\pm d^k\Delta\alpha$，$k=1,\ 2,\ \cdots$。初始范围 $[\alpha_l,\ \alpha_u]$ 会被定义为 $\alpha_l=\alpha_j^\star$ 且 $\alpha_u=\alpha_{j+2}^\star$。

(2) **初始化**。设置 $r=\phi(\alpha_u-\alpha_l)$，$\alpha_1=\alpha_l+r$，$\alpha_2=\alpha_u-r$，迭代次数 $m=0$，并计算初始估计 $\hat{\alpha}_0=(\alpha_u+\alpha_l)/2$ 和目标函数值 $\Phi(\alpha_0)$。

(3) **细分**。如果 $\Phi(\alpha_1)<\Phi(\alpha_2)$，更新 $\alpha_l\leftarrow\alpha_2$，$\alpha_2\leftarrow\alpha_1$ 且 $\alpha_1\leftarrow\alpha_l+\phi(\alpha_u-\alpha_l)$。否则，对于 $\Phi(\alpha_1)\geqslant\Phi(\alpha_2)$，$\alpha_u\leftarrow\alpha_1$，$\alpha_1\leftarrow\alpha_2$ 且 $\alpha_2\leftarrow\alpha_u-\phi(\alpha_u-\alpha_l)$。

(4) **收敛测试**。形成新的解的估计 $\hat{\alpha}_{m+1}=(\alpha_u+\alpha_l)/2$，计算新的目标函数 $\Phi(\hat{\alpha}_{m+1})$，计算目标函数增量 $\Delta\Phi=|\Phi(\hat{\alpha}_{m+1})-\Phi(\hat{\alpha}_m)|$，而当 $\Delta\Phi<\epsilon$ 时，退出，解为 $\hat{\alpha}_{m+1}$。

(5) **迭代**。更新 $m\leftarrow m+1$，回到第三步。

初始范围仅仅是搜索越来越大的间隔，那么由三个点组成的最小的间隔就可以确保被包含在这些间隔之中。注意，此搜索可能返回 $\alpha_l<0$，但区间细化最终应返回 $\hat{\alpha}_m>0$。

像这样的精确线搜索的梯度下降收敛于 F 的一个极小值，并且最坏情况下的收敛速度是线性的(Boyd 和 Vandenberghe，2004，第 467 页)。恒定步长、回溯和黄金分割搜索的性能比较如图 2.6 所示。从这些比较中得出的一个重要结论是：尽管与固定步长相比，自适应步长方法通常在梯度下降算法迭代次数较少的情况下收敛，但当考虑到自适应步长选择算法的迭代次数时，更复杂的算法(如黄金分割搜索)的实际性能提升尚不明确。这确实是回溯算法如此流行的原因之一——它在梯度下降收敛和回溯迭代之间实现了很好的折中。明智地选择初始化自适应步长算法有助于减少迭代次数(Nocedal 和 Wright，2006，第 59～60 页)。

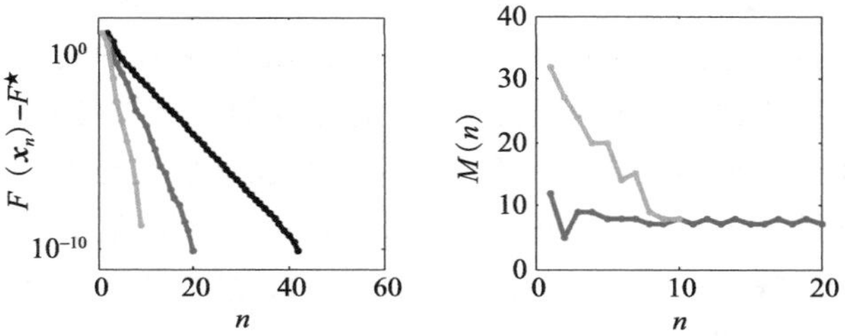

图 2.6　比较图 2.5(左图)梯度下降问题中步长选择的不同算法的性能：恒定步长(黑色)、回溯线搜索(灰色)和黄金分割搜索(浅灰色)。所有算法都具有线性收敛速度，但黄金分割搜索所需迭代次数最少。然而，考虑到 $M(n)$和步长选择算法的迭代次数(右图)，我们可以看到黄金分割搜索比其他算法的每一个梯度步需要更多的迭代次数(注意恒定步长的 $M(n)=1$)

2.3.4　牛顿方法

我们已经看到，梯度下降法虽然简单，但具有(最坏情况下)线性收敛速度。那么我们能否在这个速度的基础上有所提高呢？本节将介绍*牛顿方法*——一般二次收敛算法的一个例子。

局部地，用二次泰勒展开近似目标函数：

$$F(\boldsymbol{x})\approx F(\boldsymbol{x}_n)+(\boldsymbol{x}-\boldsymbol{x}_n)^{\mathrm{T}}\nabla F(\boldsymbol{x}_n)+\frac{1}{2}(\boldsymbol{x}-\boldsymbol{x}_n)^{\mathrm{T}}\nabla^2 F(\boldsymbol{x}_n)(\boldsymbol{x}-\boldsymbol{x}_n) \tag{2.27}$$

其中的$\nabla^2 F(\boldsymbol{x}_n)$是 Hessian 矩阵。对上式取导，我们得到：

$$\nabla F(\boldsymbol{x})=\nabla F(\boldsymbol{x}_n)+\nabla^2 F(\boldsymbol{x}_n)(\boldsymbol{x}-\boldsymbol{x}_n) \tag{2.28}$$

当 $\boldsymbol{x}-\boldsymbol{x}_n=-[\nabla^2 F(\boldsymbol{x}_n)]^{-1}\nabla F(\boldsymbol{x}_n)$时，取得最小。我们可以提出一个简单的迭代方法，如算法 2.5 所述。

算法 2.5　牛顿方法

(1) 初始化。选择一些关于 x_0 的较好的估计，设置容差 $\epsilon>0$，迭代次数为 $n\leftarrow 0$。

(2) 选择步长。步长为 α_n。

(3) 最小化局部二次逼近。得到新参数估计 $\boldsymbol{x}_{n+1}=\boldsymbol{x}_n-\alpha_n[\nabla^2F(\boldsymbol{x}_n)]^{-1}\nabla F(\boldsymbol{x}_n)$，计算新的目标函数值 $F(\boldsymbol{x}_{n+1})$，计算目标函数增量 $\Delta F=|F(\boldsymbol{x}_{n+1})-F(\boldsymbol{x}_n)|$，如果 $\Delta F<\epsilon$，则退出，解为 $\boldsymbol{x}_{n+1}$。

(4) 迭代。设置 $n\leftarrow n+1$，回到第二步。

步长 $\alpha_n>0$ 作为条件之一以允许使用线搜索进行自适应，但(纯粹的)牛顿方法中 $\alpha_n=1$。要注意的是(缩放的)牛顿步长 $\Delta\boldsymbol{x}_n=-\alpha_n[\nabla^2F(\boldsymbol{x}_n)]^{-1}\nabla F(\boldsymbol{x}_n)$是下降的方向，因为假设 Hessian 矩阵是正定的，我们有$\nabla F(\boldsymbol{x}_n)^{\mathrm{T}}\Delta\boldsymbol{x}_n=-\alpha_n\nabla F(\boldsymbol{x}_n)^{\mathrm{T}}[\nabla^2F(\boldsymbol{x}_n)]^{-1}\nabla F(\boldsymbol{x}_n)$，这必须是负的。因此，迭代将具有下降属性 $F(\boldsymbol{x}_0)>F(\boldsymbol{x}_1)>\cdots>F(\boldsymbol{x}_n)$。

步长的选择是很重要的。有很多方法可以选择步长，例如，使用前面讨论过的某种线搜索算法。注意，对于回溯线搜索，Armijo 边界变为 $F(\boldsymbol{x}_n)+\alpha c\nabla F(\boldsymbol{x}_n)^{\mathrm{T}}[\nabla^2F(\boldsymbol{x}_n)]^{-1}\nabla F(\boldsymbol{x}_n)$。

正如人们所料，对于这样一个简单的算法，也会出现失败的情况。首先，请注意，我们必须计算 Hessian 矩阵的逆，这可能并不总是有效的。该算法依赖于局部曲率是正定的，而这必须保证在全局最小处成立，否则曲率就可能不是正定的。然而，假设以下条件成立：F 是两次可微的，$\nabla^2F(\boldsymbol{x}_n)$是正定的且 Lipschitz 连续(即存在一个 $\boldsymbol{L}>0$，对所有的 $\boldsymbol{x}$，$\boldsymbol{y}\in\mathbb{R}^D$，满足$\|\nabla^2F(\boldsymbol{x}_n)-\nabla^2F(\boldsymbol{x}_n)\|\leqslant L\|\boldsymbol{x}-\boldsymbol{y}\|$)，然后牛顿方法会收敛到最小值并且是二次收敛的(Nocedal 和 Wright，2006，定理 3.5)，这也是该方法流行的原因之一。对于回溯或其他线搜索算法，牛顿方法在实践中可能比这更有效(见图 2.7)。

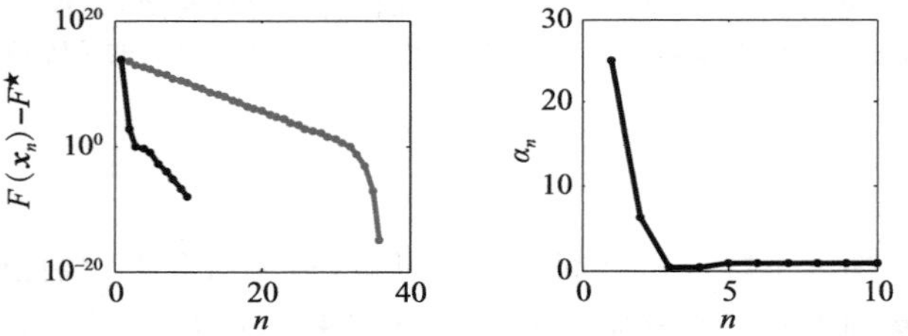

图 2.7 对于图 2.5 的问题，牛顿方法在使用线搜索和不使用线搜索情况下的收敛速度(左图)，初始参数估计值 $\boldsymbol{x}_0=(6.0,\ 10.4)^{\mathrm{T}}$，与$((1-\ln2)/2,\ 0)^{\mathrm{T}}$ 下的最小值相差甚远。恒定步长 $\alpha_n=1$(灰色)，回溯线搜索(黑色)，回溯参数 $c=10^{-5}$，$d=0.5$，$a=100$。恒定步长显示了二次收敛速度，在接近终点时呈现典型的快速收敛，在 37 次迭代中达到容差 $\epsilon=10^{-8}$，但使用线搜索时，仅需 11 次迭代就可实现收敛。这是因为回溯最初为前几个迭代选择了非常大的步长，在 $\alpha_n=1$(右图)上收敛

牛顿方法是大量优化算法的基础。例如，前面介绍的迭代重加权最小二乘法是一种改进的牛顿方法。我们可以把迭代重加权最小二乘法目标函数的梯度写成$\nabla F=\boldsymbol{X}^{\mathrm{T}}\boldsymbol{d}$，其中 $\boldsymbol{d}=[f'(e_1),\ f'(e_1),\ \cdots,\ f'(e_N)]^{\mathrm{T}}$，Hessian 矩阵为$\nabla^2F=\boldsymbol{X}^{\mathrm{T}}\boldsymbol{D}\boldsymbol{X}$，其中 $\boldsymbol{D}$ 是一个对角矩阵，由 $D_{ii}=f''(e_i)$定义。步长 $\alpha_n=1$ 的牛顿步长为：

$$\boldsymbol{\beta}_{n+1}=\boldsymbol{\beta}_n-(\boldsymbol{X}^{\mathrm{T}}\boldsymbol{D}\boldsymbol{X})^{-1}\boldsymbol{X}^{\mathrm{T}}\boldsymbol{d} \tag{2.29}$$

我们可以近似 $f''(e)\approx(f'(e)-f'(0))/(e-0)$，鉴于 $f'(0)=0$(因为误差函数是凸的)关于 0 对称且可微，这个近似值为 $f'(e)/e=w(e)$。因此，权函数是误差函数的二阶导数的近似值。由此得出 $\boldsymbol{D}\approx\boldsymbol{W}$，即迭代重加权最小二乘法的权矩阵。有了这个，我们可以引入一个新的迭代：

$$\boldsymbol{\beta}_{n+1}=\boldsymbol{\beta}_n-(\boldsymbol{X}^{\mathrm{T}}\boldsymbol{W}\boldsymbol{X})^{-1}\boldsymbol{X}^{\mathrm{T}}\boldsymbol{W}\boldsymbol{e} \tag{2.30}$$

其中 $\boldsymbol{e}=[e_1, e_2, \cdots, e_N]^{\mathrm{T}}$。最终可写为 $\boldsymbol{\beta}_n=(\boldsymbol{X}^{\mathrm{T}}\boldsymbol{W}\boldsymbol{X})^{-1}\boldsymbol{X}^{\mathrm{T}}\boldsymbol{W}\boldsymbol{X}\boldsymbol{\beta}_n$，同时有 $\boldsymbol{e}=\boldsymbol{X}\boldsymbol{\beta}_n-\boldsymbol{y}$，这就得到：

$$\begin{aligned}\boldsymbol{\beta}_{n+1}&=(\boldsymbol{X}^{\mathrm{T}}\boldsymbol{W}\boldsymbol{X})^{-1}\boldsymbol{X}^{\mathrm{T}}\boldsymbol{W}(\boldsymbol{X}\boldsymbol{\beta}_n-\boldsymbol{e})\\&=(\boldsymbol{X}^{\mathrm{T}}\boldsymbol{W}\boldsymbol{X})^{-1}\boldsymbol{X}^{\mathrm{T}}\boldsymbol{W}\boldsymbol{y}\end{aligned} \tag{2.31}$$

这就是算法 2.1 中的第三步。

2.3.5 其他梯度下降方法

在本节中，我们将讨论在实际应用中非常重要的其他梯度下降方法，包括拟牛顿法和共轭梯度法。

牛顿法由于迭代简单和二次收敛而极具吸引力，但它在每一步都需要计算 Hessian 矩阵的逆，即需要 $O(N^3)$次运算，这可能是一个关键的计算缺陷。与梯度下降法一样，拟牛顿法需要计算函数 F 和梯度向量∇F，但不需要计算 Hessian 矩阵，因此在每一步只需要 $O(N^2)$次矩阵向量乘法。它们基于这样一种思想，即 Hessian 函数，或者最好是逆 Hessian 函数，可以从梯度近似和更新。BFGS(Broyden-Fletcher-Goldfarb-Shanno)方法是最成功的拟牛顿法之一，它通过跟踪 $\boldsymbol{H}_n$ 的值来逼近逆 Hessian 函数。这使得应用每个牛顿步骤变得简单，因为它避免了矩阵求逆：$\boldsymbol{x}_{n+1}=\boldsymbol{x}_n+\alpha_n\boldsymbol{\Delta}_n$，其中的 BFGS 步长是 $\boldsymbol{\Delta}_n=-\boldsymbol{H}_n\nabla F(\boldsymbol{x}_n)$。如果步长 α_n 满足 Wolfe 条件，则可以保证收敛到 F 的最小值(Powell，1976)：

$$F(\boldsymbol{x}_{n+1})\leqslant F(\boldsymbol{x}_n)+c\alpha_n\nabla F(\boldsymbol{x}_n)^{\mathrm{T}}\boldsymbol{\Delta}_n \tag{2.32}$$

$$\nabla F(\boldsymbol{x}_{n+1})^{\mathrm{T}}\boldsymbol{\Delta}_n\geqslant d\nabla F(\boldsymbol{x}_n)^{\mathrm{T}}\boldsymbol{\Delta}_n \tag{2.33}$$

其中 $0<c<1/2$，而 $c<d<1$。注意，条件(2.32)是 BFGS 情况下的 Armijo 界。当然，在每一步中，我们必须权衡线搜索的计算量和计算逆 Hessian 矩阵的计算量。

共轭梯度法试图用梯度下降法解决其中一个主要问题：一个步骤可以“撤销”上一个步骤在某个方向上取得的进展。这是因为尽管每一步都是从最陡的下降方向 $\boldsymbol{u}=-\nabla F(\boldsymbol{x})$ 开始的，但在线搜索的末端是一个垂直于 $\boldsymbol{u}$ 的新方向 $\boldsymbol{v}$。因此，当目标函数在某些维度上具有较大的梯度时，梯度下降可以缓慢地以“之字形”收敛。我们要选择下一个方向 $\boldsymbol{v}$，以避免这个“撤销”问题。结果表明，共轭方向 $\boldsymbol{u}^{\mathrm{T}}\nabla^2F(\boldsymbol{x})\boldsymbol{v}$ 具有这种性质。共轭梯度法对每个步骤的方向进行扰动，$\boldsymbol{v}=-\nabla F(\boldsymbol{x})+\gamma\boldsymbol{\Delta}$，使得下一步的方向始终与上一个方向共轭。方向更新简单快速，为 $O(N)$阶。要注意的是当 $\gamma=0$ 时，恢复为梯度下降算法。

假设有一个常值 δ，对于所有处于$\{\boldsymbol{x}: F(\boldsymbol{x})\leqslant F(\boldsymbol{x}_0)\}$范围内的 $\boldsymbol{x}$，都有$\|\nabla F(\boldsymbol{x})\|\leqslant\delta$，结果表明，这种共轭梯度迭代最终收敛到 F 的最小值(Nocedal 和 Wright，2006，定理 5.7)。

2.4 不可微连续凸问题

上述内容假设目标函数在任何地方都是可微的。这是一个重要的限制，因为统计机器学习和非线性 DSP 中的许多问题都可以表示为凸目标函数，在函数定义域中的一个或多个点上不是可微的。本节将介绍一些更有用的算法类，用于最小化这类问题中不可微的目标函数。

2.4.1　线性规划

虽然存在大量可能的不可微优化问题，但有一类非常广泛的问题可以用一种标准的方式来表述，称为线性规划(LP)。例如，大多数凸分段线性目标(见图 2.8)可以用线性规划形式编写。

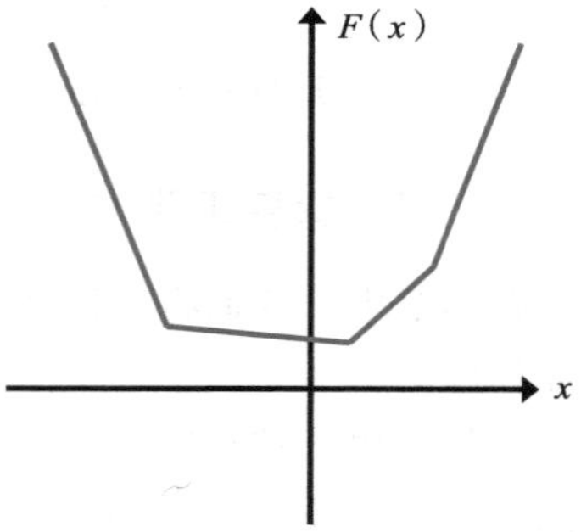

图 2.8　定义在 $\mathbb{R}$ 上的一维分段线性目标函数 $F(x)$。它是由将点(梯度不存在的地方)连接在一起的有限的一组线性段构成的

线性规划是一个约束优化问题，可以用以下(标准)形式表示(Boyd 和 Vandenberghe，2004，第 147 页)：

$$\begin{aligned}&\text{最小化 } \boldsymbol{c}^{\mathrm{T}}\boldsymbol{x}\\&\text{受 } \boldsymbol{A}\boldsymbol{x}=\boldsymbol{b},\ \boldsymbol{x}\geqslant 0 \text{ 约束}\end{aligned} \tag{2.34}$$

其中 $\boldsymbol{c}\in\mathbb{R}^D$，$\boldsymbol{A}\in\mathbb{R}^{N\times D}$，$\boldsymbol{b}\in\mathbb{R}^N$。$\boldsymbol{x}$ 上的非负约束是以点运算进行的。作为一个例子，前面讨论的 L_1 范数回归问题可以写为：

$$\begin{aligned}&\text{最小化 } 1^{\mathrm{T}}(\boldsymbol{u}+\boldsymbol{v})\\&\text{受 } \boldsymbol{A}\boldsymbol{x}+\boldsymbol{u}-\boldsymbol{v}=\boldsymbol{b},\quad \boldsymbol{u},\ \boldsymbol{v}\geqslant 0 \text{ 约束}\end{aligned} \tag{2.35}$$

为了理解这是如何工作的，考虑方程 $\boldsymbol{A}\boldsymbol{x}=\boldsymbol{b}$ 是超定的(overdetermined)，也就是说，未知的 $\boldsymbol{x}$ 比数据点少。这意味着，一般来说，$\boldsymbol{A}\boldsymbol{x}\approx\boldsymbol{b}$，有一个剩余的 $\boldsymbol{A}\boldsymbol{x}+\boldsymbol{r}=\boldsymbol{b}$。现在，这个残差的每个元素都可以是正的或是负的。然而，我们有 $\boldsymbol{u}$，$\boldsymbol{v}\geqslant 0$，因此，如果我们用 $\boldsymbol{r}$ 取代 $\boldsymbol{u}$ 和 $\boldsymbol{v}$，$\boldsymbol{r}=\boldsymbol{u}-\boldsymbol{v}$，那么如果残差的任何元素是负的，必须有 $u_i>v_i$，反之 $v_i\geqslant u_i$。同时，我们最小化这些非负的量的和。因此，使这个和最小化的唯一方法是，当 $r_i<0$ 且 $v_i=0$ 时，则 $v_i=-r_i$；如果 $r_i\geqslant 0$，则 $u_i=r_i$。这意味着最小目标函数实际上是对应于 L_1 范数回归估计的残差的绝对值之和。我们用这种方式重新表述不可微问题的好处是：有大量关于最小化线性规划的文献，以及大量可以用来最小化线性规划的算法。

关于线性规划，有一些重要的点需要了解。首先，解总是存在于 $\mathbb{R}^D$ 中凸多面体的几何孤立顶点上。因此，线性规划本质上是组合的，这意味着可以通过依次枚举部分或全部顶点的方法来找到解。其中一种方法是 20 世纪 40 年代发现的单纯形法(simplex method)。它在技术上是相当复杂的，尽管在实践中经常有非常好的性能，但可以证明它具有最坏情况下的指数时间复杂度，因此我们不会在本书中对此进行描述(Nocedal 和 Wright，2006，第 13 章)。近年来，研究表明，既使用原始变量又使用对偶变量的方法——称为原始-对偶内点(primal-dual interior point)方法——理论上具有多项式时间复杂度。稍后我们将详细讨论这些方法。

2.4.2　二次规划

在机器学习中，我们经常会遇到一个凸目标函数，它在 $\boldsymbol{x}$ 中是二次的，其中绝大多数可以表示为二次规划(quadratic program，QP)：

$$\begin{aligned}&\text{最小化 } \frac{1}{2}\boldsymbol{x}^{\mathrm{T}}\boldsymbol{Q}\boldsymbol{x}+\boldsymbol{c}^{\mathrm{T}}\boldsymbol{x}\\&\text{受 } \boldsymbol{A}\boldsymbol{x}=\boldsymbol{b},\ \boldsymbol{x}\geqslant 0 \text{ 约束}\end{aligned} \tag{2.36}$$

其中 $c\in\mathbb{R}^D$，$A\in\mathbb{R}^{N\times D}$，$b\in\mathbb{R}^N$。对称矩阵 $Q\in\mathbb{R}^{D\times D}$ 必须是正定的，这样才能使该目标函数(严格的)为凸函数。如果 Q 为零的话，可以很明显地看出二次规划是线性规划的推广。

二次规划的重要示例包括前面讨论的混合 L_2-L_1 Lasso 回归问题：对于一般的设计矩阵 A 没有解析解(在正交情况下是这样)，所以我们可以使用设计的方法用数值的方式求解二次规划问题。将 Lasso 问题(2.18)重新表述为二次规划问题的一种方法是：

$$\text{最小化}\frac{1}{2}\boldsymbol{u}^{\mathrm{T}}\boldsymbol{u}+\gamma\boldsymbol{1}^{\mathrm{T}}(\boldsymbol{w}^{+}+\boldsymbol{w}^{-}) \tag{2.37}$$

$$\text{受 }\boldsymbol{u}=\boldsymbol{A}(\boldsymbol{w}^{+}-\boldsymbol{w}^{-})-\boldsymbol{b}\text{，}(\boldsymbol{w}^{+}\text{，}\boldsymbol{w}^{-})\geqslant 0\text{ 约束}$$

其中 $\boldsymbol{u}\in\mathbb{R}^N$，和前面一样，我们使用非负变量 $\boldsymbol{w}^{+}\in\mathbb{R}^D$，$w^{-}\in\mathbb{R}^D$，因此可以得到 $w_i^{+}+w_i^{-}=|w_i|$ 且 $w_i^{+}-w_i^{-}=w_i$，解为 $\boldsymbol{x}=\boldsymbol{w}^{+}-\boldsymbol{w}^{-}$。机器学习中其他重要的二次规划问题(包括支持向量机分类器)将在后面讨论。

2.4.3　次梯度法

前面我们介绍了次导数的概念，它在不可微问题数值方法的发展中发挥了重要作用。接下来我们将介绍次梯度法(subgradient method)，算法描述如下。

算法 2.6　次梯度算法

(1) 初始化。选择一些关于 $\boldsymbol{x}_0$ 的较好的估计，设置迭代数 $n\leftarrow 0$，设置 $\boldsymbol{x}^{\star}=\varnothing$ 和 $F^{\star}=+\infty$，选择最大的迭代数 N。

(2) 进行次梯度步骤。获得新的参数估计 $\boldsymbol{x}_{n+1}=\boldsymbol{x}_n-\alpha_n\boldsymbol{\delta}_n$，其中 $\boldsymbol{\delta}_n\in\partial F(\boldsymbol{x}_n)$ 是在 $\boldsymbol{x}_n$ 处的任何次梯度。

(3) 保持最佳解。如果 $F(\boldsymbol{x}_n)<F^{\star}$，那么更新 $F^{\star}\leftarrow F(\boldsymbol{x}_n)$ 且 $\boldsymbol{x}^{\star}=\boldsymbol{x}_n$。

(4) 迭代。设置 $n\leftarrow n+1$，如果 $n<N$，则回到第二步，否则退出，解为 $\boldsymbol{x}^{\star}$。

虽然该方法表面上与梯度下降法(算法 2.2)非常相似，但也有着重要的区别：每一步的梯度被选为一个可能的次梯度。迭代也不是下降更新，因为对于某些 n 可能存在 $F(\boldsymbol{x}_{n+1})>F(\boldsymbol{x}_n)$，因此，我们需要跟踪最优解。另一个重要的区别是缺乏任何形式的停止迭代的条件，迭代只能继续进行，直到达到最大迭代次数。

另一个关键区别在于，步长 $\alpha_n>0$ 是在运行算法之前选择的，而不是在迭代过程中动态选择的，这些步长设置了算法的收敛特性。下面是关于次梯度法收敛性的一般性陈述：假设所有次梯度的范数小于或等于某个常数 G(这样的话对于所有的 $\boldsymbol{x}\in\mathbb{R}^D$，都有 $\|\partial F(\boldsymbol{x})\|\leqslant G$)，迭代开始于距离最优值 $\hat{\boldsymbol{x}}$ 不超过 R 的位置(即 $\|\boldsymbol{x}_0-\hat{\boldsymbol{x}}\|\leqslant R$)，那么依据 Nesterov 方法(Nesterov，2004，理论 3.2.2)，有

$$F^{\star}-\hat{F}\leqslant\frac{R^2+G^2\sum_{n=1}^{N}\alpha_n^2}{2\sum_{n=1}^{N}\alpha_n} \tag{2.38}$$

因此，当 $N\to\infty$ 时，公式右侧趋近于 0，则迭代收敛。对于一个满足 $a>0$ 的较小的 a，一

些保证收敛的步长选择如下：

$$\alpha_n = \frac{a}{n} \tag{2.39}$$

$$\alpha_n = \frac{a}{\sqrt{n}} \tag{2.40}$$

$$\alpha_n = \frac{a}{n\|\boldsymbol{\delta}_n\|} \tag{2.41}$$

不可微的问题包括分段线性目标，它只是一组相交线，以及更高维的相交(超)平面(见图 2.8)。普适分段线性目标涉及任意函数 g 的 L_1 范数 $F(\boldsymbol{x})=\|g(\boldsymbol{x})\|_1$，例如线性例子 $g(\boldsymbol{x})=\boldsymbol{A}\boldsymbol{x}-\boldsymbol{b}$，对于任意矩阵 $\boldsymbol{A}\in\mathbb{R}^{N\times D}$ 和 $\boldsymbol{b}\in\mathbb{R}^N$。这被称为 L_1 范数回归问题或中分位数回归(quantile regression)。注意，对于 L_2 范数来说，这只是经典的最小二乘回归问题。一个次梯度是 $\boldsymbol{A}^{\mathrm{T}}\mathrm{sgn}(\boldsymbol{A}\boldsymbol{x}-\boldsymbol{b})$。图 2.9 展示了该问题的次梯度法的收敛性。我们可以看到它非常缓慢，需要将近 4 000 次迭代才能达到 $\epsilon=10^{-6}$ 的容差。

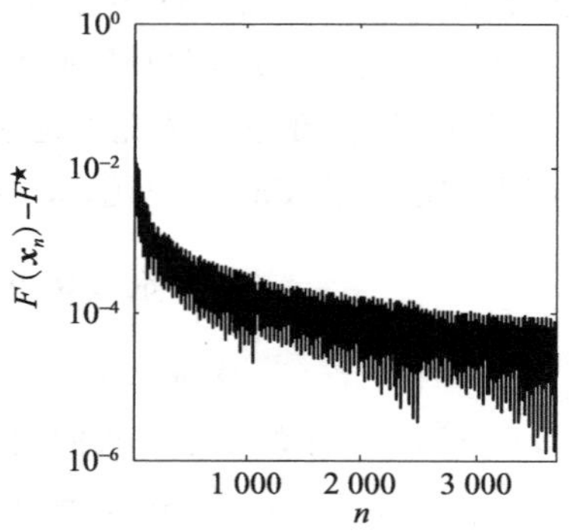

图 2.9 目标函数 L_1 正态回归问题的次梯度法的收敛性 $F(\boldsymbol{x})=\|\boldsymbol{A}\boldsymbol{x}-\boldsymbol{b}\|_1$ ($\boldsymbol{A}\in\mathbb{R}^{100\times 3}$，$\boldsymbol{b}\in\mathbb{R}^{100}$，从单位正态分布中随机抽取 $\boldsymbol{A}$ 和 $\boldsymbol{b}$ 的元素)。步长(step size)随步长(step-length)的减小而减小 $0.1/(n\|\boldsymbol{\delta}n\|)$

2.4.4 原始-对偶内点法

当一个不可微问题可以表述为一个约束优化问题(如线性规划或二次规划问题)时，另一种利用次梯度信息的方法是在原始和对偶变量上生成一系列迭代。使用这种策略的算法称为*原始-对偶内点法*。在这里我们将对线性规划问题进行说明，它依赖于凸对偶的概念和牛顿方法在前面描述的 KKT 条件中的应用。

给定原始线性规划问题(2.34)，对偶问题则是另一个线性规划：

$$\begin{aligned}&\text{最小化 } \boldsymbol{b}^{\mathrm{T}}\boldsymbol{\nu}\\&\text{受 } \boldsymbol{A}^{\mathrm{T}}\boldsymbol{\nu}-\boldsymbol{\lambda}=-\boldsymbol{c},\ \boldsymbol{\lambda}\geqslant 0 \text{ 约束}\end{aligned} \tag{2.42}$$

其中 $\boldsymbol{\nu}\in\mathbb{R}^N$，而 $\boldsymbol{\lambda}\in\mathbb{R}^D$。注意，我们通过改变 $\boldsymbol{\nu}$ 的符号将这个对偶问题转化为一个凸问题。线性规划情形下的原始-对偶 KKT 条件为：

$$\begin{gathered}\boldsymbol{A}\hat{\boldsymbol{x}}-\boldsymbol{b}=0\\\hat{\boldsymbol{x}}\geqslant 0\\\hat{\boldsymbol{\lambda}}\geqslant 0\\\boldsymbol{A}^{\mathrm{T}}\hat{\boldsymbol{\nu}}-\hat{\boldsymbol{\lambda}}+\boldsymbol{c}=0\\\hat{\lambda}_j\hat{x}_j=0,\ j=1,\ 2,\ \cdots,\ D\end{gathered} \tag{2.43}$$

我们可以将这些条件视为求解以下非线性方程根的问题，其基于条件 $\boldsymbol{x}$，$\boldsymbol{\lambda}\geqslant 0$：

$$\begin{bmatrix}\boldsymbol{A}^{\mathrm{T}}\boldsymbol{\nu}-\boldsymbol{\lambda}+\boldsymbol{c}\\\boldsymbol{A}\boldsymbol{x}-\boldsymbol{b}\\\boldsymbol{\Lambda}\boldsymbol{X}\boldsymbol{1}\end{bmatrix}=\begin{bmatrix}\boldsymbol{0}\\\boldsymbol{0}\\\boldsymbol{0}\end{bmatrix} \tag{2.44}$$

其中的矩阵 $\boldsymbol{X}$ 和 $\boldsymbol{\Lambda}$ 是对角矩阵，$X_{ii}=x_i$，$\Lambda_{ii}=\lambda_i$，而 $\boldsymbol{1}$ 是一个 $D\times 1$ 维向量，每个元素均

为数字 1。原始-对偶方法试图用某种迭代方法找到这些根，“内点”名称的由来是这些方法严格满足约束条件，即 $\boldsymbol{x}$，$\boldsymbol{\lambda}>0$。求解这些方程的一种方法是使用牛顿法，该方法可得出以下线性系统来求解下降方向($\Delta\boldsymbol{x}$，$\Delta\boldsymbol{\nu}$，$\Delta\boldsymbol{\lambda}$)(Boyd 和 Vandenberghe，2004，第 244 页)：

$$\begin{bmatrix}\mathbf{0} & \boldsymbol{A}^{\mathrm{T}} & \boldsymbol{I}\\ \boldsymbol{A} & \mathbf{0} & \mathbf{0}\\ \boldsymbol{\Lambda} & \mathbf{0} & \boldsymbol{X}\end{bmatrix}\begin{bmatrix}\Delta\boldsymbol{x}\\ \Delta\boldsymbol{\nu}\\ \Delta\boldsymbol{\lambda}\end{bmatrix}=\begin{bmatrix}\boldsymbol{e}_{\mathrm{d}}\\ \boldsymbol{e}_{\mathrm{p}}\\ \boldsymbol{e}_{\mathrm{c}}\end{bmatrix} \tag{2.45}$$

向量 $\boldsymbol{e}_{\mathrm{d}}=-\boldsymbol{A}^{\mathrm{T}}\boldsymbol{\nu}+\boldsymbol{\lambda}-\boldsymbol{c}$ 称为双重残差，$\boldsymbol{e}_{\mathrm{p}}=-\boldsymbol{A}\boldsymbol{x}+\boldsymbol{b}$ 称为原始残差，$\boldsymbol{e}_{\mathrm{c}}=-\boldsymbol{\Lambda}\boldsymbol{X}\mathbf{1}$ 称为互补松弛残差。迭代使用所选的步长进行更新，以便迭代始终满足约束 $\boldsymbol{x}$，$\boldsymbol{\lambda}>0$。实现这一点的一个实用公式是：

$$\begin{aligned}\alpha_{\mathrm{p}}&=\min\left(1,\ \eta\min_{i:\Delta x_i<0}\left[-\frac{x_i}{\Delta x_i}\right]\right)\\ \alpha_{\mathrm{d}}&=\min\left(1,\ \eta\min_{j:\Delta\lambda_j<0}\left[-\frac{\lambda_j}{\Delta\lambda_j}\right]\right)\end{aligned} \tag{2.46}$$

选择参数 $\eta\in[0.9, 1.0)$，以确保步长始终指向严格满足约束条件的下降方向。

注意，对于原始-对偶问题，不能保证迭代在可行集上，因为当在可行集的边界上找到最优解时，对偶残差和原始残差只有零值。因此，对该方法收敛性的一个有用的度量是互补松弛性的平均不一致性，即 $\mu=(\boldsymbol{x}^{\mathrm{T}}\boldsymbol{\lambda})/D$，这被称为对偶测度(duality measure)。通常，全牛顿步长违背了约束条件，因此，一个更容易处理的目标是寻求降低对偶测度。大多数的实现使用了修正的互补松弛残差 $\boldsymbol{e}_{\mathrm{c}}=-\boldsymbol{\Lambda}\boldsymbol{X}\mathbf{1}+\sigma\mu\mathbf{1}$，其中 $\sigma\in(0, 1)$是一个小常数，用于设置在每次迭代中应减少对偶测度的程度。算法 2.7 给出了求解线性规划问题的一个实用的原始-对偶算法。

算法 2.7　线性规划的原始-对偶内点法

(1) **初始化**。设置对偶测度 $\epsilon>0$，对满足约束条件 $\boldsymbol{x}_0$，$\boldsymbol{\lambda}_0>0$ 的原始-对偶变量($\boldsymbol{x}_0$，$\boldsymbol{\nu}_0$，$\boldsymbol{\lambda}_0$)选择较好的估计。选择对偶测度折减因子 $\sigma\in(0, 1)$和步长参数 $\eta\in[0.9, 1.0)$。设置迭代次数 $n\leftarrow 0$。

(2) **找寻牛顿方向**。求解式(2.45)，找到下降方向($\Delta\boldsymbol{x}_n$，$\Delta\boldsymbol{\nu}_n$，$\Delta\boldsymbol{\lambda}_n$)，借助式(2.46)得到可行的原步长和对偶步长 α_{p} 和 α_{d}。

(3) **采取下降步长**。得到新的原始-对偶变量估计结果 $\boldsymbol{x}_{n+1}=\boldsymbol{x}_n+\alpha_{\mathrm{p}}\Delta\boldsymbol{x}_n$，$\boldsymbol{\nu}_{n+1}=\boldsymbol{\nu}_n+\alpha_{\mathrm{d}}\Delta\boldsymbol{\nu}_n$ 和 $\boldsymbol{\lambda}_{n+1}=\boldsymbol{\lambda}_n+\alpha_{\mathrm{d}}\Delta\boldsymbol{\lambda}_n$，计算新的对偶测度 μ_{n+1}，如果 $\mu_{n+1}<\epsilon$，则退出，并得到原始-对偶解($\boldsymbol{x}_{n+1}$，$\boldsymbol{\nu}_{n+1}$，$\boldsymbol{\lambda}_{n+1}$)。

(4) **迭代**。设置 $n\leftarrow n+1$，回到第二步。

通过探索中心路径的概念，可以进一步了解该算法的行为。这是一组原始-对偶点($\boldsymbol{x}$，$\boldsymbol{\nu}$，$\boldsymbol{\lambda}$)，严格满足线性规划 KKT 条件，但具有修正的互补松弛条件 $\lambda_j x_j=\tau$，$j=1, 2, \cdots, M$，其中 $\tau>0$。随着路径参数 $\tau\to 0$，KKT 条件趋近于线性规划 KKT 条件(2.43)，该条件保持在最佳点($\hat{\boldsymbol{x}}$，$\hat{\boldsymbol{\nu}}$，$\hat{\boldsymbol{\lambda}}$)。$\tau$ 参数化的中心路径作为一个“向导”，引导迭代朝着最优线性规划解的方向前进，而最优线性规划解总是位于可行集的边界上。参数 σ 有时被称为中心参数，因为当 $\sigma=1$ 时，牛顿步长向中心路径迭代，而不是在 $\sigma=0$ 时直接向解方向迭代。

一般来说，原始-对偶内点法的迭代次数比简单的次梯度法要复杂得多，这主要是因为它们需要求解 $2D+N$ 个变量的线性方程组。然而，要使对偶测度精确到 $\mu\leqslant\epsilon$，诸如算法 2.7（称为短步内点法），最坏情况下需要 $O(-\sqrt{D}\ln(\epsilon))$ 次迭代的计算量（Gondzio，2012），这通常比次梯度法的迭代次数少一个量级。图 2.10 展示了在 16 次迭代中解决的 L_1 范数回归问题，该问题的对偶测度低于 $\epsilon=10^{-6}$。

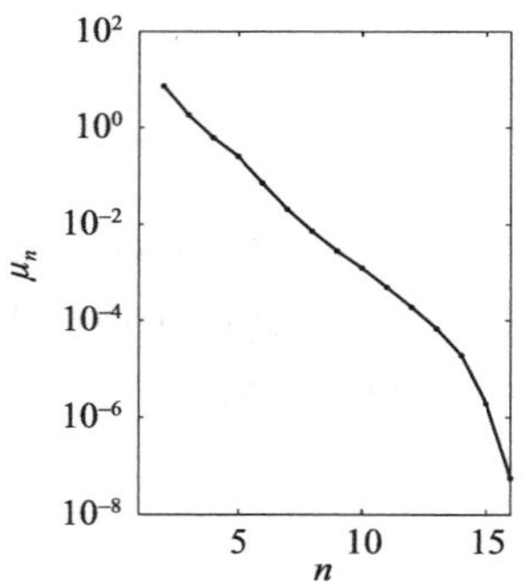

图 2.10　原始-对偶内点线性规划方法在 L_1 范数回归目标函数 $F(\boldsymbol{x})=\|\boldsymbol{A}\boldsymbol{x}-\boldsymbol{b}\|_1$（其中 $\boldsymbol{A}\in\mathbb{R}^{201\times 13}$，$\boldsymbol{b}\in\mathbb{R}^{201}$，从单位正态分布中随机抽取 $\boldsymbol{A}$ 和 $\boldsymbol{b}$ 的元素）中的收敛性。对偶测度容差 $\epsilon=10^{-6}$，缩减因子 $\sigma=10^{-6}$，步长参数 $\eta=0.98$

在实践中，理论上最坏情况下的迭代次数大大提高，典型值为 20～50 次迭代，即 $\epsilon=10^{-6}$。然而，由于原始－对偶方法同时保持了对原始变量和对偶变量的估计，因此它们的空间复杂度要求为 $O(D+N+M)$ 阶，且总是大于 $O(D)$ 次梯度法。需要在每个 DSP 应用程序中分别探讨这些权衡。

2.4.5 路径跟踪方法

前面章节中，我们讨论了这样一个事实：很少有已知的优化问题可以解析地求解。然而，在许多情况下，解依赖于单个参数 γ（通常是正则化参数，如 Lasso 问题(2.18)）中的 γ），我们可以获得该参数某些初始值 $\gamma_0<\gamma$ 的精确或近似精确解，称为 $\hat{\boldsymbol{x}}(\gamma_0)$。那么，我们可以利用这一点在 $\mathbb{R}^D$ 中寻找一个曲线，利用 $\gamma_0\leqslant\widetilde{\gamma}\leqslant\gamma$ 来参数化 $\hat{\boldsymbol{x}}(\widetilde{\gamma})$，其中 $\hat{\boldsymbol{x}}(\widetilde{\gamma})$ 是理想的解。这条曲线被称为*正则化路径*(regularization path)。我们将在一个例子中说明这种方法，在这个例子中可以得到精确解，对于*全变差去噪*(total variation denoising，TVD)问题：

$$F(\boldsymbol{x})=\frac{1}{2}\sum_{n=1}^{N}(x_n-y_n)^2+\gamma\sum_{n=1}^{N-1}|x_{n+1}-x_n| \tag{2.47}$$

适用于向量 $\boldsymbol{x}$，$\boldsymbol{y}\in\mathbb{R}^N$。

这是一个混合的 L_2－L_1 范数问题，涉及一个正则项，它是 $\boldsymbol{x}$ 的相邻元素的绝对差异之和（Mallat，2009，第 728 页）。因此，正则化项是非负的，只有当 $x_{n+1}\neq x_n$ 时，才会出现对该项的非零贡献，即 x_n 的相邻值不同。这意味着如果某个常数 c 的 $x_n=c$，那么正则化项为零。结果表明，该问题的正则化路径由一组线段组成，这些线段在正则化参数 $0=\gamma_0<\gamma_1<\cdots<\gamma_L$ 的一组 L 梯度变化点处连接在一起（Tibshirani 和 Taylor，2011）：

$$\hat{\boldsymbol{x}}(\widetilde{\gamma})=\hat{\boldsymbol{x}}(\gamma_i)+(\widetilde{\gamma}-\gamma_i)\boldsymbol{\delta}_i \tag{2.48}$$

对于 $\gamma_i\leqslant\widetilde{\gamma}\leqslant\gamma_{i+1}$，$i=0,1,\cdots,L-1$，且 $\boldsymbol{\delta}_j\in\mathbb{R}^N$ 是每个线段的路径梯度向量。每个 γ_{i+1} 是根据 $\hat{\boldsymbol{x}}(\gamma_i)$ 和梯度 $\boldsymbol{\delta}_i$ 的知识发现的（Tibshirani 和 Taylor，2011）。对于这个全变差去噪问题，正则化路径的一个有趣的性质是，随着 γ 的增加，相邻值“融合”在一起，并

且对于所有较大的 γ 值共享相同的路径。典型路径如图 2.11 所示。

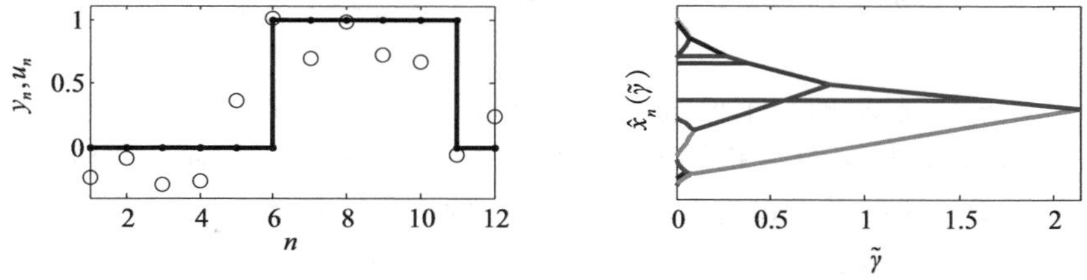

图 2.11　全变差去噪问题(2.47)的正则化路径，应用于输入 $\boldsymbol{y}=\boldsymbol{u}+\boldsymbol{e}$，其中 $\boldsymbol{u}$ 是分段常数，每个 $\boldsymbol{e}_n$ 是独立同分布零均值和标准偏差 $\sigma=0.25$ 的高斯分布。右图显示了分段线性正则化路径，即使用式(2.48)获得的每个 $\widetilde{\gamma}$ 值的最优解 $\hat{\boldsymbol{x}}(\widetilde{\gamma})$ 到式(2.47)的值

在机器学习的许多有用方法中，已经发现了类似的精确路径公式，包括 Lasso 回归和支持向量机，原则上，对于具有凸目标函数的各种问题，存在分段线性路径(Hastie 等人，2009，第 89 页)。这些路径跟踪技术的主要缺点是计算复杂度高。例如，上面的全变差去噪问题需要 $O(N^2)$ 次运算来计算完整路径(Tibshirani 和 Taylor，2011)。当然，如果只需要部分路径，将节省计算量。

2.5　连续非凸问题

对于连续非凸问题，不再保证前面描述的局部下降方法能够找到全局最小值，即对于所有 $\boldsymbol{x}\in\mathbb{R}^D$，使得 $F(\hat{\boldsymbol{x}})\leqslant F(\boldsymbol{x})$ 的值 $\hat{\boldsymbol{x}}$，这是*全局优化*方面的问题(Horst 等人，2000)。我们当然可以设想这样的全局连续优化问题可以“轻松”解决的情况，例如，如果已知在一个有界区域内存在 M 个孤立的局部最优解，我们可以从该区域内的一组初始猜测 $\boldsymbol{x}_0$ 开始用下降法进行收敛。我们有一个确切的标准来决定何时停止搜索：当发现 M 个完全不同的局部极小值时，全局最小值就是这些局部极小值之一。

不幸的是，除非我们有关于 $\hat{\boldsymbol{x}}$ 位置的具体信息，否则此类连续非凸问题通常是 NP 完全的：我们不知道局部最优是不是全局最优，因此局部优化算法的收敛特性并不能说明全局最优。因此，在有界区域上的连续非凸优化问题的焦点通常转移到执行穷举搜索上，使用各种技巧来提高这种搜索的效率。一类重要的方法是*分枝定界算法*。这类方法的前提是：如果一个区域的最小值上下有界，那么可以避免搜索整个子区域，因为该子区域的下界大于所有其他子区域的上界(Horst 等人，2000)。通过将搜索区域分成越来越小的区域(称为*分枝*)，可以有效地缩小全局最优所在的子区域，缩小 $F(\hat{\boldsymbol{x}})$上下界之间的差距。

如果近似解是可以接受的，就像非凸组合问题一样，我们可以应用*启发式*方法，例如*随机重启*与搜索局部极小值相结合，这将在下一节中展开描述。

2.6　离散(组合)优化的启发式算法

在本节中，我们将深入探讨近似求解离散极小化问题的有效方法。本节中经常使用的一个重要概念是点 $x\in X$ 的(组合)*邻域* $\mathcal{N}(x)$。这些点在某种程度上与 x“接近”，在某种意义上，通过对 x 的结构进行一些微小的改变很容易找到这些点(它们通常在约束问题的可行集合中)。一个重要的特例是使用距离函数 d 定义邻域关系：

$$\mathcal{N}_r(x)=\{y\in X：d(x，y)\leqslant r\} \tag{2.49}$$

其中 $d：X\times X\rightarrow\mathbb{R}^+$ 是 X 的一个度量。前面介绍了变量选择问题中的一个邻域示例，其中 $X=\{0，1\}^D$，就是与 x 最多相差 r 位的所有二进制字符串。因此，邻域 $\mathcal{N}_1(x)$ 包含所有这些变量的子集，这些子集包含一个不在 x 中的变量，或者从 x 中删除一个变量。这种情况下的度量是汉明距离：

$$d(x，y)=\sum_{i=1}^{D}\mathbf{1}[x_i\neq y_i] \tag{2.50}$$

它只计算 x 中与 y 不同的位数(这实际上是每个维度的离散度量的凸组合)。

2.6.1 贪婪搜索

贪婪搜索是最简单的启发式方法之一，也被称为迭代改进，通过用当前最佳猜测的邻域中更优的候选值替换当前的最佳猜测，来反复尝试寻找更好的解。该算法描述如下。

算法 2.8 用于离散优化的贪婪算法

(1) 初始化。选择候选解 x_0，设置迭代次数 $n\leftarrow 0$。

(2) 贪婪的改进。将 x_{n+1} 设置为基于 $\mathcal{N}(x_n)$ 的最佳改进点，如果没有进一步的改进，则退出，解为 x_n。

(3) 迭代。设置 $n\leftarrow n+1$，回到第二步。

在第二步中选择的最佳候选点通常要么是遇到的第一个点 $y\in\mathcal{N}(x_n)$，其中 $F(y)<F(x_n)$(称为第一个改进)；要么是 $\mathcal{N}(x_n)$中的最优点，即点 y 使得 $F(y)<F(z)$，对于所有 $z\in\mathcal{N}(x_n)$，其中 $z\neq y$(称为最佳改进)。如果邻域集很大，第一个改进可能比最佳改进的计算效率更高，但可能需要增加达到局部极小值所需的迭代次数。候选解序列的一个重要性质是 $F(x_0)>F(x_1)>\cdots>F(x_n)$，即保证贪婪搜索在每次迭代中减少目标函数。但最关键的是，由于贪婪搜索在没有进一步的局部改进时终止，它很容易陷入局部极小。

2.6.2 (简单)禁忌搜索

禁忌搜索这种启发式方法试图给搜索者提供从“低迷”状态中“逃离”的机会。它通过维护最近访问的候选解的列表，防止搜索重新选择这些以前的候选解，以及允许进行“上坡”和“下坡”搜索，来避免局部最优陷阱这个过程被称为禁忌搜索(tabu search)，在下面的算法 2.9 中描述。

算法 2.9 (简单)禁忌搜索

(1) 初始化。初始化禁忌列表 $\mathcal{T}=X^L$，设置所有项为空。选择一个最大的迭代次数 N，禁忌列表长度为 L，选择一个备选解 x_0，设置迭代次数为 $n\leftarrow 0$，设置 x_0 为列表 $\mathcal{T}$ 中第一个项。同时设置 $x^\star=\varnothing$ 和 $F^\star=+\infty$。

(2) 可以进行的邻域的改进。设置 $\mathcal{A}=\mathcal{N}(x_n)-\mathcal{T}(x_n$ 的邻域，但不包括禁忌列表里的点)。将 x_{n+1} 设置为目标函数值最低的点。反之，$\mathcal{A}=\varnothing$，退出，解为 $x^\star$。

(3) 保持最优解。如果 $F(x_{n+1})<F^\star$，设置 $F^\star \leftarrow F(x_{n+1})$ 和 $x^\star=x_{n+1}$。

(4) 禁忌列表更新。将 $\mathcal{T}$ 中以前访问过的每个点移回一个位置，从 $\mathcal{T}$ 中删除最后一个(最老的)点，并将 x_n 置于第一个(最近的)位置。

(5) 迭代。当 $n<N$ 时，更新 $n\leftarrow n+1$，返回第二步；否则退出，解为 $x^\star$。

在第二步中，改进最大的点可以定义为点 $y\in\mathcal{A}$，对于所有 $z\in\mathcal{A}$ 有 $F(y)<F(z)$，其中 $z\neq y$。注意，这并不一定意味着 $F(x_{n+1})<F(x_n)$，因为我们已经明确地从集合 $\mathcal{A}$ 中排除了点 x_n。这就是为什么禁忌搜索有时可以通过迭代增加目标函数，从而避开局部最优。这也是为什么我们需要保持迄今为止发现的最优点的记录。此外，由于它对最近访问的候选点具有短期记忆，因此它也可以避免在长度小于 L 的点序列中循环。这样，它可以防止一些相同的次优解被重复访问。

当然，算法仍然有可能陷入比 L 更长的循环中。算法的一个变化是具备有限的内存：在每次迭代中增加禁忌列表的长度，从而存储所有以前访问过的点。当然，这可以避免所有可能的迭代计算，但也可能增加对局部区域进行穷尽性探索的机会，算法因无法逃离该区域而终止。因此，禁忌搜索虽然简单，但需要选择两个参数 N 和 L，并且没有一个在所有情况下都有效的最佳选择。

2.6.3　模拟退火

退火是一种缓慢冷却非晶态晶体固体(如玻璃)的过程，通过消除具有结构弱点的缺陷来强化它。因此，退火这一动作在行为上基本上属于贪婪搜索，它寻求邻域的提升，但随着适应度的提高，它将接受一定概率的目标函数值的增加。这个概率类似于退火温度，而且和退火一样，这个概率随着时间的推移而降低。作为一种贪婪搜索，它可能会陷入局部最优，但如果温度足够高，它就有可能逃脱。

算法 2.10　模拟退火

(1) 初始化。选择一个备选解 x_0，设置迭代次数 $n=0$，设置 $F^\star=\infty$，设置一个最大的迭代次数 N，选择一个正的退火规划参数 $k\in\mathbb{R}$。

(2) 邻域搜索拒绝/接受。从 $\mathcal{N}(x_n)$ 中选择任意 y。如果 $F(y)<F(x_n)$，设置 $x_{n+1}\leftarrow y$，否则，从 $[0,1]$ 中选择均匀随机数 q，如果 $q>\exp(-[F(y)-F(x_n)]\frac{n}{kN})$，则 $x_{n+1}\leftarrow y$。

(3) 保持最优解。如果 $F(x_{n+1})<F^\star$，设置 $F^\star\leftarrow F(x_{n+1})$ 和 $x^\star=x_{n+1}$。

(4) 迭代。当 $n<N$ 时，更新 $n\leftarrow n+1$，返回第二步，否则退出，保存解 $x^\star$。

这里的概率函数受热力学中的玻尔兹曼分布启发。新的邻域的选择越差，被接受的概率就越小。温度 $T=\frac{N}{n}$ 随着 $n\to N$ 而降低。当 k 值较大时，反应速度较慢，而 k 值较小时，温度下降较快。很明显，这种技术的主要局限性是没有明显的方法来设置 k 或迭代次数 N。如果冷却发生得太快，解很有可能陷入局部最优。而如果冷却速度太慢，算法将失去计算效率。尽管如此，模拟退火已经在一系列困难的离散问题上取得了相当显著的成果。我们在后面也会看到，这种算法可以直接用于解决从其他难以处理的多元分布中采样的问题。

2.6.4 随机重启

无论近似的方法多么优秀，我们总会遇到这种情况：在近似算法终止后，不知道是否找到了最优解，或者是否可以找到更好的解。*随机重启*（算法 2.11）是一种普遍存在的策略，可用于为需要它们的方法生成初始候选，并找到潜在的更好的近似值。我们的想法是设置几个随机的起点，然后依次尝试每一个起点，跟踪目前找到的最优解。

算法 2.11　随机重启

(1) 初始化。设置 $F^\star=+\infty$，设置 $x^\star=\varnothing$，设置迭代次数 $m=0$，选择最大的迭代次数 M。

(2) 随机重启。选择随机候选 x_0 且运行算法，直到终止并得到近似算法输出 x_n。

(3) 保持最优解。如果 $F(x_n)<F^\star$，那么更新 $F^\star\leftarrow F(x_n)$ 且 $x^\star=x_n$。

(4) 迭代。设置 $m\leftarrow m+1$，如果 $m>M$ 为最大迭代次数，则以解 $x^\star$ 终止，否则返回第二步。

通过这种方式，我们给近似算法提供了一些机会来找到一个更好的解。当然，不能保证随机重启一定会找到更好的解，但至少它会让我们认为 $x^\star$ 更可信。

随机采样

本章提供了从具有给定(联合)分布的随机变量中生成样本的概述，并使用这些样本从数字信号中找出我们感兴趣的量。该任务在统计机器学习和DSP的许多问题中起着基础性的作用。例如，有效地模拟统计模型的行为向求解优化问题提供了一个可行的替代方案，这里提到的优化问题来自处理具有大量变量的信号模型。

3.1 生成(均匀)随机数

从第一个原理开始，假设我们要给一台计算机编写一段代码来模拟掷骰子的过程：也就是说，生成参数 $p=0.5$ 的伯努利随机数。这可能吗？实际上答案是“不可能”，因为计算机(假设它们正常工作)是完全*确定的*，也就是说，给定相同的输入，一个程序总是会产生相同的输出。这与每个随机结果通常是不同的这一事实不符，我们无法预先预测将产生哪种结果。然而，计算机擅长产生所谓的*伪随机数*，即那些超级随机的数字，但包含了某种“隐藏模式”。这种模式通常会重复出现，且在很长一串信号之后再重复。

伪随机数的生成涉及关于生成天文数字的序列发生器的选择。典型的生成器使用*非线性递归关系*，这种关系有着与*混沌动力学*几乎无法区分的表现。混沌序列从不重复，但它仍然是有界的。一个混沌重现可以非常简单。例如，当 $n=0, 1, 2, \cdots$ 时，有递推公式 $x_{n+1}=x_n^2$，其中 $x_0=\exp(i\pi\theta)$，θ 是二进制数字序列不终止且不重复的任何值。这种混沌行为的发生是因为递归关系的解是 $x_n=\exp(i\pi 2^n\theta)$，这显然是有界的，因为它被约束在复平面中的单位圆内，但是在每次迭代中，$2^n\theta$ 将 θ 中的位向左移动一个位置，丢弃最重要的位。因此，如果 x_0 的二进制数字序列没有终止或重复，序列 x_n 也不会终止或重复。超越数(如 $\theta=\pi$ 或 $\theta=\mathrm{e}$)具有这种非终结性，因此在上述递推中产生混沌序列。

不幸的是，在实践中，由于硬件浮点数实值在每次迭代中都会失去精度，基于这种混沌递归关系的伪随机数生成器是没有用的。相反，随机数生成器通常使用模整数算术递归关系，这种关系不会丢失精度。这些序列可能被称为“伪混沌”，因为尽管它们受模的限制，但它们不会产生有限的序列，即它们实际上是周期性的，但(希望)周期会非常长。然后，好的伪随机数生成器设计的艺术归结为选择一个递归关系(或其他算法)，在重复之前产生足够长的数字序列。

伪随机循环的简单而常用的例子是*线性同余生成器*(linear congruential generators, LCG)$x_{n+1}=bx_n+c(\bmod m)$，每个 $x_n\in\mathbb{N}$ 和值 a，b，$m\in\mathbb{N}$ 都是经过慎重选择出的，以满足无论起始值 x_0 如何选择，序列 x_0，x_1，$\cdots$的长度都为 m(Press，1992，第276页)。这虽然非常简单，但线性同余递归可以具有诸如数值之间的串行相关性之类的缺陷，创建能消除这种缺陷的生成器是一件很微妙的事情，关于一系列经过良好测试且具有良好数值和随机性的算法，请参见 Press(1992，7.1节)。

3.2 从连续分布中进行采样

在机器学习和 DSP 中，一个非常常见的问题是用给定的累积分布函数、概率密度函数或随机变量的其他度量来生成连续的随机数。对于概率密度函数在$[u_l, u_h]$范围内均匀分布的单变量连续随机变量，可以得到平凡解：只需使用上述的生成器创建一系列伪随机数 x_0，x_1，x_2，…，设置 $u_n=u_l+(u_h-u_l)x_n/m$，其中 m 是模量。然而，在这种特殊情况之外，事情变得复杂得多。目前几乎没有普遍适用的算法，这意味着，我们对随机变量的描述通常决定了可用的最佳(或唯一实用)方法。

3.2.1 分位数函数(逆累积分布函数)与逆变换采样

一般算法存在的一个特殊情况是，使用累积分布函数的逆函数 $p=F(x)$来描述随机变量的分布，即所谓的分位数函数：

$$Q(p)=F^{-1}(p) \tag{3.1}$$

这取决于概率集[0，1]。有了这个函数，通过在[0，1]范围内创建一个均匀的数字序列，就可以从这个随机变量生成随机数，称之为 u_0，u_1，u_2，…，并设置 $x_n=Q(u_n)$，这种方法称为反变换采样。鉴于其简单性，因此值得研究该方法的实用范围。更好的情况是如果 Q 有一个简单的闭合形式，这使得必要的函数计算变得简单明了。分位数函数的性质是什么？如果随机变量位于区间$[x_l, x_h]$，那么我们有$\lim\limits_{p\to 0}Q(p)=x_l$ 且$\lim\limits_{p\to 0}Q(p)=x_h$，因为 F 是不衰减的，那么 Q 也一样。在统计数字信号处理和机器学习中出现的大量概率密度函数都具有闭式分位数函数，包括指数分布、拉普拉斯分布(双指数)、logistic 分布、Weibull 分布和 Gumbel 分布。此外，一个简单而广泛的分位数函数“演算”，包括线性组合、乘积、倒数、幂、对数，可以构造出广泛的分布，所有这些都可以采用反变换采样法(Gilchrist，2000)。这些将在4.6节中详细讨论。

下一个显而易见的问题是：如果我们只有累积分布函数，我们能逆累积分布函数来使用这个采样方法吗？答案显然是肯定的，但附带的条件是必须求助于数值方法来求解方程 $F(x^\star)-p=0$ 关于 $x^\star$，与 p 相关的分位数。作为一个重要的例子，如果我们有一个累积分布函数的解析形式，通常不难对其进行解析微分并找到相关的概率密度函数 f。牛顿法需要这些信息(它是2.3节中介绍的相同算法所对应的信息)。对于所需的每个样本，我们首先需要生成一个相关的概率值 p。现在，给定容差值 $\epsilon>0$：

算法 3.1　用于数值逆变换采样的牛顿方法

(1) 初始化。选择好的起点分位数 x_0，设置迭代次数 $n=0$。

(2) 更新分位数的估计。更新 $x_{n+1}=x_n-(F(x_n)-p)/f(x_n)$。

(3) 检查收敛性。计算分位数误差 $\Delta F=|F(x_{n+1})-p|$ 且 $\Delta F<\epsilon$，退出迭代，保存解 x_n。

(4) 迭代。更新 $n\leftarrow n+1$，回到第二步。

理解该方法收敛性的一个简单方法是将牛顿分位数更新步骤视为固定点迭代 $x_{n+1}=g(x_n)$，其中 $g(x)=x-(F(x)-p)/f(x)$。然后，迭代在相关分位数上收敛到 p，前提是对于所有的 $n=0$，1，2，…，

$$|(F(x_n)-p)f'(x_n)[f(x_n)]^{-2}|<1 \tag{3.2}$$

因此，只要累积分布函数和概率密度函数都是连续可微的，并且 x_0 非常接近 $x^\star$(即 $x_0\in[x^\star-\delta, x^\star+\delta]$，其中 δ 的选择必须确保满足上述条件)，使用此方法，在已知累积分布函数和概率密度函数的前提下，我们可以从几乎任何(单变量)分布中取样。

主要的限制是对于所有迭代，我们必须使 $f(x_n)\neq 0$，并且在实践中，我们必须使 $f(x_n)$足够大，以避免数值溢出，这通常很难满足。同样地，一般情况下如何选择 δ 并不清楚，通常我们需要了解特定分布的一些信息，以保证选择的收敛性(例如，它是否是单峰分布)。尽管如此，当牛顿法确实收敛时，它可以被证明具有二次收敛速度(Nocedal 和 Wright，2006，定理 11.2)，而且在实践中，通常最多需要 10 次迭代才能获得比计算硬件上可用的精度更高的解。类似地，上述基本牛顿法的许多缺点可以通过相对复杂的调整来减轻(例如，通过包括更新步长参数和行搜索，见 2.3 节)。

当然，我们不能忘记，这种数值方法必须对所需的每个样本执行，这是在试图生成大的随机样本序列时必须考虑到的成本。Devroye(1986，第 31～35 页)对其他基于等分法和二次寻根法的数值逆变换方法进行了很好的描述，这两种方法都只需要累积分布函数。

3.2.2 随机变量变换方法

如前所述，有许多分布的分位数函数是通过一些简单的闭式变换组合得到的(Gilchrist，2000)。对于这些分布，逆变换采样方法是非常有效的。表 4.4 列出了位置-尺度-形状形式的一组非常重要的分布，它们都可以写成：

$$\left(\frac{X-\mu}{\sigma}\right)^{\kappa}=Q(U) \tag{3.3}$$

其中 U 是[0，1]范围内的均匀随机变量。将这个进行逆变换就产生了一个非常简单的随机数发生器 $x=\mu+\sigma Q(u)^{1/\kappa}$。

3.2.3 拒绝采样

在上一节中，我们演示了当有分位数函数或累积分布函数的闭合形式时，或者可以通过简单的分析变换构造一个闭合形式时，从分布中取样的一般方法。然而，通常情况下，我们只有概率密度函数，通常不可能将其整合以找到相关的累积分布函数，更难将其逆变换为分位数函数。因此在只有概率密度函数可用的情况下，我们可以使用拒绝采样：首先，我们从提出的分布 g 中生成提案样本向量 $\tilde{\boldsymbol{x}}$。对于整个样本空间，提出的分布必须满足 $f(\boldsymbol{x})\leqslant cg(\boldsymbol{x})$，其中拒绝常数 $c\geqslant 1$。接下来，我们从[0，1]上的均匀分布中生成样本 u。最后，如果 $u\times c\times g(\tilde{\boldsymbol{x}})/f(\tilde{\boldsymbol{x}})<1$，我们接受 f 中的 $\tilde{\boldsymbol{x}}$ 作为样本，否则我们拒绝它并从第一步开始重复(Devroye，1986，第 42 页)。

这个简单算法的基本原理基于以下定理：如果联合样本空间 $\mathbb{R}^D\times[0, 1]$上的随机向量($\boldsymbol{X}$，U)均匀分布在以下集合上：

$$A=\{(\boldsymbol{x}, u): \boldsymbol{x}\in\mathbb{R}^D, 0<u<bf(\boldsymbol{x})\} \tag{3.4}$$

其中 $b>0$，那么 $\boldsymbol{X}$ 的密度函数为 $f(\boldsymbol{x})$(Devroye，1986，定理3.1)。集合 A 是接受区域，即算法接受建议样本的联合样本空间的区域。它是曲线图 f 下的区域(达到一个比例因子，见图3.1)。

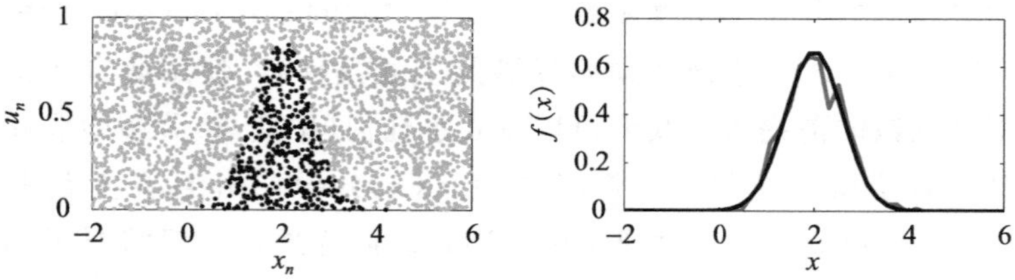

图3.1　说明从高斯密度(截断到范围[−2，6])的拒绝采样。建议样品根据[−2，6]上的均匀密度和常数 $c=6$ 生成。左图给出了建议样本($\tilde{x}_n$，u_n)(灰色)和接受样本(黑色)。右图显示了接受样本 x_n 的估计概率密度函数(灰色)，以及用于比较的理论概率密度函数(黑色)。在这个实验中，产生了3 000个样本，其中83%被拒绝

拒绝采样和逆变换采样一样，具有广泛的适用范围。主要的缺陷是，除非建议分布紧跟目标分布，否则会有大量的浪费样本(如图3.1所示，均匀分布作为有限区间上单变量高斯分布的建议，导致83%的样本被拒绝)。事实上，一个简单的论据表明，拒绝的期望分数是 $1-c^{-1}$，因此保持拒绝常数尽可能小是很重要的(Devroye，1986，第42页)。因此，该方法的效率在很大程度上取决于建议分布的选择。

通常，我们希望选择一个具有简单随机样本生成器的建议分布，例如，通过使用逆变换采样。例如，对于单峰单变量密度，建议分布需要在极端情况下具有更大的概率，并且比目标密度具有"更尖锐"的峰值。拉普拉斯分布作为正态分布的一个建议，就是这种情况。拉普拉斯分布具有分位数函数 $Q(p)=\mu+\sigma\operatorname{sgn}\left(\frac{1}{2}-p\right)\ln\left(1-2\left|p-\frac{1}{2}\right|\right)$，其中的位置和缩放参数为($\mu$，$\sigma$)。我们可以证明，期望拒绝分数为24%的前提下，最佳抑制常数为 $c=\sqrt{2e/\pi}$(Devroye，1986，第44页)。

3.2.4　对数凹密度的自适应抑制采样

拒绝采样很受欢迎，因为如果可以找到一个好的建议密度，它可能是除逆变换采样外最广泛应用的方法。然而，有些样品必须被丢弃，这就产生了一个问题，即能否从不接受样品中"学到"什么。算法3.2中描述的自适应抑制采样(adaptive rejection sampling，ARS)试图对对数凹密度(即 $\ln f(x)$ 是 x 的凹函数的密度)进行这种处理。

算法3.2　对数凹密度的自适应抑制采样(ARS)

(1) 初始化。选择一组(排序的)初始切点 x_i^t，$i=1, 2, \cdots, T$。计算切线到对数密度的梯度和截距。使用这些，找到每条切线的交点 x^i，并用目标密度的采样空间端点进行增强。计算每个增广交点处分段指数密度的累积分布函数。选择样本数 N，并设置输出样本计数 $n=0$。

(2) 从给出的分布中采样。根据当前切线相交集 x^i 定义的分段指数密度生成建议样本 $\tilde{x}$。

(3) **接受/拒绝步骤**。在[0，1]范围内生成均匀的随机数 u。如果 $u\times g^i(\tilde{x})/f(\tilde{x})<1$，其中 g^i 是当前分段线性上界的对数密度，接受建议样本，即更新 $n\leftarrow n+1$，设置 $x_n=\tilde{x}$。否则，拒绝建议的样本并将其包含在切点列表中(即更新 $T\leftarrow T+1$，设置 $x_T^t=\tilde{x}$，然后重新对切点列表进行排序)，更新切线的渐变和截距。使用这些切线，更新交点 x^i，用样本空间端点增强目标密度。最后，更新每个增强交点分段指数密度的累积分布函数。

(4) **迭代**。当 $n=N$ 时，退出，否则返回第二步。

自适应抑制采样在实际应用中是非常有用的，因为在应用中出现的相当大一类密度是对数凹的，包括正态分布、拉普拉斯分布和 logistic 分布。还有一些是对数凹面的某些参数范围，如伽马(gamma)分布和威布尔(Weibull)分布。此外，其中许多都是指数族密度，因此其密度函数的对数具有相当简单的分析形式。另一个有用的特性是对数凹密度的乘积本身就是对数凹面：这种情况经常发生在联合密度由两个或两个以上密度的乘积形成的应用中。

自适应抑制采样背后的关键思想是建议分布 g 是一个*分段指数密度*，其中 $\ln g(x)$是一个简单的分段线性(PWL)函数。选择该分段线性函数时，每个直线段在 x^t 点与目标密度的对数 $\ln f(x)$相切。对于对数凹密度，这种构造确保分段指数始终是目标密度的上界。建议样本 $\tilde{x}$ 可以由这些切线定义的分段指数密度很容易地生成，这是由于(截断)指数密度的累积分布函数和分位数函数以闭合形式呈现，因此我们可以使用反演采样。如果样本被拒绝，它将成为一个新的切点 x^t，重新定义分段指数密度，以更紧密地“拥抱”目标密度。

图 3.2 显示了选择对数凹的伽马密度作为参数算法的性能。从分段指数建议分布中采样需要一些细节信息。我们需要由目标密度的样本空间的端点扩展的切线的交点来得到目标密度，以及这些交点处分段指数密度的累积分布函数。累积分布函数信息用于选择一个线性段，从中生成建议样本。

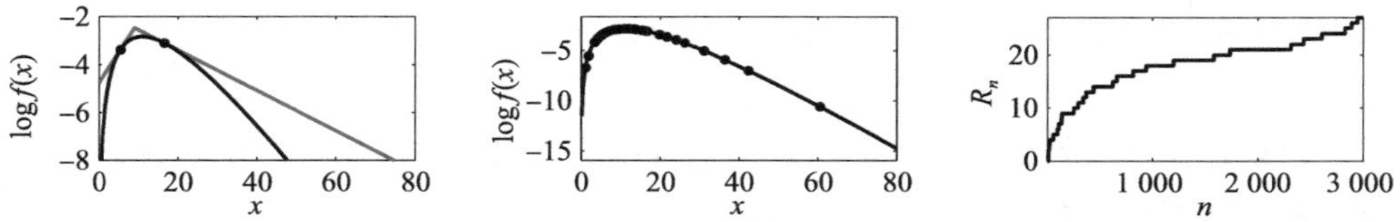

图 3.2 给出了伽马分布的自适应抑制采样(ARS)，参数值保证了密度对数凹(形状 $k=3.8$，比例 $\theta=3.95$)。目标对数密度函数(黑色，左图)由初始切线段(灰色)包围，初始切线段通过选择两个初始切线点(黑点)来定义，这两个初始切线点被选择来包围模式。在使用自适应抑制采样算法生成 $N=3000$ 个样本后，扩展初始切点列表使其能够包括所有被拒绝的样本(黑点，中图)。可以看出这些集中在密度的最高概率部分。作为可接受样本数 n(右图)的函数，不合格品的累计数量 R_n 起初迅速增加，但随着切线点定义的分段线性函数成为目标对数密度的良好近似值而变缓

为了找到交点，我们需要知道对数密度函数切线的梯度和截距，例如 $a_i=(\ln f)'(x_i^t)$ 和 $b_i=\ln f(x_i^t)$，其中 $i=1，2，\cdots，T$。这里的交点则是 $x_i^i=(b_{i+1}-b_i)/(a_i-a_{i+1})$。这个点序列需要用目标密度采样空间的端点进行扩展(即当目标随机变量在正半实数线上时，有 $x_0^i=0$ 和 $x_{T+1}^i=\infty$)。

每个扩展交点处的分段指数密度的累积分布函数，当 $i=0，1，2，\cdots，T+1$ 时，有

$G^t(x_i^i) \propto [\exp(a_i x_i^i + b_i) - \exp(a_i x_{i+1}^i + b_i)]/a_i$，然后通过除 $Z = \sum_{i=0}^{T+1} G^t(x_i^i)$将它们归一化。通过在[0，1]中生成一个均匀的随机数 u 并选择第一个线段 k 来选择直线段，以便使得 $u > G^t(x_k^i)$。最后，隔离段密度的分位数函数为 $Q^k(p) = \ln(p\exp(a_k x_{k+1}^i) + (1-p) \times \exp(a_k x_k^i))/a_k$。因此，在[0，1]中给定一个均匀的随机数 u，则该段的建议样本是通过逆变换采样 $\widetilde{x} = Q^k(u)$生成的。

需要注意的是，拒绝一个样本需要以下几点：(1) 更新切线列表，(2) 重新计算梯度和截距(包括评估目标密度的对数和目标对数的梯度)，(3) 更新截距点，(4) 更新每个交叉点处建议密度的累积分布函数。因此，拒绝运算的计算量非常大，至少在建议密度接近目标密度的初始阶段，会有大量的拒绝运算，并且采样会因此而减慢。尽管如此，我们总是可以观察到对于任何足够大的所需样本数量区间[N_1，N_2]被拒绝的例子，其中累计拒绝数量不大于 N，并且至少从经验上来看，被拒绝的累积数量似乎与 N 呈近似对数增长(见图 3.2)。因此，复杂度的估计是 $O(\log N)$，那么，如果需要大量的随机数序列，则该算法可能效率很高。

关于初始切点的选择需要多说一些。因为密度是对数凹的，它将有一个模式，如果这个模式不在样本空间的一个端点上，一个好的选择就是模式两边的两个点。如果模式在其中一个端点上，那么密度将是单调的，因此初始切点可以在样本空间的任何地方。

上面介绍的基本自适应抑制采样算法已经在许多方面进行了扩展。例如，可以从割线(即位于函数下方的线)构造下界，并用于执行额外的压缩步骤，以减少对目标对数密度函数的评估次数，这可能在计算上非常耗时(Görür 和 Teh，2011)。类似地，如果密度函数被分解为凹和凸部分的总和，则包含下限可以消除对数凹度的限制，尽管这种分解需要了解密度的反射点，但这通常很难找到(Görür 和 Teh，2011)。

3.2.5　特殊分布的特殊方法

以上所有的算法都对随机变量的概率密度函数或累积分布函数的形式或存在性做出了一些相当普遍且往往相当薄弱的假设。如果我们有关于特定随机变量分布的额外信息，我们通常可以创建非常高效的特殊方法。这些是有用的，因为在应用程序中，我们经常处理非常特殊的分布类型。在本节中，我们将讨论其中的一些。

一个基本且重要的分布是一元正态分布 $\mathcal{N}(\mu, \sigma)$。为了通过逆变换采样来解决这个问题，我们需要分位数函数 $Q(p) = \mu + \sigma\Phi^{-1}(p)$，其中 $\Phi^{-1}(p) = \sqrt{2}\,\mathrm{erf}^{-1}(2p-1)$。函数 erf^{-1} 是误差函数 $f(x) = \mathrm{erf}(x)$的逆，被定义为有限积分$(2/\sqrt{\pi})\int_0^x \exp(-x')\mathrm{d}x'$。这个积分没有闭合形式，所以用数值计算它似乎不太有效，而且为了使用逆变换采样，对它进行反演也就更加困难。一种方法是使用泰勒级数直接近似逆误差函数，这可以获得很好的效果，当然精度完全取决于泰勒级数逼近的精度。

另一种方法是使用精确的 Box-Muller 算法。首先，在[0，1]上均匀地抽取两个随机数 u，v。然后，转换后的数 $x = \sqrt{-2\ln u}\cos(2\pi v)$和 $y = \sqrt{-2\ln u}\sin(2\pi v)$均为 $\mathcal{N}(0, 1)$-分布(参数 $\mu = 0$ 和 $\sigma = 1$ 的正态分布称为标准正态)。如果三角函数计算量很大，可以取而

代之使用 Marsaglia 极坐标法，令 $s=u^2+v^2$ 而 $r=\sqrt{(-2\ln s)/s}$，那么 $x=ur$ 和 $y=vr$ 也是标准正态分布。要生成具有平均值 μ 和标准偏差 σ 的单变量随机数 x'，只需设置 $x'=\mu+\sigma x$（基于单变量正态分位数函数的形式）。当然，如果我们只需要一个随机数，我们将浪费一个均匀变量，但通常我们需要一串正态随机变量，因此这两个算法可能是大多数情况下的选择方法。

给定一个单变量正态随机变量序列，我们可以利用这些变量生成具有任意协方差矩阵 $\boldsymbol{\Sigma}$ 和均值向量 $\boldsymbol{\mu}$ 的多元随机向量。该方法利用了高斯函数的统计稳定性，即法向随机向量的线性变换本身是正态的这一性质。考虑一个随机向量 $\boldsymbol{X}\in\mathbb{R}^N$，其中 $n=1, 2, \cdots, N$ 的每个随机变量 $\boldsymbol{X}_n$ 都是标准的单变量法向量，那么由于向量的每个元素都独立于其余元素，所以随机向量的协方差矩阵就是 $N\times N$ 单位矩阵 $\boldsymbol{I}$。现在，可以证明对于任意矩阵 $\boldsymbol{A}$，矩阵向量积 $\boldsymbol{AX}$ 具有协方差矩阵 $\boldsymbol{AA}^{\mathrm{T}}$。所以，如果我们的期望协方差矩阵 $\boldsymbol{\Sigma}$ 有 $\boldsymbol{AA}^{\mathrm{T}}=\boldsymbol{\Sigma}$，那么随机向量 $\boldsymbol{AX}$ 就有了期望的协方差矩阵。一个可能的矩阵 $\boldsymbol{A}$ 是 Cholesky 分解，它是唯一的，并且可以直接计算正定协方差矩阵。最后，转换后的向量 $\boldsymbol{\mu}+\boldsymbol{AX}$ 将具有平均向量 $\boldsymbol{\mu}$。

Devroye(1986，特别是第 9 章)对重要分布(如伽马分布和学生 t 分布)的高效采样器进行了详尽的描述。

3.3 离散分布采样

在本节中，我们将研究如何从定义在离散样本空间上的概率质量函数或累积分布函数中进行采样。我们将看到，该方法与从连续样本空间进行采样有许多相似之处，但实践中不同的概率原理导致了截然不同的算法。我们将讨论这些原则，同时讨论几种最流行和普遍适用的方法。

3.3.1 基于顺序查找的逆变换采样

最明显的方法大体上与对连续变量进行逆变换采样相同。具有概率质量函数 $f(x)$ 的离散随机变量 X 的分位数函数可以被定义为已知概率 $p\in[0, 1]$的 x 的值，那么有：

$$\sum_{i<x} f(X=i) < p \leqslant \sum_{i\leqslant x} f(X=i) \tag{3.5}$$

因此，每个 x 都有许多 p 值，分位数函数是“阶梯式”的，正如累积分布函数一样。就累积分布函数而言，这也正是 $F(X=x-1)<p\leqslant F(X=x)$的条件。这一观察结果衍生出了一种算法，仅通过系统地搜索分位数，就可以从概率质量函数 $f(x)$中生成随机数：

算法 3.3 顺序搜索反演(简化版)

(1) 初始化。在[0, 1]范围内生成一个均匀分布的样本 u，设置 $x=0$。

(2) 检查获得的分位数。如果 $u>f(x)$，退出，解为 x，否则更新 $u\leftarrow u-f(x)$和 $x\leftarrow x+1$。

(3) 迭代。回到第二步。

顺序搜索反演算法的最大优势是通常适用于任何概率质量函数(注意，这个算法要求 X 的样本空间是非负整数的集合 $\Omega=\{0, 1, 2, \cdots\}$，这个限制通常都能满足，因为大多数离散的概率质量函数都是这样定义的，如果不满足的话，它们通常可以被重写，以满足上述条件)。

然而，我们需要了解该算法的计算复杂度。显然，迭代次数取决于分位数 x 的值，它本身就是一个随机数，原则上可以是无限的！然而，预计的迭代次数是 $E[X]+1$ (Devroye，1986，第85页)。对于任何具有无限均值的分布，这显然是一个问题，会出现在一些看似普通的例子中(考虑一个简单例子 $f(x)=6/[\pi^2(x+1)^2]$，Devroye，1986，第114页)。另一个问题是，如果分位数 x 很大，在第三步中更新 u 时，由于计算精度的限制，我们可能会遇到累积的数值误差。

如果知道概率质量函数的一些特殊信息，可以降低顺序查找的计算复杂度。Devroye (1986，III.2节)给出了一些例子，例如单峰分布的情况，其中模式出现在较大的 x 值处，因此可以通过重新排序搜索来获得实质性的改进(从增加 x 到减少它)。

3.3.2 离散变量的拒绝采样

虽然顺序搜索反演算法简单且适用范围广，但我们通常可以做得更好，尤其是在随机变量具有较大均值的情况下，采用与连续变量相同的拒绝原则(见3.2节)。如果我们有一个很容易采样的概率质量函数 $g(x)$，并且对于拒绝常数 $c\geqslant 1$ 有 $f(x)\leqslant cg(x)$，那么对于在[0，1]范围内均匀生成的一些 u，当 $u\times c\times g(\tilde{x})\leqslant f(\tilde{x})$时，我们可以接受根据 $g(x)$分布的建议样本 x。与连续随机变量一样，较高的计算效率意味着需要一个好的方案概率质量函数，使 c 尽可能小。

3.3.3 (大)有限样本空间的逆序二分查找

区分离散变量与连续变量的一个主要特征是，在某些情况下，样本空间不仅是可数的，而且是有限的，例如，$|\Omega|=K$ 有唯一结果。在 K 很小的情况下，顺序逆变换查找可能就足够了。但是，当 K 较大时，通过在累积概率 $F(x)$，$x=1, 2, \cdots, K$ 上使用著名的二分(进一步细分)查找，逆序可以得到非常显著的改善，如下所述。

算法 3.4 二分(细分)查找采样

(1) 初始化。在[0，1]范围内生成一个均匀分布的样本 u。从采样集合中设置 $\Omega=\{1, 2, \cdots, K\}$，选择搜索集合 $S=\Omega$，然后将 S 的最大中值选择为 x。

(2) 检查获得的分位数或细分结果。如果 $F(x-1)<u\leqslant F(x)$，退出并保留样本 x。否则，将 S 在 x 处分为两部分，分别为 S_l 和 S_h，其中 S_h 包括 x。如果 $u\leqslant F(x)$，设置 $S\leftarrow S_l$，否则设置 $S\leftarrow S_h$，设置 x 为 S 的最大中值。

(3) 迭代。回到第二步。

这里，如果集合有奇数个元素，那么“最大中值”是中间值；如果有偶数个元素，则取两个中间值中的较大值。

该算法是有效的，因为累积分布函数是非递减的，每一步查找集的大小都减半，因此算法的解包含在大小约为 $2^{\log_2 K-n}$ 的集合 S 中，其中 $n=0$，1，2，…是迭代次数。预计的迭代次数在样本空间的大小 $O(\ln K)$上是对数的。这与 x 无关，如果 K 很大，这一点非常重要，因为所需的累积分布函数评估的数量只会随着样本空间的大小而缓慢增加。这样的性质在通常情况下使它比顺序查找方法更有效。

3.4 一般多元分布的采样

到目前为止，讨论主要集中在单变量模型的有效采样方法上。然而，在统计机器学习和 DSP 中，我们通常有多变量模型，并且对从联合密度 $\boldsymbol{X}=(X_1, X_2, \cdots, X_D)$中生成样本这一过程感兴趣。在多元模型简单地由一组独立同分布变量组成的情况下，生成联合样本只需调用相同的单变量生成器 D 次，每次调用一个 X_i，其中 $i=1, 2, \cdots, D$。

然而，我们通常会有一组随机变量，它们以某种方式相互依赖(如相关概率图形模型所述)，并且具有几种不同的分布，或者至少具有相同的分布族但具有不同的参数。在这种情况下，从联合密度进行采样将变得更为复杂。尽管如此，上面描述的单变量技术通常构成下面要讲到的更为复杂的方案的基础。

3.4.1 原始采样

假设我们有两个单变量随机变量 X，Y，其中 Y 依赖于 X。假设我们有一个从 $f(x)$和条件分布 $f(y|x)$中生成样本的过程。然后，由于 $f(x, y)=f(y|x)f(x)$，从联合分布 $f(x, y)$中生成样本的简单方法是首先从 $f(x)$中生成样本 $\tilde{x}$，然后根据给定 X 的 Y 条件生成一个样本，$X=\tilde{x}$，即从 $f(y|\tilde{x})$中生成$(\tilde{x}, \tilde{y})$。这一过程被称为*原始采样*(之所以称为“原始”，用概率图形模型的说法，X 被称为 Y 的父节点，所以，我们首先按照父节点的顺序对变量进行采样)。

原始采样是一种非常通用的技术。对变量的样本空间没有限制，例如，我们可以设 X 为离散，Y 为连续，反之亦然，并且没有对随机变量的数量或依赖链长度的限制，只要依赖不是循环的，即我们没有一个变量通过依赖于其他变量的链来依赖它自己(幸运的是，对于许多有用的概率图形模型的设计可以满足后一个条件，例如贝叶斯网络)。

我们有一个从混合密度中进行原始采样的例子(图 3.3)。在这个简单的混合模型中，离散随机变量 $X\in\{1, 2\}$且是伯努利分布，参数 p 是 $X=1$ 的概率，即 $f(X=1)=p$。连续随机变量 Y 至少有一个参数依赖于 X 的值，在这种情况下，我们选择高斯分布，因此 $f(y|x)=\mathcal{N}(y; \mu_x, \sigma)$。则 Y 的无条件分布(通过将 X 从联合分布中边缘化得到)为：

$$f(y)=p\mathcal{N}(y; \mu_1, \sigma)+(1-p)\mathcal{N}(y; \mu_2, \sigma) \tag{3.6}$$

它是两个分布的加权和(混合)。原始采样首先要得到 X 的值，例如 $\tilde{x}$(例如使用离散逆序方法)，然后绘制一个样本 $\tilde{y}\sim\mathcal{N}(\mu_{\tilde{x}}, \sigma)$(使用正态随机发生器)。

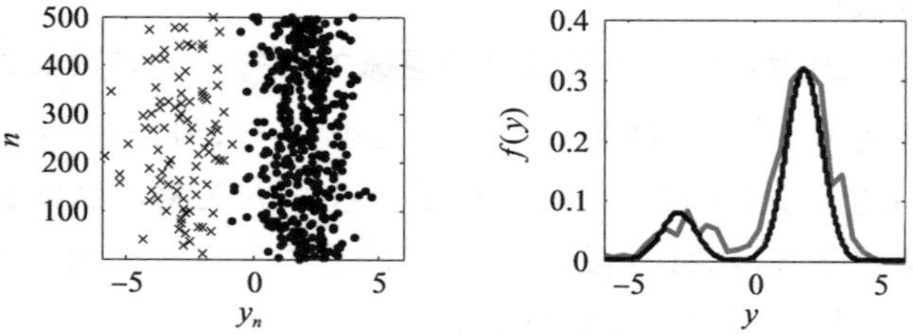

图 3.3　说明了 Y 变量参数 $\mu_1=-3$，$\mu_2=2$ 和 $\sigma=1.0$ 的双分量高斯混合模型的原始采样。X 的分布是伯努利分布，参数 $p=0.2$。条件密度样本 $f(y\mid\tilde{x}_n)=N(y;\mu_{\tilde{x}_n},\sigma)$，其中 $\tilde{x}_n=1$(左图，黑色的×)和 $\tilde{x}_n=2$(左图，黑点)，是根据纵坐标 n 绘制的(左图)。在生成 $N=500$ 个联合样本后，将已知的无条件密度 Y(右图，黑色曲线)与直方图估计值(右图，灰色曲线)进行对比。不平衡伯努利分布($p\neq0.5$)对 Y 分布的影响可以在相对较少的 $\tilde{x}_n=1$ 样本中看到，这使得 Y 在 $\mu=-3$ 处的密度模式小于在 $\mu=2$ 处的密度模式

3.4.2　吉布斯采样

在上述采样方法中，不使用先前生成的值来生成独立样本。马尔可夫链蒙特卡罗(MCMC)方法利用了一个特别简单的思想：如果一个马尔可夫链的平稳分布可以被设计成与我们感兴趣的联合分布相同的话，那么我们就可以在这个链上进行模拟，以生成所需的样本。因此，这个链可以看作当前样本的“更新过程”。

吉布斯采样器或热浴算法可能是最简单的马尔可夫链蒙特卡罗取样器之一(Robert 和 Casella，1999，第 7 章)。它要求每个变量依赖于所有其他变量的条件分布是可用的，并且我们可以从这些条件分布中采样。接下来将描述该算法。

算法 3.5　吉布斯马尔可夫链蒙特卡罗采样

(1) 初始化。为每个 x_i^0 选择一个随机开始点，其中 $i=1, 2, \cdots, D$，选择迭代总次数 N，当前迭代次数为 $n=0$。

(2) 从所有条件概率中连续采样。计算每一个条件分布 $f(x_i\mid x_1, x_2, \cdots, x_{i-1}, x_{i+1}, \cdots, x_D)$，并抽取如下序列样本：

$$
\begin{aligned}
x_1^{n+1} &\sim f(X_1=x_1\mid X_2=x_2^n, X_3=x_3^n, \cdots, X_D=x_D^n)\\
x_2^{n+1} &\sim f(X_2=x_2\mid X_1=x_1^{n+1}, X_3=x_3^n, \cdots, X_D=x_D^n)\\
&\vdots\\
x_D^{n+1} &\sim f(X_D=x_D\mid X_1=x_1^{n+1}, \cdots, X_{D-1}=x_{D-1}^{n+1})
\end{aligned}
$$

(3) 迭代。当 $n<N$ 时，更新 $n\leftarrow n+1$，返回第二步，否则退出。

该链使用一个转移密度的序列乘积，因此链的整体转移概率密度函数为：

$$
\begin{aligned}
f(\boldsymbol{x}\mid\boldsymbol{x}')=&f(X_1^{t+1}=x_1\mid X_2^t=x_2', X_3^t=x_3', \cdots, X_D^t=x_D')\times\\
&f(X_2^{t+1}=x_2\mid X_1^t=x_1, X_3^t=x_3', \cdots, X_D^t=x_D')\times\\
&\vdots\\
&f(X_D^{t+1}=x_D\mid X_1^t=x_1, X_2^t=x_2, \cdots, X_{D-1}^t=x_{D-1})
\end{aligned}\tag{3.7}
$$

这是一个简单的代数练习用于证明这种转移密度使得联合分布 $f(\boldsymbol{X}=\boldsymbol{x})$不变(Robert 和 Casella，1999，定理 7.1.9)。作为一个例子，我们将把吉布斯迭代应用于上一节的简单高斯混合，$p=1/2$。图 3.4 显示了 $\sigma=1.5$ 的链运行示例。两种条件分布是：

$$f(y \mid x)=\mathcal{N}(\mu_x, \sigma) \tag{3.8}$$

$$f(x \mid y)=\frac{\mathcal{N}(y; \mu_x, \sigma)}{\mathcal{N}(y; \mu_1, \sigma)+\mathcal{N}(y; \mu_2, \sigma)} \tag{3.9}$$

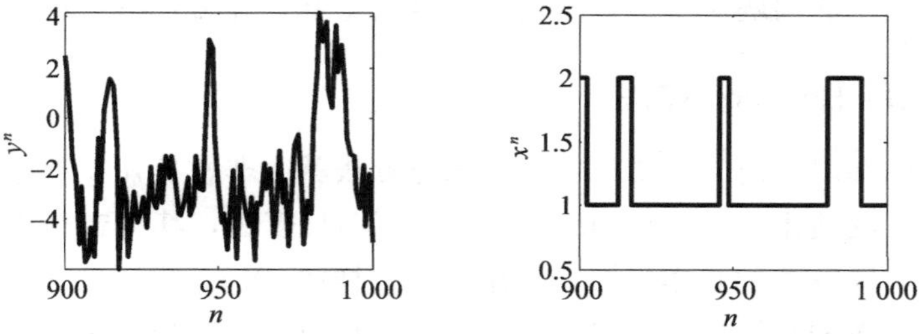

图 3.4 马尔可夫链蒙特卡罗吉布斯采样一次运行 1000 次迭代的子集，应用于 Y 变量参数 y^n(左图)和 x^n(右图)样本中可以看到序列相关性。从 $x^0=1$ 开始的这个特定的链运行，在 1000 次迭代中产生了 45%$X=1$ 和 55%$X=2$ 个样本

需要指出的一点是，算法中变量的更新顺序并不重要，因为整体转换概率密度函数不受条件重新排序的影响(Chib 和 Greenberg，1995)。例如，我们可以在每次迭代中选择一个随机更新顺序，从而产生一种称为*随机扫描吉布斯*的算法。我们也可以选择在组或块中同时更新变量，称为*块吉布斯*。顺序算法 3.5 有时被称为*系统扫描吉布斯*。

我们知道，链期望联合分布作为一个平稳分布，它仍然需要检查收敛的条件。我们所说的收敛，是指当 $n\to\infty$时，有$|f_n(\boldsymbol{x})-f(\boldsymbol{x})|\to 0$，其中的 $f_n(\boldsymbol{x})$是迭代 n 次时的当前联合分布，而$|g(\boldsymbol{x})|=\int |g(\boldsymbol{x})| \mathrm{d}\boldsymbol{x}$ 是分布函数空间上的(函数)L_1 范数。

直观地说，如果多元分布的联合概率空间(即概率密度非零的状态空间区域)的支撑没有连通(即它位于几个单独的片段中)，并且这些片段之间的转换不可能通过转移分布来实现，那么如果从那里开始的话，吉布斯取样器可能会“卡”在这些碎片中。

然而，除此之外，设计普遍适用的收敛的充分和必要条件是一件有点微妙的事情。但是，Roberts 和 Smith(1994)证明了以下有用的收敛准则。在离散联合概率质量函数 $f(\boldsymbol{x})$的情况下，如果吉布斯转移矩阵 $f(\boldsymbol{x} \mid \boldsymbol{x}')$是不可约且 $f(\boldsymbol{x})$对于所有状态都是非零的，那么吉布斯采样器将收敛(Roberts 和 Smith，1994，引理 1)。对于连续的概率密度函数，如果期望目标概率密度函数 $f(\boldsymbol{x})$的支撑是连通的，那么只需检查两个正则条件就足够了，这两个正则条件只需要确保吉布斯迭代所需的条件存在，并且目标密度在感兴趣的域中具有概率质量即可，参见 Roberts 和 Smith(1994，定理 2)。这些准则的弱性质使我们了解了吉布斯迭代在机器学习和 DSP 实际采样问题中的广泛适用性，因此，该方法非常流行。

吉布斯采样的主要局限性在于很难确定链在目标联合分布上的收敛速度。例如，应用于特定目标分布的吉布斯采样器可能是可证明收敛的，但在任何“合理”的迭代次数中只探索联合样本空间的一小部分，因为尽管满足收敛条件，联合样本空间可以被极低概率区域有效地断开。

这种“病态”的情况即使在看起来很常见的模型中也会发生，例如在图3.4所示的式(3.9)的高斯混合模型示例中，简单设置$\sigma=0.5$会导致1000次迭代的运行陷入$x^n=x^0$的状态。在这个模型中，随着σ变小，条件$f(x|y)$变得接近1或0，这取决于y的值更接近于μ_1还是μ_2。因此，我们将得到$x^{n+1}\to x^n$，并且y^n只会从混合模型中的初始起始成分生成，迭代就有效地被卡住了。

因此，收敛速度的问题对实际吉布斯采样至关重要，并将在下一章讨论。

3.4.3 Metropolis-Hastings 算法

当条件分布已知时，前文介绍的吉布斯采样方法就会非常实用。在本节中，我们将看到非常普遍和更广泛适用的Metropolis-Hastings(MH)算法，其中吉布斯采样器和其他相关方法是特例。MH算法的基本思想是使用易于采样的(多元)建议过渡分布，并构造相应的平稳分布，即期望的目标分布。因此，MH算法可以理解为拒绝采样(前面已描述)和马尔可夫链蒙特卡罗的合成。

假设我们有一个建议过渡分布$g(\boldsymbol{X}^{t+1}=\boldsymbol{x}\,|\,\boldsymbol{X}^t=\boldsymbol{x}')$，通过其可以很容易地进行采样。我们将使用细致平衡条件来构造一个保证目标分布$f(\boldsymbol{X}=\boldsymbol{x})$为平稳分布的链。建议分布的细致平衡条件为$g(\boldsymbol{x}'|\boldsymbol{x})h(\boldsymbol{x})=g(\boldsymbol{x}|\boldsymbol{x}')h(\boldsymbol{x}')$，但通常$h$和$f$不相同。然而，我们可以不失一般性地假定：

$$g(\boldsymbol{x}'|\boldsymbol{x})f(\boldsymbol{x})>g(\boldsymbol{x}|\boldsymbol{x}')f(\boldsymbol{x}') \tag{3.10}$$

并通过设置以下各项，确保满足上述条件：

$$g(\boldsymbol{x}'|\boldsymbol{x})f(\boldsymbol{x})\alpha(\boldsymbol{x}',\boldsymbol{x})=g(\boldsymbol{x}|\boldsymbol{x}')f(\boldsymbol{x}') \tag{3.11}$$

其中接受概率为：

$$\alpha(\boldsymbol{x}',\boldsymbol{x})=\min\left[1,\ \frac{g(\boldsymbol{x}|\boldsymbol{x}')f(\boldsymbol{x}')}{g(\boldsymbol{x}'|\boldsymbol{x})f(\boldsymbol{x})}\right] \tag{3.12}$$

这就可以推导出下面描述的MH算法。

算法3.6 马尔可夫链蒙特卡罗 Metropolis-Hastings(MH)采样

(1) 初始化。选择随机开始点$\boldsymbol{x}^0$和迭代数N，设置迭代数$n=0$。

(2) 生成建议样本。绘制$\tilde{\boldsymbol{x}}\sim g(\boldsymbol{x}|\boldsymbol{x}^n)$。

(3) 接受/拒绝。以概率$\alpha(\tilde{\boldsymbol{x}},\boldsymbol{x}^n)=\min[1,(g(\boldsymbol{x}^n|\tilde{\boldsymbol{x}})f(\tilde{\boldsymbol{x}}))/(g(\tilde{\boldsymbol{x}}|\boldsymbol{x}^n)f(\boldsymbol{x}^n))]$选择$\boldsymbol{x}^{n+1}\leftarrow\tilde{\boldsymbol{x}}$(接受建议)，否则设$\boldsymbol{x}^{n+1}\leftarrow\boldsymbol{x}^n$(拒绝建议)。

(4) 迭代。当$n<N$时，更新$n\leftarrow n+1$，回到第二步，否则退出。

实践中出现了一些简化。如果建议过渡分布是对称的，使得$g(\boldsymbol{x}|\boldsymbol{x}')=g(\boldsymbol{x}'|\boldsymbol{x})$，则接受概率式(3.12)变为：

$$\alpha(\boldsymbol{x}',\boldsymbol{x})=\min\left[1,\ \frac{f(\boldsymbol{x}')}{f(\boldsymbol{x})}\right] \tag{3.13}$$

这被称为随机游走MH算法或简单的Metropolis算法，我们证明了这种简化方法在高斯混合模型中的应用(见图 3.5)。这是很简单且直观的：如果所建议的样本比前一个样本具有更高的目标概率密度，则以概率 1 接受。如果概率较低，则可接受的概率等于拟用样本的目标密度与前一样本的目标密度之比。

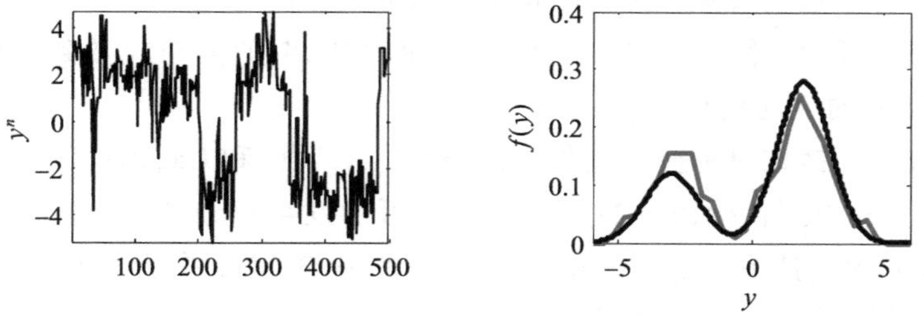

图 3.5 将马尔可夫链蒙特卡罗 Metropolis 采样的 500 次迭代应用于 Y 变量参数 $\mu_1=-3$，$\mu_2=2$，$\sigma=1.0$ 和 X 变量(伯努利)参数 $p=0.3$ 的双分量高斯混合模型。建议分布为单一高斯分布 $g(x|x')=\mathcal{N}(x;\ x',\ \tau)$，标准偏差 $\tau=1.5$。序列相关性和重复样本由于拒绝而可以被看到(左图)。直方图估计分布的 Y(右图)显示为灰色，分析目标密度为黑色。从 $y^0=0$ 开始，这次运行的接受率为 67%

当建议转换分布独立于前一个迭代时(即 $g(\boldsymbol{x}|\boldsymbol{x}')=g(\boldsymbol{x})$)，会出现另一个简化，这就可以得到所谓的独立采样器：

$$\alpha(\boldsymbol{x}',\ \boldsymbol{x})=\min\left[1,\ \frac{g(\boldsymbol{x})f(\boldsymbol{x}')}{g(\boldsymbol{x}')f(\boldsymbol{x})}\right] \tag{3.14}$$

构造 MH 链的一个有趣而重要的结果是，由于 α 是概率密度的比值，我们通常可以忽略规范化因子，这会简化相当多的计算。例如，设 $f(\boldsymbol{x})=Z^{-1}\phi(\boldsymbol{x})$，其中 Z 是归一化常数，$Z=\int\phi(\boldsymbol{x})\mathrm{d}\boldsymbol{x}$，显然，在 α 的计算中可以避免这一点，因为 $f(\boldsymbol{x}')/f(\boldsymbol{x})=\phi(\boldsymbol{x}')/\phi(\boldsymbol{x})$。当然，同样的简化也适用于建议分布。

还可以证明(Robert 和 Casella，1999，定理 7.1.17)，上一节讨论的吉布斯采样器是 MH 算法的一个特例，其中建议分布被分解为单独的吉布斯条件概率的组合，每个变量中的 $i=1,\ 2,\ \cdots,\ D$，这也证明了接受概率 $\alpha=1$，也就是说，我们总是接受 $\boldsymbol{x}^{n+1}$ 的吉布斯建议样本。

第 2 章介绍了离散优化问题的模拟退火方法。在这里，我们展示的这个算法也是 Metropolis 算法的一个特例，它具有随迭代次数 n 而变化的非平稳转移分布：

$$\alpha(\boldsymbol{x}',\ \boldsymbol{x})=\min\left[1,\ \left(\frac{f(\boldsymbol{x}')}{f(\boldsymbol{x})}\right)\right]^{\frac{n}{kN}} \tag{3.15}$$

其中 N 是算法的迭代次数，实值 $k>0$ 是退火调度(annealing schedule)。由此可知，当 $f(\boldsymbol{x}')>f(\boldsymbol{x})$时，我们接受建议样本。否则，我们接受概率等于密度比为 $f(\boldsymbol{x}')f(\boldsymbol{x})^{-1}<1$ 的建议，该密度比随迭代次数的增加而减小，在 $n=N$ 时达到最小值。因此，接受新建议的概率随着每次迭代而降低，速率由 k 决定。

为了能与从离散集合 X 中选择的 x 的目标函数 $F(x)$的最小化建立关系，这里定义一个概率密度函数 $f(x)\propto\exp(-F(x))$，我们可以得到：

$$\left(\frac{f(x')}{f(x)}\right)^{\frac{n}{kN}}=\exp\left(-[F(x')-F(x)]\frac{n}{kN}\right) \tag{3.16}$$

这与离散优化情况下的接受概率相同。离散模拟退火和 Metropolis 退火的统一原则是：它们基于与当前样本邻域的建议偏差，其可接受性是使目标函数(优化)改进的函数或使概率密度(Metropolis 采样)增加的函数。在 Metropolis 采样中，偏差是显性随机的，并由建议的过渡分布决定。在达到收敛所经历的拒绝次数方面，所有关于冷却速度和计算效率之间权衡的相同考虑都适用，除此以外，我们感兴趣的是 $\boldsymbol{x}^n$ 的分布收敛到目标密度 f，而不是寻找目标函数 f 的全局极小值。

有必要检查保证链在目标分布上收敛的条件。Robert 和 Casella(1999，推论 6.2.6)表明，在 L_1 范数下收敛到目标密度的充分条件是可能发生拒绝的(这建立了 MH 链的非周期性)，并且在 f 的支持下，建议分布是正的(这意味着 MH 链是不可约的)。虽然这些条件只是充分的，但它们非常弱，在实践中通常是满足的。

与拒绝采样一样，出于计算效率的原因，选择一个建议的过渡分布显然很重要，这将导致较低的拒绝率。然而，由于这是一种马尔可夫链蒙特卡罗方法，因此还需要考虑联合样本空间的所有区域都是有效连接的，这样链就不会“卡住”。因此，在最大化接受概率和由该算法产生的样本间的最小化序列相关性之间存在一种对立的关系。

为了说明所涉及的不可避免的复杂问题，我们将研究对称(多元)高斯分布 g 的 Metropolis 情形。g 的有效“扩展”由协方差矩阵的特征值决定。如果这些都很大，那么算法可以远离当前的 $\boldsymbol{x}^n$。这是好的，因为它通过鼓励对状态空间的探索来减少建议样本之间的序列依赖性；但也有不好的一面，因为接受的概率也降低了。另一方面，如果协方差特征值很小，则接受概率增加，但 $\boldsymbol{x}^{n+1}$ 将接近 $\boldsymbol{x}^n$，这又增加了样本之间的依赖性。因此，Metropolis 抽样的实用性在很大程度上取决于建议分布的“微调”选择，以在接受概率和序列相关性之间找到最佳平衡。不幸的是，这种选择关键取决于目标密度的具体情况(Robert 和 Casella，1999，6.4 节)。

3.4.4　其他马尔可夫链蒙特卡罗方法

所有马尔可夫链蒙特卡罗方法的成功取决于获得能够有效收敛于目标分布的迭代。理想情况下，这应该在最小化拒收数量、样本之间的序列依赖性和计算工作量的同时实现。在本节中，我们将简要介绍一些比经典的 Metropolis-Hastings 算法以及吉布斯采样等导数更复杂的马尔可夫链蒙特卡罗方法。

Metropolis 采样的一个主要局限性是，如果目标分布的搜索需要具有较低的拒绝概率，则每个建议步骤必须非常小，这就使得对整个状态空间的探索非常低效。混合或哈密顿马尔可夫链蒙特卡罗(HMC)方法适用于连续联合目标的概率密度函数，通过允许大步长和低拒绝率来提高 Metropolis 算法的效率。这是通过在状态空间中建立人工的“动量变量” $p(t)$ 来实现的。它建立在基础物理的哈密顿力学概念的基础上。哈密顿力学描述了将一个封闭系统的总能量分解为各分量能量项之和，在这种情况下，势能和动能 $H(\boldsymbol{x},\boldsymbol{p})=K(\boldsymbol{p})+V(\boldsymbol{x})$，以及由此产生的描述系统动力学的时间演化 $\boldsymbol{x}(t)$，$\boldsymbol{p}(t)$ 的运动微分方程，即哈密顿动力学(Hamiltonian dynamics)。

哈密顿马尔可夫链蒙特卡罗方法通过将目标密度 $f(\boldsymbol{x})$ 与潜在势能项联系起来，构造了与 $\exp(-H(\boldsymbol{x},\boldsymbol{p}))$ 成比例的经典联合密度，我们有 $f(\boldsymbol{x})f(\boldsymbol{p})\propto\exp(-K(\boldsymbol{p}))\exp(-V(\boldsymbol{x}))$。这

意味着对联合密度 $f(\boldsymbol{x}, \boldsymbol{p})=f(\boldsymbol{x})f(\boldsymbol{p})$ 的因式分解，只需简单地丢弃人工动量样本 $\boldsymbol{p}$，就可以从 $f(\boldsymbol{x})$ 中获得所需的样本。

哈密顿方程有三个关键性质(通过构造)：(1) 它们时间上可逆；(2) H 是这些动力学的不变量，换句话说，当 $\boldsymbol{x}(t)$，$\boldsymbol{p}(t)$ 随时间变化时，它保持不变；(3) 动力学在联合状态空间($\boldsymbol{x}(t)$，$\boldsymbol{p}(t)$)中保留了体积元素。

哈密顿马尔可夫链蒙特卡罗方法通过以下方式利用这些属性。哈密顿动力学的时间可逆性(间接地)保证了典型联合密度 $f(\boldsymbol{x}, \boldsymbol{p})$ 是采样器的不变密度。通过使用自身可逆的哈密顿动力学的数值积分方法生成建议样本(如 Störmer-Verlet 或 leapfrog 有限差分法，见 Hairer 等人，2006)，可以满足链的细致平衡。H 的精确不变性原则上保证了从典型联合密度中精确提取建议样本，但数值积分会引入一些(小)误差，因此需要一个 Metropolis 接受步骤。然而，由于对体积的维持，接受概率呈现出一种特别简单的形式：

$$\alpha(\boldsymbol{x}', \boldsymbol{p}', \boldsymbol{x}, \boldsymbol{p})=\min[1, \exp(-H(\boldsymbol{x}', \boldsymbol{p}')+H(\boldsymbol{x}, \boldsymbol{p}))] \tag{3.17}$$

哈密顿马尔可夫链蒙特卡罗方法的效率的关键在于，由数值方法生成的建议样本 $(\boldsymbol{x}', \boldsymbol{p}')=(\widetilde{\boldsymbol{x}}, \widetilde{\boldsymbol{p}})$ 在状态空间中可能与当前样本 $\boldsymbol{x}^n$，$\boldsymbol{p}^n$ 相距遥远，但由于 H 几乎完全保留在该距离上，因此大多数建议 $\alpha\approx 1$。因此，无论是拒绝率还是样本序列自相关，都可以远远低于上述简单的 Metropolis 或吉布斯采样器。

我们必须给辅助动量变量 $\boldsymbol{p}$ 选择一个分布。为了计算上方便，我们经常使用具有独立维数的多变量高斯函数，这从根本上简化了数值积分格式。

该算法的成功与否在很大程度上取决于对数值积分算法属性的“良好”选择，该算法用于制定每个建议轨迹。理想情况下，我们希望这些建议的轨迹尽可能长，以确保对目标密度的联合样本空间的有效探索，但我们也希望尽量减少保留哈密顿量的误差(并保证数值积分方案的稳定性)，以保持较高的接受概率。然而，一个警告是，如果轨迹太长，它可能会开始自行回溯，从而缩短建议样本之间的距离，而这就违背了我们的目的。不幸的是，选择数值积分参数是一个困难的问题，通常需要针对特定的目标密度 f 进行实验(参见 Hoffman 和 Gelman，2014，了解解决这些选择的一种巧妙方法)。

哈密顿马尔可夫链蒙特卡罗方法是*辅助变量法*的一个例子，因为动量变量是用来解决问题的，但实际上并不构成解的一部分。另一种方法是切片取样，它引入了一个不属于解决方案的附加变量。这种技术与拒绝采样有很多共同之处，但它是一种马尔可夫链蒙特卡罗方法，因此产生了相关的样本序列。与拒绝采样一样，它也是基于这样一个概念，即从密度函数 $f(\boldsymbol{x})$ 中提取，可以通过从曲线($\boldsymbol{x}$，u)下的体积随机均匀地绘制，其中 $0\leqslant u\leqslant p(\boldsymbol{x})$。然后可以舍弃辅助的 u 个样本。注意，从 $0\leqslant u\leqslant f'(\boldsymbol{x})$ 的体积中均匀地绘制就足够了，其中 $f'(\boldsymbol{x})$ 是非归一化的。实际上，我们希望从以下的 $\boldsymbol{x}$ 和辅助变量 u 的联合分布中取样：

$$f(\boldsymbol{x}, u)=\begin{cases}1 & 0\leqslant u\leqslant f(\boldsymbol{x})\\ 0 & \text{否则}\end{cases} \tag{3.18}$$

所以通过舍弃 u 的值我们得到 $\int_0^\infty f(\boldsymbol{x}, u)\,\mathrm{d}u=\int_0^{f(\boldsymbol{x})} 1\mathrm{d}u+\int_{f(\boldsymbol{x})}^\infty 0\mathrm{d}u$，根据需要得到 $f(\boldsymbol{x})$。

切片取样使用(块)吉布斯采样器交替从 $f(u\,|\,\boldsymbol{x})$ 和 $f(\boldsymbol{x}\,|\,u)$ 提取。为此，我们需要从式(3.18)得到的第一个条件分布：对于 $0\leqslant u\leqslant f(\boldsymbol{x})$，有 $f(u\,|\,\boldsymbol{x})=f(\boldsymbol{x})^{-1}$，反之为 0。

这意味着，当 $u \geqslant f(\boldsymbol{x})$时，相关条件累积分布函数 $F(u|\boldsymbol{x})=\int_0^u f(u'|\boldsymbol{x})\mathrm{d}u'$为 1，反之为 $uf(\boldsymbol{x})^{-1}$。因此，分位数函数为 $F^{-1}(\boldsymbol{p})=\boldsymbol{p}f(\boldsymbol{x})$。通过在[0，1]中均匀生成 $\boldsymbol{p}$ 并将其乘以 $f(\boldsymbol{x}^n)$，使用逆变换采样很容易实现对 u^{n+1} 的采样。

下一步，我们需要从 $f(\boldsymbol{x}|u)$进行采样。由于式(3.18)联合概率密度函数是一个恒定值，条件累积分布函数将会是一种非递减的分段线性函数，从而容易满足可逆，因此分位数函数存在，原则上可以用来对 $\boldsymbol{x}^{n+1}$ 进行采样。我们可以遵循与上面相同的逻辑，这表明我们必须从区域 S 均匀取样，$S=\{\boldsymbol{x}: u<f(\boldsymbol{x})\}$。这是一个通过联合概率密度函数的“切片取样”过程，其中保持 $u=u^{n+1}$ 的值固定(该方法名称的由来)。所以，为了生成 $\boldsymbol{x}^{n+1}$，我们需要从 S 区域均匀取样。

这个概念很简单，但在实践中实现起来却令人惊讶地棘手。特别是，因为我们需要知道 $\boldsymbol{x}$ 的边界值，其中 $f(\boldsymbol{x})=u^{n+1}$，这就需要知道 $\boldsymbol{x}$ 的逆概率密度函数。这个边界可以有任意复杂的形状。在单变量情况下，使用数值反演方法或许是可行的，但区域 S 可能不是一个整体，例如，对于多模密度，会有几个不连续的间隔。这意味着逆概率密度函数有几个分支，我们需要对每个边界点进行数值搜索。同时，我们必须记住，每一次抽取我们都浪费了一个随机样本。此外，由于这是一个马尔可夫链蒙特卡罗算法，样本不是独立同分布的。因此，还不清楚这种方法是否会优于自适应拒绝采样。

后来又提出了几种常用的切片采样方案。最流行的方案之一是首先为区域找到一个封闭的(超)矩形，然后使用有界随机建议样本收缩这个矩形，直到在区域 S 中找到一个样本(Neal，2003)。根据密度函数的附加信息的可用性，这种方法可以通过各种手段加以扩充(例如，是单峰的还是多峰的，等等)，见图 3.6。

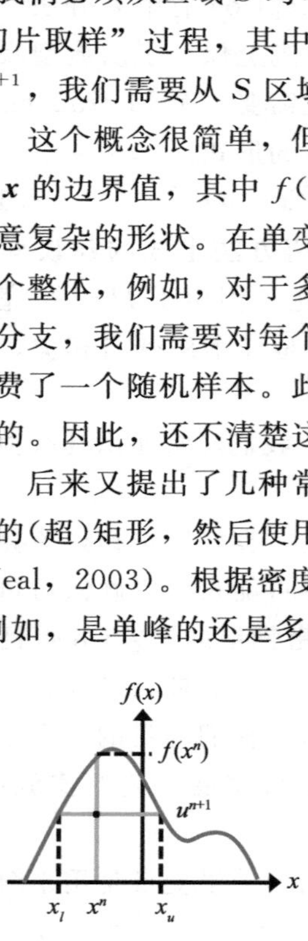

图 3.6　应用于一元多峰密度函数 $f(x)$一步辅助变量马尔可夫链蒙特卡罗切片采样的说明，多模密度函数 $f(x)$。给定初始样本 x^n，从区间$[0, f(x^n)]$(垂直的灰线)随机均匀地抽取新的辅助样本 u^{n+1}。这在高度 u^{n+1} 处定义了另一个区间，以 x_l，x_u 为界，这是“切片”$S=\{x: u^{n+1}<f(x^n)\}$的边界。x^{n+1} 的下一个样本从区间$[x_l, x_u]$均匀随机生成

统计建模和推断

统计机器学习和信号处理的现代观点认为该学科的中心任务之一是为问题中所有变量的联合分布找到良好的概率模型。然后我们可以对这个模型进行"查询"（query），也称为推断(inference)，以确定最佳参数值或信号。因此，统计方法对这本书至关重要。本章深入探讨了这种概率建模的含义、相关概念的起源、如何进行推理以及如何测试以这种方式生成模型的质量。

4.1 统计模型

在这本书中，我们将一个统计模型定义为问题中随机变量向量 $\boldsymbol{X}=(X_1, X_2, \cdots, X_N)^{\mathrm{T}}$ 上定义的联合分布函数，例如当 $\boldsymbol{x}\in\Omega_{\boldsymbol{X}}$ 时的 $f(\boldsymbol{x})$。联合概率空间 $\Omega_{\boldsymbol{X}}=\Omega_{X_1}\times\Omega_{X_2}\times\cdots\times\Omega_{X_N}$ 可以是(而且通常是)离散集和连续集的组合。

4.1.1 参数模型和非参数模型

前面所描述的模型可以分为两大类：参数模型和非参数模型。虽然区别并不明显，但参数模型之所以被称为参数模型，是因为它们包含一个参数向量 $\boldsymbol{P}=(P_1, P_2, \cdots, P_K)$ 和 K 个元素，它们本身可能是联合空间 $\Omega_{\boldsymbol{P}}$ 上的随机变量，也可能只是取固定值。联合分布函数的形式和形状往往会受到这些参数的严重影响，因此通常需要编写 $f(\boldsymbol{x};\boldsymbol{p})$来强调这种影响。在参数是随机变量的情况下，我们通常集中考虑条件分布 $f(\boldsymbol{x}|\boldsymbol{p})$。然后，在给定一组 $\boldsymbol{X}$ 的数据的前提下，参数统计建模的目标几乎总是围绕着对这个参数向量的最优值进行统计推断。

参数模型通常对问题中分布函数 $f(\boldsymbol{x};\boldsymbol{p})$的形式和变量之间的关系做了很强的假设，例如，多元高斯分布就是参数为($\boldsymbol{\mu}$, $\boldsymbol{\Sigma}$)的典型例子。因此，它们通常在数据稀疏或质量较差的情况下表现出色。当然，这种方法的缺点是：如果数据的实际分布与参数模型大不相同，那么将这种模型与数据进行拟合产生的结果在实践中可能毫无意义或毫无用处。参数模型往往严重依赖于数学上的便利性，这有时与数据中遇到的实际情况不符。

对于这些情况，非参数模型通常更合适。非参数模型的形式通常受到一些通用数学原理的约束，例如"平滑度"。非参数模型可能只有一个参数，而参数模型可能有数百个参数。非参数模型的一个例子是*核密度估计*(kernel density estimate)，它可能只有一个*带宽参数* σ 来控制拟合分布函数的平滑度。在只有少量数据的情况下，使用非参数模型就必须特别小心，因为这些模型的范围可能非常广泛，因此很容易对分布函数的形状进行不切实际的估计。通常，所获得的非参数分布仅仅是手头特定数据的反映，它代表了问题中随机变量特定实现的特性。

在这两种情况下，都有工具可用于评估模型与给定数据的适用度(无论是参数拟合还是非参数拟合)。

4.1.2 贝叶斯模型和非贝叶斯模型

在上述参数模型的描述中，我们提到了参数向量 $\boldsymbol{P}$ 通常被视为随机向量的思想，这表明我们关心给定 $\boldsymbol{P}$ 的前提下 $\boldsymbol{X}$ 的条件分布。这也意味着，在背景的某个地方，是变量和参数 $f(\boldsymbol{x}, \boldsymbol{p})$ 的联合分布，从中可以通过积分和/或求和(或两者的组合)得到边际值 $f(\boldsymbol{p})$、$f(\boldsymbol{x})$ 和条件 $f(\boldsymbol{p} \mid \boldsymbol{x})$。事实上，所谓的贝叶斯建模方法实际上并没有区分问题中的“参数”和“变量”，因为它们都是在相同的概率基础上处理的，而且所有的边缘和条件概率都可以从 $\boldsymbol{X}$，$\boldsymbol{P}$ 上的联合分布中获得。

这种贝叶斯方法有很多优点。例如，它是一种对模型中变量或参数之间的依赖关系进行处理的数学一致性处理，主要使用贝叶斯规则，因此它在一个数学框架下统一了许多明显不同的推理过程。主要的缺点是，贝叶斯模型需要问题中所有变量和参数的分布函数，它可能很快就变得难以处理和过于复杂，这主要是因为模型中的自由度迅速增加。因此，与非贝叶斯模型相比，贝叶斯方法通常更具“原则性”且透明，但在计算复杂度和实用性方面，非贝叶斯方法的性能往往优于它。

统计学专业的学生应该意识到，在专注于贝叶斯和非贝叶斯的实践者之间经常存在激烈的分歧，而且在贝叶斯实践者之间，对于概率的认知意义也存在分歧(例如，在这一点上，至少有两种不同的观点，即他们是否对从业者的个人“信仰程度”进行编码，或者遵循逻辑推理的形式化扩展，对不确定性进行推理)。这些问题是微妙和棘手的，但归根结底，不得不说，这些分歧几乎都是为了证明标准贝叶斯概率演算在一些更一般的原则上的合理性。因此，它们不影响贝叶斯规则的有效性，也不影响第一章介绍的一般概率问题的计算。此外，在可交换性这一相当基本的数学假设下，贝叶斯方法是基于纯粹的数学理由而证明的；这在10.1节中有更详细的讨论。

所以，在这本书中，我们采用“工作”的观点，希望用标准的概率演算，为当前的问题找到最好的数学模型。在这种情况下，我们需要一个有用的概率模型，它具有计算上可处理的推理过程。此外，重要的是要认识到有许多非常有用的建模方法和推理过程，它们可以被恰当地理解为“混合”贝叶斯/非贝叶斯方法。事实上，几乎所有的贝叶斯模型都会有超参数，这些超参数并没有被明确地建模为随机变量，换句话说，我们几乎总是有一个 $f(\boldsymbol{x} \mid \boldsymbol{p}; \boldsymbol{q})$ 形式的模型，其中变量 $\boldsymbol{P}$ 的集是随机的，但是超参数 Q 的集是固定的。

4.2 最优概率推断

假设针对我们的数据，有一个很好的分布模型 $f(\boldsymbol{x}; \boldsymbol{p})$(一个非贝叶斯模型)、$f(\boldsymbol{x} \mid \boldsymbol{p}; \boldsymbol{q})$(一个条件模型)或者 $f(\boldsymbol{x}, \boldsymbol{p}; \boldsymbol{q})$(一个完全贝叶斯模型)，我们通常希望从这个模型中提取有用的信息，例如，我们可能对参数 $\boldsymbol{p}$ 的值感兴趣。分布通常会以连续的方式依赖于这些参数，因此，我们将以某种方式总结这些参数对分布的影响。最简单的方法是计算使 f 最大化的所有参数的联合值：该推断过程属于最优概率计算范畴，本章要讲解的重点，在许多形式的统计推断中起着核心作用。

4.2.1 最大似然和最小 KL 散度

在这本书中，我们将把模型的似然(likelihood)定义为模型参数给定值的数据分布。因为有许多这样的分布，所以有很多种似然。例如，这可能指的是贝叶斯上下文中的无条件分布 $f(\boldsymbol{x};\ \boldsymbol{p})$或条件分布 $f(\boldsymbol{x}\mid\boldsymbol{p})$。最大似然(maximum likelihood，ML)程序将此分布相对于参数的值最大化，例如：

$$\hat{\boldsymbol{p}}=\arg\max_{\boldsymbol{p}} f(\boldsymbol{x};\ \boldsymbol{p}) \tag{4.1}$$

这是一个可以使用第 2 章介绍的优化技术很好解决的问题。作为一个例子，考虑(非常常见的)关于参数 p 在一组 N 个独立同分布数据点 x_n 上最大化联合概率的问题。似然函数为 $f(\boldsymbol{x};\ p)=\prod_{n=1}^{N} f(x_n;\ p)$，估计参数 p 的最大似然问题是：

$$\hat{p}=\arg\max_{p} \prod_{n=1}^{N} f(x_n;\ p) \tag{4.2}$$

我们通常可以通过最小化负对数来大大简化它：

$$\begin{aligned}\hat{p} &=\arg\min_{p}\left(-\ln \prod_{n=1}^{N} f(x_n;\ p)\right)\\ &=\arg\min_{p}\left(-\sum_{n=1}^{N} \ln f(x_n;\ p)\right)\end{aligned} \tag{4.3}$$

在这里被最小化的量称为负对数似然(NLL)，而 $\hat{p}$ 被称为 p 的最大似然估计(MLE)。

重要的是，我们可以在信息论推理的基础上建立这种最大似然估计过程。我们将证明最大似然估计是在 KL 散度下使(参数)模型 f 尽可能接近经验密度函数的估计量。从数据中，我们可以形成分布的经验密度函数估计量：

$$\hat{f}(x)=\frac{1}{N}\sum_{n=1}^{N}\delta[x-x_n] \tag{4.4}$$

我们将使用符号 $\hat{X}$ 表示根据经验密度函数 $\hat{f}$ 分布的随机变量。经验密度函数和 $f(x;\ p)$模型之间的 KL 偏差为：

$$D[\hat{X},\ X]=E_{\hat{X}}[-\ln f(\hat{X};\ p)]-E_{\hat{X}}[-\ln f(\hat{X})]=H_{\hat{X}}[X]-H[\hat{X}] \tag{4.5}$$

现在，假设我们希望通过最小化 KL 散度来估计参数：

$$\hat{p}=\arg\min_{p} D[\hat{X},\ X]=\arg\min_{p} H_{\hat{X}}[X] \tag{4.6}$$

这是因为只有交叉熵项 $H_{\hat{X}}[X]$依赖于参数 p。展开上述公式，我们得到：

$$\begin{aligned}E_{\hat{X}}[-\ln f(\hat{X};\ p)] &=-\int \frac{1}{N}\sum_{n=1}^{N}\delta[x-x_n]\ln f(x;\ p)\mathrm{d}x\\ &=-\frac{1}{N}\sum_{n=1}^{N}\int \delta[x-x_n]\ln f(x;\ p)\mathrm{d}x\\ &=-\frac{1}{N}\sum_{n=1}^{N}\ln f(x_n;\ p)\end{aligned} \tag{4.7}$$

这就是负对数似然，因此：

$$\hat{p}=\arg\min_{p} D[\hat{X},\ X]=\arg\min_{p}\left(-\frac{1}{N}\sum_{n=1}^{N}\ln f(x_n;\ p)\right) \tag{4.8}$$

这是 p 的最大似然估计。因此，关于经验密度函数的最小 KL 散度估计与最大似然估计是相同的。

除了参数推断，概率模型最重要的应用之一是进行预测，换句话说，就是使用模型来推断给定数据中尚未出现的随机变量的定量方面。给定数据点 x_1，…，x_N 我们将获得最佳参数值 $\hat{p}$，然后允许我们对新数据点 $\tilde{x}$ 进行最佳预测 $\hat{x}$：

$$\hat{x}=\arg\max_{\tilde{x}} f(\tilde{x}, x_1, \cdots, x_N; \hat{p})$$

对于两个或多个未嵌套的模型，即没有一个模型是任何其他模型的特例，而其他模型可以通过固定一些参数值来获得，则计算(最大)似然比是合理的：

$$l=\frac{f_1(x_1, \cdots, x_N; \hat{p}_1)}{f_2(x_1, \cdots, x_N; \hat{p}_2)} \tag{4.9}$$

其中 f_1 和 f_2 是两个模型的似然。因此，如果 $l>1$，我们更倾向于 f_1 模型而不是 f_2 模型，如果 $l<1$，我们会做出另一种选择。注意，这个简单的过程不适用于嵌套模型，因为在这种情况下，具有更多参数的模型总是具有更大的可能性。需要使用更复杂的方法(例如似然比检验)来考虑嵌套模型在模型拟合方面的预期改进。或者我们可以使用正则化方法，这种方法的优点是可以应用于嵌套或非嵌套模型。

4.2.2 损失函数和经验风险估计

给定一个统计模型，通常我们可以把它与某种差异度量联系起来，这种度量是数据和参数的函数，称为损失函数 $L(x, p)$。简单的例子包括平方损失 $L(x, p)=\frac{1}{2}(x-p)^2$ 和绝对损失 $L(x, p)=|x-p|$。

给定损失函数，给定的随机变量的预期损失或风险定义为：

$$E_X[L(X, p)]=\int L(x, p)f(x)\mathrm{d}x \tag{4.10}$$

经验风险(empirical risk)是指当使用经验累积分布函数从数据中估计分布时产生的该数量的估计器的名称，其中相关的经验密度函数为：

$$f(x)\approx\frac{1}{N}\sum_{n=1}^{N}\delta[x-x_n] \tag{4.11}$$

给定：

$$\begin{aligned}E_X[L(X, p)]&\approx\int L(x, p)\frac{1}{N}\sum_{n=1}^{N}\delta[x-x_n]\mathrm{d}x\\&=\frac{1}{N}\sum_{n=1}^{N}\int L(x, p)\delta[x-x_n]\mathrm{d}x\\&=\frac{1}{N}\sum_{n=1}^{N}L(x_n, p)\end{aligned} \tag{4.12}$$

换句话说，经验风险是损失的加权和，即与数据相关的样本平均损失。使这种经验风险最小化的 p 值被称为 p 的经验风险估计量。

接下来，我们假设可以使用损失函数构造数据的分布，那么：

$$f(x; p)=Z^{-1}\exp(-L(x, p)) \tag{4.13}$$

其中正则化参数：$Z=\int \exp(-L(x, p))\mathrm{d}x$，然后，假设数据为独立同分布，整组数据的联合可能性为：

$$f(\boldsymbol{x};\ p)=\prod_{n=1}^{N} f(x_n;\ p) \tag{4.14}$$

添加数据的分布，联合可能性变为：

$$f(\boldsymbol{x};\ p)=Z^{-N}\prod_{n=1}^{N} \exp(-L(x_n,\ p)) \tag{4.15}$$

这样一来，负对数似然变为：

$$\begin{aligned}-\ln f(\boldsymbol{x};\ p)&=N\ln Z+\sum_{n=1}^{N} L(x_n,\ p)\\ &\approx N\ln Z+NE_X[L(X,\ p)]\end{aligned} \tag{4.16}$$

最后，如果我们假设 Z 不是 p 的函数，那么在 p 的值与预期损失的值大致相同的情况下，就可以得到负对数似然的最小值。我们可以得出的结论(在这种特殊情况下，分布可以用损失函数的负指数来定义)是，最大似然估计和 p 的经验风险估计有效地吻合。这是一个相当广泛的分布和参数的情况，我们将在本章后面看到。

4.2.3 最大后验和正则化

在最大似然估计中，我们有一个非贝叶斯模型 $f(\boldsymbol{x};\ \boldsymbol{p})$(或条件模型 $f(\boldsymbol{x}\mid\boldsymbol{p})$)，其中参数 $\boldsymbol{p}$ 的分布不明确。最大似然估计最大化了这个关于 $\boldsymbol{p}$ 的分布。相反，在某些情况下，似然 $f(\boldsymbol{x}\mid\boldsymbol{p})$和先验 $f(\boldsymbol{p})$都是已知的。在这种情况下，使用贝叶斯规则，我们知道(至少在原则上)后验的 $f(\boldsymbol{p}\mid\boldsymbol{x})$。**最大后验**(maximum a-posteriori，MAP)估计通过最大化 $\boldsymbol{p}$ 的后验分布来估计 $\boldsymbol{p}$。实际上，最大后验估计与最大似然估计非常相似，它涉及优化。但是，它的概念(和实践)意义远远超出了最大似然估计，我们将在这里和下一节中详细讨论。

参数 $\boldsymbol{p}$ 的最大后验估计为：

$$\begin{aligned}\hat{\boldsymbol{p}}&=\arg\max_{p} f(\boldsymbol{p}\mid\boldsymbol{x})\\ &=\arg\max_{p} f(\boldsymbol{x}\mid\boldsymbol{p})f(\boldsymbol{p})\end{aligned} \tag{4.17}$$

第二行来自贝叶斯规则，$f(\boldsymbol{p}\mid\boldsymbol{x})=f(\boldsymbol{x}\mid\boldsymbol{p})f(\boldsymbol{p})/f(\boldsymbol{x})$，分母与参数无关。因此，最大后验估计是使(条件)似然 $f(\boldsymbol{x}\mid\boldsymbol{p})$与先验值乘积最大化的参数值。相比之下，最大似然估计是单独使条件似然最大化的参数值。

与最大似然估计情况一样，当一组独立同分布数据的联合似然为 $f(\boldsymbol{x};\ p)=\prod_{n=1}^{N} f(x_n\mid p)$ 时，通常会出现一个例子，参数 p 的最大后验估计值为：

$$\begin{aligned}\hat{p}&=\arg\max_{p}\left(f(p)\prod_{n=1}^{N} f(x_n\mid p)\right)\\ &=\arg\min_{p}\left(-\ln\left[f(p)\prod_{n=1}^{N} f(x_n\mid p)\right]\right)\\ &=\arg\min_{p}\left(-\ln f(p)-\sum_{n=1}^{N} \ln f(x_n\mid p)\right)\end{aligned} \tag{4.18}$$

将式(4.18)与式(4.3)进行比较是有益的，可以发现唯一不同的是：要最小化的量包括负对数先验项$-\ln f(p)$，这被称为正则化器或惩罚。这里，先验项降低了解对数据x_n似然的敏感性。

我们已经在2.2节中遇到过这样的例子。为了说明这一点，考虑先验和似然的单变量高斯分布的情况，其中只有一个数据项x。我们需要得到X参数均值的最大后验估计，并称其为$\hat{\mu}$。我们假设先验均值为零，方差为σ_0^2，且(不失一般性)为单位似然方差。这些分布可以写为：$f(\mu)=Z_0^{-1}\exp\left(-\frac{1}{2\sigma_0^2}\mu^2\right)$且有$f(x\mid\mu)=Z^{-1}\exp\left(-\frac{1}{2}(x-\mu)^2\right)$。MAP估计器为：

$$\hat{\mu}=\arg\min_{\mu}\left(\frac{1}{2}(x-\mu)^2+\frac{1}{2\sigma_0^2}\mu^2\right) \tag{4.19}$$

这里我们忽略掉了不依赖于μ的归一化因子Z和Z_0。这是一个凸的、最小二乘优化问题，因此该解是唯一的，通过分析可以发现：

$$\hat{\mu}=\frac{\sigma_0^2}{1+\sigma_0^2}x \tag{4.20}$$

这正是2.2节(2.20)中获得的“岭”收缩解。了解这个比率$\sigma_0^2(1+\sigma_0^2)^{-1}$的行为是至关重要的，两个极端情况是$\sigma_0^2\to\infty$和$\sigma_0^2\to 0$。第一种情况下，比率趋近于1，那么$\hat{\mu}\to x$，这恰巧与最大似然估计情况一致；另一种情况下，比率趋近于0，那么$\hat{\mu}\to 0$。第一种情况下时，$\hat{\mu}$完全取决于数据x；而另一种情况下它与数据完全无关。否则，$\hat{\mu}$介于0和x之间，可以由σ_0^2平滑插值。

虽然这是一个相当人为的例子，但它说明了单个数据点总是对$\boldsymbol{X}$的平均值的一个糟糕的估计值，如果我们对均值(即零)的先验“猜测”(即零)是好的(用σ_0^2表示为小值)，那么最大后验估计将比这个高变量的最大似然估计有很大的改进。

在许多其他情况下，正则化(无论它是否源于似然和先验)都是强大和有用的。例如，考虑这个最小二乘问题$\hat{\boldsymbol{p}}=\arg\min_{\boldsymbol{p}}\left(\frac{1}{2}\|\boldsymbol{X}\boldsymbol{p}-\boldsymbol{y}\|_2^2\right)$。通常情况下，$\boldsymbol{X}$和$\boldsymbol{y}$元素的微小变化会导致解有较大变化(在数值分析文献中被称为病态问题)。这会导致解的不可靠性。提高可靠性的一种方法是通过将向量$\boldsymbol{p}$的L_2范数作为问题的一部分来控制解中变量的大小。在这种情况下，我们得到了Tikhonov正则化，如2.2节所述：

$$\hat{\boldsymbol{p}}=\arg\min_{\boldsymbol{p}}\left(\frac{1}{2}\|\boldsymbol{X}\boldsymbol{p}-\boldsymbol{y}\|_2^2+\frac{\gamma}{2}\|\boldsymbol{p}\|_2^2\right) \tag{4.21}$$

当γ较大时，该惩罚最小二乘解趋于$\boldsymbol{0}$，$\boldsymbol{X}$和$\boldsymbol{y}$的变化带来的影响减小。DSP中产生的正则化的另一个重要例子是用于从数字信号中去除噪声的平滑度先验，即如果我们假设我们希望恢复的基础信号在时间上变化很慢，那么惩罚解的一阶或高阶(离散)导数的平方大小将导致一个可处理的正则化问题。这在实践中非常有效。

总而言之，基本思想是最大后验估计是正则化的一个解，其中参数的先验值用于控制最大似然估计对数据变化的敏感性。在下一节中，我们将看到这个概念有许多其他解释，这些解释源于它在所有定量科学中起到的中心作用。

4.2.4 正则化、模型复杂性和数据压缩

也许科学中最古老的原理之一就是奥卡姆剃刀(以中世纪英国哲学家奥卡姆命名)。这个原理(非正式地)指出，一个现象的(数学)模型应该尽可能地简化，但这并不容易实现。另一种非正式的说法是，在所有与某些现象的数据拟合得同样好的模型中，我们更喜欢包含最少数量假设的模型。理想情况下，我们需要一个模型，以无错误的方式总结有关现象的数据，因此，它不仅仅是“存储”数据的另一种方式。一个仅仅存储数据的模型根本不是一个有用的模型，例如，数据可能会受到噪声的干扰。所以，每一组数据都是一个随机变量的实现，每一组数据都会有所不同。这意味着，在一组数据中能再现唯一噪声的模型，实际上并不能表征所有可能的数据集的一般结构。

这似乎是常识，但事实证明，要提供一个针对这个概念的简明的数学公式是非常困难的，因为有很多种数学模型和一组假设可以用来建立它们。然而，出于本书的目的，对这个概念进行概率方面的探索就足够了。为了便于说明，我们将调用一个具有 K 参数 $\boldsymbol{p}$ 的条件模型，并假设我们知道可能性和先验。利用贝叶斯规则，后验分布为 $f(\boldsymbol{p}|\boldsymbol{x}, \boldsymbol{y})=f(\boldsymbol{x}, \boldsymbol{y}|\boldsymbol{p})f(\boldsymbol{p})/f(\boldsymbol{x}, \boldsymbol{y})$。我们假设模型平稳地依赖于这些参数 $\boldsymbol{p}$，并且我们有固定的数据向量 $\boldsymbol{x}$，$\boldsymbol{y}$。我们将讨论几种不同的，但本质上相同的方法，来表达数据 $\boldsymbol{y}$ 的拟合度与假设的数量或强度之间的权衡。

奥卡姆剃刀的第一个实例取决于一个模型中自由度或自由变量的数量，这将与模型中的 K 参数相同。如果我们允许无限制地增加 K，对于许多模型(例如使用最大似然估计)使得似然 $f(\boldsymbol{x}, \boldsymbol{y}|\boldsymbol{p})$尽可能大。这似乎是一件好事，但最终一个具有足够自由度的模型可以精确地再现任何数据——这就是所谓的过度拟合。类似地，如果 K 太小，那么它的似然就很低，并且同样不能代表所有可能的数据集，这叫作欠拟合。因此，我们不能依赖于最大似然估计来选择仅具有正确 K 的最优模型。

图 4.1 给出了多项式回归(曲线拟合)模型的一个简单示例 $y=\sum_{k=0}^{K} p_k x^k+\epsilon$，其中 $\epsilon \sim \mathcal{N}(0, \sigma)$。参数 $\boldsymbol{p}$ 的 $K+1$ 向量(两倍)N 数据点 x_n，y_n 的负对数似然为：

$$2E=N\ln(2\pi\sigma^2)+\frac{1}{\sigma^2}\sum_{n=1}^{N}\left(y_n-\sum_{k=0}^{K}\hat{p}_k x_n^k\right)^2 \tag{4.22}$$

它的形式是只依赖于 N，σ 和模型拟合误差项(平方和)的正则化器的形式。假设我们有最大后验估计参数 $\hat{\boldsymbol{p}}$，当 $K+1=N$ 时，最大后验估计拟合误差项为零。这种情况出现在真实模型 $K=1$ 的情况下，在这种情况下，可以看到 K 的错误选择导致的过拟合和欠拟合(见图 4.1)。

考虑到我们更喜欢自由度较小的模型，一种方法是对 K 值较大的负对数似然进行惩罚。在当今经典的实验结果中，日本统计学家 Hirotoku Akaike，使用信息论的论据，表明样本负对数似然对所有实现的 N 的期望从数据分布中得出，向下偏移了 K(Akaike, 1974)。我们可以通过将其添加回负对数似然中来纠正这种偏差，从而使 AIC(Akaike 信息准则)作为拟合误差的直接替代：

$$\text{AIC}=2E+2K \tag{4.23}$$

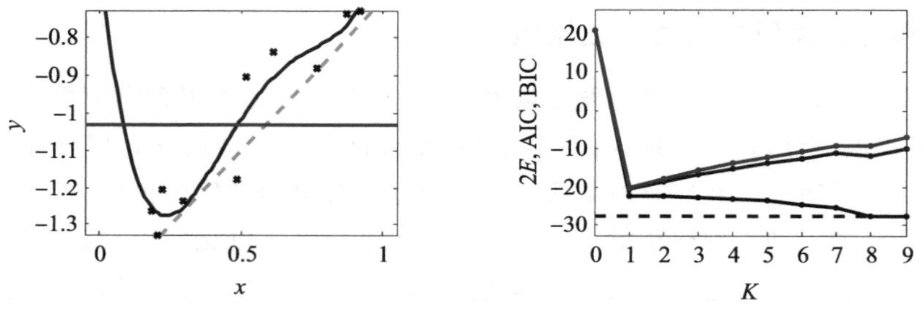

图 4.1　探索多项式模型拟合，同时改变自由度 K。左图显示从线性模型生成的数据点(黑点，$N=10$)，$y=-1.5+0.8x+\epsilon$(灰曲线)，从范围[0，1]和零平均高斯误差 ϵ 中随机均匀抽取的 x 值，标准差 $\sigma=0.1$。过拟合多项式 $K=4$(灰虚线)，欠拟合 $K=0$ 常数(横线)。右图显示负对数似然 $2E$(黑线)、AIC(深灰线)和 BIC(浅灰线)，以及 $K=10$"零误差"拟合(虚线)。负对数似然随着 K 的增加而减小，直到达到零误差拟合，而 AIC 和 BIC 都在 $K=1$ 时达到最小值，即线性模型的真实自由度

通过调整 K 值来最小化这个量，我们可以得到真实自由度的无偏估计。如图 4.1 所示，我们可以看到，与 $2E$ 不同，AIC 在 $K=1$ 的正确值下最小化，选择线性模型。

虽然 AIC 试图找到提供最小期望负对数似然的 K，但这不是贝叶斯过程，因此没有考虑参数的不确定性。相比之下，BIC(贝叶斯信息准则)是一种最大后验概率估计器(Schwarz，1978)：

$$\mathrm{BIC}=2E+K\ln N \tag{4.24}$$

和 AIC 一样，这个准则支持少量的参数，但是这个惩罚也随着样本量 N 的增加而增加。这个表达式可以在非常普适的似然假设下推导出来，假设 K 的先验值是平坦的(统一的、非信息的)或几乎平坦的(Cavanaugh 和 Neath，1999)。虽然 AIC 和 BIC 表面上看起来很相似，但它们解决的问题却截然不同。AIC 选择具有最佳似然的模型，BIC 选择正确的 K(前提是数据实际上是由我们为 K 的特定值选择的似然生成的)。但是，AIC 和 BIC 都只能渐近地保持为 $N\to\infty$，所以这只对非常大的样本量有意义。尽管如此，这两个标准都在 DSP 和机器学习应用中得到了广泛的实际应用。

在许多常见的情况下，模型没有"离散"数量的参数，每个参数都是独立的自由度。正则化或惩罚化是奥卡姆剃刀原理的另一个例子，正如前一节所讨论的，它通常可以作为似然和先验的某种组合的最大后验概率的解来推导。然而，在某些情况下，我们可以找到一个连续的量来对 K 进行插值，这被称为有效自由度 $\widetilde{K}$。这里面的例子就包括 Tikhonov 正则化(4.21)：

$$\widetilde{K}=\sum_{k=1}^{K}\frac{s_k^2}{s_k^2+\gamma} \tag{4.25}$$

其中 s_k 是 hat 矩阵 $\boldsymbol{H}=\boldsymbol{X}(\boldsymbol{X}^{\mathrm{T}}\boldsymbol{X}+\gamma\boldsymbol{I})^{-1}\boldsymbol{X}^{\mathrm{T}}$ 的(非负)奇异值(用于预测，即 $\hat{\boldsymbol{y}}=\boldsymbol{H}\boldsymbol{y}$，参见 Hastie 等人，2009，第 66～68 页)当 $\gamma=0$(即非正则解)时，模型参数个数 $\widetilde{K}=K$，而当 $\gamma\to\infty$时，$\widetilde{K}\to0$。因此，在这种情况下，有效自由度捕获了解对数据的敏感性，随着正则化的增加，灵敏度降低。

奥卡姆剃刀原理在 1.5 节介绍的数据压缩方面也有更一般的解释。让我们回顾一下上面

的多项式回归模型(4.22)。在给出参数 $\boldsymbol{p}$ 和数据 $\boldsymbol{x}$ 的情况下，我们给出序列 $S=(y_n)_{n=1}^N$。首先，要做到这一点，我们需要将编码的角度从离散的随机变量扩展到连续的随机变量。一种直接的方法是将它们离散到精确的 δ 值，然后用 Y 的压缩表示为 $-\log_2 f(y)-\log_2\delta$。最后一项是一个常数，独立于 y。从实用的角度出发，离散化可以在特定计算硬件平台上达到浮点级精度。如果我们提出以下的条件平均高斯概率模型：

$$f(\boldsymbol{x},\ \boldsymbol{y}\,|\,\boldsymbol{p})=\prod_{n=1}^{N}\mathcal{N}\left(y_n-\sum_{k=0}^{K}p_k x_n^k,\ \sigma\right) \tag{4.26}$$

然后，它将有一个长度压缩表示的期望：

$$-\log_2 f(\boldsymbol{x},\ \boldsymbol{y}\,|\,\boldsymbol{p})=\frac{1}{\ln 2}\left[\frac{1}{2\sigma^2}\sum_{n=1}^{N}\left(y_n-\sum_{k=0}^{K}p_k x_n^k\right)^2\right]+C(N,\ \sigma,\ \delta) \tag{4.27}$$

这就提供了负对数似然的另一种诠释：在尺度(1/ln2，这只与对数基的选择有关)和加性常数($C(N,\ \sigma,\ \delta)$，这取决于数据长度、标准偏差参数和离散化)因子之前，它是数据 $\boldsymbol{y}$ 的期望压缩长度，取决于参数和 $\boldsymbol{x}$。因此，我们可以把最大似然估计看作是通过改变 $\boldsymbol{p}$ 来最小化 $\boldsymbol{y}$ 的压缩长度。

那如果我们不能假设我们知道参数向量 $\boldsymbol{p}$ 的值呢？当然，这些对于从 $\boldsymbol{x}$ 重建 $\boldsymbol{y}$ 是必要的。假设这些参数的最大似然估计误差(典型的)为 $1/\sqrt{N}$，那么我们可以以精度 $\delta=1/\sqrt{N}$ 对它们进行编码。对于 K 参数，它们的代码长度为 $-\log_2 f(p)+\frac{1}{2}\log_2 N$。此外，为了简单起见，我们假设先验值在每个参数 p 的最大值范围内是均匀分布的。然后我们得出后面的代码长度：

$$-\log_2 f(\boldsymbol{p}\,|\,\boldsymbol{x},\ \boldsymbol{y})=\frac{1}{\ln 2}\left[\frac{1}{2\sigma^2}\sum_{n=1}^{N}\left(y_n-\sum_{k=0}^{K}p_k x_n^k\right)^2+\frac{K}{2}\log_2 N\right]+ \\ \log_2 f(\boldsymbol{x},\ \boldsymbol{y})+C(N,\ K,\ \sigma,\ \delta) \tag{4.28}$$

相应的估计量 $\hat{\boldsymbol{p}}$ 被先验正则化，称为*最小描述长度*(MDL)估计量(对于该模型而言)。有趣的是，这个估计值与上面的 BIC 公式(4.24)一致(参见 Hansen 和 Yu，2001 年对这一点的详细说明)。最小描述长度的一般性原则(Hansen 和 Yu，2001)是：

$$\mathrm{MDL}=-\log_2 f(\boldsymbol{y}\,|\,\boldsymbol{p})-\log_2 f(\boldsymbol{p})+C(\boldsymbol{y}) \tag{4.29}$$

实际上，我们可以省略常数 $C(\boldsymbol{y})$，因为我们通常对优化最小描述长度的参数感兴趣。

可以看出，最小描述长度原理只是贝叶斯模型中应用于后验的信息映射。出于这个原因，有时有人认为，由于贝叶斯方法更通用，最小描述长度跟概率模型相比并没有多少实际的好处(Mckay，2003，第 352 页)。然而，数据压缩解释——最小描述长度估计器将 $\boldsymbol{y}$ 的后验表示的压缩大小最小化——值得进一步解释(图 4.2)。让我们将式(4.29)中的前两个压缩长度项分别表示为 $L[\boldsymbol{y}\,|\,\boldsymbol{p}]$ 和 $L[\boldsymbol{p}]$。我们发现，随着参数 K(或有效自由度)的增加，$L[\boldsymbol{y}\,|\,\boldsymbol{p}]$ 会变小(事实上，如上所述，在某些情况下，我们可以将 $L[\boldsymbol{y}\,|\,\boldsymbol{p}]\to 0$ 表示为 $K\to N$)。但是，$L[\boldsymbol{p}]$ 一定随着 K 的增加而增加，因此，这两项之和通常有一个最小值。因此，最小化关于 K 的最小描述长度解决了过度拟合的问题，就像正则化、惩罚、BIC 和 AIC 一样。

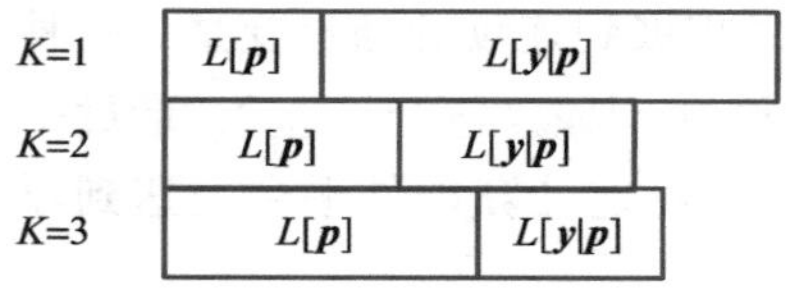

图 4.2 最小描述长度(MDL)原则。K 对应模型复杂度，在这种情况下，是参数向量 $\boldsymbol{p}$ 中的元素数。参数向量的压缩代码长度为 $L[\boldsymbol{p}]$，随着要编码的参数数量的增加，该长度随着 K 的增加而增加。给定参数的固定数据 $\boldsymbol{y}$ 的压缩代码长度为 $L[\boldsymbol{y}|\boldsymbol{p}]$，随着 K 的增加，压缩代码长度减小，因为模型中有更多的自由度来更好地拟合数据。总代码长度是这两个的总和，并且在 $K=2$ 时最小化

4.2.5 交叉验证和正则化

我们在上面已经看到，对于非贝叶斯模型，我们希望找到关于参数和模型复杂度的最大似然估计，比如自由度 K。但是，如果没有以某种形式应用奥卡姆剃刀原理的话，这很容易过度拟合，因为单个数据集只是底层分布的一个实现。这纯粹是一个只有一个数据集的人为数据(有限样本效应)，会使得似然值提高。相反，如果我们已经有了无偏参数最大似然估计 $\hat{\boldsymbol{p}}$，那么可以找到 K 对应的最大似然估计：

$$\hat{K}=\arg\max_{K} f(\boldsymbol{x};\ \hat{\boldsymbol{p}},\ K) \tag{4.30}$$

然而，参数 $\boldsymbol{p}$ 的向量依赖于 K，因此对于每个 K 我们需要不同的参数 MLE。但是，由于有限样本过拟合效应，在给定 $\boldsymbol{x}$ 的前提下我们不能同时最大化关于 $\boldsymbol{p}$ 和 K 的似然。我们可以通过使用更多的数据来解决这个问题。对于式(4.30)中 K 的每个固定值，我们可以在不同的数据集 $\boldsymbol{x}'$(不同于 $\boldsymbol{x}$)上最大化参数，该数据集是从数据的基础分布中提取的：

$$\hat{\boldsymbol{p}}=\arg\max_{\boldsymbol{p}} f(\boldsymbol{x}';\ \boldsymbol{p},\ \hat{K}) \tag{4.31}$$

这种方法通过使用不同的数据实现来避免单样本的过拟合效应。像这样使用不同的数据实现来改善复杂模型对单个样本的敏感性的过程称为验证(validation)或样本外(out-of-sample)方法。在此上下文中，$\boldsymbol{x}'$ 和 $\boldsymbol{x}$ 分别称为训练集和验证集(或测试集)。类似地，训练和验证数据上的似然被称为样本内和样本外的似然。

实际上，正如前一节所介绍的，样本外方法强制执行一种正则化。实际上，由于似然是一个随机变量，所以参数估计也是随机变量，因为它们是随机变量的函数。那么，这些参数估计值是否是数据基本(和不可访问)分布的典型值？一般来说，这些变量的分布情况如何？单列训练-测试数据集对无法解答我们提出的这些关键问题。但是，如果我们能在许多不同的 $\boldsymbol{x}'$，$\boldsymbol{x}$ 上重复上述最大化计算公式(4.30)和公式(4.31)多次，那么我们就可以估计后验分布 $f(\boldsymbol{p}|\boldsymbol{x})$ 和 $f(K|\boldsymbol{x})$。

这样的程序需要大量的数据，通常比我们所掌握的要多。广泛使用的交叉验证方法试图实现这一过程，同时也有效地利用了已知数据。在 M 折(M-fold)交叉验证中，原始数据集被分成 M 个更小的子集 $x^{(m)}$。一个子集 $x^{(m)}$ 被均匀随机地选出，并作为测试集，而该子集的剩余部分记为 $x^{(l)}$，其中 $l\neq m$，被连接起来并用作训练集。如果 $M=N$，那么这个过程被称之为留一法(leave-one-out)。

上面描述的方法对 M 值的似然估计、参数估计和模型复杂度估计有什么影响？通常情况下(最大似然估计就是这样)参数估计的可靠性随着可用于训练的样本数量的增加而提高。因此，针对留一法有一个很强的例子，因为它会导致参数的微小变化。但是，测试集

只包含一个样本，因此样本外的可变性很大。另一方面，如果 M 很小，那么训练集的大小就会减小，使得参数值变化很大。交叉验证方案的选择与模型和数据相互作用，导致对估计参数的影响显著，如模型复杂度和样本外预测误差。例如，使用一个简单的多项式模型，我们发现一个小的训练集大小会导致非常不可靠的经验风险估计，但是使用典型（中值）风险可以得到模型阶数的可靠估计。另一方面，我们可以使用较大的训练集大小来获得相当可靠的经验风险估计值，但这会导致模型阶数估计值不可靠（图 4.3）。参见 Hastie 等人（2009 年，第 243 页）可进一步探讨这些影响。

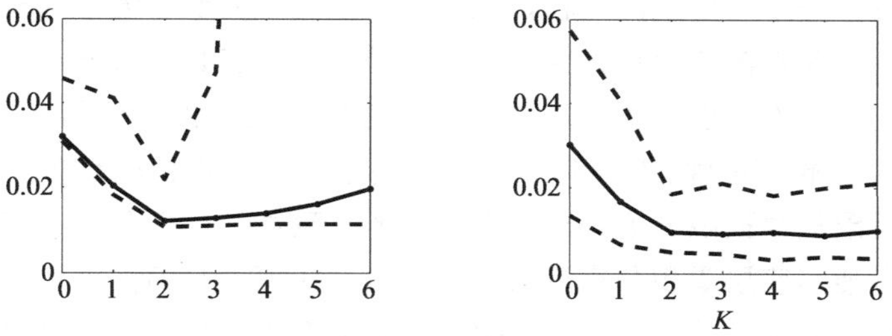

图 4.3　模型复杂度选择的交叉验证，采样训练集大小为 $N=20$（左图）和 $N=980$（右图）。K 是模型复杂度，这里，拟合多项式的阶数，模型的实际阶数为 $K=2$。从具有独立同分布高斯误差的多项式模型中生成 1 000 个数据样本，并通过将数据随机分给测试集和训练集 100 次来重复交叉验证。纵轴表示平方损失函数的样本外经验风险（与该模型的样本外似然成正比）。虚线表示最大和最小的经验风险，实线表示中值风险

样本外技术最严重的限制之一是训练集和测试集必须从相同的分布中提取样本。如果不是，在给定任何固定模型复杂度的情况下，不能保证参数估计能够最大化期望的样本外似然。通常，训练/测试集分布之间的不匹配会导致样本外似然的极度向下偏差。我们甚至发现了这样的情况：在交叉验证中，根据数据集中的某个特定变量不小心地拆分数据会导致子样本之间的分布不匹配。换句话说，原来的独立同分布的数据集可以以这样一种方式进行拆分，从而导致意外的内部分布不匹配。因此，对于分布不匹配（所谓的协变量转移问题），有一些方法可以适应交叉验证，但是必须知道其分布（Sugiyama 等人，2007）。验证方法的另一个要求是训练集和测试集是独立的，否则来自训练集的信息可能会“泄漏”到测试集中。有一些简单的调整可以在一定程度上缓解这种情况（Arlot 和 Celisse，2010，第 66 页）。不幸的是，在机器学习文献中，不检查潜在假设是否成立而随意地使用交叉验证是一个常见的问题。

由于验证方法执行正则化，因此它们与其他最大后验方法相关，这可能并不奇怪。事实上，留一法和 AIC 是等价的（Stone，1977）。参见 Arlot 和 Celisse（2010）了解其他有趣的关系，并进一步阅读交叉验证相关内容。

4.2.6　自助法

给定一组从 $\boldsymbol{X}$ 中提取的独立同分布样本 $\boldsymbol{x}_1$，…，$\boldsymbol{x}_N$，我们经常计算一些量，如汇总统计（平均值、方差等）或估计与此数据相适应的概率模型的参数。然而，这只是一个样本集，并且只提供了一个估计值，但是我们知道这些估计值是随机变量，因为它们是从随机变量中计算出来的。那么，这些估计的分布是怎么样的呢？这是一个很难解决的问题，因

为我们必须通过用于计算估计的函数来转换数据的分布，这个过程可能非常复杂。自助法(bootstrap)是一种巧妙的计算方法，可以近似地解决这个问题，它基于这样一个想法：假设经验累积分布函数是 $\boldsymbol{X}$ 分布的一个好模型(1.4 节)，那么从该经验累积分布函数生成的新样本可以用来估计最大似然估计参数(4.1)的分布。

从经验累积分布函数进行采样很简单。我们可以认为相关的经验分布函数是三角函数的混合，其中分布的所有质量都位于这些 δ 函数之下，以每个 $\boldsymbol{x}_n$ 为中心。然后，从经验累积分布函数中随机抽取一个均匀选择的样本 $\boldsymbol{x}_n$，相当于从经验累积分布函数中随机均匀地抽取独立同分布样本。使用此过程，我们可以生成任何所需大小的新样本。

虽然自助法本身非常简单而且计算过程也十分简单，但是它有几个缺点。最关键的是原始样本 $\boldsymbol{x}_1$，…，$\boldsymbol{x}_N$ 必须是从总体分布中提取的代表性数据。任何"外点"(即在给定分布下极不可能的样本)都会扭曲自助法样本和基于它们的任何估计值。同样，尽管经验累积分布函数是无限量数据限制下累积分布函数的一致估计，但是对于任何有限样本，经验累积分布函数可能与底层累积分布函数完全不同，从而使自助法不可靠。

使用自助法程序为样本外模型选择生成额外的数据集，如上面的部分所述，有一个主要的局限性。尽管引导数据集原则上至少是从数据的总体分布中提取的，但采用这个方法逐一生成的自助法数据集都与原始数据集共享一些数据。这意味着每一个自助法都不是总体分布的完全不同的实现，这是避免单样本过拟合效应所必要的，同时这将导致可能性向上偏移。现在，人们已经开发了几种技术来减轻这种影响，但将以复杂度大幅度增加为代价(Hastie 等人，2009，第 251 页)。

4.3　贝叶斯推理

上一节主要讨论非贝叶斯和最大后验推理。这些推断被称为*点估计*，因为它们只估计一组最佳参数或预测，忽略了不确定性。相比之下，在完全贝叶斯方法中，我们希望推断所有估计值的完全条件分布。

通常，在贝叶斯规则中，我们几乎总是通过边缘化获得证据概率：

$$f(\boldsymbol{p}\mid\boldsymbol{x}_1,\cdots,\boldsymbol{x}_N)=\frac{f(\boldsymbol{x}_1,\cdots,\boldsymbol{x}_N\mid\boldsymbol{p})f(\boldsymbol{p})}{\int f(\boldsymbol{x}_1,\cdots,\boldsymbol{x}_N\mid\boldsymbol{p})f(\boldsymbol{p})\mathrm{d}\boldsymbol{p}}\tag{4.32}$$

当先验是超参数 $\boldsymbol{q}$ 的某个函数时，那么 $\int f(\boldsymbol{x}_1,\cdots,\boldsymbol{x}_N\mid\boldsymbol{p})f(\boldsymbol{p};\boldsymbol{q})\mathrm{d}\boldsymbol{p}=f(\boldsymbol{x}_1,\cdots,\boldsymbol{x}_N;\boldsymbol{q})$ 被称为*边缘似然*。因此，对于给定的一些数据 $\boldsymbol{x}_1$，…，$\boldsymbol{x}_N$，目标是计算上述的后验。然后，可以通过平均值和方差或者模式和其他一些"散布"度量值来总结这种分布。证据概率积分通常难以计算，幸运的是，使用诸如马尔可夫链蒙特卡罗这样的多变量采样技术，我们通常可以避免评估这个数量(见 3.4 节)。

在贝叶斯框架下，由于参数是不确定的，所以预测并不像频率主义预测的那样简单。相反，考虑到给定数据参数的后验概率，我们可以计算出新数据点的*后验预测分布*：

$$f(\widetilde{\boldsymbol{x}}\mid\boldsymbol{x}_1,\cdots,\boldsymbol{x}_N)=\int f(\widetilde{\boldsymbol{x}}\mid\boldsymbol{p})f(\boldsymbol{p}\mid\boldsymbol{x}_1,\cdots,\boldsymbol{x}_N)\mathrm{d}\boldsymbol{p}\tag{4.33}$$

这可以被理解为从 $f(\tilde{\boldsymbol{x}}, \boldsymbol{p} \mid \boldsymbol{x}_1, \cdots, \boldsymbol{x}_N)$ 中边缘化出参数，这就和 $f(\tilde{\boldsymbol{x}} \mid \boldsymbol{x}_1, \cdots, \boldsymbol{x}_N, \boldsymbol{p}) \times f(\boldsymbol{p} \mid \boldsymbol{x}_1, \cdots, \boldsymbol{x}_N)$ 一样，由于给定 $\boldsymbol{p}$ 条件下，新的数据点 $\tilde{\boldsymbol{x}}$ 有条件地独立于 $\boldsymbol{x}_1, \cdots, \boldsymbol{x}_N$。另一种解释方法是通过条件依赖项 $\boldsymbol{x}_1, \cdots, \boldsymbol{x}_N \to \boldsymbol{p} \to \tilde{\boldsymbol{x}}$ 时，由该链中的 $\boldsymbol{p}$ 积分得到后验预测分布。后验预测分布是通过从这个链中积分出(坍塌)$\boldsymbol{p}$ 得到的。在接收任何数据之前进行预测需要先验的预测分布，其中后验 $f(\boldsymbol{p} \mid \boldsymbol{x}_1, \cdots, \boldsymbol{x}_N)$ 替换为式(4.33)中先验的 $f(\boldsymbol{p})$。

计算后验可以看作对给定数据的先验数据进行“更新”。当新数据(例如 $\boldsymbol{x}_{N+1}$)可用时会发生什么？新的后验，以 $\boldsymbol{x}_1, \cdots, \boldsymbol{x}_N$ 为条件，有

$$f(\boldsymbol{p} \mid \boldsymbol{x}_{N+1}, \boldsymbol{x}_1, \cdots, \boldsymbol{x}_N) = \frac{f(\boldsymbol{x}_{N+1} \mid \boldsymbol{p}, \boldsymbol{x}_1, \cdots, \boldsymbol{x}_N) f(\boldsymbol{p} \mid \boldsymbol{x}_1, \cdots, \boldsymbol{x}_N)}{f(\boldsymbol{x}_{N+1} \mid \boldsymbol{x}_1, \cdots, \boldsymbol{x}_N)} \tag{4.34}$$

式(4.34)可以通过展开右侧的条件概率并消除，当然，它正是后验 $f(\boldsymbol{p} \mid \boldsymbol{x}_1, \cdots, \boldsymbol{x}_{N+1})$，如果我们一开始就有了所有的数据就可以得到。然而，要注意的是先验 $f(\boldsymbol{p} \mid \boldsymbol{x}_1, \cdots, \boldsymbol{x}_N)$正是公式(4.32)得到的后验。当下一个数据点可用时，我们使用原始数据集的后验作为先验。这个过程当然可以在获取每个新数据点时重复。这个关键的思想，被称为**贝叶斯更新**(Bayesian updating)，在后续章节中我们将介绍的卡尔曼滤波器中就利用了这种思想，在后续的 DSP 方法中发挥了巨大的作用。

当然，写出如式(4.32)～式(4.34)这样的等式很容易，但如果可能的话，以封闭形式计算得到分布在通常情况下是非常困难的。然而，有一个非常广泛的分布，使得这些计算过程变得容易，这就是**指数族**(exponential family)分布。在这类分布中，先验的某些参数形式与似然相匹配，使得后验与先验在同一参数族中，先验和似然称为**共轭**(conjugate)。我们可以通过简单的贝叶斯更新公式得到后验参数。由于这些分布在数学上具有简便的性质，因此它们是贝叶斯建模的主要内容，我们将在 4.5 节中详细讨论。

在参数贝叶斯模型中，通常会有超参数 $\boldsymbol{q}$，它为先验 $f(\boldsymbol{p}; \boldsymbol{q})$选择不同的曲线。一个纯粹的贝叶斯理论认为，这个先验函数的形式和超参数的选择是“主观的”，因为每个建模者可能会选择不同的方法。相比之下，经验贝叶斯是一种从数据本身估计先验超参数的方法，通常用最大似然法。这种方法也被称为最大似然类型 II、广义最大似然法和证据近似法(Bishop，2006，第 165～172 页)。检验数据 $f(\boldsymbol{x}_1, \cdots, \boldsymbol{x}_N; \boldsymbol{q})$的边缘似然强烈暗示了我们可以仅根据数据使用最大似然估计超参数的值：

$$\hat{\boldsymbol{q}} = \arg\max_{\boldsymbol{q}} f(\boldsymbol{x}_1, \cdots \boldsymbol{x}_N; \boldsymbol{q}) \tag{4.35}$$

经验贝叶斯估计在某些情况下，有一些有趣的性质。为了举例说明，考虑一元高斯数据和非独立同分布平均值的情况，即 $X_n \sim \mathcal{N}(\theta_n, \sigma^2)$，其中 θ_n 是均值(这里我们假设方差 σ^2 已知)。这些参数的分布由 $\theta_n \sim \mathcal{N}(\mu, \boldsymbol{\tau}^2)$给出，因此，这个例子里的超参数 $\boldsymbol{q} = (\mu, \boldsymbol{\tau}^2)$。根据高斯函数的已知性质，我们可以计算出 $X_n \sim \mathcal{N}(\mu, \sigma^2 + \boldsymbol{\tau}^2)$，那么很明显当 θ_n 被积分出来时，X_n 是独立同分布的。现在，用 MLE 代替 μ(X_n 的样本平均值)，用(无偏)估计量代替比率 $\sigma^2/(\sigma^2 + \boldsymbol{\tau}^2)$，我们得到以下参数的“岭”收缩估计量(称为 James-Stein 估计量)：

$$\hat{\theta}_n = \left(\frac{(N-3)\sigma^2}{\sum_{n=1}^{N} (x_n - \mu)^2} \right) \mu + \left(1 - \frac{(N-3)\sigma^2}{\sum_{n=1}^{N} (x_n - \mu)^2} \right) x_n \tag{4.36}$$

值得注意的是，当综合考虑所有参数时，对于 $N\geqslant 4$，该估计量在平方损失下的经验风险始终低于最大似然估计，即 x_n(Casella，1985)。这个结果跟我们的直觉是相反的，因为我们知道，当单独估计任何单个参数时，最大似然损失的经验风险最小。要记住的一点是，这种改进只适用于通过包含更多参数来估计参数的联合估计，这与估计任何单个参数的目的是不同的。我们注意到这种现象是非常普遍的，并且不局限于高斯变量，例如，参见 Casella(1985)的一个类似的演示，使用二元分布的数据和 β 先验。关于经验贝叶斯在机器学习中更为复杂的应用，请参见 Bishop(2006，3.5 节)。

4.4 与度量和范数相关的分布

在上一节中，我们已经看到了最佳概率计算(如最大似然和最大后验概率)对统计推断的重要性。在接下来的几节中，我们将探讨有用的分布类，它们在统计机器学习和 DSP 中有着常见的用法，无论是显式的还是隐式的。首先，我们将通过对数信息映射 $-\ln(x)$(见第 1 章)来研究度量和密度函数之间作为同态出现的分布。考虑密度函数 $f(x;\ p)$的形式如下：

$$f(x;\ p)=\frac{1}{Z}\exp(-d(x,\ p)) \tag{4.37}$$

其中函数 d 是一个度量(metrics)，Z 是不依赖于 p 的规范化常数。因此，度量 d 采用损失函数$L(x,\ p)=d(x,\ p)$(见 4.2 节)。在这种形式下，对数映射在度量空间和实线上的密度函数之间创建同态。现在，如果我们假设有一组 N 个独立同分布数据点 x，那么似然是 $f(x;\ p)=\prod_{n=1}^{N} f(x_n;\ p)$，参数 p 的最大似然估计为：

$$\hat{p}=\arg\max_{p}\prod_{n=1}^{N} f(x_n;\ p)=\arg\min_{p}\sum_{n=1}^{N} L(x_n,\ p) \tag{4.38}$$

其形式为损失总和的最小值，与式(4.12)给出的经验风险估计值一致。度量的选择决定了最大似然估计 $\hat{p}$ 的许多属性，例如，如何估计它，以及它如何“汇总”数据。

4.4.1 最小二乘法

也许我们最常见的度量是平方欧几里得距离(square Euclidean distance)：

$$\frac{1}{2}\sum_{i=1}^{N}|x_i-p|^2=\frac{1}{2}\|\boldsymbol{x}-p\mathbf{1}\|_2^2 \tag{4.39}$$

其中 $p\mathbf{1}$ 的 $\mathbf{1}$ 指代的是一个 N 维，元素为 1 的向量。这是由欧几里得距离度量 $d(x,\ p)=\frac{1}{2}|x-p|^2$ 推导出的 L_2 范数损失，在这种情况下式(4.38)变成了最小二乘估计量。那么什么密度函数对应于这个度量呢？答案是高斯分布：

$$f(x;\ p)=\frac{1}{Z}\exp\left(-\frac{|x-p|^2}{2\sigma^2}\right) \tag{4.40}$$

注意，式(4.39)中的方差项丢失了，因为最佳值 $\hat{p}$ 不受损失总和 L 的影响。在这种情况下，通过取式(4.39)对 p 的导数并将其设为零，我们得到解析可处理的解 $\hat{p}=\frac{1}{N}\sum_{n=1}^{N}x_n$，这只是数据的样本平均值。

最小二乘法具有某些特性，使得它在统计学上是可取的。例如，对于高斯平均参数，这个估计量被证明在所有无偏估计量中方差最小。然而，当数据偏离高斯假设时，最小二乘估计会遇到麻烦——我们将在下面看到更多鲁棒的度量。最优估计量和度量之间的这种关系是许多有用的统计模型的一个重要特征，我们接下来将深入探讨几个例子。

4.4.2 最小 L_q 范数

利用广义度量 $d(x, p)=\frac{1}{q}|x-p|^q$，其中 $q\in\mathbb{R}$，我们得到如下损失和：

$$\frac{1}{q}\sum_{n=1}^{N}|x_n-p|^q=\frac{1}{q}\|\boldsymbol{x}-p\mathbf{1}\|_q^q \tag{4.41}$$

当然，当 $q=2$ 时，我们可以恢复平方和，但也存在一些其他非常重要的特殊情况。特别地，$q=1$ 对应于城市街区(city-block)或绝对距离度量，并且参数 q 的相应样本估计量是数据的样本中值(位于所有数据点“中间”的值)。这可以从如下等式中看出，当式(4.38)达到最小值时：

$$\frac{\partial}{\partial p}\sum_{n=1}^{N}|x_n-p|=\sum_{n=1}^{N}\operatorname{sign}(x_n-p)=0 \tag{4.42}$$

如果 $x_n>p$，求和项中的每个符号项为 $+1$；如果 $x_n<p$，则为 -1，因此只有当大于 p 的项与更小的项一样多时，才能获得最小值，当 N 是奇数时，这是有效的(不过，通常需要一个不同的参数)。有趣的是，这在秩排序和特定密度函数之间建立了密切的联系，例如 $q=1$ 与拉普拉斯分布相关：

$$f(x; p)=\frac{1}{Z}\exp\left(-\frac{|x-p|}{b}\right) \tag{4.43}$$

其中 b 是与高斯方差类似的扩展参数。这种分布比高斯分布有更大的尾部，也就是说，它将更大的概率分配给远离 p 的极值。因此，中位数不太可能受到极小值或大值样本的不利影响，而平均值则严重向这些极值偏移。这就是为什么中值被称为稳健估计量(robust estimator)的原因之一，因为它在很大程度上对数据主体不具有特征的极值点不敏感。

当 $q\to\infty$ 时，在极限处得到另一个非常重要的特例，即最大范数估计：

$$\max_{n=1,\cdots,N}|x_n-p|=\|\boldsymbol{x}-\mathbf{1}p\|_\infty \tag{4.44}$$

在这种情况下，MLE 位于中间区域 $\hat{p}=\frac{1}{2}\left(\min_{n=1,\cdots,N}x_n+\max_{n=1,\cdots,N}x_n\right)$。这是一个非常有效、但高度不鲁棒的中心趋势估计。它是有效的，因为它只使用了两个样本(最小值和最大值)，但是由于这两个样本中的任何一个被污染了都会影响估计量，所以它是不鲁棒的。

$q\geqslant 1$ 的 L_q 范数是凸的，这意味着我们可以应用 2.3 节中的所有技术(对于 $q=1$，参考 2.4 节)。对于 $q<1$，范数是非凸和不可微的，$q=0$ 的情况在稀疏信号处理中有着特殊的重要性，我们将在后面的章节中遇到。对于这个范数没有简单的闭式估计量(closed-form estimator)，数值方法要找到高质量的近似解将面临严峻的挑战。因此，$q=1$ 估计量在机器学习和信号处理中有着特殊的地位，因为它是凸的范数，同时也是最接近 L_0 范数的估计量。

4.4.3 协方差、加权范数和马氏距离

方差的样本估计可以写成 L_2 范数的形式：

$$\text{var}[X]=E[(X-\mu_X)^2]\approx\frac{1}{N}\|\boldsymbol{x}-\mathbf{1}\mu_X\|_2^2 \tag{4.45}$$

其中 $\mathbf{1}$ 是 1 的 N 维向量。然而，在矩阵项中，这也是一个(对角)二次型 $\|\boldsymbol{x}-\mathbf{1}\mu_X\|_2^2=(\boldsymbol{x}-\mathbf{1}\mu_X)^{\mathrm{T}}(\boldsymbol{x}-\mathbf{1}\mu_X)$，这自然会引起关于其他对角二次型的问题。实际上，我们可以用这种形式写出两个随机变量 X，Y 之间的协方差：

$$\text{cov}[X,Y]=E[(X-\mu_X)(Y-\mu_Y)]\approx\frac{1}{N}(\boldsymbol{x}-\mathbf{1}\mu_X)^{\mathrm{T}}(\boldsymbol{y}-\mathbf{1}\mu_Y) \tag{4.46}$$

一个重要的归一化联合矩(normalized joint central moment)称为*相关系数*(correlation coefficient)：

$$\rho_{X,Y}=\frac{\text{cov}[X,Y]}{\sqrt{\text{var}[X]\text{var}[Y]}} \tag{4.47}$$

因此，相关系数的样本估计可以用二次型表示：

$$\rho_{X,Y}\approx\frac{(\boldsymbol{x}-\mathbf{1}\mu_X)^{\mathrm{T}}(\boldsymbol{y}-\mathbf{1}\mu_Y)}{\sqrt{(\boldsymbol{x}-\mathbf{1}\mu_X)^{\mathrm{T}}(\boldsymbol{x}-\mathbf{1}\mu_X)(\boldsymbol{x}-\mathbf{1}\mu_Y)^{\mathrm{T}}(\boldsymbol{x}-\mathbf{1}\mu_Y)}} \tag{4.48}$$

有时，我们发现 $\boldsymbol{x}$ 的向量空间的特定维度在损失总和中具有不同的重要性，在这种情况下，可以使用加权 L_q 范数：

$$\|\boldsymbol{u}\|_{q,\boldsymbol{w}}^q=\sum_{n=1}^{N}w_n|u_n|^q \tag{4.49}$$

$\boldsymbol{w}$ *为 N 维权重向量*。如果，对于 $q\geqslant1$，对应的项满足 $w_n\geqslant0$，那么范数是凸的。这就产生了 p 的相应加权 L_q 范数经验风险估计量：

$$\hat{p}=\arg\max_{p}\sum_{n=1}^{N}(w_n|x_n-p|^q) \tag{4.50}$$

在 $q=2$ 的 L_2 实例中，我们可以将这个加权损失和与一个可能性相关联，该可能性由一元高斯函数的乘积组成，每个观测值 x_n 具有不同的方差，其中每个方差为 $\sigma_n^2=w_n^{-1}$。很容易证明相应的最大似然估计是*加权平均值* $\hat{p}=\frac{1}{N}\sum_{n=1}^{N}(x_n/\sigma_n^2)$。因此，具有较高方差的观测值被赋予较低的权重，这对估计值的影响要小于低方差的观测值。这是直观的，因为观测值的不确定性越高，我们就越不可能相信其准确性。对于 $q=1$ 的拉普拉斯情形，我们有*加权中值估计*，它是通过在找到中间值之前按权重大小复制观测值得到的(Arce，2005，第 13 页)。事实上，与拉普拉斯不同的扩展 b_n 相关的加权中值是整个一类非线性 DSP 方法的基础，我们将在后面的章节中讨论(Arce，2005)。

在 L_2 范数的情况下，我们可以将加权范数(4.49)写为 $\frac{1}{2}\|\boldsymbol{u}\|_{\boldsymbol{W}}^2=\frac{1}{2}\boldsymbol{u}^{\mathrm{T}}\boldsymbol{W}\boldsymbol{u}$，其中对角线包含权重的对角矩阵 $\boldsymbol{W}$。现在，基于这种表征方法，如果 $\boldsymbol{W}$ 是一个一般(非对角)矩阵，则可能有更大的灵活性。特别是，如果 $\boldsymbol{W}$ 是半正定的，则关联距离为马氏距离，自然关联密度为多元高斯分布(1.4 节)。那么权重矩阵就是随机向量 $\boldsymbol{X}$ 的协方差矩阵的倒数，即 $\boldsymbol{W}=\boldsymbol{\Sigma}^{-1}$。

上述多元正态函数在向量空间中的马氏距离表示，可以用椭球等高分布(或椭球分布)的形式进行相当广泛的推广。考虑 D 维向量随机变量 $\boldsymbol{X}$，在非常一般的情况下，这些变量是根据该向量的特征函数定义的，它们具有特殊形式：

$$\psi(\boldsymbol{s})=\exp(i\boldsymbol{s}^{\mathrm{T}}\boldsymbol{\mu})G\left(\frac{1}{2}\boldsymbol{s}^{\mathrm{T}}\boldsymbol{\Sigma}\boldsymbol{s}\right) \tag{4.51}$$

参数 $\boldsymbol{\mu}$(D 个项)和 $\boldsymbol{\Sigma}$($D\times D$ 半正定)。函数 G：$[0,\infty)\rightarrow\mathbb{R}$ 称为该分布的特征生成器。当关联密度函数确实存在时，可以证明它具有以下形式：

$$f(\boldsymbol{x})=C\sqrt{|\boldsymbol{\Sigma}|}\,g\left(\frac{1}{2}(\boldsymbol{x}-\boldsymbol{\mu})^{\mathrm{T}}\boldsymbol{\Sigma}^{-1}(\boldsymbol{x}-\boldsymbol{\mu})\right) \tag{4.52}$$

假设函数 g，即密度生成器，满足 $\int_0^\infty u^{D/2-1}g(u)\mathrm{d}u<\infty$。常数 C 在后一个积分和伽马函数方面有一个简单的闭式公式(Landsman 和 Valdez，2003)。我们将用 $\mathcal{EC}(\boldsymbol{\mu},\boldsymbol{\Sigma},g)$来指代这种椭球分布。式(4.52)简化为 $g(u)=\exp(-u)$的多元正态分布，以及具有不同 g 选择的其他几个分布族(见表 4.1)，包括拉普拉斯分布的多变量版本。

表 4.1 椭球等高分布族，其密度函数可以写成式(4.52)的形式，由密度发生器 $g(u)$参数化。例如，这些族包含多元拉普拉斯分布(指数幂族，$r=\sqrt{2}$，$q=1$)和多元柯西(Student-t 族，其中 $m=1$)

分布族	$g(u)$
正态	$\exp(-u)$
指数-幂	$\exp(-ru^q)$，r，$q>0$
Student-t	$\exp\left(1+\frac{2u}{m}\right)^{-(D+m)/2}$
Logistic	$\frac{\exp(-u)}{(1+\exp(-u))^2}$

通过构造，椭球分布具有多元正态分布的许多理想性质。例如，他们在线性变换下是不变的，这就意味着他们的边缘和条件是椭球的，用简单的闭式公式计算可以得到分布。还有一种简单的方法可以从分布中提取随机变量。对于 D 维单位球面上均匀分布的随机向量 $\boldsymbol{U}$，半径 R 这个单变量具有概率密度函数：$f(r)=2C^{-1}r^{D-1}g(r^2)$，对于一个满秩矩阵 $\boldsymbol{A}$，有 $\boldsymbol{\Sigma}=\boldsymbol{A}^{\mathrm{T}}\boldsymbol{A}$，那么 $\boldsymbol{X}=\boldsymbol{\mu}+R\boldsymbol{A}^{\mathrm{T}}\boldsymbol{U}$ 有 $\mathcal{EC}(\boldsymbol{\mu},\boldsymbol{\Sigma},g)$分布。此外，给定 $\int_0^\infty g(u)\mathrm{d}u<\infty$ 和 $\left|\frac{\partial G}{\partial u}\right|(0)<\infty$，则有 $E[\boldsymbol{X}]=\boldsymbol{\mu}$ 和 $\mathrm{cov}[\boldsymbol{X}]=\boldsymbol{\Sigma}$(Landsman 和 Valdez，2003)。因此，椭球分布的实用价值在于让我们知道了对分析上容易处理的多变量进行建模是很困难的，而这些分布函数提供了相当广泛的统计模型集，例如，马氏距离中椭球分布的极其灵活的应用。

4.5 指数族

在 DSP 和机器学习中，一个典型且反复出现的情况是：当我们从一个随机变量 X 中获得 N 个独立同分布数据点 $\boldsymbol{x}$，其分布函数 $f(x)$未知。我们的任务是找到最好的分布来对这些数据建模。这当然不是一个可以解决的问题，但是如果我们问：满足各种矩约束的最大熵分布是什么，则问题是适定的(well-posed)。我们将看到，这将导致极大熵分布和相关指数族的一个非常重要的领域。

4.5.1 最大熵分布

为了每一个分布都有效，我们必须有 $\int f(x)\mathrm{d}x=1$。假设我们可以计算样本矩 $E[g_m(X)]=a_m$ 其中 $m=1,\cdots,M$。我们可以将这个约束最大熵问题形式化为：

$$\begin{aligned}&\text{最大化}\quad H[X]\\&\text{受}\quad \int f(x)\mathrm{d}x=1,\\&\qquad \int g_m(x)f(x)\mathrm{d}x=a_m,\quad m=1,\cdots,M\ \text{约束}\end{aligned}\tag{4.53}$$

这个问题的拉格朗日方程是：

$$L(f,\boldsymbol{\nu})=H[X]-\boldsymbol{\nu}_0\int f(x)\mathrm{d}x-\sum_{m=1}^{M}\boldsymbol{\nu}_m\int g_m(x)f(x)\mathrm{d}x\tag{4.54}$$

其中 $\boldsymbol{\nu}$ 是一个 $M+1$ 维的乘子。这个拉格朗日关于 f 的(函数)导数是：

$$\frac{\partial L}{\partial f}(f,\boldsymbol{\nu})=-1-\ln f(x)-\boldsymbol{\nu}_0-\sum_{m=1}^{M}\boldsymbol{\nu}_m g_m(x)\tag{4.55}$$

设置 $\frac{\partial L}{\partial f}(f,\ \boldsymbol{\nu})=0$，在 L 的拐点处给出以下解：

$$\hat{f}(x)=\exp\Big(-1-\boldsymbol{\nu}_0-\sum_{m=1}^{M}\boldsymbol{\nu}_m g_m(x)\Big)\tag{4.56}$$

既然 $H[X]$ 是 f 的凹函数(Cover 和 Thomas，2006，第 30 页)，那么式(4.56)就是满足样本矩约束的唯一最大熵分布。然后可以选择乘子 $\boldsymbol{\nu}$ 的值，以满足式(4.53)中的约束条件。对于离散随机变量，$\hat{f}$ 是 KL 散度下最接近均匀分布的分布。我们也可以把 $\hat{f}$ 看作是约束条件下 Kolmogorov 复杂度最大的分布。

作为一个具体的例子，当样本空间为实线 $\mathbb{R}^+$ 的正半部时，考虑平均值上的单一矩约束，即 $g_1(x)=x$，其中 $M=1$。那么有，$\hat{f}(x)=\exp(-1-\boldsymbol{\nu}_0-\boldsymbol{\nu}_1 x)$，且当我们应用约束(假设 $a_1>0$)，可以得到 $\boldsymbol{\nu}_1=a_1^{-1}$ 和 $\boldsymbol{\nu}_0=\ln(a_1)-1$。这样可以推得 $\hat{f}(x)=\exp(\ln(a_1^{-1})-a_1^{-1}x)=a_1^{-1}\exp(a_1^{-1}x)$。这就是众所周知的指数分布(exponential distribution)。

最大熵建模是一个相当引人注目的想法，有许多支持的学者。然而，为证明第一原则方法的合理性而提出的论点一般不会起源于或产生任何具体的数学结果。例如，在这里选择香农熵并没有不可辩驳的理由，不同的熵选择将导致完全不同的分布。在这本书中，我们将简单地指出，有一个非常大的分布族，它们具有许多非常方便的数学性质，称为指数族(exponential family，EF)，它们都是最大熵分布。这些包括高斯(Gaussian)、指数、伽马(Gamma)、伯努利(Bernoulli)、狄利克雷(Dirichlet)、多项式以及其他一些分布。因此，指数族分布广泛应用于统计机器学习和 DSP 中，我们将在本节中详细探讨它们的特性。

4.5.2 充分统计和规范

充分统计(sufficient statistics)与指数族密切相关。统计只是一些随机数据的(向量)函

数 $\boldsymbol{g}$。参数分布的充分统计是从随机变量中提取的数据的函数，这是从数据中唯一估计(向量)参数 $\boldsymbol{p}$ 所需的全部条件。正式的描述是：如果给定统计量 $\boldsymbol{g}$ 的条件分布与 $\boldsymbol{p}$ 无关，则 $\boldsymbol{g}$ 是该参数的充分统计量。

对于适当的正则分布，Neyman 因式分解定理表明，充分统计量的存在意味着分布是指数族形式 $f(\boldsymbol{x})f(\boldsymbol{p},\ \boldsymbol{g}(\boldsymbol{x}))$，Pitman-Koopman 引理却建立了相反的结论：任何指数族形式的分布都有足够的统计数据(Orbanz，2009)。实际上，这个类中的所有分布都可以写成一般规范形式的特殊情况：

$$f(\boldsymbol{x};\ \boldsymbol{p})=\exp(\boldsymbol{p}\cdot\boldsymbol{g}(\boldsymbol{x})-a(\boldsymbol{p})+h(\boldsymbol{x})) \tag{4.57}$$

其中 $a(\boldsymbol{p})=\ln\int\exp(\boldsymbol{p}\cdot\boldsymbol{g}(\boldsymbol{x})+h(\boldsymbol{x}))\mathrm{d}\boldsymbol{x}$ 是对数归一化因子或分区函数，$h(\boldsymbol{x})$是(以自然对数为底的)基准量。参数向量 $\boldsymbol{p}$ 的 M 项称为自然参数或正则参数，单独的函数 g_m 是充分统计。与这个标准形式相关联的损失函数是 $\boldsymbol{L}(p)=-p\cdot g(x)-\boldsymbol{h}(x)$。

在这个正则式中，我们接下来展示的自然参数的最大似然估计特别简单。取归一化函数的导数，我们发现：

$$\begin{aligned}\frac{\partial a}{\partial\boldsymbol{p}}(\boldsymbol{p})&=\frac{\int\exp(\boldsymbol{p}\cdot\boldsymbol{g}(\boldsymbol{x})+h(\boldsymbol{x}))\boldsymbol{g}(\boldsymbol{x})\mathrm{d}\boldsymbol{x}}{\int\exp(\boldsymbol{p}\cdot\boldsymbol{g}(\boldsymbol{x})+h(\boldsymbol{x}))\mathrm{d}\boldsymbol{x}}\\&=\frac{\int\exp(\boldsymbol{p}\cdot\boldsymbol{g}(\boldsymbol{x})-a(\boldsymbol{p})+h(\boldsymbol{x}))\boldsymbol{g}(\boldsymbol{x})\mathrm{d}\boldsymbol{x}}{\int\exp(\boldsymbol{p}\cdot\boldsymbol{g}(\boldsymbol{x})-a(\boldsymbol{p})+h(\boldsymbol{x}))\mathrm{d}\boldsymbol{x}}\\&=E[\boldsymbol{g}(\boldsymbol{X})]\end{aligned} \tag{4.58}$$

利用相似代数，关于 p_i，p_j 的二阶偏导数可以表示为 $\operatorname{cov}[g_i(\boldsymbol{X}),\ g_j(\boldsymbol{X})]$，其中 i，$j=1$，…，M。现在，对于独立同分布的数据，对于负对数似然有：

$$\begin{aligned}L[\boldsymbol{p}]&=-\sum_{n=1}^{N}\ln f(\boldsymbol{x}_n;\ \boldsymbol{p})\\&=\sum_{n=1}^{N}[-\boldsymbol{p}\cdot\boldsymbol{g}(\boldsymbol{x}_n)-h(\boldsymbol{x}_n)]+Na(\boldsymbol{p})\end{aligned} \tag{4.59}$$

在上述情况的转折点，以下内容成立：

$$\frac{\partial L}{\partial\boldsymbol{p}}[\boldsymbol{p}]=-\sum_{n=1}^{N}\boldsymbol{g}(\boldsymbol{x}_n)+NE[\boldsymbol{g}(\boldsymbol{X})]=0 \tag{4.60}$$

据此，我们可以得到：

$$\frac{1}{N}\sum_{n=1}^{N}\boldsymbol{g}(\boldsymbol{x}_n)=E[\boldsymbol{g}(\boldsymbol{X})] \tag{4.61}$$

此外，由于正规化子的二阶偏导数是一个半正定协方差函数，因此负对数似然(4.59)是凸的，这表明式(4.61)唯一地决定了最大似然参数。这个最大后验估计方程说明，对于指数族的分布，自然最大似然的参数是通过将充分统计量的样本矩和相应的分布解析矩相匹配而得到的。现在，通常情况下，自然参数将根据其他更“自然”的参数化来编写，因此，找到这些较好参数的最大似然值可以归结为根据它们来求解式(4.61)，此解可能无法通过分析获得。然而，负对数似然(4.59)是凸的这一事实告诉我们，通过第 2 章中的一些凸数值优化方法，如梯度下降法，我们总能找到最大似然估计。

举一个例子，一元高斯分布被写在具有充分统计的正则形式 $g_1(x)=x$ 和 $g_2(x)=x^2$ 中，而自然参数 $p_1=\mu/\sigma^2$ 和 $p_2=-1/(2\sigma^2)$，就更常见的均值和方差 μ，σ^2 而言。基本度量是 $h(x)=0$。这可得出对数正则式 $a(\boldsymbol{p})=-p_1^2/(4p_2)-\frac{1}{2}\ln(-p_2/\pi)$，这就变成 $\mu^2/(2\sigma^2)+\frac{1}{2}\ln(2\pi\sigma^2)$：

$$\begin{aligned} f(x)&=\exp\left(\frac{\mu x}{\sigma^2}-\frac{x^2}{2\sigma^2}-\frac{\mu^2}{2\sigma^2}-\frac{1}{2}\ln(2\pi\sigma^2)\right)\\ &=\frac{1}{\sqrt{2\pi\sigma^2}}\exp\left(-\frac{(x-\mu)^2}{2\sigma^2}\right) \end{aligned} \tag{4.62}$$

最大似然方程(4.61)变成：

$$\frac{1}{N}\sum_{n=1}^{N}x_n=\mu \tag{4.63}$$

$$\frac{1}{N}\sum_{n=1}^{N}x_n^2=\mu^2+\sigma^2 \tag{4.64}$$

第一个方程可以用来估计 μ，鉴于此，通过重新排列第二个方程，我们得到 σ^2 的显式估计。从表 4.2 中我们可以看出，指数族的标准形式能够广泛地处理 DSP 和机器学习中许多经常使用到的分布。为完成这种统一处理付出的代价是：许多的分布的形式并不容易辨认。

表 4.2　指数族中关于分布的一个重要选择，以正则化形式 $f(x;\ p)=\exp(\boldsymbol{p}\cdot \boldsymbol{g}(x)-a(\boldsymbol{p})+h(x))$。请注意，自然参数通常表示为更“可识别”参数的函数，例如对于高斯函数的 μ，σ^2(均值，方差)或对于指数函数的 λ

分布	样本空间 Ω	充分统计量 $\boldsymbol{g}(x)$	(对数)基本度量 $h(x)$	特性参数 $\boldsymbol{p}$	对数配分函数 $a(\boldsymbol{p})$
指数分布	$\mathbb{R}^+$	x	0	$-\lambda$	$-\ln(-p_1)$
单变量高斯	$\mathbb{R}$	x，x^2	0	$\frac{\mu}{\sigma^2}$，$-\frac{1}{2\sigma^2}$	$-\frac{1}{4}p_1p_2^{-1}p_1-\frac{1}{2}\ln(-p_2\pi^{-1})$
多变量高斯	$\mathbb{R}^D$	$\boldsymbol{x}$，$\boldsymbol{x}\boldsymbol{x}^{\mathrm{T}}$	0	$\boldsymbol{\Sigma}^{-1}\boldsymbol{\mu}$，$-\frac{1}{2}\boldsymbol{\Sigma}^{-1}$	$-\frac{1}{4}\boldsymbol{p}_1^{\mathrm{T}}\boldsymbol{p}_2^{-1}\boldsymbol{p}_1-\frac{1}{2}\ln\left(-\lvert\boldsymbol{p}_2\rvert\pi^{-D}\right)$
Gamma 分布	$\mathbb{R}^+$	$\ln x$，x	0	$\alpha-1$，β	$\ln\Gamma(p_1+1)-(p_1+1)\ln(p_2)$
逆 Gamma 分布	$\mathbb{R}^+$	$\ln x$，x^{-1}	0	$-(\alpha-1)$，β	$\ln\Gamma(-(p_1+1))+(p_1+1)\ln(p_2)$
对数正态	$\mathbb{R}^+$	$\ln x$，$(\ln x)^2$	$-\ln x$	$\frac{\mu}{\sigma^2}$，$-\frac{1}{2\sigma^2}$	$-\frac{1}{4}p_1p_2^{-1}p_1-\frac{1}{2}\ln(-p_2\pi^{-1})$
Pareto 分布	$[x_{\min}, \infty)$	$\ln x$	0	$-(\alpha+1)$	$-\ln(-(p_1+1))+(1+p_1)\ln(x_{\min})$

（续）

分布	样本空间 Ω	充分统计量 $g(x)$	(对数)基本度量 $h(x)$	特性参数 p	对数配分函数 $a(p)$
Weibull 分布	$\mathbb{R}^+$	x^k	$(k-1)\ln x$	$-\lambda^{-k}$	$-\ln(-p_1 k)$
伯努利分布	{0，1}	x	0	$\ln\left(\frac{\mu}{1-\mu}\right)$	$\ln(1+\exp(p_1))$
几何分布	$\mathbb{Z}^+$	x	0	$\ln(1-\mu)$	$-\ln(1-\exp(p_1))$
泊松分布	$\mathbb{Z}^+$	x	$-\ln(x!)$	$\ln(\lambda)$	$\exp(p_1)$
分类分布	$\{1, \cdots, K\}$	$\delta[x=1], \cdots, 0$ $\delta[x=K]$	0	$\ln\pi_1, \cdots, \ln\pi_K$	0
狄利克雷分布	$[0, 1]^K$	$\ln x_1, \cdots, \ln x_K$	0	$\alpha_1-1, \cdots, \alpha_K-1$	$\sum_{k=1}^{K}\ln\Gamma(p_k+1)-\ln\Gamma\left(\sum_{k=1}^{K}(p_k+1)\right)$

4.5.3 共轭先验

也许指数族分布的许多数学上便利的性质中最重要的是指数族在共轭下是封闭的，也就是说，每个分布都与族中的其他分布呈共轭关系。这源于充分统计数据与指数族之间的关系(Orbanz，2009)。为此，考虑一个 M 维参数的指数族似然函数：

$$f(\boldsymbol{x}\mid\boldsymbol{p})=\exp(\boldsymbol{p}\cdot\boldsymbol{g}(\boldsymbol{x})-a(\boldsymbol{p})+h(\boldsymbol{x})) \tag{4.65}$$

然后，参数向量 $\boldsymbol{p}$ 上的共轭先验具有 $M+1$ 维充分统计量 p_m，其中 $m=1, \cdots, M$ 和 $-a(\boldsymbol{p})$(Orbanz，2009)：

$$f(\boldsymbol{p};\ \boldsymbol{q})=\exp(\boldsymbol{q}\cdot(\boldsymbol{p},\ -a(\boldsymbol{p}))-a_0(\boldsymbol{q})) \tag{4.66}$$

根据从似然中得出的 N 个独立同分布观测数据，数据和参数的联合分布为：

$$\begin{aligned}f(\boldsymbol{x}_1, \cdots, \boldsymbol{x}_N\mid\boldsymbol{p})f(\boldsymbol{p};\ \boldsymbol{q}) &= \prod_{n=1}^{N}\exp(\boldsymbol{p}\cdot\boldsymbol{g}(\boldsymbol{x}_n)-a(\boldsymbol{p})+h(\boldsymbol{x}_n))\times \\ &\quad \exp(\boldsymbol{q}\cdot(\boldsymbol{p},\ -a(\boldsymbol{p}))-a_0(\boldsymbol{q})) \\ &= \exp(\boldsymbol{q}^N\cdot(\boldsymbol{p},\ -a(\boldsymbol{p})))\times \\ &\quad \exp\left(\sum_{n=1}^{N}h(\boldsymbol{x}_n)-a_0(\boldsymbol{q})\right)\end{aligned} \tag{4.67}$$

其中 $\boldsymbol{q}^N=\boldsymbol{q}+\left(\sum_{n=1}^{N}\boldsymbol{g}(\boldsymbol{x}_n),\ N\right)^{\mathrm{T}}$。那么$(\boldsymbol{q}^N\cdot(\boldsymbol{p},\ -a(\boldsymbol{p})))$具有跟先验式(4.66)一样的形式，但是“更新”了足够的统计数据 $\boldsymbol{q}\leftarrow\boldsymbol{q}^N$。证据(边际似然)是：

$$\begin{aligned}f(\boldsymbol{x}_1, \cdots, \boldsymbol{x}_N;\ \boldsymbol{q}) &= \int\prod_{n=1}^{N}\exp(\boldsymbol{p}\cdot\boldsymbol{g}(\boldsymbol{x}_n)-a(\boldsymbol{p})+h(\boldsymbol{x}_n))\times \\ &\quad \exp(\boldsymbol{q}\cdot(\boldsymbol{p},\ -a(\boldsymbol{p}))-a_0(\boldsymbol{q}))\mathrm{d}\boldsymbol{p} \\ &= \exp\left(\sum_{n=1}^{N}h(\boldsymbol{x}_n)-a_0(\boldsymbol{q})\right)\times \\ &\quad \int\exp(\boldsymbol{q}^N\cdot(\boldsymbol{p},\ -a(\boldsymbol{p})))\mathrm{d}\boldsymbol{p} \\ &= \exp\left(\sum_{n=1}^{N}h(\boldsymbol{x}_n)+a_0(\boldsymbol{q}^N)-a_0(\boldsymbol{q})\right)\end{aligned} \tag{4.68}$$

这样，后验就变成：

$$f(\boldsymbol{p}\,|\,\boldsymbol{x}_1,\ \cdots,\ \boldsymbol{x}_N;\ \boldsymbol{q})=\exp(\boldsymbol{q}^N\cdot(\boldsymbol{p},\ -a(\boldsymbol{p})))\times\exp\left(\sum_{n=1}^{N}h(\boldsymbol{x}_n)-a_0(\boldsymbol{q})\right)\times$$
$$\exp\left(-\sum_{n=1}^{N}h(\boldsymbol{x}_n)+a_0(\boldsymbol{q})-a_0(\boldsymbol{q}^N)\right)$$
$$=\exp(\boldsymbol{q}^N\cdot(\boldsymbol{p},\ -a(\boldsymbol{p}))-a_0(\boldsymbol{q}^N)) \tag{4.69}$$

再举一个例子，让我们看看似然的伯努利分布。这有一个充分统计量 $g_1(x)=x$，其中基础度量 $h(x)=0$ 对数正则化 $a(p)=\ln(1+\exp(p))$。这就意味着对应的共轭先验具有二维充分统计量 $g_1(p)=p$，$g_2(p)=-\ln(1+\exp(p))$：

$$f(p;\ \boldsymbol{q})=\exp(\boldsymbol{q}\cdot(p,\ -\ln(1+\exp(p)))-a_0(\boldsymbol{q})) \tag{4.70}$$

使用自然参数化 $p=\ln(\mu/(1-\mu))$，我们得到：

$$f(p;\ \boldsymbol{q})=\exp(q_1\ln(\mu)+(q_2-q_1)\ln(1-\mu)-a_0(\boldsymbol{q})) \tag{4.71}$$

其对应着 β 分布具有充分统计量 $\ln(\mu)$ 和 $\ln(1-\mu)$（这是 $K=2$ 的狄立克雷分布）。对应的后验分布是另一个 β 分布，具有更新的充分统计数据 $q_1\leftarrow q_1+\sum_{n=1}^{N}x_n$ 和 $q_2\leftarrow q_2+N$。在更易于识别的参数化过程中，我们进行如下两个替换 $q_1=\alpha-1$ 和 $q_2=\alpha_1+\alpha_2-2$，则可以得到以 β 分布的标准参数化形式的后验值：

$$f(\mu\,|\,x_1,\ \cdots,\ x_N;\ \boldsymbol{\alpha})=\mu^{\alpha_1-1+N\overline{x}}(1-\mu)^{\alpha_2-1+N(1-\overline{x})}\times\frac{\Gamma(\alpha_1+\alpha_2+N)}{\Gamma(\alpha_1+N\overline{x})\Gamma(\alpha_2+N(1-\overline{x}))} \tag{4.72}$$

其中 $\overline{x}$ 是采样均值。

当参数向量 $\boldsymbol{p}$ 包含多个元素时，会出现更复杂的指数族共轭。我们将特别关注标准参数化中的单变量正态似然。均值 μ 和方差参数 σ^2 都可以有先验值。在这种情况下，如果我们不使用方差，而是使用其倒数，即精度 τ，那么联合的共轭先验 $(\mu,\ \tau)$ 就是（四参数）正态伽马分布 $\mathcal{NG}$：

$$X\sim\mathcal{N}(\mu,\tau)$$
$$(\mu,\tau)\sim\mathcal{NG}(\mu_0,\tau_0,\ \alpha_0,\ \beta_0) \tag{4.73}$$

它具有以下密度函数：

$$(\mu,\tau)\sim\frac{1}{Z}\tau^{\alpha_0-1/2}\exp(-\beta_0\tau)\exp\left(-\frac{\tau_0\tau}{2}(\mu-\mu_0)^2\right) \tag{4.74}$$

其中 Z 是正则化因子，它是 α_0，β_0，τ_0 的函数。由此可以看出，获得 N 个 X 样本后的后验也是正态伽马分布：

$$(\mu,\tau)\sim\mathcal{NG}\left(\frac{\tau_0\mu_0+N\overline{x}}{\tau_0+N},\tau_0+N,\ \alpha_0+\frac{N}{2},\ \beta_0+\frac{1}{2}\left(N\overline{\sigma}^2+\frac{\tau_0N(\overline{x}-\mu_0)^2}{\tau_0+N}\right)\right) \tag{4.75}$$

其中 $\overline{x}$ 是采样均值，$\overline{\sigma}^2$ 为采样方差。如上所述，即使在指数族中，完全贝叶斯建模通常比频率建模复杂得多，并且变量的数量迅速增长。实际上，我们有四个超参数，每个参数有两个，这些自由度必须以某种方式选择。

最后，从信息论的角度来看指数族共轭更新是很有趣的。后科尔莫戈洛夫复杂度

(posterior Kolmogorov complexity)为：

$$-\log_2 f(\boldsymbol{p}\mid\boldsymbol{x}_1,\cdots,\boldsymbol{x}_N;\boldsymbol{q})=\frac{1}{\ln 2}[-\boldsymbol{q}^N\cdot(\boldsymbol{p},-a(\boldsymbol{p}))+a_0(\boldsymbol{q}^N)] \tag{4.76}$$

4.5.4 先验和后验可预测指数族

指数族分布的另一个非常有用的特性是，在贝叶斯上下文中，后验预测密度至少原则上有一个简单的形式：

$$\begin{aligned}f(\widetilde{\boldsymbol{x}}\mid\boldsymbol{x}_1,\cdots,\boldsymbol{x}_N;\boldsymbol{q})&=\int f(\widetilde{\boldsymbol{x}}\mid\boldsymbol{p})f(\boldsymbol{p}\mid\boldsymbol{x}_1,\cdots,\boldsymbol{x}_N;\boldsymbol{q})\mathrm{d}\boldsymbol{p}\\&=\exp(h(\widetilde{\boldsymbol{x}})-a_0(\boldsymbol{q}^N))\times\\&\quad\int\exp(\boldsymbol{p}\cdot\boldsymbol{g}(\widetilde{\boldsymbol{x}})-a(\boldsymbol{p})+\boldsymbol{q}^N\cdot(\boldsymbol{p},-a(\boldsymbol{p})))\mathrm{d}\boldsymbol{p}\\&=\exp(h(\widetilde{\boldsymbol{x}}))\exp(a_0(\boldsymbol{q}^N+(\boldsymbol{g}(\widetilde{\boldsymbol{x}}),1)^{\mathrm{T}})-a_0(\boldsymbol{q}^N))\end{aligned} \tag{4.77}$$

由此，我们可以很容易地通过设置 $N=0$ 来获得先验预测密度：

$$\begin{aligned}f(\widetilde{\boldsymbol{x}};\boldsymbol{q})&=\int f(\widetilde{\boldsymbol{x}}\mid\boldsymbol{p})f(\boldsymbol{p};\boldsymbol{q})\mathrm{d}\boldsymbol{p}\\&=\exp(h(\widetilde{\boldsymbol{x}}))\exp(a_0(\boldsymbol{q}+(\boldsymbol{g}(\widetilde{\boldsymbol{x}}),1)^{\mathrm{T}})-a_0(\boldsymbol{q}))\end{aligned} \tag{4.78}$$

例如，以伯努利-β共轭对为例，我们有 $\alpha_0(\boldsymbol{q})=\ln\Gamma(q_1+1)+\ln\Gamma(q_2-q_1+1)-\ln\Gamma(q_2+2)$(请注意，这与表 4.2 中的形式不同，因为表中显示了“标准”参数化)，且 $h(\boldsymbol{x})=0$。因此，后验和先验预测密度分别为(自然参数化)：

$$\begin{aligned}f(\widetilde{x}\mid x_1,\cdots,x_N;\boldsymbol{\alpha})&=\frac{\Gamma(\alpha_1+N\bar{x}+\widetilde{x})\Gamma(\alpha_2+N(1-\bar{x})+1-\widetilde{x})}{(\alpha_1+\alpha_2+N)\Gamma(\alpha_1+N\bar{x})\Gamma(\alpha_2+N(1-\bar{x}))}\\&=\frac{1}{\alpha_1+\alpha_2+N}\begin{cases}\alpha_2+N(1-\bar{x}), & \widetilde{x}=0\\ \alpha_1+N\bar{x}, & \widetilde{x}=1\end{cases}\end{aligned} \tag{4.79}$$

$$f(\widetilde{x};\boldsymbol{\alpha})=\frac{1}{\alpha_1+\alpha_2}\begin{cases}\alpha_2, & \widetilde{\boldsymbol{x}}=0\\ \alpha_1, & \widetilde{\boldsymbol{x}}=1\end{cases} \tag{4.80}$$

这些分布是所谓的β二项式分布的特例，只需一次试验(这样二项式分布就可以简化为伯努利分布)。类似的演算可以得到 Student-t 分布作为正态 γ 共轭对的预测密度，而泊松-γ 对则是负二项分布。

值得注意的是，这些预测分布不一定是指数族密度。使用这种表示的主要优点是，一旦共轭先验对数正则化因子 a_0 已知，就可以很容易地获得预测密度的形式，而无须计算困难且通常非常复杂的积分。

4.5.5 共轭指数族先验混合

指数族为我们提供了一个广泛的可能性调色板，但为了便于分析，通常会调用共轭性，因此，似然的选择就决定了先验。这显然是一个限制，但我们将看到有限的共轭先验混合也是共轭的。考虑 K 个先验的加权混合 $\sum_{k=1}^{K}w_k f(\boldsymbol{p};\boldsymbol{q}_k)$，其中 $w_k>0$ 而 $\sum_{k=1}^{K}w_k=1$。

所有的先验都与似然共轭 $f(\boldsymbol{x}_1, \cdots, \boldsymbol{x}_N \mid \boldsymbol{p})$。证据的分布 $Z_k=f(\boldsymbol{x}_1, \cdots, \boldsymbol{x}_N; \boldsymbol{q}_k)$，后验为：

$$
\begin{aligned}
f(\boldsymbol{p} \mid \boldsymbol{x}_1, \cdots, \boldsymbol{x}_N; \boldsymbol{q}_1, \cdots, \boldsymbol{q}_K) &= \frac{f(\boldsymbol{x}_1, \cdots, \boldsymbol{x}_N \mid \boldsymbol{p}) \sum_{k=1}^{K} w_k f(\boldsymbol{p}; \boldsymbol{q}_k)}{\int f(\boldsymbol{x}_1, \cdots, \boldsymbol{x}_N \mid \boldsymbol{p}) \sum_{i=1}^{K} w_i f(\boldsymbol{p}; \boldsymbol{q}_i) \mathrm{d}\boldsymbol{p}} \\
&= \frac{\sum_{k=1}^{K} w_k f(\boldsymbol{x}_1, \cdots, \boldsymbol{x}_N \mid \boldsymbol{p}) f(\boldsymbol{p}; \boldsymbol{q}_k)}{\sum_{i=1}^{K} w_i Z_i} \\
&= \sum_{k=1}^{K} \frac{w_k Z_k}{\sum_{i=1}^{K} w_i Z_i} \times f(\boldsymbol{p} \mid \boldsymbol{x}_1, \cdots, \boldsymbol{x}_N; \boldsymbol{q}_k) \qquad (4.81)
\end{aligned}
$$

因此，后验是与混合中每个先验相关联的共轭后验的加权混合。对于指数族而言，后验混合具有如下简单形式：

$$
\begin{aligned}
f(\boldsymbol{p} \mid \boldsymbol{x}_1, \cdots, \boldsymbol{x}_N; \boldsymbol{q}_1, \cdots, \boldsymbol{q}_K) &= \sum_{k=1}^{K} \frac{w_k Z_k}{\sum_{i=1}^{K} w_i Z_i} \times \exp(\boldsymbol{q}_k^N \cdot (\boldsymbol{p}, -a(\boldsymbol{p})) - a_0(\boldsymbol{q}_k^N)) \\
&= \left[\sum_{i=1}^{K} w_i \exp(a_0(\boldsymbol{q}_i^N) - a_0(\boldsymbol{q}_i)) \right]^{-1} \times \\
&\quad \sum_{k=1}^{K} w_k \exp(\boldsymbol{q}_k^N \cdot (\boldsymbol{p}, -a(\boldsymbol{p})) - a_0(\boldsymbol{q}_k)) \qquad (4.82)
\end{aligned}
$$

其中 $\boldsymbol{q}_k^N = \boldsymbol{q}_k + \left(\sum_{n=1}^{N} g(\boldsymbol{x}_n), N \right)^{\mathrm{T}}$。

4.6 通过分位数定义的分布

在 3.2 节中，我们在随机采样的情况下，遇到了这样一种分布，其分位数函数是封闭的形式。在本节中，我们将探讨这一概念，作为通过的利用分位数函数进行统计建模的方法(Gilchrist，2000)。由于分位数函数必须只能是非递减函数，因此可以很容易地使用新生成的分布的若干规则对其进行操作(见表 4.3)。比如，给定随机变量 X，位置尺度形状变换 $T(X)=\sigma X^{\kappa}+\mu$，其中按照尺度 κ 给随机变量进行“塑形”尺度为 $\sigma>0$，并按照 μ 对其进行平移。这是一种应用非常广泛且简单的方法，可以对“标准”分布进行有用的泛化。表 4.4 表明，用这种位置-尺度-形状变换对[0，1]上的标准统一随机变量进行简单的后变换，可以生成大量重要而有用的分布。其中一个例子是柯西分布，$\Phi(p)=\tan\left(\pi\left(p-\frac{1}{2}\right)\right)$，$\kappa=1$，一个更复杂的例子是拉普拉斯分布，其中 $\Phi(p)=\operatorname{sgn}\left(\frac{1}{2}-p\right)\ln\left(1-2\left|\frac{1}{2}-p\right|\right)$，而 $\kappa=1$。

表 4.3 产生新分位数的分位数函数的转换规则

规则	变换	条件
加法	$Q_1(p)+Q_2(p)$	
乘法	$Q_1(p)\times Q_2(p)$	Q_1，$Q_2>0$
凸和	$wQ_1(p)+(1-w)Q_2(p)$	$0<w<1$
后变换	$T(Q(p))$	T 非递减
前变换	$Q(S(p))$	S 非递减 $S(0)=0$, $S(1)=1$
相互的	$1/Q(1-p)$	$X\leftarrow 1/X$
反射、映射	$-Q(1-p)$	$X\leftarrow -X$

表 4.4 随机变量，其分位函数以 $Q(p)=\mu+\sigma(\Phi(p))^{\kappa}$ 的形式呈现，其中 Φ 为“基”变换，一般的约束条件是尺度参数 $\sigma>0$。还列出了对每个分布的位置 μ 和形状 κ 参数的具体限制(例如，指数分布必须具有 $\mu=0$)

分布	μ	κ	$\Phi(p)$
Pareto 分布	0	$\kappa<0$	$1-p$
指数分布	0	1	$-\ln(1-p)$
Weibull 分布	0	$\kappa>0$	$-\ln(1-p)$
Logistic 分布	μ	1	$-\ln((1-p)/p)$
对数 Logistic 分布	0	$\kappa>0$	$p/(1-p)$
Gumbel 分布	μ	1	$-\ln(-\ln p)$

这些规则揭示了分布之间非常重要的关系。例如指数分布 $Q_1(p)=-\ln(1-p)$，$Q_2(p)=\ln(p)$，依据加性原则，我们得到：

$$\begin{aligned}Q(p)&=Q_1(p)+Q_2(p)\\&=-\ln(1-p)+\ln(p)=-\ln\left(\frac{1-p}{p}\right)\end{aligned}\tag{4.83}$$

这是 logistic 分布的分位数函数。同样地，将指数分位数函数提高到幂 κ 可以得到 Weibull 分布。Gilchrist(2000，第 6 章)详细探讨了许多这样的关系。

对于这些分布，期望值通常具有相当简单的形式，因为所需的定积分通常很容易计算：

$$E[X]=\int_0^1 Q(p)\mathrm{d}p\tag{4.84}$$

更一般地说，第 k 次矩是：

$$E[X^k]=\int_0^1 (Q(p))^k\mathrm{d}p\tag{4.85}$$

因此，对于 $\kappa=1$ 的位置-尺度-形状变换 $E[T(X)]=\mu+\sigma E[X]$，特别是对于对称于 $p=1/2$ 的基分位数(base quantile)，可以得出 $E[T(X)]=\mu$。高斯分布和拉普拉斯分布就是这样的，且方差为：

$$\begin{aligned}\mathrm{var}[X]&=\int_0^1 (Q(p)-\int_0^1 Q(p)\mathrm{d}p)^2\mathrm{d}p\\&=E[X^2]-E[X]^2\end{aligned}\tag{4.86}$$

非中心矩和中心矩之间的关系遵循与使用概率密度函数计算期望值时相同的规则(Gilchrist，2000，第 7 页)。

使用分位数函数和转换规则定义的分布的特定分位数有简单的解析公式，这一点也不奇怪。其中值表示为 $Q\left(\frac{1}{2}\right)$，因此对于位置-尺度-形状分布而言，中值为 $\mu+\sigma\left(T\left(\frac{1}{2}\right)\right)^{\kappa}$，如果，特别的 $T\left(\frac{1}{2}\right)=0$，那么均值可以约简为 μ(例如高斯分布、柯西分布、logistic 分布和拉普拉斯分布就是这样)。如果 $T\left(\frac{1}{2}\right)=1$，那么中值为 $\sigma+\mu$。类似的，四分位范围 $Q\left(\frac{3}{4}\right)-Q\left(\frac{1}{4}\right)$(一种有用的分散度的度量)的作用类似于标准差，通常有非常简单的分布公式，为了说明这一点，对于拉普拉斯分布，我们很容易得到它的分布公式为 $2\sigma\ln(2)$。

4.2 节指出，找到最大似然比需要知道概率密度函数。只知道分位数函数进行求解很困难，但是我们可以转而使用分位数匹配，该方法利用样本分位数，也称为数据集的顺序统计。考虑一组独立同分布样本 x_1，…，x_N，那么，按照升序对其进行采样，第 r 个值 $x^{(r)}$，$r=1$，…，N，被称为第 r 个顺序统计量。与 $Q(1/2)$相对应的特殊统计量被称为中位数，它有一半的数据比它小，另一半比它大(如果 N 是偶数，则中值是任意的位于排名数据中间的值)。例如，对于 N 为奇数时，这就是 $x^{((N+1)/2)}$。顺序统计量发生在相应的概率 $p^{(r)}=r/N$ 下，因此可以考虑通过最小化与参数相关的某种分位数匹配误差来估计分布的参数(例如，位置-尺度-形状转换分位数函数的 σ、μ 和 κ)。例如，平方误差为：

$$E=\sum_{r=1}^{N}\left(Q\left(p^{(r)}\right)-x^{(r)}\right)^{2} \tag{4.87}$$

在位置-尺度转换的情况下，这是一个标准的线性回归问题，有一个闭合形式的解决方案(图 4.4)。

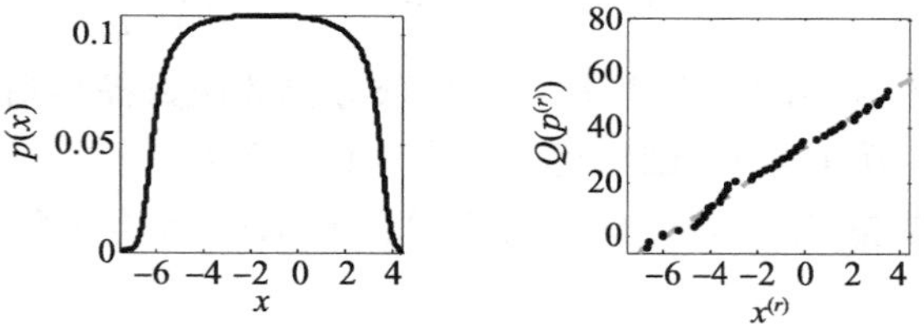

图 4.4　利用分位数匹配估计分布参数。根据分位数函数的分布，生成了 $N=50$ 个样本的数据集(右图，黑点)，由分位数函数 $Q(p)=\mu+\sigma\left(\ln\left(\frac{p}{1-p}\right)+\tau p\right)$ 的分布生成，其中 $\sigma=0.17$，$\mu=-5.6$，$\tau=5$。概率密度函数可以用数值计算(左图)，但此概率密度函数不能以简单的封闭形式提供，这使得计算最大似然非常困难。最小化关于 σ 的平方误差泛函式(4.87)，μ 是一个闭式最小二乘回归问题，对于分析分位数 $Q(p^{(r)})$(右图，纵轴)给出了最佳拟合线的合理估计 $\hat{\mu}=-5.96$ 和 $\hat{\sigma}=0.18$(右图，灰点)

4.7　与分段线性损失函数相关的密度

我们在上面已经看到，将损失函数和分布视为是密切相关的是一种富有成效的思路。

机器学习中使用的许多实际损失函数都是分段线性的(PWL)，也就是说，它们是由一些直线段组成的函数，这些线段在直线相交的节点处连接在一起。分段线性损失函数在促进稀疏推理的情况下具有相当重要的作用，在 DSP 和机器学习的许多文章中都有出现，这将在后面的章节中详细讨论。

一个重要的例子是非对称的检查或对号损失(对号损失是指：设置 $q=1/2$ 可恢复拉普拉斯分布，正如我们之前所确定的，μ 的最大似然估计只是中值，当 q 接近 1 和 0 时，μ 的最大似然误差分别接近样品的最大值和最小值)$L(x, \mu, q)=(x-\mu)(q-1[x\leqslant\mu])$，它是与非对称拉普拉斯分布相关联的度量：

$$f(x;\ \mu,\ \sigma,\ q)=\frac{1}{\sigma}q(1-q)\exp\left(-\frac{1}{\sigma}L(x,\ \mu,\ q)\right) \tag{4.88}$$

其中分位参数 $q\in[0, 1]$，尺度参数 $\sigma>0$。假设我们有 N 个独立同分布、非对称拉普拉斯分布式数据点，那么 μ 的最大似然估计是第 q 个分位数。分位数匹配给出了相同的结论。这种分布的“标准化”形式的分位数函数($\mu=0$，$\sigma=1$)可以写成：

$$\Phi(p)=\begin{cases}\dfrac{1}{q-1}\ln\left(\dfrac{q}{p}\right) & p>q\\[2ex] \dfrac{1}{q}\ln\left(\dfrac{q-1}{p-1}\right) & p\leqslant q\end{cases} \tag{4.89}$$

因此有 $\Phi(p)=0$，而从 4.6 节中关于位置-尺度-形状变换的应用 $Q(p)=\mu+\sigma\Phi(p)$ 可以得到 $Q(p)=\mu$。

尺度参数 σ 对应的最大似然估计为：

$$\sigma=\frac{1}{N}\sum_{n=1}^{N}L(x_n,\ \mu,\ q) \tag{4.90}$$

可以看作是样本在位置参数 μ 附近的非对称绝对误差。这种对号损失(和相关的分布)经常在数据具有非对称异常值的情况下调用，我们需要对 X 分布的“中心”进行估计。这在机器学习中有许多应用，特别是在分位数回归和经济计量时间序列分析中，这与 DSP 有很大部分的重叠。

另一个特别重要的分段线性损失函数是三段式 ϵ-不灵敏误差：

$$L(x,\ \mu,\epsilon)=\begin{cases}0 & |x-\mu|<\epsilon\\ |x-\mu|-\epsilon & \text{否则}\end{cases} \tag{4.91}$$

此函数类似于绝对损耗，但正负误差在量级上最多为 $\epsilon>0$，不会导致损失，不敏感区域称为边缘。这是一个强有力的思想，它形成了支持向量回归(SVR)的基础，在统计机器学习中得到了大量的应用。相关的概率密度函数在边距的两边都是指数型的，并且在这个区域内是一致的。

如果我们通过将信息映射应用于分段线性损失函数来与概率密度函数进行一般关联，$f(x;\ \boldsymbol{p})=Z^{-1}\exp(-L(x,\ \boldsymbol{p}))$，事实证明，从这样的分布中取样特别容易(Görür 和 Teh，2011)。我们可以将所有分段线性损失函数写成：

$$L(x,\ \boldsymbol{p})=\max_{i=1,\cdots,K}[a_i x+b_i] \tag{4.92}$$

其中 $\boldsymbol{p}=(a_1,\ \cdots,\ a_K,\ b_1,\ \cdots,\ b_K)$是一个 $2K$ 实值斜率和截距参数的向量。如果节点位

于 $z_0 < z_1 < \cdots < z_K$ 且 $x \in [z_{i-1}, z_i]$ 的斜率为 a_i，则分布的每个指数段下的面积 Z_i 为：

$$Z_i = \int_{z_{i-1}}^{z_i} \exp(a_i x + b_i) \mathrm{d}x = \frac{1}{a_i}[\exp(a_i z_i + b_i) - \exp(a_{i-1} z_{i-1} + b_{i-1})] \tag{4.93}$$

利用这些，我们可以通过首先选择概率与 Z_i 成比例的段 i，然后使用该段的分位数函数从 $[z_{i-1}, z_i]$ 中采样一个值，例如从 $[0, 1]$ 上的均匀分布中选择 u 并设置 $x = \frac{1}{a_i}\ln(u\exp[a_i x_i] + (1-u)\exp[a_i x_{i-1}])$。在退化情况下，$a_i = 0$，然后在区间 $[z_{i-1}, z_i]$ 上均匀地选择该段。

只有当损失函数是凸的时，这种与概率密度函数相关的信息地图才是真正有意义的。否则，Z 是无穷大的，我们不能正则化密度函数。尽管如此(非正则化的)分段线性损失函数在机器学习和 DSP 中是有用的。非规范化分段线性损耗的一个特别重要的例子是铰链损耗(hinge loss) $L(x, \mu) = \max[1 - \mu x, 0]$，它是支持向量机(SVM)的重要组成部分。这是一种不对称损耗，当 $\mu = 1$ 且 $x > 1$ 时，$L(x, 1) = 0$，当 $x \leqslant 1$ 时，损耗线性增加。对于 $\mu = -1$，情况则相反。在分类上下文中，此属性为正确分类的预测指定零损失，为错误分类增加损失。虽然理想情况下，我们希望将相同的损失值分配给所有错误分类的数据点，但得到的 0-1 损失函数是非凸的(并且不存在次梯度)，这使得参数推断非常困难。相比之下，铰链损耗在次梯度下是凸的，这意味着我们可以使用 2.4 节中的相关优化方法。

这导致了一个更一般性的观察。涉及分段线性损耗函数的推理问题是相当容易处理的。事实上，它们是可解的凸不可微优化方法，例如，使用检查损失函数的回归(称为分位数回归问题)可以用线性规划求解，而支持向量机问题的解可以用 L_2 范数正则化器表示为铰链损失，可使用二次规划(QP)获得。Rosset 和 Zhu(2007)提出的一个有趣的事实是，所有形式上的问题：

$$\sum_{n=1}^{N} L(y_n, \boldsymbol{x}_n^{\mathrm{T}} \boldsymbol{p}) + \gamma M(\boldsymbol{p}) \tag{4.94}$$

其中，损失 L 和正则化函数 M 是凸的、非负的和分段线性损失的，具有关于 $\gamma \geqslant 0$ 的分段线性正则化路径，与全变差减小(total variation diminishing，TVD)泛函(2.47)完全相同。这意味着(至少在原则上)，我们可以很容易地计算出所有 γ 值的解。实际上，在这里，损失函数 L，可以(更一般地说)是分段二次的。

4.8　非参数密度估计

前面所述的模型均是参数化模型。如果密度函数的形式已知或可根据其他信息证明合理，则这是合理的。然而，通常作出这种假设是不合理的，而采用非参数密度估计是更适合的。

给定 N 组独立同分布数据 $\boldsymbol{x}_n$，经验密度函数(empirical density function，EPDF) f_N (式(1.45))总是已知的，可能是最简单的非参数模型。然而，这种模型根本就没有平滑性，这使得它在实际应用中很难使用。下一个最简单的密度估计器是众所周知的(一维，等宽柱)直方图，它通过将属于 $\boldsymbol{x}$ 空间分区的数据点的计数规范化为区域或单元来构造密度估计：

$$f(x)=\frac{1}{N}\sum_{n=1}^{N}\sum_{k=1}^{K}\mathbf{1}[w(k-1)+x_{\min}\leqslant x<wk+x_{\min}] \tag{4.95}$$

其中 K 为直方图的划分区间(bin)，宽度为 $w=\frac{x_{\max}-x_{\min}}{K}$，其中 $x_{\min}$，$x_{\max}$ 分别是数据集中最大和最小值。对多个维度的扩展很简单，而且也可以有任意的区间大小。与经验密度函数相比，直方图估计法有很大的优势，即它具有一定的平滑性，且它在两个边之间是常数，因此在实际应用中更为有用。从该估计器中取样很简单：选取一个概率等于区间数除以 N 的区间，并从该区间内均匀取样。选择区间的数量需要做一些假设，特别是假设数据是正常的会引发二项式 Sturge 规则 $K=1+\log_2 N$(Scott，1992，第 48 页)。

直方图的主要问题是它不是处处连续的，而是在区间边缘有跳变。这通常是一个不切实际的假设，事实上，大多数数据并不显示这种任意的不连续性。解决这一问题的一种方法是放置一个平滑的内核概率密度函数 $\kappa(\boldsymbol{x};\boldsymbol{\mu})$，均值 $\boldsymbol{\mu}$ 等于每个样本的值(Silverman，1998)。这就产生了核密度估计(kernel density estimate，KDE)：

$$f(\boldsymbol{x})=\frac{1}{N}\sum_{n=1}^{N}\kappa(\boldsymbol{x};\boldsymbol{x}_n) \tag{4.96}$$

这实际上就是混合分布的一个例子。从这个估计器中采样包括从具有均匀概率的数据集中选取一个样本，然后从以该样本为中心的核密度中进行采样。广泛使用的分布选择是协方差 $\boldsymbol{\Sigma}=\sigma\boldsymbol{I}$ 的(各向同性)多元高斯分布，在这种情况下，σ 被称为估计量的带宽。与直方图估计器一样，其中 κ 有一个(带宽)参数，它必须被选择，它决定了估计器的平滑度。

4.9 采样推理

前面几节有一个特殊的模式：我们选择一个特定的(参数)模型作为数据，并使用某种程序(无论是通过解析公式还是数值优化)通过损失最小化或应用贝叶斯规则来推断最优参数值。这些是确定性方法，其特征是给定任何固定数据值集(以及优化过程的特定初始猜测值)，推断的参数值始终相同。确定性推理有其优点(所有的计算都是“可预测的”)，但也有一些严重的局限性。在许多情况下，参数模型中的确定性推理在计算上是不可行的，或者会得到无法接受的近似值。

另一种方法是从模型中取样并使用这些样本来推断参数的值。让我们来探讨一下这在实践中是如何运作的。针对我们的数据，考虑一个(通常是完全贝叶斯)模型 $f(\boldsymbol{x},\boldsymbol{p};\boldsymbol{q})$。我们通常会有固定的观测值 $\boldsymbol{x}_1$，…，$\boldsymbol{x}_N$。类似地，我们会选择超参数 $\boldsymbol{q}$。采样方法可用于绘制未知参数 $\boldsymbol{p}$ 的值，该值与在 $\boldsymbol{x}_1$，…，$\boldsymbol{x}_N$，$\boldsymbol{q}$ 处评估的模型一致，即我们将使用采样方法从 $f(\boldsymbol{x}_1,\cdots,\boldsymbol{x}_N,\boldsymbol{p};\boldsymbol{q})$中抽样。然后我们可以使用这些参数分布的摘要，例如，我们可能对这些参数在平均值或模式下的值感兴趣。

4.9.1 马尔可夫链蒙特卡罗推理

3.4 节探讨了一些最流行的马尔可夫链蒙特卡罗方法，如吉布斯采样和 MH 算法。所有这些方法都可以通过上述技巧进行参数推断，即通过固定已知变量(例如，数据)的值并从其余变量中提取样本。比如，对于 $\boldsymbol{p}$ 中的 K 参数值，$k=1，2，\cdots，K$，算法 3.5 中的吉布斯步骤变成：

$$p_k^{n+1} \sim f(p_k \mid p_1^n, \cdots, p_{k-1}^n, p_{k+1}^n, \cdots, p_K^n, \boldsymbol{x}_1, \cdots, \boldsymbol{x}_N, \boldsymbol{q}) \tag{4.97}$$

4.9.2 马尔可夫链蒙特卡罗方法的收敛性评估

上面描述的推理采样方法的简单性给了我们一些启示，说明它们为什么在实践中如此流行。然而，我们也不能忽略其中的限制条件。马尔可夫链蒙特卡罗方法的基本原理是：在无限个样本数之后，随机变量的采样分布收敛于目标分布。关键的问题是：需要多少个样本才足够呢？

一个重要的直觉是变量的起始值将会很差，并且这些值将随着随后的迭代过程而改善，因此，应丢弃这些不太理想的起始值(通常称为“老化期”，见图 4.5)。很快就可以看出，为老化期选择太少的样本会将“坏”样本放入目标分布的估计值中，而选择太多的老化样本会减少产生高质量估计值的可用样本数。抽取过多的样本会导致过多的计算负担。另外，由于样本是从马尔可夫链中提取的，所以它们不是独立的，但目标是从目标分布中提取独立的样本。解决这些困难没有单一的解决办法，接下来我们将讨论一些流行的方法。

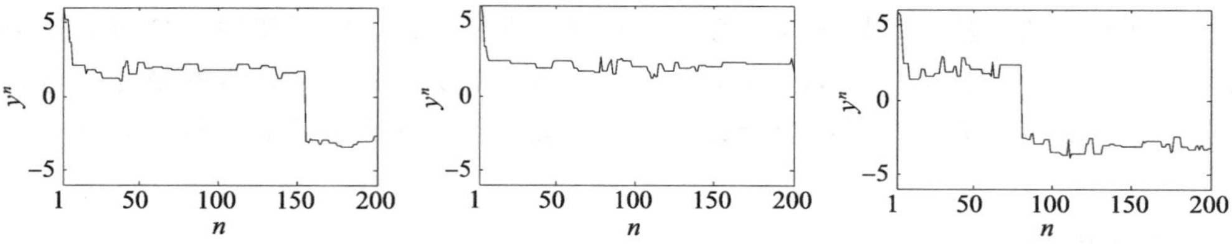

图 4.5　证明了 Metropolis-Hastings(MH)马尔可夫链蒙特卡罗的收敛性。每副图显示了一个单独运行的 200 次 MH 迭代应用于具有 Y 可变参数的双分量高斯混合模型，其中 $\mu_1=3$，$\mu_2=2$，$\sigma=0.3$，X 变量(贝努利)参数 $p=0.6$。提出的分布是一个单高斯分布：$g(x \mid x')=\mathcal{N}(x;\ x',\ \tau)$，其中标准差为 $\tau=1.5$。每一次运行都从初始状态的 $y^1=6$ 开始。在每次运行开始时可以看到大约 10 次迭代的“老化期”。注意，仅从第二次运行来看，我们无法找到 Y 分布中的两种模式

首先，我们期望在收敛时从目标分布中提取样本。因此，如果我们在老化后提取样本的子集，所有子集的分布应该大致相同。比较这些子集的分布(或数量的分布，例如由这些子集估计的矩)应该可以确定任何特定的子集都是目标分布的代表。以下是 Geweke 测试的概念基础(Geweke，1991)：不包括老化，测试两个子集的样本平均值(大约)可以得到 $\mu_1 \approx \mu_2$。假设目标分布为高斯分布，则(学生)t 检验(t-test)统计量：

$$t=\frac{\mu_1-\mu_2}{\sqrt{\sigma_1^2/N_1+\sigma_1^2/N_2}} \tag{4.98}$$

具有自由度数的学生-t 分布，自由度是 σ_1^2，σ_2^2(样本方差)和 N_1，N_2(两个子集中样本数)的函数。因此，可以计算这两个平均值相等的概率，并用以决定子集在分布上是否可能相等。当然，假设分布近似正态分布是不合理的，可能需要更一般的“无分布(distribution-free)”方法。例如，可以用 Kolmogorov-Smirnov 检验(Press，1992，第 623 页)代替子集方法中的 t-检验：这个测试计算两个子集的最大经验累积分布函数差，因此适用于任何单

变量分布。

上面的两个检验，以及事实上许多统计估计，都假设样本是独立的，这对于马尔可夫链蒙特卡罗样本是不成立的。降低序列中样本之间的依赖性需要提高接受率，这一点复杂地取决于方案和目标分布之间的关系。一种以增加计算负担为代价减少依赖性的简单方法是，每 $M>1$ 个样本中只保留一个样本，其他全部丢弃，这个过程被称为细化(thinning)。

算法的每次运行将产生不同的样本，但在收敛时，跨运行的样本应来自同一分布——目标。当然，对于任何有限长度的运行，这可能是远远不真实的，这种影响清楚地显示在图 4.5 中，虽然目标有两个模式，但其中一个运行限制为一个模式。这表明，从一次运行中检测收敛并非总是可能的。

这个问题提出了一种“多重运行”策略，即通过分析不同起始条件下的几个短期运行来检测收敛性。这种策略的优点是可以完全独立地执行运行，这是并行计算体系结构的一种自然选择。Gelman(2004，第 296 页)从一个观察开始，在收敛之前，每次运行中样本数量估计值的方差在每次运行之间比在它们内部更大。计算运行间和运行内方差的函数可用于确定是继续提取样本还是坚持目前所提取的样本(Gelman，2004，第 297 页)。

Cowles 和 Carlin(1996)提供了马尔可夫链蒙特卡罗推理的相似收敛诊断的综合评述。它的结论是：没有一种诊断方法能够检测出所有形式的不收敛，因此有必要在多个并行运行中同时应用多个诊断。

概率图模型

统计机器学习和统计数字信号处理器建立在概率论和随机变量的基础上。不同的技术对这些变量间不同的依赖结构进行编码。这种结构导致了推理和估计的特定算法。许多常见的依赖结构都是以这种方式自然产生的，因此，有许多共同的推理和估计模式，都为此提出了通用的算法。在此基础上，形式化这些算法就变得非常重要，这就是本章的目的。这些通用算法通常比更暴力的方法节省大量的计算量，这是抽象地研究这些模型结构的另一个好处。

5.1 利用概率图模型的统计建模

考虑一组 N 个随机向量变量组成的矩阵 $\boldsymbol{X}\in\mathbb{R}^{D\times N}$，例如，在 $D=1$ 的情况下，这可能表示离散时间随机过程 X_n 的有限长度样本。为了与本书的其余部分保持一致，机器学习的目标是在一个(贝叶斯)模型中估计一整套联合随机变量 $\boldsymbol{X}$ 的未观测变量的参数或值。这将要求我们考虑 $N\times D$ 变量之间概率全集的相互作用，其阶数为 $O(N^2D^2)$。现在，假设变量都有相同的有限范围，简单起见设为[0，1]。如果一个变量/参数需要 M 个随机实现来估计它的值，那么如果两个变量具有某种一般的概率依赖关系，则需要 M^2 个值同时来估计两个变量，通常对 L 个变量进行估计，就需要 M 的 L 次方数量的值。换言之，所需观测值的增长与我们要估计的相互依赖变量的数量呈指数增长。这种现象，我们称之为*维数灾难*，这意味着用于统计模型拟合所需的数据对于完全相关的随机变量集来说通常是难以处理的。

因此，几乎所有实际机器学习和 DSP 都假定模型中的变量之间存在某种独立性，最简单的假设是尺寸或观测值，或两者都是独立同分布的。这是一个极端的假设，例如，对于 DSP 应用程序，这通常是不合理的。因此，在实践中，提出了一些有限依赖的形式。构造统计机器学习模型的精髓通常归结为对依赖项的选择。

对依赖项的选择可以编码为概率图模型(probabilistic graphical model，PGM)。一个概率图模型是一个图(见 1.6 节)，其顶点 V 是模型中的一组随机变量，而(有向)边 E 表示这些变量之间的依赖关系。因此，完整的概率图模型表示模型中每个变量相互依赖。马尔可夫链(见 1.4 节)是一棵树，其中有向边的线性链只指向一个方向。在这本书中，我们将只使用有向无环图(directed acyclic graph，DAG)的概率图模型，因为在实践中通常不需要依赖循环，并且在推理中引入了不必要的复杂性。有向无环图的概率图模型允许分解随机变量上的联合分布，如我们接下来所描述的。为了简化讨论(不失一般性)，考虑模型 $f(x_1,\ x_2,\ \cdots,\ x_N)$中 $D=1$ 维随机变量的联合分布。利用条件概率的基本定义，我们可以将其分解为条件分布的乘积：

$$f(x_1, x_2, \cdots, x_N)=f(x_1|x_2, \cdots, x_N)\times f(x_2|x_3, \cdots, x_N)\times$$
$$\vdots$$
$$f(x_{N-1}|x_N)\times f(x_N) \tag{5.1}$$

因为，$f(x_{N-1}|x_N)f(x_N)=f(x_N)f(x_{N-1}, x_N)/f(x_N)=f(x_{N-1}, x_N)$，可以以此类推。这就是所谓的概率链式法则。注意，还有其他的排列方式可以进行这种因式分解，例如，对于三个变量有两种不同的分解，分别是：$f(x_1, x_2, x_3)=f(x_1|x_2, x_3)f(x_2|x_3)f(x_3)$ 和 $f(x_3|x_1, x_2)f(x_1|x_2)f(x_2)$。注意，这一点在一般情况下适用于所有随机变量集，所以这种因式分解只是写出联合分布的另一种方法。但是，给定一个特定的概率图模型，图中会隐含一定的条件独立性(如图 5.1)。例如，在三个变量的例子中，如果 X_1 不依赖于 X_3，则联合分布简化为 $f(x_1, x_2, x_3)=f(x_1|x_2)f(x_2|x_3)f(x_3)$。然而，在三个变量的情况下，我们需要同时为所有三个变量提供训练数据，现在我们发现我们只需要同时为最多两个变量提供训练数据，这大大减少了对训练数据的需求。

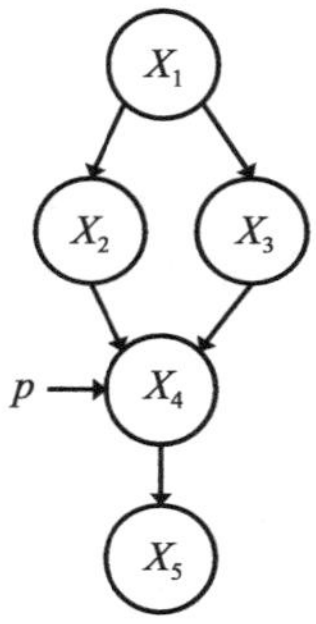

图 5.1　一个关于 5 个变量 X_1，X_2，…，X_5 带有一个超参数 p 的概率图模型的简单例子(不是随机变量，因此不在循环节点内)。图的特定结构决定了条件独立结构，例如 X_5 和 X_4 不依赖于 X_1。从这个结构中，我们可以将联合分布简化为因子分解 $f(x_1, x_2, \cdots, x_5)=f(x_1)f(x_2|x_1)f(x_3|x_1)f(x_4|x_2, x_3; p)\times f(x_5|x_4)$，其中最多有三个变量参与对这些变量的任意统计推断

一般情况下，使用概率图模型时我们可以直接利用 $\mathcal{P}(n)$的知识，即随机变量 X_n 的父变量指标集，直接写出 N 个因子分布的乘积：

$$f(x_1, x_2, \cdots, x_N)=\prod_{n=1}^{N} f(x_n|(x_{n'})_{n'\in\mathcal{P}(n)}) \tag{5.2}$$

其中父变量只是给定变量所依赖的变量。对于 N 个变量，这种因式分解从 $O(M^N)$到 $O(M^L)$，其中 $L=\max_{n\in 1,2,\cdots,N}|\mathcal{P}(n)|+1$ 是因式分解中任何单个条件分布中变量(变量及其父变量)的最大数目。因此，为了提高效率，L 通常应该很小，这意味着减少了任何变量的最大父级数目。这些信息可以直接从图的邻接矩阵中得到，它只是图的最大度顶点。

在机器学习和 DSP 中经常遇到的概率图模型是重复子图，例如，具有 N 个变量的模型，这些变量相互依赖于 K 个参数变量，但在其他方面是独立的。在这些情况下，我们使用一个简洁的符号系统，它涉及两种变量之间的一个单方向边，以指示这种方向性的、双边的关系。比如，图 $Z_k \rightarrow X_n$ 指代的是双边模型，其中 $n\in 1, 2, \cdots, N$，变量 X_n 只依赖于变量 $Z_k(k\in 1, 2, \cdots, K)$，而图 $Z_k \rightarrow X_n$ 是一个二分模型，其中 n 个变量 X_n 只依赖于它们对应的 Z_n(见图 5.2)。(其他教科书和作者使用所谓的板表示(plate notation)

法，但那并不比本书介绍的方法更形象。）

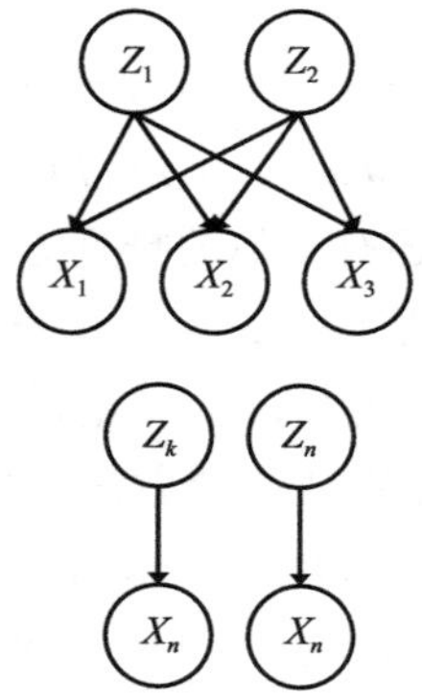

图 5.2　表示概率图形模型中的重复连通性。变量 Z_1，Z_2 一起影响了变量 X_1，X_2，X_3（上图）。这个二分图简洁地绘制了如果通过将单个 Z_k 节点连接到单个 X_n，其中 $k\in 1，2$ 而 $n\in 1，2，3$（下左图）。另一种结构是每一个 X_n 依赖于一个 Z_n。这由一个 Z_n 节点到单个 X_n 节点之间的单个链接表示（下右图）

概率图模型捕获了大量机器学习/DSP 算法的依赖结构（如图 5.3）。例如，许多基本模型都以 $Z_n\to X_n$ 模式为例，这些是最简单的层次贝叶斯模型。当 Z_n 是一个离散随机变量时，描述了混合模型和分类等方法（见 6.3 节）。在 Z_n 是连续的情况下，描述了包括各种形式的回归和概率主成分分析的方法。

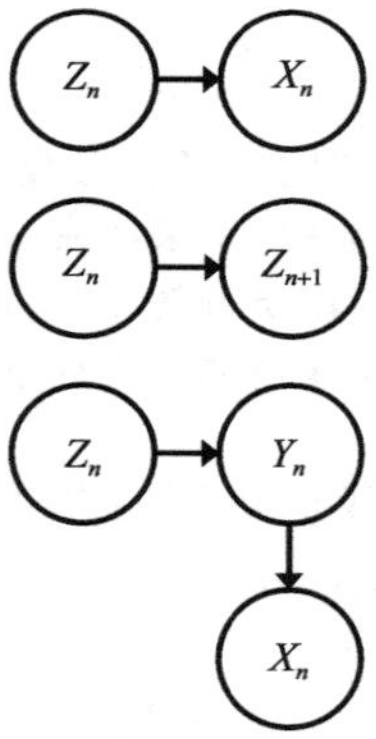

图 5.3　三种基本的概率图模型模式。一级递阶模型（上图）表示的是具有某种“潜在”结构的独立同分布的情况，而“观察”数据依赖于这种结构。基本马尔可夫模型具有（一个时间步长）时间依赖性（中图）。两级层次化结构（下图）捕捉更复杂的独立同分布模型，其中潜在结构本身就是层次化结构

在模型中引入数据排序，最简单的是在非层次结构中，“一阶”情况 $Z_n\to Z_{n+1}$ 捕捉到马尔可夫链的结构（见 1.4 节），其中包括经典的 DSP 方法，如自回归模型（autoregressive models）。当依赖关系进一步向后延伸时，我们得到高阶马尔可夫链，但是我们总是可以通过嵌入得到 $X_n\to X_{n+1}$[其中 $X_n=(X_n，X_{n-1}，\cdots，X_{n-D})$]来表示一阶链到 D 阶。$Z_n\to Z_{n+1}\to X_{n+1}$ 等具有时间依赖性的递阶模型包括：当变量 Z_n 为离散时的隐马尔可夫模型（HMM）和当 Z_n 和 X_n 连续时的卡尔曼滤波器（最简单的情况下是高斯）。在这两个水平上都具有时间依赖性的层次模型，$Z_n\to Z_{n+1}$ 和 $X_n\to X_{n+1}$ 以及等级相关性 $Z_n\to X_n$ 代

表自回归隐马尔可夫模型(图 5.4)。

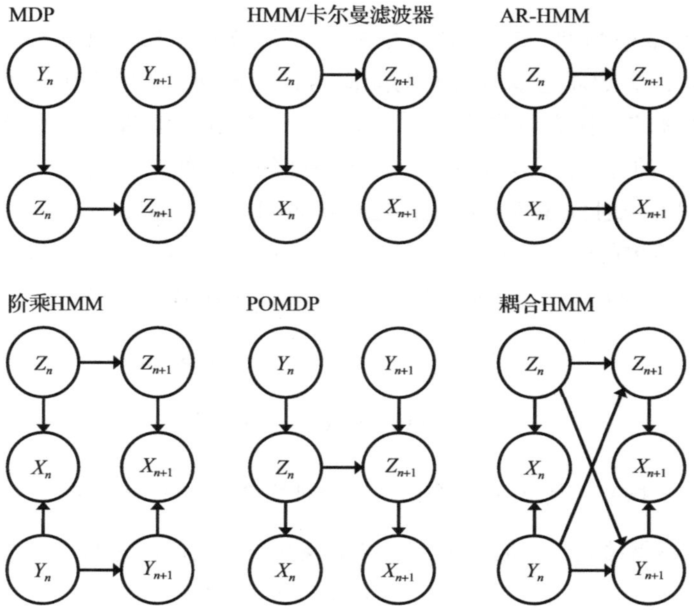

图 5.4 一些更复杂的概率图模型。马尔可夫决策过程(MDP):一个具有隐条件 Y_n 的半马尔可夫链,可以观察到 Z_n 的状态。隐马尔可夫模型(HMM):状态通常是隐藏的,而观测值 X_n 依赖于状态的马尔可夫链,与连续状态卡尔曼滤波器结构相同。具有自回归(AR)观测值的HMM(AR-HMM):其中观测值在时间上依赖于先前的观测值。阶乘 HMM:一条隐马尔可夫链的观测值不仅仅依赖于一条马尔可夫链。部分可观测 MDP(partially observable MDP, POMDP):半马尔可夫链状态隐藏的 MDP,耦合隐马尔可夫链:由两个或多个半马尔可夫链相互作用的隐马尔可夫模型

5.2 对概率图模型中条件独立性的探讨

概率图模型的条件独立结构使许多实用的见解成为可能,这些见解在统计机器学习和概率建模中具有直接的重要性。

5.2.1 隐藏变量和观察变量

在机器学习和 DSP 应用中,几乎总是会观察到一些(但非全部)PGM 变量,也就是说,我们只对一些节点进行了实现。其余的随机变量是"隐藏"或"潜在"变量。例如,在一个隐马尔可夫模型中,我们通常不观察马尔可夫状态 Z_n,相反,我们观测变量 X_n 的数据,一个典型的目标是推断隐藏状态的分布。相比之下,在(监督)分类问题中,隐藏(类)变量 Z_n 和特征数据 X_n 都有数据,以便推断模型参数的分布。然后,可以使用一些后续数据推断类变量的分布。

变量是隐藏的还是被观察的取决于所在问题的上下文,它影响变量之间条件独立性的本质,我们接下来将要讨论这个问题。

5.2.2 定向连接和分离

一个概率图模型中的两个节点是否依赖于其他节点？概率图模型是无环图(acyclic graph)，节点之间的影响通过节点之间的无向路径“传递”。为了回答这个问题，只需考虑传输的最小“单位”：任意组当中的 X，Y，Z 三个节点由两个边连接。然后，节点之间的每一条(无方向的)路径可以分解为组成该路径的节点的三元组。在每一个这样的三元组中，它们之间只有三种完全不同的定向边(directed edge)构型。

第一种构型是简单的链 $X \rightarrow Y \rightarrow Z$。很明显，$X$ 影响 Z(因为 X 先影响 Y，然后影响 Z)。联合分布为 $f(x, y, z)=f(x)f(y|x)f(z|y)$。在这种配置中，$X$，$Z$ 不是独立的，因为：

$$\begin{aligned} f(x, z) &= \int f(x)f(y|x)f(z|y)\mathrm{d}y \\ &= f(x)\int f(y|x)f(z|y)\mathrm{d}y \end{aligned} \tag{5.3}$$

而由于 $\int f(y|x)f(z|y)\mathrm{d}y$ 是 X 的一个函数，这种联合分布不能仅仅写成 X 和 Z 因子的乘积。然而，X，Z 不是独立的，但如果我们将 Y 视为条件的话，它们是独立的，这是因为：

$$\begin{aligned} f(x, z|y) &= \frac{f(x)f(y|x)f(z|y)}{f(y)} \\ &= \frac{f(y, x)f(z|y)}{f(y)} \\ &= f(x|y)f(z|y) \end{aligned} \tag{5.4}$$

我们可以考虑观察 Y“阻塞” X 对 Z 的影响。另一个配置关系是 $X \leftarrow Y \leftarrow Z$，这也是一个链，这里所有的参数都适用，$X$ 和 Z 的作用相反。

第二种配置是共同原因，$X \leftarrow Y \rightarrow Z$，也就是说，$X$ 和 Z 相互依赖于 Y。在这种情况下，X，Z 的依赖性不太明显，这里有一个直观的解释。考虑 Y 代表汽车电池的状态，X 代表汽车灯是否工作，Z 代表收音机是否工作。如果你不能让灯工作，这会影响电池是否工作，进而影响收音机是否工作。正式的联合分布是 $f(x, y, z)=f(y)f(x|y)f(z|y)$，那么 $f(x, z)=\int f(y)f(x|y)f(z|y)\mathrm{d}y$，它不能写成 X 和 Z 的因子的乘积，所以它们是相互依赖的。然而，与链一样，对 Y 的观察结果使得 X，Z 是相互独立的：

$$\begin{aligned} f(x, z|y) &= \frac{f(y)f(x|y)f(z|y)}{f(y)} \\ &= f(x|y)f(z|y) \end{aligned} \tag{5.5}$$

最后，考虑配置关系 $X \rightarrow Y \leftarrow Z$，其中 Y 是 X，Z 的共同效应。在这种情况下，导致 Y 的两个因素是相互独立的，联合分布是 $f(x, y, z)=f(x)f(z)f(y|x, z)$，那么有：

$$\begin{aligned} f(x, z) &= \int f(x)f(z)f(y|x, z)\mathrm{d}y \\ &= f(x)f(z)\int f(y|x, z)\mathrm{d}y \\ &= f(x)f(z) \end{aligned} \tag{5.6}$$

然而，Y 的观察结果使得这两个原因相互依赖，因为

$$f(x,z|y)=\frac{f(x)f(z)f(y|x,z)}{f(y)} \tag{5.7}$$

它不能分别写成 X，Z 的因子的乘积。观察相互影响意味着原因可以相互影响它们的分配。如果这看起来很奇怪，想想汽车的发动机是否能用 Y 来表示。两个相互竞争的原因是电池 Z 的工作状态和油箱 X 是否已满。如果发动机不能启动，那么可能有两个潜在的原因(电池没电或油箱空)，但是如果油箱被证明是满的，那么电池相较于没有观察到油箱时更可能是没电的。因此，基于共同效应的条件作用迫使先前独立的原因之间产生依赖性。这种违反直觉的想法被称为通过了解一个原因来解释另一个原因。

利用这三种情况，我们可以定义 d-连接的概念，即如果满足以下规则，概率图模型中的两个节点 X，Z 是 d-连接的：

(1) 它们之间有一条路径(忽略边的方向)；

(2) 这条路径上的所有节点都是不可观测的；

(3) 共因三元组中的所有节点都有未观察到的原因；

(4) 任何公共效应三元组都具有观察到的效果，或者任何公共效应三元组都有其效应节点到观察节点的子节点。

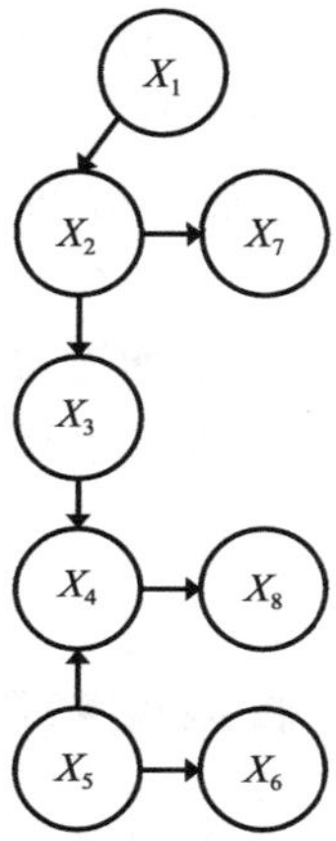

图 5.5 d-连接的概率图模型。X_1 和 X_6 之间的长(无方向)路径被公共效应节点 X_4 分隔开，因此 X_1，X_6 是独立的。但是，条件作用于 X_4(或其子节点 X_8)会使 X_1，X_6 有依赖

上述一个或多个条件不成立的任何一对节点都是 d-分隔的。让我们将这些想法应用到图 5.5 中的示例中。节点 X_1，X_4 和节点 X_4，X_6 都是 d-连接的。然而，X_1，X_6 由于共同效应 X_4 而属于 d-分隔。但是，基于 X_4 或 X_8，端节点 X_1，X_6 是 d-连接的。相比之下，以 X_2 为条件，节点 X_1，X_4 是 d-分隔的。

5.2.3 节点的马尔可夫毯

对于任何给定的节点，当以网络中的所有节点为条件时，所有的节点对于确定这个条件分布是必要的吗？答案通常是否定的，知道计算这个条件需要哪些节点是重要的，因为在实践中我们可以利用所需的计算效率。我们首先研究计算节点 X_i 在其他所有节点上的条件分布：

$$f(x_i|(x_j)_{j\neq i})=\frac{\prod_{j=1}^{N} f(x_j|(x_k)_{k\in\mathcal{P}(j)})}{\int\prod_{j=1}^{N} f(x_j|(x_k)_{k\in\mathcal{P}(j)})\mathrm{d}x_i} \tag{5.8}$$

其中 $\mathcal{P}(i)$是 X_i 的父节点的一组指数。现在，在上面的分母中，所有在积分中不涉及 X_i 的项，都可以提到积分外，这样它们就可以用分子中相同的条件来抵消。我们得到：

$$f(x_i \mid (x_j)_{j\neq i}) = Z^{-1} f(x_i \mid (x_k)_{k\in\mathcal{P}(i)}) \times \prod_{j:i\in\mathcal{P}(j)} f(x_j \mid (x_k)_{k\in\mathcal{P}(j)}) \tag{5.9}$$

通过消去 X_i 得到归一化项 Z，如下：

$$Z = \int f(x_i \mid (x_k)_{k\in\mathcal{P}(i)}) \prod_{j:i\in\mathcal{P}(j)} f(x_j \mid (x_k)_{k\in\mathcal{P}(j)}) \mathrm{d}x_i \tag{5.10}$$

这可以表示为 X_i 的条件，给定所有其他节点，与以下各项的乘积成比例：这个节点的条件是它的父节点和所有 X_i 的子节点，反过来又以它们的父节点为条件。X_i 所依赖的最小节点集称为 X_i 的马尔可夫毯，或 $\mathcal{M}(i)$。马尔可夫毯有效地将该节点的条件分布与网络的其余部分隔开。我们可以写为 $f(x_i \mid (x_j)_{j\neq i}) = f(x_i \mid (x_j)_{j\in\mathcal{M}(i)})$。马尔可夫毯对于诸如吉布斯采样的实际推理算法非常有用，我们将在后面讨论。有关马尔可夫毯的例子可见图 5.6。

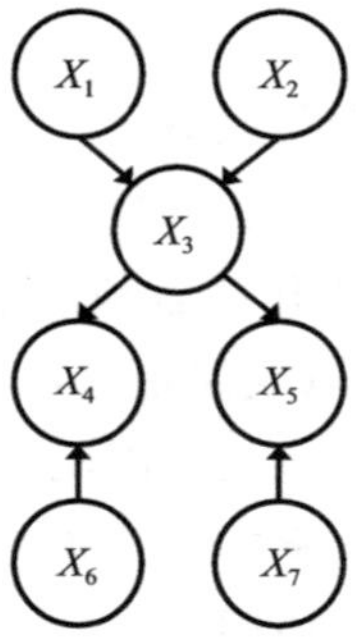

图 5.6　马尔可夫毯的一个例子。以网络中所有节点为条件的 X_3 分布独立于除概率图模型中描述的所有节点之外的节点，即 X_3 的父节点（X_1，X_2），其子节点（X_4，X_5）以及子节点的其他父节点（X_6，X_7）

5.3 关于概率图模型的推论

解决概率图模型的推理问题涉及寻找实际中无法观察到的变量分布（或这些分布的汇总值）。有几种方法可以解决这个问题，包括计算未知分布、最大化分布和边缘化。以后验计算为例，感兴趣的变量是某些变量（条件）分布已知的父变量，然后计算感兴趣变量的后验分布。通过最大概率计算，目标是最大化感兴趣变量上的分布。对于父级，这将对应于最大后验概率的映射推理。最后，在边缘化中，我们希望整合出一个变量，该变量通常简化对概率图模型的推导，因为它减少了概率图模型中的自由度。

5.3.1 精确推理

一般来说，精确推理在概率图模型中是难以解析的。然而，在一些重要的特殊情况下，推理是精确的。最常见的情况是，我们需要的随机变量是离散的，并且具有有限的范围。在这种情况下，我们通常可以使用*变量消去法*，我们将在后面介绍。这是一个非常普遍的想法，因为它在 DSP 和机器学习中有着非常广泛的适用性，我们将使用半环以代数抽象的形式介绍变量消去法（见 1.1 节）。让我们考虑这样一种情况：有一个长度为 N 的向量，一般变量 $\boldsymbol{X}$ 从半环（$\oplus$，$\otimes$，X）中取集合 X 中的值，其中这里的 $\oplus$，$\otimes$ 是泛型运算符。我们还有 M 个*局部函数* f_i：$X^{N_i} \to X$，其中 $i \in 1, 2, \cdots, M$，均定义在变量的 N_i 长度子向量 $\boldsymbol{X}_i$ 上。我们将用 S_i 表示组成子向量的变量的指数集 $S_1 \cup S_2 \cup \cdots \cup S_M = S$，其中 $S=\{1, 2, \cdots, N\}$，这些子集可以重叠，因此，总的来说有 $S_i \cap S_j \neq \varnothing$。

从这些局部函数中我们形成了一个*全局函数*作为（半环）积 $f(\boldsymbol{X}) = \bigotimes_{i=1}^{M} f_i(\boldsymbol{X}_i)$。变量消去法所要解决的问题是用（半环）求和的方法去除不需要的变量，从而得到一个新的、半局部的(或半全局的)函数。例如，在我们只想保留 N_j 大小的某个子集 S_j 中的变量的情况下，我们需要求出 $N-N_j=L$ 变量 $S\setminus S_j$，所有变量的集合不包括子集合 S_j 中的变量：

$$\begin{aligned} g(\boldsymbol{X}_j) &= \bigoplus_{\boldsymbol{X}_{S\setminus S_j}\in X^L} f(\boldsymbol{X}) \\ &= \bigoplus_{\boldsymbol{X}_{S\setminus S_j}\in X^L} \bigotimes_{i=1}^{M} f_i(\boldsymbol{X}_i) \end{aligned} \tag{5.11}$$

用同样的方法，我们可以得到任何期望的变量子集的半局部函数。这种“通过乘积来消除”在机器学习中经常发生。例如，我们会意识到这与在概率图模型中消除变量的问题是一样的。这样，计算需要$(M+1)|X|^L$(半环)加法和乘法，因此计算量是指数形式$O(|X|^L)$，仅在计算上可处理小 L。然而，运算符$\otimes$分布在$\oplus$上的事实意味着我们通常可以重新排列表达式，从而减少所需的计算工作量，因为对于任意值 a，$b_i\in X$：

$$\bigoplus_{i=1}^{M}(a\otimes b_i)=a\otimes\bigoplus_{i=1}^{M}b_i \tag{5.12}$$

在这里，左边需要 M 个乘法和加法，而右边只需要一个乘法和 M 个加法，从而节省 $M-1$ 次运算。在某些情况下，这些节省下来的计算量会使一个棘手的推理问题变得容易处理。为了举例说明，考虑一个简单的情况，其中 $S_i=\{i\}$和 $N=M$，每个局部函数只有一个变量 $f_i(X_i)$。那么，在最坏的情况下，如果我们想消除所有变量，我们需要计算：

$$g=\bigoplus_{\boldsymbol{X}\in X^M}\bigotimes_{i=1}^{M}f_i(X_i)=\bigotimes_{i=1}^{M}\bigoplus_{X_i\in X}f_i(X_i) \tag{5.13}$$

第一个表达式具有指数复杂度，但第二个表达式只使用 $M|X|$运算的总和，因此我们得到了一个具有线性复杂度 $O(M)$的参考(更确切地说，如果$|X|\gg M$，则为 $O(|X|)$)。这大大减少了计算工作量，使这种计算在实践中易于处理。

一般来说，当变量在局部函数中近似唯一出现时，这种方法可以节省大量的计算量，因此乘积只需要在少数局部函数上求值，并且可以从求和中去掉许多变量。对于信号处理中使用的概率图模型，当局部函数是条件分布函数，信号或某些待估计的潜在信号以马尔可夫链的形式出现时，就会出现这种情况(见 9.4 节)。

在应用中，我们经常需要在一个应用中计算几个半局部函数 $g(\boldsymbol{X}_j)$。在这样做时，我们通常会反复遇到相同的中间过程和部分计算，明智的做法是保留这些重复部分的计算结果，并在再次需要时直接简单地查找结果。将概率图模型的多个半局部函数的有效计算形式化的方法称为连接树算法(Aji 和 McEliece，2000)。一个连接树(JT)是一个无向树图，其顶点 v_i 是概率图模型三角化无向端正图中的最大团。这些团 C_i 是概率图模型变量指数$\{1, 2, \cdots, N\}$的子集。对于每个团，都有一个关联的局部函数 h_i。这些局部函数将是概率图模型局部(条件分布函数)f_i 的产物。这种一般的算法策略称为动态规划(dynamic programming)。

以最大团为顶点的无向图的最大权、最小生成树是一个连接树(JT)，树的边权是顶点间共享变量的个数。有关连接树构造的详细信息，请参见 Aji 和 McEliece(2000)。已知一个概率图模型的连接树，我们可以使用简单的消息传递算法来有效地计算构成连接树顶点的变量 C_i 集合上的任何半局部函数。这些半局部函数是该团中变量的(半环)边缘分布。

首先，我们在连接树中的顶点 v_i 和 v_j 之间传递消息函数 $\mu_{i\to j}$。将连接树中所需的可变团顶点标记为树的根，为连接树中的所有边创建方向，以便消息通过子顶点从叶传递到根。每个连接树顶点只有在从其父节点接收到所有消息后才能向其子节点发送消息。一旦消息传递完成并且根节点接收到所有消息，我们就可以使用这些消息来计算所需连接树顶点的半局部函数。

算法 5.1　单变量团(半环)边缘化推理的连接树算法

(1) 初始化。对于具有 K 个顶点 v_i，$i=1, 2, \cdots, K$ 的连接树，对应的变量簇 $\boldsymbol{X}_{C_i}$ 和簇函数 h_i，对于所有连接树中的邻接的顶点 $v_i \leftrightarrow v_j$，设置消息 $\mu_{i\to j}(\boldsymbol{X}_{C_i \cap C_j})$，标识半环算子的恒等式$\otimes$。

(2) 消息传递。使用 $\mu_{i\to j}(\boldsymbol{X}_{C_i \cap C_j}) = \bigoplus_{x_{C_i \setminus C_j} \in X^{|C_i \setminus C_j|}} h_i(\boldsymbol{X}_{C_i}) \bigotimes_{k:\{v_k \leftrightarrow v_i\} \wedge (k \neq j)} \mu_{k\to i}(\boldsymbol{X}_{C_k \cap C_i})$，按顺序更新从连接树叶到根的所有消息，其中根 v_l 是需要保留的变量集，k：$\{v_k \leftrightarrow v_i\} \wedge (k \neq j)$是连接树顶点集 v_k 连接到 v_i，$k \neq j$。

(3) 边际函数计算。使用上面计算的消息来计算 $g_l(\boldsymbol{X}_{C_l}) = h_l(\boldsymbol{X}_{C_l}) \bigotimes_{k:\{v_k \leftrightarrow v_l\}} \mu_{k\to l}(\boldsymbol{X}_{C_k \cap C_l})$，其中 k：$\{v_k \leftrightarrow v_l\}$是 v_l 附近的所有连接树顶点集。

这里有一个简单的例子(如图 5.7)：考虑随机变量 A，B，C，D，它们在概率图模型中的关系为 $A \leftarrow B \rightarrow C \rightarrow D$，分布函数为 $f(b)$，$f(a|b)$，$f(c|b)$和 $f(d|c)$。我们感兴趣的是把 A，B 从联合分布中消除，离开 $f(c, d)$这个分布。合适的连接树定义为 $v_1 \leftrightarrow v_2 \leftrightarrow v_3$，对应的团 $C_1=\{A, B\}$，$C_2=\{B, C\}$和 $C_3=\{D, C\}$。因此，目标团/顶点是 C_3，得到局部函数 $g_3(c, d)$。相关的团函数是 $h_1(a, b)=f(a|b)f(b)$，$h_2(c, b)=f(c|b)$和 $h_3(c, d)=f(d|c)$。消息传递顺序是 $v_1 \rightarrow v_2$ 和 $v_2 \rightarrow v_3$。

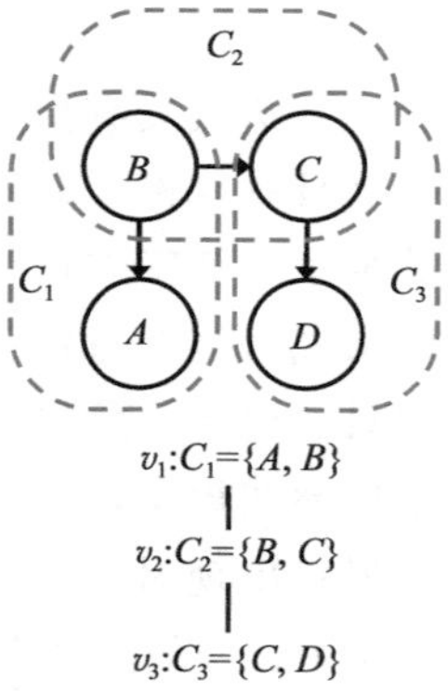

图 5.7　一个简单的概率图模型(上图)和一个关联的连接树(下图)，在四个随机变量 A，B，C 和 D 上。显示了概率模型的最大团(灰色虚线框)

第一个消息是 $\mu_{1,2}(b)=\bigoplus_a h_1(a, b)$，接着是 $\mu_{2,3}(c)=\bigoplus_b h_2(c|b) \otimes \mu_{1,2}(b)$。所需的半局部函数为 $g_3(c, d)=h_3(c, d) \otimes \mu_{2,3}(c)$，对于普通概率的半环($+$，$\times$，$\mathbb{R}^+$)，根据问题的需要，可以将其变成：

$$
\begin{aligned}
g_3(c, d) &= f(d|c) \sum_b f(c|b) \left[\sum_a f(a|b) f(b) \right] \\
&= f(d|c) \sum_b f(c|b) f(b) \\
&= f(d|c) f(c) \\
&= f(c, d)
\end{aligned}
\tag{5.14}
$$

如果所有这些变量的样本空间都是 X，那么这个实现需要 $2|X|$ 次求和操作，采用蛮力破解的话，$f(C, D)=\sum_{A, B} f(A, B, C, D)$ 需要 $|X|^2$ 次求和。更一般地说，像这样的消息传递实现最多需要 $\sum_{i=1}^{K} d_i |X|^{|C_i|}$ 次操作，其中 d_i 是每个 K 个连接树顶点的度数(Aji 和 McEliece，2000)。因此，使用消息传递的精确推断在最大连接树团的规模中是呈指数级的。相比之下，蛮力破解在局部函数 $M|X|^M$ 的数量上是指数级的。因此，连接树算法的复杂度以及它与蛮力破解变量消除的竞争程度，关键取决于概率图模型的最大树宽，即在最优连接树中需要保持多少个变量(减一个)。在需要多个单变量团的推理的实际情况下，可以使用动态规划在两个方向上预先计算所有相邻连接树顶点之间的消息，然后将它们用于计算半局部边缘。Aji 和 McEliece(2000)指出，对所有连接树顶点的这种推断最多需要单个顶点的四倍操作数。

对于上述离散变量的精确推断在计算上是可行的，因为求和总是在有限集 X 上，从而产生由概率表定义的一组新的离散分布函数。连接树算法能适用于定义在无限集上的连续变量吗？例如，我们可以使用通用的($+$，$\times$，$\mathbb{R}$)半环，用积分代替有限和吗？不幸的是，总的来说答案是否定的，因为所涉及的边缘化积分不是封闭形式的，也不是简单的封闭形式的公式，或者只是简单的公式，而这些公式不能被“复制”，因为这些公式本身不能在随后进行积分分析。然而，有一种特殊情况，即线性高斯模型，所有变量均为高斯变量，其均值为其他变量的线性函数。例如，局部条件定义的模型 $f(x_1|x_2)=\mathcal{N}(x_1; ax_2, \sigma^2)$，其中 $f(x_2)=\mathcal{N}(x_2; 0, \tau^2)$，全局函数 $f(x_1, x_2)=f(x_1|x_2)f(x_2)$ 可以被边缘化分析得到另一个高斯函数。我们可以像这样在线性函数组合中扩展出任意数量的高斯变量。因此，线性高斯模型(如卡尔曼滤波器)可以利用这一事实来计算增益(见 7.5 节)。

关于使用因子图替代连接树算法的另一种描述，请参见 Bishop(2006，8.4 节)。

5.3.2 近似推理

由于精确推理只有在离散或线性高斯概率图模型的特殊情况下才是真正可行的，因此对于大多数概率图模型，我们需要把目光转向近似推理。随机采样方法，如吉布斯采样(算法 3.5)对一般的概率图模型非常有用(见 3.4 节)。我们所需要的是每个变量的条件分布都以其他变量为条件，见式(5.8)和其简化形式。有时，我们可能没有明确的方法从这些产品分布中取样，但通用的方法，如 Metropolis-Hastings(算法 3.6)可能很适合在实际中对每个吉布斯步骤进行采样。实际上，对于 MH，没有必要明确计算条件分布中的分母，这使得事情变得简单得多。任何观察到的变量都可以简单地设置为它们的实现值，并且跳过这些变量的吉布斯更新。因此，概率图模型中的“黑匣子”近似推理对于各种模型都是非常实用的，使概率图模型成为机器学习和 DSP 中的一项重要技术。

然而，吉布斯的主要缺点是计算量大，对于非常长的信号或嵌入式应用来说，它通常很难处理。在许多应用中，不需要概率图模型中所有变量的完全联合分布，而需要使联合分布最大化的变量值，换句话说，需要最大似然估计。这种计算本身通常很难处理，但我们接下来将介绍的一种简单的近似方法——迭代条件模式(iterative conditional mode,

ICM)——是基于执行局部最大概率计算的：

算法 5.2　迭代条件模式

(1) 初始化。给 x_i^0 选择一个随机启动点，其中 $i=1, 2, \cdots, D$，设置迭代次数 $n=0$，收敛容差 $\epsilon>0$。

(2) 所有条件概率的顺序最大化。计算所有条件分布 $f(x_i \mid x_1, x_2, \cdots, x_{i-1}, x_{i+1}, \cdots, x_D)$，获得值的序列 $x_i^{n+1}=\arg\max_x f(X_i=x \mid \boldsymbol{X}_J=x_J^{n+1}, \boldsymbol{X}_K=x_K^n)$，其中 $i=1, 2, \cdots, D$，而 $J=\{1, 2, \cdots, i-1\}$，$K=\{i+1, i+2, \cdots, D\}$。

(3) 计算负对数似然，得到 $E^{n+1}=-\sum_{i=1}^{D}\ln f(x_i^{n+1} \mid (x_j^{n+1})_{j\in\mathcal{P}(i)})$。

(4) 迭代。如果 $n>0$ 且 $E^n-E^{n+1}<\epsilon$，那么停止迭代，解为 $x_1^{n+1}, x_2^{n+1}, \cdots, x_D^{n+1}$，否则更新 $n\leftarrow n+1$，回到第二步。

ICM 通常非常迅速地收敛(在十几次迭代中)，有时可以实现全局最大似然估计(见图 5.8)。每一个最大化步骤意味着负对数似然(概率图模型的联合分布)不能随着每次迭代而增加，因此存在一个迭代收敛的不动点。然而，并不保证能收敛到全局最大似然结果(global MLE)。尽管如此，在许多实际的信号处理应用中，能快速获得一个相当好的解决方案是需要的。为了结合证据，任何观察到的变量都可以在迭代中简单地固定下来。

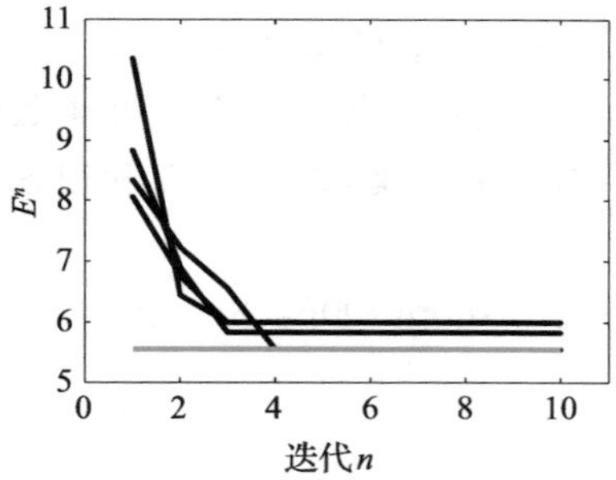

图 5.8　用于近似推理的迭代条件模式(ICM)算法的收敛性。每条曲线是简单概率图模型 $X_1\leftarrow X_2\rightarrow X_3\rightarrow X_4$ 的联合变量的负对数似然(NLL) $E=-\ln f(x_1, x_2, x_3, x_4)$ 的值，与算法迭代相反，针对的是变量初始值的不同随机选择。负对数似然收敛速度快，在一种情况下达到全局最大似然值(灰线)。模型中的每个变量都是离散的，样本空间 $|\Omega|=8$。条件分布随机均匀采样

考虑一个定义在两个不同变量集上的通用概率图模型 $\boldsymbol{X}$ 和 $\boldsymbol{Z}$，其中集合 $\boldsymbol{X}$ 具有已知值，$\boldsymbol{Z}$ 变量由于某种原因为未知。这可能是因为这些值永远不会被观察到，或者它们可能丢失，或者目标是作为建模过程的一部分来推断它们的分布(通常在机器学习文献中被描述为隐藏的)。我们可以将联合分布写为 $f(\boldsymbol{x}, \boldsymbol{z}; \boldsymbol{p})=f(\boldsymbol{x}; \boldsymbol{p})f(\boldsymbol{z} \mid \boldsymbol{x}; \boldsymbol{p})$，其中的参数为向量 $\boldsymbol{p}$。我们希望做的是计算最大似然估计 $\boldsymbol{p}$，以使得完全似然 $f(\boldsymbol{x}, \boldsymbol{z}; \boldsymbol{p})$ 最大。显然，由于 $\boldsymbol{Z}$ 值未知，我们无法通过计算此分布来优化它。相反，我们将希望优化边际似然 $\int f(\boldsymbol{x}, \boldsymbol{z}; \boldsymbol{p})\mathrm{d}\boldsymbol{z}$。

这个目标在计算上可能很困难。另外，我们假设 $\boldsymbol{Z}$ 具有(任意)边际分布 $g(\boldsymbol{z})$，它不是参数 $\boldsymbol{p}$ 的函数，则 $g(\boldsymbol{z})$ 与完全似然 $f(\boldsymbol{x}, \boldsymbol{z}; \boldsymbol{p})$ 之间的 KL 散度为：

$$F(g, \boldsymbol{p})=D[\boldsymbol{Z}, (\boldsymbol{Z}, \boldsymbol{X})]=-\int g(\boldsymbol{z})\ln\left(\frac{f(\boldsymbol{x}, \boldsymbol{z}; \boldsymbol{p})}{g(\boldsymbol{z})}\right)\mathrm{d}\boldsymbol{z} \tag{5.15}$$

它测量 $g(\boldsymbol{z})$ 与完全似然之间的偏差。边际负对数似然损失是：

$-\ln f(\boldsymbol{x};\ \boldsymbol{p})=\ln f(z|\boldsymbol{x};\ \boldsymbol{p})-\ln f(\boldsymbol{x},\ z;\ \boldsymbol{p})$，式子两边取期望 $E_{\boldsymbol{Z}}[\cdot]$，经过重新整理，我们得到：

$$
\begin{aligned}
-\int g(z)\ln f(\boldsymbol{x};\ \boldsymbol{p})\mathrm{d}z &= -\int g(z)\ln\left(\frac{f(\boldsymbol{x},\ z;\ \boldsymbol{p})}{g(z)}\right)\mathrm{d}z+\int g(z)\ln\left(\frac{f(z|\boldsymbol{x};\ \boldsymbol{p})}{g(z)}\right)\mathrm{d}z \\
&= D[\boldsymbol{Z},\ (\boldsymbol{Z},\ \boldsymbol{X})]-D[\boldsymbol{Z},\ \boldsymbol{Z}|\boldsymbol{X}]
\end{aligned}
\tag{5.16}
$$

因此，有 $-\ln f(\boldsymbol{x};\ \boldsymbol{p})=F(\boldsymbol{g},\ \boldsymbol{p})-D[\boldsymbol{Z},\ \boldsymbol{Z}|\boldsymbol{X}]$ 或者 $F(\boldsymbol{g},\ \boldsymbol{p})=-\ln f(\boldsymbol{x};\ \boldsymbol{p})+D[\boldsymbol{Z},\ \boldsymbol{Z}|\boldsymbol{X}]$。现在有 $D[\boldsymbol{Z},\ \boldsymbol{Z}|\boldsymbol{X}]\geqslant 0$，那么 $-\ln f(\boldsymbol{x};\ \boldsymbol{p})\leqslant F(\boldsymbol{g},\ \boldsymbol{p})$。这是边际负对数似然损失 $-\ln f(\boldsymbol{x};\ \boldsymbol{p})$ 的上限，我们可以将其最小化作为替代值。然而，当 $g(z)=f(z|\boldsymbol{x};\ \boldsymbol{p})$，自此 $D[\boldsymbol{Z},\ \boldsymbol{Z}|\boldsymbol{X}]=0$ 时，这就等于边际负对数似然损失。同样，我们可以写成 $F(\boldsymbol{g},\ \boldsymbol{p})=E_{\boldsymbol{Z}|\boldsymbol{X}}[-\ln f(\boldsymbol{x},\ \boldsymbol{Z};\ \boldsymbol{p})]-H[\boldsymbol{Z}]$，因此，对于参数 $\boldsymbol{p}$，我们只需要优化更容易处理的期望完全负对数似然损失 $E_{\boldsymbol{Z}|\boldsymbol{X}}[-\ln f(\boldsymbol{x},\ \boldsymbol{Z};\ \boldsymbol{p})]$。

下面给出了一个简单的两步坐标下降最小化程序(其中 $\boldsymbol{g}$ 上的最小化可以公式化表示)：

$$
\begin{aligned}
\boldsymbol{g}^{i+1} &= \arg\min_{\boldsymbol{g}} F(\boldsymbol{g},\ \boldsymbol{p}^{i}) \\
\boldsymbol{p}^{i+1} &= \arg\min_{\boldsymbol{p}} F(\boldsymbol{g}^{i+1},\ \boldsymbol{p})
\end{aligned}
\tag{5.17}
$$

上式可以化简为 $\boldsymbol{p}^{i+1}=\arg\min_{\boldsymbol{p}}\left[-\int f(z|\boldsymbol{x};\ \boldsymbol{p}^{i})\ln f(\boldsymbol{x},\ z;\ \boldsymbol{p})\mathrm{d}z\right]$，因为最小化的第一步是 $\boldsymbol{g}^{i+1}(z)=f(z|\boldsymbol{x};\ \boldsymbol{p}^{i})$。这种通用且广泛使用的算法被称为期望最大化(EM)，第一个最小化被称为 E 步(E-step)，第二个被称为 M 步(M-step)。因为坐标下降程序[式(5.17)]不能增加上限 $F(\boldsymbol{g},\ \boldsymbol{p})$，边际负对数似然损失对于所有 $i\geqslant 0$ 有 $-\ln f(\boldsymbol{x};\ \boldsymbol{p}^{i+1})\leqslant -\ln f(\boldsymbol{x};\ \boldsymbol{p}^{i})$。因此，只要边际负对数似然损失在下面有界，期望最大化就保证收敛于某个固定点。下面描述的算法，对于具有潜在或缺失变量的概率图模型具有非常普遍的适用性，并且广泛应用于机器学习(例如，参见 6.2 节中混合建模的使用)。

算法 5.3 期望最大化

(1) 初始化。从一组随机参数 $\boldsymbol{p}^{0}$ 开始，设置迭代次数 $i=0$，选择一个小的收敛容差 $\epsilon>0$。

(2) E 步。计算条件概率 $f(z|\boldsymbol{x};\ \boldsymbol{p}^{i})$。

(3) M 步。计算 $\boldsymbol{p}^{i+1}=\arg\min_{\boldsymbol{p}} E_{\boldsymbol{Z}|\boldsymbol{X}}[-\ln f(\boldsymbol{x},\ \boldsymbol{Z};\ \boldsymbol{p})]$。

(4) 收敛性检查。计算观察到的变量的边际值的负对数损失 $E(\boldsymbol{p}^{i+1})=-\ln\left[\int f(\boldsymbol{x},\ z;\ \boldsymbol{p}^{i+1})\mathrm{d}z\right]$ 和增量 $\Delta E=E(\boldsymbol{p}^{i})-E(\boldsymbol{p}^{i+1})$，而如果 $\Delta E<\epsilon$，退出，解为 $\boldsymbol{p}^{i+1}$。

(5) 迭代。更新 $i\leftarrow i+1$，回到第二步。

对于许多模型，M 步的求解可以进行分析求解(例如，对于指数族来说，这通常是正确的)，如果它不是易于分析的，则通常可以用数值方法求解。可以看出，期望最大化算法具有线性收敛速度(见 2.1 节)，因此，ΔE 随着迭代次数的增加而变小(Dempster 等人，1977)。

当然，对于一般的概率图模型，其边缘似然是非凸的，因此可能存在多个极大值和鞍点。期望最大化本质上是一种贪婪的方法，Wu(1983)证明了只要 $E_{\boldsymbol{Z}}[-\ln f(\boldsymbol{x},\ \boldsymbol{Z};$

$\boldsymbol{p}^i)] = -\int f(\boldsymbol{z} \mid \boldsymbol{x}; \boldsymbol{p}^i) \ln f(\boldsymbol{x}, \boldsymbol{z}; \boldsymbol{p}) \mathrm{d}\boldsymbol{z}$ 在 $\boldsymbol{p}$ 和 $\boldsymbol{p}^i$ 中都是连续的，它就收敛于这些边际似然的平稳值之一。这种连续性条件在实践中通常成立，因此，虽然通常是收敛的，但不能期望期望最大化从任何给定的初始猜测 $\boldsymbol{p}^0$ 达到 $\boldsymbol{p}$ 的全局极大似然估计(这就是为什么我们说它是一个近似概率图模型推理算法)。不可能预先预测算法是否会从任何给定的初始起点 $\boldsymbol{p}^0$ 陷入某个次优的边际似然平稳点。对于这个问题，通常的解决方法是使用随机重启机制(见 2.6 节)，并保持在重新启动时找到的最优解，即让收敛时 E 最小。

见 Bishop(2006，9.4 节)和 Hastie 等人(2009，8.5 节)对于同一算法在对数似然和最大化而非最小化方面的不同表述。在 M 步难以处理的情况下，称为广义期望最大化的算法变体允许在每次迭代中相对于 $\boldsymbol{p}$ 仅减少 $E_{\boldsymbol{Z}}[-\ln f(\boldsymbol{x}, \boldsymbol{Z}; \boldsymbol{p}^i)]$而不是完全最小化，有关条件和增量期望最大化变体的进一步讨论，请参见 Bishop(2006，第 454～455 页)。

将期望最大化算法显著地推广到更大范围是可能的。最值得注意的是，期望最大化可以看作变分贝叶斯(variational Bayes，VB)算法的一个(重要)特例，这种有趣的关系衍生出了期望最大化的一种变体，其交换了已被观测和未被观测的变量后验概率最小化和计算的作用(Kurihara 和 Welling，2009)。

统计机器学习

到目前为止，本书的前几章主要包含若干“组件”，每一章都描述了很有价值的内容，然而如果我们能将其组织起来应用，则会变得更有价值。本章详细描述如何用这些分量“构造”统计机器学习的主要技术。本章将展示如何将这些技术视为更一般的概率模型的特例，并将其应用于某些数据。

6.1 特征和核函数

作为本章的预备知识，这里我们将简要介绍*特征*和*核函数*，这两个是相互关联且非常有用的数学工具，它们在机器学习和 DSP 中经常出现，因此我们将其单独列在一个章节中描述。特征函数是一个任意的非线性(向量)函数，其映射为 ϕ：$\mathbb{R}^D \rightarrow \mathbb{R}^L$，其中 L 通常大于 D。它以一个观测数据值 $\boldsymbol{x} \in \mathbb{R}^D$ 作为输入，从而在输入与特征空间之间形成一般的非线性映射。我们将看到，这种映射的主要价值在于，我们可以用简单的线性机器学习算法来解决本质上的非线性问题。

核函数(最一般的形式)只是两个输入数据值的函数 $\kappa(\boldsymbol{x};\ \boldsymbol{x}')$。对于机器学习最有用的核是 Mercer *核*，它是一个对称函数，定义了一个相应的*正定* Gram *矩阵*或*核矩阵* $\boldsymbol{K}$，对于数据 $\boldsymbol{x}_n \in \mathbb{R}^D$，其 $N \times N$ 项为 $k_{nn'} = \kappa(\boldsymbol{x}_n;\ \boldsymbol{x}_{n'})$，$n$，$n' \in 1, 2, \cdots, N$。这样的核函数总是可以用特征函数的内积来描述：$\kappa(\boldsymbol{x};\ \boldsymbol{x}') = \phi(\boldsymbol{x})^{\mathrm{T}} \phi(\boldsymbol{x}')$。这是 Mercer *定理*的内容，见 Shawe-Taylor 和 Christianini(2004，定理 3.13)。这些特征依赖于核函数的本征函数，因此它们可以是无限维的。

Mercer 核满足几个非常有用的属性(Shawe-Taylor 和 Christiani，2004，第 75 页)。假设我们有核 κ_1，κ_2，κ_3，实常数 $a > 0$，$\boldsymbol{A}$ 是一个半正定 $D \times D$ 矩阵，γ：$\mathbb{R}^D \rightarrow \mathbb{R}^D$，那么以下都是有效的 Mercer 核：

(1) 可加性：$\kappa(\boldsymbol{x};\ \boldsymbol{x}') = \kappa_1(\boldsymbol{x};\ \boldsymbol{x}') + \kappa_2(\boldsymbol{x};\ \boldsymbol{x}')$

(2) 常数的倍数：$\kappa(\boldsymbol{x};\ \boldsymbol{x}') = a\kappa_1(\boldsymbol{x};\ \boldsymbol{x}')$

(3) 乘积：$\kappa(\boldsymbol{x};\ \boldsymbol{x}') = \kappa_1(\boldsymbol{x};\ \boldsymbol{x}')\kappa_2(\boldsymbol{x};\ \boldsymbol{x}')$

(4) 参数变换：$\kappa(\boldsymbol{x};\ \boldsymbol{x}') = \kappa_3(\gamma(\boldsymbol{x});\ \gamma(\boldsymbol{x}'))$

(5) 马氏变换：$\kappa(\boldsymbol{x};\ \boldsymbol{x}') = \boldsymbol{x}^{\mathrm{T}} \boldsymbol{A} \boldsymbol{x}$

使用这些属性，我们可以组合核函数并从中构建全新的函数。因此，这并不是一个详尽的属性列表。

6.2 混合建模

第 4 章描述的所有概率模型都是单峰的，即它们都有一个模式或“凸峰”。对于通常是多峰的真实数据，即具有多个峰值(见图6.1)，这通常是不够的。虽然我们可以通过设计来创建具有多种模式的特定分布，但一个简单的选择是使用合适的混合分布。这些分布是 $K\geqslant 1$ 分量分布 $f(\boldsymbol{x};\boldsymbol{p})$ 与数据 $\boldsymbol{x}\in\mathbb{R}^D$ 的参数向量 $\boldsymbol{p}$ 的加权线性组合。混合分布的形式如下：

$$f(\boldsymbol{x})=\sum_{k=1}^{K}\pi_k f(\boldsymbol{x};\boldsymbol{p}_k) \tag{6.1}$$

式中，混合分布的权重 $0\leqslant\pi_k\leqslant 1$ 归一化为 $\sum_{k=1}^{K}\pi_k=1$。通常，当分量分布 $f(\boldsymbol{x};\boldsymbol{p})$ 为单峰分布时，$f(\boldsymbol{x})$ 中最多有 K 个模态。有 K 个不同的参数向量，因为每个分量都有自己的参数向量。

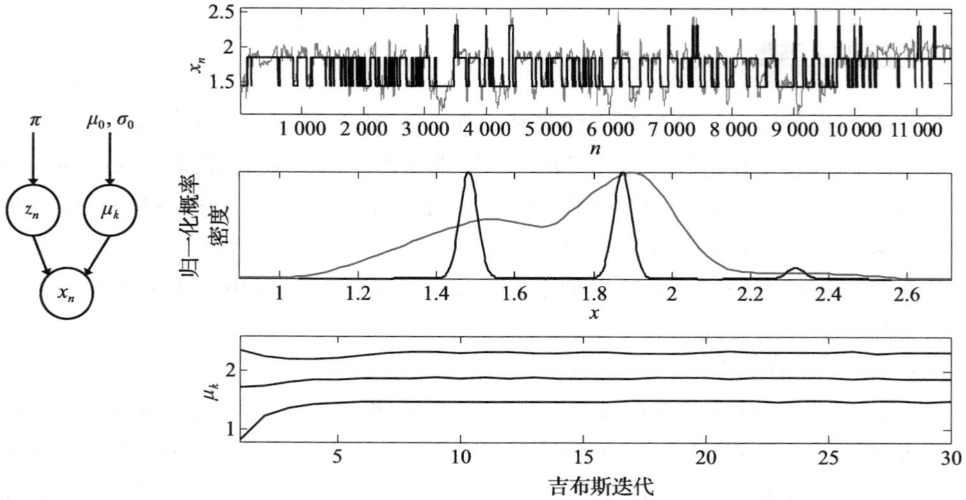

图6.1　一个基本的单变量高斯混合模型，用于将从钻孔(右上，灰色线，来源于堪萨斯大学堪萨斯地质调查局)测得的伽马射线强度信号分为三种不同类型的岩层，$K=3$。左图：混合分布的概率图模型。在所有吉布斯迭代中的MAP分配用于估计MAP分层(右上，黑线)。混合模型收敛时的归一化密度(右中，黑线)叠加在数据的归一化密度上(右中，灰线，核密度估计)。右下：混合分量均值的收敛路径

如何从这种混合分布中提取样本 $\boldsymbol{x}$ 呢？我们可以方便地将其视为一个概率图模型，其中包含一个潜在或“隐藏”的随机变量 Z。由于 $\boldsymbol{x}$ 可以具有概率为 π_k 的 K 个可能参数，因此这与 Z 在绝对分布上是一致的。那么原始取样(3.4节)可适用于：只需抽取一个分类变量 $z=k$，我们称其为指示变量，$k\in 1,\cdots,K$ 的概率为 π_k，然后从 $f(\boldsymbol{x};\boldsymbol{p}_k)$ 中得出 $\boldsymbol{x}$。

下一个问题是：已知 N 个数据点 $\boldsymbol{x}_1,\cdots,\boldsymbol{x}_N$，如何估计参数向量？这些数据点中的每一个都将从混合分量中抽取，使用 $z_n=k$，表示数据点 $\boldsymbol{x}_n$ 是从分量 k 中提取的。假设所有这些数据点都是独立同分布的，所有数据的联合概率为：

$$f(\boldsymbol{x};\boldsymbol{p})=\prod_{n=1}^{N}\sum_{k=1}^{K}\pi_k f(\boldsymbol{x}_n;\boldsymbol{p}_k) \tag{6.2}$$

其中包括分类向量 $\boldsymbol{\pi}$ 作为参数向量 $\boldsymbol{p}$ 的一部分。

6.2.1 混合模型的吉布斯采样

参数 $\boldsymbol{p}_k$ 的最大似然估计是通过最大化这些参数得到的，见式(6.2)。不幸的是，最大化操作不能在封闭形式下运行。因此，我们必须转向近似推理方法，首先用足够的先验信息扩充这个模型，以调用常用的吉布斯采样器。为此，我们将在具有共同超参数 $\boldsymbol{q}$ 的混合分量参数 $\boldsymbol{p}_k$ 上放置一个(通常是共轭的)先验。然后，通过依次考虑每个未知变量 $\boldsymbol{z}$ 和 $\boldsymbol{p}$ 的马尔可夫毯(5.2 节)，我们得到以下(块)吉布斯更新：

(1) 从 $f(z_n|\boldsymbol{p}, \boldsymbol{x}; \boldsymbol{\pi})$中采样每个成分指标 z_n，其中 $n=1, 2, \cdots, N$；

(2) 从 $f(\boldsymbol{p}_k|\boldsymbol{z}, \boldsymbol{x}; \boldsymbol{q})$中采样每一个 $\boldsymbol{p}_k$，其中 $k=1, 2, \cdots, K$。

为了便于说明，研究一元($D=1$)高斯数据的简化特例，其分量均值为 $\boldsymbol{\mu}$，共享固定方差 σ^2。对多元高斯函数的扩展是很直接的。平均参数上的共轭先验是一元高斯函数，均值和方差为 μ_0 和 σ_0^2，因此每个分量均值的后验值也是一元高斯函数。这给出了以下条件概率：

$$f(z_n=k|\boldsymbol{\mu}, \boldsymbol{x}; \boldsymbol{\pi})=\frac{\pi_k\mathcal{N}(x_n; \mu_k, \sigma^2)}{\sum_{j=1}^{K}\pi_j\mathcal{N}(x_n; \mu_j, \sigma^2)} \tag{6.3}$$

$$f(\mu_k|\boldsymbol{z}, \boldsymbol{x}; \mu_0, \sigma_0)=\mathcal{N}(\mu_k; \bar{\mu}_k, \bar{\sigma}_k) \tag{6.4}$$

其中：

$$\bar{\mu}_k=\frac{1}{\sigma^2+\sigma_0^2N_k}\left(\sigma^2\mu_0+\sigma_0^2\sum_{n:\, z_n=k}x_n\right)$$

$$\bar{\sigma}_k=\frac{\sigma^2\sigma_0^2}{\sigma^2+\sigma_0^2N_k} \tag{6.5}$$

这里，N_k 是分配给分量 k 的 z_n 的数量。作为一个示例(非线性)DSP 应用，我们可以使用这种高斯混合对“尖峰状”信号执行(贝叶斯)非线性噪声去除，使用经典线性 DSP 来完成此项任务是非常困难的(见图 6.1)。

虽然吉布斯采样很方便，但它的问题是可能非常慢，即便不需要 1 000 次，也要 100 次才能达到收敛(如果可以检测到收敛的话)。这通常不适用于嵌入式 DSP 应用程序，因为通常需要在几个迭代中找到解决方案。一个相对简单的解决方案是完全避免采样，并使用确定性算法。

6.2.2 混合模型的期望最大化

任何确定性推理算法的目标都是最小化(或最大化)某个目标函数。在没有任何关于参数 $\boldsymbol{p}$ 的先验的情况下，相关的目标函数是混合模型的完全数据负对数似然：

$$\begin{aligned}-\ln f(\boldsymbol{x}, \boldsymbol{z}; \boldsymbol{p}, \boldsymbol{\pi})&=-\ln\prod_{n=1}^{N}\pi_{z_n}f(\boldsymbol{x}_n; \boldsymbol{p}_{z_n})\\&=-\sum_{n=1}^{N}\ln\pi_{z_n}f(\boldsymbol{x}_n; \boldsymbol{p}_{z_n})\end{aligned} \tag{6.6}$$

然而，我们不知道 z_n 的值，因为这些是不可观察的隐变量，所以不能直接评估这个目标函数。但是，我们可以求助于期望最大化算法来寻找近似解(5.3 节)，对于该近似解，我们需要关于(后验分布)$\boldsymbol{z}$ 的期望负对数似然：

$$E_{Z|X}[-\ln f(\boldsymbol{x}, \boldsymbol{Z}; \boldsymbol{p}, \boldsymbol{\pi})] = -\sum_{n=1}^{N}\sum_{k=1}^{K}[f(z_n = k|\boldsymbol{x}; \boldsymbol{p}, \boldsymbol{\pi})\ln \pi_k f(\boldsymbol{x}_n; \boldsymbol{p}_k)] \tag{6.7}$$

注意，对于这个表达式，我们可以对每个变量 $\boldsymbol{p}_k$ 分别求导，因为它们都是独立的，这意味着我们可以通过依次对 $\boldsymbol{p}_k$ 求导以最小化公式(6.7)。特别是，对于高斯混合模型，这可以得到如下平均值的估计值(Bishop，2006，第 439 页)：

$$\boldsymbol{\mu}_k = \frac{\sum_{n=1}^{N} f(z_n = k|\boldsymbol{x}; \boldsymbol{\mu}, \boldsymbol{\pi})\boldsymbol{x}_n}{\sum_{m=1}^{N} f(z_m = k|\boldsymbol{x}; \boldsymbol{\mu}, \boldsymbol{\pi})} \tag{6.8}$$

当然，这不是一个闭式表达式，因为 $f(z_n = k|\boldsymbol{x}; \boldsymbol{p}, \boldsymbol{\pi})$ 依赖于所有的 $\boldsymbol{p}_k$。期望最大化(EM)为 $\boldsymbol{p}_k$(随机)选择一个值，然后计算概率 $\boldsymbol{Z}$，之后重新计算每个 $\boldsymbol{p}_k$，依此类推。为了评估收敛性，我们通过消除指标来计算不完整(观测数据)负对数似然：

$$E(\boldsymbol{p}) = -\sum_{n=1}^{N}\ln\sum_{k=1}^{K}\pi_k f(\boldsymbol{x}_n; \boldsymbol{p}_k) \tag{6.9}$$

在下面的算法 6.1 中，我们对 EM 算法进行描述，该算法针对独立同分布混合模型。

算法 6.1　广义独立同分布混合模型的期望最大化

(1) 初始化。从一个随机参数集 $\boldsymbol{p}^0$ 开始，设置迭代次数 $i=0$。

(2) E 步。计算后验概率 $f(z_n = k|\boldsymbol{x}; \boldsymbol{p}^i)$，其中 $k \in 1, 2, \cdots, K$，而 $n \in 1, 2, \cdots, \boldsymbol{N}$。

(3) M 步。解决 $\boldsymbol{p}^{i+1} = \arg\min_{\boldsymbol{p}} E_{Z|X}[-\ln f(\boldsymbol{x}, \boldsymbol{Z}; \boldsymbol{p}^i)]$。

(4) 收敛性检查。计算观测数据的负对数损失 $E(\boldsymbol{p}^{i+1}) = -\sum_{n=1}^{N}\ln\sum_{k=1}^{K}\pi_k f(\boldsymbol{x}_n; \boldsymbol{p}_k^{i+1})$ 以及增量 $\Delta E = E(\boldsymbol{p}^i) - E(\boldsymbol{p}^{i+1})$，如果 $\Delta E < \epsilon$，则退出，解为 $\boldsymbol{p}^{i+1}$。

(5) 迭代。更新 $i \leftarrow i+1$，回到第二步。

注意，在上述算法中，我们将混合权重 $\boldsymbol{\pi}$ 纳入参数 $\boldsymbol{p}$ 中，因为这些参数通常是同时使用期望最大化进行估计的，这很简单(详见 Bishop，2006，第 439 页)。

通过高斯混合模型(图 6.2)可以清楚地观察到期望最大化的线性收敛性(见 2.1 节)。设置容差 $\epsilon = 10^{-6}$，例如，将在大约 17 次迭代中实现收敛，对于嵌入式 DSP 应用来说，这通常是吉布斯的一个重大改进。然而，当密度中的模式没有很好地分离时，混合模型的期望最大化收敛速度很慢。

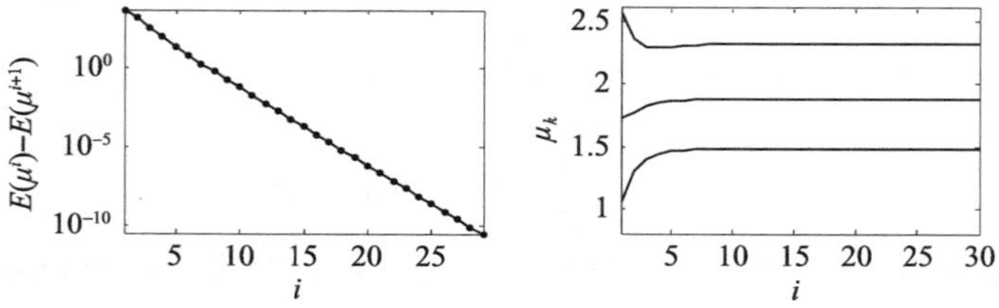

图 6.2　高斯混合模型的期望最大化算法的收敛性，适用于图 6.1 中的问题。由于收敛速度是线性的，左图观测数据负对数似然的差异呈指数减小，右图参数很快地收敛到其(局部)最优值

对于指数族分量分布 $f(\boldsymbol{x}_n|z_n=k;\ \boldsymbol{p}_k)=\exp(\boldsymbol{p}_k^{\mathrm{T}}\boldsymbol{g}(\boldsymbol{x}_n)-a(\boldsymbol{p}_k)+h(\boldsymbol{x}_n))$(参见 4.5 节)，分量参数的 M 步具有简单的形式。我们可以对每个 $\boldsymbol{p}_k$ 使用微积分最小化式(6.7)：

$$\frac{\partial}{\partial \boldsymbol{p}_k}\left[-\sum_{n=1}^{N}\sum_{k=1}^{K}f(z_n=k|\boldsymbol{x})[\boldsymbol{p}_k^{\mathrm{T}}\boldsymbol{g}(\boldsymbol{x}_n)-a(\boldsymbol{p}_k)+h(\boldsymbol{x}_n)]\right]=0 \tag{6.10}$$

$$\sum_{n=1}^{N}f(z_n=k|\boldsymbol{x})(\boldsymbol{g}(\boldsymbol{x}_n)-\boldsymbol{a}'(\boldsymbol{p}_k))=0 \tag{6.11}$$

基于 $\sum_{n=1}^{N}f(z_n=k|\boldsymbol{x})\boldsymbol{g}(\boldsymbol{x}_n)=\sum_{n=1}^{N}f(z_n=k|\boldsymbol{x})\boldsymbol{a}'(\boldsymbol{p}_k)$，我们可以得到：

$$\boldsymbol{a}'(\hat{\boldsymbol{p}}_k)=\frac{\sum_{n=1}^{N}f(z_n=k|\boldsymbol{x})\boldsymbol{g}(\boldsymbol{x}_n)}{\sum_{n=1}^{N}f(z_n=k|\boldsymbol{x})} \tag{6.12}$$

因此，对于指数族成分，M 步更新需要计算充分统计量的后验加权平均数。然后，可以通过求解这一问题来根据加权平均充分统计量求得后续 E 步的参数 $\hat{\boldsymbol{p}}_k$ 的值。

6.3 分类

对于一个拟合的混合模型，我们经常需要解决预测问题，具体地说就是给定一些新的数据 $\hat{\boldsymbol{x}}$，预测哪个分量将是该数据的最佳代表。本质上，这就是分类问题，是机器学习中研究得最深入的问题之一。注意，在实际的混合模型中，我们经常需要解决分类作为一个近似参数推断方法的一部分这类问题。例如，我们需要解决最大后验概率问题：

$$\begin{aligned}\hat{z}&=\underset{k\in 1,2,\cdots,K}{\arg\max}f(z=k|\hat{\boldsymbol{x}};\ \boldsymbol{p},\ \boldsymbol{\pi})\\&=\underset{k\in 1,2,\cdots,K}{\arg\max}[\pi_k f(\hat{\boldsymbol{x}};\ \boldsymbol{p}_k)]\\&=\underset{k\in 1,2,\cdots,K}{\arg\min}[-\ln\pi_k-\ln f(\hat{\boldsymbol{x}};\ \boldsymbol{p}_k)]\end{aligned} \tag{6.13}$$

因此，对一个新的数据点进行分类，包括评估所有分量的数据点的后验概率，并选择后验概率密度最高的一个。然而，没有必要使用概率模型，我们可以将分类问题表示为最小化由负对数分量(先验)概率 π_k 偏置的损失函数 $L(\boldsymbol{x},\ \boldsymbol{p})$：

$$\hat{z}=\underset{k\in 1,2,\cdots,K}{\arg\min}[-\ln\pi_k+L(\hat{\boldsymbol{x}},\ \boldsymbol{p}_k)] \tag{6.14}$$

当然，如果分量概率模型的形式是 $f(\boldsymbol{x};\ \boldsymbol{p})\propto\exp(-L(\boldsymbol{x},\ \boldsymbol{p}))$，其中归一化常数不依赖于 $\boldsymbol{p}$，我们也会得到同样的结果。概率(6.13)和非概率(6.14)的判别在分类中都很重要，我们将在下面的章节中详细研究这两者的用途。

数据分布 $f(\boldsymbol{x};\ \boldsymbol{p})$或损失函数 $L(\boldsymbol{x},\ \boldsymbol{p})$的选择在很大程度上决定了数据空间中决策边界的几何结构，也就是说，分隔每个类所包含的点集。以概率模型中的两类情形 $z\in 1,2$ 为例，判定边界 B 是联合概率相等的点集：

$$B=\{\boldsymbol{x}\in\mathbb{R}^D:\ \pi_1 f(\boldsymbol{x};\ \boldsymbol{p}_1)=\pi_2 f(\boldsymbol{x};\ \boldsymbol{p}_2)\} \tag{6.15}$$

在通常的分类设置中，我们有训练数据对 $\mathcal{D}=(\boldsymbol{x}_n,\ z_n)_{n=1}^{N}$。通过最小化完整数据的负对数似然，我们可以使用它来估计模型 $\boldsymbol{p}$ 的参数：

$$E = -\sum_{n=1}^{N} \ln \pi_{z_n} f(\boldsymbol{x}_n;\ \boldsymbol{p}_{z_n})$$
$$= -\sum_{k=1}^{K} \sum_{n:\ z_n=k} [\ln \pi_k + \ln f(\boldsymbol{x}_n;\ \boldsymbol{p}_k)] \tag{6.16}$$
$$= -\sum_{k=1}^{K} N_k \ln \pi_k + \sum_{k=1}^{K} \sum_{n:z_n=k} \ln f(\boldsymbol{x}_n;\ \boldsymbol{p}_k)$$

现在，与混合模型不同，由于指标是已知的，上述表达式(通常)可以以封闭形式最小化。特别是，如果观测值的模型是单峰的，则以下各项在完整数据的负对数似然的全局最小值处成立：

$$\frac{\partial E}{\partial \boldsymbol{p}_k} = \sum_{n:z_n=k} \frac{\partial}{\partial \boldsymbol{p}_k} \ln f(\boldsymbol{x}_n;\ \boldsymbol{p}_k) = 0 \tag{6.17}$$

对于每一个 $k=1, 2, \cdots, K$。类似地$\left(\text{使用拉格朗日乘子来执行约束} \sum_{k=1}^{K} \pi_k = 1\right)$，混合权重的最大似然估计可通过分别对每个 π_k 最小化 E 得到：

$$\hat{\pi}_k = \frac{N_k}{N} \tag{6.18}$$

6.3.1　二次判别分析和线性判别分析

当我们考虑参数为 $\boldsymbol{\mu}$(平均值)和 $\boldsymbol{\Sigma}$(协方差)的多元高斯数据 $\boldsymbol{x}$ 时，出现了一种最简单的分类方法。由于式(6.17)在闭合形式下是可解的，因此估计参数很简单，事实上，它只是多元高斯的最大似然估计：

$$\hat{\boldsymbol{\mu}}_k = \frac{1}{N_k} \sum_{n:z_n=k} \boldsymbol{x}_n \tag{6.19}$$

$$\hat{\boldsymbol{\Sigma}}_k = \frac{1}{N_k} \sum_{n:z_n=k} (\boldsymbol{x}_n - \hat{\boldsymbol{\mu}}_k)(\boldsymbol{x}_n - \hat{\boldsymbol{\mu}}_k)^{\mathrm{T}} \tag{6.20}$$

则负对数判别变为：

$$\hat{z} = \mathop{\arg\min}_{k \in 1,2,\cdots,K} \left[\frac{1}{2}(\hat{\boldsymbol{x}} - \hat{\boldsymbol{\mu}}_k)^{\mathrm{T}} \hat{\boldsymbol{\Sigma}}_k^{-1} (\hat{\boldsymbol{x}} - \hat{\boldsymbol{\mu}}_k) + \frac{1}{2} \ln |\hat{\boldsymbol{\Sigma}}_k| - \ln \pi_k \right] \tag{6.21}$$

这种方法是使用多元高斯混合成分得到的，称为二次判别分析(QDA)，因为在常数范围内，负对数判别式是所谓的二次型。二次判别分析是一种相当复杂的方法，因为它的自由度是 $\frac{1}{2}KD(D+1)+KD=\frac{1}{2}KD(D+3)$，这里的自由度是由协方差和均值向量产生的。得到的决策边界 B 是 D 维上的(超)圆锥截面，包括椭球体、球体、双曲面和抛物面，以及退化的例子，如超平面。

实际上，后一种退化超平面边界是在分量协方差共享的情况下发生的，即 $\boldsymbol{\Sigma}_k = \boldsymbol{\Sigma}$ 时，其中 $k \in 1, 2, \cdots, K$。如果这是按设计构造的，那么有：

$$\hat{\boldsymbol{\Sigma}} = \frac{1}{N} \sum_{k=1}^{K} \sum_{n:z_n=k} (\boldsymbol{x}_n - \hat{\boldsymbol{\mu}}_k)(\boldsymbol{x}_n - \hat{\boldsymbol{\mu}}_k)^{\mathrm{T}} \tag{6.22}$$

这就产生了被称为线性判别分析(LDA)的分类方法，其判别式为：

$$\hat{z}=\underset{k\in 1,2,\cdots,K}{\arg\min}\left[\frac{1}{2}(\hat{\boldsymbol{x}}-\hat{\boldsymbol{\mu}}_k)^{\mathrm{T}}\hat{\boldsymbol{\Sigma}}^{-1}(\hat{\boldsymbol{x}}-\hat{\boldsymbol{\mu}}_k)-\ln\pi_k\right] \tag{6.23}$$

典型的线性判别分析和二次判别分析边界如图 6.3 所示。

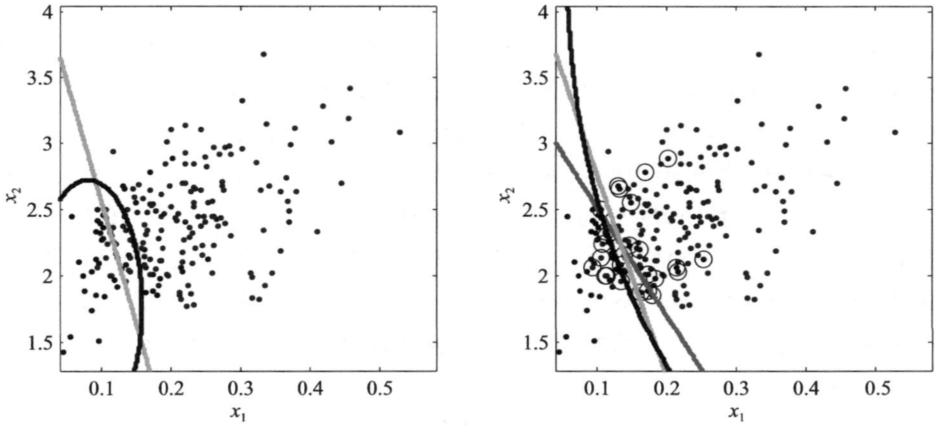

图 6.3　使用常用分类器计算出的决策边界。训练集 $\boldsymbol{x}$ 的数据包含帕金森病患者(灰点)和健康人(黑点)的语音记录的两个特征。线性判别分析(左图，灰线)在该数据上的分类准确率(平均 0-1 损失)为 86.7%，而二次判别分析(左图，黑线)绘制出的椭圆精确度稍低(83.6%)。相比之下，按最大间隔分类(右图，浅灰线)找到了一条与线性判别分析相似的线，但这条线更好，准确率为 87.7%。线性支持向量机(右图，深灰线)以 86.2%的准确率找到另一个线性边界，最后，经典的支持向量机(右图，黑线，Boyd 和 Vandenberghe，2004，第 430 页)找到了一个双曲线边界，准确率为 87.2%。在 $N=195$ 个数据点中，有 26 个支持向量用于确定这个双曲边界(黑色圆圈)

6.3.2 逻辑回归

在两类情况下，指标的后验概率可以写成：

$$\begin{aligned}f(z=1\mid\boldsymbol{p},\ \boldsymbol{x})&=\frac{\pi_1 f(\boldsymbol{x};\ \boldsymbol{p}_1)}{\pi_1 f(\boldsymbol{x};\ \boldsymbol{p}_1)+\pi_2 f(\boldsymbol{x};\ \boldsymbol{p}_2)}\\&=\frac{1}{1+\dfrac{\pi_2 f(\boldsymbol{x};\ \boldsymbol{p}_2)}{\pi_1 f(\boldsymbol{x};\ \boldsymbol{p}_1)}}\\&=\frac{1}{1+\exp\left(\ln\dfrac{\pi_2}{\pi_1}+\ln\dfrac{f(\boldsymbol{x};\ \boldsymbol{p}_2)}{f(\boldsymbol{x};\ \boldsymbol{p}_1)}\right)}\end{aligned} \tag{6.24}$$

对于线性判别分析，指标后验概率的对数比为：

$$\begin{aligned}\ln\frac{\pi_2}{\pi_1}+\ln\frac{f(\boldsymbol{x};\ \boldsymbol{p}_2)}{f(\boldsymbol{x};\ \boldsymbol{p}_1)}&=\ln\frac{\pi_2}{\pi_1}+\ln\left[\frac{\exp\left(-\dfrac{1}{2}(\boldsymbol{x}-\boldsymbol{\mu}_2)^{\mathrm{T}}\boldsymbol{\Sigma}^{-1}(\boldsymbol{x}-\boldsymbol{\mu}_2)\right)}{\exp\left(-\dfrac{1}{2}(\boldsymbol{x}-\boldsymbol{\mu}_1)^{\mathrm{T}}\boldsymbol{\Sigma}^{-1}(\boldsymbol{x}-\boldsymbol{\mu}_1)\right)}\right]\\&=\ln\frac{\pi_2}{\pi_1}-\frac{1}{2}(\boldsymbol{\mu}_2+\boldsymbol{\mu}_1)^{\mathrm{T}}\boldsymbol{\Sigma}^{-1}(\boldsymbol{\mu}_2-\boldsymbol{\mu}_1)+\boldsymbol{x}^{\mathrm{T}}\boldsymbol{\Sigma}^{-1}(\boldsymbol{\mu}_2-\boldsymbol{\mu}_1)\\&=b_0+\boldsymbol{b}^{\mathrm{T}}\boldsymbol{x}\end{aligned} \tag{6.25}$$

如果我们定义 $b_0=\ln\frac{\pi_2}{\pi_1}-\frac{1}{2}(\boldsymbol{\mu}_2+\boldsymbol{\mu}_1)^{\mathrm{T}}\boldsymbol{\Sigma}^{-1}(\boldsymbol{\mu}_2-\boldsymbol{\mu}_1)$ 和 $\boldsymbol{b}=(\boldsymbol{\Sigma}^{-1}(\boldsymbol{\mu}_2-\boldsymbol{\mu}_1))^{\mathrm{T}}$。那么有

$$f(z=1 \mid \boldsymbol{x};\ \boldsymbol{p})=\phi(b_0+\boldsymbol{b}^{\mathrm{T}}\boldsymbol{x}) \tag{6.26}$$

其中

$$\phi(u)=\frac{1}{1+\exp(-u)} \tag{6.27}$$

它被称为逻辑(sigmoid)函数，其中 ϕ：$\mathbb{R} \rightarrow [0,\ 1]$。因此，在两类线性判别分析的情况下，后验指标概率是数据 $\boldsymbol{x}$ 的一个非线性变换的线性函数，该函数的渐近行为是当 $u \rightarrow -\infty$ 时 $\phi(u) \rightarrow 0$，当 $u \rightarrow \infty$ 时 $\phi(u) \rightarrow 1$。同样的逻辑 sigmoid 概念可以扩展到任何数量的类。

注意，线性判别分析模型中的自由度通常比参数 b_0、$\boldsymbol{b}$ 的维数大。如果数据 $\boldsymbol{x} \in \mathbb{R}^D$，则线性判别分析需要参数 $K\boldsymbol{D}$(平均向量)、$1/2\boldsymbol{D}(\boldsymbol{D}-1)$(协方差矩阵)和 $K-1$(指标概率)。相比之下，如式(6.26)中所述，直接模拟指标概率只需要参数 $\boldsymbol{D}+1$，通常相当简单，这就是被称为*逻辑回归*(logistic regression)的分类方法。参数可使用迭代重加权最小二乘法进行拟合(见 2.3 节)，直接将所有数据的联合负对数后验最小化(Hastie 等人，2009，第 121 页)：

$$(\hat{b}_0,\ \hat{\boldsymbol{b}})=\underset{(b_0,\boldsymbol{b})}{\arg\min}\left[-\sum_{n=1}^{N}\ln f(z_n \mid \boldsymbol{x}_n;\ b_0,\ \boldsymbol{b})\right] \tag{6.28}$$

为了符号表示的简单性(并衔接下一节的内容)，在 $K=2$ 的两类情况下，如果我们使用标签 $z \in \{-1,\ 1\}$，那么可以将分类分布写为：

$$f(z \mid \boldsymbol{x};\ b_0,\ \boldsymbol{b})=p^{\frac{1}{2}(1+z)}(1-p)^{\frac{1}{2}(1-z)} \tag{6.29}$$

其中参数 $p=\phi(b_0+\boldsymbol{b}^{\mathrm{T}}\boldsymbol{x})$，那么可以得出：

$$E=\sum_{n=1}^{N}\left[\ln(\exp(-(b_0+\boldsymbol{b}^{\mathrm{T}}\boldsymbol{x}_n))+1)+\frac{1}{2}(b_0+\boldsymbol{b}^{\mathrm{T}}\boldsymbol{x}_n)(1-z_n)\right] \tag{6.30}$$

由于决策边界是指指标后验概率的对数比为零的集合，我们可以看到，逻辑回归像线性判别分析一样，具有线性决策边界 $B=\{\boldsymbol{x}:\ b_0+\boldsymbol{b}^{\mathrm{T}}\boldsymbol{x}=0\}$，然而，在逻辑回归中减少参数的数量有助于避免过度拟合，并且通常会产生更好的分类结果，因为我们不是对问题中的所有随机变量的联合分布进行建模，而是找到直接优化某些分类性能度量的参数。然而，由于我们不知道给定每个类的数据分布或指标概率(因为高斯和分类模型的参数在 b_0 和 $\boldsymbol{b}$ 中是不可分割地耦合在一起的)，这种有区别的建模方法不是生成性的，我们不能直接从完整的基础概率模型的联合分布中评估或抽取样本。在许多情况下，这是一个限制。在本章的后面，我们将讨论广义线性模型，其中逻辑回归是一个特例，并且在这里对这种方法产生了不同的概率解释。

6.3.3 支持向量机

在本节中，我们将探讨一种应用最广泛、最成功的分类方法，它本质上是非概率问题。最大后验概率分类规则(6.13)选择最大化特定数据点 $\boldsymbol{x}$ 的指标后验概率的类别。例如，在一个两类问题中，$z \in \{-1,\ 1\}$，如果 $f(z=-1 \mid \boldsymbol{p},\ \boldsymbol{x})>f(z=1 \mid \boldsymbol{p},\ \boldsymbol{x})$，那么我们令 $z=-1$，反之 $z=1$。我们也可以考虑后验概率的对数比，对于逻辑回归，它是：

$$\ln\left(\frac{f(-z \mid \boldsymbol{x};\ \boldsymbol{p})}{f(z \mid \boldsymbol{x};\ \boldsymbol{p})}\right)=z\boldsymbol{p}^{\mathrm{T}}\boldsymbol{x} \tag{6.31}$$

其中增强向量 $\boldsymbol{x}\mapsto(1\quad \boldsymbol{x})^{\mathrm{T}}$，$\boldsymbol{p}=(b_0\quad \boldsymbol{b})^{\mathrm{T}}$。为了对 $\boldsymbol{x}$ 进行正确分类，我们要求 $z\boldsymbol{p}^{\mathrm{T}}\boldsymbol{x}\geqslant 0$，并且对于所有 $n=1,2,\cdots,N$，我们要找到能完成正确分类的 $\boldsymbol{p}$ 以满足 $z_n\boldsymbol{p}^{\mathrm{T}}\boldsymbol{x}_n\geqslant 0$，如果数据实际上可以被线性超平面 $\boldsymbol{p}^{\mathrm{T}}\boldsymbol{x}=0$ 分离，则会有无限多的可行解。然而，对数后验决策比 $z\boldsymbol{p}^{\mathrm{T}}\boldsymbol{x}$ 越大，我们就越有信心证明我们的判断是正确的，并且会推广到超出这个数据的范围。这促使我们找到适用于所有数据的最大非零决策裕度(margin)$m>0$ 对应的 $\boldsymbol{p}$，即 $n=1,2,\cdots,N$ 时有 $z_n\boldsymbol{p}^{\mathrm{T}}\boldsymbol{x}_n\geqslant m$。在这里，我们总是可以重新缩放 $\boldsymbol{p}$，使 m 变大，所以我们需要从问题中去掉一个自由度。这可以通过重新定义 $m=1/\|\boldsymbol{b}\|$ 来实现，那么现在，最大化 m 等同于最小化 $\boldsymbol{b}$ 的幅值，这就意味着我们需要使二次规划分类的裕度最大化(见 2.4 节)：

$$\begin{aligned}&\text{最小化}\quad \frac{1}{2}\|\boldsymbol{b}\|_2^2\\&\text{受}\qquad z_n\boldsymbol{p}^{\mathrm{T}}\boldsymbol{x}_n\geqslant 1,\quad n=1,2,\cdots,N\ \text{约束}\end{aligned}\tag{6.32}$$

当然，在现实中，我们通常不会遇到完全线性可分的数据。一种解决方案是容忍一些错分的数据点位于判决边界错误的一侧。我们可以改变分类的不等式为 $z_n\boldsymbol{p}^{\mathrm{T}}\boldsymbol{x}_n\geqslant 1-u_n$，当 $n=1,2,\cdots,N$ 时有 $u_n\geqslant 0$，并惩罚这个和 $\sum_{n=1}^{N}u_n$。这种软裕度(soft-margin)的支持向量机的二次规划是：

$$\begin{aligned}&\text{最小化}\quad \boldsymbol{1}^{\mathrm{T}}\boldsymbol{u}+\frac{\lambda}{2}\|\boldsymbol{b}\|_2^2\\&\text{受}\qquad z_n\boldsymbol{p}^{\mathrm{T}}\boldsymbol{x}_n\geqslant 1-u_n,\quad n=1,2,\cdots,N\\&\qquad\quad u_n\geqslant 0,\qquad\qquad n=1,2,\cdots,N\ \text{约束}\end{aligned}\tag{6.33}$$

其中，参数 $\lambda>0$ 控制着最小化误分类率(对于较小的 λ)和最大化分类裕度(较大的 λ)之间的权衡。

如果我们结合式(6.33)中的约束条件，支持向量机的正则化方面就可以更清楚地表示出来，依据 $u_n\geqslant\max[0,1-z_n\boldsymbol{p}^{\mathrm{T}}\boldsymbol{x}_n]$ 可以得到目标函数：

$$E=\sum_{n=1}^{N}\max[0,1-z_n\boldsymbol{p}^{\mathrm{T}}\boldsymbol{x}_n]+\frac{\lambda}{2}\|\boldsymbol{b}\|_2^2\tag{6.34}$$

函数 $\max[0,1-z\boldsymbol{p}^{\mathrm{T}}\boldsymbol{x}]$ 被称为合页损失(hinge loss)，下一节我们将讨论它的一般分类和重要性。可以说，正是这种函数的性质才是支持向量机分类器取得巨大成功的源泉。支持向量机分类器在应用中很受欢迎，在实践中表现良好(见图 6.3)。

大量证据已经证明了支持向量机在实际机器学习中的价值，自 20 世纪 90 年代中期以来，支持向量机一直是人们深入研究的对象(Cortes 和 Vapnik，1995)。人们投入了大量的精力寻找方法来加速求解特定支持向量机二次规划(6.33)的算法，包括非常流行的序列最小优化(sequential minimal optimization，SMO)方法(Platt，1999)。它也有许多变体，例如，扩展到多类情况和依赖的输出向量和其他离散对象，称为结构支持向量机(Tsochantaridis 等人，2005)。最重要的变体之一就是使用所谓的核技巧(kernel trick)，其中式(6.33)的对偶公式中产生的点积被函数的广义积所代替，这些函数的作用是将输入空间中的非线性分类边界映射到一个更高维的空间，其中数据是线性可分的，因此可以使用支持向量原理(Cortes 和 Vapnik，1995)。

也许支持向量机的唯一(主要)缺点是它本质上是非概率的，合页损失不是由任何分布导出的。正因为如此，当需要对分类不确定性进行估计时，支持向量机并不是特别有用，例如，在大多数实际应用中，获得近似置信区间的唯一方法是重采样(例如交叉验证)。

6.3.4　分类损失函数和误分类计数

解决分类问题时，我们需要问一个这样的问题：我们要解决的根本问题是什么？线性判别分析和二次判别分析等方法适用于概率模型(具有已知成分分配的高斯混合模型)，而逻辑回归和支持向量机直接拟合决策边界的参数。在所有这些边界拟合方法中，隐含着一个特定的损失函数，可以选择对这些参数进行某种正则化。因此，我们可以用一般正则化方程来检验这些方法：

$$\hat{\boldsymbol{p}}=\arg\min_{\boldsymbol{p}}\left[\sum_{n=1}^{N}L(z_n,\ \boldsymbol{x}_n;\ \boldsymbol{p})+\frac{\lambda}{2}\|\boldsymbol{p}\|_2^2\right] \tag{6.35}$$

其中 $\boldsymbol{p}$ 是边界参数的向量，L 是损失函数，$\lambda=0$。对于非正则化方法，我们设置 $\lambda=0$。

特别的，针对 $z\in\{-1,\ 1\}$ 的两类问题，逻辑回归使用逻辑(对数)损失 $L(z,\ h)=\ln(\exp(-h(\boldsymbol{p},\ \boldsymbol{x}))+1)+\frac{1}{2}h(\boldsymbol{p},\ \boldsymbol{x})(1-z)$，其中 $h(\boldsymbol{p},\ \boldsymbol{x})$ 是某种尺度函数(通常写为仿射变换形式 $h(\boldsymbol{p},\ \boldsymbol{x})=\boldsymbol{b}^{\mathrm{T}}\boldsymbol{x}+b_0$)。对于(线性)支持向量机，它是合页损失 $L(z,\ h)=\max[0,\ 1-zh(\boldsymbol{p},\ \boldsymbol{x})]$。

然而，理想情况下，我们希望最小化分类误差，这是用 0-1 损失量化的 $L(z,\ h)=\delta[z-\mathrm{sign}(-h(\boldsymbol{p},\ \boldsymbol{x}))]$(其中 δ 是 Kronecker 三角函数)。在式(6.35)(其中 $\lambda=0$)中使用此损失可最大限度地减少误分类数据点的数量。虽然这可能被认为是分类器的理想损失函数，但它不是连续的，也不是凸的。所以，在 0-1 损失下最小化式(6.35)是一个非常困难的优化问题，对于所有实际问题，都只能近似求解。然而，一个值得注意的事实是，支持向量机合页损失是 0-1 损失上的凸上界，即对于所有的 $h\in\mathbb{R}$，$\delta[z-\mathrm{sign}(-h)]\leqslant\max[0,\ 1-zh]$，如图 6.4 所示。因此，支持向量机解决了一个 0-1 损失的凸松弛问题，如果限制在凸函数的范畴中的话，使用它是一件好事。

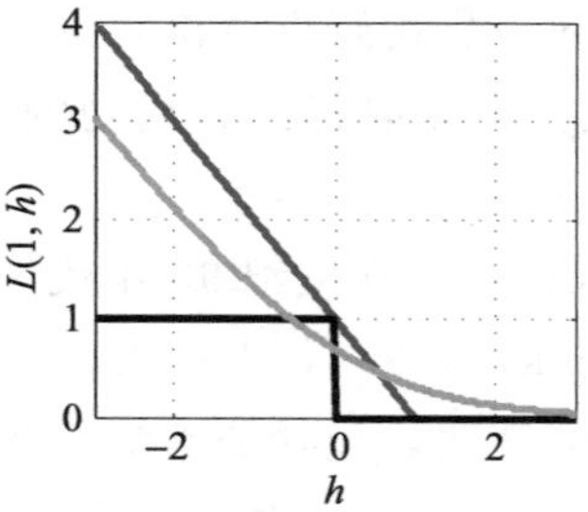

图 6.4　(两类)分类问题的损失函数："理想"0-1 损失或误分类计数(黑色)，逻辑回归产生的逻辑(对数)损失(灰色)，以及最大间隔和支持向量机(SVM)分类器中发生的合页损失(深灰色)。横轴是定义分类边界的参数 $\boldsymbol{p}$ 和数据 $\boldsymbol{x}$ 的函数 $h(\boldsymbol{x},\ \boldsymbol{p})$(通常是仿射函数)。这里我们展示的是 $z=1$ 的情况，对于另一个类 $z=-1$，这些函数完全镜像为 0。可以看出，合页损失是 0-1 损失上的凸上界

因此，使用支持向量机寻找边界参数时，有效地忽略了分类正确且距离边界超过正则化单位距离的点。相比之下，对数损失低估了决策边界附近的 0-1 损失。此外，远离边界但分类正确的点也会造成总损失。同时，合页损失比对数损失更严厉地惩罚错误分类的点。这些关于合页损失的描述为支持向量机在实际应用中通常优于线性判别分析、二次判别分析和逻辑回归等方法这一现象提供了一些直观的解释。

6.3.5 分类器的选择

经验研究普遍支持这样的结论：高度非线性、非参数分类器以及最接近于解决 0-1 损失问题的分类器的平均性能优于简单的模型，如线性判别分析和逻辑回归(Hastie 等人，2009)。例如，在线性判别分析的每一个应用中，线性支持向量机通常表现得更好。这似乎表明使用简单的分类器没有什么意义。

然而，这些结论通常是通过采样验证方法获得的(通常是一轮训练-测试拆分或多次交叉验证运行，见 4.2 节)。这种方法的问题在于，验证方法所依据的数据分布通常与部署中的数据分布有很大不同(Hand，2006)。当这种情况发生时，我们不能再依赖于验证性能的结果：本质上，不能对部署中的分类器的最终性能抱有太大期望。正因为如此，Hand(2006)提倡使用更简单的分类器，因为它们往往相较于复杂的分类器能更好地支持最终数据中的这种系统变化。

这是一个实用的启发式方法，但请注意，建模的目标应该始终是为模型找到*正确的*复杂度。一个简单的分类器对数据分布中的未知变化确实不太敏感，可能我们冒险创建一个模型，但该模型本质上对所有数据都有着同样糟糕的分类结果。一个更好的解决方案或许是在所有可用的数据上不断地重新训练分类器，使它变得更可靠。我们应该始终根据由已知变量估计得到的结果来选择是采用简单的还是较为复杂的分类器。

6.4 回归

对于基本分类问题，(隐式或显式)假设存在隐藏的分类变量 Z_n，指示每个数据项 $\boldsymbol{x}_n$ 的类。相比之下，在*回归*问题中，假设这些隐藏变量 $\boldsymbol{Z}$ 是连续的，并且确实可以是多元的。回归是经典统计学中一种常用的技术，其中隐藏的变量称为*协变量*(covariate)，有很多不同的方法可以从 $\boldsymbol{X}$ 的分布的不同选择中产生(以及它们所依赖的隐藏变量 $\boldsymbol{Z}$)。

6.4.1 线性回归

最简单和最普遍的回归方法应该就是(*多元*)*线性回归*，它可以通过线性期望模型 $E[\boldsymbol{X}|\boldsymbol{Z}]=\boldsymbol{WZ}$ 从 $\boldsymbol{X}$ 依赖于 $\boldsymbol{Z}$ 的假设中推导出来，其中 $\boldsymbol{W}\in\mathbb{R}^{D\times M}$ 是参数矩阵，而 $\boldsymbol{X}\in\mathbb{R}^{D}$，$\boldsymbol{Z}\in\mathbb{R}^{M}$。假设 $\boldsymbol{X}$ 是协方差矩阵 $\boldsymbol{\Sigma}\in\mathbb{R}^{D\times D}$ 的多元高斯函数，对于独立同分布数据而言，其似然为：

$$f(\boldsymbol{x};\boldsymbol{W},\boldsymbol{\Sigma})=\prod_{n=1}^{N}\mathcal{N}(\boldsymbol{x}_n;\boldsymbol{Wz}_n,\boldsymbol{\Sigma}) \tag{6.36}$$

因此，我们得到负对数损失：

$$\begin{aligned}-\ln f(\boldsymbol{x};\boldsymbol{W},\boldsymbol{\Sigma})&=-\ln\prod_{n=1}^{N}\mathcal{N}(\boldsymbol{x}_n;\boldsymbol{Wz}_n,\boldsymbol{\Sigma})\\&=\frac{1}{2}\sum_{n=1}^{N}(\boldsymbol{x}_n-\boldsymbol{Wz}_n)^{\mathrm{T}}\boldsymbol{\Sigma}^{-1}(\boldsymbol{x}_n-\boldsymbol{Wz}_n)+\frac{N}{2}\ln|\boldsymbol{\Sigma}|+\frac{ND}{2}\ln(2\pi)\end{aligned} \tag{6.37}$$

我们可以将其写为 $E=\frac{1}{2}\|\boldsymbol{X}-\boldsymbol{WZ}\|_{\mathrm{F}}^{2}+\frac{N}{2}\ln|\boldsymbol{\Sigma}|+C(N,D)$的形式，其中$\|\boldsymbol{A}\|_{\mathrm{F}}=\sqrt{\operatorname{tr}(\boldsymbol{A}^{\mathrm{T}}\boldsymbol{A})}$(称为矩阵 $\boldsymbol{A}$ 的 *Frobenius 范数*)；$\boldsymbol{X}$ 是一个 $D\times N$ 的矩阵，其中每列是 $\boldsymbol{x}_n$ 中

的元素；$\boldsymbol{Z}$ 是一个 $M\times N$ 的矩阵，其列中包含 $\boldsymbol{z}_n$；C 是归一化函数。利用迹的性质(1.3 节)和标量对矩阵求导规则(Petersen 和 Pedersen，2008)，我们可以证明：

$$\hat{\boldsymbol{W}}=\boldsymbol{X}\boldsymbol{Z}^{\mathrm{T}}(\boldsymbol{Z}\boldsymbol{Z}^{\mathrm{T}})^{-1} \tag{6.38}$$

也许是因为这种估计的简单性——只涉及线性代数，线性回归成为统计学、DSP 和机器学习的支柱之一。然而，这种模式几乎总是不现实的，因为数据背后有一个纯粹的线性模型，这个模型周围的随机偏差是高斯的，这是一组相当明确的假设，稍后我们将介绍如何放宽这些假设。

6.4.2 贝叶斯和正则线性回归

计算线性回归估计值(6.38)最复杂的部分是求解矩阵 $\boldsymbol{Z}\boldsymbol{Z}$ 的逆。通常，这是不可能的，因为它没有唯一的逆，例如，如果 $\boldsymbol{Z}$ 有任何线性相关的行，就会发生这种情况。一般来说，简单线性回归问题往往只能在某种约束或正则化下求解，这就萌发了贝叶斯方法。

为了简单起见，我们考虑单变量情况 $D=1$，因此 $x_n\in\mathbb{R}$ 是数据，并假设参数向量 $\boldsymbol{w}\in\mathbb{R}^M$ 是多元高斯函数：

$$f(\boldsymbol{w})=\mathcal{N}(\boldsymbol{w};\ \boldsymbol{w}_0,\ \boldsymbol{\Sigma}_0) \tag{6.39}$$

在这种情况下，通过共轭(见 4.5 节)，假设 $\boldsymbol{\Sigma}=\boldsymbol{I}$，后验概率也是多元高斯函数：

$$\begin{aligned} f(\boldsymbol{w}\mid\boldsymbol{X})&=\mathcal{N}(\boldsymbol{w};\ \hat{\boldsymbol{w}}_N,\ \hat{\boldsymbol{\Sigma}}_N)\\ \hat{\boldsymbol{\Sigma}}_N&=(\boldsymbol{Z}\boldsymbol{Z}^{\mathrm{T}}+\boldsymbol{\Sigma}_0^{-1})^{-1}\\ \hat{\boldsymbol{w}}_N^{\mathrm{T}}&=(\boldsymbol{w}_0^{\mathrm{T}}\boldsymbol{\Sigma}_0^{-1}+\boldsymbol{X}\boldsymbol{Z}^{\mathrm{T}})\hat{\boldsymbol{\Sigma}}_N \end{aligned} \tag{6.40}$$

上式中，后验模式为 $\hat{\boldsymbol{w}}_N$，这就是最大后验概率解。我们以前遇到过的特例 $\boldsymbol{w}_0=\boldsymbol{0}$ 是岭估计(见式(2.17))。后验协方差 $\hat{\boldsymbol{\Sigma}}_N$ 主要取决于先验协方差 $\boldsymbol{\Sigma}_0$ 的选择，而该先验协方差起到正则化参数的作用。举例来说，如果令 $\boldsymbol{\Sigma}_0=\gamma\boldsymbol{I}$，那么当 $\gamma\to 0$ 时，先验协方差在从数据$(\boldsymbol{Z}\boldsymbol{Z}^{\mathrm{T}})^{-1}$ 获得的估计中占据主导作用；当 $\gamma\to\infty$时，则相反。

即使是这样简单的贝叶斯线性回归，也允许我们适当地考虑数据中的不确定性和参数的先验估计中的不确定性两者之间的平衡，因此它不会受到频率估计非唯一性的影响(见图 6.5)。这种方法可以做得更复杂，例如，在上述估计中，我们没有将似然协方差 $\boldsymbol{\Sigma}$ 建模为随机变量，但可以通过在$(\boldsymbol{w},\boldsymbol{\Sigma})$上放置一个共轭正态 Wishart 先验来实现这一点(Bishop，2006，第 102 页)。

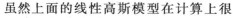

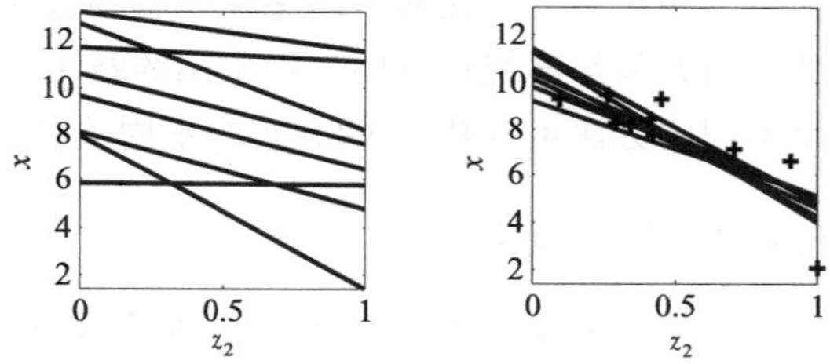

图 6.5　贝叶斯线性回归。二维参数向量 $\boldsymbol{w}$ 是一个多元高斯先验函数，其中均值 $\boldsymbol{w}_0=[8\quad -3]$，方差 $\boldsymbol{\Sigma}_0=6\boldsymbol{I}$。(仿射)回归线是 $x=w_0+w_1z_2$。左图显示的是多条依据先验绘制的回归线。右图显示的是 $N=10$ 个数据点 x_n，从似然 $\mathcal{N}(x\mid w_0+w_1z_2,\ 1.0)$(黑色十字)中提取。还显示了从后验绘制的几条回归曲线，其参数 $\hat{\boldsymbol{w}}_N$ 和 $\hat{\boldsymbol{\Sigma}}_N$ 是使用共轭更新(6.40)计算的

虽然上面的线性高斯模型在计算上很简单，但它们显然仅限于这样的情况，即似然是高斯的，先验是该似然的共轭。这是相当有限制性的，在许多情况下，可以根据不同的标准选择先验。下面的例子考虑一个线性模型，它的单变量数据是高斯的，但是已知(独立的，零中值)拉普拉斯先验条件下，后验为：

$$f(\boldsymbol{w}\,|\,\boldsymbol{x}) \propto \prod_{n=1}^{N} \mathcal{N}(x_n;\ \boldsymbol{w}^{\mathrm{T}}\boldsymbol{z}_n,\ \sigma^2) \prod_{i=1}^{M} \exp\left(-\frac{1}{b}|w_i|\right) \tag{6.41}$$

它的负对数后验是：

$$-\ln f(\boldsymbol{w}\,|\,\boldsymbol{x}) = \frac{1}{2\sigma^2}\sum_{n=1}^{N}(x_n - \boldsymbol{w}^{\mathrm{T}} z_n)^2 + \lambda\sum_{i=1}^{M}|w_i| + C(\sigma,\ \lambda,\ N,\ \boldsymbol{x}) \tag{6.42}$$

其中 $C(\sigma,\ \lambda,\ N,\ \boldsymbol{x})$是归一化函数，$b^{-1}=\lambda>0$ 是拉普拉斯排列参数的倒数。关于 $\boldsymbol{w}$ 的最小化不能通过分析来实现，但这是一个 L_2-L_1 混合范数 Lasso 问题，可以用动态规划的数值方法求解(见 2.4 节)。

6.4.3 线性参数回归

虽然线性(或仿射)模型很容易在上述分析框架内处理，但如果 $\boldsymbol{Z}$ 和 $\boldsymbol{X}$ 之间的关系是非线性的，那么我们的工作就要复杂得多。这是因为有无限多种可能的非线性情况存在。理想情况下，我们希望用一种回归方法来发现非线性关系本身，但这通常是困难的，我们将在后面讨论解决方法。然而，如果我们用转换后的版本代替或增加输入变量，一个简单的修改就可以将上述线性模型扩展到其他任意但选定种类的非线性情况。考虑一维($D=1$)输出变量 X 的情况，线性回归模型如下：

$$E[\boldsymbol{X}\,|\,\boldsymbol{Z}] = x(\boldsymbol{z}) = \sum_{i=1}^{M} w_i z_i \tag{6.43}$$

但是，使用任意非线性基函数 $h_i(z)$，我们可以创建一个非线性关系：

$$x(\boldsymbol{z}) = \sum_{i=1}^{M} w_i h_i(z_i) \tag{6.44}$$

现在，最大似然和最大后验参数估计值就是用数据 $\boldsymbol{h}(\boldsymbol{z})=(h_1(z_1),\ h_2(z_2),\ \cdots,\ h_M(z_M))^{\mathrm{T}}$ 代替 $\boldsymbol{Z}$ 的数据得到的。基函数的数量 Q 与数据的维数不同是完全可能的，例如对于一维数据，有 $\boldsymbol{h}(z)=(h_1(z),\ h_2(z),\ \cdots,\ h_Q(z))^{\mathrm{T}}$。广泛使用的基选择包括多项式 $h_i(z)=z^{i-1}$ 和高斯基函数 $h_i(z)=\exp(-s(z-\mu_i)^2)$，其中 $\mu_i\in\mathbb{R}$ 是一个位置参数，而 $s>0$ 是带宽参数，它控制基函数峰值的锐度(图 6.6)。

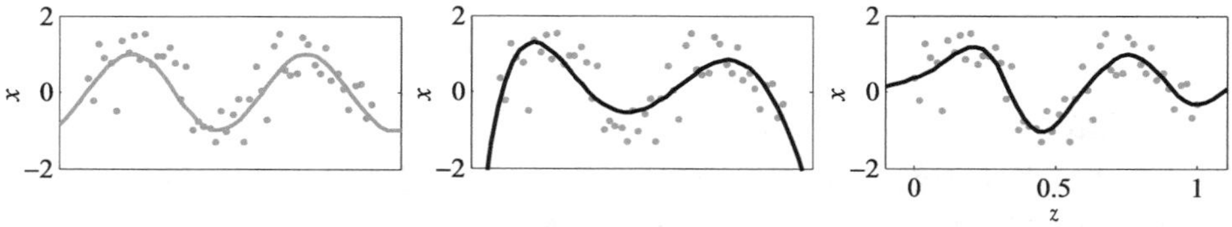

图 6.6 正弦函数 $x(z)=\sin(10.23z)$的参数线性回归(左图，灰线)。似然方差 $\sigma=0.5$，用于在 $z\in[0,\ 1]$ 范围内生成 $N=50$ 个数据点 x_n(左图，灰点)。多项式基回归 $h(z)=(z^0,\ z^1,\ \cdots,\ z^5)^{\mathrm{T}}$(中图，黑线)很好地拟合了数据，但从数据中推断出极端波动迅速下降到 $-\infty$。类似地，在范围 $[0,\ 1]$上具有 10 个等间距位置参数值 μ 且带宽 $s=20.0$ 的高斯基函数回归(右图，黑线)很适合给定的数据，但在数据范围外安全地推断为零。

虽然多项式很简单，没有附加参数可设置，但它们的外推(extrapolate)非常严重，超出了输入数据的范围，因为基在 $z\to\pm\infty$等极端处趋于$\pm\infty$。相比之下，高斯径向基在无穷大处趋于零，因此在实践中通常是一个更好控制的选择。当然，我们必须选择参数 μ 和

s 的值，在简单的线性回归框架内是无法做到这一点的。

6.4.4 广义线性模型

如果我们可以假设 $\boldsymbol{X}$ 的分布是(多元)高斯分布，那么基本的线性高斯模型是有效的，但并不是经常如此。因此，拥有一套适用于非高斯分布的工具是很有帮助的。一般来说，任意分布的回归问题是不可处理的。然而，如果分布来自指数族——这是一个广泛的分布类别(见 4.5 节)——那么使用我们已经开发的工具就可以很容易地解决非高斯回归问题。

考虑一元($D=1$)的情况，线性高斯回归模型的预测方程是 $\mu=E[X\,|\boldsymbol{Z}]=\boldsymbol{w}^{\mathrm{T}}\boldsymbol{Z}$。对于高斯，$\mu\in\mathbb{R}$，因此这是有意义的。但是，对于一般分布，平均值可以占据 $\mathbb{R}$ 的不同范围。让我们看看一维参数向量指数族(称为*单参数指数族*)的情况，其似然为：

$$f(x;\ p)=\exp(pg(x)-a(p)+h(x)) \tag{6.45}$$

我们将通过设置 $p=\boldsymbol{w}^{\mathrm{T}}\boldsymbol{z}$ 使其成为一个线性预测模型：

$$f(x;\ \boldsymbol{w},\ \boldsymbol{z})=\exp(\boldsymbol{w}^{\mathrm{T}}\boldsymbol{z}g(x)-a(\boldsymbol{w}^{\mathrm{T}}\boldsymbol{z})+h(x)) \tag{6.46}$$

如式(4.58)所示，平均值是对数归一化函数 $a(p)$ 的一阶导数，即 $\mu=\dfrac{\partial a}{\partial p}(p)=E[X\,|\boldsymbol{Z}]$，如果我们将均值方程写为 $\dfrac{\partial a}{\partial p}(p)=\phi(p)=\mu$，就可以根据 $\boldsymbol{w}^{\mathrm{T}}\boldsymbol{Z}$ 求出 μ，即 $\mu=\phi^{-1}(\boldsymbol{w}^{\mathrm{T}}\boldsymbol{Z})$。函数 ϕ^{-1} 将线性预测值映射到平均值上，称为广义线性模型的(*规范*)*连接函数*。因此，指数族的选择决定了规范连接函数。

这种结构通过以下方式推广了线性模型。对于已知方差 $\sigma^2=1$ 的情况，单参数高斯具有对数归一化函数 $a(p)=\dfrac{1}{2}p^2$，因此 $\phi(p)=p$ 给出 $\mu=\boldsymbol{w}^{\mathrm{T}}\boldsymbol{Z}$，这实际上是一维高斯线性模型。

在伯努利的情况下，我们有 $a(p)=\ln(1+\exp(p))$，因此预测函数的公式如下：

$$\mu=\frac{1}{1+\exp(-\boldsymbol{w}^{\mathrm{T}}\boldsymbol{Z})} \tag{6.47}$$

这与我们在逻辑回归(见式(6.26))中发现的关系相同。因此，逻辑回归实际上是一种具有规范连接的特殊广义线性模型：

$$\phi^{-1}(u)=\ln\left(\frac{u}{1-u}\right) \tag{6.48}$$

也称为 logit 函数。

下一个问题是最大似然参数估计：在高斯的情况下，我们有简单的线性高斯回归，可以像前面解释的那样解析地求解。对于非高斯的例子，情况就更复杂了。在已知独立同分布数据的条件下，负对数损失为 $E=-\ln f(\boldsymbol{x};\ \boldsymbol{w})$，相当于：

$$\begin{aligned}E&=-\sum_{n=1}^{N}\ln f(x_n;\ \boldsymbol{z}_n,\ \boldsymbol{w})\\&=-\sum_{n=1}^{N}\boldsymbol{w}^{\mathrm{T}}\boldsymbol{z}_n g(x_n)+\sum_{n=1}^{N}a(\boldsymbol{w}^{\mathrm{T}}\boldsymbol{z}_n)-\sum_{n=1}^{N}h(x_n)\end{aligned} \tag{6.49}$$

这是一个凸目标函数(见 4.5 节)，关于参数的偏导数为：

$$\frac{\partial E}{\partial \boldsymbol{w}}=-\sum_{n=1}^{N}\boldsymbol{z}_n^{\mathrm{T}}g(x_n)+\sum_{n=1}^{N}\boldsymbol{z}_n^{\mathrm{T}}\phi(\boldsymbol{w}^{\mathrm{T}}\boldsymbol{z}_n) \tag{6.50}$$

这个负对数损失和它的梯度是构造有用的梯度下降法来解决一般的广义线性模型最大似然问题所需的全部内容(图 6.7)，虽然迭代重加权最小二乘法也广泛用于该应用中(Bishop，2006，第 207 页；Hastie 等人，2009，第 120 页)。

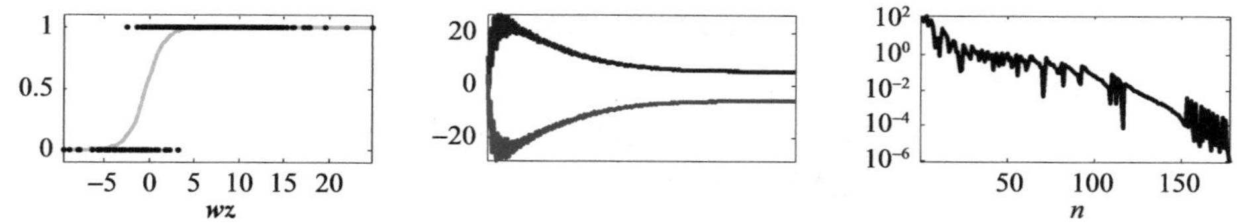

图 6.7 逻辑回归作为广义线性模型。二维参数向量 $\boldsymbol{w}=[5.1 \quad -5.7]^{\mathrm{T}}$。根据 $\boldsymbol{w}^{\mathrm{T}}\boldsymbol{z}_n$ 绘制的是 $N=300$ 时随机生成的训练数据点($\boldsymbol{z}_n$，x_n)(左图，黑色点)和反向连接函数(左图，灰色线)。使用带回溯线搜索的梯度下降法(见 2.3 节)，参数估计值在大约 160 次迭代中达到收敛容差 $\epsilon=10^{-6}$(中图，水平轴是梯度下降迭代的次数)，从负对数似然值的演变(右图)可以明显看出

广义线性模型具有非常大的灵活性，因此在实践中得到广泛应用。考虑一组计数数据，如 $X\in 0，1，2，\cdots，\infty$，那么泊松分布是一种自然的选择，其规范的连接是 $\phi^{-1}(u)=\ln(u)$。类似地，正数 $X\in\mathbb{R}$ 且 $X>0$ 意味着指数分布(如果没有模式)或伽马分布(有一个模式)，两者的倒数连接 $\phi^{-1}(u)=u^{-1}$。

还可以提出广义线性模型的贝叶斯版本，最显著的是 L_1 正则化(Hastie 等人，2009，第 125 页)：

$$E=\sum_{n=1}^{N}[-\boldsymbol{w}^{\mathrm{T}}\boldsymbol{z}_n g(x_n)+a(\boldsymbol{w}^{\mathrm{T}}\boldsymbol{z}_n)-h(x_n)]+\gamma\|\boldsymbol{w}\|_1 \tag{6.51}$$

其正则化参数为 $\gamma>0$。目标函数一般是凸的，但通常是非线性的，例如逻辑回归中的内点法(Koh 等人，2007)。

6.4.5 非参数、非线性回归

在我们迄今为止遇到的所有回归模型中，模型的结构对它能够表示的 $\boldsymbol{Z}$ 和 $\boldsymbol{X}$ 之间的关系施加了强烈的约束。对于某些应用程序而言，这些约束可能太强了。在这里，我们将考虑非参数模型，这些模型对回归关系的形式只施加非常轻度的限制。

考虑以下(单变量)联合变量(Z，X)的核密度估计，假设变量是独立的：

$$f(z, x)=\frac{1}{N}\sum_{n=1}^{N}\kappa(z; z_n)\kappa(x; x_n) \tag{6.52}$$

Z 的边际分布是：

$$\begin{aligned} f(z)&=\frac{1}{N}\sum_{n=1}^{N}\kappa(z; z_n)\int\kappa(x; x_n)\mathrm{d}x \\ &=\frac{1}{N}\sum_{n=1}^{N}\kappa(z; z_n) \end{aligned} \tag{6.53}$$

从中我们可以计算出给定 Z 的 X 的条件：

$$f(x\mid z)=\frac{\sum_{n=1}^{N}\kappa(z; z_n)\kappa(x; x_n)}{\sum_{n'=1}^{N}\kappa(z; z_{n'})} \tag{6.54}$$

回归模型是条件的期望值：

$$E[X|Z]=\int x\frac{\sum_{n=1}^{N}\kappa(z;\ z_n)\kappa(x;\ x_n)}{\sum_{n'=1}^{N}\kappa(z;\ z_{n'})}\mathrm{d}x$$
$$=\frac{1}{\sum_{n'=1}^{N}\kappa(z;\ z_{n'})}\sum_{n=1}^{N}\kappa(z;\ z_n)\int x\kappa(x;\ x_n)\mathrm{d}x \tag{6.55}$$
$$=\frac{\sum_{n=1}^{N}\kappa(z;\ z_n)x_n}{\sum_{n'=1}^{N}\kappa(z;\ z_{n'})}$$

如果内核概率密度函数 $\kappa(z,\ \mu)$ 被选择具有期望值 μ，则该值成立。这就产生了(非参数)核回归：

$$x(z)=\frac{\sum_{n=1}^{N}\kappa(z;\ z_n)x_n}{\sum_{n'=1}^{N}\kappa(z;\ z_{n'})} \tag{6.56}$$

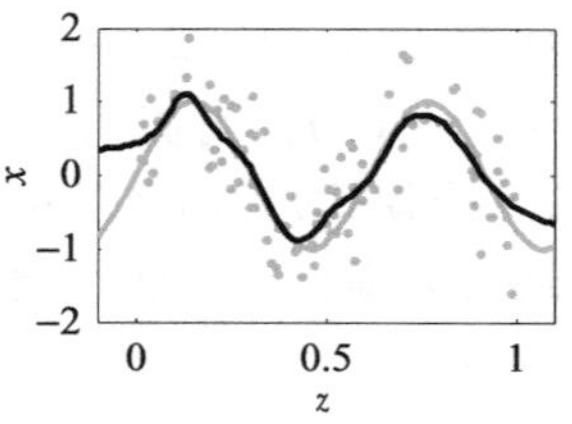

图 6.8　非参数核回归模型由数据 X 的局部加权平均值形成。其中权重函数 κ 是核概率密度函数，这里我们使用单变量高斯，$\sigma^2=2.5\times10^{-3}$。生成的数据来自与图 6.6 一样的函数

它是由所有数据点的标准化加权和形成的。通常，我们将均值附近的核概率密度函数设置为具有较大的密度值，而随着与均值距离的增大，该密度值减小。然后，核回归产生一条回归曲线，该曲线是平滑的，代表对每个 z 在 z_n 附近的数据 x_n 的局部加权平均值(图 6.8)。

核回归是一个特别广泛的框架，因为它包含了各种各样的算法。例如，我们可以用均匀核(uniform kernel)或盒核(box kernel)得到局部平均值：

$$\kappa(z;\ \mu)=\delta[\|z-\mu\|\leqslant\sigma] \tag{6.57}$$

同样，我们可以定义 K 最近邻核：

$$\kappa(z;\ \mu)=\delta[\|z-\mu\|\leqslant\|z^{(K)}-\mu\|] \tag{6.58}$$

其中 $z^{(K)}$ 是距离 z 最远的 K 的数据项，所有比这更远的数据都被赋予零核权重。

请注意，将核回归扩展到多个维度是很简单的，但是我们必须考虑到维数灾难——不太可能有足够的数据来填充输入空间，从而使这种插值方法适用于只有少数维度的情况。

上面定义的核回归产生一个局部常数回归曲线，这是核加权局部均值。这很简单，但在数据 z 稀疏的区域，这是有问题的，因为一般平滑函数的均值严重不拟合。一个更复杂的替代方法是使用局部线性核回归，我们对数据进行核加权局部线性拟合。我们可以将其作为局部核加权平方和误差的最小值：

$$E(z)=\sum_{n=1}^{N}\kappa(z;\ z_n)[x_n-w_0(z)-w_1(z)z_n]^2 \tag{6.59}$$

这是因为期望值是平方误差的最小值。局部常数预测函数的 $w_1(z)=0$。我们需要最小化每

个 z 值的平方误差，并对其进行关于 x 的预测，即我们必须求解 $\hat{w}(z)=\arg\min_{w(z)} E(z)$。这只是一个加权最小二乘问题(2.2 节)，预测函数是 $x(z)=\hat{w}_0(z)+\hat{w}_1(z)z$。当然，这个结果好得多的预测函数也是有代价的——通常每个预测的计算量为 $O(N^3)$，而局部常数核回归每次预测只需要 $O(N)$。核的平滑度通常由单个带宽参数(如高斯函数的标准差 σ)控制，其在决定回归曲线的平滑度方面起着重要作用。对于大多数实际的核函数，当带宽为零时，内核接近狄拉克增量。因此，预测函数准确通过每个数据点 x_n，预测误差为零。这当然是过拟合的，所以我们需要一些方法来正则化解。为此，交叉验证被广泛使用(4.2 节)。

在另一个极端，当核带宽足够大时，它使核在数据范围内对所有 z 有效地保持恒定，那么局部常数核回归只满足(全局)平均值，局部线性核回归变成(全局)线性回归。因此，我们可以将核回归视为参数回归模型，其中参数可以随 Z 变化。它们对 Z 的敏感程度取决于带宽。

与大多数非参数方法一样，核回归方法在实际应用中往往比参数回归方法更精确。然而，它们本质上是频率信号，所以我们对回归曲线形式的预控非常有限。有趣的是，可以以适当的形式对这些想法进行完全的贝叶斯处理，这将在第 10 章详细讨论。

本节讨论的非参数回归方法与 DSP 理论中的线性数字滤波器之间有着深刻的联系(见第 7 章)。在一维协变量的情况下，当 Z 是以均匀间隔 $z_n=n\Delta t$ 离散的信号的“类时间”变量时，许多回归算法都有直接对应的数字滤波器。滤波操作使用回归算法对信号 z_n 的每个值进行预测。

6.4.6 变量选择

通常，在回归问题中，我们将面临大量的隐变量 z_i，$i=1$，…，M 可能包含在模型中的情况。然而，尽管我们可能试图包含所有变量，甚至是在 $\boldsymbol{X}$ 和 $\boldsymbol{Z}$ 之间没有任何关系的数据，但预测误差会向下偏移——当 $M\geqslant N$ 时，最终精确到零(因为问题不再是超定的，见图 6.9)。因此，奥卡姆剃刀原理建议我们在输入变量的数量和预测误差之间进行权衡。这就引发了关于变量选择的讨论。变量选择对于所有机器学习问题都很重要，不仅仅是回归问题，其原理都是相同的，我们将在回归的背景下探讨它们。

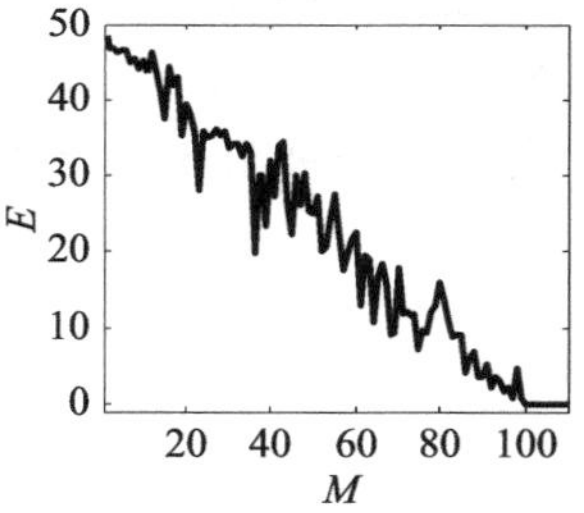

图 6.9 即使对于随机生成的数据，输入 $\boldsymbol{Z}$ 和输出变量 $\boldsymbol{X}$ 之间根本没有关系，也可以将线性回归问题中的预测误差 $E=\frac{1}{2}\|\boldsymbol{X}-\boldsymbol{WZ}\|_F^2$ 降低到零。这显然是一种误导，并且是变量选择的有力理由。这里有 $N=100$ 个例子，输入变量的数量 $M=1$，…，$N+10$。数据 $\boldsymbol{X}$ 和 $\boldsymbol{Z}$ 的所有条目都是零均值、单位方差独立同分布的高斯随机数

变量选择本质上是一个组合优化问题(2.6 节)，所以我们不应该期望它能够很容易解决。事实上，寻找变量的最优子集需要对所有 2^M 个可能的子集进行彻底探索，只有当 M 很小时才可行，因此通常使用各种启发式方法。正向逐步变量选择从没有变量(即空子集 $A_0=\varnothing$)开始，然后选择产生最小正则化预测误差的变量，通过交叉验证或 AIC 估计(4.23)，其中 $K=M$(见 4.2 节)。在组合优化的术语中，这只是一种改进最优的贪婪搜索，其中每次迭代 $\mathcal{N}(A_{n+1})$上的邻域是不在 A_n 中的一组变量(Hastie 等人，2009，第 58

页)。反向逐步法是一种类似的贪婪过程，选择从完整的变量集开始，并在每次迭代中删除产生最小预测误差的变量(Hastie 等人，2009，第 58 页)。我们可以很容易地在这里应用更复杂的方法，例如模拟退火或禁忌搜索。如果不使用预测误差作为变量子集质量的度量，而是使用候选变量与当前子集的残差 $\boldsymbol{e}=\hat{\boldsymbol{x}}-\boldsymbol{x}$ 的相关性的大小，则正向逐步变为正向阶段性选择(Hastie 等人，2009，第 60 页)。

我们考虑一下线性回归中变量选择的显式正则化方法：

$$E=\frac{1}{2\sigma^2}\sum_{n=1}^{N}(x_n-\boldsymbol{w}^{\mathrm{T}}\boldsymbol{z}_n)^2+\gamma\sum_{i=1}^{M}|w_i|^q \tag{6.60}$$

其中正则化参数 $\gamma>0$，$q\geqslant0$。当 $q=0$ 时，我们得到 L_0 损失，如果 $u=0$，则为 $|u|^0=1$，反之为零。在这种情况下，正则化项只计算非零系数的数量，例如模型中所包含的变量。由于这是非凸的，因此计算上很难处理，但是如果我们选择 $q=1$，则会更早得到 Lasso 问题，这一步是有必要的，因为 L_1 损失是 L_0 损失最接近的凸替代。因此，Lasso 回归结合了变量选择和回归的元素，在计算上易于处理(见图 6.10)。λ 的最优值可以通过交叉验证来选择。

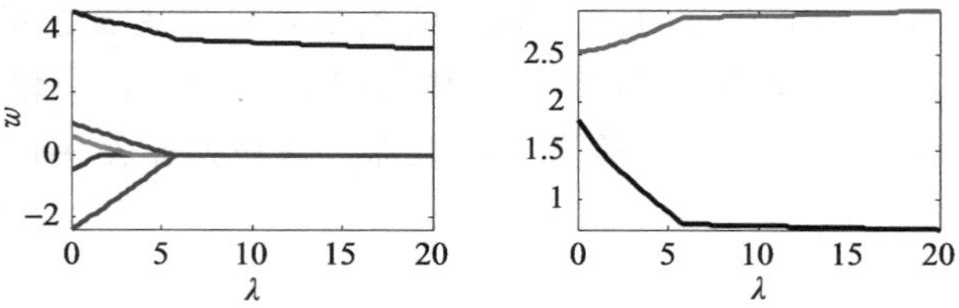

图 6.10　Lasso 回归的变量选择特性。这是一个单变量($M=5$)的变量线性回归问题，参数向量 $\boldsymbol{w}=[5.0\ \ -2.2\ \ 0\ \ 0\ \ 0]^{\mathrm{T}}$，似然标准差 $\sigma=1$。因此，输出 X 仅取决于前两个变量，其余变量是多余的。随着正则化参数 λ 的增加，参数的单个值 w_i，$i=1,\cdots,M$ 向零收缩(左图，其中每个不同深度的线表示一个参数向量值)，这意味着它们是从模型中被选择出来的。右图：预测误差 $E=\|\boldsymbol{X}-\boldsymbol{WZ}\|_{\mathrm{F}}^2$(灰线)随正则化参数 λ 而增大，而平均绝对参数值 $J=\frac{1}{M}\|\boldsymbol{w}\|_1$ 减小。$\lambda\approx2.5$ 的值正确地选择了两个重要变量，其中一个选择不正确，而在 $\lambda\approx5.0$ 时，Lasso 正确地选择了第一个变量，但错误地删除了另一个变量

许多其他变量选择方法可以被看作上述技术的变体，例如，经过简单修改的最小角度回归(LAR)可被视为整个 Lasso 回归路径的近似计算(Hastie 等人，2009，第 76 页)。尽管在式(6.60)中 $q=2$ 的情况下恢复了岭回归，但一般来说，除了理论极限 $\gamma\rightarrow\infty$ 之外，所有参数都是非零的，因此将其视为变量选择方法是不合理的。

6.5　聚类

分类是一种有监督的技术，在这种技术中，我们对训练数据进行标记，这样就可以为每个类学习一个统计模型。与混合建模一样，在聚类中，我们不知道每个数据点 $\boldsymbol{x}_1,\cdots,\boldsymbol{x}_N$ 的标签。因此它是无监督的，我们必须既要估计每个点对唯一类的确定性赋值，又必须学习每个类模型的参数。统计机器学习和信号处理中有大量的聚类技术，我们将从最简单的讨论开始阐述其主要思想。

6.5.1 K 均值和变量

我们在前面已经看到，对于高斯混合模型，与吉布斯采样相比，期望最大化通常可以大大减少计算量，因为用期望最大化达到收敛所需的迭代次数通常至少会减少一个数量级。尽管如此，期望最大化仍然需要计算 M 步中所有观测值的加权平均值，计算复杂性仅为 $O(NK)$。在这里，我们将展示一个更简单的算法，一个最普遍的聚类算法被称为 K 均值，它实际上是混合模型的期望最大化和吉布斯采样的限制情况。考虑到高斯混合模型，如果我们将协方差取为 $\sigma^2\boldsymbol{I}$，然后取极限值 $\sigma^2 \to 0$，则后验指标概率变为(Bishop，2006，第 443 页)：

$$f(z_n=k\,|\,\boldsymbol{\mu},\ \boldsymbol{x};\ \boldsymbol{\pi}) \to \begin{cases} 1 & 若\ k=\underset{j\in 1,2,\cdots,K}{\arg\min}(\boldsymbol{x}_n-\boldsymbol{\mu}_j)^2 \\ 0 & 否则 \end{cases} \tag{6.61}$$

换句话说：如果 $\boldsymbol{x}_n$ 比任何其他分量平均值更接近分量平均值 $\boldsymbol{\mu}_k$，则 $z_n=k$ 的概率为 1，否则为 0。因此，z_n 的吉布斯样本相当于将观测值 $\boldsymbol{x}_n$ 直接指定给它们当前最接近的分量。类似地，分量平均后验概率为：

$$f(\mu_k\,|\,\boldsymbol{z},\ \boldsymbol{x};\ \boldsymbol{\mu}_0,\ \sigma_0) \to \delta\left[\boldsymbol{\mu}_k-\frac{1}{N_k}\sum_{n:z_n=k}\boldsymbol{x}_n\right] \tag{6.62}$$

因此吉布斯阶变为 $\boldsymbol{\mu}_k=\frac{1}{N_k}\sum_{n:z_n=k}\boldsymbol{x}_n$。这意味着分量均值的吉布斯样本总是当前分配给该分量的所有观测值的均值。这两个步骤共同构成 K 均值算法。

算法 6.2 K 均值算法

(1) 初始化。从一个随机参数集 $\boldsymbol{\mu}_k^0$ 开始，其中 $k\in 1,\ 2,\ \cdots,\ K$，设置迭代数 $i=0$，收敛容差 $\boldsymbol{\epsilon}>0$。

(2) 更新指标。计算 $z_n^{i+1}=\underset{j\in 1,2,\cdots,K}{\arg\min}\|\boldsymbol{x}_n-\boldsymbol{\mu}_j^i\|_2^2$。

(3) 更新分量均值。计算 $\boldsymbol{\mu}_k^{i+1}=\frac{1}{N_k}\sum_{n:z_n^{i+1}=k}\boldsymbol{x}_n$，其中 $k\in 1,\ 2,\ \cdots,\ K$。

(4) 收敛性检查。计算聚类拟合误差 $E(\boldsymbol{\mu}^{i+1})=\sum_{k=1}^{K}\sum_{n:z_n^{i+1}=k}\|\boldsymbol{x}_n-\boldsymbol{\mu}_k^{i+1}\|_2^2$ 和增量 $\Delta E=E(\boldsymbol{\mu}^i)-E(\boldsymbol{\mu}^{i+1})$，如果 $\Delta E<\boldsymbol{\epsilon}$，则退出，保存解 $\boldsymbol{\mu}^{i+1}$ 和 $\boldsymbol{z}^{i+1}$。

(5) 迭代。更新 $i\leftarrow i+1$，回到第二步。

与期望最大化相比，K 均值明显节省了很多计算量，因为 K 均值的计算复杂性等价于 M 步，为 $O(N)$。与分量平均更新一起，K 均值每次迭代需要的计算量为 $O(NK)$，而期望最大化每次迭代需要两倍的计算量。而且，与期望最大化相比，K 均值通常在相同或更少的迭代中收敛。尽管计算量上有了一些节省，K 均值仍然有许多实际的缺点，特别是我们经常会遇到这样的情况：没有分配给一个或多个类相应的数据点，在这种情况下，该算法无法生成合理的结果。类似地，K 均值目标函数 E 是潜在概率模型的负对数损失没有任何意义，它只是平方损失的总和：

$$E=\sum_{k=1}^{K}\sum_{n:z_n=k}\|\boldsymbol{x}_n-\boldsymbol{\mu}_k\|_2^2 \tag{6.63}$$

例如，在数据集之间比较这个数量是没有意义的。K 均值(至少是这里给出的算法的“规范”版本)要求聚类本质上是球形的，并且所有聚类都具有相同的观测半径和密度，而这些假设在实践中很少得到满足(Raykov 等人，2016a)。

不难证明 K 均值最终会到达一个*固定点*，即 z_n 的配置(也就是 $\boldsymbol{\mu}_K$ 的值)在迭代下是不变的。一个证明是目标函数(6.63)不能在迭代下增加，因为在指标保持不变的情况下，聚类意味着最小化目标函数，反之，在聚类均值固定的情况下，指标的选择也会最小化目标函数。再加上聚类配置的数量是有限的(但是非常大)，意味着在给定任何初始条件的情况下，必须存在一个局部最优的配置，即迭代不能进一步降低目标函数值。因此，在实践中，收敛性检查可以将当前指标与之前的指标进行比较：如果它们没有改变，则可以停止迭代(当然，如果我们对预设的精度满意的话，则不能终止算法)。K 均值的大多数实际软件实现都使用此检查，因为它不必去选择收敛容差 ϵ。

K 均值和期望最大化或吉布斯采样之间的这种关系，是通过将观测密度的方差收缩到零而得到的，被称为*小方差渐近*假设，这个概念已经应用于许多模型，而不仅仅是简单的混合密度，包括复杂的无限维变量(Jiang 和 Jordan，2012)，我们将在第 10 章中讨论。

K 均值有着悠久的历史渊源，其概念起源至少可以追溯到 20 世纪 50 年代(Lloyd，1982，1957 年贝尔电话实验室论文重印本)。在信号处理的量化理论中，Lloyd-Max 算法是 K 均值算法，但其中数据点 $f(x)$的分布是已知的，我们将稍后详细讨论(8.2 节)。因此，我们可以通过用经验密度估计代替已知的 Lloyd-Max 分布来推导 K 均值。

K 均值很简单，但使用欧几里得度量可能会有问题。前文已经证明，它可以在假设分量是球面多元高斯的情况下导出，并且将每个方向上的方差收缩到零。这意味着，在其他条件相同的情况下，这些聚类必须是球形的。同样，由于方差的收缩，我们失去了指标先验的影响，因此聚类必须具有相等的半径和密度。这些在实践中往往是不切实际的假设。因此，我们可以通过改变聚类分量模型在某些情况下做一些改进。如果不是从聚类分量的多元高斯密度模型开始，而是假设每个维度独立于其他维度，并且拉普拉斯分布(4.4 节)具有相等的扩散，则算法 6.2 中的指标更新步骤变为：

$$z_n^{i+1}=\underset{j\in 1,2,\cdots,K}{\arg\min}\|\boldsymbol{x}_n-\boldsymbol{\mu}_j^i\|_1 \tag{6.64}$$

分量更新步骤更改为：

$$\mu_{k,d}^{i+1}=\underset{n:z_n^{i+1}=k}{\operatorname{median}}\, x_{n,d} \tag{6.65}$$

聚类拟合误差为：

$$E=\sum_{k=1}^{K}\sum_{n:z_n^{i+1}=k}\|\boldsymbol{x}_n-\boldsymbol{\mu}_k^{i+1}\|_1 \tag{6.66}$$

由此产生的算法被称为 K 中位数(K-median，也叫 K 中心聚类)。类似的调整会受到使用其他参数分布模型的影响(第 4 章)，这在存在闭式最大似然表达式的情况下尤其有用(例如指数族，4.5 节)。

几何上，对于分量参数的更新，K 中位数从每个维度分别分配给每个聚类的数据中选择一个代表性数据点。然而，通常更合理的假设是维度不是独立的。然后，问题就变成了寻找最优的聚类代表，在给定当前聚类分配的情况下，使观测数据负对数损失最小化。由此产生的算法在文献中称为K-medoid或medoid周围的划分。不幸的是，这种局部极小化变成非凸的和组合的，因此，找到聚类代表的唯一有保证的方法是在每个聚类中穷尽地搜索使观测数据负对数损失最小化的数据点，而这通常具有极大的计算复杂性。另一种方法是采用离散的启发式方法，例如贪婪搜索(2.6节)，用K中位数解初始化，这通常在K-medoid的实现中使用。当然，我们获得了计算速度，但是失去了确定性：在给定当前聚类任务的情况下，分量参数更新是观测数据负对数损失的极小值，这是我们在混合模型的K均值和期望最大化中得到的。

请注意，严格地说，K-medoid观测数据的负对数损失不应与K中位数的负对数损失(6.66)一致，因为K-medoid不假定特定的参数分量密度模型。实际上，这里可以使用任何范数(如 L_2 和 L_∞)，但将产生不同的聚类解。

6.5.2 软K均值聚类、均值漂移聚类及其变体

关于K均值聚类算法6.2的另一个观点是将它视为是一个迭代的过程，它保持一组质心 $\boldsymbol{\mu}_K$，$k=1, 2, \cdots, K$，使得在每次迭代中，这些质心中的每一个都被欧氏度量中最接近该质心的每个数据点的平均值所取代。如果我们定义一个赋值函数 κ(Little和Jones，2011b)：

$$\kappa(\boldsymbol{x};\boldsymbol{\mu})=\delta\left[\boldsymbol{\mu}-\underset{m\in 1,2,\cdots,K}{\arg\min}\|\boldsymbol{x}-\boldsymbol{\mu}_m\|_2^2\right] \tag{6.67}$$

当 $\boldsymbol{\mu}$ 是距离 $\boldsymbol{x}$ 最近的质心时该函数取值为1，否则取0。就这个函数而言，K均值可以简单地写成(Little和Jones，2011b)：

$$\boldsymbol{\mu}_k^{i+1}=\frac{\sum_{n=1}^{N}\kappa(\boldsymbol{x}_n;\boldsymbol{\mu}_k^i)\boldsymbol{x}_n}{\sum_{n=1}^{N}\kappa(\boldsymbol{x}_n;\boldsymbol{\mu}_k^i)},\ k\in 1, 2, \cdots, K \tag{6.68}$$

要注意的是，从技术层面上讲，实际上不需要使用K均值检查收敛性，因为它将收敛于一个固定点，前提是我们愿意继续迭代以达到该固定点。

由于式(6.68)非常紧凑，促使我们考虑其他赋值函数，特别是软高斯赋值：

$$\kappa(\boldsymbol{x};\boldsymbol{\mu})=\frac{\exp(-\beta\|\boldsymbol{x}-\boldsymbol{\mu}\|_2^2)}{\sum_{j=1}^{K}\exp(-\beta\|\boldsymbol{x}-\boldsymbol{\mu}_j\|_2^2)} \tag{6.69}$$

其中参数 $\beta>0$。现在，我们不再用给定质心当前值的最接近的数据点的平均值来替换质心，而是用所有数据点的加权平均值来更新质心，其中，随着数据点离聚类质心越远，加权越小。权重随欧氏距离减小的速率由 β 控制，随着 β 的增大，减小的速率变快。实际上，当 $\beta\to\infty$ 时，上述软函数与K均值函数(6.67)一致。由此产生的迭代称为软K均值聚类(Little和Jones，2011b)。该算法的一个优点是，如果 β 足够小，我们可以避免质心最终没有被分配到数据点的情况，而这正是K均值可能出现的问题。这与一种称为模糊C均值聚类(Dunn，1973)的技术非常相似，该技术基于有趣且成熟的模糊集理论。

软K均值与混合建模的期望最大化算法密切相关(6.2节)，我们现在讨论这一问题。假设我们有一个具有相等和对角协方差矩阵的多元高斯混合模型，其中每个维度的方差是相同的，$\sigma^2=\dfrac{1}{2\beta}$，并且指标的先验值是一致的。在这种情况下，我们可以看到式(6.69)实

际上是在给定了 $\boldsymbol{x}$ 之后计算指标 z 的后验概率：

$$f(z=k \mid \boldsymbol{x};\ \boldsymbol{\mu},\ \beta)=\frac{f(\boldsymbol{x};\ \boldsymbol{\mu}_k,\ \beta)}{\sum_{j=1}^{K} f(\boldsymbol{x};\ \boldsymbol{\mu}_j,\ \beta)} \tag{6.70}$$

式(6.68)是期望最大化算法中对应的 M 步。换言之，这种 K 均值(或软 K 均值)公式将期望最大化的 E 步和 M 步合二为一。很明显，软 K 均值和期望最大化收敛的原因是一样的。

如果不是选择 $K<N$，而是设置 $K=N$，并在迭代(6.68)中使用以下赋值核：

$$\kappa(\boldsymbol{x};\ \boldsymbol{\mu})=\delta[\|\boldsymbol{x}-\boldsymbol{\mu}\|_2^2 \leqslant \sigma] \tag{6.71}$$

然后我们得到了一种被广泛应用于图像信号处理的算法，名叫均值漂移(mean-shift)。迭代的初始条件通常为 $\boldsymbol{\mu}_n^0=\boldsymbol{x}_n$，其中 $n \in 1,\ 2,\ \cdots,\ N$。参数 σ 控制着在每次迭代中更新该参数值时，接近 N 个平均参数 $\boldsymbol{\mu}$ 的数据点的范围。与软 K 均值一样，我们可以通过使用简单的高斯软赋值函数来定义均值漂移的软版本：

$$\kappa(\boldsymbol{x};\ \boldsymbol{\mu})=\exp(-\beta\|\boldsymbol{x}-\boldsymbol{\mu}\|_2^2) \tag{6.72}$$

Cheng(1995)给出了均值漂移收敛到迭代不动点的一组充分条件，使得最终有对于所有 $k \in 1,\ 2,\ \cdots, N$ 和某些有限的 $i \geqslant 1$，有 $\boldsymbol{\mu}_k^{i+1}=\boldsymbol{\mu}_k^i$。通过用轮廓函数 h 来定义 κ：$\kappa(\boldsymbol{x};\ \boldsymbol{\mu})=h(\|\boldsymbol{x}-\boldsymbol{\mu}\|_2^2)$。如果 h 是非负的、非递增的、分段连续的，并且有一个有限积分 $\int_0^{\infty} h(r)\mathrm{d}r<\infty$，那么就收敛了。许多实际的赋值函数都是这样。数据点的核 h 的有效“覆盖”，即核值较大的数据空间中区域的直径，决定了聚类行为。这由式(6.71)中的 σ 和式(6.72)中的 β 控制。

如果核覆盖率很小，每个聚类平均值的迭代中只包含一个点，那么在一次迭代中就可以得到一个平凡的不动点，即每个数据点上有 N 个聚类。或者，如果核对于所有平均值的所有数据点都是非零的，那么它们都收敛到同一个单聚类质心。因此，均值漂移在辨识数据密度中的局部模式时，对于覆盖范围内的中间值最有用(Cheng，1995)。这就是为什么我们要把均值漂移视为一种聚类方法。均值漂移具有与混合建模类似的“模式寻求”行为，但不需要确定模式的数量(见图 6.11)，这是均值漂移的主要优点，它是一种真正的非参数聚类方法，但其局限性是每次迭代都需要 $O(N^2)$运算，这对于大的 N 而言是不适合的。这与 K 均值的复杂性形成了对比，K 均值在 $O(KN)$下的计算量要小很多。我们将在第 10 章讨论类似但更具统计视角的非参数聚类方法。

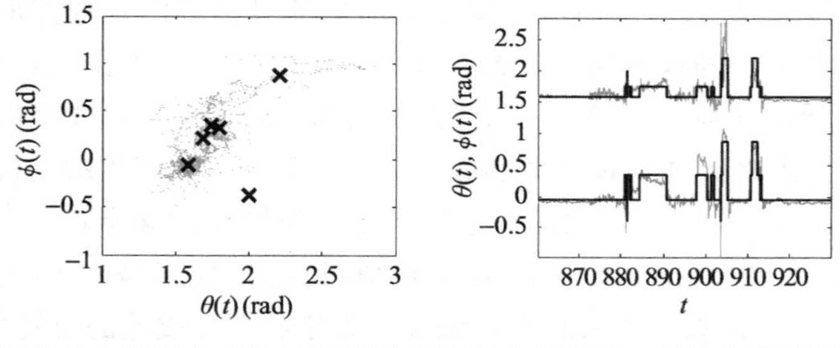

图 6.11　均值漂移聚类在人体运动三轴加速度测量数据中的应用。原始传感器数据被转换成球坐标(左图，灰色点，方位角 $\theta(t)$代表水平方向数据，俯仰角 $\phi(t)$代表垂直方向)。应用 $\beta=0.2$ 的软均值漂移和式(6.72)中的高斯核给出了上述聚类的质心(黑色十字)。这些质心可用于估计加速度计装置相对于重力的方向。方位角和仰角在右图中根据时间、原始传感器数据(灰线)和软均值漂移输出(黑线)绘制。经过 15 次迭代达到收敛

正如K均值有许多变体一样，均值漂移也有许多变体。均值漂移的模式搜索过程也可以从非参数核密度估计开始推导(4.8节)，其中每次迭代都沿着估计出的密度局部梯度的最陡上升方向移动每个参数 $\boldsymbol{\mu}_n$。通过用使上升方向最大化的数据点代替平均值，我们得到了 medoid 漂移算法(Vedaldi 和 Soatto，2008)。快速漂移则通过将每个参数移动到最近的相邻数据点，从而增加核密度的估计(Vedaldi 和 Soatto，2008)。

6.5.3 半监督聚类和分类

前面描述的所有聚类方法都有一个共同的特点，即它们是无监督的，其数据没有被标记。也就是说，在估计参数时，根据数据来确定标签。这与监督分类形成对比，监督分类期望所有数据都带有标记。在许多情况下，数据只有一部分被标记，也就是说，一些数据有标签，而其余的没有。这就是所谓的半监督问题，我们可以通过对聚类算法进行一些简单的修改来解决这个问题。例如，使用K均值，我们可以将一些标签固定到它们的已知值中，并允许在常规的K均值循环中更新其他标签。在这种情况下，对于已标记了的数据，K均值就像一个(退化似然，球面)线性判别分析分类器。与线性判别分析不同的是，每个类的参数估计也包括一些未标记的数据。如果未标记数据的类已被正确识别，这使得聚类参数的估计在统计上更加可靠。这可以大大提高聚类算法的性能(见图6.12)。

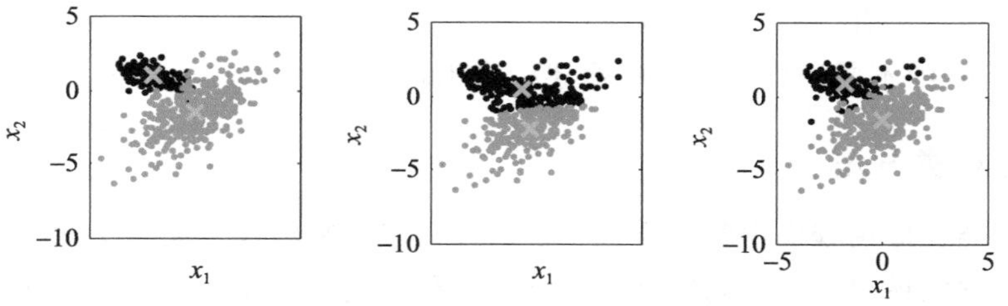

图6.12 半监督聚类可以对纯无监督聚类加以改良。高斯混合模型从两个重叠的聚类(左图，黑色和灰色点)生成数据，其先验概率 $\pi_1=0.8$(十字的混合分量质心)。这种严重的聚类不平衡导致无监督的K均值产生较差的聚类解(中图)，所有数据的0−1损失率预计为75%。相比之下，只有20%的聚类指标固定在它们的已知值上，通过半监督K均值实现的聚类解得到了实质性的改进(右图)，对于未标记的数据实现了94%的预期0−1损失

6.5.4 聚类数的选择

与分类不同的是，参数聚类方法(如K均值和它的变体)给我们提出了如何选择聚类数 K 的问题。不幸的是，我们不能简单地选择一个 K 使聚类拟合误差最小化(例如式(6.63)或式(6.66))，因为 E 总是随着 K 的增加而减小(直到 $K=N$ 时的极值 $E=0$)。仅在原则上，我们必须找到每个 K 的全局最优解，那样就可以看到当 K 增加时，E 总是减小的。因此，这是一个模型选择问题，我们需要某种计算复杂性控制。明显的解决方案是AIC和/或BIC(见4.2节)。这里的困难在于K均值不是一个概率模型，我们需要为聚类分量调用一个特定的模型来定义一种可能性。例如，Pelleg 和 Moore(2000)提出了具有方差 σ^2 的球形各向同性多元高斯模型(这并非不合理，因为如前所述，我们可以将K均值作为高斯混合模型的退化形式导出)，其完整数据负对数似然为：

$$E=-\ln \prod_{n=1}^{N} \pi_{z_n} \mathcal{N}(\boldsymbol{x}_n;\ \boldsymbol{\mu}_{z_n},\ \sigma^2 \boldsymbol{I}) \tag{6.73}$$

这样就可以得到 BIC：

$$\begin{aligned}\mathrm{BIC}=&\frac{1}{\hat{\sigma}^2} \sum_{n=1}^{N}\|\boldsymbol{x}_n-\boldsymbol{\mu}_{z_n}\|_2^2-2 \sum_{k=1}^{K} N_k \ln \hat{\pi}_k- \\ & ND \ln (2 \pi)+2 ND \ln \hat{\sigma}+K \ln N\end{aligned} \tag{6.74}$$

这其中可以使用方差和指标先验最大似然估计：

$$\hat{\sigma}^2=\frac{1}{ND} \sum_{n=1}^{N}\|\boldsymbol{x}_n-\boldsymbol{\mu}_{z_n}\|_2^2 \tag{6.75}$$

$$\hat{\pi}_k=\frac{N_k}{N} \tag{6.76}$$

运行 K 均值现在需要搜索 K 的值，该值与分量平均值 $\boldsymbol{\mu}_K$ 同时最小化式(6.74)，这是一个比 K 均值更困难的优化问题。一种方法是从最小值开始，例如 $K=2$，运行 K 均值直到收敛，然后将 K 增加 1。问题是我们每次都要“从头开始”运行 K 均值，一种更有效的启发式方法是在运行到收敛点之后通过分裂现有的聚类来增加 K，直到超过某个最大簇数 $K_{\max}$(Pelleg 和 Moore，2000)。当然，这种启发式方法不能保证找到最优参数，事实上，在给定某个候选 K 的情况下，用 K 均值“在循环中”找到最优参数的任何其他组合优化方法在这里都是合适的(2.6 节)。

有关选择 K 的不同正则化方法的概述参见 Jain(2010)。

6.5.5 其他聚类方法

考虑到聚类在应用程序中的重要性和普遍性，多年来已经发明了大量的算法。这里不可能把它们全部归纳出来，但它们基本上分为几种不同的类型。在上一节中，我们探讨了基于参数聚类模型、迭代分配和聚类参数改进(K 均值及其变体)的方法。然而，有许多基于非参数密度估计的方法，包括均值漂移及其变体，而 DBSCAN 等算法可以尝试在指定邻域和聚类成员大小的基础上寻找高密度区域。图聚类和拓扑方法利用数据点之间的距离构造一个加权图，其中边的权重是距离值。这些算法试图最小化聚类间的割集大小，即沿着连接聚类的所有边的距离之和，将数据点划分为两个或多个聚类。寻找最小割是使用几种技术进行的，包括图上的随机游动、图的连通矩阵上的谱分解，或者该矩阵的变换。可参考 Jain(2010)对聚类算法的综述。

6.6 降维

如上所述，混合模型、聚类和分类假设存在一个离散的、隐藏的分类指标变量 Z，一个主要目标是在给定数据 $\boldsymbol{x}$ 的情况下推断该变量的值。相比之下，回归假设这些隐藏变量是多维的和连续的，其主要目的是预测 $\boldsymbol{X}$ 的值。然而，回归并没有回答已知 $\boldsymbol{X}$ 时应如何推断 $\boldsymbol{Z}$ 值，这是一种“反向回归”问题。这就是本节的内容。我们假设 $\boldsymbol{X} \in \mathbb{R}^D$ 且 $\boldsymbol{Z} \in \mathbb{R}^M$。

虽然我们将首先考虑 $D=M$ 这一重要情况，但这将让我们很快面对 $M<D$ 的情况，

这被称为降维，被应用于机器学习和信号处理的众多领域。在降维方面，我们认为观测数据 $\boldsymbol{x}$ 的维数在某种程度上比 D 小得多(见图 6.13)。这个维度的概念与完全明确地定位每个观测数据点所需的坐标数(自由度)是同一个含义。许多降维算法的目标是寻找观测数据空间的几何变换和/或投影，以便在执行这种变换时损失最少的信息量。

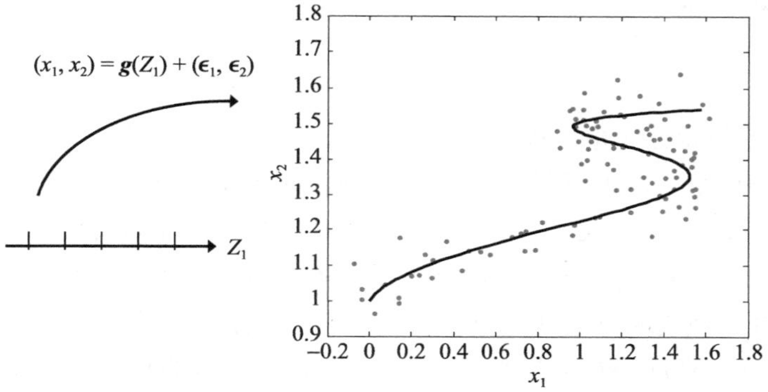

图 6.13　降维假设数据 $\boldsymbol{X}\in\mathbb{R}^D$(灰点)实际上存在于一个维数 $M<D$ 的较小的集合上。此图显示了 $D=2$ 但 $M=1$ 的情况，并且函数 g：$\mathbb{R}\to\mathbb{R}^2$ 将变量 Z_1 的一维隐空间映射到观测数据的二维空间(右图，黑色曲线)，这是在添加二维噪声过程 ϵ 之后。降维的目的是从观测数据点(x_1，x_2)中恢复隐空间 Z_1 的坐标值

实际上，对于大多数数据来说，D 值太大了，例如，观测到的数据不能绘制在图表上。降维做的是将观测到的信号大量压缩到一个维度小得多的空间上，通常小到可以直接进行观测。信号所包含的隐含模型表明，观测数据的内在维数确实比 $D=N$ 小得多(图 6.13)。

6.6.1　主成分分析

也许最简单和最普遍的降维技术就是*主成分分析*(PCA)。该方法假设数据位于 $M<D$ 的超平面上。例如，$M=1$ 表示数据位于一条线上，即令 $D\geqslant 2$。我们首先介绍主成分分析的标准形式，其不一定包含一个完全贝叶斯的概率模型(很像上面的 K 均值聚类)，但是我们将看到这个概念的一个扩展，它是完全贝叶斯的。

首先假设 $\boldsymbol{X}$ 是一个具有 $D\times D$ 协方差矩阵 $\boldsymbol{\Sigma}$ 的多元高斯函数(现在，我们假设 $\boldsymbol{Z}$ 不是一个随机变量)。我们还将假设(不失一般性)$\boldsymbol{X}$ 的平均值为零，例如 $\boldsymbol{\mu}=\boldsymbol{0}$。现在，我们可以找到一种数据旋转方法，使得所有变换后的坐标都是独立的、单变量的高斯坐标，并且在每个 D 维中通过方差的降序排列坐标。我们总是可以通过减去样本均值来将数据移到原点。首先，考虑潜变量是标量的情况，使得 $Z=\boldsymbol{X}^{\mathrm{T}}\boldsymbol{w}$，其中 $\boldsymbol{w}\in\mathbb{R}^D$。现在，我们可以展开 Z 的方差：

$$\begin{aligned}\operatorname{var}[Z]&=E[Z^2]-E[Z]^2\\&=E[\boldsymbol{w}^{\mathrm{T}}\boldsymbol{X}\boldsymbol{X}^{\mathrm{T}}\boldsymbol{w}]-E[\boldsymbol{w}^{\mathrm{T}}\boldsymbol{X}]E[\boldsymbol{X}^{\mathrm{T}}\boldsymbol{w}]\\&=\boldsymbol{w}^{\mathrm{T}}E[\boldsymbol{X}\boldsymbol{X}^{\mathrm{T}}]\boldsymbol{w}-\boldsymbol{w}^{\mathrm{T}}E[\boldsymbol{X}]E[\boldsymbol{X}^{\mathrm{T}}]\boldsymbol{w}\\&=\boldsymbol{w}^{\mathrm{T}}\boldsymbol{\Sigma}\boldsymbol{w}\end{aligned}\tag{6.77}$$

我们希望通过改变 $\boldsymbol{w}$ 使 var[Z]最大化，但是为了使这成为一个适定问题，我们需要

对 $\boldsymbol{w}$ 施加一些约束，最简单的约束就是假定它是单位长度的。这就使之成为一个带约束的优化问题：

$$\begin{aligned}&\text{最大化 } \boldsymbol{w}^{\mathrm{T}}\boldsymbol{\Sigma}\boldsymbol{w}\\&\text{受 } \|\boldsymbol{w}\|=1 \text{ 约束}\end{aligned} \tag{6.78}$$

结合拉格朗日函数 $L(\boldsymbol{w},\lambda)=\boldsymbol{w}^{\mathrm{T}}\boldsymbol{\Sigma}\boldsymbol{w}+\lambda(\boldsymbol{w}^{\mathrm{T}}\boldsymbol{w}-1)$，其梯度为 $\nabla_{w}L(\boldsymbol{w},\lambda)=2\boldsymbol{\Sigma}\boldsymbol{w}-2\lambda\boldsymbol{w}$，那么式(6.78)的解就是：

$$\boldsymbol{\Sigma}\boldsymbol{w}=\lambda\boldsymbol{w} \tag{6.79}$$

但这只是 $\boldsymbol{X}$ 协方差的特征向量方程，所以 $\mathrm{var}[Z]=\lambda\boldsymbol{w}^{\mathrm{T}}\boldsymbol{w}=\lambda$。因此，通过求 $\boldsymbol{\Sigma}$ 的最大特征值和相应的特征向量，就可以得到最大方差解。向量 $\boldsymbol{w}$ 被称为 $\boldsymbol{X}$ 的第一主成分(PC)，λ 是最大特征值。我们将标记这些 $\boldsymbol{w}_1$ 和 λ_1 以及对应的第一主成分上的投影 $Z_1=\boldsymbol{X}^{\mathrm{T}}\boldsymbol{w}_1$。接下来，我们考虑在已知 $Z_2=\boldsymbol{X}^{\mathrm{T}}\boldsymbol{w}_2$ 的情况下，通过寻找向量 $\boldsymbol{w}_2$ 来求第二大方差方向。与第一主成分一样，我们要求它具有单位长度，但也希望它与第一主成分正交。因此我们在约束 $\boldsymbol{w}_2^{\mathrm{T}}\boldsymbol{w}_2=1$ 和 $\boldsymbol{w}_1^{\mathrm{T}}\boldsymbol{w}_2=0$ 下最大化 $\boldsymbol{w}_2^{\mathrm{T}}\boldsymbol{\Sigma}\boldsymbol{w}_2$。其中拉格朗日方程为 $L(\boldsymbol{w}_2,\lambda_2,\mu)=\boldsymbol{w}_2^{\mathrm{T}}\boldsymbol{\Sigma}\boldsymbol{w}_2+\lambda_2(\boldsymbol{w}_2^{\mathrm{T}}\boldsymbol{w}_2-1)+\mu\boldsymbol{w}_1^{\mathrm{T}}\boldsymbol{w}_2$。现在，我们必须得到 $\mu=0$，否则 $\|\boldsymbol{w}_1\|=1$ 的约束将不再成立，这意味着我们有另一个特征向量方程 $\boldsymbol{\Sigma}\boldsymbol{w}_2=\lambda_2\boldsymbol{w}_2$，从而得到 $\mathrm{var}[Z_2]=\lambda_2\boldsymbol{w}_2^{\mathrm{T}}\boldsymbol{w}_2=\lambda_2$。

我们可以继续这个过程来求一组 D 个的特征值，可以把这些特征值放在 $D\times D$ 对角矩阵 $\boldsymbol{\Lambda}$ 中，对角线的大小减小为 λ。类似地，我们有一组相应的正交特征向量，可以将这些特征向量组织起来，形成矩阵 $\boldsymbol{W}\in\mathbb{R}^{D\times D}$ 的列，通过设计，这些列将是正交的。这两个矩阵一起表示协方差矩阵的完全对角化：

$$\boldsymbol{\Sigma}=\boldsymbol{W}^{\mathrm{T}}\boldsymbol{\Lambda}\boldsymbol{W} \tag{6.80}$$

由于我们假设数据是多元高斯的，并且施加了每个主成分方向是正交的这一约束，因此每个投影 $Z_i=\boldsymbol{X}^{\mathrm{T}}\boldsymbol{w}_i$(其中 $i=1,2,\cdots,D$)是独立的单变量高斯随机变量，对应的方差为 λ_i。给定一些数据 $\boldsymbol{x}_1,\boldsymbol{x}_2,\cdots,\boldsymbol{x}_N$，$\boldsymbol{\Sigma}$ 的最大似然估计将是样本协方差矩阵。因此，我们可以将主成分分析视为将这些数据转换为 $\boldsymbol{Z}=\boldsymbol{W}^{\mathrm{T}}\boldsymbol{X}$ 的一种方法，其中矩阵 $\boldsymbol{X}\in\mathbb{R}^{D\times N}$ 包含每个数据点 $\boldsymbol{x}_n$ 作为一个单独的列。然后矩阵 $\boldsymbol{Z}\in\mathbb{R}^{D\times N}$ 在新的独立坐标系中包含每 N 个数据点的列。

从几何上讲，对于多元高斯独立同分布向量，主成分分析发现 $\boldsymbol{X}$ 空间中的旋转，使得每个等概率超椭球体的每个轴都位于其中一个坐标轴上(见 1.4 节)。这种变换本身并不表示简化或降维，但这可以通过保持最大 M 个特征值和相应的特征向量来实现，这意味着保持变换(隐)变量 $\boldsymbol{z}_n$ 的前 M 个维度。在这种情况下，数据被减少到一组 N 个具有 M 个独立维度的向量。

用主成分分析进行降维会丢掉一些信息，那么这种降维后的表示有什么好处呢？主成分分析的另一种“基于错误”的观点可以解决这个问题。假设我们有一个正交基 $\boldsymbol{v}_1,\boldsymbol{v}_2,\cdots,\boldsymbol{v}_D\in\mathbb{R}^D$，我们希望找到一个 $M<D$ 的具有最小平方损失经验风险的维数近似。在此基础上，每个数据点是：

$$\boldsymbol{x}_n=\sum_{i=1}^{D}a_{ni}\boldsymbol{v}_i \tag{6.81}$$

其中 $a_{ni}=\boldsymbol{v}_i^{\mathrm{T}}\boldsymbol{x}_n$ 是基向量 $\boldsymbol{i}$ 的系数。仅使用 M 个基向量近似 $\boldsymbol{x}_n$，平方损失经验风险为：

$$
\begin{aligned}
E &= \frac{1}{N}\sum_{n=1}^{N}\left\|\boldsymbol{x}_n - \sum_{i=1}^{M} a_{ni}\boldsymbol{v}_i\right\|_2^2 \\
&= \frac{1}{N}\sum_{n=1}^{N}\left\|\sum_{i=M+1}^{D} a_{ni}\boldsymbol{v}_i\right\|_2^2 \\
&= \frac{1}{N}\sum_{n=1}^{N}\sum_{i=M+1}^{D} a_{ni}^2 \\
&= \frac{1}{N}\sum_{n=1}^{N}\sum_{i=M+1}^{D} \boldsymbol{v}_i^{\mathrm{T}}\boldsymbol{x}_n\boldsymbol{x}_n^{\mathrm{T}}\boldsymbol{v}_i \\
&= \sum_{i=M+1}^{D} \boldsymbol{v}_i^{\mathrm{T}}\boldsymbol{S}\boldsymbol{v}_i
\end{aligned}
\tag{6.82}
$$

其中 $\boldsymbol{S}=\frac{1}{N}\boldsymbol{X}\boldsymbol{X}^{\mathrm{T}}$ 是样本协方差矩阵。

我们现在想要最小化关于基向量的 E，受每个基向量都有单位长度这一约束，可以得到拉格朗日乘子 $L(\boldsymbol{V},\boldsymbol{\lambda})=\sum_{i=M+1}^{D}\boldsymbol{v}_i^{\mathrm{T}}\boldsymbol{S}\boldsymbol{v}_i+\sum_{i=M+1}^{D}\lambda_i(\boldsymbol{v}_i^{\mathrm{T}}\boldsymbol{v}_i-1)$，最小化此式得到：

$$
\boldsymbol{S}\boldsymbol{v}_i=\lambda_i\boldsymbol{v}_i,\quad i=M+1, M+2, \cdots, D \tag{6.83}
$$

显然，这与上述特征值/特征向量方程组相同，但使用的是样本协方差矩阵，而不是模型协方差 $\boldsymbol{\Sigma}$。经验风险为 $E=\sum_{i=M+1}^{D}\lambda_i$。由于在实际中我们用样本协方差估计代替 $\boldsymbol{\Sigma}$，主成分分析的经验风险最小化和最小潜在方差对角化公式恰好是一致的。基向量 $\boldsymbol{v}_i$ 可以用来自最小方差投影的权重向量 $\boldsymbol{w}_i$ 来识别。主成分分析对于处理 DSP 的线性问题而言是合理的，参见图 6.14 中物理流量建模的示例用法。

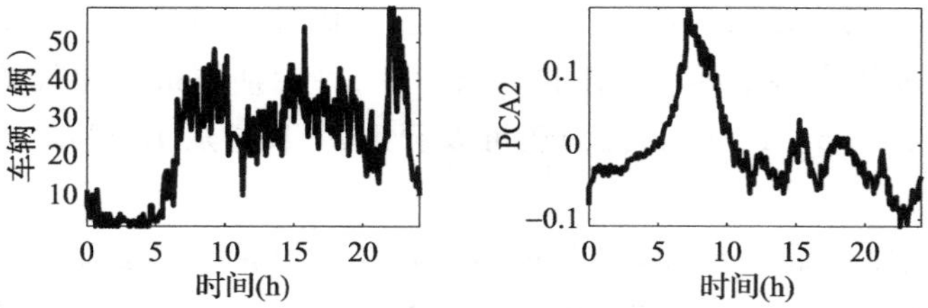

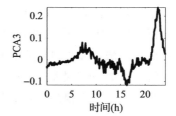

图 6.14 主成分分析在交通统计数据中的应用。每 5min 捕获通过特定公路交叉口的车辆数(左图)。这捕捉了在当地体育场附近的车流量，也捕捉了当地居民和其他交通数据。主成分分析应用于这些计数的时间超过 175 天。第二主成分挑选出高峰时间早上的出勤交通(中图)，并挑选出深夜体育场的体育赛事。线性模型在这里得到了很好的证明，因为车辆数量明显是加性的，因此，每天测量的交通量可以根据这些交通流成分来表示

6.6.2 概率主成分分析

两种主成分分析公式中，观测数据协方差对角化和经验风险最小化是非概率的。这是一个问题，因为原则上没有用来估计低维模型拟合质量的似然公式，我们不能从模型中提取样本，也不能在其他带有限制条件的概率过程中轻易地使用算法。我们将遵循 6.4 节中的线性回归模型，例如 $\boldsymbol{X}=\boldsymbol{W}\boldsymbol{Z}+\boldsymbol{\epsilon}$，其中 $\boldsymbol{W}\in\mathbb{R}^{D\times M}$，来证明主成分分析的概率方法(简称 PPCA)。这与通常的回归解释不同，因为观测到的数据被认为是使用低维隐藏的部分来

“解释”的，并且 M 通常比 D 小得多。我们假设观测噪声 $\boldsymbol{\epsilon}$ 是球面多元高斯噪声。这为我们提供了如下观测变量模型：

$$f(\boldsymbol{x}\mid\boldsymbol{z})=\mathcal{N}(\boldsymbol{x};\ \boldsymbol{W}\boldsymbol{z},\ \sigma^2\boldsymbol{I}) \tag{6.84}$$

接下来我们需要一些隐藏变量的模型。因为我们希望这些变量易于解释，所以假设它们是标准的多元高斯变量，例如 $f(\boldsymbol{z})=\mathcal{N}(\boldsymbol{z};\ \boldsymbol{0},\ \boldsymbol{I})$，因此

$$f(\boldsymbol{x},\ \boldsymbol{z};\ \boldsymbol{W},\ \sigma^2)=\mathcal{N}(\boldsymbol{x};\ \boldsymbol{W}\boldsymbol{z},\ \sigma^2\boldsymbol{I})\mathcal{N}(\boldsymbol{z};\ \boldsymbol{0},\ \boldsymbol{I}) \tag{6.85}$$

利用多元高斯函数的边缘分布(1.4 节)：

$$f(\boldsymbol{x};\ \boldsymbol{W},\ \sigma^2)=\mathcal{N}(\boldsymbol{x};\ \boldsymbol{0},\ \boldsymbol{Q}) \tag{6.86}$$

其中 $D\times D$ 的协方差矩阵 $\boldsymbol{Q}=\boldsymbol{W}\boldsymbol{W}^{\mathrm{T}}+\sigma^2\boldsymbol{I}$。

由于我们感兴趣的是估计参数 $\boldsymbol{W}$ 和 σ^2，并且 $\boldsymbol{Z}$ 上的分布不依赖于这些参数，因此可以通过最小化 $\boldsymbol{X}$ 的负对数损失而不是 $\boldsymbol{Z}$ 来估计它们。也就是：

$$\begin{aligned} E&=-\ln\prod_{n=1}^{N}f(\boldsymbol{x}_n;\ \boldsymbol{W},\ \sigma^2)\\ &=\frac{1}{2}\sum_{n=1}^{N}\boldsymbol{x}_n^{\mathrm{T}}\boldsymbol{Q}^{-1}\boldsymbol{x}_n+\frac{ND}{2}\ln(2\pi)+\frac{N}{2}\ln|\boldsymbol{Q}|\end{aligned} \tag{6.87}$$

可以证明，使用式(6.87)的 $\boldsymbol{W}$ 和 σ^2 的最大似然估计是(Tipping 和 Bishop，1999)：

$$\hat{\boldsymbol{W}}=\boldsymbol{U}(\boldsymbol{\Lambda}-\hat{\sigma}^2\boldsymbol{I})^{\frac{1}{2}} \tag{6.88}$$

$$\hat{\sigma}^2=\frac{1}{D-M}\sum_{i=M+1}^{D}\lambda_i \tag{6.89}$$

其中 $\boldsymbol{\Lambda}$ 是 $D\times D$ 样本协方差矩阵 $\boldsymbol{S}=\frac{1}{N}\boldsymbol{X}\boldsymbol{X}^{\mathrm{T}}$ 的最大 M 个特征值 λ_i 构成的大小为 $M\times M$ 的对角矩阵，而 $\boldsymbol{U}$ 是 $D\times M$ 矩阵，其列是对应的 M 个特征向量。因此，与非概率的主成分分析一样，$\boldsymbol{W}$ 和 σ^2 的估计只需要协方差矩阵的对角化(但使用一种用期望最大化代替的参数估计方法，参见 Tipping 和 Bishop，1999)。我们还可以看到 $\hat{\sigma}^2$ 只是从 D 到 M 维的投影所产生的平方误差。

使用这种降维模型时，我们显然希望可视化隐变量的值。隐变量的后验分布为：

$$f(\boldsymbol{z}\mid\boldsymbol{x};\ \boldsymbol{W},\ \sigma^2)=\mathcal{N}(\boldsymbol{z};\ \boldsymbol{P}^{-1}\boldsymbol{W}^{\mathrm{T}}\boldsymbol{x},\ \sigma^2\boldsymbol{P}^{-1}) \tag{6.90}$$

其中 $\boldsymbol{P}$ 为一个 $M\times M$ 的矩阵 $\boldsymbol{P}=\boldsymbol{W}^{\mathrm{T}}\boldsymbol{W}+\sigma^2\boldsymbol{I}$。利用隐变量的平均值对其分布进行总结是合理的，因为对于多元高斯分布，其唯一模式与其平均值一致：

$$E[\boldsymbol{Z}\mid\boldsymbol{X}]=(\boldsymbol{W}^{\mathrm{T}}\boldsymbol{W}+\sigma^2\boldsymbol{I})^{-1}\boldsymbol{W}^{\mathrm{T}}\boldsymbol{X} \tag{6.91}$$

观察当变量 $\sigma^2\to 0$ 时会发生的情况也很有启发性。在这种情况下，观察模型 $f(\boldsymbol{x}\mid\boldsymbol{z})$ 退化到它自己的平均值，且不再有任何明确定义的可能性，就像主成分分析一样。同样，数据向下投影到隐变量(6.91)上成为线性回归 $\boldsymbol{Z}=(\boldsymbol{W}^{\mathrm{T}}\boldsymbol{W})^{-1}\boldsymbol{W}^{\mathrm{T}}\boldsymbol{X}=\boldsymbol{W}^{\mathrm{T}}\boldsymbol{X}$，与主成分分析投影(每个方向上的尺度因子)一致。因此，主成分分析可以恢复为概率主成分分析的特例，就像 K 均值是球面高斯混合模型的一个特殊“退化”情况一样。

有一些特性需要借助概率主成分分析来理解。特别是当 σ^2 较大时，投影(6.91)偏向原点 $\boldsymbol{0}$。这是标准的零均值多元高斯先验对隐变量的正则化效应。因此，如果 σ^2 很大，我们可以像在任何贝叶斯分析中一样，将低维投影视为不可靠的。

6.6.3 非线性降维

到目前为止，上述方法都包含一个线性模型将隐变量与观测变量联系起来。对于许多实际的信号处理和机器学习问题，上述方法的假设过于严格。在本节中，我们将扩展模型以涵盖各种非线性关系。

最简单的方法之一是用应用于数据的核函数替换主成分分析的协方差矩阵 $\boldsymbol{\Sigma}$ 中的项，就像在核回归中一样(6.4 节)。我们期望的是，利用 Mercer 定理(6.1 节)，在这个新的、可能更高维的特征空间 $\phi(x)$ 中存在一个旋转，从中可以发现投影，从而分离出重要的方向，进而在这个新空间中使得主成分分析的应用变得有意义。在这个特征空间中，核矩阵 $\boldsymbol{K}$ 可以进行对角化，并且具有正实特征值，这些特征值可以按大小排序，就像主成分分析中一样。

通常，我们只能访问核函数 $\kappa(x; x')$，从中我们可以计算核矩阵，而不是特征函数，但是需要找到一个观测值到未知特征函数的投影，以求出相关的潜在值 $\boldsymbol{z}$。用 $\boldsymbol{U}$ 表示一个 $N\times N$ 的特征向量矩阵，$\boldsymbol{\Lambda}$ 为一个特征值为 $\boldsymbol{K}$ 的 $N\times N$ 大小的对角矩阵。假设存在一个*核设计矩阵* $\boldsymbol{\Phi}\in\mathbb{R}^{L\times N}$，其列包含特征值 $\phi(\boldsymbol{x}_n)$。这个矩阵的特征向量可以写成 $\boldsymbol{V}=\boldsymbol{\Phi}\boldsymbol{U}\boldsymbol{\Lambda}^{-\frac{1}{2}}$。尽管我们可能无法找到这些特征向量，但 Murphy(2012，第 494 页)表明，任何维度为 $1\times N$ 的 $\boldsymbol{x}$ 在这 N 个特征向量上的投影大小如下：

$$\boldsymbol{Z}(x)=\phi(\boldsymbol{x})^{\mathrm{T}}\boldsymbol{V}=\boldsymbol{k}(\boldsymbol{x})^{\mathrm{T}}\boldsymbol{U}\boldsymbol{\Lambda}^{-\frac{1}{2}} \tag{6.92}$$

其中长度为 N 的向量 $\boldsymbol{k}(\boldsymbol{x})$ 具有元素 $k_n(\boldsymbol{x})=\kappa(\boldsymbol{x}; \boldsymbol{x}_n)$，其中 $n=1, 2, \cdots, N$。我们可以计算观测数据中所有隐变量的值 $\boldsymbol{z}=\boldsymbol{K}^{\mathrm{T}}\boldsymbol{U}\boldsymbol{\Lambda}^{-\frac{1}{2}}$，它包含映射到潜在特征空间的 N 个数据点中的每一个。此外，仅保留 $\boldsymbol{\Lambda}'\in\mathbb{R}^{M\times M}$ 中 $\boldsymbol{K}$ 的最大特征值的 $M<D$ 个，对应 $\boldsymbol{U}'\in\mathbb{R}^{N\times M}$ 中的特征向量，那么 $\boldsymbol{Z}'=\boldsymbol{K}^{\mathrm{T}}\boldsymbol{U}'\boldsymbol{\Lambda}'^{-\frac{1}{2}}$ 只朝着最重要的方向投影，与主成分分析一样，在特征空间中，得到降维后的表示 $\boldsymbol{Z}'\in\mathbb{R}^{N\times M}$。最后，将去除特征空间中向量的平均值作为预处理步骤是必要的，Murphy(2012，第 494 页)表明，这可以通过使用中心矩阵 $\boldsymbol{H}=\boldsymbol{I}-(1/N)\boldsymbol{1}_N\boldsymbol{1}_N^{\mathrm{T}}$ 计算 $\overline{\boldsymbol{K}}=\boldsymbol{HKH}$ 来实现，其中 $\boldsymbol{1}_N$ 是长度为 N 的全 1 向量。使用该中心核矩阵 $\overline{\boldsymbol{K}}$ 代替原始矩阵 $\boldsymbol{K}$，这种非线性降维算法称为*核主成分分析*(KPCA)，传感器信号处理应用示例见图 6.15。

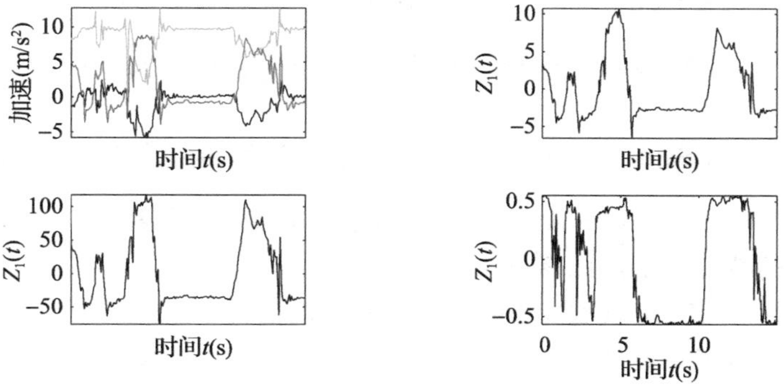

图 6.15 核主成分分析应用于人体三轴加速度测量运动数据(原始数据，左上图)。在相对于地球引力场方向的旋转运动下，理解设备的方向最简洁地表示为原始设备数据的球面坐标系，而不是笛卡儿坐标系。这是一个本质上的非线性变换，它证明了核主成分分析(左下图和右下图，分别是 $\sigma=1$ 的二次多项式和高斯核)的使用是正确的。线性的主成分分析投影用于对比(右上图)

对于主成分分析，该模型是线性的、全局的，即适用于整个无限的观测空间和低维的隐变量空间。对于某些问题，这不一定是一个好模型。一个更一般的模型(比核主成分分析更一般)涉及*流形*(manifold)的概念，即一个(非正式地)局部行为类似于欧几里得空间的空间。更正式地说，流形是一个拓扑空间，其中有一个连续的、可逆的函数，它将流形映射到每个点周围的欧氏空间。因此，在全局上，该模型是非线性的(也可能与欧氏空间有不同的全局拓扑结构)，但是在每个点附近，像主成分分析一样，它是线性的。例如，包含在三维或更高维度中的环面(圆环形状)的曲面只有两个坐标，可以映射到二维平面的有限子集，其边界连接在一起(顶部与底部，左侧与右侧)。因此，如果观测到的高维数据实际上来自圆环的表面，我们应该能够找到该数据的二维数据表示，而又不丢失关于原始数据的任何信息。

这种流形嵌入思想是 Roweis 和 Saul(2000)描述的*局部线性嵌入*(locally linear embedding，LLE)的核心，我们将在下面讨论。首先，对于每个观测数据项 $\boldsymbol{x}_n$，求 K 近邻 $\mathcal{N}_K(\boldsymbol{x}_n)=\{n'\in 1, 2, \cdots, N: \|\boldsymbol{x}_n-\boldsymbol{x}_{n'}\|\leqslant\|\boldsymbol{x}_n-\boldsymbol{x}_{(K)}\|\wedge n'\neq n\}$，其中 $\boldsymbol{x}_{(K)}$ 是距离 $\boldsymbol{x}_n$ 第 K 远的数据项。然后，将每个数据项近似为其最近邻 $\boldsymbol{X}\approx\boldsymbol{AX}$ 的线性和，其中矩阵 $\boldsymbol{A}\in\mathbb{R}^{N\times N}$ 包含 N 的局部线性模型参数 $a_{nn'}$，n，$n'\in 1, 2, \cdots, N$。如果数据项 $\boldsymbol{x}_{n'}$ 不在 $\boldsymbol{x}_n$ 的邻域内，即 $n'\notin\mathcal{N}_K(\boldsymbol{x}_n)$，则 $a_{nn'}=0$。因此，这些参数只将每个观测到的数据项与其最近的邻域联系起来。如果数据来自一个流形，则这种局部线性建模假设的理由是合理的。该近似的参数 $\boldsymbol{A}$ 通过使用数据矩阵 $\boldsymbol{X}\in\mathbb{R}^{D\times N}$(其中每列包含一个 $\boldsymbol{z}_n$)来最小化全局*近似误差* $E(\boldsymbol{A})=\|\boldsymbol{X}-\boldsymbol{XA}\|_F^2$ 而获得。我们可以把这种近似看作为每个数据项拟合一个局部线性回归模型。利用每个观测数据的正态方程及其邻域 $i\in\mathcal{N}_K(\boldsymbol{x}_n)$ 可以得到解。通过施加约束条件 $\sum_{n'\in\mathcal{N}_K(\boldsymbol{x}_n)} a_{nn'}=1(n\in 1, 2, \cdots, N)$，Roweis 和 Saul(2000)得到了局部 $K\times K$ 的协方差矩阵 $\boldsymbol{X}_n^{\mathrm{T}}\boldsymbol{X}_n$ 的一个实用解，局部中心数据矩阵 $\boldsymbol{X}_n$ 包含列 $\boldsymbol{x}_n-\boldsymbol{x}_{n'}$，其中 $n'\in\mathcal{N}_K(\boldsymbol{x}_n)$。

通过拟合这些局部回归模型，对于每个数据项，我们得到了模型 $\boldsymbol{A}$ 中捕获的局部空间 $\{\boldsymbol{x}_{n'}\}$，$n'\in\mathcal{N}_K(\boldsymbol{x}_n)$ 的表示。现在，我们可以使用它来获得每个数据项的降维嵌入的隐表示，它遵循其局部模型 $\boldsymbol{Z}\approx\boldsymbol{AZ}$，其中 $\boldsymbol{z}_n\in\mathbb{R}^M$。嵌入表示矩阵 $\boldsymbol{Z}\in\mathbb{R}^{M\times N}$ 可通过最小化全局*嵌入误差* $E(\boldsymbol{Z})=\|\boldsymbol{Z}-\boldsymbol{ZA}\|_F^2$ 得到。解决这个问题需要应用一些约束。与主成分分析一样，我们假设嵌入的数据项具有单位(样本)协方差 $\frac{1}{N}\boldsymbol{ZZ}^{\mathrm{T}}=\boldsymbol{I}$，并且隐表示集中在原点 $\sum_{n=1}^{N}\boldsymbol{z}_n=\boldsymbol{0}$。Roweis 和 Saul(2000)证明了该解是通过计算矩阵中最小的 $M+1$ 个特征值和相关特征向量 $\boldsymbol{M}=(\boldsymbol{I}-\boldsymbol{A})^{\mathrm{T}}(\boldsymbol{I}-\boldsymbol{A})$ 得到的。最小特征值对应的特征向量被构造为全 1 向量并被丢弃，其余的特征向量形成*隐嵌入变量*。

局部线性嵌入(LLE)可以梳理出一些相当复杂的信号中的底层组织(见图 6.16)，并在数字图像处理中证明了有效性，参见 Roweis 和 Saul(2000)。然而，与主成分分析/概率主成分分析不同的是，它缺乏一种将隐空间 $\boldsymbol{Z}$ 中的任意点映射回原始空间 $\boldsymbol{X}$ 的简单方法，并且不像概率主成分分析那样具有概率性。这也是一个计算上的挑战：嵌入参数特征分解的复杂度一般是 $O(N^3)$，它支配着寻找最近邻的复杂度 $O(N^2)$ 和计算近似参数的复杂度

$O(NK^3)$。因此，对于较大的 N，局部线性嵌入不是很实用，然而，我们通常需要很多非常接近它的临近值。

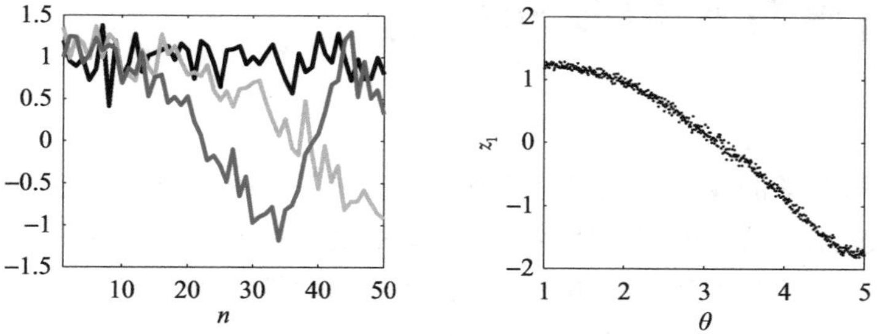

图 6.16 局部线性嵌入应用于线性调频信号(即频率随时间线性增加的非平稳正弦信号)和加性独立同分布高斯噪声(左图，黑色、浅灰色和深灰色对应于线性调频频率 θ 的增加值)。给定 $N=500$ 个信号，$D=50$ 个样本，每个样本的啁啾(chirp)频率为 $\theta \in [1, 5]$，$K=100$ 个嵌入维数为 $M=1$ 的邻域的 LLE 可以相对容易地从信号(右图)中识别啁啾频率，尽管恢复不是完全线性的

从提出最原始的局部线性嵌入方法以来，基于流形的降维已经发展成一个非常成熟的子领域，想了解更为全面的综述，请阅读 van der Maaten 等人(2009)。

线性-高斯系统和信号处理

基于向量空间数学的线性系统理论是所有“经典”DSP 的支柱，也是统计机器学习的重要组成部分。应用于信号的线性代数具有重要的实用价值，且在许多科学和技术领域都有相应的应用。在其他科学和工程领域，线性代数通常被证明是实际应用中一个优秀的数学模型。例如，在声学中，(线性)波传播理论产生于经典流体力学中关于平衡压力的小压力扰动的线性化概念。同样，电磁波理论也是线性的。除非信号来自适当的线性系统，在 DSP 和机器学习中，我们没有任何特定的对应关系来决定如何选择线性系统。然而，向量空间中的数学问题(特别是当应用于时不变以及联合高斯系统时)是非常容易处理且非常有用的。

7.1 预备知识

下面将介绍本节的核心思想。这些都是本节的数学基础，它们也将成为后面章节的重要组成部分。在 DSP 应用中有一些特殊的函数和信号，我们还需要复数的基本知识以及联合多元正态分布的边缘性质和条件性质。

7.1.1 三角信号和相关函数

第一个特殊信号是所谓的 δ 函数，写为 $\delta[\cdot]$。括号运算符表明，对于这些对象，只将它们视为运算符(实际上，将信号映射到实线的泛函)而不是函数才会是真正一致的，原因我们将稍后讨论。最容易定义的是离散时间 Kronecker 三角信号，它产生离散无限脉冲信号 $\delta=(\cdots, 0, 0, 1, 0, 0, \cdots)$。如果 $n=0$，我们可以把 Kronecker 三角信号写成 $\delta[n]=1$，如果 $n\neq 0$，则为 0。那么无限脉冲信号为 $\delta_n=\delta[n]$。尽管有此定义，但此类对象的主要值是它在无限和条件下对测试信号 $\boldsymbol{x}$ 的作用，特别是：

$$\sum_{n\in\mathbb{Z}}\delta[n-m]x_n=x_m \tag{7.1}$$

其中 $m\in\mathbb{Z}$。换言之，Kronecker 三角信号“评估”下标为 m 的信号，而无穷和的计算会导致系统崩溃。这被称为 Kronecker 三角信号的筛分性质(sift property)。这似乎是挑选出 x_m 的一种不必要的复杂方法，但在后面的章节中，我们将遇到许多这样的无限求和计算，这种简化过程将发挥关键作用。

我们可以对 Kronecker delta 进行积分，得到所谓的单位阶跃函数：

$$\sum_{n=-\infty}^{m}\delta[n]=u_m=\begin{cases}0 & m<0\\ 1 & m\geqslant 0\end{cases} \tag{7.2}$$

例如，作为限制目标测试函数的非零范围的一种方法，该函数具有很大的价值。

在连续时间里，我们可以定义非常相似的对象，特别是类似 Kronecker 三角信号的信号，称为 Dirac 三角信号。要定义此对象，我们希望它在积分下表现为 Kronecker 三角信号：

$$\int_{\mathbb{R}} \delta[t-s] f(t) \mathrm{d} t=f(s) \tag{7.3}$$

现在，为了实现这一点，这个“函数”必须在 0 处是无限的，在其他任何地方都是 0，这样一来整体积分结果为 1。但不幸的是，它不可能是经典意义上的函数。一大类包含 Dirac 三角信号的对象被称为回火分布(tempered distributions)，实际上是泛函，有关此类对象的经典介绍，请参见 Lighthill(1958)。出于本书中对实际的 DSP 的介绍，将式(7.3)视为 Dirac 三角洲的定义属性符合我们的需要。

与 Kronecker 三角信号一样，我们可以对 Dirac 函数进行积分得到所谓的 Heaviside 阶跃函数：

$$\Phi(t)=\int_{-\infty}^{t} \delta[u] \mathrm{d} u=\begin{cases}0 & t<0 \\ 1 & t \geqslant 0\end{cases} \tag{7.4}$$

这当然是单位步长的连续时间模拟。我们将对 Kronecker 和 Dirac 三角信号使用相同的符号 δ，根据参数的类型区分它们(例如，Kronecker 表示离散，Dirac 表示连续)。

另一个在 DSP 中非常重要的信号是 sinc 函数，定义如下(见图 7.1)：

$$\operatorname{sinc}(x)=\frac{\sin (\pi x)}{\pi x} \tag{7.5}$$

我们将看到，它实际上与(单位)矩形脉冲函数密切相关：

$$\begin{aligned}\operatorname{rect}(x) & =\Phi(x+\pi)-\Phi(x-\pi) \\ & =\begin{cases}1 & |x|<\pi \\ 0 & \text{否则}\end{cases}\end{aligned} \tag{7.6}$$

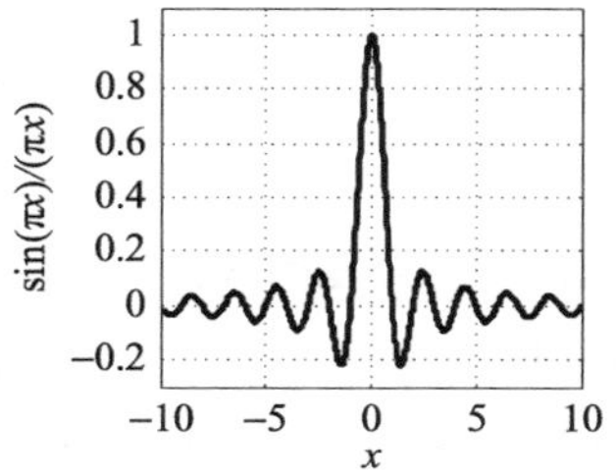

图 7.1 sinc 函数 $\operatorname{sinc}(x)=\sin(\pi x)/\pi x$ 在带限采样和重构中起着关键作用。它具有插值的性质 $\operatorname{sinc}(n)=\delta[n]$ (Kronecker 三角信号)对于 $n\in\mathbb{Z}$(在采样应用中非常重要，8.1 节)，而 $x\rightarrow\pm\infty$ 时，有 $\operatorname{sinc}(x)\rightarrow 0$。sinc 的连续时间傅里叶变换是矩形(脉冲)函数，当 $|x|<\pi$ 时，为 $\operatorname{rect}(x)=1$；当 $|x|\geqslant\pi$ 时，为 $\operatorname{rect}(x)=0$。另一种理解 sinc 函数的方法是，它是理想低通滤波器的脉冲响应

7.1.2 复数、单位根和复指数

虽然概率论、统计学和机器学习很少涉及复数，但它们是线性系统理论的基础。复数能够求解具有任意系数的所有代数方程，例如，如果不使用复数单位 $\mathrm{i}=\sqrt{-1}$，即 $\mathrm{i}^2=-1$，则无法求解方程 $x^2+1=0$。那么，方程的解是 $x=\pm\mathrm{i}$，使得 $x^2=\mathrm{i}^2=-1$。所有复数都由实部 a 和虚部 b 组成，因此复数 $z=a+\mathrm{i}b$，其中 a，$b\in\mathbb{R}$。这就是所谓的笛卡儿或矩形形式，每个数字占据复平面上的点(a, b)。实部和虚部分别为 $\operatorname{Re}(z)=a$ 和 $\operatorname{Im}(z)=b$。复共轭 $\bar{z}=a-\mathrm{i}b$ 仅仅改变了虚部的符号。

在这种笛卡儿形式中，加法很简单：$z_1+z_2=(a+\mathrm{i}b)+(c+\mathrm{i}d)=(a+c)+\mathrm{i}(b+d)$。乘法则较为复杂：$z_1\times z_2=(a+\mathrm{i}b)(c+\mathrm{i}d)$，在展开括号后得到$(ac-bd)+\mathrm{i}(bc+ad)$。除法也有类似的笛卡儿公式，但极坐标下的乘法和除法要简单得多，它只涉及从笛卡儿平

面坐标到极坐标的坐标变换。在这种形式中，每个数都由参数幅值(或相位角绝对值)坐标对$(\phi, r)\in\mathbb{R}^2$定位，其中$r=\sqrt{a^2+b^2}=z\bar{z}$是数字$z$的幅值，$\phi=\arg(z)$是向量从复平面原点(0，0)到点$(a, b)$的角度(弧度)。角度通常取$\phi=\arctan(b/a)$的主值，取值范围为$[-\pi, \pi]$。在极坐标形式下，$z=r(\cos\phi+\mathrm{i}\sin\phi)$，利用三角和公式，得到$z_1\times z_2=r_1r_2(\cos(\phi_1+\phi_2)+\mathrm{i}\sin(\phi_1+\phi_2))$。欧拉公式在复数的自然对数和极性形式$r\exp(\mathrm{i}\phi)=r(\cos\phi+\mathrm{i}\sin\phi)$之间建立了一个联系。因此，对于$n\in\mathbb{Z}$，有$z^n=r^n(\cos(n\phi)+\mathrm{i}\sin(n\phi))$，一种叫作 de Moivre 公式的关系。

上面的公式使得我们能够求解复数多项式$z^N=1$和任意$N\in 1, 2, 3, \cdots$。这个方程有N个解，称为N个单位根，可以通过设置ϕ来找到，其中$\phi=\frac{2\pi}{N}$，$r=1$，那么有：

$$\left(r\exp\left(\frac{2\pi\mathrm{i}}{N}\right)\right)^n=\exp\left(2\pi\mathrm{i}\,\frac{n}{N}\right) \tag{7.7}$$

其中的$n\in 0, 1, \cdots, N-1$。现在，设置$z=\exp(2\pi\mathrm{i}n/N)$，我们可以得到$z^N=\exp(2\pi\mathrm{i}n)=1$，因为$\cos(2\pi n)=1$且$\sin(2\pi n)=0$。我们将看到，这些在复平面上均匀分布在单位圆周围的复指数是分析线性时不变系统的基础，我们将在后面进行研究。

7.1.3　线性高斯模型的边缘和条件

让我们考虑一下“生成”模型$\boldsymbol{X}=\boldsymbol{AZ}+\boldsymbol{V}$，其中$\boldsymbol{Z}\sim\mathcal{N}(\boldsymbol{\mu}_Z, \boldsymbol{\Sigma}_Z)$且$\boldsymbol{V}\sim\mathcal{N}(\boldsymbol{0}, \boldsymbol{\Sigma})$，它定义了由矩阵$\boldsymbol{A}$表示的多变量随机向量变量$\boldsymbol{X}$和$\boldsymbol{Z}$之间的线性关系，其中矩阵$\boldsymbol{A}$具有适当的行数和列数，以使模型与两个变量的大小一致。了解相应的联合分布、边缘分布和条件分布将非常有用：

(1) 边缘分布。我们定义了$f(\boldsymbol{z})=N(\boldsymbol{z}; \boldsymbol{\mu}_Z, \boldsymbol{\Sigma}_Z)$，并且我们可以(使用期望的线性特性)得到$\mathcal{N}(\boldsymbol{x}; \boldsymbol{A\mu}_Z, \boldsymbol{A\Sigma}_Z\boldsymbol{A}^{\mathrm{T}}+\boldsymbol{\Sigma})$。

(2) 联合分布。将变量“叠加”成一个大向量(利用上面的边缘和协方差的线性特性)，有

$$f(\boldsymbol{x}, \boldsymbol{z})=\mathcal{N}\left(\begin{pmatrix}\boldsymbol{z}\\ \boldsymbol{x}\end{pmatrix}; \begin{pmatrix}\boldsymbol{\mu}_Z\\ \boldsymbol{A\mu}_Z\end{pmatrix}, \begin{pmatrix}\boldsymbol{\Sigma}_Z & \boldsymbol{\Sigma}_Z\boldsymbol{A}^{\mathrm{T}}\\ \boldsymbol{A\Sigma}_Z & \boldsymbol{A\Sigma}_Z\boldsymbol{A}^{\mathrm{T}}+\boldsymbol{\Sigma}\end{pmatrix}\right) \tag{7.8}$$

(3) 条件分布。基于高斯仿射的不变性，$f(\boldsymbol{x}|\boldsymbol{z})=\mathcal{N}(\boldsymbol{x}; \boldsymbol{Az}, \boldsymbol{\Sigma})$，相应的后验分布为

$$f(\boldsymbol{z}|\boldsymbol{x})=N(\boldsymbol{z}; \boldsymbol{\Sigma}_{Z|X}(\boldsymbol{A}^{\mathrm{T}}\boldsymbol{\Sigma}^{-1}\boldsymbol{x}+\boldsymbol{\Sigma}_Z^{-1}\boldsymbol{\mu}_Z), \boldsymbol{\Sigma}_{Z|X}) \tag{7.9}$$

其中$\boldsymbol{\Sigma}_{Z|X}=(\boldsymbol{\Sigma}_Z^{-1}+\boldsymbol{A}^{\mathrm{T}}\boldsymbol{\Sigma}^{-1}\boldsymbol{A})^{-1}$。

这些条件性质可以从多元高斯的下列一般条件导出。对于联合正态分布向量对，可以得到以下分布：

$$f(\boldsymbol{u}_1, \boldsymbol{u}_2)=\mathcal{N}\left(\begin{pmatrix}\boldsymbol{u}_1\\ \boldsymbol{u}_2\end{pmatrix}; \begin{pmatrix}\boldsymbol{\mu}_1\\ \boldsymbol{\mu}_2\end{pmatrix}, \begin{pmatrix}\boldsymbol{\Sigma}_{11} & \boldsymbol{\Sigma}_{12}\\ \boldsymbol{\Sigma}_{21} & \boldsymbol{\Sigma}_{22}\end{pmatrix}\right) \tag{7.10}$$

这样就有$f(\boldsymbol{u}_1|\boldsymbol{u}_2)=\mathcal{N}(\boldsymbol{u}_1; \boldsymbol{\mu}_{1|2}(\boldsymbol{u}_2), \boldsymbol{\Sigma}_{1|2})$，其中：

$$\begin{aligned}\boldsymbol{\mu}_{1|2}(\boldsymbol{u}_2)&=\boldsymbol{\mu}_1+\boldsymbol{\Sigma}_{12}\boldsymbol{\Sigma}_{22}^{-1}(\boldsymbol{u}_2-\boldsymbol{\mu}_2)\\ \boldsymbol{\Sigma}_{1|2}&=\boldsymbol{\Sigma}_{11}-\boldsymbol{\Sigma}_{12}\boldsymbol{\Sigma}_{22}^{-1}\boldsymbol{\Sigma}_{21}\end{aligned} \tag{7.11}$$

其中，我们对第二个变量的均值$\boldsymbol{\mu}_{1|2}$有了明显的函数依赖。

7.2 线性时不变系统

首先，我们将从关于系统的定义开始。H 是一个数学运算，它将离散时间(通常为无限长)信号 $\boldsymbol{x}=(\cdots, x-2, x-1, x_0, x_1, x_2, \cdots)$ 作为输入，而输出另一个信号 $\boldsymbol{y}=(\cdots, y-2, y-1, y_0, y_1, y_2, \cdots)$，我们将这个过程写为 $\boldsymbol{y}=H[\boldsymbol{x}]$。当然，所有真实世界的信号长度都是有限的。这是下一节会主要讨论的内容。线性系统实际上只是式(1.9)所定义的线性算子的例子。线性时不变(LTI)系统具有一个附加特性，即时移(time shifting)输入随操作而变化。我们所说的时移是指 $T_d[\boldsymbol{x}]=(\cdots, x_{-2-d}, x_{-1-d}, x_{-d}, x_{1-d}, x_{2-d}, \cdots)$，即将时间序列的索引向后移动 d 的运算符，以便实现 $x_n \rightarrow x_{n-d}$。因此，对于线性时不变运算符和所有的 $d\in\mathbb{Z}$，时间不变性意味着：

$$H[T_d[\boldsymbol{x}]]=T_d[H[\boldsymbol{x}]] \tag{7.12}$$

7.2.1 卷积和脉冲响应

此类线性时不变运算符 H 具有一个重要的特殊性质：它们可以表示为与特定信号 $\boldsymbol{h}$ 的卷积：

$$H[\boldsymbol{x}]=\sum_{m\in\mathbb{Z}} h_m x_{n-m}=\boldsymbol{h}\bigstar\boldsymbol{x} \tag{7.13}$$

其中的卷积运算符 $\boldsymbol{x}\bigstar\boldsymbol{y}$ 被定义为：

$$C_{\boldsymbol{y}}[\boldsymbol{x}]=\sum_{m\in\mathbb{Z}} x_m y_{n-m} \tag{7.14}$$

这是怎么产生的？$\boldsymbol{h}$ 又是什么？为了回答这个问题，我们将使用(Kronecker)三角信号函数的 sift 性质：

$$\begin{aligned} x_n &= \sum_{m\in\mathbb{Z}} x_m \delta[n-m] \\ &= \sum_{m\in\mathbb{Z}} x_m T_m[\boldsymbol{\delta}] \end{aligned} \tag{7.15}$$

现在，应用系统运算符 H：

$$\begin{aligned} H[\boldsymbol{x}] &= H\left[\sum_{m\in\mathbb{Z}} x_m T_m[\boldsymbol{\delta}]\right] \\ &= \sum_{m\in\mathbb{Z}} x_m H[T_m[\boldsymbol{\delta}]] \\ &= \sum_{m\in\mathbb{Z}} x_m T_m[H[\boldsymbol{\delta}]] \\ &= \sum_{m\in\mathbb{Z}} x_m T_m[\boldsymbol{h}] \end{aligned} \tag{7.16}$$

这样就有：

$$H[\boldsymbol{x}]=\sum_{m\in\mathbb{Z}} x_m h_{n-m}$$

信号 $\boldsymbol{h}=H[\boldsymbol{\delta}]$ 被称为算子的脉冲响应。同样的函数也出现在许多其他学科中，被称为格林函数(物理学)或点扩散函数(图像分析)。卷积具有结合性和可交换性：

$$\begin{aligned} \boldsymbol{x} \bigstar \boldsymbol{y} &= \sum_{m \in \mathbb{Z}} x_m y_{n-m} = \sum_{m \in \mathbb{Z}} x_{n-m} y_m \\ &= \boldsymbol{y} \bigstar \boldsymbol{x} \\ \boldsymbol{z} \bigstar (\boldsymbol{x} \bigstar \boldsymbol{y}) &= (\boldsymbol{z} \bigstar \boldsymbol{x}) \bigstar \boldsymbol{y} \end{aligned} \tag{7.17}$$

卷积恒等式是脉冲信号：

$$\boldsymbol{x} \bigstar \boldsymbol{\delta} = \boldsymbol{x} \tag{7.18}$$

因此，时间偏移相当于与偏移脉冲信号的卷积：

$$T_d[\boldsymbol{x}] = T_d[\boldsymbol{x} \bigstar \boldsymbol{\delta}] = \boldsymbol{x} \bigstar T_d[\boldsymbol{\delta}] \tag{7.19}$$

7.2.2 离散时间傅里叶变换

卷积算子是经典的线性时不变DSP中最基本的思想之一，它具有深远的影响，特别是无论应用在哪里，我们都可以调用同样的基本傅里叶变换(FT)。如果我们将卷积 $C_y[\boldsymbol{x}]$ 应用于复指数信号 $x_n = \exp(\mathrm{i}\omega n)$，$\omega \in \mathbb{R}$，我们得到：

$$\begin{aligned} C_y[\boldsymbol{x}] &= \sum_{m \in \mathbb{Z}} x_{n-m} y_m \\ &= \sum_{m \in \mathbb{Z}} \exp(\mathrm{i}\omega(n-m)) y_m \\ &= \sum_{m \in \mathbb{Z}} \exp(-\mathrm{i}\omega m) y_m \exp(\mathrm{i}\omega n) \\ &= Y(\omega)\boldsymbol{x} \end{aligned} \tag{7.20}$$

其中：

$$Y(\omega) = F_\omega[\boldsymbol{y}] = \sum_{n \in \mathbb{Z}} y_n \exp(-\mathrm{i}\omega n) \tag{7.21}$$

被称为 $\boldsymbol{y}$ 的离散时间傅里叶变换(DTFT)，它本身是一个线性算子，将信号映射到每个 ω 的复平面上。如果信号 $\boldsymbol{y}$ 是绝对可加的，即 $\sum_{n \in \mathbb{Z}} |y_n| < \infty$，则无穷和(7.21)一致收敛，但是如果信号是平方可加的，即 $\sum_{n \in \mathbb{Z}} |y_n|^2 < \infty$，则在均方意义下收敛。因此，在实践中，我们必须找到方法来防止无限离散时间信号在极端情况下无限增长。

式(7.20)是一个特征值方程，卷积算子扮演着矩阵的角色，$Y(\omega)$ 为特征值，复指数为特征函数。因此，事实上，离散傅里叶变换对角化了离散卷积算子，而复指数是这种对角化变换的基础。由于傅里叶信号的变换涉及将原信号变换到一个新的复指数基上，我们可以说“傅里叶变换对角化了卷积算子”。正因为如此，两个信号的卷积就是它们的傅里叶变换的乘积的逆傅里叶变换，我们将在后面看到。

这种卷积特性是傅里叶变换的关键。任何线性系统的输出都可以表示为与系统冲激响应的卷积，对于 ω 的每个值，卷积是输入信号的傅里叶变换与冲激响应的傅里叶变换的简单乘积。离散时间傅里叶变换中的这个变量 ω 称为频率变量(以弧度/秒为单位)，它与时间指数 n 为“对偶”关系。在物理和工程界，用 ω 表示的复频率系数所表征的信号称为频域(frequency domain)表示，用 n 表示的信号称为时域(time domain)表示。

对于离散时间信号，离散时间傅里叶交换是周期性的(即重复的)，周期为 2π。为此，设 $j \in \mathbb{Z}$：

$$
\begin{aligned}
Y(\omega+2\pi j) &= \sum_{n\in\mathbb{Z}} y_n \exp(-\mathrm{i}(\omega+2\pi j)n) \\
&= \sum_{n\in\mathbb{Z}} y_n \exp(-\mathrm{i}\omega n)\exp(-\mathrm{i}2\pi jn) \\
&= \sum_{n\in\mathbb{Z}} y_n \exp(-\mathrm{i}\omega n) \\
&= Y(\omega)
\end{aligned} \tag{7.22}
$$

由于 n，$j\in\mathbb{Z}$，使得 $\exp(-\mathrm{i}2\pi jn)=1$。因此，由于指数 n 的离散性，离散时间信号的唯一频率范围是 $[-\pi,\ \pi]$，在该范围之外的频率被折叠到该范围内的频率上。

就像我们可以用傅里叶变换将信号 $\boldsymbol{x}$ 变换到频域 $X(\omega)$ 一样，我们可以撤销变换并返回到时域。要了解其原理，请注意，对于 ω 的每个值，$X(\omega)$ 只是信号与频率 ω 的复指数的内积。因此，信号可以从复指数连续的叠加中重建。为了推导执行此重建的*逆离散时间傅里叶变换*(IDTFT)，我们首先注意到，在相关频率间隔 $[-\pi,\ \pi]$ 上，复指数形成了一个正交系统：

$$
\int_{-\pi}^{\pi} \exp(\mathrm{i}\omega n)\,\mathrm{d}\omega = 2\pi\delta[n] \tag{7.23}
$$

使用 Kronecker 三角信号来表示。现在，我们要形成幅值为 $X(\omega)$ 的复指数的叠加：

$$
\begin{aligned}
\int_{-\pi}^{\pi} X(\omega)\exp(\mathrm{i}\omega n)\,\mathrm{d}\omega &= \int_{-\pi}^{\pi}\left[\sum_{m\in\mathbb{Z}} x_m \exp(-\mathrm{i}\omega m)\right]\exp(\mathrm{i}\omega n)\,\mathrm{d}\omega \\
&= \sum_{m\in\mathbb{Z}} x_m \int_{-\pi}^{\pi} \exp(\mathrm{i}\omega(n-m))\,\mathrm{d}\omega \\
&= 2\pi \sum_{m\in\mathbb{Z}} x_m \delta[n-m] \\
&= 2\pi x_n
\end{aligned} \tag{7.24}
$$

我们假设傅里叶变换是收敛的，这样我们就可以交换求和与积分的顺序。因此，上式的逆离散时间傅里叶变换就是：

$$
\boldsymbol{x} = F_n^{-1}[X(\omega)] = \frac{1}{2\pi}\int_{-\pi}^{\pi} X(\omega)\exp(\mathrm{i}\omega n)\,\mathrm{d}\omega \tag{7.25}
$$

而 $F_n^{-1}[F_\omega[\boldsymbol{x}]]=\boldsymbol{x}$，所以逆离散时间傅里叶变换和离散时间傅里叶变换是相反的。

线性时不变算子引发了大量的时频对称性，这些对称性在傅里叶变换相关运算中表征出来。首先，由于变换是线性的，所以任意数量信号的(加权)和的傅里叶变换就是单个信号的(加权)傅里叶变换的和。如上所述，最重要的特性之一是时间上的卷积对应于频率上的乘法：

$$
\begin{aligned}
F_\omega[\boldsymbol{x}\bigstar\boldsymbol{y}] &= \sum_{n\in\mathbb{Z}}\left[\sum_{m\in\mathbb{Z}} x_m y_{n-m}\right]\exp(-\mathrm{i}\omega n) \\
&= \sum_{m\in\mathbb{Z}} x_m\left[\sum_{m\in\mathbb{Z}} y_{n-m}\exp(-\mathrm{i}\omega n)\right] \\
&= \sum_{m\in\mathbb{Z}} x_m \exp(-\mathrm{i}\omega m)\sum_{n\in\mathbb{Z}} y_{n-m}\exp(-\mathrm{i}\omega(n-m)) \\
&= X(\omega)Y(\omega)
\end{aligned} \tag{7.26}
$$

相应的时频对称性是时间上的乘法对应于频率上的卷积：

$$
F_\omega[\boldsymbol{x}\circ\boldsymbol{y}] = \sum_{n\in\mathbb{Z}} x_n y_n \exp(-\mathrm{i}\omega n)
$$

$$
\begin{aligned}
&=\sum_{n\in\mathbb{Z}}\left[\frac{1}{2\pi}\int_{-\pi}^{\pi}X(\omega')\exp(\mathrm{i}\omega' n)\mathrm{d}\omega'\right]y_n\exp(-\mathrm{i}\omega n)\Big]\\
&=\frac{1}{2\pi}\int_{-\pi}^{\pi}X(\omega')\left[\sum_{n\in\mathbb{Z}}y_n\exp(-\mathrm{i}(\omega-\omega')n)\right]\mathrm{d}\omega'\\
&=\frac{1}{2\pi}\int_{-\pi}^{\pi}X(\omega)Y(\omega-\omega')\mathrm{d}\omega'\\
&=X(\omega)\bigstar Y(\omega)
\end{aligned}
\tag{7.27}
$$

这种卷积特性通常用于分析线性时不变系统。给定系统的脉冲响应 $\boldsymbol{h}$，系统对输入信号 $\boldsymbol{x}$ 的影响为 $Y(\omega)=H(\omega)X(\omega)$。换句话说，系统输出 $\boldsymbol{y}$ 的傅里叶变换是输入的傅里叶变换与脉冲响应 $H(\omega)$的傅里叶变换的乘积。后者在工程界称为*传递函数*，其作用是只改变输入信号在每个频率分量 ω 处傅里叶变换的幅值和相位角。因此，原则上，线性时不变系统可以独立地在时间上增强、衰减或延迟任何频率分量，但它不能在输出处产生在输入中具有零幅值的频率分量。这种对输入进行傅里叶变换的操作称为*滤波*操作，具有特定传递函数的线性时不变系统的设计是经典 DSP 的核心课题之一。

时间上的移动对应复指数的乘法：

$$
\begin{aligned}
F_\omega[T_m[\boldsymbol{x}]]&=\sum_{n\in\mathbb{Z}}x_{n-m}\exp(-\mathrm{i}\omega n)\\
&=\sum_{l\in\mathbb{Z}}x_l\exp(-\mathrm{i}\omega(l+m))\\
&=\exp(-\mathrm{i}\omega m)\sum_{l\in\mathbb{Z}}x_l\exp(-\mathrm{i}\omega l)\\
&=\exp(-\mathrm{i}\omega m)X(\omega)
\end{aligned}
\tag{7.28}
$$

通过定义 $w_n=\exp(\mathrm{i}\omega' n)$，不难看出相应的时-频对称性，乘以复指数对应于频率的偏移：

$$
\begin{aligned}
F_\omega[\boldsymbol{w}\circ\boldsymbol{x}]&=\sum_{n\in\mathbb{Z}}x_n\exp(-\mathrm{i}(\omega-\omega')n)\\
&=X(\omega-\omega')
\end{aligned}
\tag{7.29}
$$

反转信号(使用*反转运算符* $R[\boldsymbol{x}]=\boldsymbol{y}$ 使得 $y_n=x_{-n}$)对应于翻转频率变量的符号：

$$
\begin{aligned}
F_\omega[R[\boldsymbol{x}]]&=\sum_{n\in\mathbb{Z}}x_{-n}\exp(-\mathrm{i}\omega n)\\
&=\sum_{m\in\mathbb{Z}}x_m\exp(-\mathrm{i}(-\omega)m)\\
&=X(-\omega)
\end{aligned}
\tag{7.30}
$$

通过撤销上述操作，翻转频率变量的符号对应于时间反转：

$$
\begin{aligned}
F_n^{-1}[X(-\omega)]&=\frac{1}{2\pi}\int_{-\pi}^{\pi}X(-\omega)\exp(\mathrm{i}\omega n)\mathrm{d}\omega\\
&=\frac{1}{2\pi}\int_{-\pi}^{\pi}X(\omega')\exp(\mathrm{i}\omega'(-n))\mathrm{d}\omega'\\
&=R[\boldsymbol{x}]
\end{aligned}
\tag{7.31}
$$

对两个信号的对应分量(复共轭)求积分等同于在频域中进行积分，这被称为 Plancherel *定理*：

$$
\langle\boldsymbol{x},\ \boldsymbol{y}\rangle=\sum_{n\in\mathbb{Z}}x_n\left[\frac{1}{2\pi}\int_{-\pi}^{\pi}\overline{Y}(\omega)\exp(-\mathrm{i}\omega n)\mathrm{d}\omega\right]
$$

$$=\frac{1}{2\pi}\int_{-\pi}^{\pi}\overline{Y}(\omega)\left[\sum_{n\in\mathbb{Z}}x_n\exp(-\mathrm{i}\omega n)\right]\mathrm{d}\omega$$

$$=\frac{1}{2\pi}\int_{-\pi}^{\pi}X(\omega)\overline{Y}(\omega)\mathrm{d}\omega \tag{7.32}$$

由此，我们可以得到帕斯瓦尔(Parseval)关系式：

$$\langle \boldsymbol{x},\ \boldsymbol{x}\rangle=\|\boldsymbol{x}\|_2^2=\sum_{n\in\mathbb{Z}}|x_n|^2$$

$$=\frac{1}{2\pi}\int_{-\pi}^{\pi}|X(\omega)|^2\mathrm{d}\omega$$

这显示了一个有趣的观察结果，即信号的能量(平方和)可以通过频域积分获得。

与卷积非常相似的概念是互相关(cross-correlation)：

$$r_{xy}(m)=\langle \boldsymbol{x},\ T_m[\overline{\boldsymbol{y}}]\rangle=\sum_{n\in\mathbb{Z}}x_n\overline{y}_{n-m} \tag{7.33}$$

其中 $d\in\mathbb{Z}$。现在，根据时间偏移属性，我们有 $F_\omega[T_d[\boldsymbol{y}]]=\exp(-\mathrm{i}\omega m)Y(\omega)$，结合 Plancherel 定理，有：

$$\begin{aligned}r_{xy}(m)&=\frac{1}{2\pi}\int_{-\pi}^{\pi}X(\omega)\overline{Y}(\omega)\exp(\mathrm{i}\omega m)\mathrm{d}\omega\\&=F_n^{-1}[X(\omega)\overline{Y}(\omega)]\end{aligned} \tag{7.34}$$

这也就意味着 $F_\omega[r_{xy}(m)]=X(\omega)\overline{Y}(\omega)$，这就是所谓的互相关定理。专门针对自相关 $r_{xx}(m)$，我们得到了著名的维纳-辛钦(Wiener-Khintchine)定理：

$$\begin{aligned}r_{xx}(m)&=\frac{1}{2\pi}\int_{-\pi}^{\pi}X(\omega)\overline{X}(\omega)\exp(\mathrm{i}\omega m)\mathrm{d}\omega\\&=\frac{1}{2\pi}\int_{-\pi}^{\pi}|X(\omega)|^2\exp(\mathrm{i}\omega m)\mathrm{d}\omega\\&=F_m^{-1}[|X(\omega)|^2]\end{aligned} \tag{7.35}$$

或者类似的，$F_\omega[r_{xx}(m)]=|X(\omega)|^2$。换句话说，信号自相关的傅里叶变换就是其傅里叶变换的幅值，这在实践中是非常有用的特性。

频率差异具有以下特征：

$$\begin{aligned}\frac{\mathrm{d}X}{\mathrm{d}\omega}(\omega)&=\frac{\mathrm{d}}{\mathrm{d}\omega}\sum_{n\in\mathbb{Z}}x_n\exp(-\mathrm{i}\omega n)\\&=\sum_{n\in\mathbb{Z}}x_n\exp(-\mathrm{i}\omega n)\frac{\mathrm{d}}{\mathrm{d}\omega}(-\mathrm{i}\omega n)\\&=-\mathrm{i}\sum_{n\in\mathbb{Z}}nx_n\exp(-\mathrm{i}\omega n)\\&=-\mathrm{i}F_\omega[(nx_n)_{n\in\mathbb{Z}}]\end{aligned} \tag{7.36}$$

或者：

$$F_\omega[(nx_n)_{n\in\mathbb{Z}}]=\mathrm{i}\frac{\mathrm{d}X}{\mathrm{d}\omega}(\omega) \tag{7.37}$$

虽然时间差分没有直接的离散对应项，但利用傅里叶变换的线性和时移特性，时间的差分是可以直接进行的：

$$F[\boldsymbol{x}-T_1[\boldsymbol{x}]]=X(\omega)-\exp(-\mathrm{i}\omega)X(\omega) \\ =(1-\exp(-\mathrm{i}\omega))X(\omega) \tag{7.38}$$

我们将看到，用这个方法来将困难的*差分方程*转换成容易求解的代数方程。

利用这些性质，我们可以导出各种重要类别信号的表达式。第一个是无限脉冲信号 $\delta[n]$：

$$F_\omega[\boldsymbol{\delta}]=\sum_{n\in\mathbb{Z}}\delta[n]\exp(-\mathrm{i}\omega n)=1$$

这样就可以得到 $F_n^{-1}[1]=\boldsymbol{\delta}$。同样的：

$$F_n^{-1}[\delta[\omega]]=\int_{-\pi}^{\pi}\delta[\omega]\exp(\mathrm{i}\omega n)\mathrm{d}\omega \\ =\mathbf{1} \tag{7.39}$$

这里，δ 是 Dirac 三角信号，$\mathbf{1}$ 是常数信号，$x_n=1$。这意味着对于常数谱，$F_\omega[\mathbf{1}]=\delta[\omega]$，即常数信号具有 Dirac 三角信号的傅里叶变换。另一个重要的信号是单位阶跃函数，当 $n<0$ 时为 $x_n=0$，而当 $n\geqslant 0$ 时为 $x_n=1$，我们将其写成 u_n。利用这个函数，我们可以找到函数的傅里叶变换，否则函数就不是绝对可加的，例如当 $a\in\mathbb{C}$ 和 $|a|<1$ 的*几何序列* $x_n=a^n u_n$：

$$F_\omega[\boldsymbol{x}]=\sum_{n\in\mathbb{Z}}a^n u_n\exp(-\mathrm{i}\omega n) \\ =\sum_{n=0}^{\infty}(ae^{-\mathrm{i}\omega})^n \\ =\frac{1}{1-a\exp(-\mathrm{i}\omega)} \tag{7.40}$$

7.2.3　有限长周期信号：离散傅里叶变换

上面的论述展示了离散时间卷积和傅里叶变换对于无限长信号的大部分重要性质。但是在实际的 DSP 应用当中，信号通常都不会是无限长的，而是长度为 N 的有限长信号。但是，如果假设信号是周期为 N 的周期信号，那么我们可以记为 $x_n=x_{n+N}$，其中 $n\in\mathbb{Z}$ 和 $N>1$，以及指数范围内的有限长子集，例如，$n=0，1，\cdots，N-1$ 包含了这个无限周期信号中的所有信息。这是*周期扩展假设*，它有许多非常方便的数学性质，将在本节中讨论。

我们希望计算有限长信号 x_n 的傅里叶变换，对于 $n\in 0，1，\cdots，N-1$，但周期性以如下的方式限制了频率范围：复指数必须满足 $\exp(\mathrm{i}\omega n)=\exp(\mathrm{i}\omega(n+N))=\exp(\mathrm{i}\omega n)\exp(\mathrm{i}\omega N)$，这其中我们需要 $\exp(\mathrm{i}\omega N)=1$。满足这个式子唯一的方法是令 $\omega N=2\pi k$，其中 $k\in\mathbb{Z}$，即 2π 的整数倍。在这种情况下：

$$\omega=\frac{2\pi k}{N} \tag{7.41}$$

实际上，这组指数向量 $w_n^{N,k}=\exp(2\pi\mathrm{i}kn/N)$ 为长度为 N 的离散时间信号的向量空间 $\mathbb{R}^N$（以及更一般的写为 $\mathbb{C}^N$）形成了一个正交基。为了证明这一点，取任意 $j，k\in 0，1，\cdots，N-1$：

$$\langle\boldsymbol{w}^{N,j},\ \boldsymbol{w}^{N,k}\rangle=\sum_{n=0}^{N-1}w_n^{N,j}\overline{w}_n^{N,k} \\ =\sum_{n=0}^{N-1}\exp\left(2\pi\mathrm{i}\,\frac{j-k}{N}\right)^n$$

$$=\begin{cases}N & a=1\\ \dfrac{1-a^N}{1-a} & a\neq 1\end{cases} \tag{7.42}$$

其中$a=\exp(2\pi\mathrm{i}(j/k)/N)$。现在，如果$j=k$，那么有$a=1$。反之，$a^N=\exp(2\pi\mathrm{i}(j/k))=1$，由于$j/k$是一个整数，这就意味着$1-a^N=0$。但在这种情况下$a=1$，由于有$N\geqslant 2$和$1\leqslant |j/k|\leqslant N-1$，所以$(j/k)/N$不能是整数，因此$1-a\neq 0$。这样一来，我们就有：

$$\langle \boldsymbol{w}^{N,k},\ \boldsymbol{w}^{N,j}\rangle=N\delta[j-k] \tag{7.43}$$

这就体现了正交性。此外，所有向量都是非零的，即$\boldsymbol{w}^{N,k}\neq\mathbf{0}$。这意味着这$N$个向量一起形成一个正交基。

与离散时间傅里叶变换一样，卷积定理(7.26)有一个有限长度周期的版本。因为所有的信号都是周期性的，指数在0，1，…，$N-1$之间时，卷积变为圆形：

$$\boldsymbol{x}\bigstar_N\boldsymbol{y}=\sum_{m=0}^{N-1}x_m y_{(n-m)}\quad \bmod N \tag{7.44}$$

其中$a \bmod b$(这里的a，$b\in\mathbb{Z}$)表示a除以b后的余数。和的范围与长度为N的信号$\boldsymbol{x}$的指数的范围相匹配，模差$(n-m)\bmod N$确保$\boldsymbol{y}$的指数在范围内且满足周期性条件。我们可以把循环卷积运算符写成为限矩阵的形式：

$$C_{\boldsymbol{y}}^N=\begin{pmatrix}y_0 & y_{N-1} & y_{N-2} & \cdots & y_1\\ y_1 & y_0 & y_{N-1} & \cdots & y_2\\ y_2 & y_1 & y_0 & \cdots & y_3\\ \vdots & \vdots & \vdots & & \vdots\\ y_{N-1} & y_{N-2} & y_{N-3} & \cdots & y_0\end{pmatrix} \tag{7.45}$$

即对于第j行和第k列，它有对应项$y_{(j-k)\bmod N}$。与离散卷积一样，很容易证明复离散指数是离散循环卷积算子的特征向量：

$$\begin{aligned}\boldsymbol{C}_{\boldsymbol{y}}^N\boldsymbol{w}^{N,k}&=\sum_{m=0}^{N-1}w_{(n-m)\bmod N}^{N,k}\,y_m\\ &=\sum_{m=0}^{N-1}\exp(2\pi\mathrm{i}k(n-m)\quad \bmod N/N)y_m\\ &=\sum_{m=0}^{N-1}\exp(-2\pi\mathrm{i}km/N)y_m\exp(2\pi\mathrm{i}kn/N)\\ &=Y_k w^{N,k}\end{aligned} \tag{7.46}$$

其中$Y_k=\sum_{m=0}^{N-1}\exp(-2\pi\mathrm{i}km/N)y_m=\langle w^{N,k},\ \boldsymbol{y}\rangle$是特征值。在$N$个特征值的集合中，每个$k\in 0$，1，…，$N-1$是$\boldsymbol{y}$的离散傅里叶系数。它们共同构成(所谓的)离散傅里叶变换(DFT)，一种线性算子映射F：$\mathbb{C}^N\to\mathbb{C}^N$：

$$F_k[\boldsymbol{x}]=\sum_{n=0}^{N-1}x_n\exp\left(-2\pi\mathrm{i}k\,\frac{n}{N}\right)=\boldsymbol{X} \tag{7.47}$$

其中$\boldsymbol{X}=(X_0,\ X_1,\ \cdots,\ X_{N-1})$，我们也可以简单地写为$F_k[\boldsymbol{x}]=\langle\boldsymbol{x},\ w^{N,k}\rangle$。因此，对具有周期扩展的有限信号进行离散傅里叶分析(式(7.21))仅仅是一个到离散复指数基的坐标变换。

我们还可以将离散傅里叶变换运算符写成一个显式的 $N\times N$ 矩阵 $\boldsymbol{F}$(这个矩阵的特殊多项式结构使它成为范德蒙(Vandermonde)矩阵)，其中的每一项写为：

$$f_{kn}=w_n^{N,k} \tag{7.48}$$

这个矩阵显然是正交的，因为每一行都是复正交基集 $\boldsymbol{w}^N$ 的一个成员。它的逆 $\boldsymbol{F}^{-1}$ 也是可以直接计算的，我们需要有 $\boldsymbol{F}\times\boldsymbol{F}^{-1}=\boldsymbol{I}$。为了实现这一点，$\boldsymbol{F}^{-1}$ 将复共轭 $\overline{\boldsymbol{w}}^{N,k}$ 放入每一行，并按 N 进行缩放形成的矩阵，例如 $f_{nk}^{-1}=\frac{1}{N}\overline{w}_n^{N,k}$，因为 $\boldsymbol{F}$ 的每一行 j 乘以 $\boldsymbol{F}^{-1}$ 的每一列 k，得到内积 $\frac{1}{N}\langle w^{N,j},\ w^{N,k}\rangle=\delta[j-k]$ 乘以式(7.43)，实际上，这些只是单位矩阵对角线上的 1。因此，实际上 $\boldsymbol{F}^{-1}=\frac{1}{N}\overline{\boldsymbol{F}}^{\mathrm{T}}$ 是 $\boldsymbol{F}$ 的共轭转置。因此，我们可以定义逆离散傅里叶变换(IDFT)：

$$F_n^{-1}[\boldsymbol{X}]=\frac{1}{N}\sum_{k=0}^{N-1}X_k\exp\left(2\pi\mathrm{i}n\frac{k}{N}\right)=\boldsymbol{x} \tag{7.49}$$

这样一来，$F_n^{-1}[F_k[\boldsymbol{x}]]=\boldsymbol{x}$。与离散时间傅里叶变换一样，离散傅里叶变换在频率上是周期性的，但在周期 N 内：

$$\begin{aligned}X_{k+N}&=\sum_{n=0}^{N-1}x_n\exp\left(-2\pi\mathrm{i}(k+N)\frac{n}{N}\right)\\&=\sum_{n=0}^{N-1}x_n\exp\left(-2\pi\mathrm{i}k\frac{n}{N}\right)\exp(-2\pi\mathrm{i}n)\\&=X_k\end{aligned} \tag{7.50}$$

在用有限和代替无限和，用循环卷积代替卷积(表 7.1)之后，前面描述的离散时间傅里叶变换的大多数特性都适用于离散傅里叶变换。例如，离散傅里叶变换的卷积定理就是 $F_k[\boldsymbol{x}\bigstar_N\boldsymbol{y}]=\boldsymbol{X}\circ\boldsymbol{Y}$，对应的对称频率为 $\boldsymbol{X}\bigstar_N\boldsymbol{Y}=F_k[\boldsymbol{x}\circ\boldsymbol{y}]$，帕斯瓦尔关系式写为 $\sum_{n=0}^{N-1}x_n\overline{y}_n=\frac{1}{N}\sum_{k=0}^{N-1}X_k\overline{Y}_k$。对于我们前面介绍的特殊信号和其他信号的离散时间傅里叶变换，见表 7.2。

表 7.1 离散时间无限和有限傅里叶变换的时域和频域特性之间的关系

性质	时域 (无限)	频域 (无限 DTFT)	时域 (有限)	频域 (有限 DFT)
	x_n，y_n，$n\in\mathbb{Z}$	$X(\omega)$，$Y(\omega)$，$\omega\in[-\pi,\ \pi]$	x_n，y_n， $n\in 0,\ 1,\ \cdots,\ N-1$	X_k，Y_k， $k\in 0,\ 1,\ \cdots,\ N-1$
周期性		$X(\omega)=X(\omega+2\pi)$	$x_n=x_{n+N}$	$X_k=X_{k+N}$
时移	$x_n\longmapsto x_{n-m}$	$\exp(-\mathrm{i}\omega m)X(\omega)$	$x_n\longmapsto x_{(n-m)}\mod N$	$\exp(-2\pi\mathrm{i}km/N)X_k$
频移	$x_n\longmapsto\exp(\mathrm{i}\omega' n)x_n$	$X(\omega)\longmapsto X(\omega-\omega')$	$x_n\longmapsto\exp(2\pi\mathrm{i}mn/N)x_n$	$X_k\longmapsto X_{(k-m)}\mod N$
卷积	$\boldsymbol{x}\bigstar\boldsymbol{y}$	$X(\omega)Y(\omega)$	$\boldsymbol{x}\bigstar_N\boldsymbol{y}$	$\boldsymbol{X}\circ\boldsymbol{Y}$
乘积	$\boldsymbol{x}\circ\boldsymbol{y}$	$X(\omega)\bigstar Y(\omega)$	$\boldsymbol{x}\circ\boldsymbol{y}$	$\boldsymbol{X}\bigstar_N\boldsymbol{Y}$
维纳-辛钦	$r_{xx}(m)$	$\lvert X(\omega)\rvert^2$	$r_{xx}^N(m)$	$\lvert X_k\rvert^2$
Plancherel 定理	$\sum_{n\in\mathbb{Z}}x_n\overline{y}_n$	$\frac{1}{2\pi}\int_{-\pi}^{\pi}X(\omega)\overline{Y}(\omega)\mathrm{d}\omega$	$\langle\boldsymbol{x},\ \boldsymbol{y}\rangle$	$\frac{1}{N}\langle\boldsymbol{X},\ \boldsymbol{Y}\rangle$

7.2.4 连续时间线性时不变系统

傅里叶变换和卷积与离散时间系统一样同样适用于连续时间。连续时间傅里叶变换的唯一技术难点是需要处理诸如 Dirac 三角函数之类的回火分布。使用回火分布的关键价值在于，在我们本节中介绍的连续时间傅里叶变换的作用下，它们是一个封闭的集合，然而我们在实践中经常遇到的连续时间信号也隶属于这类。下面的演示将默认假设所有信号都是这样的对象。

在连续时间中，可以像在离散时间中一样提出完全类似的论点，因此我们可以使用 Diac 三角函数的筛选性，用积分表示信号 $f(t)$：

$$f(t)=\int_{\mathbb{R}} f(t)\delta[t-\tau]\mathrm{d}\tau \tag{7.51}$$

应用连续时间系统算子 H 得到：

$$\begin{aligned} H[f(t)] &= H\left[\int_{\mathbb{R}} f(\tau)T_{\tau}[\delta[t]]\mathrm{d}\tau\right] \\ &= \int_{\mathbb{R}} f(\tau)T_{\tau}[h(t)]\mathrm{d}\tau \\ &= \int_{\mathbb{R}} f(\tau)h(t-\tau)\mathrm{d}\tau \end{aligned} \tag{7.52}$$

其中 $H[\delta[t]]=h(t)$是连续时间脉冲响应函数，它给出了一般的连续时间卷积算子：

$$C_g[f(t)]=\int_{\mathbb{R}} f(\tau)g(t-\tau)\mathrm{d}\tau=f(t)\bigstar g(t) \tag{7.53}$$

由此，我们可以通过对信号 $f(t)=\exp(\mathrm{i}\omega t)$进行卷积来显示傅里叶基中的对角化：

$$\begin{aligned} C_g[f(t)] &= \int_{\mathbb{R}} \exp(\mathrm{i}\omega(t-\tau))g(\tau)\mathrm{d}\tau \\ &= \int_{\mathbb{R}} \exp(-\mathrm{i}\omega\tau)g(\tau)\mathrm{d}\tau\exp(\mathrm{i}\omega t) \\ &= Y(\omega)f(t) \end{aligned} \tag{7.54}$$

因此对应的傅里叶变换是：

$$F_{\omega}[g(t)]=G(\omega)=\int_{\mathbb{R}} g(t)\exp(-\mathrm{i}\omega t)\mathrm{d}t \tag{7.55}$$

对应的逆变换为：

$$g(t)=F_t^{-1}[G(\omega)]=\frac{1}{2\pi}\int_{\mathbb{R}} G(\omega)\exp(\mathrm{i}\omega t)\mathrm{d}\omega \tag{7.56}$$

连续时间傅里叶变换积分(7.55)并非对所有信号都收敛。收敛的充分非必要条件是 $\mathbb{R}$ 的任何有界区间上的有限个极小值和极大值，以及任何有界区间上的有限个有限间断绝对可积 $\int_{\mathbb{R}}|f(t)|\mathrm{d}t<\infty$ (Proakis 和 Manolakis，1996)。

经过适当的修改，这种傅里叶变换具有离散时间傅里叶变换的大部分特性。最重要的是卷积和乘法性质，例如 $F_{\omega}[x(t)\bigstar y(t)]=X(\omega)Y(\omega)$和 $F_{\omega}[x(t)y(t)]=X(\omega)\bigstar Y(\omega)$。Plancherel 定理还有一个版本：

$$\int_{\mathbb{R}} f(t)\overline{g}(t)\mathrm{d}t=\frac{1}{2\pi}\int_{\mathbb{R}} F(\omega)\overline{G}(\omega)\mathrm{d}\omega \tag{7.57}$$

有关连续时间傅里叶变换函数的有用变换对，如表 7.2 所示：

表 7.2 离散时间无限和连续时间傅里叶变换的傅里叶变换对。这里，高斯归一化因子为 $C(\sigma)=\frac{1}{\sqrt{2\pi\sigma^2}}$

函数	时域(无限分离)	频域(无限 DTFT)	时域(无限连续)	频域(连续)
	$n\in\mathbb{Z}$	$\omega\in[-\pi,\pi]$	$t\in\mathbb{R}$	$\omega\in\mathbb{R}$
脉冲信号	$\boldsymbol{\delta}$	1	$\delta[t]$	1
常数	$\mathbf{1}$	$\delta[\omega]$	1	$\delta[\omega]$
单位阶跃	$\boldsymbol{u}$	$\frac{1}{1-\exp(-\mathrm{i}\omega)}+\pi\delta[\omega]$	$\Phi(t)$	$\frac{1}{\mathrm{i}\omega}+\pi\delta[\omega]$
指数	$u_n a^n$，$\lvert a\rvert<1$	$\frac{1}{1-a\exp(-\mathrm{i}\omega)}$	$\Phi(t)\exp(-at)$	$\frac{1}{a+\mathrm{i}\omega}$
矩形脉冲	$\mathrm{rect}\left(\frac{\pi}{W}n\right)$	$\frac{\sin\left(\omega\left(W+\frac{1}{2}\right)\right)}{\sin\left(\frac{1}{2}\omega\right)}$	$\mathrm{rect}\left(\frac{\pi}{W}t\right)$	$2W\mathrm{sinc}\left(\frac{W}{\pi}\omega\right)$
辛格函数	$2W\mathrm{sinc}\left(\frac{W}{\pi}n\right)$	$\mathrm{rect}\left(\frac{\pi}{W}\omega\right)$	$\frac{W}{\pi}\mathrm{sinc}\left(\frac{Wt}{\pi}\right)$	$\mathrm{rect}\left(\frac{\pi}{W}\omega\right)$
高斯函数			$C(\sigma)\exp\left(-\frac{1}{2}\left(\frac{t}{\sigma}\right)^2\right)$	$\exp\left(-\frac{1}{2}(\sigma\omega)^2\right)$

7.2.5 海森堡不确定性

傅里叶分析的一个基本事实是，信号中某个事件的时间越长，它在频域中的集中程度就越高。这意味着，如果我们想要得到“事件”的频率内容的准确信息，那么我们必须牺牲一些在时间轴上定位该事件发生的能力。反之，如果我们希望获得关于事件发生时间点的准确信息，我们必须牺牲一些详细描述频率内容的能力。这种时-频权衡被称为海森堡不确定性，我们将在描述连续时间傅里叶变换的背景下探讨。事实证明，这种效应有一种物理上的对应物，它是量子力学的物理学核心，沃纳·海森堡(Werner Heisenberg)是 20 世纪早期量子力学的主要支持者之一。

为了量化这种效应，我们需要一种通用的方法来测量信号在时间或频率上的传播。测量信号范围的一种方法是使用概率论中的第二原始矩 $E[X^2]$的概念，如果信号的均值为零，则这个量与方差相同。然而，为了使用这个度量，我们需要确保我们的信号是概率密度，也就是说，它们在任何地方都是非负的并且是标准化的。非负性可以通过平方来实现，例如$\lvert f(t)\rvert^2$，对于这种分布，归一化相当于单位 L_2 范数$\int_{\mathbb{R}}\lvert f(t)\rvert^2\mathrm{d}t=1$。如果对该函数进行归一化，则根据 Plancherel 定理得出$\int_{\mathbb{R}}\lvert F(\omega)\rvert^2\mathrm{d}\omega=2\pi$。假设平方函数的均值为零，则时间和频率的方差为：

$$\sigma_t^2=\int_{\mathbb{R}}t^2\lvert f(t)\rvert^2\mathrm{d}t \tag{7.58}$$

$$\sigma_\omega^2=\frac{1}{2\pi}\int_{\mathbb{R}}\omega^2\lvert F(\omega)\rvert^2\mathrm{d}\omega \tag{7.59}$$

利用这些矩，Mallat(2009，定理 2.6，第 44 页)表明它们必须满足海森堡不确定性关系：

$$\sigma_t^2\sigma_\omega^2 \geqslant \frac{1}{4} \tag{7.60}$$

这表明，以扩散度来衡量的时-频之间的权衡是相互关联的。那么下限 1/4 这个参数是否真实呢？如果这是真的，那么对于某些 $\alpha \in \mathbb{C}$，信号 $f(t)$必须满足以下微分方程：

$$f'(t) = -2\alpha t f(t) \tag{7.61}$$

对于某些 $C \in \mathbb{C}$，其通解为 $f(t)=C\exp(-\alpha t^2)$。这确实是高斯分布(见表 7.2)，这是实现海森堡下限的唯一函数(Mallat，2009，第 45 页)。对于时间轴和频率轴上的尺度因子，这在傅里叶变换下是不变的。这些标度因子都依赖于相同的正实变量 σ 在时间和频率上相互作用。在时间上，标度因子为 $\alpha=\sigma^2$，而在频率上，则为 $\alpha=\sigma^{-2}$(如图 7.2)。

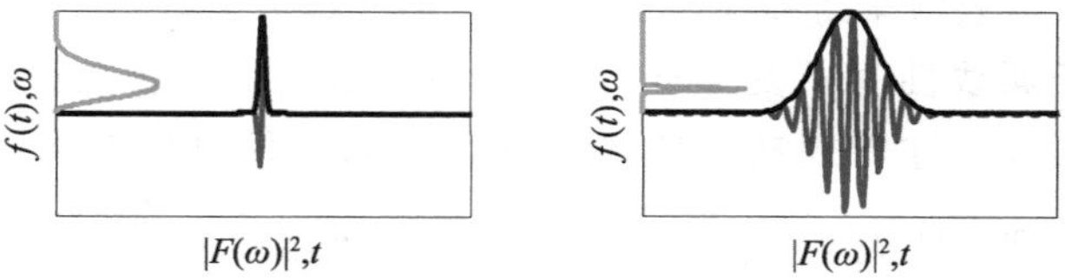

图 7.2　傅里叶变换的海森堡不确定性。对于时域范围有限的信号 $f(t)$(深灰曲线，黑线是信号的高斯函数边界，左图)，其相应的傅里叶变换在频域范围较大(灰色曲线，不按尺度)。相反，时域范围大的信号(右图)频率范围小

由于时间不变性(这意味着频率不变性)，我们总是可以在某个时间 t_0 和频率 ω_0 将信号转换到中心，式(7.60)仍然成立。因此，傅里叶变换总是以一种与时一频位置无关的方式来权衡时间和频率的分辨率。稍后我们将看到，通过去除时间不变性，我们可以创建线性变换，而不是傅里叶变换，它可以提取完全不同的时频权衡(7.6 节)。

虽然海森堡不确定性适用于连续时间傅里叶变换，但离散时间傅里叶变换和离散傅里叶变换没有直接的离散时间对应项。然而，直觉上很明显的是，类似于这个原理的应用应该适用于离散时间的情况。例如，如果我们认为离散时间采样间隔很小，那么在适当的平滑度约束下，离散信号将是某个连续时间模拟的近似值，因此在大多数情况下，不确定性原则至少应保持近似值。

为了解决离散时间内的海森堡不确定性问题，值得注意的是，信号的方差及其傅里叶变换并不是量化不确定性影响的唯一方法。例如，我们可以将离散信号的支持度度量为连续零的最大数目，称之为 $N(\boldsymbol{x})$，使用这个度量，具有少量零的离散信号在离散傅里叶变换下会有相应大的 $N(\boldsymbol{X})$。因此，一个合适的离散不确定性原则是 $N(\boldsymbol{x})+N(\boldsymbol{X})\leqslant N-1$。Pei 和 Chang(2016)表明，一种“离散高斯”函数可以被认为是高斯函数的离散对应项，因为它是钟形的、非负的、在离散傅里叶变换下不变的，并且满足 $N(\boldsymbol{x})+N(\boldsymbol{X})=N-1$。这意味着这些离散函数在这种扩散度量下确实是最优的。像这样的广义不确定性原理是当前研究的一个活跃领域。

7.2.6　吉布斯现象

对于许多类足够平滑的信号(例如 l_2 中的信号)，傅里叶分析是有意义的，并且函数的傅里叶变换总是可以被反转恢复出原始函数。然而，为了实现这一点，我们需要大量(可能无限)的非零傅里叶系数来表征这些信号。在实际中，任何信号的所有经验傅里叶表

示都是有限长的，因此我们不可能完全捕获所有的系数，我们必须以某种方式截断表示。也有不在 l_2 或 l_1 中的非常实际的信号例子，对于这些信号，傅里叶级数表示具有随着频率增加幅度缓慢减小的系数，对于这些系数，截断导致较差的近似结果，例如 Heaviside 阶跃函数。

在这种截断下，重构的信号将遭受称为吉布斯现象的寄生振荡。对于 Heaviside 阶跃函数 $f(t)=\Phi(t)$ 的特定示例，使用当 $|\omega|>\omega_0$ 时的截断 $f(\omega)=0$（其中 $\omega_0>0$）并应用逆傅里叶变换，重构信号为（Mallat，2009，定理 2.8，第 48 页）：

$$\hat{f}(t)=\int_{-\infty}^{\omega_0 t}\frac{\sin(t')}{\pi t'}\mathrm{d}t' \tag{7.62}$$

见图 7.3 的示意。该函数的振荡频率随 ω_0 增加，但其最大振幅与 ω_0 无关。吉布斯现象和海森堡不确定性是经典线性时不变 DSP 不可避免的事实，只有放弃时间不变性或线性，或两者兼而有之的假设，才能规避这些局限性。例如，我们可以构造非线性 DSP 算法，该算法可以有效地处理其他类型的信号，例如具有有界总方差 $\int_{\mathbb{R}}|f'(t)|\mathrm{d}t$ 的信号，这些信号没有傅里叶变换的有效表示（Little 和 Jones，2011a）。

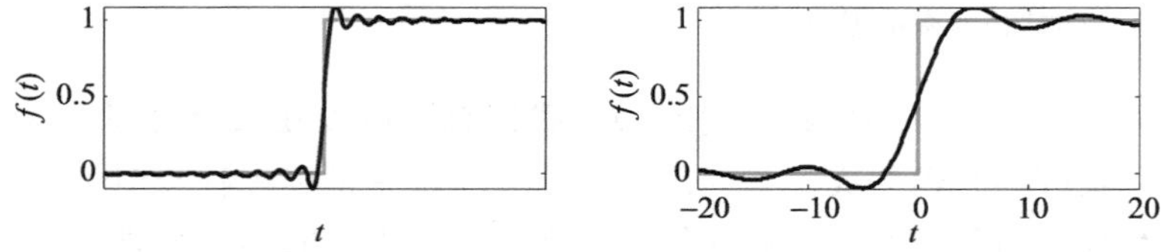

图 7.3　截断 Heaviside 阶跃函数 $f(t)=\Phi(t)$（灰色曲线）的傅里叶变换的时域效应是引入被称为吉布斯现象（黑色曲线）的寄生振荡。这些振荡导致“欠震荡”和“过震荡”，并导致步骤的位置被抹掉

7.2.7　离散时间线性时不变系统的传递函数分析

由于离散时间线性时不变系统的所有信息都包含在离散时间傅里叶变换中，因此利用传递函数（TF）分析可以预测系统对任意输入信号的响应。系统输出的离散时间傅里叶变换为：

$$Y(\omega)=H(\omega)X(\omega) \tag{7.63}$$

其中 $X(\omega)$ 是输入的离散时间傅里叶变换，系统冲激响应的离散时间傅里叶变换是 $H(\omega)$，称为传递函数（TF）。假设输入是单位幅值的复指数信号 $x_n=\exp(\mathrm{i}\phi n)$，其离散时间傅里叶变换为 $X(\omega)=2\pi\delta[\omega-\phi]$，并以极性形式 $H(\omega)=R(\omega)\exp(\mathrm{i}\Theta(\omega))$ 写出频率 ω 处传递函数的复数值。系统输出为：

$$\begin{aligned}\boldsymbol{y}&=\int_{-\pi}^{\pi}\delta[\omega-\phi]R(\omega)\exp(\mathrm{i}\Theta(\omega))\exp(\mathrm{i}\omega n)\mathrm{d}\omega\\&=\int_{-\pi}^{\pi}\delta[\omega-\phi]R(\omega)\exp(\mathrm{i}[\omega n+\Theta(\omega)])\mathrm{d}\omega \qquad (7.64)\\&=R(\phi)[\exp(\mathrm{i}[\phi n+\Theta(\phi)])]_{n\in\mathbb{Z}} \qquad (7.65)\end{aligned}$$

这是另一个复指数，其幅值为 $R(\phi)$，指数项为 $\phi n+\Theta(\phi)$。因此，对任意复指数频率 ϕ 的影响是，将其幅值乘以该频率下传递函数的幅值 $R(\phi)$，并将复指数弧度相位移到该频率下传递函数 $\Theta(\phi)$ 的相位。在输出端不会有新的频率分量生成。因为我们可以把任何信号写成这种复指数的叠加，而且系统是线性的(因此它会分别影响每个频率分量)，所以我们可以通过在每个频率分别“探测”它来了解整个频率范围内系统的完整行为。这是传递函数分析的中心思想。

有大量的物理系统可以用*常微分方程*(ordinary differential equation，ODE)来建模。例如，涉及电阻器、电容器和电感器的(无源)电子电路，或非黏性液体在不同宽度的管道中的层流，以及存储器元器件等。这些模型都可以用线性时不变常微分方程系统来描述，线性时不变常微分方程系统是一个微分方程，如 $f'(t)+af(t)=g(t)$，其中 $g(t)$是系统的输入。这种系统可以执行有用的操作，例如降低高频或低频分量(分别称为低通或高通滤波器)的幅度。使用连续时间傅里叶变换的传递函数分析非常简单，使用傅里叶变换的微分特性：

$$F\left[\frac{\mathrm{d}^j f}{\mathrm{d}t^j}(t)\right]=(\mathrm{i}\omega)^j F(\omega) \tag{7.66}$$

它允许我们将所有的线性时不变常微分方程转换成代数传递函数。我们可以在计算机上构造适用于 DSP 的离散时间来对应，可以表示为离散时间*差分方程*：

$$\sum_{j=0}^{P} a_j y_{n-j}=\sum_{k=0}^{Q} b_k x_{n-k} \tag{7.67}$$

补充 P 初始条件 $y_{-j}=C_j$，$j\in 0$，1，…，$P-1$。我们将 $P+Q+2$ 系数 a_j，b_k 作为实变量(对实值系数的这种限制不是严格必要的，但是它简化了表示形式，因为我们通常假设信号是实值的)。信号 $\boldsymbol{x}$ 被视为系统的输入量。如果我们在公式两边采用离散时间傅里叶变换并应用时移特性，则此类系统行为的分析将大大简化：

$$\left[\sum_{j=0}^{P} a_j \exp(-\mathrm{i}\omega j)\right]Y(\omega)=\left[\sum_{k=0}^{Q} b_k \exp(-\mathrm{i}\omega k)\right]X(\omega) \tag{7.68}$$

这就意味着：

$$\begin{aligned} H(\omega)&=\frac{Y(\omega)}{X(\omega)} \\ &=\frac{\sum_{k=0}^{Q} b_k z^{-k}}{\sum_{j=0}^{P} a_j z^{-j}} \end{aligned} \tag{7.69}$$

其中 $z=\exp(\mathrm{i}\omega)$。函数 $H(\omega)$是系统的传递函数，对于差分方程，它是 z 中多项式的比率(使用复变量 z 的幂是所谓 z 变换的核心，z 变换是拉普拉斯变换的离散时间的模拟)。根据代数基本定理，我们可以依据分子和分母(零和极点)的根 z_k，$p_j\in\mathbb{C}$ 重写这些多项式：

$$H(z)=\frac{\prod_{k=1}^{Q}(z-z_k)}{\prod_{j=1}^{P}(z-p_j)} \tag{7.70}$$

由此可知，复平面上零点和极点的位置决定了差分方程组传递函数的性质。例如，简单的差分方程：

$$y_n-ay_{n-1}=x_n \tag{7.71}$$

其中 $a\in(-1,1)$范围内时的传递函数：

$$H(z)=\frac{1}{1-az^{-1}} \tag{7.72}$$

其具有单极 $z_1=a$。任意给定频率下的传递函数的幅值为：

$$\begin{aligned}|H(\omega)|&=\frac{1}{\sqrt{(1-a\exp(-\mathrm{i}\omega))(1-\exp(\mathrm{i}\omega))}}\\&=\frac{1}{\sqrt{1-2a\cos\omega+a^2}}\end{aligned} \tag{7.73}$$

参数(相位角)是：

$$\arg H(\omega)=\arctan\left(\frac{a\sin\omega}{a\cos\omega-1}\right) \tag{7.74}$$

从传递函数的幅度图(见图 7.4)可以看出，当 $a>0$ 时，低频分量(接近零的分量)被放大，而高频分量(接近 π 的分量)被衰减。这是低通滤波器(LPF)的定义特性。反之，当 $a<0$ 时则成立，即高频分量被放大，低频分量被衰减，使系统的性能像一个高通滤波器。具有特定滤波特性的离散差分系统的设计是 7.3 节所述经典线性时不变 DSP 的一个重要课题。

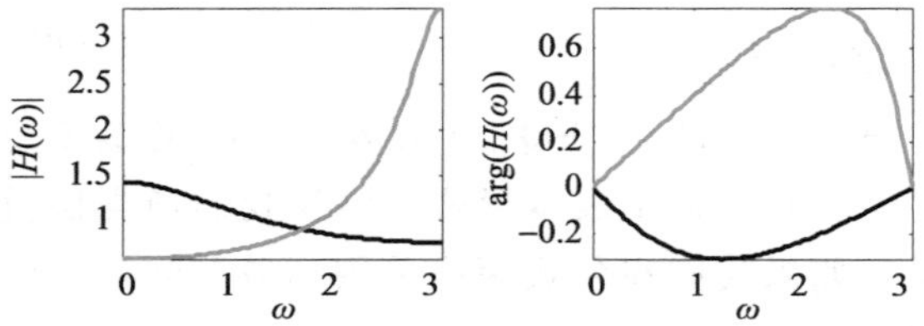

图 7.4 离散时间差分方程组 $y_n-a\,y_n-1=x_n$ 的传递函数分析，其中 $a=0.3$(黑色曲线)和 $a=-0.7$(灰色曲线)。系统行为的完整图像可以从系统的振幅(左图)和相位/复角(右图)响应中获得，这两个响应由相关的传递函数计算得出 $H(z)=(1-az^{-1})^{-1}$

7.2.8 快速傅里叶变换

因为有 N 个频率值需要进行 N 次乘法和 N 次加法，所以计算长度为 N 的信号的 DFT 需要 N^2 次乘-加运算，即复杂度为 $O(N^2)$的变换。虽然这类复杂度没有指数级那么差，但事实证明，利用算法中固有的对称性(群结构)，存在更有效的方法计算 DFT。这些算法都被称为快速傅里叶变换(fast Fourier transform，FFT)。我们将探讨一种方法，说明这些对称性允许 DFT 被分解成更小 DFT 的乘积，从而大大减少乘-加运算的总数。

回忆一下，DFT 可以表示为使用大小 $N\times N$ 的 DFT 矩阵 $\boldsymbol{F}_N$(式(7.48))的乘法。这个矩阵是稠密的，因为所有的项都是非零的，所以执行 DFT 所需的乘-加运算都无法避免。但是，假设 $N=K\times M$，$K>1$ 且 $K\in\mathbb{N}$，使得 N 有一个整数因子分解。然后，利用 DFT 是循环的并且傅里叶变换求和中的项可以随意重组的这一事实，我们可以使用以下矩阵积重写 DFT 矩阵(Puschel，2003)：

$$\boldsymbol{F}_N=(\boldsymbol{F}_K\otimes\boldsymbol{I}_M)\boldsymbol{T}_M^N(\boldsymbol{I}_K\otimes\boldsymbol{F}_M)\boldsymbol{L}_K^N \tag{7.75}$$

我们将分别解释以上乘积中的每个术语。第一项和第三项是使用 Kronecker(矩阵)积 $\boldsymbol{C}=\boldsymbol{A}\otimes\boldsymbol{B}$ 和 $\boldsymbol{C}_{ij}=a_{ij}\boldsymbol{B}$ 创建的大型矩阵。这是通过将每个条目 a_{ij} 乘以 $\boldsymbol{B}$ 并用结果矩阵替换每个 a_{ij} 而创建的矩阵。例如，由于：

$$\boldsymbol{F}_2=\begin{bmatrix}1 & 1\\1 & -1\end{bmatrix} \tag{7.76}$$

那么有：

$$I_2 \otimes F_2 = \begin{bmatrix} 1 & 1 & 0 & 0 \\ 1 & -1 & 0 & 0 \\ 0 & 0 & 1 & 1 \\ 0 & 0 & 1 & -1 \end{bmatrix} \tag{7.77}$$

这是一个 4×4 的方块对角阵。第二项 $\boldsymbol{T}_M^N$ 称为 $N\times N$ 对角旋转(因子)矩阵，其具有对角项 $w_N^{i\times j}$，$i=0, 1, \cdots, K-1$；$j=0, 1, \cdots, M-1$，其中 $w_N=\exp(-2\pi \mathrm{i}/N)$。第一项 $\boldsymbol{L}_K^N$ 是一个特殊的(跨步)排列矩阵，它根据方案 $iK+j \mapsto jM+i$($i=0, 1, \cdots, K-1$ 和 $j=0, 1, \cdots, M-1$)重新组织输入向量。例如：

$$\boldsymbol{L}_2^4 = \begin{bmatrix} 1 & 0 & 0 & 0 \\ 0 & 0 & 1 & 0 \\ 0 & 1 & 0 & 0 \\ 0 & 0 & 0 & 1 \end{bmatrix} \tag{7.78}$$

乍一看，这种因式分解似乎没有给出任何结果，我们现在有四个矩阵乘法，而最初只有一个！但是，像式(7.77)、式(7.78)和 $\boldsymbol{T}_M^N$ 这样的矩阵是高度稀疏的，因为很多项都是零。这意味着乘-加运算的数目比完全、密集的矩阵乘法小得多。实际上，$\boldsymbol{T}_M^N$ 和 $\boldsymbol{L}_K^N$ 的向量相乘的计算量为 $O(N)$。此外，如果 N 是高度复合的(也就是说，它有许多因子)，那么式(7.75)给出了一种高效的递归方法，可以将大小为 N 的离散傅里叶变换分解为一组 K 个较小的离散傅里叶变换 F_M，每个离散傅里叶变换只需要 $O(M^2)$运算，远小于全尺寸为 N 的离散傅里叶变换的 $O(N^2)$。更妙的是，置换矩阵，顾名思义，根本不需要乘法，因为它只是对它所乘向量的元素重新排序。

我们需要做多少次这样的递归？答案是需要 $O(\ln N)$次递归步骤。为了弄清原因，研究一个高度复合的情况是很有帮助的，即当 $N=2^r$ 时，其中 r 为某个自然数，$r>0$。式(7.75)的第一次应用给出了关于 $\boldsymbol{F}_{2^{r-1}}$ 和 $\boldsymbol{F}_2$ 的 $\boldsymbol{F}_{2^r}$(取 $K=2$，这样就有 $M=N/2$)。下一个应用，根据大小的一半的离散傅里叶变换的形式给出 $\boldsymbol{F}_{2^{r-1}}$，$\boldsymbol{F}_{2^{r-2}}$ 等等，一直到 $\boldsymbol{F}_2$，这是常见的 $O(1)$的基本情况，见式(7.76)(需要一个加法和一个减法运算)。因此，我们需要做 r 次(也就是 $\log_2 N$ 次)递归来实现最终情况。在每个阶段，我们都需要 $O(N)$次运算(旋转因子和置换)，使得总复杂度为 $O(N\log_2 N)$。因此，与朴素的离散傅里叶变换实现相比，$K=2$ 因式分解递归快速傅里叶变换是一个非常重要的计算改进。

算法 7.1 递归，Cooley-Tukey，基-2，时间抽取，快速傅里叶变换(FFT)算法

(1) 定义。函数 $fftrecurse2$，其中向量 $\boldsymbol{x}\in\mathbb{C}^N$，长度 $N=2^r$，离散傅里叶变换的输出 $\boldsymbol{X}\in\mathbb{C}^N$。

(2) 递归。将 $\boldsymbol{x}$ 分解成大小为 $N/2$ 的奇数和偶数向量，$\boldsymbol{x}^e=(x_1, x_3, \cdots, x_{N-1})$和 $\boldsymbol{x}^o=(x_2, x_4, \cdots, x_N)$，调用函数 $\boldsymbol{X}^e=fftrecurse2(\boldsymbol{x}_e)$和 $\boldsymbol{X}^o=fftrecurse2(\boldsymbol{x}_o)$。

(3) 整合。对于 $k=1, 2, \cdots, N/2$，设置 $w=\exp(-2\pi i(k-1)/N)$，而 $X_k=X_k^e+wX_k^o$，$X_{k+N/2}=X_k^e-wX_k^o$。

(4) 结束。返回离散傅里叶变换向量 $\boldsymbol{X}$。

经过最早的前两位研究者的探索和推广这一思想，这种因式分解方法被称为 Cooley-Tukey 快速傅里叶变换。它的影响是巨大的，事实上，20 世纪 60 年代，快速傅里叶变换的发明经常被视为启动了整个 DSP 领域，因为它提供了离散傅里叶变换，并用它进行了数字频谱分析，在当时那种算力非常有限的年代，这个发明是很实用的。其实早在 1805 年，数学家高斯就使用了因子分解的基本思想，但他不是唯一发现因子分解的人。然而，他也显然没有注意到它的全部重要性。一般来说，对于任何基数(递归过程中基的大小)，Cooley-Tukey 算法复杂度都是 $O(N \ln N)$。因此，即使在今天，Cooley-Tukey 快速傅里叶变换仍然是几乎所有大规模 DSP 工作的基础。其影响要广泛得多。当有限的离散线性时不变系统适用时，就需要离散傅里叶变换，这样快速傅里叶变换就有价值了，这也出现在机器学习中。

如上所述，排列矩阵和旋转矩阵的特殊结构以及离散傅里叶变换基情况的简单性使其能够有非常高效和简化的快速傅里叶变换实现(示例见算法 7.1)。

快速傅里叶变换是一个非常有用的发现，但需要注意一点。尽管在 N 为非质数的情况下因子分解总是可用的，但是如果 N 没有许多较小的因子的话，快速傅里叶变换可能不会有太多计算增益，如 Press(1992，第 509 页)所指出的。在这些情况下，使用基-2 实现和零填充数据更有效。假设数据长度为 N，且不是 2 的幂，对于 $r=\lceil \log_2 N \rceil$，零填充会在数据后面加上长度为 2^r 的零。例如，这允许我们使用基-2 快速傅里叶变换算法 7.1。因为信号 $\boldsymbol{x}$ 的项从 N 到 2^r 为零，离散傅里叶变换式(7.47)没有变化，只是现在频率变量 k 的尺度改变了，实际上频率分辨率增加了，因为信号更长(由于海森堡不确定性)。

请注意，当然，零填充的基-2 快速傅里叶变换和较小长度的离散傅里叶变换不会导致完全相同的频谱(因为输入是不同的)，并且零填充使用“虚构”数据，例如，由于数据周期的变化而改变了对频谱的解析。然而，这在实践中可能并不重要，而且可能会被显著的计算节省所抵消。考虑(Mersenne 质数)长度 $N=131\,071$ 无因子分解的信号，对于该信号，没有快速傅里叶变换，而离散傅里叶变换需要大约 $N^2 \approx 1.7\times 10^{10}$ 次运算。下一个最大的基-2 快速傅里叶变换长度为 $N=131\,072=2^{17}$，只需要 $N\log_2 N \approx 2.2\times 10^6$ 运算。换句话说，简单地用一个额外的输入值进行零填充将导致计算工作量的四个数量级的改进，与 $N=131\,071$ 长度谱的偏差可以忽略不计。

因为离散傅里叶变换中有多种潜在的对称性，实现计算效率的可能性很多，所以谈论某个特定的快速傅里叶变换是不恰当的。例如，虽然因子分解(7.75)涉及在应用较小的离散傅里叶变换和旋转因子之前首先排列输入数据，但是可以使用适当的矩阵代数恒等式来重新组织计算，以便在最后进行排列(Puschel，2003)：

$$\boldsymbol{F}_N = \boldsymbol{L}_M^N (\boldsymbol{I}_K \otimes \boldsymbol{F}_M) \boldsymbol{T}_M^N (\boldsymbol{F}_K \otimes \boldsymbol{I}_M) \tag{7.79}$$

因为频率分量被重排序了，这被称为*频率抽取*(decimation in frequency，DIF)Cooley-Tukey 快速傅里叶变换，而式(7.79)被称为时间抽取(decimation in time，DIT)。类似地，当上述计算是递归的时，我们可以展开递归和括号，给出一个迭代算法，$r\geqslant 0$ 的 $r\in\mathbb{N}$，$N=2^r$ 的基-2 情形为：

$$\boldsymbol{F}_N = \left(\prod_{j=1}^{r} (\boldsymbol{I}_{2^{j-1}} \otimes \boldsymbol{F}_2 \otimes \boldsymbol{I}_{2^{r-j}}) \cdot (\boldsymbol{I}_{2^{j-1}} \otimes \boldsymbol{T}_{2^{r-j}}^{2^{r-j+1}}) \right) \boldsymbol{R}_2^N \tag{7.80}$$

矩阵 $\boldsymbol{R}_2^N$ 原来是位反转排列，即通过反转每个元素位置的 r 位长度二进制表示来对向量重新排序的排列。例如，对于 $r=4$，在位置 $13=1101_2$ 上的元素(从零开始计数元素的个数)与位置 $1011_2=11$ 的元素交换；位置 7 与位置 14 交换，以此类推。这种迭代快速傅里叶变换有一个相应的频率抽取版本，类似地，人们可以直接将其扩展到任何基数，在这种情况下，排列变成了基数中的相似数字反转的运算(Puschel，2003)。

所有上述算法都可以使用离散傅里叶变换公式(7.47)的基本、直接代数操作导出，但这些操作都需要明显的特殊技巧，并且不是“自动的”。相反，上述稀疏矩阵表示来自对所有常见快速傅里叶变换的统一处理，包括质数-因子、Rader、Bluestein 变换和不基于复指数的变换(例如离散余弦和正弦变换——DCT 和 DST)。这种统一的处理方法是将离散时间线性时不变滤波问题抽象为一个特定的*多项式代数*，并对该代数进行相应的变换；中国余数定理将该代数分解为更简单的一维代数的乘积，其中 Vandermonde 矩阵就是一个特例(Puschel，2003)。快速算法出现在多项式可以分解的地方(例如，离散傅里叶变换在 N 是合数的时候发生)。

快速傅里叶变换是信号处理研究和实践的一个广阔领域，理论部分可参见 Puschel 和 Moura(2008)，在 DSP 中的实际应用可参见 Proakis 和 Manolakis(1996，第 6 章)和 Press (1992，第 12～13 章)。

7.3 线性时不变信号处理

实际的线性时不变数字信号处理技术可以执行诸如过滤掉不需要的信号或检测特定信号之类的功能，这些技术都是基于前面论述内容的理论工具。滤波涉及对信号的操作，以改变信号的频域或时域特性。例如，我们可以使用低通和高通数字滤波器的组合来放大(增加)或衰减(减少)特定频率的振幅。精密滤波器的设计和实现是本节的主题。

7.3.1 有理滤波器设计：有限脉冲响应和无限脉冲响应滤波

前面我们已经看到，任何离散时间滤波器都可以用线性差分系统式(7.67)来表示，其中信号 $\boldsymbol{y}$ 是输出，$\boldsymbol{x}$ 是输入。*有理滤波器设计*的目标是找到滤波器参数向量 $\boldsymbol{a}$ 和 $\boldsymbol{b}$ 的“最佳”值。当然，什么是最佳取决于采用的标准。有许多这样的设计标准，取决于所需的应用。通常，DSP 工程师感兴趣的是提供滤波器对特定频率范围的频率或时域响应的约束。或者，给出一个“模板”频率或时域信号，我们的目标是找到参数，使滤波器的响应尽可能与该信号匹配。

然而，我们需要确定这类滤波器的一些特性，这些特性对于设计目的至关重要。第一，如果 $P=0$，则滤波器没有递归或反馈元素，因此脉冲响应仅仅是 Q——它是一个有限脉冲响应(FIR)或移动平均(moving average，MA)滤波器。否则，滤波器有一些反馈元件，使得脉冲响应不是有限的，从而产生无限脉冲响应(IIR)或自回归(autoregressive，AR)滤波器。第二，任何无限脉冲响应滤波器的极点在复平面的单位圆之外，在以下情况下都是不稳定的：任何非零输入都会导致输出信号 $\boldsymbol{y}$ 无限制地增长。发生这种情况的原因是，假设极点 p_j 都是不同的，则式(7.67)的时域解的形式为：

$$y_n=\sum_{j=1}^{P}B_jp_j^n+v_n \tag{7.81}$$

其中 v_n 是仅由输入信号 $\boldsymbol{x}$ 的形式确定的项。B_j 的值是由滤波器的初始条件确定的常数。假设输入信号是有限的，即 $\sum_{n=0}^{\infty}|x_n|<\infty$。任何一个极点都可以用极性形式 $p_j=r_j\exp(\mathrm{i}\phi_j)$表示，其中 $r_j>0$，因此 $p_j^n=r_j^n\exp(\mathrm{i}n\phi_j)$。这样，如果 $r>1$，则随着 $n\to\infty$，有 $r^n\to\infty$。因此，如果任何一个极点在单位圆外，这里 $|z|=1$，无限脉冲响应滤波器的输出将无限增长。因此，出于实际应用的目的，通过密切关注极点的位置来确保无限脉冲响应滤波器的稳定性是至关重要的，也是实际问题中一个重要的限制条件。在实践中，这些初始条件通常选择为零。但在某些情况下，它们必须是非零的，例如，在处理窗口中的信号时，边界条件必须在一个窗口的末尾和下一个窗口的开头匹配。

让我们探究一个简单的设计例子。我们希望找到一个低通滤波器，它具有尽可能短的有限冲激响应，使得滤波器能够快速响应输入的变化。同时，我们希望零频率下的响应具有单位振幅，即恒定信号的值不变。最简单的(又有用的)有限脉冲响应滤波器具有以下变换方程，其中 $Q=1$，$P=0$ 和(为方便起见，不损失一般性，$a_0=1$)：

$$H(z)=b_0+b_1z^{-1} \tag{7.82}$$

其中变换方程的平方的幅值为：

$$|H(\omega)|^2=b_0^2+2b_0b_1\cos\omega+b_1^2 \tag{7.83}$$

现在，如果它是一个低通滤波器，它就必须满足：

$$\frac{\partial}{\partial\omega}|H(\omega)|^2<0 \tag{7.84}$$

其中 $\omega\in[0,\pi]$，这意味着在奈奎斯特范围内，振幅随着频率的增加而减小。现在，所需的梯度为$\frac{\partial}{\partial\omega}|H(\omega)|^2=-2b_0b_1\sin\omega$，而由于在 $\omega\in[0,\pi]$范围内有 $\sin\omega\geqslant0$，我们推断 b_0 和 b_1 必须具有相同的符号才能满足式(7.84)。例如，选择 $b_0>0$ 要求 $b_1>0$。接下来，单位振幅标准要求：

$$|H(1)|=1 \tag{7.85}$$

(因为 $\exp(\mathrm{i}0)=1$)我们得到：

$$|b_0+b_1|=1 \tag{7.86}$$

对于 $c\in[1/2,1]$，我们选择 $b_0=c$，然后我们得到 $b_1=1-c$。得到的差分系统是：

$$y_n=cx_n+(1-c)x_{n-1} \tag{7.87}$$

而低通梯度为$-2c(1-c)\sin\omega$。这在 $\omega=0$ 和 $\omega=\pi$ 两处各有一个零点，因为我们限制在 $\omega=0$ 处为最大值，所以另一个频率是振幅响应的最小值。在最小值处，幅值为：

$$|H(\pi)|=2c-1 \tag{7.88}$$

因此，如果 $c=1/2$，低通滤波器在奈奎斯特频率 π 处的幅值为零。那么，c 控制滤波器的“锐度”，也就是它随频率的增加幅度减小的速度，以及它在奈奎斯特频率处衰减信号的程度。从幅值响应可以看出这一点(见图 7.5)。除了限制脉冲响应外，我们没有对时域响应设置任何标准，相位响应为(图 7.5)：

$$\arg H(\omega) = -\arctan\left(\frac{(c-1)\sin\omega}{(c-1)\cos\omega - c}\right) \tag{7.89}$$

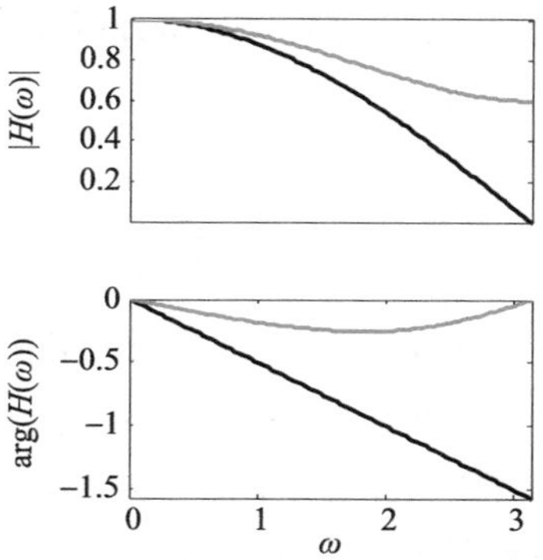

图 7.5 简单有限脉冲响应低通滤波器 $y_n = cx_n + (1-c)x_{n-1}$ 的传递函数分析，其中 $c=1/2$(黑色曲线)，$c=0.8$(灰色曲线)；依据传递函数 $H(z) = c + (1-c)z^{-1}$ 计算出来的幅值(上)和相位相应(下)。在 $\omega=0$ 处，滤波器具有单位幅值。当 $c=1/2$ 时，滤波器在奈奎斯特频率 $\omega=\pi$ 处具有零幅值。同样对于 $c=1/2$，滤波器具有线性相位，由此所有频率都具有延迟相同数量的采样间隔

一个重要的观察结果是，当 $c=1/2$ 时，相位响应为：

$$\begin{aligned}\arg H(\omega) &= -\arctan\left(\frac{\sin(\omega)}{\cos(\omega)+1}\right)\\ &= -\frac{\omega}{2}\end{aligned} \tag{7.90}$$

我们如何解释这一点呢？而相位响应给出了应用于每个复正弦输入的相移，相比之下，相位延迟为：

$$\tau(\omega) = -\frac{\arg H(\omega)}{\omega} \tag{7.91}$$

给出任意频率下采样间隔的时间延迟。为了了解为什么，如上所述，滤波器对复正弦输入 $x_n = \exp(\mathrm{i}\phi n)$ 的响应是：

$$\begin{aligned}y_n &= |H(\phi)|\exp(\mathrm{i}[\phi n + \arg H(\phi)])\\ &= |H(\phi)|\exp(\mathrm{i}\phi[n - \tau(\phi)])\end{aligned} \tag{7.92}$$

这表明在样本中，复正弦波在 ϕ 处有一个 $\tau(\phi)$ 的延迟。

对于上面的简单有限脉冲响应，相位延迟是常数 1/2，这告诉我们所有频率都有半采样(half-sampling)间隔时间延迟。这是一个非常有价值的特性，特别是对于具有强时间定位的信号，其中所有频率分量都需要保持同步。只有具有对称或反对称系数序列的有限脉冲响应滤波器具有这种线性相位特性(Proakis 和 Manolakis，1996，第 8 章)，所有无限脉冲响应滤波器仅在一定频率范围内近似满足这种特性。因此，线性相位有限脉冲响应滤波器通常是许多精度 DSP 应用中的首选，在这些应用中，计算量较少。因此，有限脉冲响应滤波器的设计倾向于采用线性相位技术。

上面的例子展示了使用精心“手工”的解决方案可以做些什么，但这并不适用于大多数应用程序。接下来我们将探索一种简单但系统的有限脉冲响应滤波器设计方法。假设我们有一个期望的转移函数 $H(\omega)$，举个例子，让我们看看理想的低通滤波器：

$$H(\omega)=\begin{cases}\exp(-\mathrm{i}\omega) & 0\leqslant|\omega|\leqslant\omega_c\\ 0 & \text{否则}\end{cases} \tag{7.93}$$

对于截断频率范围 $0<\omega_c<\pi$。使用傅里叶逆变换积分(7.25)，滤波器的脉冲响应为：

$$\begin{aligned}h_n&=\frac{1}{2\pi}\int_{-\omega_c}^{\omega_c}\exp(\mathrm{i}\omega[n-1])\mathrm{d}\omega\\&=\operatorname{sinc}\left(\frac{\omega_c}{\pi}[n-1]\right)\frac{\omega_c}{\pi}\end{aligned} \tag{7.94}$$

这个脉冲响应是无限长的，但是我们能将其截断成有限长度以获取相应有限脉冲响应滤波器的系数序列，即当 $k\in 0, 1, \cdots, Q$ 时，$b_k=h_{k-\tau}$。当 Q 为一个偶数时，我们选择 $\tau=(Q-2)/2$，以确保有限脉冲响应滤波器居中。结果是一个有限脉冲响应滤波器，近似于期望的传递函数 $H(\omega)$，它是线性相位，因为式(7.94)关于 $n=1$ 是对称的。当 Q 为偶数时，我们有一个奇数长度的有限脉冲响应。我们也可以有长的有限脉冲响应，但将需要适当的调整中心和窗口。

近似值有多好？显然，如果 Q 是无限的，那么有限脉冲响应滤波器是精确的，所以近似的误差完全来自截断部分。截断可以写成无限冲激响应与矩形窗函数 $w_n=\operatorname{rect}\left(\frac{2\pi n}{Q}\right)$的乘积。因此，截断脉冲响应的离散时间傅里叶变换为：

$$\begin{aligned}\hat{H}(\omega)&=\sum_{n\in\mathbb{Z}}h_n w_n\exp(-\mathrm{i}\omega n)\\&=\sum_{n=-Q/2}^{Q/2}h_n\exp(-\mathrm{i}\omega n)\end{aligned} \tag{7.95}$$

因此，近似有限脉冲响应传递函数是期望的传递函数 $H(\omega)$的重构，但是去除了更高频率的傅里叶分量。这种截断的效果在有限脉冲响应振幅响应 $\hat{H}(\omega)$中引入不可避免的吉布斯现象(见 7.2 节)，通过增加有限脉冲响应长度 $Q+1$ 来减小这些失真的影响。对长度为 N 的信号实施有限脉冲响应滤波器是一种复杂度为 $O(NQ)$的卷积运算，因此，在增加计算工作量和提高滤波近似精度之间存在一种权衡(见图 7.6)。在实践中特别感兴趣的是“过渡带”的斜率，即滤波器振幅相对于截止频率 ω_c 附近的频率的变化率。一个长有限脉冲响应将具有更薄的过渡带，更接近理想低通滤波器转移函数(7.93)的无限快的过渡。

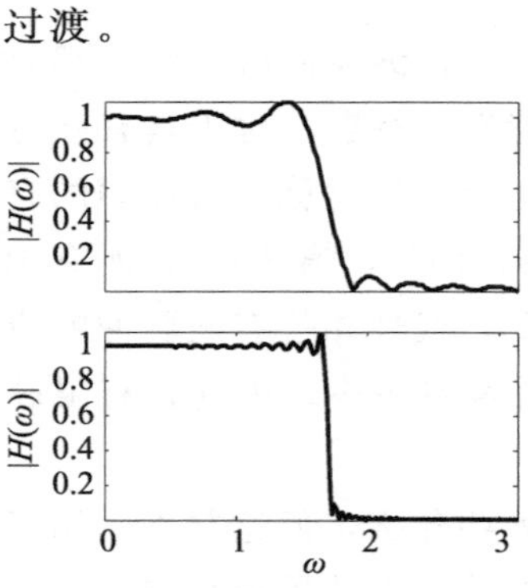

图 7.6　对截止频率 $\omega_c=1.7$ 的线性相位有限脉冲响应低通滤波器的传递函数(幅值响应)分析，通过将理想低通滤波器的脉冲响应截断为长度 $Q+1$ 而得到。对于短有限脉冲响应(上图，$Q=20$)，截断引起的吉布斯现象非常明显，在截止频率处单位振幅和零振幅之间的转换很慢。这对于较长的有限脉冲响应(下图，$Q=120$)有很大的改进，它具有更快的吉布斯波纹和更突然的截断转变

虽然上面描述的有限脉冲响应滤波器具有线性相位，但是其相位延迟大约等于 $Q/2$

个采样周期(因为它以 τ 为中心)。因此，虽然很长的有限脉冲响应可以具有快速的过渡带，但它也必然具有长的脉冲响应，从而在滤波中引入长的相位延迟。在许多应用中，这种长的相位延迟是一个关键的限制。另一方面，递归(无限脉冲响应)滤波器可以设计具有更短的相位延迟和非常低的计算量。这种滤波器的设计往往由在连续时间模型中发现的技术的修改所主导，特别是在电子工程中(Proakis 和 Manolakis，1996，第 8 章)。我们将仔细研究一些连续时间滤波器。

首先，和离散时间一样，我们可以利用傅里叶变换的导数性质将常系数微分方程转化为多项式的比值。这为我们提供了以下连续时间传递函数：

$$H(s)=\frac{\sum_{k=0}^{Q} b_k s^k}{\sum_{j=0}^{P} a_j s^j} \tag{7.96}$$

其中 $s=\mathrm{i}\omega$，而 $\omega\in\mathbb{R}$。这两个多项式都可以分解为 Q 极点和 P 零点的乘积表示 p_j，$z_k\in\mathbb{C}$。作为一个简单的例子，常微分方程 $y'(t)-ay(t)=x(t)$，其中 $a\in\mathbb{R}$ 有以下传递函数：

$$H(s)=\frac{1}{s-a} \tag{7.97}$$

其中一个极点为 $p_1=a$。幅值响应为：

$$|H(\omega)|=\frac{1}{\sqrt{a^2+\omega^2}} \tag{7.98}$$

相位响应为：$\arg H(\omega)=\arctan(\omega/a)$。这个模型针对任何一个 a 产生了一个非常简单的低通滤波器 $\frac{\mathrm{d}}{\mathrm{d}\omega}|H(\omega)|=-\omega(a^2+\omega^2)^{-\frac{3}{2}}<0$，对于所有的 $\omega\geqslant 0$。这意味着幅值随着频率的增加而不断减小。在这个例子中，连续时间复变量 s 的使用完全类似于离散时间中 z 的使用，实际上 s 是 Laplace 变换的变量。

历史上，滤波器的设计通常是通过寻找各种简单的函数(以及期望的形状)来实现的，这些函数的根很容易得到。例如，让我们来看看一个简单多项式 ω^{2M}，其中 $M\in\mathbb{N}$，当 ω 的大小变大时，这个多项式会变为正无穷大。这具有如下性质：随着 $M\to\infty$，函数在零点附近变得越来越“平坦”，向无穷大的过渡变得越来越快。使用此多项式，滤波器幅值函数：

$$A(\omega)=\frac{1}{\sqrt{1+\omega^{2M}}} \tag{7.99}$$

在零点附近有一个有用的平坦区域，当 ω 的量级变大时，它会向零点过渡。这个幅值函数很容易被分解为位于负实半复平面中单位圆上的极点 $p_k=\exp\left(\pi\mathrm{i}\,\frac{2k+M-1}{2M}\right)$，其中 $k=1$，2，…，M。由于幅值函数是实数，这些极点出现在复共轭对(M 为偶数)或根 $k=\frac{M+1}{2}$ 等于 -1(M 为奇数)的复共轭对中。这个设计被称之为 M 阶的巴特沃斯(Butterworth)低通滤波器。将这些极点插入式(7.96)可以得到相应的传递函数。只需将 $\omega\mapsto\omega/\omega_c$ 代入式(7.99)中即可将低通滤波器移到截止频率 ω_c 上，此时极点均缩放 ω_c 倍。

注意，实际问题中，这里的极点必须选择有负的实部。否则，滤波器的输出会随着时间的增加而增加，而不是减少的。这是连续时间模拟条件，即极点必须位于单位圆内，离散时间无限脉冲响应滤波器才能稳定。

为了实现这种滤波器的数字化，我们必须对连续时间传递函数进行离散化，以找到相应的数字化版本。换言之，我们必须将连续时间的常微分模型转化为离散时间的差分模型。这使我们进入了*微分方程数值方法*的极其广阔的领域。我们将集中讨论的一组方法是基于寻找直接用离散的方法替换原始系统中的导数(或积分)的方法。因为这个过程通常不会产生一个具有完全相同行为的滤波器，这其中必然会涉及一些需要权衡的地方。让我们从最简单的方法开始，所谓的*后向欧拉方法*(backward Euler method)，是用有限差分代替导数(这只是遵循初等微积分中关于的导数的通常定义)：

$$\frac{\mathrm{d}f}{\mathrm{d}t}(t)\approx\frac{f(t)-f(t-\Delta t)}{\Delta t} \tag{7.100}$$

其中 Δt 是采样间隔。这个微分的传递函数就是 $H(z)=\frac{1}{\Delta t}(1-z^{-1})$。这将简单的低通滤波器 $y'(t)-ay(t)=x(t)$ 转换为离散差分系统：

$$\frac{y_n-y_{n-1}}{\Delta t}-ay_n=x_n \tag{7.101}$$

可以重新写为：

$$y_n-\frac{1}{1-a\Delta t}y_{n-1}=\frac{\Delta t}{1-a\Delta t}x_n \tag{7.102}$$

这是一个无限脉冲相应，其参数为 $a_0=1$，$a_1=-(1-a\Delta t)^{-1}$，$b_0=\Delta t(1-a\Delta t)^{-1}$。新的转移函数具有单个实极点 $p_1=(1-a\Delta t)^{-1}$，而原始连续时间传递函数具有极点 $p_1=a$。离散时间条件 $|p_1|<1$ 意味着 $a<0$ 这个条件对于稳定性而言足够了，这与连续时间滤波器的稳定条件一致。新的传递函数是单极低通滤波器(因为只有一个稳定的正极)。

上面的欧拉映射很简单，但并不是一个非常精确的离散化的方法——$y(t)$ 和 y_n 之间的(单样本间隔)差异(局部误差)的量级为 $o(\Delta t^2)$——这就要求 Δt 是一个非常小的数，这样才能获得类似连续时间版本的数字滤波器。为了提高精度，我们可以考虑其他离散方法，例如，我们可以使用*梯形法*进行数值积分，这种方法具有更好的 $o(\Delta t^3)$ 阶单样本区间差。我们从微积分的基本定理开始：

$$\int_{t-\Delta t}^{t}\frac{\mathrm{d}f}{\mathrm{d}t}(\tau)\mathrm{d}\tau=f(t)-f(t-\Delta t) \tag{7.103}$$

此方法使用曲线下梯形区域的几何公式作为上述积分的近似值：

$$\frac{\Delta t}{2}\left[\frac{\mathrm{d}f}{\mathrm{d}t}(t)+\frac{\mathrm{d}f}{\mathrm{d}t}(t-\Delta t)\right]\approx f(t)-f(t-\Delta t) \tag{7.104}$$

其微分传递函数为：

$$H(z)=\frac{2}{\Delta t}\left(\frac{1-z^{-1}}{1+z^{-1}}\right) \tag{7.105}$$

利用这个映射关系，上式中简单的低通滤波 $y'(t)-ay(t)=x(t)$ 就变成了差分系统：

$$y_n-y_{n-1}=\frac{\Delta t}{2}[ay_n+x_n+ay_{n-1}+x_{n-1}] \tag{7.106}$$

重新整理可以得到：

$$\left[1-\frac{a\Delta t}{2}\right]y_n-\left[1+\frac{a\Delta t}{2}\right]y_{n-1}=\frac{\Delta t}{2}[x_n+x_{n-1}] \tag{7.107}$$

这其实是另一个无限脉冲响应。在结构上，这与上面的欧拉无限脉冲响应不同，因为输入是由两个相邻值的平均值形成的，但是单个实极点的值为 $p_1=\dfrac{2+a\Delta t}{2-a\Delta t}$。如上所述，如果 $a<0$，则该极点 $|p_1|<1$ 确保了稳定性，反映了连续时间滤波器的稳定性条件。这种映射技术也称为双线性变换(bilinear transform)。

上述的稳定性和其他关于欧拉和双线性变换的性质会影响到滤波器设计。连续时间微分器具有传递函数 $H(s)=s$，而对于后向欧拉微分器，传递函数为 $H(z)=1-z^{-1}$，对于双线性微分器，传递函数为 $H(z)=(1-z^{-1})(1+z^{-1})^{-1}$(我们选择了欧拉方法的采样区间 $\Delta t=1$ 和 $\Delta t=2$，这可以在不损失一般性的情况下进行，因为我们总是可以适当地重新缩放频率变量 ω)。因此，已知连续时间滤波器传递函数，用 $s\mapsto 1-z^{-1}$ 代替欧拉方法进行离散化。

这种变换对滤波器的稳定性和频率特性有什么影响？为了理解这一点，我们需要知道变换对虚轴的影响，其中当 $\omega\in\mathbb{R}$ 时的虚轴(频率)$s=\mathrm{i}\omega$。这可以表达为公式 $|s-1|=|s+1|$，它的反向点(inverse point)是 $s=1$ 和 $s=-1$，所以在欧拉变换下得到的方程是(Priestley，2003，第 24 页)：

$$\begin{aligned}|1-z^{-1}+1|&=|1-z^{-1}-1|\\ \left|\frac{2z-1}{z}\right|&=\left|\frac{1}{z}\right|\\ \left|z-\frac{1}{2}\right|&=\frac{1}{2}\end{aligned} \tag{7.108}$$

它是中心 $z=1/2$，半径为 $1/2$ 的复平面上的圆的方程。应用相似推理给出双线性方法的单位圆 $|z|=1$。这意味着连续时间传递函数中具有负实部的极点和零点被映射到离散化方法的相应圆内，如上所述。正半部分的根被映射到这个圆之外，特别是对于双线性映射，这意味着具有稳定极点的连续时间滤波器确定具有稳定的数字对应值。

在能保证稳定性的前提下，频率 $\omega\in\mathbb{R}$ 必须在离散化下映射到数字频率范围$[-\pi,\pi]$。映射应该是一一对应，否则连续时间模型 $\mathbb{R}$ 中的一些频率会出现混叠(即多个连续时间频率将映射到一个特定的数字频率)，因此该频率映射不能是线性的。根据欧拉方法，根据微分关系式 $s=1-z^{-1}$ 我们可以得到 $z=(1-\mathrm{i}\omega\Delta t)^{-1}$，其中 $s=\mathrm{i}\omega$，其中数字频率为 $\arg z=\arctan(\omega\Delta t)$。这个映射是一一对应的，我们的数字频率范围是$[-\pi/2,\pi/2]$，换句话说，不可能映射到整个数字频率范围。这是用于滤波器设计的欧拉方法的一个主要局限性，实际上，由于频率范围的根本限制，甚至不可能使用此方法对连续时间高通滤波器进行离散化处理。

相比而言，双线性方法可以显示出频率映射 $2\arctan(\omega\Delta t/2)$，其映射规则是 $\mathbb{R}\to[-\pi,\pi]$(Proakis 和 Manolakis，1996，第 678 页)。因此，该方法尽可能地保持零和极频率的全部范围。由此得到的反正切映射在 0 频率附近接近线性，并且随着 $w\to\infty$ 的增加而变得越来越非线性。表 7.3 总结了欧拉离散和梯形离散的综合性质。对于欧拉方法和双线性方法，

k 为导数的阶的连续时间模型 s^k 中的高阶导数只需在指数项内进行代换即可映射。例如，使用欧拉方法，将 s^k 映射成 $\frac{1}{\Delta t^k}(1-z^{-1})^k$。

表 7.3　后向欧拉和梯形(双线性)离散化的性质广泛用于将连续时间微分滤波器模型转换为采样率为 Δt 的数字模型。这两种方法都保持了稳定性，因此如果连续时间滤波器是稳定的，则相应的数字滤波器也是稳定的。这两种方法都将连续时间虚频轴唯一地映射到复平面上的某个圆上，而不产生混叠。这两种方法在零频率下都是精确的，但在更高频率下会缩小频率范围

性质	后向欧拉	梯形(双线性)
离散化图	$\frac{1}{\Delta t}(1-z^{-1})$	$\frac{2}{\Delta t}\left(\frac{1-z^{-1}}{1+z^{-1}}\right)$
虚轴图	圆的中心 $\frac{1}{2}$，半径 $\frac{1}{2}$	单位圆
频率图	$\arctan(\omega\Delta t)$	$2\arctan\left(\frac{1}{2}\omega\Delta t\right)$
离散频率范围	$\left[-\frac{\pi}{2}, \frac{\pi}{2}\right]$	$[-\pi, \pi]$
局部数字化误差	$o(\Delta t^2)$	$o(\Delta t^3)$

作为离散化的一个实际例子，让我们看看如何使用双线性变换将一个简单的谐振器或带通滤波器(即可以选择性地增强特定频带的滤波器)映射到相应的数字版本上。原则上，创建这样一个谐振器只需要一个复数极点，但是为了确保输入/输出是实数值的，我们必须使用复数共轭极点对。这个简单的连续时间谐振器的转移函数为：

$$H(s)=\frac{1}{(s-p)(s-\overline{p})} \tag{7.109}$$

将极点写为 $p=\alpha+\mathrm{i}\beta$，实现了对频率($\beta\in\mathbb{R}$)和该频率附近的振幅($\alpha\in\mathbb{R}$)大致独立的控制，可以选择正数而不失一般性。应用 $\Delta t=1$ 的双线性映射产生一个具有单峰的相应数字谐振器(见图 7.7)。可以看出，在低频时，连续时间和离散时间滤波器的传递函数是一致的，并且随着频率的增加，它们在振幅和相位响应上开始出现显著的不同。对于这种特殊的滤波器，由于存在一个单峰，可以通过设置 $\Delta t=(2/\phi)\tan(\phi/2)$ 来选择 Δt 从而精确地映射峰值频率 ϕ(假设 $\phi<\pi$)，但由于离散化误差的存在，不可避免地会对传递函数产生失真。实际上，用微积分很容易证明这个滤波器的(正)峰值频率位于 $\phi=\sqrt{\beta^2-\alpha^2}$ 处，在此处的峰值振幅为$[(4\beta^2)(\beta-\phi)(\beta+\phi)]^{-2}$，所以频率和振幅是耦合的。但这些信息可以用来创建一个峰值频率和增益可独立控制的滤波器。

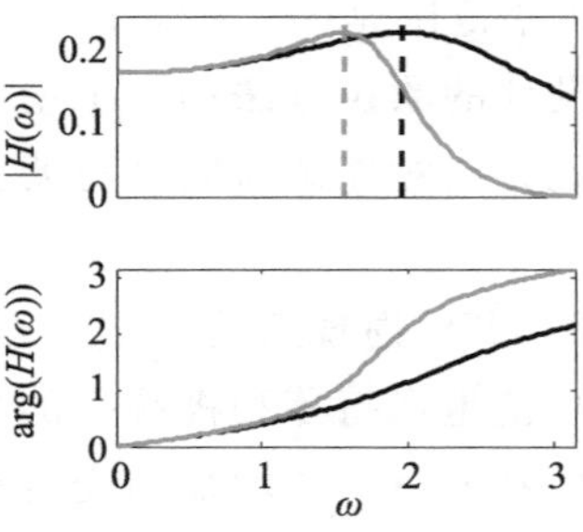

图 7.7　用 $\Delta t=1$ 说明双线性变换离散化的应用。连续时间模型是一个带通滤波器(左图，振幅响应，黑色曲线)，一个简单的共轭对极谐振器，具有单峰频率(在黑色虚线处)。应用双线性变换得到的相应数字滤波器具有“扭曲”的频率和相位响应(新峰值频率处的灰色曲线和虚线)，因为双线性变换将整个无限虚频轴(连续域)映射到单位圆(离散域)

7.3.2 数字滤波器设计方案

在各种各样的应用场合都有大量的数字滤波器，我们不可能在这里一一详细介绍它们，所以我们描述了主要的类别和一些选择它们的标准。众多滤波器的设计起始于低通滤波(LPF)，而离散变量 z 中有直接的转换，用于将其转换为高通滤波(HPF)或带通滤波器(Proakis 和 Manolakis，1996，8.4 节)。因此，我们可以通过选择满足某些传递函数特性的低通滤波器的设计来完善其他滤波器的设计方案，例如振幅在期望频率区域上是否平坦以及围绕低通滤波器截止频率的振幅减小(过渡)的斜率。

例如，前面描述的巴特沃斯滤波器具有接近截止频率的*最大平坦振幅响应*，这是一个理想的特性，高于截止频率，振幅响应不会随着频率的增加而非常迅速地过渡。相比之下(I 型)，对于相同的极数，*切比雪夫滤波器*在低于截止频率的频率处具有振幅“波纹”或波动，但是在截止频率以上，振幅比巴特沃斯滤波器下降得快得多，这也是可取的(Proakis 和 Manolakis，1996，第 683 页)。或者，*椭圆滤波器*在截止频率的任一侧具有波动幅度响应，但是对于给定数量的极点，在截止频率附近具有最佳的快速过渡。

无限脉冲响应(IIR)滤波器通常比长有限脉冲响应(FIR)滤波器更易于计算，但总涉及在截止频率附近的传递函数振幅的转换速率(通常，随着滤波器极数的增加，速率增加)和相位响应中的非线性程度之间进行权衡。一个简单的技巧(*前向-后向滤波*)可用于可访问整个有限长度信号的情况，即以增加时间指数的正向方向运行无限脉冲响应滤波器，直至信号结束，然后再次通过滤波器反向运行此滤波操作的输出，以消除非线性时延。这里，振幅响应将要进行一次平方处理，这点必须小心。当然，这可能会比简单使用适当的线性相位有限脉冲响应滤波器的计算量更大。

可以说，非线性相位失真往往使得无限脉冲响应滤波在许多实际应用中的无法使用(例如，在重新采样或采样频率转换的应用中(见 8.1 节)，或在科学信号处理的应用中，不同频率信号中的结构必须保持同步)，但在某些情况下，这个属性实际上可以被有效利用。所谓的*全通滤波器*是经过精心设计，使振幅响应变得平坦，在相位响应中有一个特定的延迟曲线。这些可以通过设计相互“抵消”的极点和零点来处理(Proakis 和 Manolakis，1996，第 350 页)。

另一个非常有用但简单的滤波器是*梳状滤波器*，所谓梳状滤波器是因为振幅响应类似于具有规则间隔“齿”的梳子。有两种基本的数字梳状滤波器：有限脉冲响应和无限脉冲响应。有限脉冲响应的传递函数的形式为 $H(z)=1-az^{-D}$，其中 $D\geqslant 1$(而通常 $0<a<1$)。这个多项式在单位圆上有 D 个规则间隔的零，$z_k=a^{1/D}\exp(2\pi ik/D)$，其中 $k=0, 1, \cdots, D-1$，这就是导致“齿”印出现的原因。类似地，相应的无限脉冲响应版本具有转移函数 $H(z)=(1-az^{-D})^{-1}$，具有 D 个等间距极点。有限脉冲响应的形式可用于有效地消除不需要的干扰的谐波，例如，在医院设置中，交流电力线噪声渗入到心电图信号中。两者结合可以产生频率选择性更高的梳状信号：

$$H(z)=\frac{1-z^{-D}}{1-az^{-D}} \tag{7.110}$$

当 $a\to 1$ 时，梳子变得任意的“锋利”。注意，由于 D 是整数，对于固定的采样间隔 Δt，梳状滤波不能理想地调谐到无限宽的可能的频率。该问题的一个简单解决方案是通过在 z^{-D} 和 $z^{-(D+1)}$ 之间线性插值来创建有效的分数延迟，例如使用传递函数 $H(z)=1-az^{-D}-(1-a)z^{-(D+1)}$。这偏离了理想的梳状响应，零点的位置一般不能用解析公式给出计算方法。另一种方法是求解具有期望分数延迟特性的最小二乘有限脉冲响应滤波器设计(Pei 和 Tseng，1998)，但这丢失了上述简单梳状设计的简单性和计算复杂度为 $O(1)$的计算效率。

最后，梳状滤波在波导物理综合领域中有一个非常有趣的应用，用于模拟各种物理波现象。基本上，对于任何可以用波物理(如线性声学)表示的物理系统，梳状滤波器的延迟特性是波传输的精确、离散表示。举个例子，一个弹拨类弦乐乐器会产生一对反向的行波，这些行波会把弹拨的扰动带到琴弦上，并反射回琴弦座上。这些波相互干扰并产生谐波振荡，其频率由弦中的波速和支架之间的距离决定。因此，对大多数弦乐器(吉他、钢琴等)的精确模拟和较低计算量的计算都可以基于简单梳状滤波器的级联来使用，如式(7.110)。描述相关内容的书籍由史密斯(2010)撰写，阐述了一个优秀的、深入的概念和相关的想法，而 Proakis 和 Manolakis(1996)则撰写了一本全面描述数字滤波器设计的教材。

7.3.3　超长信号的傅里叶变换

在以上章节中，我们发现虽然无限脉冲响应滤波器可以具有较小的过渡频率带以降低计算复杂度，随之而来的非线性相位特性使得线性相位有限脉冲响应滤波器在实际应用中成为理想的滤波器。然而，这样的计算量比较大，需要 $O(NQ)$阶的运算量，其中 N 是信号长度，Q 是有限脉冲响应滤波器长度。为了获得小的过渡带，有限脉冲响应滤波器需要有长的脉冲响应以避免吉布斯现象，这意味着 Q 必须很大。

为了以较低的计算量获得线性相位和小过渡带，傅里叶域滤波是一种可行的备选方法，因为我们可以利用快速傅里叶算法的计算优点。由于有限脉冲响应滤波器是卷积运算 $\boldsymbol{y}=\boldsymbol{b}\bigstar\boldsymbol{x}$，因此根据离散时间傅里叶变换的特性，即 $\boldsymbol{y}=F_n^{-1}[\boldsymbol{B}\circ\boldsymbol{X}]$，使用有限脉冲响应滤波器 $\boldsymbol{B}$ 的冲激响应的离散时间傅里叶变换和信号 $\boldsymbol{X}$。然而，在实际中，信号 $\boldsymbol{x}$ 是有限长度的，这意味着我们只能使用离散傅里叶变换，并用快速傅里叶算法有效地计算。这又意味着频域积 $\boldsymbol{B}\circ\boldsymbol{X}$ 对应于循环卷积 $\boldsymbol{b}\bigstar_N\boldsymbol{x}$ 的离散傅里叶变换，而不是所需的非循环有限脉冲响应滤波器卷积。

利用循环卷积来实现非循环卷积的问题可以通过零填充来解决，即在两个序列上附加适当数量的零。具体地说，如果信号 $\boldsymbol{x}$ 具有长度 N 而信号 $\boldsymbol{y}$ 具有长度 M，这种情况下如果满足 $n<1$ 且 $n>N$，则我们设 $x_n=0$，对于 $m<1$ 且 $m>M$ 时，$y_m=0$，那么 $\boldsymbol{x}\bigstar\boldsymbol{y}=\boldsymbol{z}$ 是一个信号，使得对于 $l<1$ 且 $l>N+M-1$ 时，有 $z_l=0$。我们可以看到 $\boldsymbol{z}$ 信号的长度是 $L=N+M-1$。现在，通过添加 $M-1$ 个 0 将 $\boldsymbol{x}$ 的长度延伸至 L，类似的通过添加 $N-1$ 个 0 将信号 $\boldsymbol{y}$ 的长度延伸至 L。那么就可以得到 $\boldsymbol{x}\bigstar_N\boldsymbol{y}=\boldsymbol{x}\bigstar\boldsymbol{y}=\boldsymbol{z}$((Proakis 和 Manolakis，1996，5.3 节)，从而就有 $\boldsymbol{z}=F_n^{-1}[\boldsymbol{X}\circ\boldsymbol{Y}]$。

这就产生了一种快速有限脉冲响应滤波的简单算法。将式(7.69)中的向量 $\boldsymbol{b}$ 通过附加 $N-1$ 个零来创建长度为 $N+Q$ 的信号 $\boldsymbol{h}'=(b_0, b_1, \cdots, b_Q, 0, \cdots, 0)$。接下来，用 Q 个零对输入信号 $\boldsymbol{x}$ 进行零填充，以创建长度为 $N+Q$ 的新信号 $\boldsymbol{x}'$。使用恰当的快速傅里叶变换来计算 $\boldsymbol{h}'$和 $\boldsymbol{x}'$的离散傅里叶变换，记为 $\boldsymbol{H}'$和 $\boldsymbol{X}'$。计算 $\boldsymbol{Y}'=\boldsymbol{X}'\circ\boldsymbol{H}'$并使用恰当的快速

傅里叶变换计算这个结果的逆，得到 $\boldsymbol{y}'=F_n^{-1}[\boldsymbol{Y}']=\boldsymbol{b}\bigstar\boldsymbol{x}$，通过截断这个 $\boldsymbol{y}=(y_1,y_2,\cdots,y_N)$，可以获得与输入相同长度的信号。计算复杂度(对于基数为 2 的快速傅里叶变换)是 $3(N+Q)\log_2(N+Q)+N+Q$，当 $Q<N$ 时，其等同于 $O(N\ \log 2n)$。因此，当 Q 比 $\log_2 n$ 小很多时，这要比原始的有限脉冲响应滤波计算量小很多。

重叠相加算法通过将信号分解成若干较小的块，并在频域中对每个块分别进行循环卷积，然后将它们组合起来重建输出，可以进一步降低计算量。为清楚起见，假设输入信号的长度满足关系 $N=KL$，这样我们可以定义长度为 N 的 K 个新信号，这其中有长度为 L 的非零段，定义为：

$$x_n^k=\begin{cases}x_n & (k-1)L<n\leqslant kL\\ 0 & \text{否则}\end{cases} \tag{7.111}$$

其中 $k=1,2,\cdots,K$。那么 $\boldsymbol{x}$ 可以写成这些新信号的叠加：

$$x_n=\sum_{k=1}^{K}x_n^k \tag{7.112}$$

现在，将有限脉冲响应卷积应用于这个叠加，我们可以得到：

$$\begin{aligned}\boldsymbol{y}&=\boldsymbol{b}\bigstar\boldsymbol{x}=\boldsymbol{b}\bigstar\sum_{k=1}^{K}\boldsymbol{x}^k\\&=\sum_{k=1}^{K}\boldsymbol{b}\bigstar\boldsymbol{x}^k=\sum_{k=1}^{K}\boldsymbol{y}^k\end{aligned} \tag{7.113}$$

另一种解释是，由于卷积是线性运算，因此整个信号与 $\boldsymbol{b}$ 的卷积相当于 K 个独立信号中的每个信号与 $\boldsymbol{b}$ 的卷积之和。这被称为用于长信号卷积的重叠加法方法，其原因如下：输出信号 $\boldsymbol{y}^k$ 跟 $\boldsymbol{x}^k$ 类似，当 $n\leqslant(k-1)L$ 时，具有 $y_n^k=0$ 这一属性。然而，由于卷积，每个非零段被 Q 个样本扩展。因此，式(7.112)中的非零段不重叠，而 $\boldsymbol{y}^k$ 的非零段重叠。实际上，这意味着我们必须将每个非零输出段中的最后 Q 个样本与下一个输出段的起点相加。

这种结构似乎并没有优势，尽管如此，我们还是获得了相当高的计算效率，因为每个 $\boldsymbol{y}^k$ 的非零段现在很容易通过使用适当快速傅里叶变换实现的循环卷积来计算，如上所述，参见算法 7.2。

算法 7.2 重叠加有限脉冲响应卷积

(1) 初始化。设置块大小 L，大小为 N 的样本的输入信号 $\boldsymbol{x}$，对长度为 $Q+1$ 的有限脉冲响应的参数向量 $\boldsymbol{b}$ 进行零填充，使之长度变为 $L+Q$，以获得 $\boldsymbol{h}'=(b_0,b_1,\cdots,b_Q,0,\cdots,0)$，计算快速傅里叶变换 $\boldsymbol{H}'$，设置零输出信号 $\boldsymbol{y}$，其长度为 $N+Q$，设置样本索引数 $n=1$。

(2) 选择输入块。提取输入块，对其 Q 个样本进行零填充，得到 $\boldsymbol{x}'=(x_n,x_{n+1},\cdots,x_{n+L-1},0,\cdots,0)$，计算快速傅里叶变换 $\boldsymbol{X}'$。

(3) 块卷积。计算循环卷积 $\boldsymbol{y}'=F_n^{-1}[\boldsymbol{H}'\circ\boldsymbol{X}']$。叠加到输出信号 $y_{n+i-1}\leftarrow y_{n+i-1}+y_i'$，其中 $i=1,\cdots,L+Q$。

(4) 迭代。更新 $n\leftarrow n+L$，对于 $n<N$ 时，回到第二步。

当然，我们只需要在开始计算一次 $\boldsymbol{H}'$，$\boldsymbol{b}$ 的 $L+Q$ 零填充的离散傅里叶变换，然后我

们需要 K 次的 FFT-IFFT 运算和 K，$L+Q$ 乘法。对于基数为 2 的快速傅里叶变换，计算复杂度大约是 $K((L+Q)\log_2(L+Q)+L+Q)$，而如果 Q 是一个远小于 L 的数，复杂度则为 $O(N\log_2 L)$。与上面基于快速傅里叶变换的简单方法相比，如果 L 远小于 N，则只计算一组长快速傅里叶变换，在实践中可以显著节省计算量(如图 7.8)。

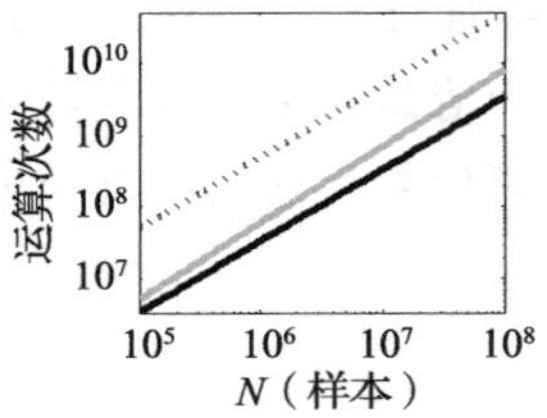

图 7.8　对于不同长度 N 的长输入信号，计算长度 $Q=500$ 的有限脉冲响应滤波器卷积所需的运算次数。暴力破解有限脉冲响应实现(虚线)花费的时间最长，使用基于快速傅里叶变换的卷积代替(灰线)的计算工作量减少了约一半，尽管对于较长长度的信号，改进效果有所下降。然而，块长度 $L=1000$ 的重叠加法(算法 7.2)在计算量(黑线)上实现了超过一个数量级的提升

当然，我们实际上不需要有限脉冲响应滤波器参数向量，我们可以直接在傅里叶域中指定滤波器的频率响应来确定频谱 $\boldsymbol{H}$。因此，重叠加法形成了许多直接傅里叶滤波 DSP 应用的基础。

7.3.4　作为离散卷积的核回归

在 6.4 节中，我们证明了非参数核回归过程涉及将预测的形成作为输入协变量的加权和这一事实。如果协变量 Z 和输出 X 都是一维“类时间”变量，并在均匀采样网格上离散化，即 $z_n=n\Delta Z$，其中 ΔZ 是离散化间隔，并且回归核 $\kappa(z;z_n)$ 仅取决于 z 和 z_n 之间的差异，即 $\kappa(z;z_n)=k(z-z_n)$，那么核回归就是在每个采样点 n 得到的离散卷积：

$$\begin{aligned}\hat{x}_n &= \frac{\sum\limits_{m\in\mathbb{Z}}\kappa([n-m]\Delta z)x_m}{\sum\limits_{m'\in\mathbb{Z}}\kappa([n-m']\Delta z)} \\ &= \sum_{m\in\mathbb{Z}} h_{n-m}x_m = \boldsymbol{h}\bigstar\boldsymbol{x}\end{aligned} \tag{7.114}$$

其中 $\hat{x}_n$ 是在采样点 z_n 处的回归预测结果，这里使用了离散滤波器，其脉冲响应为：

$$h_n=\frac{\kappa(n\Delta z)}{\sum\limits_{n'\in\mathbb{Z}}\kappa(n'\Delta z)} \tag{7.115}$$

我们现在可以通过分析传递函数，从谱(频率)的角度来理解(均匀采样)核回归。特别地，带宽 $\sigma>0$ 的简单盒核(box kernel)$\kappa(z)=\delta[|z|\leqslant\sigma]$，其执行局部平均(或时间序列分析上下文中的移动平均)具有传递函数：

$$H(\omega)=\frac{\sin\left(\omega\left(\frac{\sigma}{\Delta z}+\frac{1}{2}\right)\right)}{\left(2\frac{\sigma}{\Delta z}+1\right)\sin\left(\frac{1}{2}\omega\right)} \tag{7.116}$$

这个滤波器的作用类似于低通滤波器，平滑掉细节，在输入中留下更大范围(低频)的波动(如图 7.9)。对于固定的离散化间隔 Δz，带宽 σ 控制平滑的程度。低通滤波器的有效截止频率与 σ 成反比，因此随着 σ 的增加，较小的长度尺度波动更为衰减。同样，广泛使用的高斯核 $\kappa(z)=\exp(-\sigma^{-2}z^2)$ 近似高斯振幅响应(如图 7.9)。

从传递函数的视角来分析核回归，我们知道，不同于局部平均回归，高斯核回归在幅

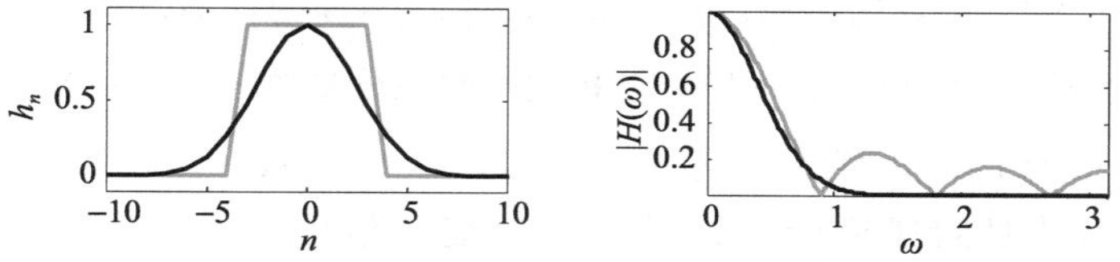

图 7.9　离散核回归的脉冲响应(左图)和传递函数(振幅响应，右图)，高斯(黑色曲线)和盒式(局部平均，灰色曲线)核。两者都使用带宽参数 $\sigma=0.7$ 和离散化间隔 $\Delta z=0.2$。这里，频率变量 ω 对应于回归变量 X，Z 的长度范围

值响应中没有波纹，因此，作为平均的一种形式，高斯核似乎优于盒式核。但在实践中(对于所有无限脉冲响应核)，必须把核截断。对于上述对称核，这种截断产生了一个线性相位有限脉冲响应滤波器，它可以防止输入中不同长度尺度的特征在位置上发生偏移，这显然是生成一个有意义的回归结果所需要重要考虑的一个因素。尽管如此，截断仍然会导致振幅响应中不可避免的吉布斯现象，随着核被截断的更严重，这种现象会更加恶化。这就建议我们应该设计尽可能长的有限脉冲响应滤波器，但这将增加计算工作量。

类似的，我们不能避免海森堡不确定性。虽然上面的低通滤波器回归核可以平滑无关地随机波动，如果我们使 σ 变大，这也会抹去所有重要特征的位置信息，这些特征在输入数据的小尺度(更高频率)的细节中呈现出来。因此，我们可以看到(等距)核回归(线性时不变方法的一个例子)，受到线性时不变信号处理的所有固有折中因素的影响。最后，我们可以构造高通滤波器回归核，对大尺度特征进行衰减，对小尺度特征进行放大。

在下一节中，我们将进一步探讨 DSP 和贝叶斯回归之间的联系，但关于这个主题，也请参见 Candès(2006)。

7.4　线性高斯 DSP 的统计稳定性研究

多元高斯函数有一些特殊性质：仿射变换下的不变性，高斯边缘和具有闭合形式均值和协方差表达式的条件，可以与线性时不变系统相结合，形成一组数学上非常完整和有用的结果，在此基础上建立随机线性 DSP 理论，这将是本节的主题。

7.4.1　离散时间高斯过程和 DSP

考虑一组可数无穷大的变量 X_n，其中 $n\in\mathbb{Z}$，我们将其表示为无限随机向量 $\boldsymbol{X}$，它具有独特属性，即所有有限维分布都是多元高斯函数。(在本节中，我们将只关注离散时间过程。我们将在后面的章节中使用连续时间过程，这些过程将高斯过程模型用于回归等目的)。上述多元高斯函数的边缘化性质表明，这些有限维分布足以定义随机过程，即(离散时间)高斯过程(GP)。由于它基于多元高斯，均值和自协方差足以充分刻画过程。从高斯的统计稳定性出发，可以预测，如果将一个高斯过程输入到线性时不变数字滤波器中，输出将是另一个高斯过程。此外，我们还可以准确预测过程中均值和自协方差函数的影响。

我们需要一些离散时间过程的有用定义。对于随机信号，互相关被定义为二阶统计矩，是随机数字信号处理中的一个基本量，$r_{XY}(\tau)=E[X_nY_n-\tau]$，自相关则是一个特例，

$r_{XX}(\tau)=E[X_n X_n-\tau]$。如果均值和自相关是时间平移不变的，则过程是弱平稳的，因此只有时间 τ 的差才重要。与均值函数一样，自相关函数充分刻画了一个高斯过程。自相关是对称的，$r_{XX}(\tau)=r_{XX}(-\tau)$，且有界的 $r_{XX}(\tau)\in[-r_{XX}(0), r_{XX}(0)]$。根据 Wiener-Khintchine 定理，自相关的离散时间傅里叶变换是傅里叶变换值的平方，$S_{XX}(\omega)=|X(\omega)|^2=F_\omega[r_{XX}(\tau)]$，这就是过程的功率谱密度(power spectrum density，PSD，又称功率谱)。

最简单的高斯过程是一个零均值的独立同分布过程，其中过程的每个元素都满足分布 $X_n\sim\mathcal{N}(0, \sigma^2)$。由于过程的任何两个时间实例都是不相关的，因此具有自相关函数 $r_{XX}(\tau)=\sigma^2\delta[\tau]$，对应的功率谱密度是 $S_{XX}(\omega)=\sigma^2$。像这种具有一个平坦的功率谱密度的信号都被称为“白噪声”，它非常重要，我们将其标记为 $\boldsymbol{W}$，而每一个元素则写为 W_n。给定一个具有特定功率谱密度 $S_{XX}(\omega)$ 的信号，当它被输入到具有传递函数(7.69)的一般(稳定)无限脉冲响应滤波器时，知道该信号发生了什么是非常有用的。这个结果其实是非常简单的(Wornell 和 Willsky，2004，第4章)：

$$\begin{aligned} S_{YY}(\omega) &= H(\omega)H(-\omega)S_{XX}(\omega) \\ &= |H(\omega)|^2 S_{XX}(\omega) \end{aligned} \tag{7.117}$$

其中，第二行只是简单地依据了公式 $\exp(-\mathrm{i}\omega)=\overline{\exp(\mathrm{i}\omega)}$，而 $a\bar{a}=|a|^2$，其中 $a\in\mathbb{C}$。直观地说，输出是通过将输入信号与滤波器的脉冲响应卷积而得到的，在频域中，这种卷积是乘法的。这只限制传递函数的幅度，即自相关是时不变的，仅包含时延协方差信息，该信息是在所有时间上平均的统计期望。因此，对于白噪声输入 $\boldsymbol{W}$，输出功率谱密度就是 $S_{YY}(\omega)=\sigma^2|H(\omega)|^2$。因此，应用于离散时间白噪声的稳定数字线性时不变滤波器将频谱“塑造”为滤波器转移函数的平方量级。

这带来了其他的可能性。如果输入信号 $\boldsymbol{X}$ 具有的功率谱密度为 $|H(\omega)|^2$，那么我们可以通过传递函数为 $H(z)^{-1}$ 的逆滤波来运行它，对于合理设计的传递函数，它交换了极点和零点的作用，并且对输入信号进行了去相关，从而使频谱变得“平坦”了。这种逆滤波器被称为白化滤波器，而相应的前向滤波器被称为合成滤波器。

由于我们有一个信号的完全概率模型，我们可以用它来执行高斯过程参数的最优估计。例如，在具有平均值 μ 的有限长度 N 的非零平均独立同分布白噪声的通常情况下，参数的最大似然估计 $\hat{\mu}$ 就是样本平均值 $\hat{\mu}=\frac{1}{N}\sum_{n=1}^{N}x_n$。类似的结论也适用于方差。更有趣的是非独立同分布的高斯过程的情况，其中 $X_n\sim\mathcal{N}(\mu_n, \sigma^2)$。此时平均信号的最大似然估计为：

$$\begin{aligned} \hat{\mu}_n &= \underset{\mu_n}{\arg\min}\left(-\sum_{n=1}^{N}\ln\mathcal{N}(x_n; \mu_n, \sigma^2)\right) \\ &= \underset{\mu_n}{\arg\min}\left(\sum_{n=1}^{N}(x_n-\mu_n)^2\right) \\ &= \underset{\mu_n}{\arg\min}((x_n-\mu_n)^2)=x_n \end{aligned} \tag{7.118}$$

当然，这种估计是非常差的，因为它是基于一个单一信号的实现，而方差为 σ^2，这是无法改进的。

我们可以把其他高斯过程做得更好。考虑这样一种情况，其中均值是“缓慢变化”

的，那么对于所有的 n 都有 $\mu_{n-\tau/2} \approx \mu_n \approx \mu_{n+\tau/2}$，这其中的时间延迟为偶数，且满足 $\tau > 0$。在这种情况下，我们可以假设在长度为 $\tau+1$ 的时间窗 $\left[n-\frac{\tau}{2}, n+\frac{\tau}{2}\right]$ 内，信号是独立同分布的。基于这个假设，(近似)最优参数估计是每个窗口的平均值，即 $\hat{\mu}_n = \frac{1}{\tau+1}\sum_{m=n-\tau/2}^{n+\tau/2} x_n$。这被称为移动(或运行)平均(moving average，MA)有限脉冲响应滤波器，系数 $Q=\tau$，而 $b_k = Q^{-1}$。当 $\tau=0$ 时，这就下降到上述非独立同分布情况。这个估计量的方差是 $\sigma^2/(\tau+1)$，由此我们可以看出，随着 τ 的增加，估计量变得更确定(可靠)。然而，在响应性和差异性之间显然存在着内在的折中。如果 τ 很小，则移动平均值可以快速响应均值的变化，但由于方差很大，估计值将不可靠。在实践中，通常我们不知道理想的 τ，因此在任何一个应用中，它都是一个需要权衡的问题。

一个更复杂的任务是估计数字无限或有限脉冲响应传递函数的参数，我们将在下一步进行讨论。然而，在这之前，我们有必要先解释线性最小均方估计中的一个重要简化过程。这种简化过程是基于这一事实：线性高斯模型的最大似然估计与该线性模型的输入之间的差是正交的。为了更准确地解释这句话，请注意，如 4.4 节所讨论的，对于线性高斯模型，平方误差是负对数型(一个常数)。现在，考虑模型 Y 的平方误差和 $Y=\boldsymbol{a}^{\mathrm{T}}\boldsymbol{X}$，其中 $\boldsymbol{a}$，$\boldsymbol{X} \in \mathbb{R}^P$，即 $E = E_{Y,\boldsymbol{X}}[(Y-\boldsymbol{a}^{\mathrm{T}}\boldsymbol{X})^2]$，那么期望平方误差相对于每个 a_k 的梯度为：

$$
\begin{aligned}
\frac{\partial E}{\partial a_k} &= \frac{\partial}{\partial a_k} E_{Y,\boldsymbol{X}}[(Y-\boldsymbol{a}^{\mathrm{T}}\boldsymbol{X})^2] \\
&= E_{Y,\boldsymbol{X}}\left[\frac{\partial}{\partial a_k}(Y-\boldsymbol{a}^{\mathrm{T}}\boldsymbol{X})^2\right] \\
&= -2E_{Y,\boldsymbol{X}}[(Y-\boldsymbol{a}^{\mathrm{T}}\boldsymbol{X})X_k]
\end{aligned}
\tag{7.119}
$$

所以在 E 的全局最小值处，我们有 $E_{Y,\boldsymbol{X}}[\epsilon X_k]=0$，其中 $k=1, 2, \cdots, P$ 表示误差处理 $\epsilon_n = Y_n - \boldsymbol{a}^{\mathrm{T}}\boldsymbol{X}_n$(如果 $\boldsymbol{X}$ 是零均值，那么输入变量与误差不相关)。换句话说，误差处理与每个 k 的输入信号 X_k 正交。这就是我们所知道的*正交性原理*，我们将会看到它是线性高斯最大似然估计的一个重要的捷径。我们还可以换种方式证明：如果上述正交条件成立，则 $Y=\boldsymbol{a}^{\mathrm{T}}\boldsymbol{X}$ 可以使平方误差之和 E 最小化。(Vaidyanathan，2007，附录 A.1)。

现在，让我们尝试估计方差为 σ^2 的输入白噪声 $\boldsymbol{W}$ 的数字有限脉冲响应的传递函数的参数。模型为：

$$
Y_n = \sum_{k=0}^{Q} b_k W_{n-k} \tag{7.120}
$$

不失一般性，我们选择 $a_0=1$。那么，利用正交性原理，最大似然估计满足：

$$
E\left[\left(Y_n - \sum_{j=0}^{Q}\hat{b}_j W_{n-j}\right)W_{n-k}\right] = 0 \tag{7.121}
$$

其中 $k=0, 1, \cdots, Q$。基于此，我们可以得到：

$$
E[Y_n W_{n-k}] = \sum_{j=0}^{Q}\hat{b}_j E[W_{n-j}W_{n-k}] \tag{7.122}
$$

上式的解为：$\hat{b}_k = r_{\boldsymbol{YW}}(k)$。上面公式右侧的简化是由于 $E[W_{n-j}W_{n-k}] = r_{\boldsymbol{WW}}(j-k) = \delta[j-k]$。因此，有限脉冲响应的最大似然估计参数实际上是通过计算 $Q+1$ 个互相关估

计的经验值得到的。

我们同样可以将这一原理应用于无限脉冲响应传递函数(7.67)，其中白噪声输入方差为σ^2，没有有限脉冲响应分量(因此，$Q=0$，$b_0=1$)，$P\geqslant 1$，$a_0=1$(不失一般性)。那么模型是：

$$Y_n+\sum_{j=1}^{P}a_jY_{n-j}=W_n \tag{7.123}$$

我们将把它乘以$Y_{n-\tau}$，其中$\tau=0,1,\cdots,P$，然后计算过程$\boldsymbol{Y}$的期望，得到一组最大似然估计$\hat{\boldsymbol{a}}$的隐式方程：

$$E\left[Y_n+\sum_{j=0}^{P}\hat{a}_jY_{n-j}\right]Y_{n-\tau}=E[W_nY_{n-\tau}]$$

$$E[Y_nY_{n-\tau}]+\sum_{j=0}^{P}\hat{a}_jE[Y_{n-j}Y_{n-\tau}]=E[W_nY_{n-\tau}] \tag{7.124}$$

即

$$r_{\boldsymbol{YY}}(\tau)+\sum_{j=0}^{P}\hat{a}_jr_{\boldsymbol{YY}}(\tau-j)=r_{\boldsymbol{WY}}(\tau) \tag{7.125}$$

现在，基于$Y_{n-\tau}=W_{n-\tau}-\sum_{j=1}^{P}a_jY_{n-j-\tau}$，我们得到：

$$\begin{aligned}r_{\boldsymbol{WY}}(\tau)&=E\left[W_n\left(W_{n-\tau}-\sum_{j=1}^{P}a_jY_{n-j-\tau}\right)\right]\\&=E[W_nW_{n-\tau}]-\sum_{j=1}^{P}a_jE[W_nY_{n-j-\tau}]\\&=\sigma^2\delta[\tau]-\sum_{j=1}^{P}a_jr_{\boldsymbol{WY}}(j+\tau)\end{aligned} \tag{7.126}$$

而由于$j+\tau>0$，就一定有$r_{\boldsymbol{YW}}(j+\tau)=0$，那么$r_{\boldsymbol{WY}}(\tau)=\sigma^2\delta[\tau]$。这为我们提供了最大似然无限脉冲响应参数的以下方程式：

$$r_{\boldsymbol{YY}}(\tau)+\sum_{j=1}^{P}\hat{a}_jr_{\boldsymbol{YY}}(\tau-j)=\sigma^2\delta[\tau] \tag{7.127}$$

对于$\tau\geqslant 1$，可以方便地用矩阵形式表示：

$$\begin{pmatrix}r_{\boldsymbol{YY}}(0)&r_{\boldsymbol{YY}}(1)&\cdots&r_{\boldsymbol{YY}}(P-1)\\r_{\boldsymbol{YY}}(1)&r_{\boldsymbol{YY}}(0)&\cdots&r_{\boldsymbol{YY}}(P-2)\\\vdots&\vdots&&\vdots\\r_{\boldsymbol{YY}}(P-1)&r_{\boldsymbol{YY}}(P-2)&\cdots&r_{\boldsymbol{YY}}(0)\end{pmatrix}\begin{pmatrix}\hat{a}_1\\\hat{a}_2\\\vdots\\\hat{a}_P\end{pmatrix}=-\begin{pmatrix}r_{\boldsymbol{YY}}(1)\\r_{\boldsymbol{YY}}(2)\\\vdots\\r_{\boldsymbol{YY}}(P)\end{pmatrix} \tag{7.128}$$

同时，在$\tau=0$的情况下，有$\hat{\sigma}^2=r_{\boldsymbol{YY}}(0)+\sum_{j=1}^{P}\hat{a}_jr_{\boldsymbol{YY}}(j)$。我们可以把这个方程写成$\boldsymbol{R}_{\boldsymbol{YY}}\hat{\boldsymbol{a}}=-\boldsymbol{r}_{\boldsymbol{YY}}$，那么$\boldsymbol{R}_{\boldsymbol{YY}}$被称为“自相关矩阵”，而$\boldsymbol{r}_{\boldsymbol{YY}}$被称为特殊的“自相关向量”。

需要注意的是，由于上述方程是由线性回归问题产生的，所以这只是正态方程(2.16)的一个特例，我们可以将其写为$(\boldsymbol{Y}^{\mathrm{T}}\boldsymbol{Y})\hat{\boldsymbol{a}}=\boldsymbol{Y}^{\mathrm{T}}T_1[\boldsymbol{y}]$，其中$\boldsymbol{Y}$是一个$N\times P$的矩阵，其列包含了信号$\boldsymbol{y}$时间分别延迟了0，1，2，…，$P-1$的$P$个样本。矩阵$\boldsymbol{Y}^{\mathrm{T}}\boldsymbol{Y}$被称为(经验)自相关矩阵。该矩阵时间延迟、自回归的本质使其成为Toeplitz矩阵，它的逆可使用

$O(P^2)$Levinson 递归(Proakis 和 Manolakis，1996，11.3.1 节)进行计算。

上述对无限脉冲响应的最大似然估计被称为线性预测分析(linear prediction analysis，LPA)，在 DSP 中有着广泛的应用。比如，LPA 是用于语音通信的数字语音编码的基本组成部分，代表了所谓的语音产生的源滤波器理论，其中滤波器 W_n 的输入被认为是“激励源”(声能的主要来源)，而由模型参数 $\boldsymbol{a}$，σ^2 描述的传递函数被用来表示“共振”(受发音时声道形状变化的控制)，见 8.3 节。

不幸的是，ARMA 情形(对于 P 和 $Q\geqslant 1$)是非线性的，没有 AR 或 MA 情形中的简单闭式解，因此需要数值优化(Proakis 和 Manolakis，1996，第 856 页)。

7.4.2 非参数功率谱密度估计

我们经常看到一个信号 x_n，$n=1, 2, \cdots, N$，我们假设的 N 是具有特定功率谱密度的(零均值，弱平稳)高斯过程 x_n 的实现。于是就出现了如何估计信号的功率谱密度的问题。一种方法是利用 Wiener-Khintchine 定理计算自相关的估计，然后计算该估计的离散傅里叶变换(有效地，使用快速傅里叶变换)。为此，我们需要长度为 $2N-1$ 经验自相关期望值：

$$\hat{r}_{XX}(\tau)=\frac{1}{Z(N,\tau)}\begin{cases}\sum_{n=\tau+1}^{N} x_{n-\tau}x_n & \tau\in 0, 1, \cdots, N-1\\ \sum_{n=1}^{N-|\tau|} x_{n-\tau}x_n & \tau\in -1, -2, \cdots, -(N-1)\end{cases} \tag{7.129}$$

其中 $Z(N, \tau)$是一个规范化项，有两个明显的选择：

(1) 对于 $Z(N, \tau)=N-|\tau|$，由于 $E[\hat{r}_{XX}(\tau)]=r_{XX}(\tau)$，估计器的方差随着 $|\tau|\to N$ 增加，因为上述每次总和中只有 $N-|\tau|$ 项，因此估计量是无偏的；

(2) 或者，对于 $Z(N, \tau)=N$，存在有限长度偏差 $E[\hat{r}_{XX}(\tau)]=\left(1-\frac{|\tau|}{N}\right)r_{XX}(\tau)$，但是，方差小于上述估计量。

注意：快速傅里叶变换到无偏自相关估计器中不能保证可以规避负功率谱密度估计这一过程，因此在实践中通常要尽量避免。

在 $N\to\infty$ 的限制下，两个估计量的方差均为零，且无偏。因此，在实践中有一个权衡——我们可以得到一个无偏自相关估计，但代价是它比有偏估计更可变。然而，由于计算自相关是计算量为 $O(N^2)$的操作，因此使用单个 $O(N\ln N)$的快速傅里叶变换直接从信号估计功率谱密度则更为有效：

$$\hat{P}_{XX}=\frac{1}{N}\left|\sum_{n=1}^{N} x_n\exp\left(-2\pi \mathrm{i}k\,\frac{n-1}{2N-1}\right)\right|^2 \tag{7.130}$$

这是一个非常好用的估计器，它有自己的名字，叫周期图。它具有如下期望值：

$$E[\hat{P}_{XX}]=\sum_{\tau=-(N-1)}^{N-1}\left(1-\frac{|\tau|}{N}\right)r_{XX}(\tau)\exp\left(-2\pi \mathrm{i}k\,\frac{\tau}{2N-1}\right) \tag{7.131}$$

这是有偏差的，因为该值是通过先将自相关与三角形窗口信号 $u_n=1-|n|/N$ 相乘得到的。这个窗口偏差的来源是上面式(7.130)中的离散傅里叶变换，它是隐式地基于 $Z(N, \tau)=N$

的自相关估计器。在频域中看到这种偏差是有指导意义的：

$$E[\hat{P}_{\boldsymbol{XX}}]=\frac{1}{2\pi}\int_{-\pi}^{\pi}P_{\boldsymbol{XX}}(\phi)P_{\boldsymbol{UU}}(\omega-\phi)\mathrm{d}\phi \tag{7.132}$$

$$=P_{\boldsymbol{XX}}\bigstar_{2N-1}P_{\boldsymbol{UU}} \tag{7.133}$$

这意味着功率谱的三角窗 $P_{\boldsymbol{UU}}=|F_k[\boldsymbol{u}]|^2$ 与信号 $P_{\boldsymbol{XX}}$ 的真实攻功率谱密度进行了卷积。因此，要使周期图成为真实功率谱密度 $r_{\boldsymbol{XX}}(\tau)$ 的可靠(无偏)估计，就必须有 $P_{\boldsymbol{UU}}(\omega)=\delta[\omega]$。否则，窗口频谱会“扩展”任何频率特征。窗口功率谱为(DeFatta 等人，1988，6.7.1 节)：

$$P_{\boldsymbol{UU}}(\omega)=\frac{1}{N}\left(\frac{\sin(N\omega/2)}{\sin(\omega/2)}\right)^2 \tag{7.134}$$

当这收敛于 $N\to\infty$ 的 δ 函数时，对于任何有限 N，它都有有限宽度，并且随着 N 减小，宽度也会增加。因此，N 值较小的周期图会存在不可忽略的偏差，其表现为频率扩展(见图 7.10)。这是基于直接周期图估计的任何一种实用的非参数功率谱密度估计的、有悖于直觉的、但也不可避免的特征。这个方差结果是在假设信号是高斯过程的情况下得出的。

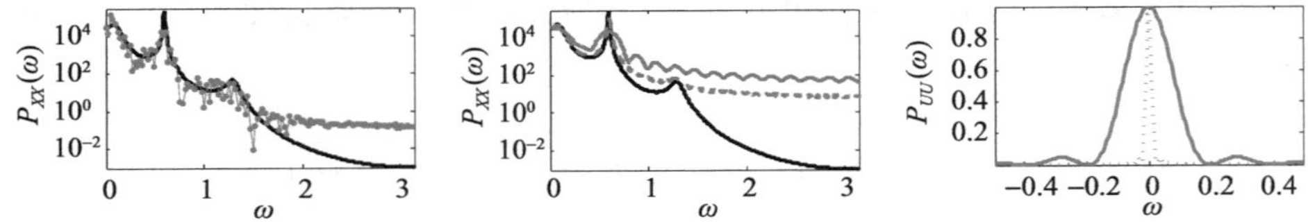

图 7.10　左图给出了一种由高斯白噪声源驱动的三极对无限脉冲响应滤波器，其功率谱密度如黑线所示。周期图用于使用直接离散傅里叶变换进行计算(大小 $N=256$)从无限脉冲响应滤波器输出信号 $\boldsymbol{x}$(左图，灰点)的实现来估计该功率谱密度。有限长信号偏差表现为真实功率谱密度在频率尺度(中图，灰色曲线)上的扩展，随着离散傅里叶变换尺寸的减小而恶化(实体尺寸 $N=32$，虚线尺寸 $N=256$)。这种扩展的原因是周期图估计器(右图，实心曲线大小 $N=32$，虚线 $N=256$)的隐式三角窗的功率谱宽度，它与频域中的真实功率谱密度卷积

我们无法消除周期图的频率扩展偏差，但我们可以解决估计器的方差，即(Proakis 和 Manolakis，1996，第 906 页)：

$$\mathrm{var}[\hat{P}_{\boldsymbol{XX}}]=P_{\boldsymbol{XX}}^2(\omega)\left[1+\left(\frac{\sin(N\omega/2)}{N\sin(\omega/2)}\right)^2\right] \tag{7.135}$$

因此，即使取 $N\to\infty$，周期图的方差也不会为零，这意味着该估计器的可靠性有一个基本的限制——估计的功率谱密度分量在不同的实现过程中总是有很大的差异。

减少这种差异的一种广泛使用的方法是采样平均法：将信号切分成 $M=N/L$ 个互不重叠的信号段 $\boldsymbol{x}^1$，$\boldsymbol{x}^2$，…，$\boldsymbol{x}^M$，每个段的长度为 L，计算每一个 $\hat{P}_{\boldsymbol{XX}}^m$ 的周期图，得到采样平均 $\hat{P}_{\boldsymbol{XX}}=\frac{1}{M}\sum_{m=1}^{M}\hat{P}_{\boldsymbol{XX}}^m$。结果称为 Barlett 方法，是周期图方差的 $1/M$ 倍的估计量(Proakis 和 Manolakis，1996，12.2.1 节)。显然，我们希望 M 变大，但这意味着 L 变小，这增加了周期图的频率扩展偏差。在计算上，该方法需要 $O(N(1+\ln L))$ 次运算，这是对 $L<0.38N$ 的周期图的改进。

由于上述每一段都不重叠，因此与其他段不相关，可用段越多，估计的方差越小。所以，如果我们能够以某种方式增加片段的数量，我们可以进一步减少方差。一种方法是允许分段之间的重叠，这个想法是韦尔奇(Welch)方法的中心(Proakis 和 Manolakis，1996，

12.2.2 节)。例如，已知 50%的重叠和段大小 $L=N/M$，我们将有 $J=2M-1$ 段。如果重叠足够小，段与段间的互相关也会足够小，从而使巴特利特估计量的方差减半。韦尔奇方法还试图通过使用窗口信号 $\boldsymbol{u}$ 对数据进行预窗口化来减轻周期图的扩展偏差：

$$\hat{P}_{\boldsymbol{xx}}(k)=\frac{1}{JLU}\sum_{j=0}^{J-1}\left|\sum_{n=1}^{L}u_n x_{jL/2+n}\exp\left(-2\pi \mathrm{i}k\frac{n-1}{2L-1}\right)\right|^2 \tag{7.136}$$

其中 $U=\frac{1}{L}\sum_{n=1}^{L}u_n^2$ 是一个标准化因子，确保窗口不会偏移估计值。除了附加归一化因子 $1/U$ 外，估计量的期望值与式(7.132)相同，其中 P_{UU} 是窗口信号 $\boldsymbol{u}$ 的功率谱。对于任意窗口信号，方差很难预测，但对于三角形窗口，方差约为周期图方差的 $1/J$ 倍(如式(7.135))(Proakis 和 Manolakis，1996，第 913 页)。计算复杂度为 $O(N(1+\ln L))$，与 Bartlett 方法一样(见图 7.11)。

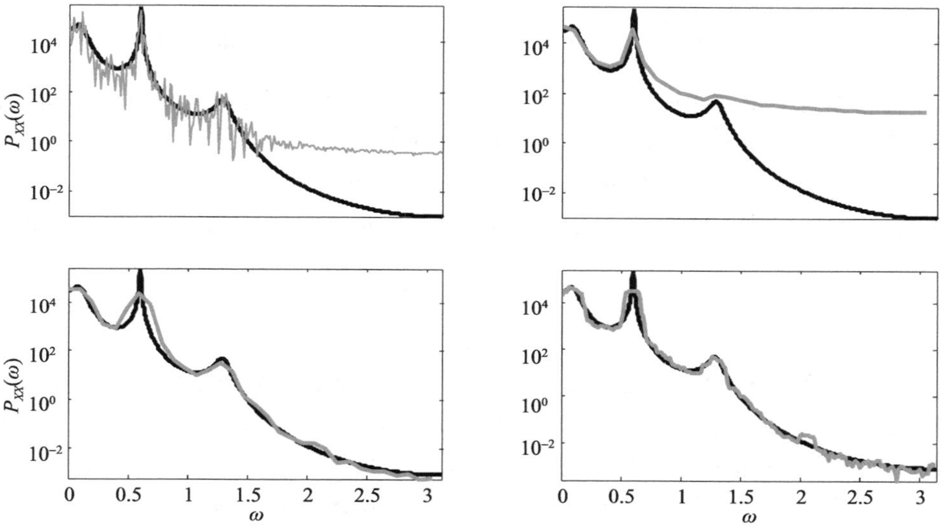

图 7.11 给出了一种已知的三极对无限脉冲响应滤波器(解析计算功率谱，黑曲线)输出的各种非参数功率谱密度估计器(灰曲线)的示例曲线，该滤波器用于零均值高斯白噪声信号的 $N=512$ 长度实现。大小为 512 的快速傅里叶变换的周期图(左上)在所有估计器中具有最高的方差和显著的偏差，特别是对于高频。相比之下，Bartlett 平均法(右上角)的 $M=8$ 段信号的快速傅里叶变换大小为 64，方差大大减小，但偏差更大。Welch 方法(左下)具有 50%的重叠和相同的段和快速傅里叶变换的大小，可以使用 Hann 窗口解决高频偏移问题，但是额外的窗口平滑了 $\omega=0.6$ 处的尖锐响应峰值。最后，$\omega_c=0.08$(导致 $K=9$ 窗口和快速傅里叶变换大小 512)的绕扁长椭球体 Thomson 多锥估计(右下)在高频下几乎没有偏差，响应峰值更尖锐，但与 Welch 方法相比，方差略有增加

如果我们准备接受计算量为 $O(N^2)$ 的自相关估计，那么我们可以通过对自相关 $\hat{r}_{\boldsymbol{xx}}$ 加窗来处理大 $|\boldsymbol{\tau}|$ 的方差值增加。这是 Blackman-Tukey 方法的基础，当窗口 $\boldsymbol{u}$ 比 $2N-1$ 自相关函数窄时，通过将信号的真实功率谱密度与窗口信号的傅里叶变换卷积，具有平滑周期图估计的效果。为了保证功率谱密度估计的正性，窗函数必须是对称的，其傅里叶变换必须是正的，这就限制了可用窗的范围。Blackman-Tukey 方法需要 $O(N(N+\ln N)$ 的计算量。因此，在减轻较差的自相关函数估计时，周期图的平滑可以自然地产生。Wahba (1980)将周期图平滑的思想扩展到另一个方向，提出了对数周期图函数的样条平滑(将在

第 9 章使用倒谱的过程中讨论)。

以上所有功率谱密度估计器都不可避免地存在频率扩展问题，并且没有系统地解决这个问题。一个观点是，虽然我们不能完全消除扩散，因为这些是有限长度的信号，我们可以设计窗口来优化“控制”这种扩散。在 $0<\omega_c<\pi$ 时测量频率范围 $[-\omega_c, \omega_c]$ 内的信号的谱集中度为 $\int_{-\omega_c}^{\omega_c} P_{\boldsymbol{XX}}(\omega)\mathrm{d}\omega$，我们可以针对窗信号 $\boldsymbol{u}$ 求解以下优化问题(Thomson，1982)：

$$\text{最大化}\frac{1}{2\pi}\int_{-\omega_c}^{\omega_c} P_{\boldsymbol{UU}}(\omega)\mathrm{d}\omega \tag{7.137}$$

$$\text{受}\frac{1}{2\pi}\int_{-\pi}^{\pi} P_{\boldsymbol{UU}}(\omega)\mathrm{d}\omega=1\ \text{约束}$$

换言之，就是在整个窗口范围内的固定总功率谱密度的区域内找到谱集中度最大的窗口。对应的拉格朗日项为：

$$L(\boldsymbol{u}, \beta)=\frac{1}{2\pi}\int_{-\omega_c}^{\omega_c} P_{\boldsymbol{UU}}(\omega)\mathrm{d}\omega+\beta\left(\frac{1}{2\pi}\int_{-\pi}^{\pi} P_{\boldsymbol{UU}}(\omega)\mathrm{d}\omega-1\right) \tag{7.138}$$

其中 β 是拉格朗日乘子。假设窗口信号是实信号，我们可以使用离散傅里叶变换系数的平方大小来表示窗口的功率谱，从而得到以下矩阵向量表示：

$$L(\boldsymbol{u}, \lambda)=\boldsymbol{u}^{\mathrm{T}}\boldsymbol{A}\boldsymbol{u}-\lambda(\boldsymbol{u}^{\mathrm{T}}\boldsymbol{u}-1) \tag{7.139}$$

式中(不失一般性)，为方便起见，我们重新缩放乘法项 $\lambda=-\beta/(2\pi)$。对称 $N\times N$ 矩阵 $\boldsymbol{A}$ 具有 Dirichlet 核元：

$$a_{nm}=\frac{\sin(\omega_c(n-m))}{\pi(n-m)} \tag{7.140}$$

其中 $n, m\in 1, 2, \cdots, N$。用拉格朗日函数对 $\boldsymbol{u}$ 进行微分，得到特征值计算公式为 $\boldsymbol{A}\boldsymbol{u}=\lambda\boldsymbol{u}$。解出了这个问题的这 N 个特征向量 $\boldsymbol{u}^m$，$m=1, 2, \cdots, N$，这被称为离散长椭球函数或 Slepian 函数。对应的特征值具备 $\lambda_l\approx 1$ 这一属性，其中 $l\in 1, 2, \cdots, \lfloor N\omega_c/\pi\rfloor$，剩下的都趋近于零。利用这些特征向量窗口，形成*汤姆逊多锥功率谱密度估计*(Thomson，1982)：

$$\hat{P}_{\boldsymbol{XX}}(k)=\frac{1}{M}\sum_{m=1}^{M}\left|\sum_{n=1}^{N} u_n^m x_n \exp\left(-2\pi \mathrm{i}k\frac{n-1}{N}\right)\right|^2 \tag{7.141}$$

其中 $M=\lfloor N\omega_c/\pi\rfloor$。计算复杂度为 $O(MN(1+\ln N))$，这比 Blackman-Tukey 提出的方法具有 $M\ll N$ 复杂度(在实践中通常是这样)要少。在该估计中，每个特征向量充当信号的窗口，并且在 $\lambda_k\approx 1$ 的所有 M 个窗口上计算平均值(通常在实践中，M 被选择为比这个小一些，因为我们只想使用对应于最大幅度特征值的特征向量作为功率谱密度估计的一部分，因为这些很好地满足了所期望的谱集中度特性)。由于特征向量都是相互正交的，那么假设功率谱密度在区间 $[\omega-\omega_c, \omega+\omega_c]$ 上不会快速变化，则谱的每个加窗估计与每个其他估计为正交关系，因此该方法平均了 M 个相互独立的功率谱密度的估计量(Thomson，1982)。这使得方差的结果比简单周期图的方差(7.135)减少 $1/M$，如 $N\to\infty$，但不需要由于巴特利特或韦尔奇方法中因为离散傅里叶变换规模的减少而牺牲频率分辨率。估计量的均值为(Thomson，1982)：

$$E[\hat{P}_{\boldsymbol{XX}}]=P_{\boldsymbol{XX}\star N}\frac{1}{M}\sum_{m=1}^{M}|\boldsymbol{U}^m|^2 \tag{7.142}$$

因此，利用特征向量窗的平均功率谱对真实功率谱密度进行平滑，其中参数 ω_c 控制平滑的程度。增加此参数不仅可以减小方差，而且可以降低有效分辨率。当按照上面的描述选择 M 时，平均功率谱近似于理想低通滤波器。因此，汤姆逊多锥功率谱密度非常接近于真实功率谱密度，这是通过宽度为 $2\omega_c$ 的频率移动平均滤波器得到的估计。这对于尖峰功率谱密度并不理想，因为任何尖峰都会被平滑掉，但它显然非常适合去平滑功率谱密度。此外，我们还有另一种多锥方法，它最小化偏差而非扩展，使用正弦函数而不是 Slepian 函数，并实现类似的性能，且不需要解决潜在的非常大的特征向量/特征值的问题(Riedel 和 Sidorenko，1995)。

7.4.3 参数化功率谱密度估计

上一节讲述了几种非参数功率谱密度估计方法，一般来说至少需要一个(平滑)参数来提供有用的估计。因此，非参数功率谱密度估计的主要价值在于我们对信号的假设很少。然而，在某些情况下，我们可以假设信号的参数模型，从而做出更精确的功率谱密度估计。第一个这样的模型是基于全极点(无限脉冲响应)传递函数的，并提出了线性预测分析和相应的最大似然估计(7.128)的使用。这对于“峰值”频谱很有效，模型 P 的阶数应选择为非零频率下功率谱密度最大值的两倍(因为对于实滤波器，极点以复共轭对出现)，对于零或奈奎斯特频率下的任何峰值，每个极点加上一个附加极点。

存在许多不同的全极点功率谱密度估计变体。在实践中，我们只有一个有限信号 x_n，$n=1, 2, \cdots, N$ 需要式(7.128)中的自相关估计。利用对称性 $r_{XX}(-\tau)=r_{XX}(\tau)$ 和归一化常数 $Z(N, \tau)=N$ 在所有自相关上的值都相同这两点，自相关估计可使用以下公式计算：

$$\hat{r}_{XX}(\tau)=\sum_{n=1}^{N-T} x_n x_{n+\tau} \tag{7.143}$$

其中 $\tau=0, 1, \cdots, P$。通过这些自相关，产生的功率谱密度估计值通常称为 Yule-Walker 功率谱密度(见图 7.12)。虽然简单，但它隐式地使用了矩形窗口，并且可以使用其他窗口函数 $\boldsymbol{u}$。加窗 Yule-Walker 方法通常能提高谱分辨率(见图 7.12)。或者，显式地将有限长度信号上的平方误差最小化 $E(\boldsymbol{a})=\sum_{n=P+1}^{N}\left(x_n+\sum_{j=1}^{P} a_j x_{n-j}\right)^2$，这就可以推导出以下自相关估计(Makhoul，1975)：

$$\hat{r}_{XX}(i, j)=\sum_{n=1}^{N-P} x_{n+j} x_{n+i} \tag{7.144}$$

其中 $i, j\in 0, 1, \cdots, P$。由于 $\hat{r}_{XX}(i, j)=\hat{r}_{XX}(j, i)$，得到的自相关矩阵是对称的，但不是 Toeplitz 矩阵，这被称为*协方差*线性预测分析，有时也称为*最小二乘法*。从经验上看，协方差线性预测分析功率谱密度估计似乎比 Yule-Walker 更精确(图 7.12)，尽管 Yule-Walker 模型由于极点始终位于单位圆内(Makhoul，1975)而且始终很稳定。我们从另一个角度来看待这个问题，用*最大熵功率谱密度估计*，即在给定 $\tau=0, 1, \cdots, P$ 的精确自相关值 $r_{XX}(\tau)$ 的情况下，寻找最均匀功率谱密度的问题。可以用线性方程组(7.128)求解。当然，在实践中，我们只有自相关估计，这就意味着这种方法(即 Burg 线性预测分析)与协方差线性预测分析相比，并没有明显的优势(Proakis 和 Manolakis，1996，12.3.3 节)。

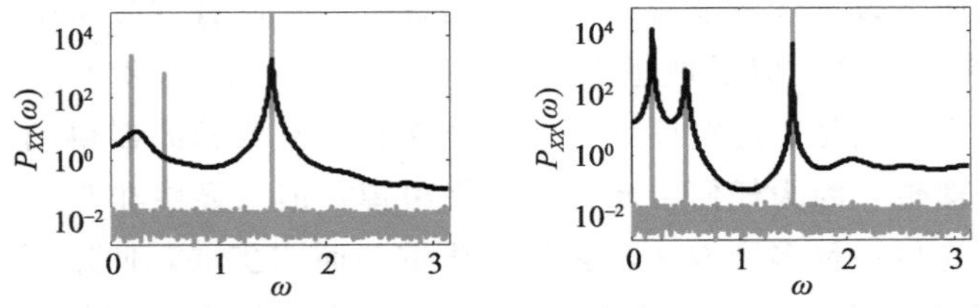

图 7.12　三个正弦波(弧度频率 $\phi=0.2$，0.5 和 1.5，振幅 $r=1.0$，0.5 和 5.0)的样本信号($N=128$)的两个参数功率谱密度估计器(黑色曲线)在加性独立同分布高斯噪声(标准偏差 $\sigma=0.1$)下的表现。为了进行比较，在每个面板(灰色曲线)中显示了使用高分辨率($N=105$)正弦多锥形功率谱密度的经验估计功率谱密度。$P=12$ 的 YuleWalker 方法(左图)抹掉了信号尖峰，协方差方法显著提高了峰值分辨率(右图)

到目前为止，我们都把线性预测分析参数 P 作为固定的考虑。然而，与所有统计模型一样，我们总是可以通过增加 P，而变成过拟合。全极点功率谱密度建模需要某种复杂度控制。有许多可能性，包括交叉验证和贝叶斯方法(见 4.2 节)，但在这种情况下，诸如 AIC(4.23)和 BIC(4.24)等正则化方法也被广泛使用。要计算这些量，我们需要 AR 模型中两倍的负对数损失：

$$\begin{aligned}2E &= N\ln(2\pi\hat{\sigma}^2)+\frac{1}{\hat{\sigma}^2}\sum_{n=P}^{N}\left(x_n-\sum_{j=1}^{P}\hat{a}_j x_{n-j}\right)^2 \\ &= N\ln(2\pi\hat{\sigma}^2)+N-P\end{aligned} \tag{7.145}$$

这里使用到了最大似然估计高斯方差估计量 $\hat{\sigma}^2$。按照这些模型的选择标准并不能保证可以找到完美的模型，事实上，除非信号是由线性预测分析模型生成的，否则可以保证以这种方式设定模型的阶数(及复杂度)不会比为构建信号选择的更简单的模型大很多(图 7.13)。然而，这也要比不进行任何计算复杂度控制的方法要好。

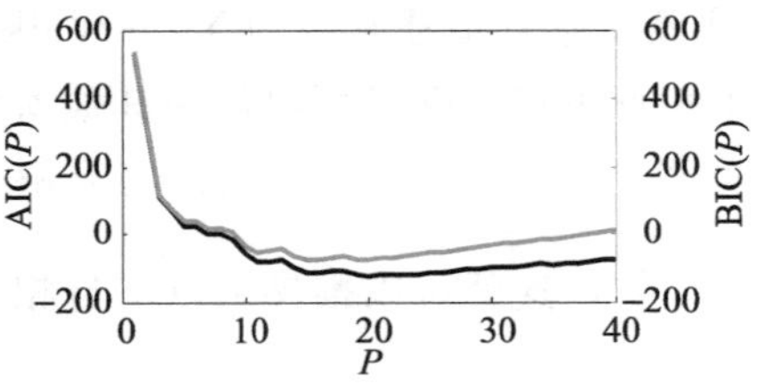

图 7.13　正则化线性预测分析模型选择，用于加性高斯白噪声(标准差 $\sigma=0.1$)中含有三个正弦波(弧度频率 $\phi=0.2$、0.5 和 1.5，振幅 $r=1.0$、0.5 和 5.0)的样本信号(长度 $N=100$)的 PSD 估计。AIC(黑色)和 BIC(灰色)的使用表明线性预测分析的顺序相似 $P=20$(AIC)和 $P=19$(BIC)

粗略地说，参数化方法可以被描述为加入了任何特定线性统计信号模型的谱分析方法。因此，我们可以找到大量基于正弦和的参数化方法，例如 Pisarenko 和 MUSIC 方法，我们将在下一节中进行讨论(Proakis 和 Manolakis，1996，12.5 节)。

7.4.4　子空间分析：在 DSP 中使用主成分分析

假设我们有一个零均值的高斯过程信号 Z_n，$n=1, 2, \cdots, N$，其具有自相关矩阵 r_{ZZ}。典型的 DSP 问题是从噪声观测中恢复出信号：

$$X_n=Z_n+W_n \tag{7.146}$$

其中噪声项 W_n 是一个独立同分布、零均值高斯过程信号，其方差为 σ^2。我们知道，借助统计稳定性，X_n 本身就是另一个高斯过程。估计 Z_n 是一个解决共轭高斯贝叶斯线性回归的一类问题，其中 Z_n 是未知回归参数，输入变量是全 1 的(见 6.4 节)。这里求解最大后验概率问题为：

$$\hat{\boldsymbol{Z}}=\arg\min_{\boldsymbol{Z}}\left[\frac{1}{\sigma^2}\|\boldsymbol{Z}-\boldsymbol{X}\|_2^2+\|\boldsymbol{R}_{\boldsymbol{XX}}^{-1}\boldsymbol{Z}\|_2^2\right] \tag{7.147}$$

其解为：

$$\hat{\boldsymbol{Z}}=\frac{1}{\sigma^2}\left(\frac{1}{\sigma^2}\boldsymbol{I}+(\boldsymbol{R}_{\boldsymbol{ZZ}}^{-1})^{\mathrm{T}}\boldsymbol{R}_{\boldsymbol{ZZ}}^{-1}\right)^{-1}\boldsymbol{X} \tag{7.148}$$

这在 DSP 领域里被称为维纳(Wiener)滤波器。

根据前面关于主成分分析的讨论(见 6.6 节)，对自相关矩阵进行对角化，$\boldsymbol{R}_{\boldsymbol{ZZ}}=\boldsymbol{U\Lambda U}^{\mathrm{T}}$ 使得我们能将信号分离为独立分量信号的总和，因为信号是高斯过程，从而上述表达式可以简化为：

$$\begin{aligned}\hat{\boldsymbol{Z}}&=\frac{1}{\sigma^2}\left(\frac{1}{\sigma^2}\boldsymbol{I}+\boldsymbol{U\Lambda}^{-2}\boldsymbol{U}^{\mathrm{T}}\right)^{-1}\boldsymbol{X}\\&=\boldsymbol{U}\frac{1}{\sigma^2}\left(\frac{1}{\sigma^2}\boldsymbol{I}+\boldsymbol{\Lambda}^{-2}\right)^{-1}\boldsymbol{U}^{\mathrm{T}}\boldsymbol{X}\\&=\sum_{n=1}^{N}\boldsymbol{u}_n\frac{\lambda_n^2}{\lambda_n^2+\sigma^2}\boldsymbol{u}_n^{\mathrm{T}}\boldsymbol{X}\end{aligned} \tag{7.149}$$

其中 λ_n 是与 $\boldsymbol{R}_{\boldsymbol{ZZ}}$ 的特征向量相关的特征值，出现在 $\boldsymbol{\Lambda}$ 的对角线上。我们接下来看看这个公式能做什么。首先，将数据向下投影到自相关矩阵的正交特征向量上，分离出每个特征向量对信号的贡献。得到的投影系数再乘上“阻尼系数”$\lambda_n^2/(\lambda_n^2+\sigma^2)$。接下来，将这些加权特征向量相加重构输入信号。

阻尼系数具有以下效应：如果与平方特征值相比，观测噪声 $\boldsymbol{W}_n$ 的方差较大，则相应的特征向量将被降权。当观测噪声 $\sigma^2\to 0$ 时，阻尼系数变为 1，换句话说，如果噪声方差相对于平方特征值很小，则特征向量信号分量通过最大后验概率估计过程会保持不变。因此，我们可以说那些方差太小的分量是无法恢复的，因此这些分量被有效地从重建中去除。根据主成分分析的观点，我们也可以只保留那些高于某个阻尼系数阈值的分量，从而将信号“简化”为其最显著的分量。

上述模型要求我们有一个完全特定的 $N\times N$ 的先验自相关矩阵。一个更简单的模型是，先验高斯过程被认为是平稳的，在这种情况下，自相关矩阵仅由时间差进行参数化。另外，信号的分布是时不变的，由于它是有限长度的，自相关矩阵是循环的 $\boldsymbol{R}_{\boldsymbol{ZZ}}^{N}(\tau)$，因此特征向量是离散傅里叶变换分量。特征值是自相关函数 $r_{\boldsymbol{ZZ}}^{N}(\tau)$的离散傅里叶变换，它是先验自相关函数的功率谱密度。因此式(7.149)充当线性时不变滤波器：首先，将信号变换到频域；然后，每个频率分量的振幅乘以频率响应 $H(k)=\lambda_k^2/(\lambda_k^2+\sigma^2)$的“阻尼”滤波器；最后，将结果转换回时域。等效地，滤波可以在时域中进行，阻尼滤波器的脉冲响应与信号卷积，可以产生 $\boldsymbol{Z}$ 的最大后验概率估计。当然，我们可以跳过重建步骤，使用频域表示作为 $\boldsymbol{Z}$ 的最大后验概率功率谱密度估计，因此，我们可以将这种子空间滤波视为正则化的非参数功率谱密度估计的一种形式(见图 7.14)(这种信号不是经典意义上的高斯过程，因为它们完全是确定性的。然而，这些都是“退化”高斯过程，例如，一个全极点模型的极点正好位于单位圆上。因为这里的信号很复杂，我们需要使用自相关的复合共轭形式)。

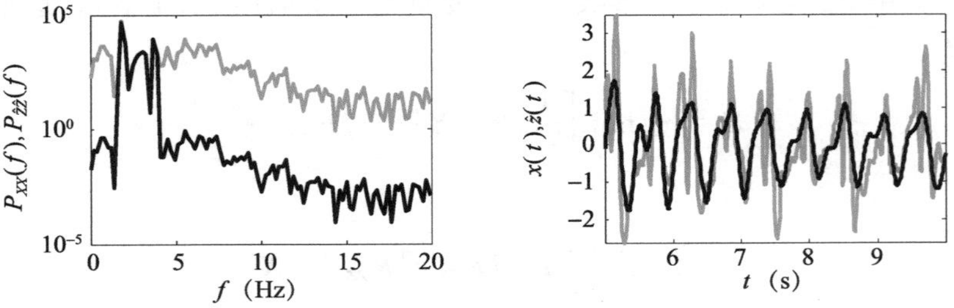

图 7.14　利用平稳高斯过程模型进行正则化子空间滤波，应用于步行过程中采集的加速度传感器数据分析。输入信号 $\boldsymbol{X}$ 的功率谱密度(左图，灰色曲线，周期图估计)在 1.9Hz 左右有一个相当强的峰值，对应于主要的步行速度。对于感兴趣的区域，先验功率谱密度设置为 $H(f)=10^3$，$1.5\text{Hz} \leqslant f \leqslant 4\text{Hz}$，否则设置为 $H(f)=10^{-1}$。噪声级设为 $\sigma^2=10$。因此，最大后验概率输出信号 $\hat{\boldsymbol{Z}}$ 的功率谱密度在感兴趣区域(左图，黑色曲线)之外被强烈衰减。对输入信号(右图，灰色曲线)的影响是平滑更快速的波动(右图，黑色曲线)

上面的模型对信号的形式和先验知识的假设很少，因此可以合理地描述为非参数的。在子空间滤波的背景下，也提出了更为具体的参数信号模型，这里我们将介绍在许多 DSP 应用中广泛使用的*正弦模型*。假设信号 Z_n 是 M 个正弦信号的和，任意频率 ω_m，正振幅 a_m 和随机相位 ϕ_m 均匀分布在$[-\pi, \pi]$上：

$$Z_n = \sum_{m=1}^{M} a_m \exp(\mathrm{i}\omega_m n + \phi_m) \tag{7.150}$$

这些分量信号中任何一个的(无偏)自相关估计为：

$$\begin{aligned}\hat{r}_{ZZ}(\tau) &= \frac{1}{N-\tau} \sum_{n=1}^{N-\tau} z_n \bar{z}_{n+\tau} \\ &= \frac{a^2}{N-\tau} \sum_{n=1}^{N-\tau} \exp(-\mathrm{i}\omega n - \phi)\exp(\mathrm{i}\omega(n+\tau)+\phi) \\ &= a^2 \exp(\mathrm{i}\omega\tau)\end{aligned} \tag{7.151}$$

并且利用自相关是线性的事实，如下所示：

$$\hat{r}_{ZZ}(\tau) = \sum_{m=1}^{M} a_m^2 \exp(\mathrm{i}\omega_m \tau) \tag{7.152}$$

我们用上述的自相关函数的延迟 $\tau \in 0, 1, \cdots, N-1$ 来构成相关的 $N \times N$ 的自相关矩阵：

$$\hat{\boldsymbol{R}}_{ZZ} = \begin{bmatrix} \hat{r}_{ZZ}(0) & \hat{r}_{ZZ}(1) & \cdots & \hat{r}_{ZZ}(N-1) \\ \hat{r}_{ZZ}(1) & \hat{r}_{ZZ}(0) & \cdots & \hat{r}_{ZZ}(N-2) \\ \vdots & \vdots & & \vdots \\ \hat{r}_{ZZ}(N-1) & \hat{r}_{ZZ}(N-2) & \cdots & \hat{r}_{ZZ}(0) \end{bmatrix} \tag{7.153}$$

通过构造，我们也可以用以下形式来表示：

$$\hat{\boldsymbol{R}}_{ZZ} = \sum_{m=1}^{M} \boldsymbol{s}_m a_m^2 \bar{\boldsymbol{s}}_m^{\mathrm{T}} \tag{7.154}$$

其中 $\boldsymbol{s}_m = [1, \exp(\mathrm{i}\omega_m), \exp(\mathrm{i}2\omega_m), \cdots, \exp(\mathrm{i}[N-1]\omega_m)]^{\mathrm{T}}$ 是一组 M 维线性无关的向

量。这些向量跨越每个 N 维时间延迟向量 $\boldsymbol{z}_n=[z_n, z_{n+1}, \cdots, z_{n+N-1}]^{\mathrm{T}}$ 的空间。因此，信号 $\boldsymbol{z}$ 的子空间称为信号子空间 $\mathcal{S}$。如果 $N>M$，则 $\hat{\boldsymbol{R}}_{ZZ}$ 具有秩 M。这意味着对 $\hat{\boldsymbol{R}}_{ZZ}$ 的有序特征值 $\lambda_1 \geqslant \lambda_2 \geqslant \cdots \geqslant \lambda_N$ 进行分区，使得 $\lambda_m>0$(其中 $m=1, 2, \cdots, M$)，而其余的为零。因此，我们可以使用简化的特征向量重建来表示自相关矩阵：

$$\hat{\boldsymbol{R}}_{ZZ}=\sum_{m=1}^{M} \boldsymbol{u}_m \lambda_m \overline{\boldsymbol{u}}_m^{\mathrm{T}} \tag{7.155}$$

其中 $\boldsymbol{u}_d$ 是特征值 λ_n，$n=1, 2, \cdots, N$ 的对应特征向量。

现在，回到线性信号模型(7.146)，观测信号的估计自相关为：

$$\hat{r}_{XX}(\tau)=\sum_{m=1}^{M} a_m^2 \exp(\mathrm{i}\omega_m \tau)+\sigma^2 \delta[\tau] \tag{7.156}$$

由此可知，相应的自相关矩阵具有简单形式 $\hat{\boldsymbol{R}}_{XX}=\hat{\boldsymbol{R}}_{ZZ}+\sigma^2 \boldsymbol{I}$。该矩阵具有满秩 N(其中 $n=1, 2, \cdots, N$)，$\hat{\boldsymbol{R}}_{XX}$ 的有序特征向量 $\boldsymbol{v}_n$(其中 $n=1, 2, \cdots, N$)，满足 $\mu_n=\lambda_n+\sigma^2$。因此，我们可以将数据的自相关矩阵表示为

$$\hat{\boldsymbol{R}}_{XX}=\sum_{m=1}^{M} \boldsymbol{v}_m(\lambda_m+\sigma^2)\overline{\boldsymbol{v}}_m^{\mathrm{T}}+\sum_{n=M+1}^{N} \boldsymbol{v}_n \sigma^2 \overline{\boldsymbol{v}}_n^{\mathrm{T}} \tag{7.157}$$

上式将信号分解到了两个子空间——其中 $\mathcal{S}$ 跨越正弦信号模型，$\mathcal{N}$ 跨越噪声——加上观测信号自相关矩阵特征向量的相互正交性，给出了如何从噪声中分离信号的直观理解。例如，在主成分分析之后，前 M 个特征向量(前 M 个主分量)可以重建信号子空间，同时去除噪声(见图 7.15)：

$$\hat{\boldsymbol{Z}}=\sum_{m=1}^{M} \boldsymbol{v}_m \hat{\lambda}_m \overline{\boldsymbol{v}}_m^{\mathrm{T}} \boldsymbol{X} \tag{7.158}$$

式中，$\boldsymbol{v}_m$，$\hat{\lambda}_m$ 是估计自相关矩阵的特征向量和特征值。实际上，我们可能不知道噪声水平的 σ^2，但检查 $\hat{\boldsymbol{R}}_{XX}$ 的特征值可能会发现一个噪声阈值，该阈值能合理地分割子空间。

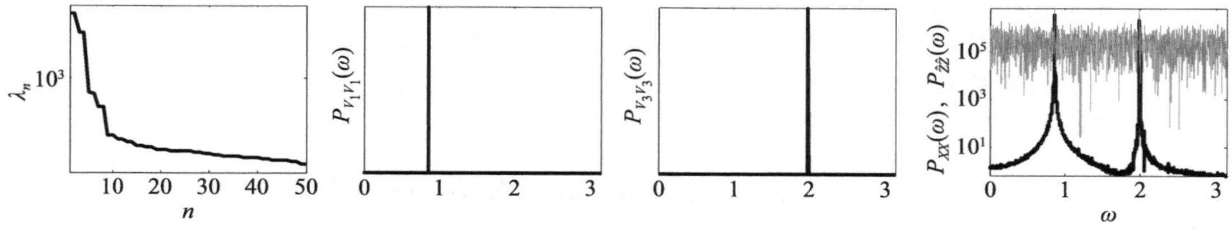

图 7.15 应用于正弦信号模型的子空间主成分分析滤波(两个真实正弦，频率 $\omega_1=0.86$ 和 $\omega_2=1.99$，均具有单位振幅，信号长度 $N=3\,000$)，方差为 $\sigma_2=100$ 的加性高斯白观测噪声。前几个自相关矩阵特征值 $\hat{\lambda}_n$ 较大(左图)，迅速减小，这表明有一个 $M \leqslant 10$ 阶的信号子空间。第一个和第三个特征向量清楚地捕捉到两个正弦分量(中间两图，使用周期图估计的功率谱密度)。使用前四个特征向量 $\hat{\boldsymbol{Z}}$(黑色曲线，周期图 PSD 估计)进行的 PCA 重建可有效去除输入信号 $\boldsymbol{X}$(灰色曲线，周期图 PSD 估计)中的噪声

与上述“通用”最大后验概率过滤机制不同，正弦模型使我们可以提取到更多特定信息。取 $D=M+1$，则特征向量 $M+1$ 包含在 $\mathcal{N}$ 中，因此它必须与 $\mathcal{S}$ 中的每个信号向量正交：

$$\overline{\boldsymbol{s}}_m^{\mathrm{T}} \boldsymbol{v}_{M+1}=0, \ m=1, 2, \cdots, M \tag{7.159}$$

通过设置 $z=\exp(\mathrm{i}\omega_m)$，这也可以写成 z 中的多项式，其系数来自特征向量 $\boldsymbol{v}_{M+1}$。这个多项式的根位于单位圆上，这些根的参数是频率 ω_m(Stoica 和 Moses，2005，第 161 页)。有了这些信息，我们可以用式(7.156)估计相关的平方振幅 $\hat{a}_m^2$(和 $\hat{\sigma}^2$)。这就是 Pisarenko 方法。

虽然简单，但 Pisarenko 方法依赖于估计自相关矩阵的单个特征向量的准确性，因此，它很容易出现高可变性。提高这种估计可靠性的一种方法是使用更多的噪声子空间特征向量，这种方法称为 MUSIC(multiple signal ciassification)。考虑由角频率 ω 参数化的任何复正弦矢量 $\boldsymbol{s}(\omega)=[1,\ \exp(\mathrm{i}\omega),\ \exp(\mathrm{i}2\omega),\ \cdots,\ \exp(\mathrm{i}[N-1]\omega)]$，那么对于 $\omega=\omega_m$，其中 $m=1,\ 2,\ \cdots,\ M$，我们必须有 $\bar{\boldsymbol{s}}(\omega)^{\mathrm{T}}\boldsymbol{v}_n=0$，其中 $n=M+1,\ M+1,\ \cdots,\ L$，而 $L<N$。因此，当权重 $c_n>0$ 时，在正弦模型中，函数：

$$P(\omega)=\frac{1}{\sum_{n=M+1}^{L} c_n\left|\bar{\boldsymbol{s}}(\omega)^{\mathrm{T}}\boldsymbol{v}_n\right|^2} \tag{7.160}$$

在每个频率 ω_m 处将是无限的。这种广泛使用的伪谱的行为类似功率谱密度估计(但实际上却不是)。通常，权重要么为常量要么设置为等于噪声子空间特征向量的倒数 $c_n=\hat{\lambda}_n^{-1}$(图 7.16)。

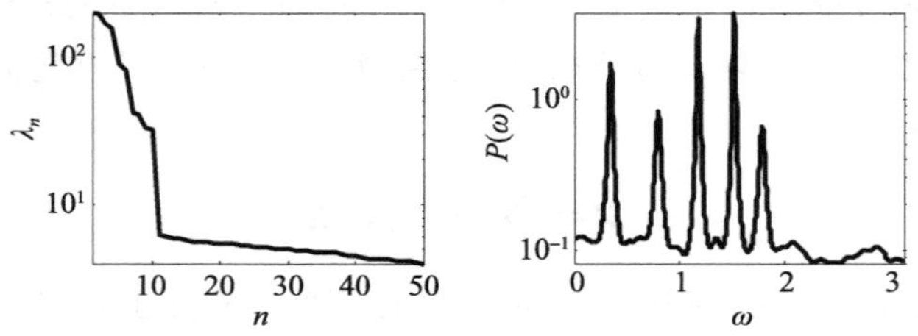

图 7.16　具有特征值加权和 $L=50$ 特征向量的子空间 MUSIC 频率估计算法，应用于正弦信号模型(5 个实正弦，例如 $M=10$ 个复共轭指数，频率 $\omega=[0.34,\ 0.79,\ 1.17,\ 1.51,\ 1.78]$，幅值 $r=[1.29,\ 0.88,\ 1.78,\ 1.93,\ 0.77]$，信号长度 $N=3\,000$)，加性白高斯方差观测噪声 $\sigma^2=5$。前 10 个自相关矩阵特征值 $\hat{\lambda}_n$ 较大(顶面板)，其余均迅速减小，从而确定了模型阶数。伪谱在特定频率处有明显的峰值

从计算的角度上讲，子空间滤波计算量最大的部分是：估计自相关矩阵项 $O(NL^2)$和计算特征向量的分解 $O(L^2)$，其中 L 是自相关时延的个数。因此，对于长信号，主成分分析子空间滤波($L=N$)是非常困难的。

7.5　卡尔曼滤波

本章节我们将详细讨论线性高斯 DSP 中一个最为重要的方法——卡尔曼滤波(Kalman filter，KF)。该方法的概率架构为两级递阶概率图模型的概率结构，其潜在的马尔可夫状态为 $\boldsymbol{Z}_{n-1}\rightarrow\boldsymbol{Z}_n$，观测值取决于该状态，$\boldsymbol{Z}_n\rightarrow\boldsymbol{X}_n$(图 5.3)。我们可以用几种形式来描述这个模型，但是下面的“生成的”形式使我们很容易看到如何从模型中采集样本：

$$\begin{aligned}\boldsymbol{Z}_n&=\boldsymbol{A}\boldsymbol{Z}_{n-1}+\boldsymbol{U}\\ \boldsymbol{X}_n&=\boldsymbol{B}\boldsymbol{Z}_n+\boldsymbol{V}\end{aligned} \tag{7.161}$$

其中 $\boldsymbol{Z}_n \in \mathbb{R}^M$ 和 $\boldsymbol{X}_n \in \mathbb{R}^D$。随机状态噪声 $\boldsymbol{U} \in \mathbb{R}^M$ 和观测噪声 $\boldsymbol{V} \in \mathbb{R}^D$ 是具有零均值、$\boldsymbol{U} \sim \mathcal{N}(\boldsymbol{0}, \boldsymbol{S})$ 和 $\boldsymbol{V} \sim \mathcal{N}(\boldsymbol{0}, \boldsymbol{S})$ 的多元高斯噪声。结合状态更新 $\boldsymbol{A} \in \mathbb{R}^{M \times M}$ 和观测(或发射)模型参数 $\boldsymbol{B} \in \mathbb{R}^{D \times M}$，马尔可夫链和观测信号被完全定义为离散时间(多变量)随机过程(见图 7.17)。最后，为了开始迭代，我们定义 $\boldsymbol{Z}_1 \sim \mathcal{N}(\boldsymbol{\mu}_1, \boldsymbol{S}_1)$。基于这个定义，从多元高斯的仿射变换性质(1.4 节)可以清楚地看出，对于所有时间指数，$n \in \mathbb{N}$，$\boldsymbol{Z}_n$，$\boldsymbol{X}_n$ 都是多元高斯的。

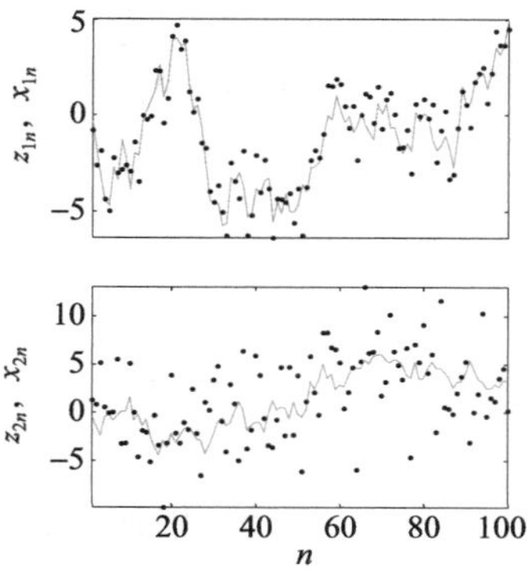

图 7.17　卡尔曼滤波模型的典型二维轨迹(上图，维度 1；下图，维度 2)。二维高斯马尔可夫变量 $\boldsymbol{z}_n$(灰线)是不可见的，观测数据为 $\boldsymbol{x}_n$(黑点)。典型的 DSP 操作包括从观测到的信号 $\boldsymbol{x}$(滤波和平滑)重建潜在信号 $\boldsymbol{z}$ 的最佳估计值

基于这个模型，我们通常需要解决以下一个或多个问题：

(1) *滤波*：给定卡尔曼滤波模型参数和观测数据，其中数据的下标为 1，2，…，n，找到该指数下的潜在马尔可夫状态的分布。这可以用所谓的前向递归算法来解决。

(2) *平滑*：在给定卡尔曼滤波模型参数和观测数据($n \in 1, 2, \cdots, N$)的前提下，求出整个观测信号的隐马尔可夫状态的分布。这可以使用后向递归算法(或者，实际上是前向和后向递归的组合)来解决。

(3) *模型拟合*：给定观测数据，估计马尔可夫，$\boldsymbol{A}$，$\boldsymbol{S}$ 和观测参数 $\boldsymbol{B}$，$\boldsymbol{\Sigma}$(也是初始参数 S_1，μ_1)的最大似然值。这可以使用 Baum-Welch 算法(期望最大化的一个实例)来执行，该算法使用前向-后向递归来计算每个时间索引的状态和马尔可夫概率，从中可以获得期望最大化模型参数估计。迭代使用维特比(Viterbi)译码(见下一项)，参数重新估计也被使用。

我们还将讨论*维特比译码*：在给定观测数据和卡尔曼滤波模型参数的情况下，找到在给定观测数据的情况下使完全马尔可夫状态序列的条件概率最大的马尔可夫状态序列。这与前向算法密切相关，但使用最大积或最大和代数代替和-积代数运算。

7.5.1　用于卡尔曼滤波计算的连接树算法

假设相关概率图模型的结构是树型结构，则可以使用连接树消息传递(见算法 5.1)进行精确的状态推断。这里有几种方法可以使用连接树算法，但因为我们对解决上述问题(滤波、平滑和模型拟合)感兴趣，我们将使用时间片团 $C_n = \{\boldsymbol{z}_{n-1}, \boldsymbol{z}_n, \boldsymbol{x}_n\}$，其中 $n > 1$ 以及 $C_1 = \{\boldsymbol{z}_1, \boldsymbol{x}_1\}$(这里，为了符号清晰，我们在定义变量集时使用变量名而不是索引)和相应的簇因子 $h_n(\boldsymbol{z}_{n-1}, \boldsymbol{z}_n, \boldsymbol{x}_n) = f(\boldsymbol{z}_n \mid \boldsymbol{z}_{n-1}) \otimes f(\boldsymbol{x}_n \mid \boldsymbol{z}_n)$。观测密度为 $f(\boldsymbol{x}_n \mid \boldsymbol{z}_n) = \mathcal{N}(\boldsymbol{x}_n; \boldsymbol{B}\boldsymbol{z}_n, \boldsymbol{\Sigma})$，马尔可夫传递密度为 $f(\boldsymbol{z}_n \mid \boldsymbol{z}_{n-1}) = \mathcal{N}(\boldsymbol{z}_n; \boldsymbol{A}\boldsymbol{z}_{n-1}, \boldsymbol{S})$，初始密度为 $f(\boldsymbol{z}_1) = \mathcal{N}(\boldsymbol{z}_1; \boldsymbol{\mu}_1, \boldsymbol{S}_1)$。使用此连接树，并假设观测数据 $\boldsymbol{x}_n$(固定值)已实现，我们分别得到以下簇之间的前向和后向消息：

$$\mu_{n \to n+1}(\boldsymbol{z}_n) = \bigoplus_{\boldsymbol{z}_{n-1}} h_n(\boldsymbol{z}_{n-1}, \boldsymbol{z}_n, \boldsymbol{x}_n) \otimes \mu_{n-1 \to n}(\boldsymbol{z}_{n-1}) \tag{7.162}$$

$$\mu_{n\to n-1}(\boldsymbol{z}_{n-1})=\bigoplus_{\boldsymbol{z}_n} h_n(\boldsymbol{z}_{n-1},\ \boldsymbol{z}_n,\ \boldsymbol{x}_n)\otimes\mu_{n+1\to n}(\boldsymbol{z}_n) \tag{7.163}$$

为了开始迭代，我们还需要“边界”消息 $\mu_{N+1\to N}(\boldsymbol{z}_N)=\otimes_{\mathrm{id}}$(用于$\otimes$运算符的标识元素，对于通常的乘积为 1)以及 $\mu_{1\to 2}(\boldsymbol{z}_1)=f(\boldsymbol{z}_1)\otimes f(\boldsymbol{x}_1\mid\boldsymbol{z}_1)$。在通常的连续变量概率积分积半环(其中$\otimes\mapsto\times$，$\oplus\mapsto\int$)中，通过归纳，我们可以证明上述信息表示如下分布：

$$\begin{aligned}\mu_{n\to n+1}(\boldsymbol{z}_n)&=f(\boldsymbol{x}_n\mid\boldsymbol{z}_n)\int f(\boldsymbol{z}_n\mid\boldsymbol{z}_{n-1})\mu_{n-1\to n}(\boldsymbol{z}_{n-1})\mathrm{d}\boldsymbol{z}_{n-1}\\&=f(\boldsymbol{x}_1,\ \boldsymbol{x}_2,\ \cdots,\ \boldsymbol{x}_n,\ \boldsymbol{z}_n)\end{aligned} \tag{7.164}$$

$$\begin{aligned}\mu_{n\to n-1}(\boldsymbol{z}_{n-1})&=\int f(\boldsymbol{z}_n\mid\boldsymbol{z}_{n-1})f(\boldsymbol{x}_n\mid\boldsymbol{z}_n)\mu_{n+1\to n}(\boldsymbol{z}_n)\mathrm{d}\boldsymbol{z}_n\\&=f(\boldsymbol{x}_n,\ \boldsymbol{x}_{n+1},\ \cdots,\ \boldsymbol{x}_N\mid\boldsymbol{z}_{n-1})\end{aligned} \tag{7.165}$$

在文献中，通常分别被记为 $\alpha(\boldsymbol{Z}_n)$和 $\beta(\boldsymbol{Z}_{n-1})$。

7.5.2 前向滤波

让我们首先检查前向消息。出于几个原因，使用条件消息 $f(\boldsymbol{z}_n\mid\boldsymbol{x}_1,\ \cdots,\ \boldsymbol{x}_n)=\hat{\alpha}(\boldsymbol{z}_n)$，并将其与尺度因子 $c_n=f(\boldsymbol{x}_n\mid\boldsymbol{x}_1,\ \cdots,\ \boldsymbol{x}_{n-1})$相乘。由于有 $f(\boldsymbol{x}_1,\ \cdots,\ \boldsymbol{x}_n)=\prod_{n'=1}^{n} c_{n'}$，我们可以推导出 $\mu_{n\to n+1}(\boldsymbol{z}_n)=\hat{\alpha}(\boldsymbol{z}_n)\times\prod_{n'=1}^{n} c_{n'}$。因此，我们可以使用条件消息递归计算尺度因子，作为前向消息传递的一部分：

$$c_n\hat{\alpha}(\boldsymbol{z}_n)=f(\boldsymbol{x}_n\mid\boldsymbol{z}_n)\int f(\boldsymbol{z}_n\mid\boldsymbol{z}_{n-1})\hat{\alpha}(\boldsymbol{z}_{n-1})\mathrm{d}\boldsymbol{z}_{n-1} \tag{7.166}$$

通过高斯边缘化和条件化性质，我们知道前向消息是多元正态的，因此仅通过均值和协方差进行参数化，$f(\boldsymbol{z}_n\mid\boldsymbol{x}_1,\ \cdots,\ \boldsymbol{x}_n)=\mathcal{N}(\boldsymbol{z}_n;\ \boldsymbol{\mu}_{n\mid n},\ \boldsymbol{\Sigma}_{n\mid n})$。我们将使用符号 $\boldsymbol{\mu}_{n\mid n}$ 来表示这些条件消息的平均参数 $E_{\boldsymbol{Z}_n\mid\boldsymbol{x}_1,\cdots,\boldsymbol{x}_n}[\boldsymbol{Z}_n]$，并用 $\boldsymbol{\Sigma}_{n\mid n}$ 表征相应的协方差参数。为了建立这些参数的闭式递推公式，我们首先需要计算下列积分：

$$\begin{aligned}\int f(\boldsymbol{z}_n\mid\boldsymbol{z}_{n-1})\hat{\alpha}(\boldsymbol{z}_{n-1})\mathrm{d}\boldsymbol{z}_{n-1}&\propto\int f(\boldsymbol{z}_n,\ \boldsymbol{z}_{n-1}\mid\boldsymbol{x}_1,\ \cdots,\ \boldsymbol{x}_{n-1})\mathrm{d}\boldsymbol{z}_{n-1}\\&=\int\mathcal{N}(\boldsymbol{z}_n;\ \boldsymbol{A}\boldsymbol{z}_{n-1},\ \boldsymbol{S})\times\\&\qquad\mathcal{N}(\boldsymbol{z}_{n-1};\ \boldsymbol{\mu}_{n-1\mid n-1},\ \boldsymbol{\Sigma}_{n-1\mid n-1})\times\mathrm{d}\boldsymbol{z}_{n-1}\end{aligned} \tag{7.167}$$

这里的被积函数是一般高斯条件规则(7.1 节)的特例，因此积分通过简单地观察就能得出 $f(\boldsymbol{z}_n\mid\boldsymbol{x}_1,\ \cdots,\ \boldsymbol{x}_{n-1})=\mathcal{N}(\boldsymbol{z}_n;\ \boldsymbol{\mu}_{n\mid n-1},\ \boldsymbol{\Sigma}_{n\mid n-1})$其中 $\boldsymbol{\mu}_{n\mid n-1}=\boldsymbol{A}\boldsymbol{\mu}_{n-1\mid n-1}$ 且 $\boldsymbol{\Sigma}_{n\mid n-1}=\boldsymbol{A}\boldsymbol{\Sigma}_{n-1\mid n-1}\boldsymbol{A}^{\mathrm{T}}+\boldsymbol{S}$。这种分布可以看作是通过马尔可夫链传播前一条信息，然后去掉之前的步骤而得到的 $\boldsymbol{Z}_n$ 的预测。

接下来，我们必须结合观测密度来吸收下一次观测的信息 $\boldsymbol{x}_n$，(使用一般的正态条件化规则)得到联合密度 $f(\boldsymbol{z}_n,\ \boldsymbol{x}_n\mid\boldsymbol{x}_1,\ \cdots,\ \boldsymbol{x}_{n-1})$，即：

$$\mathcal{N}\left(\begin{pmatrix}\boldsymbol{z}_n\\\boldsymbol{x}_n\end{pmatrix};\ \begin{pmatrix}\boldsymbol{\mu}_{n\mid n-1}\\\boldsymbol{B}\boldsymbol{\mu}_{n\mid n-1}\end{pmatrix},\ \begin{pmatrix}\boldsymbol{\Sigma}_{n\mid n-1}&\boldsymbol{\Sigma}_{n\mid n-1}\boldsymbol{B}^{\mathrm{T}}\\\boldsymbol{B}\boldsymbol{\Sigma}_{n\mid n-1}&\boldsymbol{B}\boldsymbol{\Sigma}_{n\mid n-1}\boldsymbol{B}^{\mathrm{T}}+\boldsymbol{\Sigma}\end{pmatrix}\right) \tag{7.168}$$

最后，在这种形式下，计算条件 $f(\boldsymbol{z}_n|\boldsymbol{x}_1, \cdots, \boldsymbol{x}_n)$获取更新的条件前向消息：

$$\begin{aligned}\boldsymbol{\mu}_{n|n}&=\boldsymbol{\mu}_{n|n-1}+\boldsymbol{K}_n(\boldsymbol{x}_n-\boldsymbol{B}\boldsymbol{\mu}_{n|n-1})\\ \boldsymbol{\Sigma}_{n|n}&=\boldsymbol{\Sigma}_{n|n-1}-\boldsymbol{K}_n\boldsymbol{B}\boldsymbol{\Sigma}_{n|n-1}\\ \boldsymbol{K}_n&=\boldsymbol{\Sigma}_{n|n-1}\boldsymbol{B}^{\mathrm{T}}(\boldsymbol{B}\boldsymbol{\Sigma}_{n|n-1}\boldsymbol{B}^{\mathrm{T}}+\boldsymbol{\Sigma})^{-1}\end{aligned} \tag{7.169}$$

我们定义了卡尔曼增益 $\boldsymbol{K}_n$。现在，我们有足够的信息来紧凑地编写完整的前向消息传递递归：

$$\begin{aligned}\boldsymbol{\mu}_{n|n-1}&=\boldsymbol{A}\boldsymbol{\mu}_{n-1|n-1}\\ \boldsymbol{\Sigma}_{n|n-1}&=\boldsymbol{A}\boldsymbol{\Sigma}_{n-1|n-1}\boldsymbol{A}^{\mathrm{T}}+\boldsymbol{S}\\ \boldsymbol{\mu}_{n|n}&=\boldsymbol{\mu}_{n|n-1}+\boldsymbol{K}_n(\boldsymbol{x}_n-\boldsymbol{B}\boldsymbol{\mu}_{n|n-1})\\ \boldsymbol{\Sigma}_{n|n}&=\boldsymbol{\Sigma}_{n|n-1}-\boldsymbol{K}_n\boldsymbol{B}\boldsymbol{\Sigma}_{n|n-1}\\ \boldsymbol{K}_n&=\boldsymbol{\Sigma}_{n|n-1}\boldsymbol{B}^{\mathrm{T}}(\boldsymbol{B}\boldsymbol{\Sigma}_{n|n-1}\boldsymbol{B}^{\mathrm{T}}+\boldsymbol{\Sigma})^{-1}\end{aligned} \tag{7.170}$$

其中 $n=2, 3, \cdots, N$。

最后，从 $n=1$ 开始递归，我们需要有 $\mu_{1\to2}(\boldsymbol{z}_1)=c_1 f(\boldsymbol{z}_1|\boldsymbol{x}_1)$，其中 $f(\boldsymbol{z}_1)=\mathcal{N}(\boldsymbol{z}_1; \boldsymbol{\mu}_1, \boldsymbol{S}_1)$，且 $f(\boldsymbol{x}_1|\boldsymbol{z}_1)=\mathcal{N}(\boldsymbol{x}_1; \boldsymbol{B}\boldsymbol{z}_1, \boldsymbol{\Sigma})$。依据一般正态条件准则，我们可以得到 $f(\boldsymbol{z}_1|\boldsymbol{x}_1)=\mathcal{N}(\boldsymbol{z}_1; \boldsymbol{\mu}_{1|1}, \boldsymbol{\Sigma}_{1|1})$，以及以下公式：

$$\begin{aligned}\boldsymbol{K}_1&=\boldsymbol{S}_1\boldsymbol{B}^{\mathrm{T}}(\boldsymbol{B}\boldsymbol{S}_1\boldsymbol{B}^{\mathrm{T}}+\boldsymbol{\Sigma})^{-1}\\ \boldsymbol{\mu}_{1|1}&=\boldsymbol{\mu}_1+\boldsymbol{K}_1(\boldsymbol{x}_1-\boldsymbol{B}\boldsymbol{\mu}_1)\\ \boldsymbol{\Sigma}_{1|1}&=\boldsymbol{S}_1-\boldsymbol{K}_1\boldsymbol{B}\boldsymbol{S}_1\end{aligned} \tag{7.171}$$

这些更新可以给出一个预测值，然后进行贝叶斯校正解释。假设之前的潜在状态分布是以目前观察到的数据为条件的，那么可以执行马尔可夫更新，该更新涉及通过链传播该分布。然后，使用贝叶斯规则为给定下一个观察值的分布进行更新。然后，卡尔曼增益可以被理解为一个项，这个项平衡了预测的“传播”与在共轭高斯模型的贝叶斯推理背景下观察的传播(例如，6.4 节)。

7.5.3 后向平滑

虽然理论上可以使用反向消息传递 $C_n\to C_{n-1}$ 来计算后向的消息 $f(\boldsymbol{x}_{n+1}, \cdots, \boldsymbol{x}_N|\boldsymbol{z}_n)$，但得出的线性高斯消息却很难进行解析计算。鉴于我们一般只对条件概率 $f(\boldsymbol{z}_n|\boldsymbol{x}_1, \cdots, \boldsymbol{x}_N)$感兴趣，我们将直接计算这些量。其策略是翻转马尔可夫链 $\boldsymbol{Z}_{n+1}\to\boldsymbol{Z}_n$，然后根据 $\boldsymbol{Z}_{n+1}$ 的分布得到所需的 $\boldsymbol{Z}_n$ 的条件分布。

为了反转马尔可夫链，我们可以再次使用一般的正态条件规则。则相关的联合分布 $f(\boldsymbol{z}_{n+1}, \boldsymbol{z}_n|\boldsymbol{x}_1, \cdots, \boldsymbol{x}_n)$具有密度：

$$\mathcal{N}\left(\begin{pmatrix}\boldsymbol{z}_n\\ \boldsymbol{z}_{n+1}\end{pmatrix}; \begin{pmatrix}\boldsymbol{\mu}_{n|n}\\ \boldsymbol{\mu}_{n+1|n}\end{pmatrix}, \begin{pmatrix}\boldsymbol{\Sigma}_{n|n} & \boldsymbol{\Sigma}_{n|n}\boldsymbol{A}^{\mathrm{T}}\\ \boldsymbol{A}\boldsymbol{\Sigma}_{n|n} & \boldsymbol{\Sigma}_{n+1|n}\end{pmatrix}\right) \tag{7.172}$$

由此得到后验概率(后向马尔可夫链转移密度)$f(\boldsymbol{z}_n|\boldsymbol{z}_{n+1}, \boldsymbol{x}_1, \cdots, \boldsymbol{x}_n)$，其中(使用 PGM 的条件独立性)$f(\boldsymbol{z}_n|\boldsymbol{z}_{n+1}, \boldsymbol{x}_1, \cdots, \boldsymbol{x}_N)=\mathcal{N}(\boldsymbol{z}_n; \boldsymbol{\mu}_{n|N}, \boldsymbol{\Sigma}_{n|N})$。参数计算为：

$$\begin{aligned}\boldsymbol{\mu}_{n|N}(\boldsymbol{z}_{n+1})&=\boldsymbol{\mu}_{n|n}+\boldsymbol{L}_n(\boldsymbol{z}_{n+1}-\boldsymbol{\mu}_{n+1|n})\\ \boldsymbol{\Sigma}_{n|N}&=\boldsymbol{\Sigma}_{n|n}-\boldsymbol{L}_n\boldsymbol{\Sigma}_{n+1|n}\boldsymbol{L}_n^{\mathrm{T}}\\ \boldsymbol{L}_n&=\boldsymbol{\Sigma}_{n|n}\boldsymbol{A}^{\mathrm{T}}\boldsymbol{\Sigma}_{n+1|n}^{-1}\end{aligned} \tag{7.173}$$

现在，从前向递归我们得到了 $\boldsymbol{\mu}_{n|n}$、$\boldsymbol{\Sigma}_{n|n}$ 和 $\boldsymbol{\Sigma}_{n+1|n}$，但是我们不知道 $\boldsymbol{z}_{n+1}$ 的值，因为它是一个隐变量。但是，因为我们想要计算 $f(\boldsymbol{z}_n|\boldsymbol{x}_1, \cdots, \boldsymbol{x}_N)$，同时我们有条件概率 $f(\boldsymbol{z}_n|\boldsymbol{z}_{n+1}, \boldsymbol{x}_1, \cdots, \boldsymbol{x}_N)$，我们可以利用总期望定律直接求出条件期望 $\boldsymbol{\mu}_{n|N}=E_{\boldsymbol{Z}_n|\boldsymbol{X}}[\boldsymbol{Z}_n]$和 $\boldsymbol{\Sigma}_{n|N}=\mathrm{cov}_{\boldsymbol{Z}_n|\boldsymbol{X}}[\boldsymbol{Z}_n]$：

$$
\begin{aligned}
E_{\boldsymbol{Z}_n|\boldsymbol{X}}[\boldsymbol{Z}_n] &= E_{\boldsymbol{Z}_{n+1}|\boldsymbol{X}}[E_{\boldsymbol{Z}_n|\boldsymbol{Z}_{n+1},\boldsymbol{X}}[\boldsymbol{Z}_n]] \\
&= E_{\boldsymbol{Z}_{n+1}|\boldsymbol{X}}[\boldsymbol{\mu}_{n|N}(\boldsymbol{Z}_{n+1})] \\
&= E_{\boldsymbol{Z}_{n+1}|\boldsymbol{X}}[\boldsymbol{\mu}_{n|n}+\boldsymbol{L}_n(\boldsymbol{Z}_{n+1}-\boldsymbol{\mu}_{n+1|n})] \\
\boldsymbol{\mu}_{n|N} &= \boldsymbol{\mu}_{n|n}+\boldsymbol{L}_n(\boldsymbol{\mu}_{n+1|N}-\boldsymbol{\mu}_{n+1|n})
\end{aligned} \tag{7.174}
$$

类似的，为方便起见，我们有：

$$
\begin{aligned}
\mathrm{cov}_{\boldsymbol{Z}_n|\boldsymbol{X}}[\boldsymbol{Z}_n] &= E_{\boldsymbol{Z}_{n+1}|\boldsymbol{X}}[\mathrm{cov}_{\boldsymbol{Z}_n|\boldsymbol{Z}_{n+1},\boldsymbol{X}}[\boldsymbol{Z}_n]]+ \\
&\quad \mathrm{cov}_{\boldsymbol{Z}_n|\boldsymbol{Z}_{n+1},\boldsymbol{X}}[E_{\boldsymbol{Z}_n|\boldsymbol{Z}_{n+1},\boldsymbol{X}}[\boldsymbol{Z}_n]] \\
&= E_{\boldsymbol{Z}_{n+1}|\boldsymbol{X}}[\boldsymbol{\Sigma}_{n|n}-\boldsymbol{L}_n\boldsymbol{\Sigma}_{n+1|n}\boldsymbol{L}_n^{\mathrm{T}}]+ \\
&\quad \mathrm{cov}_{\boldsymbol{Z}_n|\boldsymbol{Z}_{n+1},\boldsymbol{X}}[\boldsymbol{\mu}_{n|n}+\boldsymbol{L}_n(\boldsymbol{Z}_{n+1}-\boldsymbol{\mu}_{n+1|n})]
\end{aligned} \tag{7.175}
$$

这还可以推导出：

$$
\mathrm{cov}_{\boldsymbol{Z}_n|\boldsymbol{X}}[\boldsymbol{Z}_n]=\boldsymbol{\Sigma}_{n|n}-\boldsymbol{L}_n\boldsymbol{\Sigma}_{n+1|n}\boldsymbol{L}_n^{\mathrm{T}}+\boldsymbol{L}_n\boldsymbol{\Sigma}_{n+1|N}\boldsymbol{L}_n^{\mathrm{T}} \tag{7.176}
$$

因此，对于 $n=N-1, N-2, \cdots, 1$。我们有以下简单的递归：

$$
\begin{aligned}
\boldsymbol{\mu}_{n|N} &= \boldsymbol{\mu}_{n|n}+\boldsymbol{L}_n(\boldsymbol{\mu}_{n+1|N}-\boldsymbol{\mu}_{n+1|n}) \\
\boldsymbol{\Sigma}_{n|N} &= \boldsymbol{\Sigma}_{n|n}+\boldsymbol{L}_n(\boldsymbol{\Sigma}_{n+1|N}-\boldsymbol{\Sigma}_{n+1|n})\boldsymbol{L}_n^{\mathrm{T}} \\
\boldsymbol{L}_n &= \boldsymbol{\Sigma}_{n|n}\boldsymbol{A}^{\mathrm{T}}\boldsymbol{\Sigma}_{n+1|n}^{-1}
\end{aligned} \tag{7.177}
$$

在前向递归的末尾，即 $\boldsymbol{\mu}_{n|n}$ 和 $\boldsymbol{\Sigma}_{n|n}$ 处，得到起始 $n=N$ 的情况。这种递归称为卡尔曼或 Rauch-Tung-Striebel(RTS)平滑。参见 Bishop(2006，第 641 页)，Shumway 和 Stoffer(2016，第 297～298 页)，了解不使用迭代期望的这种递归的另一种推导方法。

7.5.4　不完全数据似然

对于各种应用，包括参数估计，计算不完全负对数似然，$E=-\ln f(\boldsymbol{x};\boldsymbol{p})$是很重要的，其中 $\boldsymbol{p}=(\boldsymbol{A}, \boldsymbol{S}, \boldsymbol{B}, \boldsymbol{\Sigma}, \boldsymbol{\mu}_1, \boldsymbol{S}_1)$是卡尔曼滤波模型参数。除了试图将 $f(\boldsymbol{x}, \boldsymbol{z};\boldsymbol{p})$ 直接边缘化处理之外，我们还可以使用尺度因子 $f(\boldsymbol{x};\boldsymbol{p})=\prod_{n=1}^{N} c_n$。这种方法的实用性在于，在前向消息传递期间，可以递归地计算负对数似然。这些标度因子很容易获得，方法是通过马尔可夫状态链传递，然后通过观测密度获得可能的密度值 $c_n=\mathcal{N}(\boldsymbol{x}_n;\boldsymbol{\mu}, \boldsymbol{\Sigma})$，平均值 $\boldsymbol{\mu}=\boldsymbol{B}\boldsymbol{A}\boldsymbol{\mu}_{n-1|n-1}$，协方差 $\boldsymbol{\Sigma}=\boldsymbol{B}(\boldsymbol{A}\boldsymbol{\Sigma}_{n-1|n-1}\boldsymbol{A}^{\mathrm{T}}+\boldsymbol{S})\boldsymbol{B}^{\mathrm{T}}+\boldsymbol{\Sigma}$。这得依赖于首先计算了该时间索引对应的正向消息参数。然后，以完全类似的方式，初始尺度因子将为 $c_1=\mathcal{N}(\boldsymbol{x}_1;\boldsymbol{B}\boldsymbol{\mu}_1, \boldsymbol{B}\boldsymbol{S}_1\boldsymbol{B}^{\mathrm{T}}+\boldsymbol{\Sigma})$。负对数似然可以递归计算为 $E_n=E_{n-1}-\ln c_n$，从 $E_0=0$ 开始。

7.5.5　线性-高斯系统中的维特比译码

利用上述消息的结构，给定观测数据，在固定转移和初始分布的情况下，我们可以通过将前向消息传递到最大积半环(映射为$\oplus \mapsto \max$ 和$\otimes \mapsto \times$)来计算最可能状态序列的概率：

$$\mu_{n\to n+1}^{\max}(z_n)=\max_{z_{n-1}}[f(z_n|z_{n-1})f(x_n|z_n)\mu_{n-1\to n}^{\max}(z_{n-1})]$$
$$=f(x_n|z_n)\times\max_{z_{n-1}}[f(z_n|z_{n-1})\mu_{n-1\to n}^{\max}(z_{n-1})] \tag{7.178}$$

其中初始消息 $\mu_{1\to2}^{\max}(z_1)=f(z_1)f(x_1|z_1)$。在消息传递的根索引 N 的位置，我们可以得到最可能的状态，即 $\hat{z}_N=\arg\max_{z_N}\mu_{N\to N+1}^{\max}(z_N)$。为了找到最可能的状态序列，我们还需要保留在每次迭代中获得最大值的状态：

$$\Delta_{n\to n+1}(z_n)=\arg\max_{z_{n-1}}f(z_n|z_{n-1})\mu_{n-1\to n}^{\max}(z_{n-1}) \tag{7.179}$$

现在，通过 $\hat{z}_N$ 我们可以沿转发消息路径回溯以找到 $\hat{z}_{n-1}=\Delta_{n\to n+1}(\hat{z}_n)$，其中 $n=N$，$N-1$，…，2。这种状态序列称为维特比路径或序列。

对于卡尔曼滤波，该最可能路径与上述前向/后向消息具有简单关系。首先要注意，对于随机变量$(\boldsymbol{X},\boldsymbol{Y})^{\mathrm{T}}$上的多元正态分布，我们有：

$$\max_{y}\left[\mathcal{N}\left(\begin{pmatrix}\boldsymbol{x}\\ \boldsymbol{y}\end{pmatrix},\begin{pmatrix}\boldsymbol{\mu}_X\\ \boldsymbol{\mu}_Y\end{pmatrix},\begin{pmatrix}\boldsymbol{\Sigma}_{XX} & \boldsymbol{\Sigma}_{XY}\\ \boldsymbol{\Sigma}_{XY} & \boldsymbol{\Sigma}_{YY}\end{pmatrix}\right)\right]=\mathcal{N}(\boldsymbol{x};\boldsymbol{\mu}_X,\boldsymbol{\Sigma}_{XX}) \tag{7.180}$$

和

$$\hat{\boldsymbol{y}}(\boldsymbol{x})=\arg\max_{y}\left[\mathcal{N}\left(\begin{pmatrix}\boldsymbol{x}\\ \boldsymbol{y}\end{pmatrix},\begin{pmatrix}\boldsymbol{\mu}_X\\ \boldsymbol{\mu}_Y\end{pmatrix},\begin{pmatrix}\boldsymbol{\Sigma}_{XX} & \boldsymbol{\Sigma}_{XY}\\ \boldsymbol{\Sigma}_{XY} & \boldsymbol{\Sigma}_{YY}\end{pmatrix}\right)\right]$$
$$=\boldsymbol{\mu}_Y+\boldsymbol{\Sigma}_{XY}\boldsymbol{\Sigma}_{XX}^{-1}(\boldsymbol{x}-\boldsymbol{\mu}_X) \tag{7.181}$$

因此，我们可以看到，对一对变量进行最大化等同于对该变量进行边缘化处理。将此应用于卡尔曼滤波前向消息，我们可以得到：

$$\max_{z_{n-1}}f(z_n,z_{n-1}|\boldsymbol{x}_1,\cdots,\boldsymbol{x}_{n-1})=\mathcal{N}(z_n;\boldsymbol{A}\boldsymbol{\mu}_{n-1|n-1},\boldsymbol{A}\boldsymbol{\Sigma}_{n-1|n-1}\boldsymbol{A}^{\mathrm{T}}+\boldsymbol{S}) \tag{7.182}$$

因此，对于平均参数，我们恢复出的结果与上述前向消息传递的结果完全相同。同样的：

$$\Delta_{n\to n+1}(z_n)=\boldsymbol{\mu}_{n-1|n-1}+\boldsymbol{\Sigma}_{n-1|n-1}\boldsymbol{A}^{\mathrm{T}}(\boldsymbol{A}\boldsymbol{\Sigma}_{n-1|n-1}\boldsymbol{A}^{\mathrm{T}}+\boldsymbol{S})^{-1}\times(z_n-\boldsymbol{A}\boldsymbol{\mu}_{n-1|n-1})$$
$$=\boldsymbol{\mu}_{n-1|n-1}+\boldsymbol{\Sigma}_{n-1|n-1}\boldsymbol{A}^{\mathrm{T}}\boldsymbol{\Sigma}_{n|n-1}^{-1}(z_n-\boldsymbol{\mu}_{n|n-1}) \tag{7.183}$$

现在，应用回溯方法，我们得到了 $\hat{z}_N=\max_{z_N}f(z_N|\boldsymbol{x}_1,\cdots,\boldsymbol{x}_N)=\boldsymbol{\mu}_{N|N}$。因此，对于 $n=N-1$，$N-2$，…，1，我们有：

$$\hat{z}_n=\Delta_{n+1\to n+2}(\boldsymbol{\mu}_{n+1|N})$$
$$=\boldsymbol{\mu}_{n|n}+\boldsymbol{\Sigma}_{n|n}\boldsymbol{A}^{\mathrm{T}}\boldsymbol{\Sigma}_{n+1|n}^{-1}(\boldsymbol{\mu}_{n+1|N}-\boldsymbol{\mu}_{n+1|n}) \tag{7.184}$$

$$\boldsymbol{\mu}_{n|N}=\boldsymbol{\mu}_{n|n}+\boldsymbol{L}_n(\boldsymbol{\mu}_{n+1|N}-\boldsymbol{\mu}_{n+1|n}) \tag{7.185}$$

这意味着卡尔曼滤波中的维特比译码与仅对平均参数执行后向递归是相同的。

7.5.6 Baum-Welch 参数估计

在大多数实际情况下，我们没有卡尔曼滤波的参数值 $\boldsymbol{p}$，也就是说，我们既不知道传递密度、初始分布，也不知道观测分布的参数。这些需要从一些提供的数据 $\boldsymbol{x}$ 中进行估计。隐变量的存在意味着我们不能直接求最大似然。与混合建模(6.2节)一样，这是一种推理情况，其中期望最大化算法最适合(见算法 5.3)。

让我们首先回顾一下期望最大化在一个步骤中的表达，即 $\boldsymbol{p}^{i+1}=\arg\min_{\boldsymbol{p}} E_{\boldsymbol{Z}|\boldsymbol{X}}[-\ln f(\boldsymbol{x}, \boldsymbol{Z}; \boldsymbol{p})]$，其中：

$$E_{\boldsymbol{Z}|\boldsymbol{X}}[-\ln f(\boldsymbol{x}, \boldsymbol{Z}; \boldsymbol{p})]=-\int f(\boldsymbol{z}|\boldsymbol{x}; \boldsymbol{p}^i)\ln f(\boldsymbol{z}, \boldsymbol{x}; \boldsymbol{p})\mathrm{d}\boldsymbol{z} \tag{7.186}$$

根据给定观察数据，计算关于隐状态的期望负对数似然。模型参数为 $\boldsymbol{p}=(\boldsymbol{A}, \boldsymbol{S}, \boldsymbol{B}, \boldsymbol{\Sigma}, \boldsymbol{\mu}_1, \boldsymbol{S}_1)$。扩展概率图模型似然的负对数为：

$$\begin{aligned}-\ln f(\boldsymbol{z}, \boldsymbol{x}; \boldsymbol{p})=-\ln f(\boldsymbol{z}_1; \boldsymbol{\mu}_1, \boldsymbol{S}_1)-\sum_{n=2}^{N}\ln f(\boldsymbol{z}_n|\boldsymbol{z}_{n-1}; \boldsymbol{A}, \boldsymbol{S})-\\ \sum_{n=1}^{N}\ln f(\boldsymbol{x}_n|\boldsymbol{z}_n; \boldsymbol{B}, \boldsymbol{\Sigma})\end{aligned} \tag{7.187}$$

因此，负对数似然的期望值为：

$$\begin{aligned}E_{\boldsymbol{Z}|\boldsymbol{X}}[-\ln f(\boldsymbol{x}, \boldsymbol{Z}; \boldsymbol{p})]=E_{\boldsymbol{Z}_1|\boldsymbol{X}}[-\ln f(\boldsymbol{Z}_1; \boldsymbol{\mu}_1, \boldsymbol{S}_1)]-\\ \sum_{n=2}^{N}E_{\boldsymbol{Z}_n,\boldsymbol{Z}_{n-1}|\boldsymbol{X}}[\ln f(\boldsymbol{Z}_n|\boldsymbol{Z}_{n-1}; \boldsymbol{A}, \boldsymbol{S})]-\\ \sum_{n=1}^{N}E_{\boldsymbol{Z}_n|\boldsymbol{X}}[\ln f(\boldsymbol{x}_n|\boldsymbol{Z}_n; \boldsymbol{B}, \boldsymbol{\Sigma})]\end{aligned} \tag{7.188}$$

对任何隐变量 $\boldsymbol{Z}_i$ 使用 $E_{\boldsymbol{Z}|\boldsymbol{X}}[-\ln f(\boldsymbol{Z}_i)]=E_{\boldsymbol{Z}_i|\boldsymbol{X}}[-\ln f(\boldsymbol{Z}_i)]$。因此，我们可以将期望负对数似然中关于 $\boldsymbol{p}$ 的项进行最大限度的隔离，从而简化上述的优化问题：

(1) E 步(E-step)：使用前向-后向消息来计算后向隐藏状态的概率，其期望的充分统计量为 $E_{\boldsymbol{Z}_n|\boldsymbol{X}}[\boldsymbol{Z}_n]=\boldsymbol{\mu}_{n|N}$ 和 $E_{\boldsymbol{Z}_n|\boldsymbol{X}}[\boldsymbol{Z}_n\boldsymbol{Z}_n^{\mathrm{T}}]=\boldsymbol{\Sigma}_{n|N}+\boldsymbol{\mu}_{n|N}\mu_{n|N}^{\mathrm{T}}$。类似的，两步马尔可夫概率 $f(\boldsymbol{z}_n, \boldsymbol{z}_{n-1}|\boldsymbol{x}_1, \cdots, \boldsymbol{x}_N)$ 与协方差 $\mathrm{cov}_{\boldsymbol{Z}_n,\boldsymbol{Z}_{n-1}|\boldsymbol{X}}[\boldsymbol{Z}_n, \boldsymbol{Z}_{n-1}]=\boldsymbol{\Sigma}_{n-1|n-1}\boldsymbol{A}^{\mathrm{T}}\boldsymbol{\Sigma}_{n|n-1}^{-1}\boldsymbol{\Sigma}_{n|N}$ (Bishop，2006，第 641 页)为联合高斯的关系。基于此，我们可以得到 $E_{\boldsymbol{Z}_n,\boldsymbol{Z}_{n-1}|\boldsymbol{X}}[\boldsymbol{Z}_n\boldsymbol{Z}_{n-1}^{\mathrm{T}}]=\boldsymbol{\Sigma}_{n-1|n-1}\boldsymbol{A}^{\mathrm{T}}\boldsymbol{\Sigma}_{n|n-1}^{-1}\boldsymbol{\Sigma}_{n|N}+\boldsymbol{\mu}_{n|N}\boldsymbol{\mu}_{n-1|N}^{\mathrm{T}}$。

(2) M 步(M-step)：对于马尔可夫链参数 $\boldsymbol{A}$，我们需要找到：

$$\hat{\boldsymbol{A}}=\arg\min_{\boldsymbol{A}}\left[-\sum_{n=2}^{N}E_{\boldsymbol{Z}_n,\boldsymbol{Z}_{n-1}|\boldsymbol{X}}[\ln f(\boldsymbol{Z}_n|\boldsymbol{Z}_{n-1}; \boldsymbol{A}, \boldsymbol{S})]\right] \tag{7.189}$$

其解为：

$$\hat{\boldsymbol{A}}=\left(\sum_{n=2}^{N}E[\boldsymbol{Z}_n\boldsymbol{Z}_{n-1}^{\mathrm{T}}]\right)\left(\sum_{n=2}^{N}E[\boldsymbol{Z}_{n-1}\boldsymbol{Z}_{n-1}^{\mathrm{T}}]\right)^{-1} \tag{7.190}$$

为了表达清楚，我们抑制了期望变量。对状态误差协方差 S 使用类似的矩阵演算参数，其解为：

$$\begin{aligned}\hat{\boldsymbol{S}}=\frac{1}{N-1}\sum_{n=2}^{N}[E[\boldsymbol{Z}_n\boldsymbol{Z}_n^{\mathrm{T}}]-\hat{\boldsymbol{A}}E[\boldsymbol{Z}_{n-1}\boldsymbol{Z}_n^{\mathrm{T}}]-\\ E[\boldsymbol{Z}_n\boldsymbol{Z}_{n-1}^{\mathrm{T}}]\hat{\boldsymbol{A}}^{\mathrm{T}}+\hat{\boldsymbol{A}}E[\boldsymbol{Z}_{n-1}\boldsymbol{Z}_{n-1}^{\mathrm{T}}]\hat{\boldsymbol{A}}^{\mathrm{T}}]\end{aligned} \tag{7.191}$$

对于发射分布参数 $\boldsymbol{B}$，我们需要：

$$\begin{aligned}\hat{\boldsymbol{B}}&=\arg\min_{\boldsymbol{B}}\left[-\sum_{n=1}^{N}E_{\boldsymbol{Z}_n|\boldsymbol{X}}[\ln f(\boldsymbol{x}_n|\boldsymbol{Z}_n; \boldsymbol{B}, \boldsymbol{\Sigma})]\right]\\ &=\left(\sum_{n=1}^{N}\boldsymbol{x}_nE[\boldsymbol{Z}_n^{\mathrm{T}}]\right)\left(\sum_{n=1}^{N}E[\boldsymbol{Z}_n\boldsymbol{Z}_n^{\mathrm{T}}]\right)^{-1}\end{aligned} \tag{7.192}$$

对于观测分布 $\boldsymbol{\Sigma}$：

$$
\begin{aligned}
\hat{\boldsymbol{\Sigma}} &= \underset{\boldsymbol{\Sigma}}{\arg\min}\left[-\sum_{n=1}^{N} E_{\boldsymbol{Z}_n|\boldsymbol{X}}[\ln f(\boldsymbol{x}_n|\boldsymbol{Z}_n;\ \boldsymbol{B},\ \boldsymbol{\Sigma})]\right] \\
&= \frac{1}{N}\sum_{n=1}^{N}[\boldsymbol{x}_n\boldsymbol{x}_n^{\mathrm{T}} - \hat{\boldsymbol{B}}E[\boldsymbol{Z}_n]\boldsymbol{x}_n^{\mathrm{T}} - \boldsymbol{x}_n E[\boldsymbol{Z}_n^{\mathrm{T}}]\hat{\boldsymbol{B}} + \hat{\boldsymbol{B}}E[\boldsymbol{Z}_n\boldsymbol{Z}_n^{\mathrm{T}}]\hat{\boldsymbol{B}}^{\mathrm{T}}]
\end{aligned}
\tag{7.193}
$$

最后，对于初始状态分布，更新类似于通常的最大似然估计：

$$
\begin{aligned}
\hat{\boldsymbol{\mu}}_1 &= E[\boldsymbol{Z}_1] \\
\hat{\boldsymbol{S}}_1 &= E[\boldsymbol{Z}_1\boldsymbol{Z}_1^{\mathrm{T}}] - E[\boldsymbol{Z}_1]E[\boldsymbol{Z}_1^{\mathrm{T}}]
\end{aligned}
\tag{7.194}
$$

为了监控收敛性，我们需要不完整数据负对数似然 $-\ln f(\boldsymbol{x};\ \boldsymbol{p})$，它可以从上面讨论的尺度因子中计算出来。

有必要对卡尔曼滤波的期望最大化的可靠性进行一些观察。上述卡尔曼滤波模型存在可辨识性问题，因为隐状态变量(由 $\boldsymbol{A}$ 和 $\boldsymbol{S}$ 确定)的标度可以用 $\boldsymbol{B}$ 和 $\boldsymbol{\Sigma}$ 对应的重新缩放来补偿。这增加了负对数似然中局部极小值的数目，使得卡尔曼滤波的期望最大化在实践中有些不可靠。在概率主成分分析中，通过将隐状态变量限制为单位多元正态且观察密度为球形来解决(见 6.6 节)。可以对卡尔曼滤波做出类似的限制，来大幅减少模型的自由度数目，从而有助于期望最大化参数估计的可靠性。

选择一个“好的”起始值对于期望最大化的迭代而言很重要。一个经常使用的技巧是从假设隐状态是独立的开始。这使得卡尔曼滤波模型类似于概率主成分分析，其中参数 $\boldsymbol{S}$，$\boldsymbol{B}$，$\boldsymbol{\Sigma}$ 的值比在完全依赖的卡尔曼滤波模型中更容易估计。

7.5.7　信号子空间分析中的卡尔曼滤波

信号子空间分析(见 7.4 节)和卡尔曼平滑之间有着密切的关系。为了简化讨论，我们将集中讨论一维隐变量和一维观测结果的情况。实际上，这种关系可能并不奇怪，因为隐信号是由马尔可夫链(其自相关矩阵可以直接计算)描述的离散时间高斯过程，通过另一个独立同分布的条件高斯过程进行观察。这与子空间模型(7.146)非常相似，只是卡尔曼滤波有一个附加的变换参数 b。因此，我们可以通过分析找到这个正则化问题的最大后验概率解，就像信号子空间分析一样。

为此，我们依据概率图模型的记录来计算卡尔曼滤波的可能性，忽略初始条件：

$$
f(\boldsymbol{x},\ \boldsymbol{z}) \propto \prod_{n=1}^{N}\mathcal{N}(x_n;\ bz_n,\ \sigma^2)\prod_{n=2}^{N}\mathcal{N}(z_n;\ az_{n-1},\tau^2)
\tag{7.195}
$$

因此，负对数似然为：

$$
-\ln f(\boldsymbol{x},\ \boldsymbol{z}) \propto \frac{1}{2\sigma^2}\sum_{n=1}^{N}(x_n - bz_n)^2 + \frac{1}{2\tau^2}\sum_{n=2}^{N}(z_n - az_{n-1})^2
\tag{7.196}
$$

这里我们省略了常数，这些常数不随任何模型的变化而改变参数。通过将 $\boldsymbol{z}$ 写成“范数之和”函数，可以将其进行最小化：

$$
E(\boldsymbol{z}) = \|\boldsymbol{x} - \boldsymbol{Q}\boldsymbol{z}\|_{\boldsymbol{W}}^2 + \|\boldsymbol{R}\boldsymbol{z}\|_{\boldsymbol{V}}^2
\tag{7.197}
$$

其中 $\boldsymbol{W} = \frac{1}{2\sigma^2}\boldsymbol{I}$，而 $\boldsymbol{Q} = b\boldsymbol{I}$ 是一个 $N\times N$ 的矩阵，而矩阵 $\boldsymbol{R}$ 在对角线上有元素 1，在第一个下

对角线上有元素 a 和 $\boldsymbol{V}=\frac{1}{2\tau^2}\boldsymbol{I}$。这是一个具有解析解的 Tikhonov 正则化问题(见 2.2 节)：

$$\hat{\boldsymbol{z}}=(\boldsymbol{Q}^{\mathrm{T}}\boldsymbol{W}\boldsymbol{Q}+\boldsymbol{R}^{\mathrm{T}}\boldsymbol{V}\boldsymbol{R})^{-1}\boldsymbol{Q}^{\mathrm{T}}\boldsymbol{W}\boldsymbol{x} \tag{7.198}$$

我们可以参考图 7.18。将线性高斯卡尔曼滤波与总变分去噪等非线性平滑方法进行比较是一个有趣的问题：

$$E(\boldsymbol{z})=\frac{1}{2}\sum_{n=1}^{N}|x_n-z_n|^2+\lambda\sum_{n=2}^{N}|z_n-z_{n-1}| \tag{7.199}$$

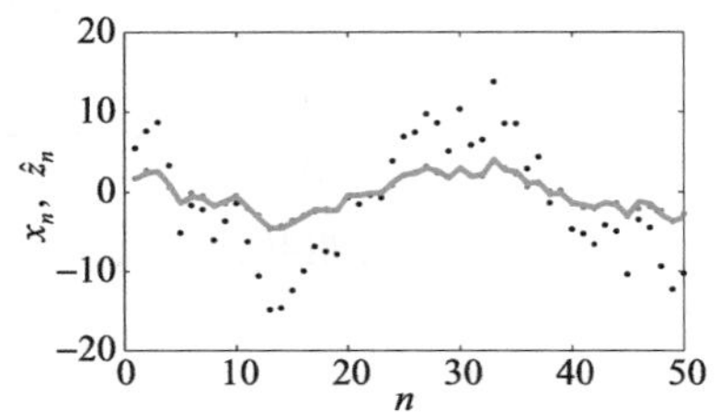

图 7.18　使用 Tikhonov 正则化对观测的一维信号 $\boldsymbol{x}$(黑点)和恢复出的一维隐信号 $\hat{\boldsymbol{z}}$(灰色曲线)进行卡尔曼滤波平滑

这些想法将在 9.3 节中详细探讨。有关卡尔曼滤波最大后验正则化解释的更多详细信息，请参见 Ohlsson 等人(2010)。此外，作为一种线性高斯子空间方法，卡尔曼滤波可以用贝叶斯非参数高斯过程回归来解释(见 10.2 节)。

7.6　时变线性系统

从根本上说，傅里叶变换是时不变运算。因此，傅里叶分析隐含了频率重要而时间不重要这一假设。实际上，这种情况很少发生，我们遇到的大多数信号都有一定程度的时间变化，例如，信号中频率分量的幅度或相位随时间而变化。在这种情况下，傅里叶分析是不合适的，我们需要转为时变线性方法。

7.6.1　短时傅里叶变换和完美重构

也许最简单的时变线性分析方法是通过假设局部时间不变性，然后将傅里叶分析应用于滑动时间窗。这就推导出以下用于 $n\in\mathbb{Z}$ 的信号 x_n 的简单的时变离散时间傅里叶变换谱估计器：

$$X^k(\omega)=\sum_{n\in\mathbb{Z}}x_n T_{kL}[w_n]\exp(-\mathrm{i}\omega n) \tag{7.200}$$

其中 $k\in\mathbb{Z}$ 是窗的索引，而 $L\in\mathbb{N}$ 是窗之间的重叠部分。窗口函数 $w_n\in\mathbb{R}$ 在输入信号中选择一组样本进行离散时间傅里叶变换分析，这是一个大小为 $W\in\mathbb{N}$ 的矩形窗口，以时间索引 n 为中心：

$$w_n=\begin{cases}1 & n\in\frac{1}{2}[-(W-1),\ W-1]\\ 0 & \text{否则}\end{cases} \tag{7.201}$$

对于一个基本的滑窗，我们有 $L=1$，在这种情况下 k 与样本指数 n 一致。这就是信号 $\boldsymbol{x}$ 的(离散时间)短时傅里叶变换(STFT)分析。

离散时间傅里叶变换函数 $|X^k(\omega)|^2$ 的平方大小表征了第 k 个窗口中局部功率谱的估计。根据海森堡不确定度的约束(见 7.2 节)，窗口 W 的大小决定了对快速局部光谱变化的灵敏度(当 W 值小的时候更好)和频率分辨率(W 值大的时候更好)之间的折中。$X^k(\omega)$ 这种表示方式被称为坐标 $(k,\omega)\in(\mathbb{Z},\mathbb{R})$ 的时-频分析平面。

然而，在实际应用中，这种简单的估计器会遇到各种各样的问题，因为窗口是矩形的并且是时限(time-limited)的。在每个窗口中执行有限长度离散傅里叶变换，这样一来，周期性延续将导致在每个窗口中出现杂乱的高频分量(吉布斯现象)，除非窗口的开始和结束处的信号值非常接近。由于矩形窗口相乘会导致频域卷积和 sinc 函数，从而抹掉了信号的频谱，因此还会出现频谱泄漏。因此，我们建议使用非矩形窗口。例如，简单的三角形窗口：

$$w_n=\begin{cases}1-\dfrac{2|n|}{W} & n\in\dfrac{1}{2}[-(W-1),\ W-1]\\ 0 & 否则\end{cases} \tag{7.202}$$

缓和了窗口边缘的不连续性(两个边缘的值都接近于零)，并且具有比矩形窗口更接近 Dirac 三角函数(卷积恒等式)的傅里叶变换(见图 7.19)。

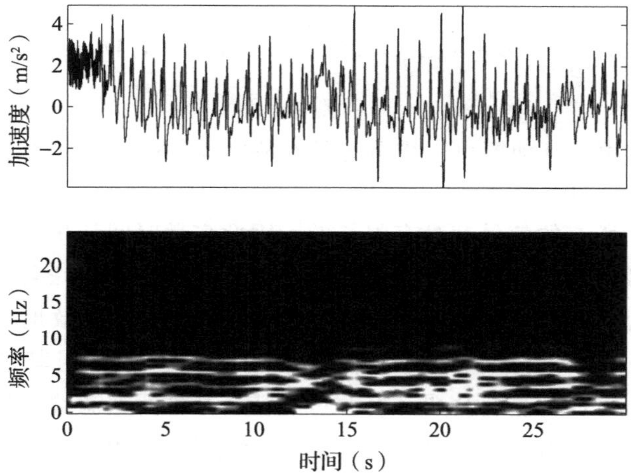

图 7.19 逐样本($L=1$)滑动离散短时傅里叶变换分析髋部磨损加速度计的单轴步行行为记录(采样率～97Hz，短时傅里叶变换窗口大小 $W=256$，三角形窗口)。时域(上图)中的信号显示出明显的周期性，其周期波形和频率随时间而变化。这些周期在短时傅里叶变换域中以谐波的大幅的度频率分量可见(下图，越亮表示较大幅度分量)

除了以上的分析外，我们通常感兴趣的是滤波，即对信号的时频空间进行修正，然后在时域内对信号进行重构。为此，我们需要以某种方式改变每个 $X^k(\omega)$。如果我们将每个局部离散傅里叶变换相加，得到：

$$\begin{aligned}\sum_{k\in\mathbb{Z}}X^k(\omega)&=\sum_{k\in\mathbb{Z}}\sum_{n\in\mathbb{Z}}x_nT_{kL}[w_n]\exp(-\mathrm{i}\omega n)\\&=\sum_{n\in\mathbb{Z}}x_n\exp(-\mathrm{i}\omega n)\sum_{k\in\mathbb{Z}}T_{kL}[w_n]\end{aligned} \tag{7.203}$$

现在，如果对于所有 $n\in\mathbb{Z}$：

$$\sum_{k\in\mathbb{Z}}T_{kL}[w_n]=1 \tag{7.204}$$

那么，我们可以得到：

$$\begin{aligned}\sum_{k\in\mathbb{Z}}X^k(\omega)&=\sum_{n\in\mathbb{Z}}x_n\exp(-\mathrm{i}\omega n)\\&=X(\omega)\end{aligned} \tag{7.205}$$

这只是信号 $\boldsymbol{x}$ 的离散时间傅里叶变换。因此，我们可以使用短时傅里叶变换合成方法，使用相应的逆离散时间傅里叶变换重构信号：

$$\begin{aligned}\frac{1}{2\pi}\int_{-\pi}^{\pi} X(\omega)\exp(\mathrm{i}\omega n)\mathrm{d}\omega &= \sum_{k\in\mathbb{Z}}\frac{1}{2\pi}\int_{-\pi}^{\pi} X^k(\omega)\exp(\mathrm{i}\omega n)\mathrm{d}\omega \\ &= \sum_{k\in\mathbb{Z}} \boldsymbol{x}^k = x_n\end{aligned} \tag{7.206}$$

其中 $\boldsymbol{x}^k=\boldsymbol{x}\circ T_{kL}[\boldsymbol{w}]$。

式(7.204)所涉及的要求，即 k 上的窗函数之和相对于 n 是统一的，被称为常数重叠加法约束，该约束使得短时傅里叶变换等价于离散时间傅里叶变换从而实现完美重构。对于所有的 $L=1$，每个窗口(很容易区分开)的常数都具有此属性，但此滑动短时傅里叶变换是信号的高度冗余表示。对于较大的 $L\leqslant W$ 值，我们可以构造具有常数重叠加窗的更简洁的时一频表示。例如，三角形窗口(7.202)和 Hann 窗：

$$w_n=\begin{cases}\cos^2\left(\dfrac{\pi n}{W}\right) & n\in\dfrac{1}{2}[-(W-1),\ W-1] \\ 0 & \text{否则}\end{cases} \tag{7.207}$$

$L=W/2$ 满足这个约束。其他窗可以构造为具有特定泄漏(leakage)和特定重叠(overlap)的形式(Borß 和 Martin，2012)。

在现实世界中，所有的信号都是有限长的，因此离散时间傅里叶变换会被离散傅里叶变换所代替，而离散傅里叶变换具有周期性的连续性。但这也意味着分析和合成中的每个离散傅里叶变换/逆离散傅里叶变换可以使用快速傅里叶变换有效地进行计算。每个窗口由每个 $k\in 1, 2, \cdots, K$ 的时间和频率离散向量 $\boldsymbol{X}^k$ 表示，然后对其进行操作以生成 $\widetilde{\boldsymbol{X}}^k$，这样修改后的信号就可以被重新合成。修改可能涉及某种时变滤波，那么有 $\widetilde{\boldsymbol{X}}^k=\boldsymbol{H}^k\circ\boldsymbol{X}^k$。值得指出的是，在具有长 $W=L$ 的矩形窗和时不变谱修正的情况下，我们恢复了长卷积的重叠加法方法(见算法 7.2)。

7.6.2 连续时间小波变换

短时傅里叶变换是时变的，但我们无法回避海森堡不确定性。如果我们考虑连续时间的短时傅里叶变换，这将基于加窗复指数 $u(t)=T_{t'}[w(t)]\exp(\mathrm{i}\omega t)$，其中 t，$t'\in\mathbb{R}$。由于窗函数 $w(t)$ 是关于 $t=0$ 的对称函数，因此围绕任何 t' 的海森堡时间扩展为：

$$\sigma_t^2=\int_{-\infty}^{\infty}(t-t')^2\,|u(t)|^2\mathrm{d}t=\int_{-\infty}^{\infty}t^2\,|w(t)|^2\mathrm{d}t \tag{7.208}$$

它与位移 t' 和频率 ω 无关。类似地，窗函数的傅里叶变换也是实数且关于 $\omega=0$ 对称，因此任意 ω' 周围的频率扩散为：

$$\begin{aligned}\sigma_\omega^2 &= \int_{-\infty}^{\infty}(\omega-\omega')^2\,|U(\omega)|^2\mathrm{d}\omega \\ &= \int_{-\infty}^{\infty}\omega^2\,|W(\omega)|^2\mathrm{d}\omega\end{aligned} \tag{7.209}$$

其中 $U(\omega)=F_\omega[u(t)]$ 且 $W(\omega)=F_\omega[w(t)]$。

因此，频率扩展与频移 ω' 无关。我们可以将其可视化为时-频平面的“平铺”，其分辨率与时间和频率无关(见图 7.20)。海森堡不确定性意味着每一块的面积保持不变：增加窗

口长度 W 会减小频率扩展，但会增加时间扩展。有一些替代短时傅里叶变换的方法，它们用不同的方式将海森堡不确定性分布在时-频平面上，其中应用最广泛的可能是小波变换。小波是基函数，非常类似于短时傅里叶变换的加窗复指数，它在时间和频率上都是局部化的。它们比短时傅里叶变换基灵活得多，因为它们可以被构造成具有某些有用性质的形式，例如给定光滑度的信号表示的紧密性及其在时间上的紧密性控制。

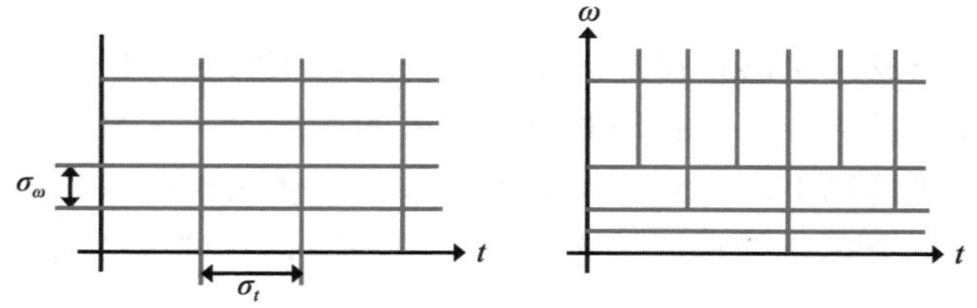

图 7.20　对比两种广泛使用的时变分析方法的时-频(t，ω)海森堡“平铺”特性的图解：短时傅里叶变换(STFT，上图)和离散小波变换(DWT，下图)。短时傅里叶变换的时-频分辨率分别由 σ_t 和 σ_ω 来量化，与时间和频率无关。然而，离散小波变换提供了不同的时频平面平铺，这取决于时-频位置

原型小波分析使用真实信号 $x(t)$ 的(前向)连续小波变换(CWT)：

$$X(\tau, s)=W_{\tau,s}[x(t)]=\int_{-\infty}^{\infty} x(t)\frac{1}{\sqrt{s}}\psi\left(\frac{\tau-t}{s}\right)\mathrm{d}t \tag{7.210}$$

其中 $\tau\in\mathbb{R}$ 是平移或时移参数，而 $s\in\mathbb{R}$ 且 $s>0$ 是尺度参数。函数 $\psi(t)$ 被称为母小波函数，其选择使得 $\|\psi\|=1$。

对于任何 $v>0$，傅里叶变换缩放属性表明，对时间轴的尺度进行扩展会导致频率轴被压缩：

$$F_\omega[\psi(vt)]=\frac{1}{v}\Psi\left(\frac{\omega}{v}\right) \tag{7.211}$$

所以，小波尺度参数 s 类似于短时傅里叶变换中的频率参数。因此，将小波变换尺度平面(τ，s)视为类似于短时傅里叶变换的时-频平面是有意义的。

Mallat(2009，第 105 页)指出，如果母小波的傅里叶变换 $\Psi(\omega)$ 满足以下可接受的条件：

$$C_\psi=\int_0^{\infty}\frac{|\Psi(\omega)|^2}{\omega}\mathrm{d}\omega<\infty \tag{7.212}$$

那么逆连续小波变换存在，我们可以从其连续小波变换 $X(\tau, s)$ 中恢复原始信号：

$$x(t)=\frac{1}{C_\psi}\int_0^{\infty}\int_{-\infty}^{\infty} X(\tau, s)\frac{1}{\sqrt{s}}\psi\left(\frac{t-\tau}{s}\right)\mathrm{d}\tau\,\frac{\mathrm{d}s}{s^2} \tag{7.213}$$

如果母小波是连续可微的，并且如果 $\psi(0)=0$，则式(7.212)中的积分是有限的，并且小波是可被采纳的。这意味着母小波必须在零频率下具有零振幅的频谱。实际上，母小波表现为类似于一个频率选择带通滤波器(参见 7.3 节)。傅里叶变换上的这个条件则意味着 $\int_{-\infty}^{\infty}\psi(t)\mathrm{d}t=0$，因此母小波函数也是“波浪状”的，在水平轴上下的面积相等。

与傅里叶分析相比，小波分析对问题的数学结构施加的约束要少得多，因此我们应该期望能遇到更复杂的问题，并必须做出更多的选择。因此，小波理论比经典的傅里叶分析

要复杂得多，以下几节只是对活跃研究领域的一个简要概述。为了进一步的参考，Mallat (2009)的书涵盖了优秀的、可读性强的介绍，特别是在小波分析和时变线性 DSP 之间有着较强的联系。要想更深入地了解相关内容，Daubechies(1992)的书十分出名，是一本必要的阅读材料。

7.6.3 离散化和离散小波变换

连续小波变换是高度冗余的：使用逆连续小波变换重建原始信号并不需要所有的时间尺度变换信息。此外，在实践中，我们有有限长度的离散时间信号，因此连续小波变换需要适当的离散化。理想情况下，我们希望这种离散变换使用正交基，因为这样可以简化分析。这些准则，再加上上述连续小波变换所施加的准则，就催生了离散小波变换(DWT)，我们将在下面描述它。

为了讲述离散小波变换，我们将连续平移尺度平面限制为离散的并矢面(dyadic plane)$(m, k)\in\mathbb{Z}^2$。目标是找到合适的母小波函数，从而让以下正交函数集是任何实信号 $x(t)$的基(信号必须是平方可积的，也就是$\int |x(t)|^2 \mathrm{d}t<\infty$，即有限能量)：

$$\psi^{m,k}(t)=\frac{1}{\sqrt{2^k}}\psi\left(\frac{t-2^k m}{2^k}\right) \tag{7.214}$$

这种并矢平铺(也叫二进制铺设)的组织方式使得海森堡频率扩散每增长一倍都会导致时间扩散的减半(见图 7.20)。傅里叶尺度(7.211)意味着频率 ω 处的带通母小波在尺度因子 k 处平移到 $\omega_k=2^{-k}\omega$，尺度 $k+1$ 处的小波具有中心频率 $\omega_{k+1}=2^{-(k+1)}\omega=\frac{1}{2}\omega_k$，因此，增加 k 可以得到减少频率覆盖的带通小波。因此，假设小波函数具有频率响应特性，使得其在谱振幅中可以恒定添加重叠(如上文短时傅里叶变换中的恒定重叠特性)，然后，(无限)并矢平铺可以覆盖信号的全部带宽，且不会丢失任何信息：我们可以在每个尺度 k 处将信号分解成不同的频带，然后简单地将它们再次相加以恢复原始信号。

然而，从实际问题出发，我们需要一个有限的表示。离散信号具有有限的最大频谱(在奈奎斯特频率下)，这设置了最小的尺度值 k。在最大尺度值(对应于最低频率，包括零)处，我们可以构造一个具有低通频率响应的函数，该函数与最低频率小波在频域中具有等幅重叠，且具有互补性。这就是所谓的尺度函数 $\phi(t)$。现在函数 $\psi^{m,k}(t)$和 $\phi^m(t)=\phi(t-m)$的集合允许有限时间平移尺度平面以有限的方式进行完全平铺。

尺度函数作为一个低通滤波器，在信号的某个时间区域上积分，因此该滤波操作的输出是输入信号的近似表示。如果我们压缩或扩展这个函数的时间尺度，我们将创建不同分辨率的近似值。这可以被形式化表述为在不同细节层次上表示信号的多分辨率近似系统(Mallat，2009，第 264～267 页)。更确切地说，给定分辨率 k 的并矢近似(也叫二进近似)是信号在与 2^k 成比例的有限时间区域上的积分。这些区域相互嵌套：在 $k+1$ 尺度上的每个区域都包含 2 个在 k 尺度上更小、更高分辨率的区域。该积分由尺度函数执行，那么在分辨率 k 下转换的缩放函数：

$$\phi^{m,k}(t)=\frac{1}{\sqrt{2^k}}\phi\left(\frac{t-2^k m}{2^k}\right) \tag{7.215}$$

就可以为该分辨率下的信号近似提供基。此外，嵌套性意味着集合 $\phi^{m,k}(t)$，$(m, k)\in\mathbb{Z}^2$ 是整个多分辨率近似系统的基。因此，较粗级别 $k=1$ 的尺度函数可以写成更详细的级别 $k=0$ 的展开式，这里给出*双尺度方程*(Mallat，2009，第 270 页)：

$$\frac{1}{\sqrt{2}}\phi\left(\frac{t}{2}\right)=\sum_{m\in\mathbb{Z}} h_m\phi(t-m) \tag{7.216}$$

展开的系数为：

$$h_m=\left\langle\frac{1}{\sqrt{2}}\phi\left(\frac{t}{2}\right), \phi(t-m)\right\rangle \tag{7.217}$$

在离散小波变换中发挥着基础性的作用。Mallat(2009，定理 7.2)指出，他们定义了一个有限脉冲响应滤波器(见 7.3 节)，称为尺度滤波器，其傅里叶变换 $H(\omega)$必须满足共轭镜像特性：

$$|H(\omega)|^2+|H(\omega+\pi)|^2=2 \tag{7.218}$$

同时 $H(0)=\sqrt{2}$如果我们取 $H(\omega)$并将其按照奈奎斯特频率进行镜像处理，那么我们将可以得到滤波器 $H(\omega+\pi)$。这意味着两个滤波器 $H(\omega)$和 $H(\omega+\pi)$将信号分解成两个互补的部分，当两个部分相加时，可以精确地重构输入信号。

给定一个尺度为 k 的近似值，我们可以减去更粗的下一级($k+1$ 级)的近似值。剩下的是 k 和 $k+1$ 级之间的细节信号。Mallat(2009，定理 7.3)表明，对于固定的 k，小波函数 $\psi^{k,m}(t)$是该细节信号的正交基，并且在尺度 $k=1$ 处的小波可以用 $k=0$ 处、更精细的尺度函数来表征：

$$\frac{1}{\sqrt{2}}\psi\left(\frac{t}{2}\right)=\sum_{m\in\mathbb{Z}} g_m\phi(t-m) \tag{7.219}$$

扩展因子为：

$$g_m=\left\langle\frac{1}{\sqrt{2}}\psi\left(\frac{t}{2}\right), \phi(t-m)\right\rangle \tag{7.220}$$

这定义了另一个有限脉冲响应滤波器，称为*细节滤波器*，它还必须满足共轭镜像特性(7.218)。它由尺度滤波器 $H(\omega)$通过关系式 $G(\omega)=\exp(-\mathrm{i}\omega)\overline{H}(\omega+\pi)$确定。这告诉我们细节滤波器是通过在奈奎斯特频率附近进行镜像的尺度滤波器获得的。逆傅里叶变换给出了缩放系数和细节过滤器之间的直接关系：

$$g_m=(-1)^{1-m}h_{1-m} \tag{7.221}$$

其中 $m\in\mathbb{Z}$。此外，母小波函数 ψ 必须满足以下约束：

$$\Psi(\omega)=\frac{1}{\sqrt{2}}G\left(\frac{\omega}{2}\right)\Phi\left(\frac{\omega}{2}\right) \tag{7.222}$$

尺度和细节滤波器系数足够让我们认定离散小波变换是显式算法。总体思想是，对信号应用尺度滤波器计算 k 级的近似值，随后我们便可以使用 $k+1$ 级的细节滤波器计算 $k+1$ 级的较粗的近似值以及小波系数。尺度函数 $\phi^{m,k}(t)$和小波 $\psi^{m,k}(t)$分别是近似信号和细节信号的正交基，因此它们在各级的展开系数为：

$$\begin{aligned}a_n^k&=\langle x(t), \phi^{n,k}(t)\rangle\\ d_n^k&=\langle x(t), \psi^{n,k}(t)\rangle\end{aligned} \tag{7.223}$$

通常，我们不能直接写出 ϕ，ψ 的解析表达式。这似乎是计算这些小波系数和尺度系数的一个主要问题，但事实证明，我们不需要这些表达式，因为这些系数实际上可以彼此递归进行计算。Mallat(2009，定理 7.10)给出：

$$a_m^{k+1}=\sum_{n\in\mathbb{Z}}h_{n-2m}a_n^k=(R[\boldsymbol{h}]\bigstar\boldsymbol{a}^k)_{2m}$$
$$d_m^{k+1}=\sum_{n\in\mathbb{Z}}g_{n-2m}a_n^k=(R[\boldsymbol{g}]\bigstar\boldsymbol{a}^k)_{2m} \tag{7.224}$$

这说明 $k+1$ 层的近似系数和细节系数是由 k 层的近似系数和细节系数通过共轭镜像有限脉冲响应滤波得到的。滤波器卷积使用反向脉冲响应，在每个阶段除一个系数 2，即在卷积序列中每隔一个系数，删掉一个系数。细节系数是离散小波变换的系数，以及最终的最低频率尺度的近似值。因此，我们可以将前向离散小波变换视为一组递归的滤波和抽取操作(抽取是多速率信号处理中广泛应用于采样率转换的一种子采样操作)。

我们得在某个位置开始递归运算。一个简单的解决方案是将离散化的信号 x_n 看作基本连续信号 $x(t)$的精确近似。在这种情况下，我们可以用输入信号识别顶层(最细近似)的系数，即 $a_n^0=x_n$。这也设置了尺度的数量，因为我们会发现，抽取操作会将每个尺度处的系数 a_m^k，d_m^k 的数量减少到卷积不再可能的程度。Mallat(2009，第 301 页)给出了初始化递归的更复杂的离散化方法。

最后要提出的问题是，对于有限持续时间信号 x_n，其中 $n=1, 2, \cdots, N$，不可能计算其卷积，因为在大多数情况下有限脉冲响应系数 $\boldsymbol{h}$，$\boldsymbol{g}$ 是无限长的。最简单的解决方案可能是适当地截断其系数，但这会导致滤波器的频率响应失真，从而对小波分析有不良影响。另一种方法是假设周期性，即用循环卷积代替式(7.224)中的卷积。在这种情况下，更大尺度的小波将有效地“包裹”在时间轴上。当然，在解释离散小波变换系数时必须考虑到这种复杂性。

离散小波变换的逆变换恢复原始信号可以从反向运行分析滤波器组的角度来解释，即在较粗的 $k+1$ 处对细节和近似系数滤波，并将这些参数组合起来，以在更细的尺度 k 处重建近似。由于 $k+1$ 级的尺度函数和小波函数是 k 级尺度函数的基，因此可以证明(Mallat，2009，定理 7.10)：

$$a_m^k=\sum_{n\in\mathbb{Z}}h_{m-2n}a_n^{k+1}+\sum_{n\in\mathbb{Z}}g_{m-2n}d_n^{k+1} \tag{7.225}$$

这定义了逆离散小波变换(IDWT)，首先，通过在每个系数向量的系数 $\boldsymbol{a}^{k+1}$、$\boldsymbol{d}^{k+1}$ 中插入零，然后用尺度和细节滤波器进行卷积操作，再对卷积结果进行相加。与离散小波变换一样，对于有限长的信号，卷积可以用循环变量代替。这样，离散小波变换/逆离散小波变换在输入信号和小波系数序列之间形成一对一的正交变换对，类似于离散傅里叶变换/逆离散傅里叶变换对。我们还可以构造一个正交离散小波变换 $N\times N$ 矩阵$\boldsymbol{W}$，其中第 n 列是一个对长度为 N 的标准基信号 $\boldsymbol{e}_n$ 进行逆离散小波变换变换得到的离散小波。那么，信号 $\boldsymbol{x}$ 的离散小波变换可写为 $W_{m,k}[\boldsymbol{x}]=\boldsymbol{W}^{\mathrm{T}}\boldsymbol{x}$，且逆离散小波变换 $W_{m,k}^{-1}[\boldsymbol{X}]=(\boldsymbol{W}^{\mathrm{T}})^{-1}\boldsymbol{X}=\boldsymbol{W}\boldsymbol{X}$。

上述离散小波变换的滤波实现过程中的抽取(和插值)意味着离散小波变换/逆离散小波变换的计算复杂度都是 $O(N)$。这与计算离散傅里叶变换的最快方法快速傅里叶变换形成对比，其中快速傅里叶变换的计算复杂度为 $O(N\log N)$。因此，离散小波变换方法在效率上的提升带来了比快速傅里叶变换更高的计算效率，这是一个显著的事实。

7.6.4 小波设计

如前文所述，小波变换不同于傅里叶变换，比如，因为有无限的基函数，可以满足多分辨率离散小波变换的时-频平铺特性。因此，小波基通常通过各种设计标准被间接地指定，然后进行数值计算。在本节中，我们将描述这些标准和一些最广泛使用的小波，参见图 7.21 中一些小波函数的说明。

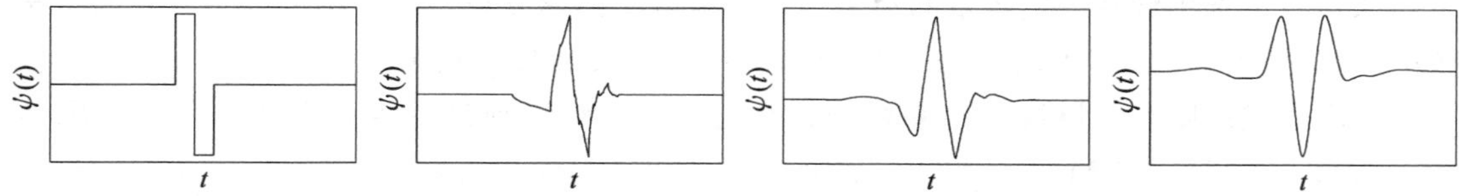

图 7.21 小波函数 $\psi(t)$ 的一些选择：分段常数 Haar 小波；$K=1$ 阶（两个消失矩）Daubechies 小波；$K=3$（四个消失矩）对称，以及 $K=7$（8 个消失矩）

设计标准包括了有效地表示不同平滑度的特定类别信号的能力。消失矩（vanishing moment）准则，表示为：$\int_{-\infty}^{\infty} t^k\psi(t)\mathrm{d}t=0$，其中 $k\in 0, 1, \cdots, K$，这就告诉我们小波与任何 K 次多项式正交。这里的基本直觉是，随着消失矩数量的增加，如果信号 $x(t)$ 的平滑度保持不变，则细尺度上的小波系数在幅度上会减小（Mallat，2009，定理 6.3）。因此，消失矩的数量一定程度地控制了信号中任何细节（高频分量、边缘、尖峰等）需要大幅值小波系数的程度（图 7.22）。这对于捕捉信号的稀疏表示非常重要，我们希望只有一小部分系数较大，这样就可以通过小波时-频表示有效地表达信号的整体。另一个准则是小波 ψ 的支持度。一个支持度大的小波会导致高频细节在多个小波系数之间扩散，从而降低表示的稀疏性。因此，为了提高变换的可解释性，保持较小的小波支持度是很有用的。

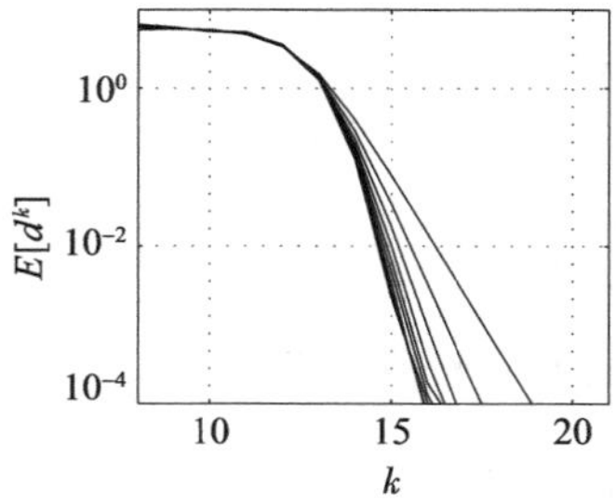

图 7.22 小波函数的消失矩数量决定了细尺度（大 k 值）离散小波变换系数的期望大小。这里，不同的曲线对应于改变 Daubechies 小波的阶数 K，应用于随机离散高斯过程，低通滤波强调高频（细尺度）小波系数对 K 的选择变得敏感

消失矩和支持度是小波的独立性质，但是正交性（例如在离散小波变换中）迫使支持的大小和消失矩的数目成为耦合量。准确地说：如果 ψ 有 $K+1$ 个消失矩，则支持大小至少为 $2(K+1)-1$（Mallat，2009，定理 7.7）。

最简单的小波是分段常数 Haar 小波，其紧（compact）小波函数由下式给出：

$$\psi(t)=\begin{cases}-1 & 0\leqslant t<\frac{1}{2}\\ 1 & \frac{1}{2}\leqslant t<1\\ 0 & \text{否则}\end{cases}\tag{7.226}$$

这与表示分段常量函数非常匹配。定标有限脉冲响应滤波器系数是紧凑的，只有两个元素，$\boldsymbol{h}=\frac{1}{\sqrt{2}}(1\quad 1)$。它只有一个消失矩。这种小波可以看作是层次化样条小波（spline wavelet）（包括 Battle-Lemarié 小波）中的第一个。对于 Q 次样条，这些小波具有 $Q+1$ 的消失矩。Mallat（2009，第 277 页）给出了尺度有限脉冲响应滤波器傅里叶变换的显式表达式，通过数值傅里叶反演，给出了 $Q=1$（线性）和 $Q=3$（三次）样条的截断有限脉冲响应系数值集（Mallat，2009，表 7.1）。

Daubechies 小波在固定数量的消失矩下具有最小的紧支持（Haar 小波是 $K=0$ 的特殊情况）。这使得它们在实践中得到了广泛的应用。小波函数 ψ 的显式表达式尚不清楚，但可以导出生成尺度有限脉冲响应系数的计算过程，以精确地满足矩和支持约束（Sherlock 和 Kakad，2002）。在 Mallat（2009，表 7.2）中给出了消失矩约束 $K=1, 2, \cdots, 9$ 的显式有限脉冲响应系数值。Daubechie 小波函数具有高度的非对称性，这可能是小波变换在实际应用中的一个问题。Daubechie symmlet 小波被设计成更加对称的，同时它具有了紧凑的支持度和指定数量的消失矩。最后，coiflet 小波被设计出来，这使得小波函数和尺度函数都具有特定数量的消失矩（因为尺度函数充当了低通滤波器，所以 $\int_{-\infty}^{\infty}\phi(t)\mathrm{d}t=1$）。

7.6.5　离散小波变换的应用

鉴于离散小波变换的简单性，小波分析/合成在实践中得到广泛应用，例如，可以应用在已知其在小波基稀疏的情况下，在噪声中进行隐信号的小波收缩估计。考虑存在独立同分布高斯小波重构误差的情况，使得信号 $\boldsymbol{X}\in\mathbb{R}^N$ 由 $\boldsymbol{X}\sim\mathcal{N}(\boldsymbol{WV}, \sigma^2\boldsymbol{I})$ 生成，其中 $\boldsymbol{W}\in\mathbb{R}^{N\times N}$ 是一个正交小波变换矩阵，而 $\boldsymbol{V}\in\mathbb{R}^N$ 是未知的小波系数。另外，假设这些系数是稀疏的（只有少数系数的幅值较大）。这种情况下的一个优秀模型是：系数为独立同分布拉普拉斯分布（4.43），中值为零，尺度参数为 b。然后，信号的后验分布为：

$$f(\boldsymbol{v}\mid\boldsymbol{x}; \boldsymbol{W}, \sigma^2, b)\propto\exp\left(-\frac{1}{2\sigma^2}\|\boldsymbol{Wv}-\boldsymbol{x}\|_2^2\right)\times\exp\left(-\frac{1}{b}\|\boldsymbol{v}\|_1\right)\tag{7.227}$$

通过最小化以下混合 L_2-L_1 目标（2.2 节）得到最大后验概率解：

$$E(\boldsymbol{v})=\frac{1}{2}\|\boldsymbol{Wv}-\boldsymbol{x}\|_2^2+\lambda\|\boldsymbol{v}\|_1\tag{7.228}$$

其中，我们使用 $\lambda=\sigma^2/b>0$ 作为单正则化参数，控制系数稀疏性（由于拉普拉斯先验）和似然误差之间的权衡。由于 $\boldsymbol{W}$ 是正交的，因此我们可以通过简单地先计算出 $\tilde{\boldsymbol{v}}=\boldsymbol{W}^{\mathrm{T}}\boldsymbol{x}$，然后应用式（2.19）给出的收缩规则来解决这个问题。但是，由于 $\boldsymbol{W}^{\mathrm{T}}\boldsymbol{x}$ 是前向离散小波变换，我们可以使用滤波器组算法来计算它。这使得整个收缩估计的计算量为 $O(N)$。

Candès（2006）观察到，本文讨论的最大后验正交小波收缩和傅里叶信号子空间分析（7.149）显然是相同最大后验过程的示例：首先计算前向正交变换，然后将变换系数缩小到零，最后利用修正后的变换系数进行逆变换重构信号。主要区别在于傅里叶信号子空间分析假定了平稳性（时间不变性），而小波收缩是时变的（见图 7.23）。

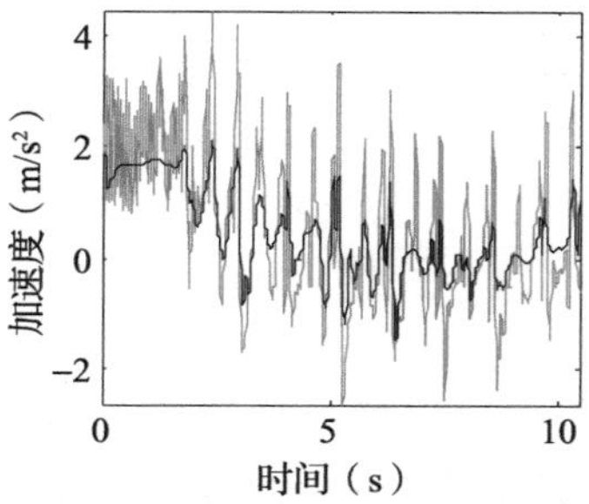

图 7.23 图 7.19 中给出了基于离散小波变换的小波收缩应用于加速度计行走信号的例子，表明离散小波变换提供了一种简单的解决方案，可以同时衰减高频干扰信号（在前 2 秒），但保留信号中峰值的位置（长度为 $N=1024$ 的信号具有 10 个消失矩和收缩参数 $\lambda=2.5$ 的 coiflet 小波基）

小波分析在 DSP 和机器学习中普遍存在，因此不可能把所有的东西都总结出来。小波分析(特别是由于小波变换的计算简单性)已应用于信号和图像去噪、数据压缩、压缩感知以及超分辨率信号估计和缺失样本恢复等逆问题中。有一个很好的综述，请参阅 Mallat (2009)。类似的，小波在统计应用中也有重要的应用，如密度估计(Vidakovic，1999)。

第 8 章

离散信号：采样、量化和编码

数字信号处理和机器学习需要数字数据，这些数据可以通过计算机上的算法进行处理。然而，我们观察到的现实世界中的大多数信号都是实数，发生在实时的值上。这意味着在实践中不可能将这些信号存储在计算机上，我们必须找到适合有限数字存储的近似的信号表示方法。本章介绍了在实践中解决这一表示问题的主要方法。

数字信号出现在各行各业中。例如，在“消费者应用程序”中，可以找到语音和音乐、照片和视频的数字录音。诸如固定线路和移动电话网络等通信基础设施将数字语音和视频信号从世界的一个地方传送到另一个地方。智能手机内置的加速计或陀螺仪等数字传感器捕捉设备的运动信息(见图 8.1)。在土木工程中，像桥梁这样的结构是由数字应变仪来监测的，它可以记录不断变化的载荷和应力。航天器中的磁强计记录了有关磁场强度中磁通量的数字数据流。在医院的重症监护室，患者的生命体征通过数字心电图和测量心血管系统的电、血流量和氧合特性的摄影容积图持续监测。所有这些数字信号的共同点是，它们由一系列在特定时间点捕获的有限范围、具有离散值的数字表示。

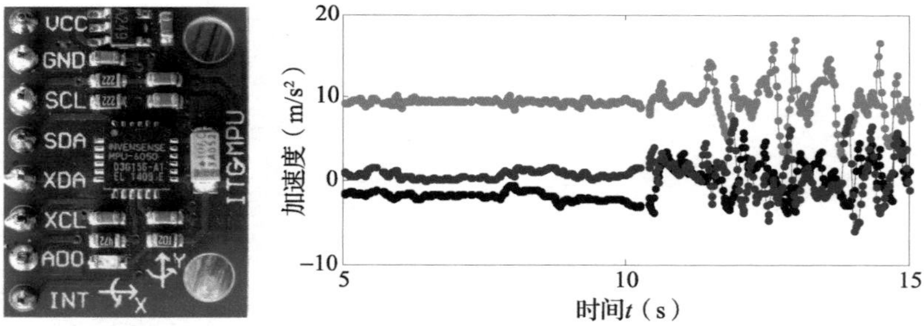

图 8.1　今天的数字传感器通常很小，无处不在，可以产生大量离散时间、离散值的数据。微电机系统(MEMS)传感器芯片，如 Invense MPU6050(左)，通常出现在智能手机中，在 50Hz 及以上的典型采样率下测量 3 轴加速度和方向，分辨率为 16 位。传感器(右图)在 X 轴(黑色)、Y 轴(浅灰色)和 Z 轴(深灰色)上记录的典型 50Hz 数字加速度信号。每个点对应着一个加速度值。传感器板照片来自©Nevit Dilmen，CC BY-SA 3.0

8.1　离散时间采样

为了进行形式化的表示，考虑用一个实时变量 $f: \mathbb{R} \to \mathbb{R}$ 的实函数 f 来表示一个真实的感兴趣的信号，我们通常将其写作 $f(t)$，其中 $t \in \mathbb{R}$。为了在计算机上存储这个信号，我们必须把时间近似为一个整数值。有很多方法可以做到这一点，但困难在于我们不能在所有的 t 值上都得到对应函数 f 的值，相反，我们只能在时间变量的一组有限值上知道对应的信号值。采样是一个过程，通过这个过程，我们可以获取到函数 f 的值。典型的，我

们在采样时间点 t_n，$n\in\mathbb{Z}$ 处获得 $f(t_n)$处的值，这些值通常都随着时间的增长而增加，即对于所有 n，$t_n<t_{n+1}$。我们将采样序列值记为 f_n。对于所有的 n 都有 $t_{n+1}-t_n=\Delta t$ 时，我们说这种采样是均匀的。

理想情况下，我们希望采样不引入任何误差，这样就可以从采样值中完美地恢复或重建信号，但我们必须意识到这通常是不可能的。然而，事实证明，通过对 f 的可能形式施加一些约束，那么完美重构也是可能的。这些约束的形式将决定采样的性质。

我们对采样的一个统一的认识是，采样本质上是插值问题中的一个环节，也就是说，找到一个函数，该函数正好穿过采样点，并且在这些点之间与 f 重合(见图 8.3)。这与统计学和机器学习中的回归问题有很多共同点，事实上，这两个领域的数学技术是密切相关的。回归与插值的不同之处在于，在插值中，测量值没有噪声，也就是说，它们没有观测误差。

通常，采样过程获取某些电子测量过程(例如传感器)捕获的真实信号 $f(t)$，并对这些信号进行预滤波(大多数使用某种模拟电子设备进行)，以便进行后续的采样操作。然后，模-数转换器(ADC)以统一的时间间隔对处理后的信号进行采样。这些数字样本使用某种数字硬件或软件算法进行存储和处理。数字信号被发送到数-模转换器(DAC)，其输出经过后滤波(通常使用模拟电子设备)，以重建原始信号 $\hat{f}(t)$(图 8.2)。

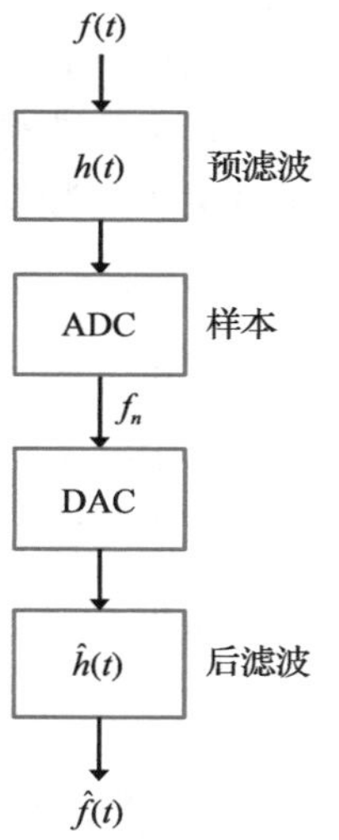

图 8.2 离散时间数字采样硬件过程的框图，它使用预滤波和模-数转换(ADC)将连续时间信号 $f(t)$捕获为一组数字采样 f_n。然后使用这些样本，通过数-模转换(DAC)产生连续时间信号，然后对其进行后滤波，以产生重构的 $\hat{f}(t)$

8.1.1 带限采样

如上所述，仅根据从时间点 t_n 获得的离散时间样本 f_n 对 f 进行的完美重构是一个病态问题。为了取得进展，我们必须施加额外的限制。特别地，我们假设我们处理的是希尔伯特空间 l_2 中的“好”的信号。我们还将限制重构函数 $\hat{f}$ 来自带限函数空间。这些函数在频域中具有有限的支持，这样它们的傅里叶变换满足 $\hat{F}(\omega)=0$，其中 $|\omega|>2\pi B$。这里，$B>0$ 是以 Hz 为单位的最大频率段(在信号处理文献中称为函数的带宽)。这是一种平滑度约束，因为它限制了函数中波动的速度。接下来，我们假设重构函数具有最小范数，使得 $\|\hat{f}\|^2$ 尽可能小，我们可以将其理解为最小能量约束。这就为我们提供了足够的信息来描述以下关于 $\hat{f}$ 的约束最小化问题：

$$
\begin{aligned}
&\text{最小化}\quad \|\hat{f}\|^2 \\
&\text{受}\quad \|f_n-\hat{f}_n\|^2=0 \\
&\qquad \hat{F}(\omega)=0,\ |\omega|>2\pi B\ \text{约束}
\end{aligned}
\tag{8.1}
$$

这个问题可以精确地得到以下封闭形式的解(Yen，1956)：

$$\hat{f}(t)=\sum_{m=1}^{N}\sum_{n=1}^{N} f_m a_{nm}\operatorname{sinc}(2B(t-t_n)) \tag{8.2}$$

系数 a_{nm} 对应着矩阵 $\boldsymbol{A}=\boldsymbol{B}^{-1}$ 的中每一项，矩阵 $\boldsymbol{A}$ 即 $N\times N$ 核矩阵 $\boldsymbol{B}$ 的逆矩阵，其中的每一项为：

$$b_{nm}=\operatorname{sinc}(2B(t_m-t_n)) \tag{8.3}$$

在实际应用中(图 8.3)，可以看出这种非均匀采样的主要局限性：完美的重建是不可能的，因为我们无法获得样本的信号间隙之间缺失的信息。在这些间隙中，带宽和能量限制必须去填补丢失的数据。

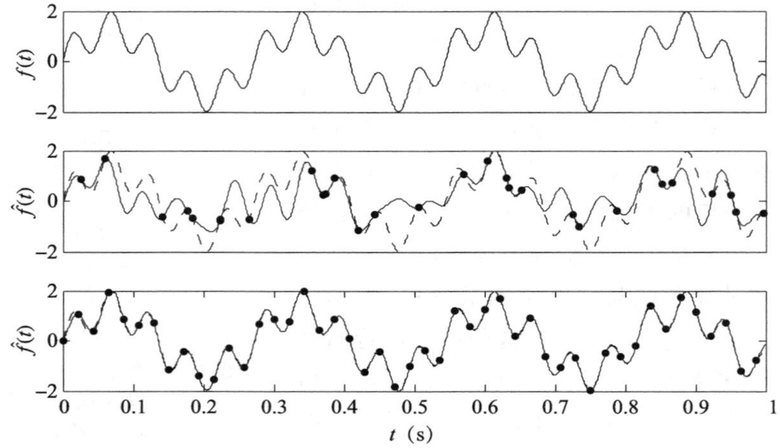

图 8.3　说明带限采样(插值)。上图展示的是原始、带限输入信号 $f(t)$。中间图展示的是非均匀采样结果(即时间间隔不规则，样本序列用黑点表示)。从这些样本获得的重构 $\hat{f}(t)$用实线表示(黑色虚线是 $f(t)$)。下图描绘的是在最佳采样率下的均匀(Shannon-Whittaker)重建(插值)

8.1.2　均匀带限采样：Shannon-Whittaker 插值

这种特别简单的插值形式可能是最古老的采样定理，也是 DSP 应用中最常用的一种。它通常与数学家克劳德·香农(Claude Shannon)密切相关(香农是一位杰出的数学家，他还发明了第 1 章所阐述的信息论，在 20 世纪数字信息革命的发展中发挥了关键作用)，尽管基本的数学概念有着更长的历史。为了说明这个想法，我们将把它作为上述带限、非均匀采样的一个特例。假如我们设置 $t_n=n\Delta t$ 和 $\Delta t=1/(2B)$，那么 $b_{nm}=\operatorname{sinc}(2B(t_m-t_n))=\delta[m-n]$，也就是克罗内克函数。这样我们就有 $\boldsymbol{B}=\boldsymbol{B}^{-1}=\boldsymbol{A}=\boldsymbol{I}$，即一个 $N\times N$ 的单位阵。因此，$\sum_{n=1}^{N} a_{nm}\operatorname{sinc}(2B(t-t_n))$就可以简化为 $\operatorname{sinc}(2Bt-m)$，也就是说式(8.2)变成：

$$\hat{f}(t)=\sum_{m=1}^{N} f_m\operatorname{sinc}(2Bt-m) \tag{8.4}$$

这就是 Shannon-Whittaker 重建公式。如果连续时间信号 f 的带宽最大为 B，则重构是完美的，插值函数不仅穿过所有的 f_n，而且重构误差 $\|f-\hat{f}\|$ 为零。这个公式在实践中也非常有用，因为式(8.4)是一个线性时不变卷积，可以(近似)实现一个模拟电子后置滤

波器(图 8.2)。

采样间隔最大为 $1/(2B)$的这个要求称为奈奎斯特准则(Nyquist criterion)，它给出了相对于信号带宽的最长持续时间，从而确保了完美的重建。或者，如果我们固定 Δt，那么我们要求最大带宽为 $B=1/(2\Delta t)$，或者 $B=\frac{1}{2}S$，其中 $S=1/\Delta t$ 是采样频率或采样率(单位：Hz)。$\frac{1}{2}S$ 带宽要求称为奈奎斯特频率。

几乎所有的实际信号 f 都不是严格的带限信号，因此所有的信号都在一定程度上违反了奈奎斯特准则。为了使用香农采样，在实际应用中，通常在采样前对信号应用另一个模拟电子滤波器，其作用是将实际信号限制在带宽 B 以内。这是预滤波步骤(图 8.2)。

解释香农插值的另一种方法是理解(对于无限多个样本)采样操作使得信号在频域中呈周期性，并且，假设原始信号是适当带限的，那么这些不需要的频域重复可在后处理中使用适当的线性滤波操作去除。解决这一问题的理想滤波器的频率响应是矩形的，实际上，响应为 $H(\omega)=0$ 的滤波器(其中 $|\omega|>2\pi B$)其脉冲响应为 sinc 函数 $\hat{h}(t)=\text{sinc}(2Bt)$。这就是重建函数(8.4)(见图 8.4)。

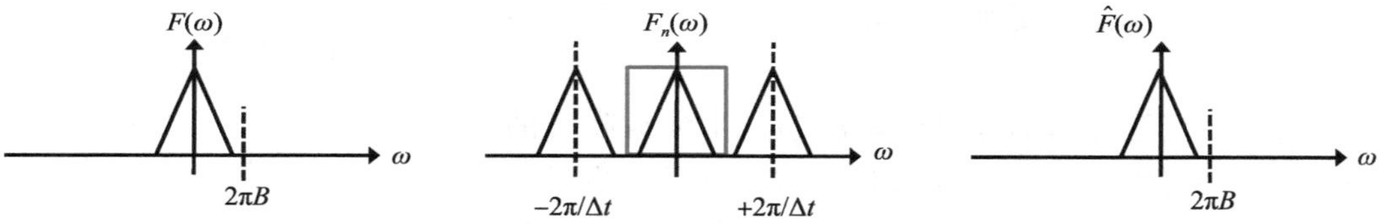

图 8.4 Shannon-Whittaker 均匀采样和(完美)频域重建 ω(rad/s)。假设原始连续时间信号 $F(t)$(左图)的频谱 $F(\omega)$带宽限制为 $2\pi B$，其中 $B=1/(2\Delta t)$是带宽(Hz)，Δt 是均匀采样间隔(s)。然后，尽管采样信号 $f_n(t)=f(n\Delta t)$通过采样进行周期化(即以 $2\pi/\Delta t$ 的倍数创建无限数量的不需要的信号 $F(\omega)$副本，见中图)，但该周期化不会导致副本之间的任何重叠(混叠)。因此，对采样信号应用完美重建滤波器(灰色框，中图)(通常在硬件中使用模拟电子滤波器执行的后处理步骤)可删除除所需原始频谱(右图)之外的所有复制出的副本。如果 $f(t)$不带限于 B，则可以在采样之前应用与重构滤波器类似的滤波器，确保周期化不会导致任何频率重叠

接下来，我们通过检查可以用傅里叶级数表示的脉冲序列，来说明均匀采样在无限样本数的情况下引入频域周期性的原因：

$$\sum_{n\in\mathbb{Z}}\delta[t-n\Delta t]=\frac{1}{\Delta t}\sum_{n\in\mathbb{Z}}\exp\left(\mathrm{i}2\pi n\frac{t}{\Delta t}\right) \tag{8.5}$$

现在，采样的连续时间信号可以写成输入信号和脉冲序列的傅里叶级数表示的乘积：

$$f_n(t)=f(t)\frac{1}{\Delta t}\sum_{n\in\mathbb{Z}}\exp\left(\mathrm{i}2\pi n\frac{t}{\Delta t}\right) \tag{8.6}$$

在傅里叶域中，指数函数被转换成 Dirac δ 函数，因此我们得到：

$$\begin{aligned}F_n(\omega)&=\frac{2\pi}{\Delta t}F(\omega)\bigstar\sum_{n\in\mathbb{Z}}\delta\left[\omega-\frac{2\pi n}{\Delta t}\right]\\&=\frac{2\pi}{\Delta t}\sum_{n\in\mathbb{Z}}F\left(\omega-\frac{2\pi n}{\Delta t}\right)\end{aligned} \tag{8.7}$$

其中最后一行使用卷积下 Dirac δ 的筛选特性。实际上，频域中的采样信号 $f_n(t)$是输入信

号 $f(t)$ 的无限序列的总和，以频率 $(\Delta t)^{-1}=S\,\text{Hz}$ 的倍数进行了频移。这些复制部分可以通过后滤波中的理想低通滤波去除，但前提是频率上没有重叠。因此，只有当带宽 B 足够小以至于能避免重叠时，才可能实现完美重构。这可以通过使用类似的低通预滤波来确保。但是，如果违反此条件，则会出现称为“混叠”的效果：输入信号中的低频分量被“折叠”(混叠)以与重构中的高频分量重叠，从而使较高的频率失真。随着重叠的增加，这种锯齿效果会变得更糟。

8.1.3　广义均匀采样

尽管 Shannon-Whittaker 采样方法简单易实现，但有许多信号在有限带宽模型中表现不佳。这些信号包括跳跃信号，或连续但导数不连续的信号。这种信号在实践中很常见。例如，测井记录的伽马射线强度信号(石油工业勘探地球物理应用中使用的钻孔)通常显示，当钻孔穿过堆叠的地层时，随着深度的变化而出现突变(图 8.5)。将这些信号进行数字化处理可以证明更通用的采样方法是正确的。为此，我们将从最小误差投影到正交基这一更抽象的角度重新解释均匀带限采样。

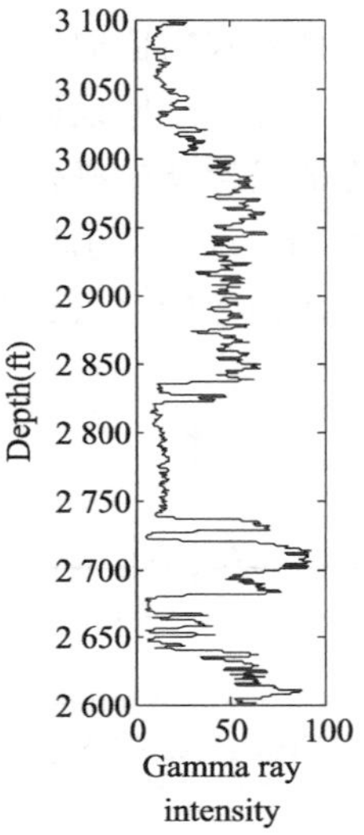

图 8.5　美国堪萨斯州 Sherman 县一个钻孔测得的伽马射线强度信号(来源：堪萨斯大学堪萨斯地质调查局)。“采样率”为 $\Delta t=0.1\text{ft}$/样品 ⊖

首先，我们注意到不可数空间 l_2 包含带限函数 V 的空间，该空间可以用 sinc 函数 $e_n(t)=\text{sinc}(t-n)$ 生成的正交基进行计数。简单起见且不失一般性的情况下，我们将采用单位采样率设为 $\Delta t=1$(我们总是可以在不改变信号的情况下重新缩放时间)，在这种情况下，V 是 l_2 函数的集合，使得 $F(\omega)=0$，其中 $|\omega|>\pi$。

从内积是卷积的事实可以看出 sinc 函数的正交性，即 $\langle\text{sinc}(t-n),\ \text{sinc}(t-m)\rangle=\int_{\mathbb{R}}\text{sinc}(t-n)\text{sinc}(t-m)\text{d}t$。sinc 函数采用矩形脉冲作为傅里叶变换。但是，矩形脉冲函数与自身相乘不变，即 $\text{rect}(\omega)\text{rect}(\omega)=\text{rect}(\omega)$。因此，在应用傅里叶逆变换时，可以得出 $\langle\text{sinc}(t-n),\ \text{sinc}(t-m)\rangle=\text{sinc}(n-m)=\delta[n-m]$。

现在，l_2 中任何信号的带限采样和重构可以表示为一个投影算子 P：$l_2\rightarrow V$：

$$\begin{aligned}\hat{f}=P[f]&=\sum_{n\in\mathbb{Z}}\langle f,\ e_n\rangle e_n\\&=\sum_{n\in\mathbb{Z}}f_n e_n\end{aligned}\tag{8.8}$$

换言之，采样是通过将 f 向下投影到每个 sinc 基上而获得的，它只计算 $f(n)$，因为 $\int_{\mathbb{R}}\text{sinc}(t-n)\text{d}t=1$(这是插值属性的结果)。这只是式(8.4)的重述，其中 $N\rightarrow\infty$，且 $B=1/2$，而 $e(t)$ 只是后滤波器 $\hat{h}(t)$ 的脉冲响应。利用希尔伯特投影定理，$\hat{f}$ 是以下带约束的

⊖ 英尺。1ft=30.48cm。——编辑注

优化问题的解：

$$\begin{aligned}&\text{最小化}\|f-\hat{f}\|^2\\&\text{受 }\hat{F}(\omega)=0,\ |\omega|>\pi\text{ 约束}\end{aligned} \tag{8.9}$$

假设 $f\in V$，则 f 在 P 下一定是不变的，即 $f=P[f]$。换句话说，Shannon-Whittaker 采样结合 sinc 预滤波，将输入信号限制在带限函数的空间内，这样就可以进行精确的重构，正如我们在上面建立的那样。

对于采样，理论上理想的预滤波/后滤波在实际中是不可能实现的，这是我们必须解决的问题之一。在实际中，我们必须构造一个滤波器来近似 sinc 函数的矩形响应。然而，如果我们选择比 sinc 滤波器更易于操作的滤波器，我们可以使计算过程更加轻松。例如，sinc 滤波器具有无限脉冲响应，其振幅衰减为 $|t|^{-1}$(见图 7.1)。这意味着任何近似(模拟或递归数字)滤波器必须接近不稳定，才能匹配此响应。

这一节的更抽象的表示使得我们考虑由 $e(t)=\text{sinc}(t)$ 以外的变量构造成的基。换句话说，我们可以考虑比带限函数集更一般的函数空间 W：

$$W=\left\{f(t)=\sum_{n\in\mathbb{Z}}c_n e(t-n):\ c_n\in l_2\right\} \tag{8.10}$$

最后一个条件要求无穷系数序列是平方可加的，$\sum_{n\in\mathbb{Z}}|c_n|^2<\infty$。当然，这里可以使用许多可能的函数 $e(t)$，但是为了使采样算法易于处理，我们只考虑具有 l_2 重构的时不变、线性无关的基函数。我们还希望，通过选择均匀采样间隔(注意，这样的基可能不是正交的)，任何 $f\in l_2$ 都可以用尽可能小的重建误差来逼近。满足这些条件的一组非常有用的时间局部化插值函数集是 B 样条函数 $b_M(t)$。这些是 $M\geqslant 0$ 次的多项式函数，可用于形成基 $e_n(t)=b_M(t-n)$。在此基础上，W 中的每个函数是每个区间 $[n,\ n+1]$(M 为奇数)和 $[n-1/2,\ n+1/2]$(M 为偶数)上的分段多项式，使得该函数是连续的并且具有 $M-1$ 阶导数。它们在区间 $\left[-\frac{M+1}{2},\ \frac{M+1}{2}\right]$ 上有有限的支撑。

$M=0$ 的情况就是矩形函数 rect(t)，它是唯一的正交 B 样条。这显然是分段常数信号的合适模型。选择 $M=1$ 选择线性三角函数 $b_1(t)=t+1$，其中 $-1\leqslant t<0$；$b_1(t)=-t+1$，其中 $0\leqslant t\leqslant 1$，其余情况为 0。此函数参数化所有分段线性信号。我们可以通过重复卷积生成所有的 B 样条函数，对于 $M\geqslant 1$ 有 $b_M=b_0\bigstar b_{M-1}$

对于任意给定的输入信号 $f\in l_2$，我们需要得到 c_n 来定位 W 中的最佳插值函数。与 Shannon-Whittaker 采样一样，我们通过解决最小平方重建误差问题来发现这一点：

$$\begin{aligned}&\text{最小化}\|f-\hat{f}\|^2\\&\text{受 }\hat{f}\in W\text{ 约束}\end{aligned} \tag{8.11}$$

其解是以下映射：

$$P[f]=\sum_{n\in\mathbb{Z}}\langle f,\ e_n\rangle\hat{e}_n \tag{8.12}$$

这样就有 $c_n=<f,\ e_n>$。函数 $\hat{e}_n$ 是唯一的、与 W 中的 e_n 具有平移不变性的对偶基，与 e_n 一样，它们不一定是正交基。然而，这两组函数总是双正交的，$\langle e_n,\ \hat{e}_m\rangle=\delta[n-m]$。注意，在 sinc 函数的情况下，$\hat{e}_n=e_n$，因此 $c_n=f_n$，对于常数和线性 B 样条也是如此。

例如，对于常数样条，若 $t\in[-1/2,\ 1/2]$，有 $\hat{e}_n(t)=e_n(t)=1$，否则为 0。因此，模拟预滤波 $h(t)$ 就是宽度为 1 的移动平均滤波器或积分器，即 $c_n=\int_{n-1/2}^{n+1/2}f(t)\mathrm{d}t$。我们可以把它看作是对函数 f 的平滑操作，通过用每个采样间隔内的平均值来代替函数 f。与理想 sinc 预滤波器的精度近似值相比，能够执行这种"块采样"的实际模-数转换硬件在实践中的实现要相对简单一些(Mallat，2009，第 69 页)。最后，如果 f 实际上在 W 中，那么 f 在每个区间上是常数，所以 $c_n=f_n$，我们得到了精确的重建结果 $f=P[f]$。整个分段常数样条采样过程对每个采样间隔上的平均信号进行采样，重构后滤波器对每个采样间隔上的脉冲序列进行平均处理。

对于 $M\geqslant 2$ 阶的样条函数，事情就不那么简单了。函数与采样点处的输入信号样本精确匹配的约束，$\|f_n-\hat{f}_n\|^2=0$，c_n 的系数通过对序列 f_n 进行逆离散卷积获得，其中在离散间隔处对 B 样条进行采样。利用这个系数表达式，我们可以根据基数样条基 $\hat{e}_n(t)=\hat{h}(t-n)$ 重组关于 c_n 的计算，这与 sinc 函数在带限预滤波中的作用相同。该基函数没有简单的封闭式公式，但其频率响应如下(Unser，1999)：

$$\hat{H}(\omega)=\left(\operatorname{sinc}\left(\frac{\omega}{2\pi}\right)\right)^{M+1}\frac{1}{B_M(\exp(\mathrm{i}\omega))}\tag{8.13}$$

其中 $B_M(z)=\sum_{n\in\mathbb{Z}}b_M(n)z^{-n}$ 是离散采样 B 样条的 z 变换。sinc 项来自用于从 b_0 构造 b_M 的 B 样条卷积。要注意的是，由于样条具有有限的支撑，因此离散采样 B 样条的脉冲响应也是有限的，但其逆响应具有无限的脉冲响应。因此，尽管 B 样条具有有限的支撑，基数样条后滤波器(8.13)的脉冲响应与 sinc 函数不一样。然而，它到达零数量级的速度要比 $\operatorname{sinc}(t)$ 快，这正是我们稳定的模拟滤波操作所需要的。与 sinc 函数一样，基数样条后滤波器具有插值性质，即对于所有的 $n\in\mathbb{Z}$，都有 $\hat{h}(n)=\delta[n]$。

与带限情况不同，对应的预滤波器 $e_n(t)=h(t-n)$ 是不同的，但与后滤波器是正交的，其频率响应如下(Unser，1999)：

$$H(\omega)=\left(\operatorname{sinc}\left(\frac{\omega}{2\pi}\right)\right)^{M+1}\frac{B_M(\exp(\mathrm{i}\omega))}{B_{2M+1}(\exp(\mathrm{i}\omega))}\tag{8.14}$$

图 8.6 比较了基数样条预滤波和后滤波与 sinc 函数的频率和脉冲响应。有趣的是，这两种滤波器都在 $M\to\infty$ 情况下收敛于理想的带限 sinc 函数，在这个意义上，Shannon-Whittaker 采样可以看作是样条采样的特例(Unser，1999)。

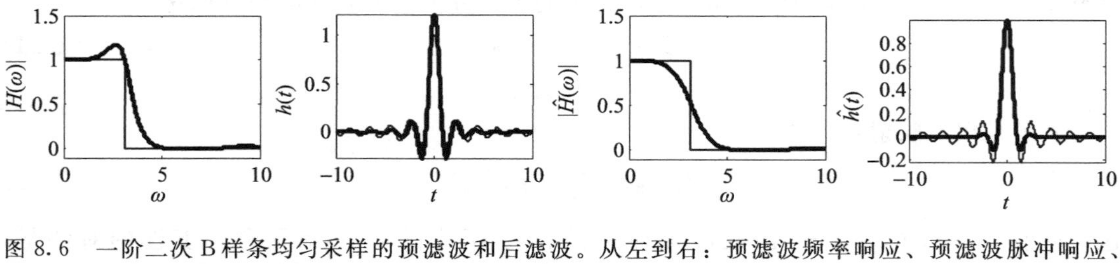

图 8.6　一阶二次 B 样条均匀采样的预滤波和后滤波。从左到右：预滤波频率响应、预滤波脉冲响应、后滤波频率响应和后滤波脉冲响应。黑线是样条采样，蓝线显示相应的带限(sinc)滤波用于对比

8.2 量化

采样解决了连续时间信号 $f(t)$ 不能存储在有限内存中的问题。如果我们有一个离散时间、离散值信号，我们可以表示这一点，完全没有损失准确度。如果每一个独立同分布信号 $\boldsymbol{x}=(x_1, x_2, \cdots, x_N)$ 都占用 $r=|\Omega_X|$ 位，则此信号正好需要总共 N_r 个来表示它。然而(如 1.5 节所讨论的)，如果信号是随机过程，并且信号中每个测量 X 的分布是不均匀的，我们可以使用熵编码来实现具有较少比特数的压缩表示。压缩位数介于 $NH_2[X]$ 和 $NH_2[X]+N$ 之间，并且两者都以 N_r 为界。这种压缩在实践中非常有用，因为信号很容易变得难以管理。

熵编码是通过使用霍夫曼编码等算法实现的，霍夫曼(Huffman)编码为 Ω_X 中的每个离散值创建一个编码。每个代码是一个位的序列，它不是任何其他序列的前缀，也就是说，每个二进制代码序列不嵌入在任何其他二进制代码序列的开头。利用这一点，任何信号都可以被编码为一个位序列，而不需要在代码之间使用任何特殊的标记。这允许代码被唯一地破译，因此用于准确地恢复原始的未压缩信号。哈夫曼编码的替代方案包括算术编码，它可以任意接近于以经验熵率对信号进行编码。

相比之下，如果这些信号是连续值，$f(t)\in\mathbb{R}$，我们需要找到一种方法来存储每个采样值使用有限的、离散的数字表示。这个过程中会引入一些误差，在学科中称为损失(loss)或失真(distortion)。用于将连续值信号转换为离散值信号的最广泛使用的技术是量化，这就需要使用量化器 Q 来实现，量化器 Q 将每个样本 X 映射到离散量化版本 Y。这个量化器一般用条件概率关系 $f_Q(Y=y|X=x)$ 来描述。一个确定性量化器可以写成 $y=Q(x)$ 或 $f_Q(y|x)=\delta(y-Q(x))$，其中 Q：$\Omega_X\to\Omega_Y$。联合密度 $f(x, y)=f(x)f_Q(y|x)$ 同时考虑源(输入信号)和量化输出分布。我们稍后会研究抖动对随机量化器影响的实例。这种量化器在实际电子类应用中使用了模-数转换。实际上，Ω_Y 这个范围通常是使用有限位数表示的整数。

在连续值信号的情况下，量化器域是实线 $\Omega_X\in\mathbb{R}$ 的子集。量化器将 Ω_X 的分区(一组 K 个不重叠的区间，共同构成这个域)映射到一组有限的值 Ω_Y 上。每个区间被赋予一个码 $k\in 1, 2, \cdots, K$。与每个间隔相关联的量化器输出值的集合称为量化等级 v_1、v_2，$\cdots$，v_K。对于确定性量化器，在每个区间内，域的每个值都被映射到同一个级别，因此 Q 定义为一个不可逆的多对一的映射。区间可由其 $K+1$ 有序边缘值或阈值 $u_k\in\Omega_X$ 来定义，其中 $u_0<u_2<\cdots<u_k$。对于区域 $U_k=[u_k, u_{k+1})$ 或 $U_k=(u_k, u_{k+1}]$，域为 $\Omega_X=\bigcup_{k=1}^{K-1}U_k$。对于无界域，我们可能有例如 $u_1=-\infty$ 或 $u_{K+1}=\infty$，或两者均满足。相应的，可以使用指示符号来编写确定性量化函数或规则：

$$Q(x)=\sum_{k=1}^{K}v_k\mathbf{1}[x\in U_k] \tag{8.15}$$

Q 是多对一的，也这正是我们应该期望的，因为我们不能期望从其离散表示 $Q(f(t))$ 中准确地恢复潜在信号 $f(t)$。逆函数 $x=Q^{-1}(y)$ 不是由 Q 唯一确定的，我们通常希望设计一个量化器，它在某种意义上被定义为从量化值中重构 f 所带来误差的最小化计算。这种重建过程通常由电子数-模转换执行。

我们首先来看最简单的量化器函数，即所谓的标量均匀量化器(图 8.11)。其中，阈值是等间距的，$u_k = u_1 + (k-1)\Delta$，其中 $k=1, 2, \cdots, K$ 和 $\Delta > 0$ 称为量化宽度。例如，考虑将值 x 舍入到最接近的整数。量化器由间隔 $U_k = \left(k-\frac{1}{2}, k+\frac{1}{2}\right]$ 和 $v_k = k$ 定义，因此 $\Delta = 1$。对于一般 Δ，四舍五入到 Δ 的整数倍的统一量化器规则为：

$$Q(x) = \Delta \left\lfloor \frac{x}{\Delta} + \frac{1}{2} \right\rfloor \tag{8.16}$$

对于有界输入域 Ω_X，表示每个输入值的代码所需的数字位数是某个固定的有限值 $r \in \mathbb{N}$。因此，一个 r 位均匀量化器将一些标准的、规范化的域 $\Omega_X \in \mathbb{R}$ 映射到可以用这个位数表示的整个范围。这将有 $K = 2^r$ 个级别。在所谓的 2 的补码表示法中，前导位表示 x 的符号，我们将有一个映射，如 Q：$[-1, 1) \to [-2^{r-1}, 2^{r-1}-1]$，而 $\Delta = 2^{1-r}$。例如，$r=4$ 位均匀舍入量化器具有 $K = 2^4 = 16$ 级，其中 $\Delta x = 2^{-3} = 0.125$ 将 $[-1, 1)$ 映射到 $[-8, 7]$。这种归一化域通常是通过在模-数转换之前对信号 f 进行某种非数字的“预缩放”来获得的。

对量化函数(如 Q)的性能和特性的系统分析大致沿着两条路径进行：高分辨率分析，侧重于量化误差较小的量化器；率失真理论，该理论解决了给定误差的量化与实现该误差所需的比特率之间的权衡(Gray 和 Neuhoff，1998)。

量化可被视为一种分类(6.3 节)，其目标是找到信号中每个连续值样本应属于的最佳类别(量化区域 U_k)。同样，设计最佳量化器的过程与 6.5 节中探讨的聚类算法极其相似，我们将在下面的章节中看到这些相同的概念。

8.2.1　率失真理论

如上所述，关于连续值信号的表示一定会损失掉一些保真度。总有一个权衡：当我们增加表示信号中每个测量值所需的位数时，我们就减少了误差，反之亦然。因此，怎样权衡每个样本的位数和量化误差呢？或者，如果我们明确了每个样本的最大位数，那么我们必须要接受多少不可避免的误差呢？解决这些问题是率失真理论的主题，它与我们稍后将讨论的有损数据压缩这一非常实际的概念密切相关。

我们的第一个任务是准确地解释我们所说的失真。我们可以选择损失函数 $L(x, y)$，非常典型的平方损失 $L(x, y) = (x-y)^2$。失真是给定量化器和源分布的预期损失：

$$\begin{aligned} E(Q) &= E_{X,Y}[L(X, Y)] \\ &= \iint L(x, y) f(x, y) \mathrm{d}x \mathrm{d}y \\ &= \iint L(x, y) f(x) f_Q(y \mid x) \mathrm{d}x \mathrm{d}y \end{aligned} \tag{8.17}$$

对于确定性量化器，这变成：

$$\begin{aligned} E(Q) &= \iint L(x, y) f(x) \delta(y - Q(x)) \mathrm{d}y \mathrm{d}x \\ &= \int L(x, Q(x)) f(x) \mathrm{d}x \\ &= E_X[L(X, Q(X))] \end{aligned} \tag{8.18}$$

接下来，我们要对量化输出中每个样本的位数进行量化，它可以作为输入和量化输出之间的互信息(对数基数 2)来测量：

$$\begin{aligned} I(Q) &= I_2[X, Y] \\ &= H_2[Y] - H_2[Y|X] \end{aligned} \tag{8.19}$$

在确定性量化器的情况下，因为 Y 是由 X 决定的，如果我们知道 Y，那么得不到关于 X 的任何信息，因此 $H_2[Y|X]=0$。这种情况下，$I(Q)=H_2[Y]$。使用这两个量 $E(Q)$ 和 $I(Q)$，我们可以将关于率失真的权衡表示为找到使某个给定失真 e 的比特率 $r=I(Q)$ 最小化的量化器：

$$\begin{aligned} &\text{最小化}_Q \quad I(Q) \\ &\text{受} \quad E(Q)\leqslant e \text{ 约束} \end{aligned} \tag{8.20}$$

上式的解被写成一个函数 $r(e)$。类似地，我们可以规定最大比特率 r 并且最小化失真 $e=e(Q)$。失真率函数 $e(r)$ 是：

$$\begin{aligned} &\text{最小化}_Q \quad E(Q) \\ &\text{受} \quad I(Q)\leqslant r \text{ 约束} \end{aligned} \tag{8.21}$$

函数 $r(e)$ 和 $e(r)$ 是彼此相反的。有时处理约束优化问题很难，因此我们可以使用拉格朗日公式表示权衡参数 $\lambda>0$：

$$\hat{Q}=\operatorname{argmin}_Q[E(Q)+\lambda I(Q)] \tag{8.22}$$

读者可能会认识到这个表达类似于正则化的思想。在贝叶斯公式中，失真的模拟值是负对数似然，而比特率是负对数先验或模型复杂度。

分析计算 $r(e)$ 或 $e(r)$ 是困难的。从互信息的属性出发，我们有 $0\leqslant r(e)=I_2[X, Y]\leqslant H_2[X]$。类似的，对于损失函数，例如平方损失，失真是非负的 $e(r)\geqslant 0$。函数 $r(e)$ 不随 e 的增大而增大，且是凸函数，因此 $e(r)$ 不随 r 的增大而减小。这就意味着公式(8.22)是一个凸问题。这可以用来表明，对于方差为 σ^2 的高斯独立同分布源(Gray 和 Neuhoff，1998)：

$$r_G(e)=\max\left(\frac{1}{2}\log_2\frac{\sigma^2}{e}, 0\right) \tag{8.23}$$

$$e_G(r)=\sigma^2 2^{-2r} \tag{8.24}$$

参见图 8.7，工程师们经常使用 $e_G(r)$ 来证明一个经验法则，即固定比特率量化器的信噪比(SQNR)每增加一个量化比特提高约 6dB(分贝)：

$$\begin{aligned} \mathrm{SNR}(r) &= 10\log_{10}\frac{\sigma^2}{e_G(r)} \\ &= r20\log_{10}2 \\ &\approx 6.02r \end{aligned} \tag{8.25}$$

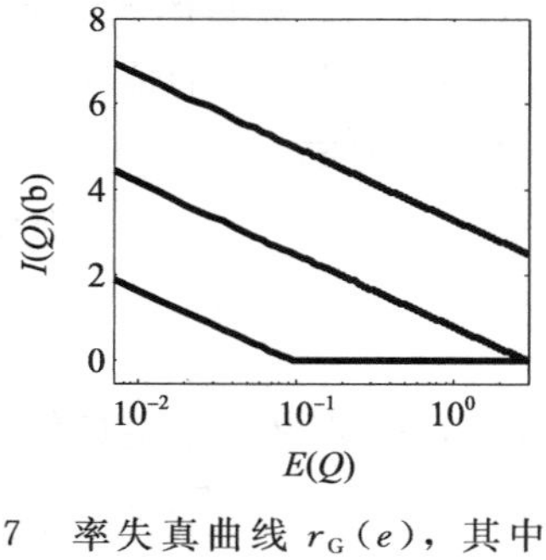

图 8.7　率失真曲线 $r_G(e)$，其中 $e=E(Q)$ 和 $r=I(Q)$，用于量化独立同分布的高斯源，对于不同的方差 $\sigma^2=0.1$(底线)，$\sigma^2=3.16$(中线)和 $\sigma^2=100$(顶线)

因此，对于高斯信号，$K=2^r=16$ 级的 $r=4$ 位量化器的理论 SQNR 约为 24dB，而对于 16 位(即 65 536 级)，近似的 SNR 为 96dB。后一种比特率通常用于音频编码等应用中。

虽然分析计算可能很困难，但这些函数的有用边界值是已知的(Makhoul 等人，1985)：

$$e_{\mathrm{SB}}(r) \leqslant e(r) \leqslant e_{\mathrm{G}}(r) \tag{8.26}$$

高斯分布是给定方差下 $\mathbb{R}$ 上的最大熵分布(见 4.5 节)，因此，所有非高斯源都将受益于更好的权衡。这就解释了上限。所有失真率函数都等于或大于香农下界(Makhoul 等人，1985)：

$$e_{\mathrm{SB}}(r) = \frac{1}{2\pi e} 2^{2(H_2[X]-r)} \tag{8.27}$$

这通常很容易计算，因为它只依赖于单变量源分布 $H_2[X]$熵的知识。对于给定的方差，这些失真率之间的关系($e_{\mathrm{SB}}(r)$、$e(r)$和 $e_{\mathrm{G}}(r)$)可以写成 $e(r)=s\sigma^2 2^{-2r}$ 形式，并在表 8.1 中列出了一系列分布。

表 8.1　对于具有相同方差 σ^2 的各种分布，标量量化中量化器失真率关系 $e(r) \approx s\sigma^2 2^{-2r}$ 中的尺度因子 s

源分布 $f(x)$	香农下界 $e_{\mathrm{SB}}(r)$	失真率函数 $e(r)$	$e_{\mathrm{G}}(r)$	变量率 $e_{\mathrm{VR}}(r)$	固定率(Panter-Dite) $e_{\mathrm{LM}}(r)$
均匀	$\frac{6}{\pi e} \approx 0.70$		1	1	1
拉普拉斯	$\frac{e}{\pi} \approx 0.87$		1	$\frac{e^2}{6} \approx 1.23$	$\frac{9}{2} = 4.50$
高斯	1	1	1	$\frac{\pi e}{6} \approx 1.42$	$\frac{\sqrt{3}\pi}{2} \approx 2.72$

8.2.2　Lloyd-Max 和熵约束量化器设计

对于上一节中描述的率失真权衡函数，分析结果通常难以计算。人们可以转而考虑使用数值方法。Lloyd-Max 算法(Gray 和 Neuhoff，1998)广泛用于此目的。给定一个源密度函数 $f(x)$和固定数目的阈值 K，用它来估计量化器的量级 $\boldsymbol{v}$ 和阈值 $\boldsymbol{u}$，该量化器在给定固定比特率 $r=\log_2 k$ 的情况下优化平方损失失真。对于确定性量化器，平方损失失真(式(8.18))可以写成：

$$\begin{aligned} E(Q) &= E_X[(X-Q(X))^2] \\ &= \sum_{k=1}^{K} \int_{u_k}^{u_{k+1}} (x-v_k)^2 f(x)\mathrm{d}x \end{aligned} \tag{8.28}$$

对于由$(\boldsymbol{u}, \boldsymbol{v})$定义的给定量化器，以下可以计算出局部最小值：

$$\frac{\partial E(Q)}{\partial u_k} = 0 \Rightarrow u_k = \frac{1}{2}(v_{k-1}+v_k), \ k=2, 3, \cdots, K \tag{8.29}$$

$$\frac{\partial E(Q)}{\partial v_k} = 0 \Rightarrow v_k = \frac{\int_{u_k}^{u_{k+1}} x f(x)\mathrm{d}x}{\int_{u_k}^{u_{k+1}} f(x)\mathrm{d}x}, \ k=1, 2, \cdots, K \tag{8.30}$$

u_k 的表达式(8.29)可以理解为对于每个类具有相等方差的一维线性判别分析分类器的每个量化区域 U_k 的最佳分类决策边界，这正好位于两个相邻的级之间(6.3 节)。类似地，式(8.30)正是每个区域的期望值，这是因为平方损失函数通过平均值最小化了。因此，给定一组量级，可以找到阈值，反之亦然。问题是，我们一开始当然也不知道。Lloyd-Max

算法从猜测的值开始，迭代地应用这两个方程作为更新的方法，同时监测 $E(Q)$以检测所需容差的收敛情况(Gray 和 Neuhoff，1998)。

因为在给定$\boldsymbol{v}$ 的情况下，式(8.29)最小化了 $E(Q)$，而对于给定 $\boldsymbol{u}$ 的式(8.30)也一样，所以序列 E^i，$i=1$，2，…是非递增的，因此算法收敛于 $E(Q)$的局部极小值。此外，如果源密度 $f(x)$是对数凹的，则 $E(Q)$是凸的，因此局部最优解实际上是全局最优解(Makhoul 等人，1985)。例如，对于高斯和拉普拉斯密度，这是成立的，在这种情况下，$\boldsymbol{v}$ 的任何一组初始值都是不同的，这将可以在给定密度和速率的情况下得到最佳标量量化器。否则，需要多次随机重新尝试以获得一个好的量化器(见 2.6 节)。至少在理论上是这样的，与 K 均值一样，数值退化解也有可能出现，参见 Bormin 和 Jing(2007)的例子。

对于大的 K 值，算法 8.1 收敛时获得的失真用高分辨率 Panter-Dite 公式近似(Gray 和 Neuhoff，1998)：

$$e_{\mathrm{LM}}(r)\approx\frac{1}{12}2^{-2r}\left[\int f(x)^{\frac{1}{3}}\mathrm{d}x\right]^3 \tag{8.31}$$

其中单变量高斯为 $\sigma^2\dfrac{\sqrt{3}\pi}{2}2^{-2r}$。表 8.1 给出了其他分布的值。这是高分辨率量化理论(Gray 和 Neuhoff，1998)的一系列广泛的结果之一。

算法 8.1　用于固定速率量化器设计的 Lloyd-Max 算法

(1) 初始化。选择$\boldsymbol{v}$ 的初始估计，使满足 $v_1^0<v_2^0<\cdots<v_K^0$，选择收敛容差 $\epsilon>0$，设置迭代数 $i=0$。

(2) 更新阈值，设置 $u_k^{i+1}=\dfrac{1}{2}(v_{k-1}^i+v_k^i)$，其中 $k=2$，3，…，K。

(3) 更新级数。设置 $v_k^{i+1}=\int_{u_0(k)}^{u_1(k)}xf(x)\mathrm{d}x\Big/\int_{u_0(k)}^{u_1(k)}f(x)\mathrm{d}x$，其中 $u_0(k)=u_k^{i+1}$，$u_1(k)=u_{k+1}^{i+1}$，$k=1$，2，…，K。

(4) 计算失真。计算 $E^{i+1}=\sum_{k=1}^{K}\int_{u_0(k)}^{u_1(k)}(x-v_k^i)^2f(x)\mathrm{d}x$，$\Delta E=E^i-E^{i+1}$，如果 $\Delta E<\epsilon$，退出，量化器为$(\boldsymbol{v}^{i+1},\ \boldsymbol{u}^{i+1})$。

(5) 迭代。更新 $i\leftarrow i+1$，回到第二步。

读者可能认识到，Lloyd-Max 算法实际上与 K 均值算法相同(见 6.5 节)，只是其中的密度函数是已知的。相反的，我们可以使用一个信号中存在的数据 $x_n n=1$，2，…，N(隐式地和近似地)估计这个分布，这就得到了用于量化的 K 均值。该算法用量化代替了式(6.14)中的分类步骤，并根据分配给每个量化区域 U_k 的所有数据点的经验均值来更新量级。

由于我们对数据的潜在分布一无所知，因此与 K 均值算法一样，该算法只能保证找到局部最优解，因此将受益于多次随机重启，从而有信心获得接近最优的结果。

虽然 Lloyd-Max 量化器是有用的，但是我们知道我们通常可以通过量化运算，然后按照 $H_2[Y]$的平均速率进行熵编码来提高比特率(见图 8.8)。

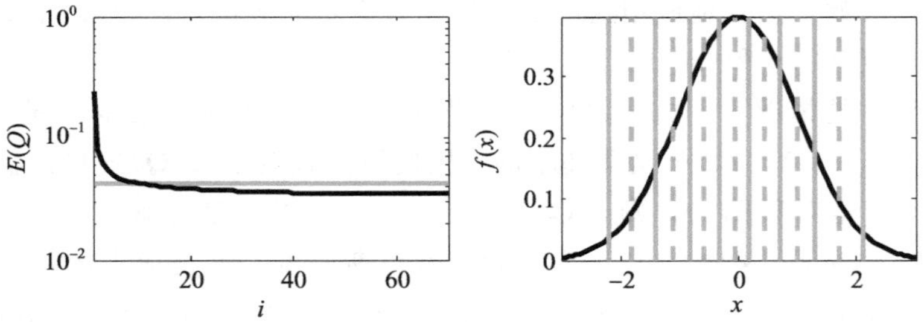

图 8.8　图中给出的是方差 $\sigma^2=1$ 的单变量高斯，$K=8$ 量化级的 Lloyd-Max 标量量化器。该算法在 70 次迭代中收敛到 $\epsilon=10^{-5}$ 以内的解(左图)。畸变 $E(Q)$(黑线)迅速收敛于接近 Panter-Dite 高分辨率近似(灰线，$e_{\mathrm{LM}}(r)$)的解。在右图中，叠加在高斯 PDF(黑色曲线)上的是量化级别 v_k(灰色垂直线)，在 $x=0$ 的位置向分布模式的距离更近，并进一步由尾部分离。通过构造(灰色虚线垂直线)，阈值 u_k 位于量级之间

算法 8.2　用于固定采样器设计的 K 均值算法

(1) 初始化。给 $\boldsymbol{v}$ 选择初始估计，使之满足 $v_1^0<v_2^0<\cdots<v_K^0$，设置迭代数 $i=0$。

(2) 更新量化数据指标。设置 $z_n^{i+1}=\{k:Q^i(x_n)=v_k\}$，其中 $n=1,2,\cdots,N$。

(3) 更新级数。设置 $v_k^{i+1}=\dfrac{1}{N_k}\sum\limits_{n:\, z_n^{i+1}=k} x_n$，其中 $k=1,2,\cdots,K$，而 N_k 是分配给量化器区域 k 的数据点的数量。

(4) 计算失真。计算经验失真 $E^{i+1}=\dfrac{1}{N}\sum\limits_{n=1}^{N}(x_n-Q^{i+1}(x_n))^2$，$\Delta E=E^i-E^{i+1}$，如果 $\Delta E<\epsilon$，退出，得到量化器 $(\boldsymbol{v}^{i+1},\boldsymbol{u}^{i+1})$，其中 $u_k^{i+1}=\dfrac{1}{2}(v_{k-1}^i+v_k^i)$，$k=2,3,\cdots,K$。

(5) 迭代。更新 $i\leftarrow i+1$，回到第二步。

这就提出了一个问题：对于给定的 $\lambda>0$，如何直接找到式(8.22)的拉格朗日代价函数 $F(Q)=E(Q)+\lambda I(Q)=E(Q)+\lambda H_2[Y]$ 的最优(确定性)量化器。通过对 $F(Q)$ 进行微分处理，我们得到了对 Lloyd-Max 的一个修正，它规定了阈值更新的附加惩罚项：

$$u_k=\frac{1}{2}(v_{k-1}+v_k)-\frac{\lambda}{2(v_{k-1}-v_k)}\log_2\frac{p_{k-1}}{p_k} \tag{8.32}$$

其中 $p_k=P(X\in U_k)=\int_{u_k}^{u_{k+1}}f(x)\mathrm{d}x$ 是量化器区域 U_k 的概率。惩罚项将区域概率作为先验项，通过修改量化器对每个区域进行最大后验概率决策，有效地调整分类器决策边界。这种修改产生了一个有用的贪婪算法，它只能保证找到一个局部最优解。

在实际应用中，我们发现该算法生成的最优量化器是近似均匀的，即使它们比 Lloyd-Max 量化器有所改进。例如，对于单位方差为 $\lambda=0.12$ 的高斯，在 $K=8$ 的情况下运行该算法，对于 $r=H_2[Y]\approx 2.0\text{b}$/样本的速率，会产生失真 $E(Q)\approx 0.087$。相比而言，对于相同的高斯源，具有 $K=4$ 量级和 $r=\log_2 K=2\text{b}$ 固定比特率的可比 Lloyd-Max 量化器具有 $E(Q)\approx 0.118$ 的失真。对于大比特率，熵约束量化器的平方误差失真已经被近似地表示为：

$$e_{\mathrm{VR}}(r) \approx \frac{1}{12} 2^{2(H_2[X]-r)} \tag{8.33}$$

其中 $r=H_2[Y]$是变量比特率。表 8.1 显示了该表达式的值，表明了可能的具体改进。事实上，众所周知，对于平方失真和高码率，均匀量化器和熵编码被认为是最佳熵约束量化器(Gray 和 Neuhoff，1998)。

最后，我们注意到算法 8.3 可以很容易地适用于利用分布的隐式经验估计，就像 K 均值是 Lloyd-Max 算法的“经验密度”对应量一样。使用最大后验线性判别分析中的判别规则(6.23)计算量化数据指标：

$$z_n = \underset{k \in 1,2,\cdots,K}{\arg\min} \left[(x_n - v_k)^2 - \lambda \log_2 p_k \right] \tag{8.34}$$

算法 8.3　迭代变速率熵约束量化器设计

(1) 初始化。给 $v_1^0 < v_2^0 < \cdots < v_K^0$ 选择初始估计，设置 $u_k^0 = \frac{1}{2}(v_{k-1}^0 + v_k^0)$，设置 $p_k^0 = \int_{u_k^0}^{u_{k+1}^0} f(x)\mathrm{d}x$，初始化迭代数 $i=0$。

(2) 更新阈值。设置 $u_k^{i+1} = \frac{1}{2}(v_{k-1}^i + v_k^i) - \lambda(\log_2 p_{k-1}^i - \log_2 p_k^i)/(2(v_{k-1}^i - v_k^i))$，$k=2, 3, \cdots, K$。

(3) 更新概率。设置 $p_k^{i+1} = \int_{u_0(k)}^{u_1(k)} f(x)\mathrm{d}x$，其中 $u_0(k) = u_k^{i+1}$，而 $u_1(k) = u_{k+1}^{i+1}$，其中 $k=1, 2, \cdots, K$。

(4) 更新级数。设置 $v_k^{i+1} = \int_{u_0(k)}^{u_1(k)} x f(x)\mathrm{d}x / p_k^{i+1}$，其中 $k=1, 2, \cdots, K$。

(5) 计算拉格朗日项。计算 $F^{i+1} = \sum_{k=1}^{K} \int_{u_0(k)}^{u_1(k)} (x - v_k)^2 f(x)\mathrm{d}x - \lambda \sum_{k=1}^{K} p_k^{i+1} \log_2 p_k^{i+1}$，$\Delta F = F^i - F^{i+1}$，当 $\Delta F < \epsilon$，退出，得到解为$(\boldsymbol{v}^{i+1}, \boldsymbol{u}^{i+1})$。

(6) 迭代。更新 $i \leftarrow i+1$，回到第二步。

如果最小化式子里的两项都除以 $\lambda = 2\ln(2)\sigma^2$，我们就可以把这个表达式写成和式(6.23)相同的形式。注意，这个 σ 是线性判别分析中每个量化器量级周围所有高斯混合分量的共同标准差，而不是源变量 X 的标准差；所以，如果量化器近似均匀，那么就有 $\sigma^2 \approx E(Q)$。概率的更新被经验估计 $p_k = \frac{N_k}{N}$ 取代，为了检验收敛性，拉格朗日代价函数变成 $F(Q) = \frac{1}{N} \sum_{n=1}^{N} (x_n - Q(x_n))^2 - \lambda \sum_{k=1}^{K} p_k \log_2 p_k$。后者与联合熵有关 $E_{X,Z}[-\log_2 f(Z) f(X \mid Z)]$，$F(Q) = \lambda E_{X,Z}[-\log_2 \pi_Z \mathcal{N}(X, Q(X))] - \lambda Z(\sigma)$。其中 $Z(\sigma)$是仅依赖于 σ 的高斯归一化函数(见图 8.9)。

8.2.3　统计量化和抖动

之前我们将量化视为(正则化的)量化误差最小化问题，其目标是最小化信号中每个样本的总体误差。如果我们关注的是信号的统计性质、量化误差或量化后的信号，那么我们可以利用特征函数将量化看作离散采样问题。也就是说，我们希望从量化样本中恢复源信

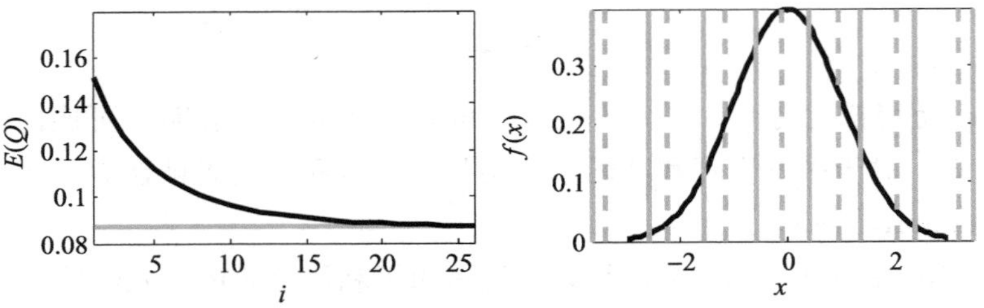

图 8.9　熵约束标量迭代量化器，算法 8.3，对于 $K=8$ 量化级别，方差 $\sigma^2=1$ 的单变量高斯，折中参数 $\lambda=0.12$。算法在 26 次迭代中收敛到 $\epsilon=10^{-6}$ 以内(左图面板)。失真 $E(Q)$(黑线)收敛到高分辨率近似(灰线，$e_{\mathrm{VR}}(r)$)。在右图中，叠加在高斯 PDF(黑色曲线)上的是量化水平 v_k(灰色垂直线)，其几乎完全均匀等间距分布，$\Delta x\approx 1.0$。阈值 u_k 位于水平(灰色虚线垂直线)之间，但移动 $\frac{\lambda}{2\Delta x}\log_2\frac{p_{k-1}}{p_k}$

号 $f(x)$ 的分布。由于特征函数是 PDF 的傅里叶变换，因此我们可以将均匀量化问题作为 Shannon-Whittaker 插值问题(8.1 节)。

类似的理论随之产生：如果源密度函数具有适当的带限，那么使用 sinc 插值对 PDF 进行完美重建总是可能的。这是 Widrow 量化定理：对于量化宽度为 Δ 且量级为 $v_k=k\Delta$ 的均匀量化器，其中 $k\in\mathbb{Z}$，如果密度 $f(X)$ 的特征函数 $\psi_X(s)$ 在 $|s|\geqslant\frac{\pi}{\Delta}$ 时满足 $\psi_X(s)=0$，则 X 的特征函数可以从 $Y=Q(X)$ 的特征函数中恢复。作为推论，可以从 Y 的 PDF 计算 X 的 PDF(Widrow 和 Kollar，1996)。

为了理解这个定理，我们需要用卷积序列来模拟量化过程。量化过程导致离散分布，该分布是放置在每个量化层级 v_k 处的 Dirac δ 函数的(无限)系列：

$$f_Y(y)=\sum_{k=-\infty}^{\infty}\int_{u_k}^{u_{k+1}}f(x)\mathrm{d}x\delta(y-v_k) \tag{8.35}$$

其中权重是每个量化器区域 U_k，$P(X\in U_k)$ 的概率。但是，我们可以将其表示为脉冲序列与 X 的密度与宽度为 Δ 的矩形函数 $f_R(x)=\mathbf{1}\left[-\frac{\Delta}{2}\leqslant x\leqslant\frac{\Delta}{2}\right]$ 的卷积的乘积：

$$f_Y(y)=\sum_{k=-\infty}^{\infty}\delta(y-v_k)\int_{\mathbb{R}}f_X(y-x)f_R(x)\mathrm{d}x \tag{8.36}$$

在这种形式下，直接计算 Y 的特征函数如下：

$$\psi_Y(s)=\sum_{k=-\infty}^{\infty}\psi_X\left(s+k\frac{2\pi}{\Delta}\right)\operatorname{sinc}\left[\frac{\Delta}{2}\left(s+k\frac{2\pi}{\Delta}\right)\right] \tag{8.37}$$

其中 $\operatorname{sinc}(x)=\sin(x)/x$。这是 ψ_X(乘以 sinc)被复制了无穷多次的形式，每个副本被移位了 $2\pi/\Delta$ 的整数倍。与带限采样一样，如果我们可以使用插值(相当于采样中的低通滤波)来分离中心位置 $k=0$ 的拷贝副本，那么我们就可以反转中心位置那个拷贝的副本来恢复出 $f(x)$。当然，只有当特征函数有移位的副本且没有相互重叠时，这才有可能，如果量化定理中给出的带限制条件为真，则此情况才可能发生。

因为 RV 和的 PDF 是通过卷积它们的 PDF 得到的，所以它们的特征函数是相乘的关系。这有一个有趣的结果：如果 RV 的特征函数不是带限的，我们可以通过添加一个独立的 RV(其特征函数是带限的)来实现。直观地说，由于是密度函数中的精细细节在较大的幅值 s 值下对特征函数的幅值起作用，这些细节是通过随机扰动一个带有额外独立随机值的 RV 而被“抹去”的。

大多数 PDF 都只是近似带限的，但在许多情况下，它们的特征函数的幅值在 $s=\pm\frac{\pi}{\Delta}$ 时足够小，对于量化宽度 Δ 的适当选择，几乎没有有效重叠。对于特征函数为 $\exp\left(-\frac{1}{2}\sigma^2 s^2\right)$ 的高斯函数，如果 σ 近似等于 Δ 或更大，则成立。相比之下，对于振幅 $A>0$ 的正弦信号 $x(t)=\sin(t)$，情况并非如此。密度是：

$$f(x)=\frac{1}{\pi\sqrt{1-\left(\frac{x}{A}\right)^2}} \tag{8.38}$$

在样本空间上 $\Omega_X=[-A,A]$。相应的特征函数是第一类 $\psi_X(s)=J_0(As)$ 的贝塞尔函数。当 $x\to\pm\infty$ 时，此函数的峰值与 $1/\sqrt{|x|}$，$x\to\pm\infty$ 成正比，因此 Δ 必须比 A 小得多，这样重建密度才是可行的。这种密度的问题是在 $x=\pm A$ 处存在奇点，这导致了严重和不可避免的吉布斯现象(见图 8.10)。

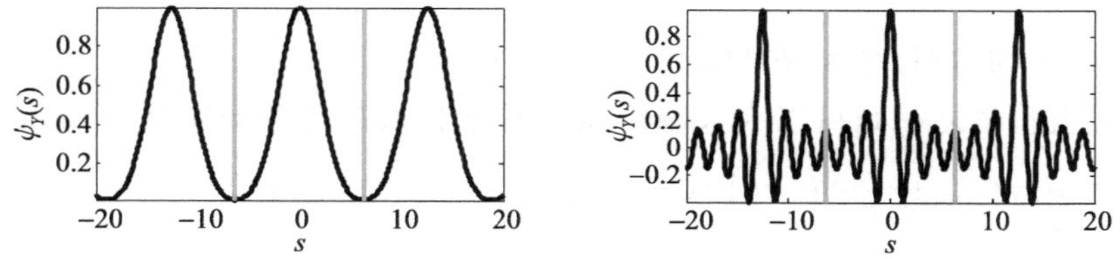

图 8.10 允许在宽度 Δ 均匀量化后使用 Shannon-Whitaker 插值重建输入密度，输出的特征函数与量化器的 sinc 函数卷积，必须是带限的，以便当 $|s|>\frac{\pi}{\Delta}$ 时，有 $\psi_Y(s)=0$。虽然高斯是有效带限(左图)，但正弦波(右图)并非如此。灰色垂直线位于 $\pm\frac{\pi}{\Delta}$，此处 $\Delta=1/2$，两种密度具有相同的标准差 0.469。正弦波峰值间距为 3

如果 Widrow 量化定理成立，则量化误差 $\epsilon=Q(x)-x$ 均匀分布在 $\left[-\frac{\Delta}{2},\frac{\Delta}{2}\right]$ 上，因此方差为 $\Delta^2/12$。但事实上，量化误差均匀的充要条件是 $\psi_X\left(\frac{2\pi k}{\Delta}\right)=0$，其中所有的 $k\in\mathbb{Z}_0$，而 $\mathbb{Z}_0=\mathbb{Z}-\{0\}$(Wannamaker，2003，定理 4.1)。此外，ϵ 和 X 将是不相关的，例如 $E[\epsilon X]=0$(Widrow 和 Kollar，1996)，但当然，不相关并不意味着独立。

通过使用联合特征函数扩展这种量化统计模型，我们可以解决几个非常重要的实际问题，包括关于 ϵ 和 X 之间的统计关系。一个确定性量化器 Q 总是由相同的输入产生相同的输出，因此误差完全由输入决定。这种确定性关系在许多实际应用中可能会有问题。例如，在音频 DSP 中，确定性量化噪声引入了明显的谐波失真。

前面给出的正弦信号的例子表明，对于许多实际信号，Widrow 定理是不满足的。主要限制是量化器的确定属性，量化器将输入中的信息传递给误差信号。然而，随机量化器可以在一定程度上控制这种统计关系。我们将研究一种广泛使用且有效的随机量化方法，称为(非减法)抖动。在这种方法中，量化前，将一个被称为抖动信号 W_n 的随机过程(通常不依赖于输入信号)加入输入信号中，以控制量化过程的统计特性。量化器输出为 $y=Q(x+w)$。量化误差信号变为 $\epsilon=Q(x+w)-x$。在减法抖动中，抖动信号从量化器输出中被减去，并加到量化器输入中。减法抖动在实际中并不常用，因为它要求抖动信号和量化信号有效地一起进行传输。

任何随机过程都可以用作抖动信号，但如果我们希望量化器的某些统计特性保持不变，则需要对抖动的特征函数施加特定的限制。我们将 $M>0$ 阶的抖动定义为满足 $\psi^{(m)}\left(\frac{2\pi}{\Delta}k\right)=0$ 的过程，其中所有的 $k\in\mathbb{Z}_0$，而所有 $m=0$，1，…，$M-1$。作为一类特别有用的抖动信号，(Wannamaker，2003，第 27 页)探讨了 M 矩形 PDF 抖动(MRPDF)，该抖动是通过 M 个独立同分布均匀随机过程求和得到的，其均值为零，支持度为 Δ。它有如下特征函数：

$$\psi(s)=\left[\frac{2}{\Delta s}\sin\left(\frac{\Delta s}{2}\right)\right]^M \tag{8.39}$$

因此，1RPDF 在 $\left[-\frac{\Delta}{2},\ \frac{\Delta}{2}\right]$ 范围内是均匀的，而 2RPDF 在 $[-\Delta,\ \Delta]$ 内呈三角分布。很容易证明 MRPDF 过程是 M 阶抖动。

抖动的主要价值之一是可以大大减少输入和量化误差之间的统计依赖性。更准确地说，如果抖动的特征函数 $\psi^{(i)}\left(\frac{2\pi}{\Delta}k\right)=0$，其中所有的 $k\in\mathbb{Z}_0$，而 $i=0$，1，2，…，$M-1$，那么有 $E[\epsilon^m\mid X]=E[\epsilon^m]$，其中 $m=0$，1，2，…，M，反之亦然(Wannamaker，2003，定理 4.8)。这就使得我们可以依据抖动 W 的矩来计算误差 ϵ 的矩。比如，假设抖动至少是二阶的，那么 $E[\epsilon^2]=E[W^2]+\frac{\Delta^2}{12}$。Wannamaker(2003)接着指出，使用非减法 MRPDF 抖动，误差信号的第一个 $M>0$ 矩与输入信号无关。特别是对于 $M\geqslant 2$ 阶的 MRPDF 抖动，误差方差为 $E[\epsilon^2]=(M+1)\frac{\Delta^2}{12}$(Wannamaker，2003，定理 4.10)。

简单(非减法)的抖动有局限性。我们不能使误差信号完全独立于输入，不能使任意输入分布的误差均匀分布(Wannamaker，2003，定理 4.6)，不能使它成为独立地同分布的(Wannamaker，2003，第 100 页)，也不能达到小于 $\Delta^2/12$ 的误差方差。

然而，抖动可以控制误差的交叉矩。假设联合特征函数在每对 π/Δ 的非零整数倍处消失，且抖动与输入无关，则误差的自相关与抖动的自相关相同(Wannamaker，2003，定理 4.9)。所以，如果这个假设成立的话，那么独立同分布的抖动会使得误差的 PSD 变得平坦。例如，与输入信号 $M\geqslant 2$ 无关的 MRPDF 独立地同分布抖动，其具有平坦误差 PSD(Wannamaker，2003，第 74 页)。

此外，如果能满足对抖动统计上的一些限制的话，非减法抖动可以允许由输出 Y 的矩计算输入 X 的矩(Wannamaker，2003，4.4.2 节)。这包括联合矩的计算，例如自相关，这样就有：

$$F_Y(\omega)=F_X(\omega)+F_W(\omega)+\frac{\Delta^2}{6S} \tag{8.40}$$

其中 S 是采样率，单位为 Hz。

最后，可以看出 2RPF(三角形抖动)具有误差均值和方差与输入信号无关的抖动最小误差的方差。当然，1RPDF(均匀)抖动的总误差方差较小，但误差方差取决于输入信号。三角抖动因此在诸如音频 DSP 的应用中成为一种流行的选择，因为与输入信号相关的量化噪声比平坦噪声在感知上更明显。然而，它在科学测量中也有重要的应用，因为将量化噪声从信号中解耦可以更容易地建模和预测测量误差(见图 8.11)。

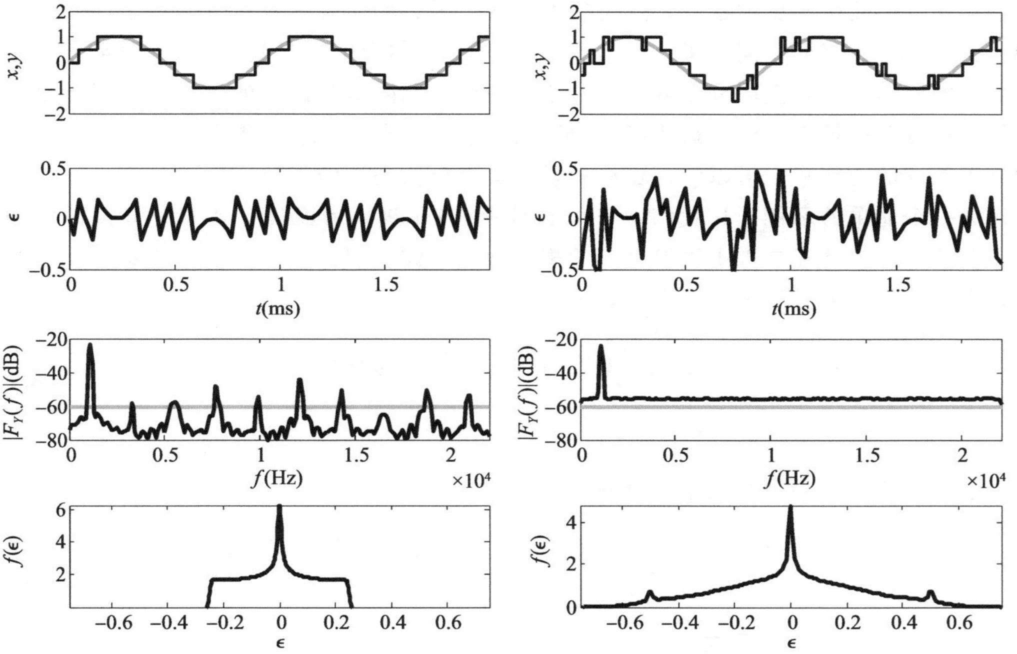

图 8.11　量化和抖动。正弦波信号(灰色曲线，第一行)$x(t)=\sin(2\pi\phi t)$，其中 $\phi=1100$，采样率 $S=44.1$kHz，使用宽度 $\Delta=1/2$ 的确定性均匀量化器进行量化，以产生量化信号 y(黑线，第一行左图)。这就生成了误差信号 ϵ(第二行，左)，其 PSD 在输入信号的谐波处具有大峰值(第三行，左侧)。误差信号的 PDF 不是均匀的(第四行，左)。利用二阶独立同分布 2RPDF 三角抖动 w 产生随机量化器，得到右列的结果。这里，输出信号 y 的 PSD 具有平坦的底层噪声，尽管误差信号的 PDF 明显比确定性情况下具有更大的方差

到目前为止，我们认为希望的随机量化误差是理想的独立同分布或至少是频谱平坦的。然而，有理由考虑产生非独立同分布量化误差的随机量化器。特别地，在音频 DSP 中，由于人类听觉感知对 100～1000Hz 范围内的声音比任何其他频率范围内的声音更敏感，因此频谱不同部分的量化误差比其他部分更为明显。那么，可以创建具有特定频谱的抖动信号，使其可以“塑造”量化噪声，这一过程称为噪声塑造。例如，将 MRPDF 信号通过具有传递函数 $H(Z)$的有限脉冲响应滤波器，我们可以创建具有 PSD 为 $F_W(\omega)=|H(\exp(\mathrm{i}\omega))|^2$ 的自相关抖动信号 W_n。对于 $H(z)$的某些限制的系数序列，这将创建一个非独立同分布的随机量化器，其误差信号具有频谱 $F_\epsilon(\omega)=F_W(\omega)+\frac{\Delta^2}{6S}$(Wannamaker，2003，推论

5.1)。更复杂的方法包括反馈的处理，其中量化误差用附加有限脉冲响应滤波器进行滤波，然后从输入信号中减去，这种布置使得控制量化噪声的频谱具有更大的灵活性，虽然分析变得更加复杂，我们也只知道特殊类别的有限脉冲响应滤波器的有用结果(Craven 和 Gerzon，1992)。

8.2.4　矢量量化

到目前为止，我们只讨论了标量量化，即一次对单个样本的量化。然而，通常可以通过一次量化多个样本来获得更好的率失真权衡。当信号不是独立同分布的，在标量量化之前通过某种变换使样本更加独立，这是一种改进，因为变换后信号的方差小于原始信号的方差(见 8.3 节)。然而，同时量化一组 $D>1$ 个样本(称为矢量量化)的技术通常能改进标量量化，即使信号是独立同分布的。这种改进的根本原因是几何上的：相对于标量量化分别在每个维度进行处理，矢量量化(VQ)可以创建一个更有效的 D 维空间的平铺。也就是说，对于相同的比特率，可以设计比标量量化具有更低失真的空间划分。

作为一个简单的示例，让我们检查两个 $D=2$ 维平铺。考虑具有 Δ 量化宽度的均匀标量量化器的情况，其在二维中引发平面的规则方形平铺。假设量化器输出值集中在每个方形单元中，则每个单元的平方损失失真为：

$$\begin{aligned} e_S(\Delta) &= \int_0^{\Delta}\int_0^{\Delta}\left[\left(x-\frac{1}{2}\Delta\right)^2+\left(y-\frac{1}{2}\Delta\right)^2\right]\mathrm{d}y\,\mathrm{d}x \\ &= \frac{1}{6}\Delta^4 \end{aligned} \tag{8.41}$$

相比之下，边长为 Δ 的平面六边形平铺有变形：

$$\begin{aligned} e_H(\Delta) &= 12\int_0^{\frac{1}{2}\Delta}\int_0^{\sqrt{3}x}\left[\left(x-\frac{1}{2}\Delta\right)^2+\left(y-\frac{\sqrt{3}}{2}\Delta\right)^2\right]\mathrm{d}y\,\mathrm{d}x \\ &= \frac{5\sqrt{3}}{8}\Delta^4 \end{aligned} \tag{8.42}$$

现在，如果两个矢量量化在整个范围内的量化输出值的数目相同，那么两个矢量量化将具有相同的比特率。求解使正方形和六边形面积相等的六边形边长，得到 $\Delta_H=\frac{\sqrt{2}\sqrt[4]{3}}{3}\Delta_S$，有：

$$\frac{e_H(\Delta_H)}{e_S(\Delta_S)}=\frac{5\sqrt{3}}{9}\approx 0.96 \tag{8.43}$$

因此，对于相同的比特率，六边形平铺的失真(只能使用 VQ 获得)略小于使用均匀标量量化获得的方形平铺的失真。相反，类似的计算表明，等平方损失失真对应的比特率改进为 0.028b(Berger 和 Gibson，1998)。

由于二维及更高维中可能的几何构型比标量情形复杂得多，因此对于矢量量化，很少有有用的理论结果。例如，众所周知，对于独立同分布的高斯过程和平方损失失真，矢量量化在采用熵编码的标量量化器上最多只能将比特率降低 0.255b(Berger 和 Gibson，1998)。然而，正如本节前面所讨论的，我们总是可以使用 K 均值(或熵约束版本)来估计矢量量化参数，这是一种提高量化器性能的简单方法(见图 8.12)。这就是说，尽管矢量量化非常简单，但在实践中实施起来要复杂得多，因为量化器码字的数量通常需要以 $O(\kappa^D)$

的形式增长，其在维数上是指数的，这里的 κ 是每个维数中量化器的级数。这意味着为了使用矢量量化实现有用的压缩，我们需要传输一组以指数形式增长的码字，并且这种开销通常大于实现中采样比特率的增益。

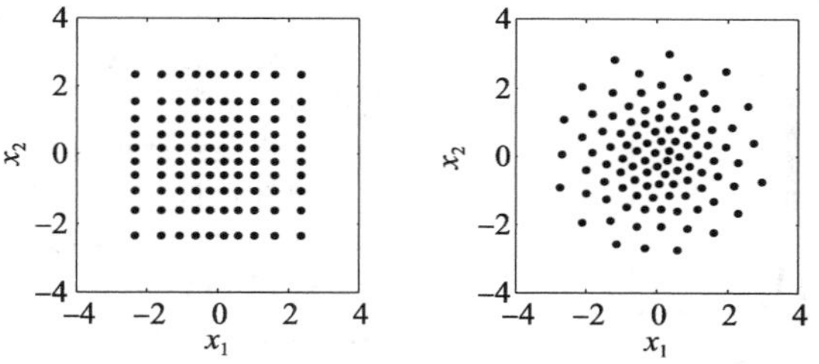

图 8.12 比较标量与矢量量化(VQ)，应用于标准($\sigma=1$，$\mu=0$)高斯独立同分布信号($N=100\,000$ 个样本)，$K=100$ 的量化器输出值。标量量化器(使用 $K=10$ 的 K 均值对一个坐标估计的参数)生成矩形网格(左图)。失真为 $e_S\approx 0.046$。相比之下，如果成对地将数据采集在一起，则得到的 VQ(使用 $K=100$ 的 K 均值估计的参数)产生更“圆形”的图案，其优于失真 $e_{VQ}\approx 0.039$ 或失真降低 16%的标量量化器

8.3 有损信号压缩

在本节中，我们将描述一些例子，其中离散时间量化和率失真理论已被用于产生非常实际的信号压缩算法，通常称为*编解码器*。这些编解码算法大多是有损的，也就是说，与基本熵编码不同，信号中的一些信息丢失了。然而，这种损失在实践中是可以容忍的，这些算法被嵌入到包括 GSM 蜂窝电话在内的通信基础设施的国际技术标准中。另一些则广泛应用于实际的数字存储应用中，以减少存储大量信号数据所需的内存量。

8.3.1 音频压缩扩展

最简单的技术之一涉及*压缩扩展*，这是压缩(compression)和扩展(expanding)的合并词。这里，在量化之前对信号应用非线性变换。在接收器处，采用逆变换。μ 律电话标准就是一个例子，它的转换是符号对数：

$$T(x)=\operatorname{sign}(x)\frac{\ln(1+\mu|x|)}{\ln(1+\mu)} \tag{8.44}$$

其逆为：

$$T^{-1}(x)=\frac{1}{\mu}\operatorname{sign}(x)\left[(1+\mu)^{|x|}-1\right] \tag{8.45}$$

其中 $\mu=2^r-1$ 和 r 是均匀量化器的位深度。典型音频信号的分布，在 $x=0$ 附近有很高的峰值和很厚的拖尾。这个变换“扩展”了 X 在 0 附近的范围，并“压缩”了 ± 1 附近的尾部范围。结果表明，$T(X)$的分布比 X 更均匀。这使得均匀量化器的量化误差更均匀地分布在 X 的整个范围内。因此，对于大幅值信号，量化误差更差，对于较为安静的信号，量化误差则更好。感知效果使量化误差在一定程度上被信号本身“掩盖”，并且总体误差 $E(Q)$更小。但是，由于压缩扩展使信号在量化之前更加均匀，这导致比特率 $I(Q)$更高，正如率失真理论所预期的那样(图 8.13)。

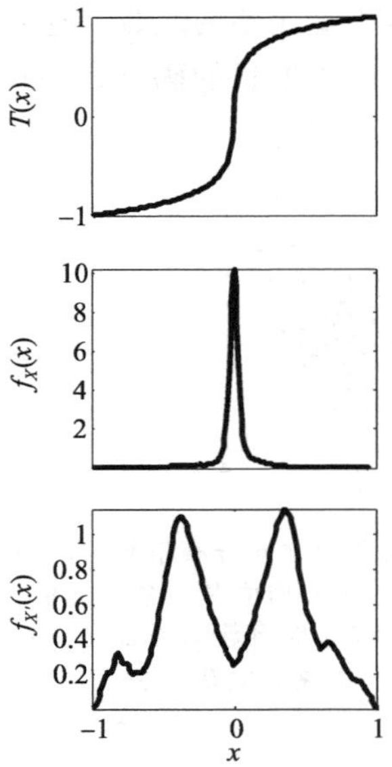

图 8.13 数字音频信号的密度通常在0处迅速达到峰值，尾部比高斯尾部更厚重(中图)。压伸变换函数 $X'=T(X)$，例如 μ 律(μ-law)(上图)压缩尾部区域，并扩展接近0的区域，使 X' 比 X(下图)更均匀。结果，应用于 X' 的均匀量化器的量化误差低于应用于 X 的均匀量化器的量化误差，并且量化噪声在感知上被信号的较强部分“掩盖”。这里，使用均匀的 $r=8$ 位量化器对44.1kHz采样率音频信号进行压缩和量化，得到 RMSE $\sqrt{E(Q)}=1.8\times10^{-3}$ 和比特率 $I(Q)=5.3$，而直接均匀量化得到 RMSE $\sqrt{E(Q)}=2.3\times10^{-3}$(比特率 $I(Q)=7.7$)

8.3.2 线性预测编码

更复杂的技术可以用来探索信号中的自相关。例如，如果信号是由高斯独立同分布噪声源驱动的线性时不变系统生成的，则可以使用线性预测来估计系统的冲激响应，因此，可以对白化残差进行编码。这个残差的传播比原始信号要小得多。因此，对于给定的量化误差，可以使用比原始信号所需更少的比特来量化残差，从而提供压缩。

尽管大多数真实世界的信号不太可能完全由这样一种机制产生，但有一些实际的例子非常符合这种结构。例如，语音和音频信号具有非平凡(短时间)频谱，可以使用线性预测较为容易地捕获到。事实上，*线性预测编码*(LPC)在任何情况下都是有效的，在这种情况下，将信号描述为驱动线性时不变系统的输出是合理的。线性预测编码最初假设数据由 M 阶递归线性时不变系统生成：

$$X_n=\sum_{m=1}^{M}a_mX_{n-m}+Z_n \tag{8.46}$$

这其中的系数 $\boldsymbol{a}\in\mathbb{R}^M$ 和 Z_n 是独立同分布高斯过程。

线性预测编码使用线性预测分析(7.4节)来估计给定信号 x_n 的系数 $\hat{\boldsymbol{a}}$，我们可以使用此方法计算残差 $z_n=x_n-\sum_{m=1}^{M}\hat{a}_mx_{n-m}$。现在，我们可以简单地量化残差 $q_n=Q(z_n)$，但是解码结果 $\hat{x}_n$ 必须使用 q_n 而非 z_n，即：

$$\hat{x}_n=\sum_{m=1}^{M}\hat{a}_m\hat{x}_{n-m}+q_n \tag{8.47}$$

其中设 $\hat{x}_m=x_m$，$m=1, 2, \cdots, M$ 开始迭代。但是，在解码端，量化误差 $\epsilon_n=z_n-q_n$ 会被递归放大，而 $\hat{x}_n$ 很快就会开始偏离 x_n。相反，我们解码和输入信号之间的预测误差 $e_n=x_n-\sum_{m=1}^{M}\hat{a}_m\hat{x}_{n-m}$ 进行量化，结果为 $q_n=Q(e_n)$，因此解码递归(8.47)变成：

$$\hat{x}_n = \sum_{m=1}^{M} \hat{a}_m \hat{x}_{n-m} + Q\left(x_n - \sum_{m=1}^{M} \hat{a}_m \hat{x}_{n-m}\right) \tag{8.48}$$

实际上，q_n 现在起双重作用：量化线性预测分析残差，并补偿由量化引起的持续预测误差。注意，如果量化是完美的，例如 $Q(x)=x$，那么 $\hat{x}_n = x_n$。因此，这种布置防止递归偏离输入信号。

以这种方式补偿预测误差是一个有用的技巧，但现在递归(8.48)不再是线性的：它在循环中具有高度非线性的量化器功能。这意味着我们不能使用传递函数极点分析等方法来确定递归是否稳定：尽管根据定义输入信号是有界的，量化信号 q_n 需要补偿任何不稳定性。并且，想要进行传递函数极点分析的递归是不可能的。此外，由于线性预测分析确定了使残余误差 $E_Z = \sum_{n=1}^{N} z_n^2$ 最小化的最佳系数，因此它们并不完全对应于量化残余误差 $E_Q = \sum_{n=1}^{N} q_n^2$ 的最佳系数。事实上，找到这些系数将是非常困难的，因为 E_Q 是不连续且非凸的，而参数是连续的(见图 8.14)。

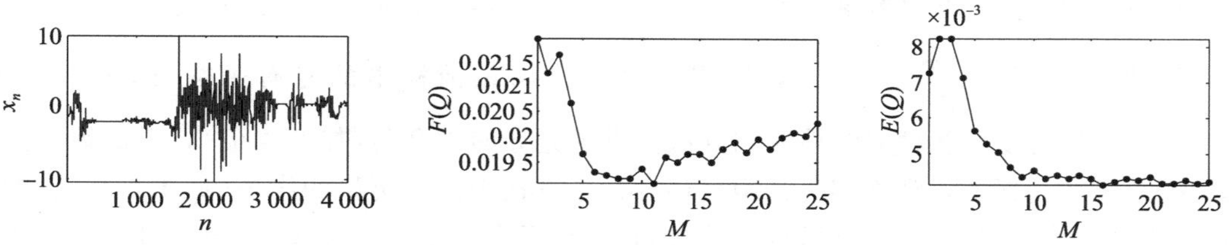

图 8.14　采用线性预测编码(LPC)压缩 MEM 数字加速度计信号(上图，信号长度 $N=4000$ 的样本)。失真率折中作为具有正则化参数 $\lambda=1.25\times10^{-6}$ 和具有一阶 MRPDF 抖动的 $r=6$b 均匀线性预测分析残差量化器的 M 阶线性预测编码模型阶数的函数(中图)。这会产生失真 $E(Q)$(下图)。最佳模型阶数为 $M=11$，即 RMSE 失真 $\sqrt{E(Q)}=0.07$，压缩信号长度 $I(Q)=11\,810$b。将输入信号直接均匀量化为 $r=16$b，得到 RMSE $\sqrt{E(Q)}=1.3\times10^{-4}$，信号长度为 $R_X=64\,000$，因此压缩比是 5.4∶1，换句话说线性预测编码将这个信号压缩到原始大小的 19%以下

总之，在编码端，首先使用 M 阶线性预测分析从输入信号 x_n 中找出最佳系数 $\hat{a}_m$。计算残差 z_n 以确定量化宽度 $\boldsymbol{\Delta}$，这取决于残差的尺度和量化器中使用的比特数。抖动在这里可以用来防止确定性量化成分。然后，我们使用递归(8.48)来确定量化残余信号 q_n。量化后的残差通常进行熵编码以进一步减少每个样本的比特数。初始条件 x_m 与系数和熵编码残差一起打包，并发送到解码器。将解码器递归(8.47)应用于该信息以重建信号 $\hat{x}_n$。一种简单且广泛使用的线性预测编码特例，称为*差分脉冲编码调制*(DPCM)，假设 $M=1$ 和 $a_1=1$。

在实践中，线性预测编码通常可以在低失真 $E(Q)=\frac{1}{N}\sum_{n=1}^{N}(x_n-\hat{x}_n)^2$ 下实现相当高的信号压缩。然而，确定实际*压缩比*，即原始信号中的比特数与压缩信号之间的比率。假设原始数字信号被量化为 r 位，那么原始信号使用 $R_X=Nr$ 位。编码(量化，熵编码)信号占用 $(N-M)H[Q]$位，我们需要 M 个系数和 M 个初始条件值。为了得到最好的结果，理想情况下，系数需要是浮点数，最少 32 位，并且初始条件与输入信号具有相同的位分

辨率。因此，在一个实际应用中，压缩比是：

$$\frac{R_X}{I(Q)}=\frac{Nr}{M\times(32+r)+(N-M)H[Q]} \tag{8.49}$$

为了实现好的压缩，我们希望这个比率尽可能大，也就是说尽可能地减小 $I(Q)$。现在，$M\times(32+r)$随 M 线性增加，所以我们希望 M 很小。同样的，如果 $N\gg M$，则第二项$(N-M)H[Q]$会远大于第一项 $M\times(32+r)$。因此，对于较长的信号，模型阶数 M 对压缩比的影响可以忽略不计，而重要的是每个样本的比率 $r/H[Q]$。然而，如上所述，线性预测编码本质上是一种线性时不变系统方法，它假设信号谱是时不变的。这在现实中常常是不正确的，在这种情况下，最好将信号分解成更小的近似时不变的时间窗口，并对每个窗口分别应用线性预测编码。在这种情况下，模型阶数 M 的影响不能忽略。另外，要注意，我们总是可以对原始信号进行熵编码，这当然比使用线性预测编码简单，因此，有理由认为可以使用 $R_X=NH[X]$来计算可实现压缩比的更现实的估计，其中 $H[X]$是(量化的)输入信号的熵。我们需要设置模型阶数 M 和量化器位数。这就需要优化关于这两个参数的失真率权衡 $F(Q)=E(Q)+\lambda I(Q)$，这是一个组合优化问题(见 2.6 节)。

值得指出的是，线性预测编码的递归框架非常灵活，例如，虽然经典的线性预测编码使用纯线性预测器 $\sum_{m=1}^{M}a_mX_{n-m}$，但同时也可以用先前样本的专有函数 $g(X_{n-1},\cdots,X_{n-M})$。这就为使用各种非线性回归方法提供了充分的机会(例如 6.4 节)。类似地，如果期望残差是非高斯的，那么损失函数可能会比平方损失产生更好的结果(见 4.4 节)。参见 Press(1992，第 571 页)，了解如何以压缩比为代价使线性预测编码完全无损。关于线性预测编码的文献比较广泛，有关更多细节，请参阅 Gray 和 Neuhoff(1998)及其参考文献。

8.3.3　变换编码

从上一节可以明显看出，许多信号是自相关的，因此，如果考虑到这些相关性，可以更容易地进行压缩。利用线性时不变系统时间和频率之间的对偶性，我们可以在频域而不是时域中进行压缩。可以将这一思想扩展到时变系统。事实上，只要存在有效去相关信号的变换，与直接量化信号的时间样本相比，量化变换系数将获得给定失真率的条件下下降的比特率。通常，只有少数变换系数是有意义的，也就是说，它们中的大多数会有很小的方差。这意味着对于给定的失真，只有少数系数需要精确编码，其余系数可以以更小的比特率进行编码。

让我们考虑一个离散信号 x_n，$n=1,2,\cdots,N$ 使用由矩阵 $\boldsymbol{A}$ 表示的正交变换进行变换，得到系数向量 $\boldsymbol{\phi}=\boldsymbol{A}\boldsymbol{x}$(例如，7.2 节和 7.6 节中的离散傅里叶变换或离散小波变换)。系数随后将被量化。由于变换是正交的，信号空间中的(平方损失)失真等于系数空间中的失真(Wiegand 和 Schwarz，2011，第 186 页)。这意味着失真为 $E(Q)=\frac{1}{N}\sum_{n=1}^{N}(\phi_n-\hat{\phi}_n)^2$，其中 $\hat{\phi}_n=Q_n(\phi_n)$是量化的第 n 个系数，而变换编码的问题就是确定 N 个量化器的参数 Q_n，从而优化率失真问题。

失真率折中函数在这里是适用的，但是对于每个系数是不一样的，我们将用 $e_n(r_n)$表示，其中 r_n 是第 n 个系数的失真率。在 N 个系数的整个集合上，我们可以指定平均比特

率 $r=\frac{1}{N}\sum_{n=1}^{N}r_n$，并且相应的平均失真将是$\frac{1}{N}\sum_{n=1}^{N}e_n(r_n)$。解决变换编码问题中量化参数的选择的一种方法是优化平均失真：

$$\text{最小化}\ Q_n \quad \frac{1}{N}\sum_{n=1}^{N}e_n(r_n) \tag{8.50}$$

$$\text{受}\ r=\frac{1}{N}\sum_{n=1}^{N}r_n\ \text{约束}$$

乘子 λ(见 2.1 节)对应的拉格朗日方程是$\frac{1}{N}\sum_{n=1}^{N}e_n(r_n)+\lambda\left(\frac{1}{N}\sum_{n=1}^{N}r_n-r\right)$。假设失真率函数都是非负的、具有连续一阶导数的严格凸函数，则优化问题的解为：

$$\frac{\partial e_n}{\partial r_n}(r_n)=-\lambda \tag{8.51}$$

对于所有 $n=1, 2, \cdots, N$。换句话说：最优变换编码量化器都与 r_n 具有相同的失真变化率，并且每个量化器可以根据每个变换系数的统计信息单独确定。由于(近似，高码率)失真率函数(8.2 节)可以写成 $e(r)\approx s\sigma^2 2^{-2r}$ 形式，其中 s 取决于分布函数，式(8.51)的解是(Wiegand 和 Schwarz，2011，第 192 页)：

$$r_n=\max\left(\frac{1}{2}\log_2\left(\frac{s\sigma_n^2 2\ln 2}{\lambda}\right),\ 0\right) \tag{8.52}$$

实践中我们需要使用$\lceil r_n \rceil$比特。通常，系数分布是重尾分布，例如拉普拉斯分布(一级近似，见图 8.15)。

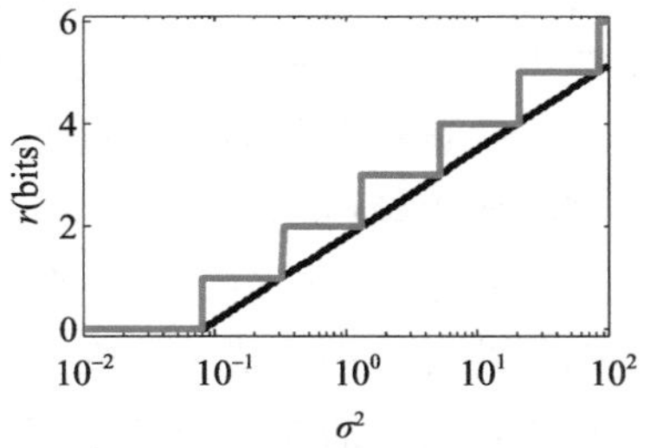

图 8.15　在变换编码中，在固定的高速率量化近似下，对特定系数进行量化所需的位数(黑线，灰色中的下一个最大整数)取决于系数的方差 σ^2、拉格朗日乘子 λ 的选择(这里 $\lambda=0$，5)和每个系数的分布(这里是拉普拉斯分布)

作为这种方法的有效性的一个例子，我们将研究这个想法在数字音乐音频信号中的应用(图 8.16)。这些通常在 $r=16\text{b}$ 处进行量化。使用离散余弦变换时，系数的分布比时域中的直接信号样本更为重尾。结果是，为了实现失真率所做出的一个关于 λ 的折中的选择(其与 16b 时域中的直接标量量化相当)，使用式(8.52)计算的每个 r_n 平均远小于 16b(通常接近于更小的数量级)。对于熵编码，这会导致较大的压缩比，10 或更多的值也并不罕见(在图 8.16 的示例中，熵编码后的每样本压缩比约为 16)。这是使用变换编码(正确选择正交基)进行有损压缩的成功例子。

应该注意的是，在实践中，该压缩比将因传输模型描述所需的开销而降低。基本上，编解码器是由 N 个方差 σ_n^2(决定速率变量 r_n)决定的。一个实用的方案通常要求每个方差不超过 32b(浮点)，从而产生 $32M$b 的开销。$M=1\,024$ 的上限值就足够了，因此对于大多数实际持续时间的数字音乐录制来说，这个开销基本上可以忽略不计。然而，为了利用熵编码，还需要传输每个量化器的霍夫曼编码树。存在几种用于表示树的有效数据结构，例如，

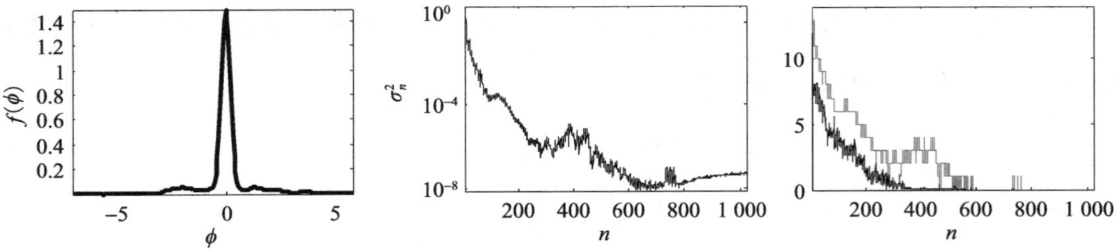

图 8.16 失真率的折中值为 $\lambda=5\times10^{-7}$ 时音乐音频信号的有效变换编码。在对信号应用离散余弦变换($M=1024$)之后，系数的分布是非常重尾的(左图，系数 $n=5$)。系数的方差随着 n(中图)的增加而迅速下降，因此量化器比特数 r_n(固定速率拉普拉斯模型，$s=92$)也迅速下降(右图，灰色曲线)。系数的熵 H_n(右图，黑色曲线)明显小于量化器位数(平均 $H=0.91$b/样本)。为了获得相同的失真($E(Q)\approx3\times10^{-7}$)，直接标量量化要求每个样本 $H=7.3$b

一种需要$\left\lceil \frac{3}{2}\cdot 2^r \right\rceil$b(Chowdhury 等人，2002)的数据结构导致总共需要 $\sum_{m=1}^{M}\left\lceil \frac{3}{2}\cdot 2^{r_m} \right\rceil+32M$b 来发送整个模型(在图 8.16 的示例中，霍夫曼树开销平均约为每个系数 500b)。相比之下，对于时域中的直接标量量化，要执行熵编码，只需要传输一棵霍夫曼树。可以考虑使用通用的固定霍夫曼树，例如基于系数分布的拉普拉斯模型，但这必然会降低每个样本的压缩比。因此，熵变换编码仅对持续时间足以使开销成为最终压缩比特长度的可忽略部分的信号真正有用。

变换编码已经远远超出了其原始的形式，我们这里讨论一些简单的公式，MPEG 3 层数字音频编解码器，通常称为 MP3 格式(Brandenburg，1999 年)。经典率失真理论的局限性之一是由平方损失函数所起的主导作用，这在实践中是一个实质性的局限。例如，人类听觉感知对某些频率的失真比其他频率段要敏感得多。这意味着前面讨论的不同离散余弦变换系数的失真率权衡是不相等的。通过在低频和高频比中频(例如 500～4000Hz)允许出现更多失真，MP3 算法可以在实践中获得更多可接受的失真率权衡。另一个显著的进展是考虑到心理声学掩蔽，即不容易感知到靠近大声部件的安静频率成分，安静的成分被声音较大的成分所掩盖。基于此，与较大的掩蔽频率相比，安静的掩蔽分量在感知上可以接受更多的失真。这一技术和其他技术的进步意味着 MP3 可以在 CD 质量音频的压缩比高达 10 的情况下实现几乎不可察觉的失真，这意味着可以节省存储数字音频记录所需的 90%的内存。这使得高质量音乐的可访问性发生了一场革命，因为使低带宽存储和互联网传输变得可行。

8.4 压缩感知

如 8.1 节所述，通过 Shannon-Whittaker 插值进行带限均匀采样的离散时间信号采集是普遍存在的，大多数实际的模-数转换/数-模转换硬件都使用这种原理。通常，信号是通过这种方式获取的，以其全带宽的未压缩形式存储，然后使用某种无损或有损技术进行压缩(8.3 节)。这就提出了这样一个问题：如果信号可以被压缩，那么首先是否有必要获取全带宽信号？这个问题的答案实际上是“不”——如果我们有更多关于信号的信息，我们确实可以做得比 Shannon-Whittaker 方法好得多。

在 Shannon-Whittaker 插值中，我们假设信号来自带限 l_2 函数 V 的空间。这是一个特殊的、但实际上非常不具体的模型。考虑这样一个函数(特别简单)的例子，一个单个的正弦信号：

$$f(t)=\sin(2\pi\phi t) \tag{8.53}$$

其中 ϕ 是频率分量，单位是 Hz。现在，对于这个特定的信号，我们可以在任何时刻 t_0 从采样的数字信号中获得频率参数 ϕ(考虑到 $\sin^{-1}$ 函数通常只给出主值)：

$$\phi=\frac{1}{2\pi t_0}\sin^{-1}(f(t_0)) \tag{8.54}$$

这个(过度简化的)例子说明了许多信号可能包含在 V 中，但是包含的(光谱)信息比它们的全带宽所携带的要少得多，实际上，对于频率范围(0，ϕ)内的信号，在频域中根本没有任何信息。我们只需要 ϕ 的值就可以完美地重建它。另一方面，在以数字方式获取信号的自然域(这里是时域)，几乎每个均匀采样的数字值都是非零的。因此，频率变量 ϕ 可以用这个函数的一个样本来获得——不需要在任意时刻以外的其他地方对信号进行采样，采样的时间点也可以随机选择。

因此，如果我们要使用经典的均匀采样，这个信号的带宽至少为 ϕ，所以这需要采样频率 $S\geqslant 2\phi$。我们可以把均匀采样看作是完美重建所需的绝对最坏情况(如果我们只知道信号是 V)，而且许多真实信号不需要在这种最坏的情况下进行采样，这会导致数字存储资源的严重浪费。*压缩感知*(compressive sensing，CS)领域的快速发展已经开发出各种理论工具，这些工具能够比经典的均匀 Shannon-Whittaker 插值更有效地对特定的和非常普遍的信号族进行采样，下一步将对其进行定义。

8.4.1 稀疏和不相干

由于大多数压缩感知(CS)是在离散时间信号 $\boldsymbol{f}=(f_1, f_2, \cdots, f_N)$上进行的，我们将集中精力研究这些信号。在这方面，参照经典的均匀采样理论，压缩感知的优点是它展示了欠采样的成功应用，即我们仅从 N 个均匀样本中进行 M 次测量，其中 $M<N$ (Candès 和 Wakin，2008)。我们将采取一种广义的采样观点，即我们通过与*感测函数* $\boldsymbol{u}_n$ 的某种相关性来获取数字信号，通过这种相关性我们获取到数字样本 $g_n=<\boldsymbol{u}_n, \boldsymbol{f}>$。例如，对于带限采样(8.1 节)，采集对应于使用离散的标准基函数 $\boldsymbol{u}_n=\boldsymbol{e}_n$，那么样本就是 $f_n=<\boldsymbol{e}_n, \boldsymbol{f}>$。

类似式(8.53)的那种信号，在带宽范围内谱信息很少的情况下，被称为*稀疏*(频域)。更正式地说，用正交基 $\boldsymbol{a}_n$ 表示的函数 $\boldsymbol{a}_n$，$\boldsymbol{f}=\sum_{n=1}^{N}x_n\boldsymbol{a}_n$，如果系数 $\boldsymbol{x}=(x_1, x_2, \cdots, x_N)$中只有 $K\ll N$ 不为零，则为 K 稀疏(Candès 和 Wakin，2008)。例如，如果 $\boldsymbol{A}$ 是傅里叶矩阵，那么稀疏性指的是离散傅里叶域。

类似的，感知正交基 $\boldsymbol{U}$ 和稀疏表示基 $\boldsymbol{A}$ 之间的*相干性*定义为每对基函数之间的最大绝对点积(Candès 和 Wakin，2008)：

$$\mu(\boldsymbol{A}, \boldsymbol{U})=\sqrt{N}\max_{j,k\in 1,2,\cdots,N}|\langle \boldsymbol{a}_k, \boldsymbol{u}_j\rangle| \tag{8.55}$$

在[1，$\sqrt{N}$]的范围内。压缩感知的主要目标是选择低相干性的基系统，即非相干性的基系统，因为这样，欠采样可能会很大，我们将在后面看到。例如，标准(δ)均匀采样基和傅里叶基具有 $\mu(\boldsymbol{A}, \boldsymbol{U})=1$，因此它们最大程度上不相干。正因为这个不相干性，$\boldsymbol{f}$ 在 $\boldsymbol{U}$ 中具有高度非稀疏(密集)的表示(Candès 和 Wakin，2008)，见图 8.17。我们的信号(式(8.53))也是如此，我们可以在时域中对信号进行任何采样，并使用它来恢复信号。换言之，对于在其基部与感知基不相干的域中稀疏的信号，信号中的信息在感知域中较好地展开。这一点很重要，因为这意味着我们不需要像 Shannon-Whittaker 插值所建议的那样获得很多的测量值。

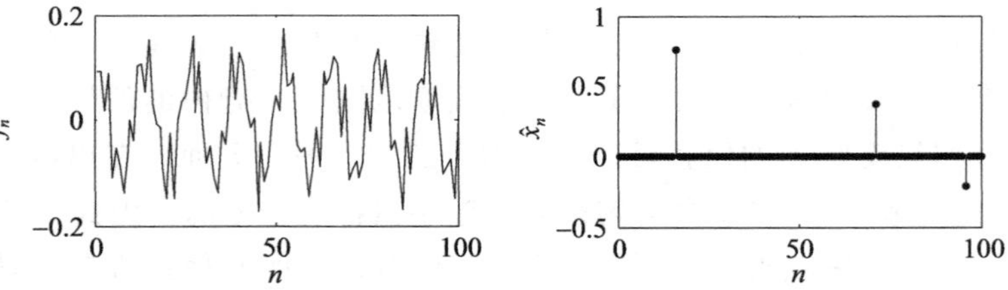

图 8.17 压缩感知的图示。(上图)输入信号 f_n 长度为 $N=100$，均匀采样。该信号在离散余弦变换基中具有 $K=3$ 个非零系数的稀疏性，其与标准(δ)感知基具有相干性 $\mu(\boldsymbol{A}, \boldsymbol{U})=\sqrt{2}$。系数的恢复得出(下图)$C=1$，得出最小的 $M=28$ 的测量值

8.4.2 凸优化精确重构

给定一个欠采样信号，具有 $M<N$ 个数字测量值 g_m，$m=1, 2, \cdots, M$，我们要重建出真正的信号 f_n。当然，这是一个病态问题，但是，与带限采样一样，我们可以应用约束使这个问题变得可处理。压缩感知理论学家已经研究了各种约束的使用，其中最简单和研究最充分的是 L_1 正则化(Candès 和 Wakin，2008)：

$$\begin{aligned}&\text{最小化}\ \|\hat{\boldsymbol{x}}\|_1\\&\text{受}\ \langle \boldsymbol{A}\hat{\boldsymbol{x}}, \boldsymbol{u}_m\rangle=g_m,\ m=1, 2, \cdots, M\ \text{约束}\end{aligned} \tag{8.56}$$

在标准 δ 感知基 $\boldsymbol{e}_n$ 的情况下约束简化为 $\sum_{n=1}^{N}\hat{x}_m a_{n,m}=f_m$，$m=1, 2, \cdots, M$。换言之，我们寻求一组具有最小 L_1 范数的系数 $\hat{\boldsymbol{x}}$，使得重构到感知基上的 M 个投影与 M 个获得的样本一致。这个重构的问题是一个线性规化(Boyd 和 Vandenberghe，2004)。已经证明，对于基 $\boldsymbol{A}$ 中的 K 稀疏信号，假设有(Candès 和 Wakin，2008)：

$$M\geqslant C\mu^2(\boldsymbol{A}, \boldsymbol{U})K\ln N \tag{8.57}$$

其中 $C>0$ 是一个常数，则概率接近 1，有 $\hat{\boldsymbol{x}}=\boldsymbol{x}$。换句话说，如果式(8.57)成立，$L_1$ 压缩感知凸问题(8.56)(几乎总是)准确地恢复非零系数的位置和值。所需的最小测量次数 M 必须随着相干性的平方而增加，因此，如前面所讨论的，相干性越小越好。类似地，测量次数必须随稀疏度 K 线性增加，随信号大小 N 呈对数形式增加。实验表明，常数小到 $C=0.4$ 或每个非零系数约 4～5 次测量在实践中就足够了(Candès 和 Wakin，2008)。

类似的结果也适用于有噪声的情况，例如测量值被一些误差 $g_m+\boldsymbol{\epsilon}_m$ 破坏的情况。在这种情况下，重建不会太精确，但它接近找到可能的最佳解，就好像已知 K 个最大值系

数的位置。考虑到发现非零系数的数目和位置本身就是一个困难的组合优化问题，能计算出这些结果优化效果已经算很显著的了！

压缩感知的另一个吸引人的方面是，感知基可以是随机的，并且在很大程度上可以与任何基 **A** 不相干。构造这种随机感知基的一种简单方法是选择均匀分布在单位 N 球上的 N 个独立同分布向量，然后对它们进行正交化。另一个随机构造涉及独立同分布伯努利 ± 1 个项(图 8.18)。当概率接近 1 时，这种随机感知矩阵与 **A** 的相干性约为$\sqrt{2\ln N}$ (Candès 和 Wakin，2008)。因此，这些随机结构为我们提供了一个几乎可以通用的压缩感知配方。

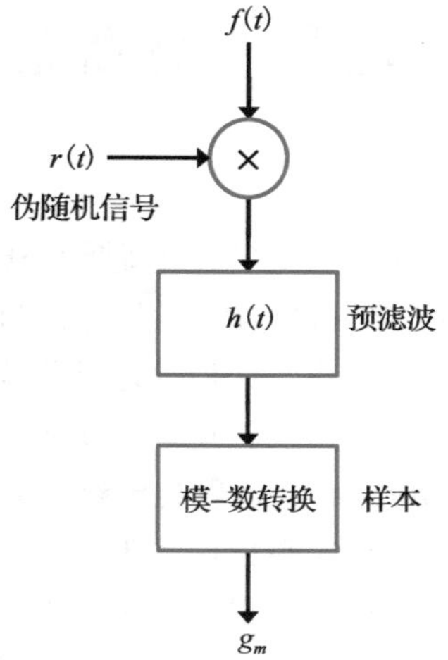

图 8.18 用随机解调进行压缩感知。将输入信号 $f(t)$乘以通过奈奎斯特速率生成的用于输入信号带宽的伪随机 ± 1 信号 $r(t)$。该产品是反走样到一个低得多的速度，以如此低的速率进行二次采样。随后的重构使用例如 L_1 正则化凸优化来执行

8.4.3 实践中的压缩感知

将压缩感知投入解决实际问题需要一些特定的用于感知的硬件。标准的 δ 采样基础意味着直接使用现有的模-数转换，只使用随机化而不是均匀的采样时点。一种稍微复杂一点的方法称为随机解调(Tropp 等人，2010)，对于非常高速率的稀疏信号非常有用，在这种情况下，以全速率进行采样将是一个挑战(这是例如雷达 DSP 的情况)。这里，带宽 B 的稀疏输入信号乘以围绕奈奎斯特频率 $2B$ 交替的(伪)随机 ± 1 平方波信号。然后，该乘积被低通预滤波到更低的带宽 $\overline{B}<B$，并使用经典模-数转换在 $2\overline{B}$ 处采样。由随机信号相乘的行为导致(稀疏)输入信号的频谱在整个带宽 B 上被“抹掉”，因为输入信号的频谱与随机方波的频谱进行了卷积相乘。考虑一个输入正弦信号，其频率远高于低速率采样带宽 $\overline{B}$。即使这个正弦波的频率比 $\overline{B}$ 高得多，抹掉操作也会在采集的低速率样本 g_m 中留下信号的“痕迹”。当存在多个正弦波时，所采集的样本将包含随机方波的频移频谱的线性混合，每个输入正弦波对应一个，其频率、相位和振幅可以使用压缩感知重构来解开。Tropp 等人(2010 年)的经验表明，对于服从 $\overline{S}\geqslant 1.7K\ln(B/K+1)$的(子)采样率，在最大带宽 B 的稀疏输入信号中，含有 K 个随机频率、相位和幅度的正弦信号，可以以接近 1 的概率进行完美重构。

在获得信号之后，我们必须解决重建问题(8.56)以获得底层信号 f_n。这可以通过使用有效的内部点方法来实现(2.4 节)。然而，要注意，这只需发生在重构点的位置，因此在需要重构信号之前，通常不需要存储除压缩信号之外的任何东西。

非线性和非高斯信号处理

线性时不变(LTI)高斯 DSP，如第 7 章所述，具有大量的数学上的便利性，使其在实际 DSP 应用和机器学习中具有价值。当信号是由线性时不变高斯模型生成的时候，从统计的角度来看，这种处理是最优的。然而，当我们不能保证线性、时间不变性和高斯性的假设成立时，这些技术的使用是否有很大的局限性？特别地，表现出跳跃或显著的非高斯外点(outlier)的信号会导致诸如线性时不变滤波器输出中的吉布斯现象之类的实质性不利影响，并且非平稳信号不能在傅里叶域中紧凑地表示。在实践中，许多真实信号或多或少地表现出这样的现象，因此拥有一个在许多情况下都有效的 DSP 方法工具包是很重要的。本章致力于探索统计机器学习概念在 DSP 中的应用。

9.1 滑动窗滤波器

滑动(也称为移动或运动)窗滤波器仅使用来自每个时间步的时间邻域的信息来确定过滤器的输出。最大似然滤波器对参数没有先验。滑动窗滤波器通常非常容易实现，并且具有非常低的计算复杂度，并且在适当的情况下，它们会非常有效。

下面，窗函数 $I(n)$ 返回时间邻域的索引集。最常见的窗口功能是尺寸为 W 的中心矩形窗口：

$$I(n)=\{n-W_2,\ \cdots,\ n-1,\ n,\ n+1,\ \cdots,\ n+W_2\} \tag{9.1}$$

其中 $W_2=\left\lfloor\frac{W-1}{2}\right\rfloor$(通常 W 是奇数)。对于有限长度信号，在 $n=1$ 和 $n=N$ 的边界附近会有窗，其中有元素 $i\in I(n)$，这里的 $i<1$ 或 $i>N$。解决此问题的一种常见方法是通过删除这些元素来截断这些窗口。另一种代替的方法是扩展信号，例如，通过设 $x_i=0$，其中所有的 i 满足 $i<1$ 或 $i>N$。在边界处引入人为的不连续性有明显的缺点，一个更好的方法是当 $i<1$ 时，设置 $x_i=x_1$，而当 $i>N$ 时，设 $x_i=x_n$。

9.1.1 最大似然滤波器

与统计机器学习方法一致，我们可以在每个窗口的样本上设置一个分布。如果该分布具有一个参数，则通过最大化每个窗口中关于参数 μ_n 的样本的联合概率来获得单个参数的最大似然估计(MLE)：

$$\hat{x}_n=\underset{\mu_n}{\arg\max} f(x_{I(n)};\ \mu_n) \tag{9.2}$$

因此，滤波后的输出信号由每个窗口的最大似然估计参数构成。

我们已经遇到了一个简单的例子：移动平均(MA)有限脉冲响应滤波器(7.3 节)。当我们假设每个窗口内的信号是独立同分布高斯信号时，就会出现式(9.2)的这种特殊情况，例如：$f(x_{I(n)};\mu_n)=\prod_{i\in I(n)}\mathcal{N}(x_i;\mu,\sigma_n)$，则最大似然估计为 $\hat{x}_n=\frac{1}{W}\sum_{i\in I(n)}x_i$。一般来说，最大似然估计方法随着样本量的增加而变得更加精确，因此窗口大小 W 越大越好。然而，增加窗口大小也会增加由于海森堡不确定性(7.2 节)导致的信号变化的时间尺度。一般来说，这就意味着在减少噪声传播和在小于窗口大小的时间尺度上保留特征之间存在着一种权衡。

当然，与任何最小二乘估计一样，对外点(异常值)具有鲁棒性的所有问题都会出现，因此调用一个鲁棒的损失函数可能会更好。例如，可以使用分位数参数 $q\in[0,1]$的非对称校验损失(式(4.88))构造非常有用的一系列滤波器。假设非对称拉普拉斯分布样本(如上所述)在每个窗口内是独立同分布的，最大似然估计是第 q 个分位数，对于一组 K 个数据的样本，当样本按升序排序时，该分位数是位置 $k=\lfloor qK\rfloor$处的值。

当 $q=1/2$ 时，我们恢复了标准对称拉普拉斯分布，其中的最大似然估计就是其中值。由此产生的滑动中值滤波器是非线性信号处理中的一个标准方法，它对二维图像的扩展得到了广泛的应用(Arce，2005，5.1 节)。中值滤波器具有某些特性，可用于从分段常数信号中去除噪声。特别地，分段恒定信号经过滤波器后保持不变，这意味着，对于传播较小的噪声，它们能够去除大部分噪声，同时保持原始信号中的跳跃相对不受影响。这与总是平滑掉边缘的移动平均滤波器形成对比。滑动分位数滤波器对于某些仪器中出现的歪曲噪声非常有用，例如 Kepler 过渡光曲线，用于天文学应用中的系外行星发现(见图 9.1)。最大似然估计滑动滤波器代表了一类非常广泛的非线性、非高斯滤波器，Arce(2005)的书提供了关于这个主题的详细资料。

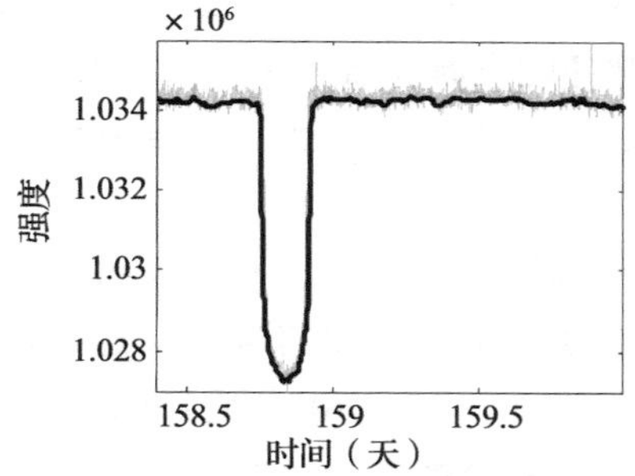

图 9.1 分位数滑动滤波器的应用，其中 $q=0.25$，窗口大小 $W=50$。信号是来自 Kapler 卫星系外行星光曲线的光强度(原始信号，浅灰色)。分位数滤波信号(黑色曲线，每个窗口代表大约 50min)有效地平滑掉了原始数据中较大的、正的、不对称的异常值

9.1.2 变点检测

另一种在实践中得到广泛应用的滑动窗“滤波器”是*变点检测器*。例如，这些信号处理的方法是去寻找信号电平(跳跃)的突然变化，那么这里就不能解释其为噪声。假设窗口的左半部分和右半部分为具有不同均值但相同方差的独立同分布高斯样本：

$$f(x_{I_L(n)};\mu_{Ln})=\prod_{i\in I_L(n)}\mathcal{N}(x_i;\mu_{Ln},\sigma) \tag{9.3}$$

$$f(x_{I_R(n)};\mu_{Rn})=\prod_{i\in I_R(n)}\mathcal{N}(x_i;\mu_{Rn},\sigma) \tag{9.4}$$

其中 $I_L(n)=\{n-W_2,\cdots,n-1,n\}$，$I_R(n)=\{n+1,n+2,\cdots,n+W_2\}$，左半窗的样本均值分别为高斯均值参数 μ_{Ln} 和 μ_{Rn} 的极大似然估计。类似地，整个窗口内方差(称为*聚集样本方差*)的最大似然估计为：

$$v_n = \frac{\sum_{i \in I_{L(n)}} (x_i - \mu_{Ln})^2 + \sum_{i \in I_{R(n)}} (x_i - \mu_{Rn})^2}{2W_2 - 3} \left(\frac{1}{W_2} + \frac{1}{W_2 - 1}\right) \tag{9.5}$$

测试统计量：

$$t_n = \frac{\hat{\mu}_{Ln} - \hat{\mu}_{Rn}}{\sqrt{v_n}} \tag{9.6}$$

可以显示为学生 t 分布，其中自由度为 $d = 2W_2 - 3$，而对应的累积分布函数(CDF)为：

$$F(t) = 1 - B\left(\frac{d}{d+t^2}, \frac{d}{2}, \frac{1}{2}\right) \tag{9.7}$$

这里，$B(x, a, b)$是正则化的不完全 beta 函数。我们不会将 n 处的跳跃仅仅解释为是由于高斯噪声(零假设)引起的，例如，如果 $1 - F(t) < 0.05$，这等同于 95%显著性水平位置上的拒绝。

在实践中，滑动窗口跳变检测技术必须权衡统计能力和可能完全失败的风险，增加窗口大小允许更好的检测能力，但存在每个窗口中可能存在多个跳变的风险。这将违反主要的假设，即窗口的左半部分和右半部分仅来自一个分布。

9.2 递归滤波

上面介绍的滑动窗口滤波器可能是最简单的非线性/非高斯滤波器。更复杂的滤波器涉及递归，也就是说，将一个时间步长的(一部分)输出作为下一个的输入。这些滤波器可以被描述为半马尔可夫链，形式为 PGM$Y_{n-1} \rightarrow Y_n \leftarrow X_n$，其中 Y_n 是滤波器在时间索引 n 处的输出，X_n 是(观察到的)输入。一阶线性无限脉冲响应滤波器 $y_n = y_{n-1} + bx_n$(7.3 节)以这种形式存在。在时间序列的预测应用中，$b = 1 - a$(因此 0Hz 处的传递函数幅度大小是单位 1)这种情况被称为指数平滑。

(一步)递归滤波的概率公式用半马尔可夫条件分布 $f(y_n | y_{n-1}, x_n)$表示。一般来说这是正确的，但是我们需要为这个分布选择一个特定的形式，结果将取决于这个选择。如果假设 Y_n 和 X_n 的分布来自对数正态分布(样本空间为 Ω_X，$\Omega_Y > 0$)，则递归 $y_n = y_{n-1}^a x_n^b$ 仍然为对数正态分布，其中 a，$b \in \mathbb{R}$(这是用输入信号的变换表示递归滤波器条件分布的直接方法)，如果变量是高斯的，这种递归就是应用于变量指数的线性 IIR 滤波器。得到的滤波器具有有趣的表现，输出永远是正值，对于变化缓慢的信号，当 $a > 0$ 且 $b \geqslant 1$ 时，滤波器产生与输入信号中的峰值位于同一位置的非常好的输出。快速的变化被过滤掉了。如果改为 $a < 0$ 则会强制快速变化以产生较大的滤波器输出结果(图 9.2)。

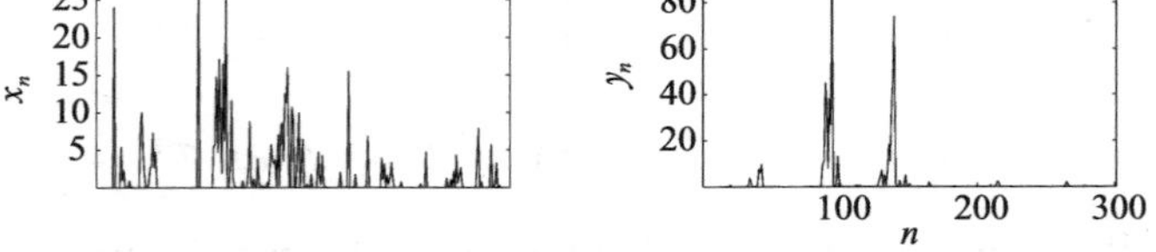

图 9.2 一阶对数正态递归滤波器应用于英国 Abingdon 观测站的日降雨量观测(mm/天，左图)。递归输出为 $y_n = y_{n-1}^{0.4} x_n$，其中 $y_1 = 10^{-6}$(右图)。将一个很小的数(10^{-6})加入输入段，以确保滤波器不会立即落入零输出的无限序列中

非线性中值滤波(如前一节所述)可以进行递归，例如 $y_n=\text{median}(y_{n-1}, x_n)$，相比之下，递归最大(最小)滤波器代表了计算信号最大(最小)值问题的有效的、计算量为 $O(N)$的解。有关这些和其他递归滤波器的更多详细信息，请参见 Arce(2005，6.4 节)。

9.3 全局非线性滤波

上述的滑动和递归的非线性滤波方法都只针对信号的“局部”进行处理，即只依次处理了序列中的一小部分。相反，我们可以对信号采取“全局”的观点，这种方法可以得到一组具有独有特性的滤波器。我们将考虑一类广泛的非线性滤波器，它们可以表示为将输入数据 $\boldsymbol{x}\in\mathbb{R}^N$ 进行适当的(离散)最小化处理，而得到输出数据 $\boldsymbol{y}\in\mathbb{R}^N$ 的函数。我们将研究一些重要的特殊情况，包括由以下函数定义的一组非线性扩散方法：

$$E(\boldsymbol{y})=\frac{1}{q}\sum_{n=1}^{N}|x_n-y_n|^q+\frac{\gamma}{p}\sum_{n=1}^{N-1}|y_{n+1}-y_n|^p \tag{9.8}$$

其中 p，$q>0$，$\gamma>0$ 是一组连续正则化参数。全变差去噪[式(2.47)和图 9.3]是 $p=1$ 和 $q=2$ 的特例，可使用二次规划或路径跟踪方法最小化(2.4 节)。这种情况和其他特殊情况(包括 $p=1$，$q=1$ 和 $p=0$，$q=1$ 或 $q=2$)产生分段常数输出。这是因为，从本质上讲，当信号是常数时，上述函数中的第二项为零(它是一阶离散导数)。对于这些不同的特殊情况(Little 和 Jones，2011a，b)需要不同的算法，对于任何 p，$q<1$，函数都是非凸的。

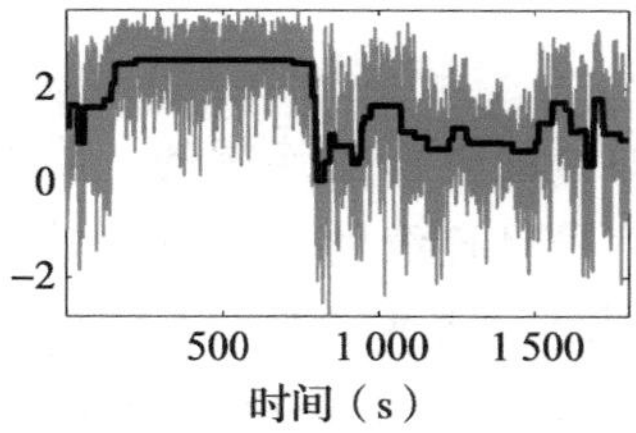

图 9.3 对原始加速度计数据的对数功率谱随时间变化的固定频率 bin 值应用总变差去噪($\gamma=15$)。原始输入信号 x_n(灰色曲线)有明显的大波动，通过滤波 y_n(黑色曲线)平滑。与总是产生平滑曲线的线性平滑不同，平滑会产生分段常数曲线(在特定的时间尺度上)

另一组是通过最小化函数定义的：

$$E(\boldsymbol{y})=\frac{1}{q}\sum_{n=1}^{N}|x_n-y_n|^q+\frac{\gamma}{p}\sum_{n=2}^{N-1}|y_{n+1}-2y_n+y_{n-1}|^p \tag{9.9}$$

这与非线性滤波器(式(9.8))的主要区别在于，第二项(正则化)是离散的，而非信号的第一项。因此，分段线性的信号使该项最小化。凸的情形 $q=2$，$p=1$ 称为 L_1 趋势滤波，可作为二次规划求解，但 Kim 等人(2009)描述了一种特殊的原始-对偶内点实现，其复杂性为 $O(N)$(2.4 节)。

另一种特定的全局方法是双边滤波器(这种滤波器的二维形式在图像处理中有着广泛的应用)，它使以下函数最小化：

$$E(\boldsymbol{y})=\sum_{n=1}^{N}\sum_{m=1}^{N}[1-\exp(-\beta(y_n-y_m)^2)]\mathbf{1}[|n-m|\leqslant W] \tag{9.10}$$

其中 $\beta>0$ 和 $W\in\mathbb{N}$ 被称为平滑参数。使用一种特殊的自适应步长梯度下降法，可以证明这个(非凸)泛函通过以下迭代近似最小化(Little 和 Jones，2011a)：

$$y_n^{i+1}=\frac{\sum_{m=1}^{N}\exp(-\beta(y_n^i-y_m^i)^2)\mathbf{1}[\,|n-m|\leqslant W]y_m^i}{\sum_{m=1}^{N}\exp(-\beta(y_n^i-y_m^i)^2)\mathbf{1}[\,|n-m|\leqslant W]} \tag{9.11}$$

其中 $i=1$，2，…是迭代次数，第一项是 $y_n^1=x_n$。重复迭代直到检测到收敛(当输出没有显著变化时)。该滤波器的特性可以理解为：对于 $W=N$，$\mathbf{1}[\,|n-m|\leqslant W]=1$ 与 n，m 无关。在这种情况下，滤波器向下折叠为软均值漂移聚类(6.5 节)，这最终会收敛到一个输出，该输出将信号聚集到有限数量的不同级别。然而，当 $W<N$ 时，这种聚类只在时间尺度 W 上影响信号。结果是一个本地集群，它适应每个时间域中级别的数量和值(图 9.4)。这是可行的，因为在其样本分布中具有定义峰值的大多数信号不是统计平稳的。

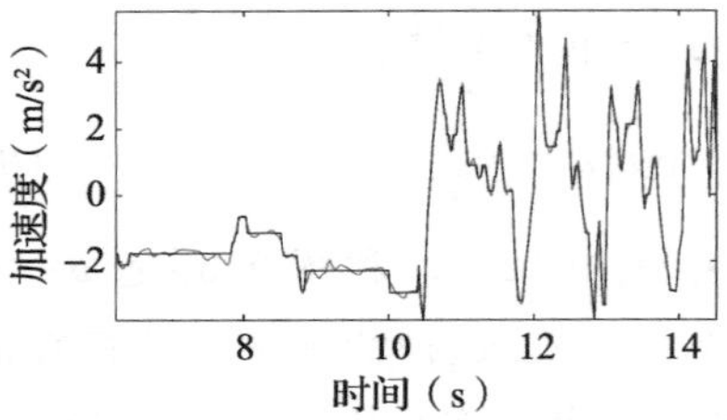

图 9.4　利用双边滤波器($\beta=120$，$W=10$)对～48Hz 采样的原始加速度计数据进行全局非线性滤波。原始输入信号 x_n(灰色曲线)有两个明显不同的区域：休息的时间达 10.5s，然后是步行。滤波器输出 y_n(黑色曲线)在静止区域保持几乎恒定的输出，在行走区域几乎不进行平滑

在计算上，双边滤波器每次迭代需要 $O(W^2)$运算，通常在大约 20 次迭代中获得收敛。因此，只要 W 很小，这种滤波器在 DSP 应用中的实现就很简单。

9.4　隐马尔可夫模型

本章研究的所有滤波器都具有连续的未知变量，滤波的目的是恢复连续的、隐变量的值。然而，在许多实际情况下，隐变量是离散的，而观测信号是连续的。这方面的一个例子是混合模型产生的信号，其中隐变量是指标序列(见 6.2 节)。这种情况下，滤波是使用期望最大化等技术的问题，在实际 DSP 应用中是可处理的。然而，更具挑战性的情况是，指标序列是一个马尔可夫链——一种称为隐马尔可夫模型(HMM)的结构——因此不再可能独立估计每个指标值，因为这取决于序列中以前的指标值(图 5.4)。对于混合模型，计算 E 步(期望最大化)或最大化隐状态(迭代条件模式)需要 $O(NK)$次运算，其中 K 是可能的状态数，N 是信号的长度，当 K 很小时可以处理，但对于隐马尔可夫模型，相应的计算需要估计所有可能的状态序列，需要指数级操作 $O(K^N)$。这是不易处理的。然而，隐马尔可夫模型概率图模型的形式使得可以在该树上定义相应的连接树，以允许使用连接树算法(算法 5.1)进行便于处理的计算。隐马尔可夫模型与卡尔曼滤波器(7.5 节)具有完全相同的概率结构，只是消息传递涉及离散的分类分布，而不是高斯分布。

在使用隐马尔可夫模型进行 DSP 和机器学习时，我们通常需要解决以下一个或多个问题：

(1) 评估：给定一个马尔可夫转移密度、观测模型和观测数据指数 1，2，…，n，求模型下观测数据的概率。这可以通过使用前向递归算法(与卡尔曼滤波类似)来解决。

(2) 模型拟合：给定观测数据，估计过渡概率和发射概率密度(以及后验马尔可夫状态

概率)参数的最大似然值。这可以使用离散 Baum-Welch 来实现，它使用前向-后向递归来计算每个时间点的状态概率和马尔可夫概率，从中可以得到期望最大化模型的参数估计。迭代使用维特比译码和参数重新估计。

(3) *解码*：给定马尔可夫转移密度、观测模型和观测数据，求出给定观测数据的马尔可夫状态序列的条件概率最大的马尔可夫状态序列。与卡尔曼滤波一样，这可以通过维特比译码来解决，它使用最大积(max-product)来代替最大和(max-sum)代数。

除非我们使用连接树算法，否则解决上述所有问题的简单方法将需要指数级的计算复杂度，如下所述。我们将使用以下表示法：隐马尔可夫随机状态序列是 $Z_n \in \{1, 2, \cdots, K\}$，$n=1, 2, \cdots, N$；我们用 $\boldsymbol{Z}$ 表示全隐序列。该平稳马尔可夫链的转移分布在矩阵 $\boldsymbol{P}$ 中表示为如下项：$f(z_n=k \mid z_{n-1}=k')=p_{kk'}$。初始概率向量为 $f(z_1=k)=\pi_k$。观测到的随机(通常是向量值)信号 $\boldsymbol{X}_n$ 具有观测(发射)分布 $f(\boldsymbol{x}_n \mid z_n)$，我们为完整的联合数据写入 $\boldsymbol{X}$，或为特定实现写入 $\boldsymbol{x}$。下面，为了符号表示清晰，我们通常忽略这些分布对参数的函数依赖性。

9.4.1 用于高效隐马尔可夫模型计算的连接树

与卡尔曼滤波一样，我们希望解决的问题的本质暗示了其非常需要使用时间片团 $C_n=\{z_{n-1}, z_n, \boldsymbol{x}_n\}$，其中 $n>1$，$C_1=\{z_1, \boldsymbol{x}_1\}$，以及相应的团因子 $h_n(z_{n-1}, z_n, \boldsymbol{x}_n)=f(z_n \mid z_{n-1}) \otimes f(\boldsymbol{x}_n \mid z_n)$。对于已实现的观测数据 $\boldsymbol{x}_n$，相应的以下正向和反向消息(见算法 5.1)为：

$$\mu_{n \to n+1}(z_n)=\bigoplus_{z_{n-1}} h_n(z_{n-1}, z_n, \boldsymbol{x}_n) \otimes \mu_{n-1 \to n}(z_{n-1}) \tag{9.12}$$

$$\mu_{n \to n-1}(z_{n-1})=\bigoplus_{z_n} h_n(z_{n-1}, z_n, \boldsymbol{x}_n) \otimes \mu_{n+1 \to n}(z_n) \tag{9.13}$$

其中“边界”消息 $\mu_{N+1 \to N}(z_N)=\otimes_{\mathrm{id}}$ 且 $\mu_{1 \to 2}(z_1)=f(z_1) \otimes f(\boldsymbol{x}_1 \mid z_1)$。在一般概率和积半环(其中$\otimes \mapsto \times$而$\oplus \mapsto +$)中，以上消息表示以下分布：

$$\mu_{n \to n+1}(z_n)=\sum_{k=1}^{K} f(z_n \mid z_{n-1}=k) f(\boldsymbol{x}_n \mid z_n) \mu_{n-1 \to n}(k) \tag{9.14}$$

$$\mu_{n \to n-1}(z_{n-1})=\sum_{k=1}^{K} f(z_n=k \mid z_{n-1}) f(\boldsymbol{x}_n \mid z_n=k) \mu_{n+1 \to n}(k)$$

分别用 $\alpha_n(z_n)$和 $\beta_{n-1}(z_{n-1})$表示。由此我们可以推断出以下非常有用的事实：

$$f(z_n, \boldsymbol{x})=\mu_{n \to n+1}(z_n) \mu_{n+1 \to n}(z_n) \tag{9.15}$$

换言之，所有观测数据与索引 n 处的马尔可夫状态的联合分布是在该下标处重合的前向和后向消息的乘积。此外，观测数据的边际分布则为：

$$f(\boldsymbol{x})=\sum_{k=1}^{K} f(z_n=k, \boldsymbol{x})=\sum_{k=1}^{K} \mu_{n \to n+1}(k) \mu_{n+1 \to n}(k) \tag{9.16}$$

我们还需要两步(two-step)概率：

$$f(z_{n-1}, z_n, \boldsymbol{x})=\mu_{n-1 \to n}(z_{n-1}) f(z_n \mid z_{n-1}) f(\boldsymbol{x}_n \mid z_n) \mu_{n+1 \to n}(z_n) \tag{9.17}$$

9.4.2 非线性和非高斯系统中的维特比译码

与卡尔曼滤波一样，最可能的状态序列可以在离散隐状态上用最大乘积半环($\otimes \mapsto$

max 且⊗↦×)中传递的前向消息来计算：

$$\mu^{\max}_{n\to n+1}(z_n)=f(\boldsymbol{x}_n|z_n)\times\max_{k\in 1,2,\cdots,K}f(z_n|z_{n-1}=k)\mu^{\max}_{n-1\to n}(k) \tag{9.18}$$

初始消息 $\mu^{\max}_{1\to 2}(z_1)=f(z_1)f(\boldsymbol{x}_1|z_1)$。在消息传递根部，我们获得最可能的状态 $\hat{z}_N=\arg\max\limits_{k\in 1,2,\cdots,K}[\mu^{\max}_{N\to N+1}(k)]$。然后保留最可能的状态序列：

$$\begin{aligned}\Delta_{n\to n+1}(z_n)&=\arg\max_{k\in 1,2,\cdots,K}f(z_n|z_{n-1}=k)f(\boldsymbol{x}_n|z_n)\mu^{\max}_{n-1\to n}(k)\\&=\arg\max_{k\in 1,2,\cdots,K}f(z_n|z_{n-1}=k)\mu^{\max}_{n-1\to n}(k)\end{aligned} \tag{9.19}$$

沿着转发消息回溯，可以得到 $\hat{z}_{n-1}=\Delta_{n\to n+1}(\hat{z}_n)$，其中 $n=N$，$N-1$，…，2。

9.4.3 Baum-Welch 参数估计

通常，我们不知道隐马尔可夫模型的参数值，即转移矩阵 $\boldsymbol{P}$、初始概率 $\boldsymbol{\pi}$ 和观测分布的参数 $\boldsymbol{\theta}$，写在一起，记为 $\boldsymbol{p}=(\boldsymbol{\pi},\boldsymbol{P},\boldsymbol{\theta})$。我们将演示如何使用期望最大化(算法 5.3)来解决这个估计问题。隐马尔可夫的期望最大化轮廓基本上与卡尔曼滤波的期望最大化轮廓相同，只是具有离散的而不是连续的状态期望。

对于 E 步，我们需要潜在马尔可夫状态的后验分布。可以使用式(9.15)、式(9.16)和式(9.17)有效地计算这些值。对于单个状态：

$$\gamma_n(k)=f(z_n=k|\boldsymbol{x})=\frac{f(z_n=k,\boldsymbol{x})}{\sum\limits_{k'=1}^{K}f(z_n=k',\boldsymbol{x})} \tag{9.20}$$

对于时间上相邻状态：

$$\xi_n(k,k')=f(z_n=k,z_{n-1}=k'|\boldsymbol{x})=\frac{f(z_{n-1}=k',z_n=k,\boldsymbol{x})}{\sum\limits_{i=1}^{K}\sum\limits_{i'=1}^{K}f(z_{n-1}=i,z_n=i',\boldsymbol{x})} \tag{9.21}$$

对于 M 步，我们需要概率图模型可能性的负对数 $f(\boldsymbol{z};\boldsymbol{x};\boldsymbol{p})$：

$$\begin{aligned}-\ln f(\boldsymbol{z},\boldsymbol{x};\boldsymbol{p})&=-\ln f(z_1;\boldsymbol{\pi})-\ln f(\boldsymbol{x}_1|z_1;\boldsymbol{\theta})-\\&\quad\sum_{n=2}^{N}[\ln f(z_n|z_{n-1};\boldsymbol{P})+\ln f(\boldsymbol{x}_n|z_n)]\\&=-\ln f(z_1;\boldsymbol{\pi})-\sum_{n=2}^{N}\ln f(z_n|z_{n-1};\boldsymbol{P})-\\&\quad\sum_{n=1}^{N}\ln f(\boldsymbol{x}_n|z_n;\boldsymbol{\theta})\end{aligned} \tag{9.22}$$

因此期望负对数损失就是：

$$\begin{aligned}E_{\boldsymbol{Z}|\boldsymbol{x}}[-\ln f(\boldsymbol{x},\boldsymbol{Z};\boldsymbol{p})]&=E_{\boldsymbol{Z}|\boldsymbol{x}}[-\ln f(Z_1;\boldsymbol{\pi})]+E_{\boldsymbol{Z}|\boldsymbol{x}}\left[-\sum_{n=2}^{N}\ln f(Z_n|Z_{n-1};\boldsymbol{P})\right]+\\&\quad E_{\boldsymbol{Z}|\boldsymbol{x}}\left[-\sum_{n=1}^{N}\ln f(\boldsymbol{x}_n|Z_n;\boldsymbol{\theta})\right]\\&=E_{Z_1|\boldsymbol{x}}[-\ln f(Z_1;\boldsymbol{\pi})]+E_{Z_n,Z_{n-1}|\boldsymbol{x}}\left[-\sum_{n=2}^{N}\ln f(Z_n|Z_{n-1};\boldsymbol{P})\right]+\\&\quad E_{Z_n|\boldsymbol{x}}\left[-\sum_{n=1}^{N}\ln f(\boldsymbol{x}_n|Z_n;\boldsymbol{\theta})\right]\end{aligned} \tag{9.23}$$

因此，对于 M 步，我们可以通过分别优化上述和中的每个项来优化上述关于每个参数 $\boldsymbol{\pi}$，$\boldsymbol{P}$，$\boldsymbol{\theta}$ 的预期负对数损失。

对于初始概率向量，求解 $\hat{\boldsymbol{\pi}}=\arg\min\limits_{\boldsymbol{\pi}} E_{Z_1\mid\boldsymbol{x}}[-\ln f(Z_1;\ \boldsymbol{\pi})]$，得到：

$$\hat{\pi}_k=f(z_1=k\mid\boldsymbol{x})=\gamma_1(k) \tag{9.24}$$

同样，对于转移密度 $\hat{P}=\arg\min\limits_{\boldsymbol{P}} E_{Z_n,Z_{n-1}\mid\boldsymbol{x}}\left[-\sum\limits_{n=2}^{N}\ln f(Z_n\mid Z_{n-1};\ \boldsymbol{P})\right]$通过下式求解：

$$\hat{p}_{k,k'}=f(z_n=k\mid z_{n-1}=k',\ \boldsymbol{x})=\frac{\sum\limits_{n=2}^{N}\xi_n(k,\ k')}{\sum\limits_{n=2}^{N}\gamma_{n-1}(k')} \tag{9.25}$$

最后，对于观测分布参数，我们的情况与混合模型相同，例如对于指数族分布，参数更新的形式为式(6.12)。作为一个特殊例子，对于多元高斯函数，更新如下：

$$\hat{\boldsymbol{\mu}}_k=\frac{\sum\limits_{n=1}^{N}\gamma_n(k)\boldsymbol{x}_n}{\sum\limits_{n=1}^{N}\gamma_n(k)}$$

$$\hat{\boldsymbol{\Sigma}}_k=\frac{\sum\limits_{n=1}^{N}\gamma_n(k)(\boldsymbol{x}_n-\hat{\boldsymbol{\mu}}_k)(\boldsymbol{x}_n-\hat{\boldsymbol{\mu}}_k)^{\mathrm{T}}}{\sum\limits_{n=1}^{N}\gamma_n(k)} \tag{9.26}$$

把这些归结到一起，我们得到了隐马尔可夫模型的 Baum-Welch 算法，如下所述。

算法 9.1 用于隐马尔可夫模型的 Baum-Welch 期望最大化

(1) **初始化**。从一组随机参数集 $\boldsymbol{p}^0=(\boldsymbol{\pi}^0,\ \boldsymbol{P}^0,\ \boldsymbol{\theta}^0)$开始，设置迭代数 $i=0$，选择一个小的收敛容差 $\epsilon>0$。

(2) **E 步**。使用消息传递算法(连接树算法)计算条件概率 $\gamma_n(k)=f(z_n=k\mid\boldsymbol{x};\ \boldsymbol{p}^i)$，$\xi_n(k,\ k')=f(z_n=k,\ z_{n-1}=k'\mid\boldsymbol{x};\ \boldsymbol{p}^i)$。

(3) **M 步**。更新参数：初始概率 $\pi_k^{i+1}=\gamma_1(k)$，转移密度 $p_{k,k'}^{i+1}=\sum\limits_{n=2}^{N}\xi_n(k,\ k')/\sum\limits_{n=2}^{N}\gamma_{n-1}(k')$，发射分布参数 $\boldsymbol{\theta}_k^{i+1}=\arg\min\limits_{\boldsymbol{\theta}_k}\left[-\sum\limits_{n=1}^{N}\sum\limits_{k=1}^{K}f(z_n=k\mid\boldsymbol{x};\ \boldsymbol{p}^i)\ln f(\boldsymbol{x}_n\mid z_n=k;\ \boldsymbol{\theta}_k)\right]$，其中 $k=1,2,\cdots,K$。

(4) **收敛性检查**。计算观察到的边际变量负对数损失的值 $E(\boldsymbol{p}^{i+1})=-\ln f(\boldsymbol{x};\ \boldsymbol{p}^{i+1})$，和增量 $\Delta E=E(\boldsymbol{p}^i)-E(\boldsymbol{p}^{i+1})$，如果 $\Delta E<\epsilon$，则退出，解为 $\boldsymbol{p}^{i+1}$。

(5) **迭代**。更新 $i\leftarrow i+1$，回到第二步。

对于混合模型和卡尔曼滤波，Baum-Welch 与期望最大化非常相似，但更复杂的隐空间意味着自然期望收敛速度会更慢。对于实际 DSP 应用中遇到的许多信号，隐马尔可夫模型的时间依赖性是比混合模型更现实的模型，计算复杂度为 $O(N)$的消息传递更新在

DSP 硬件中实现相对简单(图 9.5)。

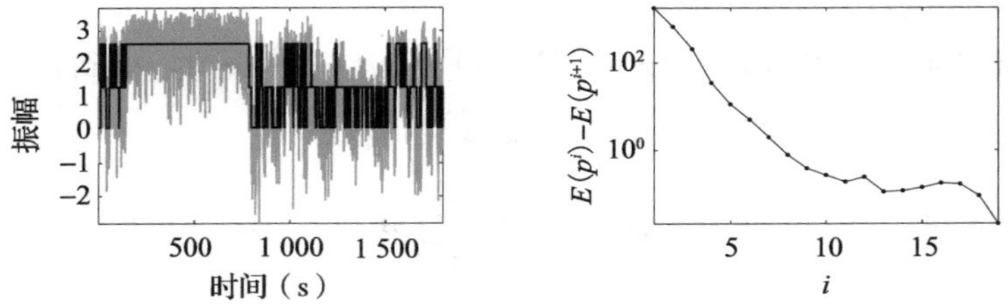

图 9.5　隐马尔可夫模型($K=3$，拉普拉斯观测分布)应用于图 9.4 中的相同数据。使用 Baum-Welch(收敛于右图)进行训练，维特比解码的输出结果是一个简单的分段常数曲线，正好有三个可能的值，每个马尔可夫状态一个，不像 TVD(左图)。此外，与混合模型不同，时间依赖性会导致状态随时间“持续”，这是许多真实信号的一个现实特征

9.4.4　模型评估和架构化数据的分类

给定一个参数为 $\boldsymbol{p}=(\boldsymbol{\pi},\boldsymbol{P},\boldsymbol{\theta})$ 的隐马尔可夫模型，使用一次完整的前向消息传递来计算 $\mu_{N\to N+1}(z_N)=f(z_N,\boldsymbol{x};\boldsymbol{p})$，就很容易求得 $f(\boldsymbol{x};\boldsymbol{p})=\sum_{K=1}^{K}\mu_{N\to N+1}(k)$。因此，对于信号 $\boldsymbol{x}$(不一定是用于估计参数的信号，也不一定是与训练信号具有相同长度的信号)，我们可以评估负对数损失 $E(\boldsymbol{p})=-\ln f(\boldsymbol{x};\boldsymbol{p})$。这可以用来比较任何给定信号的隐马尔可夫模型。例如，我们可能有多个模型 $\boldsymbol{p}^j$，其中 $j=1,2,\cdots,M$；然后，使用 $\hat{j}=\underset{j}{\operatorname{argmin}}[-\ln f(\tilde{\boldsymbol{x}};\boldsymbol{p}^j)]$可以有效地解决关于哪个隐马尔可夫模型最有可能生成新信号 $\tilde{\boldsymbol{x}}$ 的机器学习决策。这可以看作一种分类形式，其中的数据是结构化的，也就是说，不只是一个单一的观察，或一组独立同分布观察。这种分类的一个例子出现在自动语音识别(automatic speech recognition，ASR)中，其中多个隐马尔可夫模型被训练来表示不同的声音。然后，对于每个语音片段，评估多个声音隐马尔可夫模型可以为每个片段选择最佳的声音类别。

9.4.5　维特比参数估计

与混合建模一样，我们可以使用最大化(而非期望)来简化隐马尔可夫模型拟合(见 6.5 节)，从而导出称为维特比训练(算法 9.2)的过程。假设我们已经解码了最可能序列 $\hat{\boldsymbol{z}}$，那么我们就可以利用这个信息直接对隐马尔可夫模型参数进行最大似然更新。对于初始概率和转移密度，这些只是(条件)类别随机变量，因此我们可以使用归一化的计数获得的最大似然参数估计：

$$\hat{\pi}_k=\mathbf{1}[\hat{z}_1=k] \tag{9.27}$$

$$\hat{p}_{k,k'}=\frac{\sum_{n=2}^{N}\mathbf{1}[\hat{z}_{n-1}=k'\wedge\hat{z}_n=k]}{\sum_{n=2}^{N}\mathbf{1}[\hat{z}_{n-1}=k']}$$

类似地，现在可以使用直接最大似然估计来更新观测参数，例如，$\hat{\boldsymbol{\theta}}_k=\arg\min_{\boldsymbol{\theta}_k}$

$\left[-\sum_{n=1}^{N}\ln f(\boldsymbol{x}_n|\hat{z}_n;\boldsymbol{\theta}_k)\right]$。对于指数族分布，这就变成了 $\boldsymbol{a}'(\hat{\boldsymbol{p}}_k)=\frac{1}{N_k}\sum_{n:\hat{z}_n=k}^{N}\boldsymbol{g}(\boldsymbol{x}_n)$。

算法 9.2 用于隐马尔可夫模型的维特比训练

(1) 初始化。从一组随机参数集 $\boldsymbol{p}^0=(\boldsymbol{\pi}^0,\boldsymbol{P}^0,\boldsymbol{\theta}^0)$开始，设置迭代数 $i=0$，选择一个小的收敛容差 $\epsilon>0$。

(2) 译码。在给定模型参数 $\boldsymbol{p}^i$ 的情况下，使用维特比译码来获取最可能序列 $\hat{\boldsymbol{z}}^i$。

(3) 估计。更新参数：初始概率 $\pi_k^{i+1}=\mathbf{1}[\hat{z}_1=k]$，转移密度 $p_{k,k'}^{i+1}=\sum_{n=2}^{N}\mathbf{1}[\hat{z}_{n-1}=k'\wedge\hat{z}_n=k]/\sum_{n=2}^{N}\mathbf{1}[\hat{z}_{n-1}=k']$，发射分布参数 $\hat{\boldsymbol{\theta}}_k=\arg\min_{\boldsymbol{\theta}_k}\left[-\sum_{n=1}^{N}\ln f(\boldsymbol{x}_n|\hat{z}_n;\boldsymbol{\theta}_k)\right]$，其中 $k=1,2,\cdots,K$。

(4) 收敛性检查。计算模型负对数损失的值 $E(\boldsymbol{p}^{i+1})=-\ln f(\hat{\boldsymbol{z}}^i,\boldsymbol{x};\boldsymbol{p}^{i+1})$，增量 $\Delta E=E(\boldsymbol{p}^i)-E(\boldsymbol{p}^{i+1})$，如果 $\Delta E<\epsilon$，则退出，解为 $\boldsymbol{p}^{i+1}$。

(5) 迭代。更新 $i\leftarrow i+1$，回到第二步。

与 K 均值聚类(算法 6.2)一样，由于只有有限个可能的布局，且负对数损失不能增加，维特比训练最终将收敛于一个不动点。从技术角度上讲，不需要收敛容差：检查负对数损失是否与上一次迭代相比没有变化就足够了。然而，我们可能只需要一个精确到一定程度的解决方案，在这种情况下，我们可以通过提前减少迭代来节省计算工作量。

9.4.6 避免消息传递中的数值下溢

如上所述，隐马尔可夫连接树中的消息传递对于计算可扩展性至关重要。然而，对于大的 N，使用累积积(cumulative products)计算概率和积(probability sum-product)代数，当 $n\to N$(前向)或 $n\to 1$(后向)时，消息变得非常小。因此，对于实际的数值实现，有必要找到一些方法来规避不可避免的数值下溢。

一种简单、广泛适用的方法是将所涉及的概率转换为信息，即应用信息图(对数或负对数)。相应的半环代数必须随之改变。让我们先看看维特比解码。这里，转换为对数形式的概率，例如 $a\mapsto\ln a$ 需要切换到最大和半环(映射$\oplus\mapsto\max$ 和$\otimes\mapsto+$)。使用负对数 $a\mapsto-\ln a$ 需要最小和半环(映射$\oplus\mapsto\min$ 和$\otimes\mapsto+$)。在这个映射下，乘性单位元素为 $1\mapsto 0$，加性单位元素为 $0\mapsto\infty$(负对数为 $0\mapsto-\infty$)。在最大和半环中，前向消息变成：

$$\mu_{n\to n+1}^{\ln\max}(z_n)=\max_{k\in 1,2,\cdots,K}\left[\ln f(z_n|z_{n-1}=k)+\mu_{n-1\to n}^{\ln\max}(k)\right]+\ln f(\boldsymbol{x}_n|z_n)$$

$$\Delta_{n\to n+1}(z_n)=\underset{k\in 1,2,\cdots,K}{\arg\max}\left[\ln f(z_n|z_{n-1}=k)+\mu_{n-1\to n}^{\ln\max}(k)\right] \tag{9.28}$$

其中初始消息为：$\mu_{1\to 2}^{\ln\max}(z_1)=\ln f(z_1)+\ln f(\boldsymbol{x}_1|z_1)$。回溯保持不变。

为了使用前向-后向消息传递来计算马尔可夫后验分布，在对数概率映射 $a\mapsto\ln a$ 下，我们将把乘积映射为对数之和，$a\otimes b\mapsto\ln a+\ln b$，而和映射到“对数-和-指数”操作符：$a\oplus b\mapsto\ln(e^{\ln a}+e^{\ln b})$。对于负对数，我们映射 $a\otimes b\mapsto-\ln a-\ln b$ 和 $a\oplus b\mapsto-\ln(e^{-\ln a}+e^{-\ln b})$。在正对数代数中，前向和后向的消息变成：

$$\mu^{\ln}_{n\to n+1}(z_n)=\ln\sum_{k=1}^{K}\exp l_f(k)$$
$$\mu^{\ln}_{n\to n-1}(z_{n-1})=\ln\sum_{k=1}^{K}\exp l_b(k) \tag{9.29}$$

其中：

$$l_f(k)=\ln f(z_n|z_{n-1}=k)+\ln f(\boldsymbol{x}_n|z_n)+\mu^{\ln}_{n-1\to n}(k)$$
$$l_b(k)=\ln f(z_n=k|z_{n-1})+\ln f(\boldsymbol{x}_n|z_n=k)+\mu^{\ln}_{n+1\to n}(k) \tag{9.30}$$

为了转换回概率，我们所需要的是写成指数形式：$f(z_n,\boldsymbol{x})=\exp(\mu^{ln}_{n\to n+1}(z_n)+\mu^{\ln}_{n+1\to n}(z_n))$。然而，对于非常大的幅值(正/负)的对数形式的概率，使用指数仍有数值溢出的风险。因此，我们应该只计算归一化对数概率的指数。可以使用“对数-和-指数技巧”执行此归一化处理，其中 $\ln\sum_k \mathrm{e}^{x_k}=x^\star+\ln\sum_k \mathrm{e}^{x_k-x^\star}$，而 $x^\star=\max_k x_k$。这避免了指数项非常大的计算，因为指数将下移成较小的幅值。

9.5 同态信号处理

给定两个离散时间信号 x_n，y_n，其中 $n\in\mathbb{Z}$，求它们的卷积，$\boldsymbol{z}=\boldsymbol{x}\bigstar\boldsymbol{y}$，两侧都求离散时间傅里叶变换，我们可以得到 $Z(\omega)=X(\omega)Y(\omega)$，两边求对数，进而可以得到 $\ln Z(\omega)=\ln X(\omega)+\ln Y(\omega)$。换言之，对数谱在卷积操作后是加性的，也就是说：

$$F_n^{-1}[\ln Z(\omega)]=F_n^{-1}[\ln X(\omega)]+F_n^{-1}[\ln Y(\omega)]=\hat{x}_n+\hat{y}_n \tag{9.31}$$

所以卷积信号对数谱的逆离散时间傅里叶变换记为 $\hat{z}_n$，是两个信号对数谱的逆离散时间傅里叶变换之和。信号 $\hat{x}_n=F_n^{-1}[\ln X(\omega)]$称为信号 x_n 的*倒谱*(字谱的重排)。这种表示法的作用是，如果两个倒谱不重叠(即对于不同的 n 值，$\hat{x}_n$ 为零或非常小，但 $\hat{y}_n$ 则较大，反之亦然)，则可以通过“掩蔽”将信号 $\boldsymbol{z}$ 容易地分离为两个分量。例如，如果存在一个切点 N_c 可以分离倒谱，那么我们可以形成两个估计：

$$\widetilde{x}_n=\begin{cases}\hat{x}_n & n\leqslant N_c\\ 0 & n>N_c\end{cases} \tag{9.32}$$

$$\widetilde{y}_n=\begin{cases}\hat{y}_n & n>N_c\\ 0 & n\leqslant N_c\end{cases} \tag{9.33}$$

从中我们可以重建 $\widetilde{\boldsymbol{x}}=F_n^{-1}[\exp(F_\omega^{-1}[\widetilde{\boldsymbol{x}}])]$和 $\widetilde{\boldsymbol{y}}=F_n^{-1}[\exp(F_\omega^{-1}[\widetilde{\boldsymbol{y}}])]$。这被称之为*反卷积*(deconvolution)。因此，倒谱信号处理对于需要反卷积的问题特别有用。也可以简单地对信号的倒谱进行某种操作，以消除某种卷积的影响，例如取消特定的线性滤波操作(见7.3节)。这称为*提升*(另一种重新排列)。

倒谱处理广泛应用于数字语音分析(Rabiner 和 Schafer，2007，第5节)。其主要原因是，语音的产生有一个自然的解释，即声激发能量的来源(喉部)和一个改变这种能量来源的共振(声道，包括口腔、鼻腔、舌头、嘴唇等)。因此，有一种自然的卷积操作在起作用：源信号 $\boldsymbol{u}$ 与声道脉冲响应 $\boldsymbol{h}$ 卷积以获得声学信号 $\boldsymbol{x}=\boldsymbol{h}\bigstar\boldsymbol{u}$。通常，语音分析的目的是将声道从声源中分离出来，倒谱反卷积非常适合这项任务。例如，在元音发音过程中，声源在声调处振荡，在整个频谱中产生能量，声道过滤该激发源以产生特定的元音。倒谱分析可以从倒谱中的第二大峰值相当容易地识别主要声源振荡周期。声道共振（800～3 000Hz）占据倒谱向量的最初几毫秒（图 9.6）。因此，前几个倒谱系数对声道共振有很高的响应性，而其余的倒谱系数则与声激励源更相关。

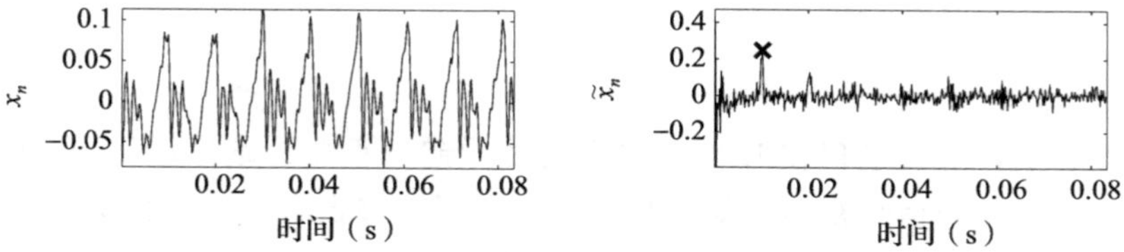

图 9.6　浊音语音信号的倒谱分析（右图，倒谱）（左图，以 6 000Hz 采样的原始输入信号）使得可以将浊音激励信号（10.3ms 或 96.7Hz 的基音周期由黑十字标识，右图）与声道共振（最初几毫秒）分离（反卷积）

第 10 章

Machine Learning for Signal Processing: Data Science, Algorithms, and Computational Statistics

非参数贝叶斯机器学习和信号处理

我们已经看到，随机过程在 DSP 的各种方法中起着重要的基础性作用。例如，在 7.4 节中，我们将离散时间信号视为高斯过程，从而获得许多数学上简化的算法，特别是基于功率谱密度的算法。同时，在机器学习中，人们普遍认为非参数方法(例如 6.4 节中的非线性回归)在预测精度方面优于参数方法，因为它们可以适应具有任意复杂性的数据。然而，这些技术不是贝叶斯的，因此我们无法进行重要的推理过程，例如从潜在的概率模型中抽取样本或计算后验置信区间。但是，贝叶斯模型通常只有在参数化的情况下才易于用数学的方法进行处理，相应的预测精度也会降低。本节讨论的另一种方法是将随机过程的数学可处理性扩展到贝叶斯方法，这就产生了所谓的*贝叶斯非参数方法*，例如高斯过程回归和 Dirichlet(狄利克雷)过程混合建模，这些方法在实际的 DSP 和机器学习应用中非常有用。

10.1 预备知识

使用数学进行数据分析的工程师、统计学家和其他分析师希望通过做出简化数学模型的假设来使问题简化。例如，常见的方法是假设某些数据是独立同分布(i. i. d.)的，这样就可以让问题变得非常容易处理，同时也很容易进行优化，通常是解析优化(见 4.2 节)。然而，有时这种策略是不可信的，因为独立同分布假设是一个非常强的假设(例如，对于大多数非平凡的信号来说都不成立)。一个稍弱的假设是调用某种*不变性原理*，这通常意味着在处理随机变量组时，其分布是不变的(见 1.1 节)。这种数学结构常常使得大量的算法都可以简化。为了进一步说明，考虑*平稳性*，其中分布对(离散)时移是不变的。然后，对于(零均值)高斯过程，分布完全由自相关函数表征，其中自相关函数是对称的，其相应的自相关矩阵(对于有限持续时间信号)是循环的，因此在傅里叶基中可对角化。因此，假设时移不变性(除了高斯性和线性外)意味着，自相关矩阵的分解是基于傅里叶基的。信号的系数以 PSD 为基础(见 7.4 节)。有关线性时不变系统 DSP 底层代数结构的更多详细信息，请参阅 Puschel 和 Moura(2008)。

10.1.1 可交换性和 de Finetti 定理

虽然独立同分布模型很简单，但对于实际的 DSP 和机器学习应用来说，它们的表达能力还不够。一个较弱的假设，即*可交换性*，具有更大的实用价值，且对统计机器学习也有深刻的影响。一个可交换的包含 N 个随机变量的集合 X_n，$n=1, 2, \cdots, N$，其任意排列 π：$\{1, 2, \cdots, N\} \to \{1, 2, \cdots, N\}$保持联合分布不变：

$$f(x_1, x_2, \cdots, x_N)=f(x_{\pi(1)}, x_{\pi(2)}, \cdots, x_{\pi(N)}) \tag{10.1}$$

对于离散时间信号，该定义的含义是变量不依赖于其特定的指数 n，但它们可能相互依赖。注意，这并不意味着样本是独立同分布的，但对于任何一组 N 个独立同分布随机变量，这是正确的。当 $N\to\infty$时，称随机变量的无限集合具有无限可交换性。

典型的贝叶斯模型假设数据 $x_n\in\Omega_X$ 具有某种条件分布 $g(x_n|p)$(似然)，其中 $p\in\Omega_P$ 是具有(先验)分布 $\mu(p)$的参数。这使得给定参数的数据项 X_n 有条件地相互独立。数据的联合分布是(无限)可交换的：

$$f(x_1, x_2, \cdots)=\int_{\Omega_p}\prod_{n=1}^{\infty}g(x_n|q)\mu(q)\mathrm{d}q \tag{10.2}$$

这一点很明显，但著名的 de Finetti 定理指出，在 $\Omega_p=[0, 1]$和 $\Omega_X=\{0, 1\}$是伯努利随机变量的情况下，其含义也以另一种方式说明：对于无限可交换的随机变量，式(10.2)是适用的(Bernardo 和 Smith，2000，命题 4.1)。换言之，无限可交换性假设意味着存在一个随机参数，而所有观测值都依赖于该参数，例如 $X_n\sim g(x|p)$。此外，$P\sim\mu(p)$和该随机参数值也是数据中 1 的极限经验频率：

$$p=\lim_{N\to\infty}\frac{1}{N}\sum_{n=1}^{N}x_n \tag{10.3}$$

其中收敛几乎是肯定的。这个定理可以推广到 $x_n\in\mathbb{R}$ 时。然后，先验参数变成分布 G，即 $\mathbb{R}$ 上所有分布空间的一个成员，称为 $\mathcal{F}(\mathbb{R})$，它本身是从分布 $G\sim\mu(g)$中提取的，且每个 $X_n\sim g(x)$。Hewitt-Savage 定理指出(Bernardo 和 Smith，2000，命题 4.3)：

$$f(x_1, x_2, \cdots)=\int_{\mathcal{F}(\mathbb{R})}\prod_{n=1}^{\infty}g(x_n)\mu(g)\mathrm{d}g \tag{10.4}$$

其中分布 g(称为 de Finetti 测度或混合测度)是关于以下数据的极限经验密度函数(见式(1.45))：

$$g(x)=\lim_{N\to\infty}\frac{1}{N}\sum_{n=1}^{N}\delta[x_n-x] \tag{10.5}$$

因此，仅通过假设实值数据的无限可交换性，我们就得到以下结果：

(1) 从测度值 g 中提取数据；

(2) 这个测度值 g 本身是随机的；

(3) 此测度的先验分布 μ；

(4) 随机测量 g 也是数据的极限经验密度函数；

(5) 一个层次贝叶斯模型，$G\sim\mu(g)$和 $X_n\sim g(x)$。

分布 g 是随机测度的一个例子，它是非参数贝叶斯机器学习中非常重要的一个对象，用概率图模型描述无限可交换性过程如图 10.1 所示。这将使我们可以做诸如完全贝叶斯的非参数密度估计。我们将在本章后面详细探讨这类模型。

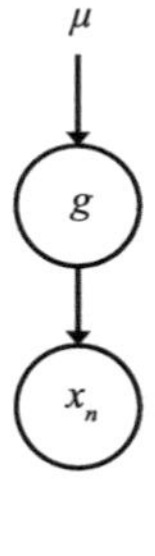

图 10.1 无限可交换性，用概率图模型形式描述。假设观测到的无限个随机量 x_n 是可交换的，那么存在一个具有先验 μ 的随机测度 g，从中提取这些随机观测 x_n。因此，假设可交换性意味着观测值存在一个层次化的贝叶斯模型。这就是 de Finetti 定理和推广的结构内容(Hewitt-Savage 等人)

从以上关于可交换性的讨论中，我们可以阐明一些关于贝叶斯模型和频率模型之间关系的深入观察(有些令人担忧)。频率派观点假设参数 p(或分布 g)是未知常数(或固定但未知的分布)，并且数据是独立同分布的。但是这是上述情况的特殊情况，其中先验 μ 发生了退化(例如，Dirac δ 测度)，集中在某个特定的固定值(或特定分布)g_F 上，在实值数据设置中，这将是 $\mu(g)=\delta[g-g_F]$。然后数据的联合分布变为：

$$f(x_1, x_2, \cdots)=\int_{\mathcal{F}(\mathbb{R})} \prod_{n=1}^{\infty} g(x_n)\delta[g-g_F]\mathrm{d}g=\prod_{n=1}^{\infty} g_F(x_n) \tag{10.6}$$

且 $\hat{g}_F(x)=\lim_{N\to\infty}\frac{1}{N}\sum_{n=1}^{N}\delta[x-x_n]$。因此，我们恢复极限经验密度函数，作为提取数据的固定分布的估计。事实上，独立同分布频率模型可以从无限可交换性假设中导出，并具有上述所有含义。主要分歧是频率派观点不假设参数值中存在任何不确定性，但这并不意味着分布 μ 不存在(O'Neill，2009)，正如 de Finetti 定理所示。

目前，我们讨论的是定义分布上退化先验的技术细节，并将重点放在代数内容上。

10.1.2 随机过程的表示

对于任何一组具有相应分布的随机变量(包括随机过程)，我们都需要找到一种方法来唯一地描述它们的性质(一种表示)。虽然每个随机过程都是唯一的，并且没有完全“自动”的方法来描述所有随机过程，但是已经发现存在一些共同的模式。某些表示(如在可数指标集上定义“自边缘”有限维度分布和调用 Kolmogorov 伸展)建立了存在性和唯一性。用构造性算法绘制过程的样本路径在实践中是有用的。对于组合过程的模型推理，顺序条件分布使得我们可以从相应的组合对象(如分区或隐式定义过程的二进制矩阵)中提取。最后，我们还可以考虑有限元模型(如高斯混合模型(6.2 节)或具有高斯先验的线性贝叶斯回归(6.4 节))的无限局限性。

在离散的、组合的贝叶斯非参数理论中，de Finetti 定理中出现的随机测度通常以一种需要解释的特殊方式来描述。这些测度通常是点处理，表示为 Dirac δ 函数或原子的无限和，例如，考虑真实样本空间的情况：

$$g(x)=\sum_{i=1}^{\infty} w_i\delta[x-u_i] \tag{10.7}$$

其具有无穷多个实数、随机权重 $w_i>0$ 和随机原子值 $u_i\in\mathbb{R}$。这看起来违背直觉，而且与本书其余部分中的平滑、参数分布有很大不同。但这样的模型本质上是离散的。考虑从 $g(x)$中提取样本 x_n。所有概率团都位于实数线上包含的无穷多个点团上。得出某一特定值的概率与该原子值上相关的团的权重成正比。因此，所有样本被多次抽取的概率都是有限的。当然，这是离散随机变量区别于连续随机变量的特性。实际上，所有离散的概率质量函数都可以用式(10.7)的形式表示，因此 u_i 是 X 的样本空间 Ω_X 的元素，而 $g(x)$是概率质量函数的概率密度函数表示。

此外，样本重复这一事实意味着样本的无限集合 x_n，$n=1, 2, \cdots$由原子值 u_i 进行划分。换言之，样本可以根据它们的共享值分组在一起，这些组不重叠，它们一起构成了整个数值集 u_i。实际上，我们也可以用聚类标签来表示随机绘制 x_n 的序列，给出指标序列 $z_n\in\mathbb{N}$，从而使 $x_n=u_{z_n}$。所以，指标给出了特定样本的原子指数。

这种划分确实是机器学习中组合问题的核心，如 6.5 节中探讨的聚类。如果我们将式(10.7)中的随机原子值设为每个分量的位置参数 $k=1, 2, \cdots, K$ 和混合模型(6.1)的权重，则得到表示 $g(x)=\sum_{k=1}^{K}\pi_k\delta[x-p_k]$，从 $g(x)$ 中提取的一系列分量的位置参数确实是聚类的，频率与权重成比例。对应的序列 $z_n\in 1, 2, \cdots, K$ 标识这些提取样本的聚类标签。这个点过程表示使得我们可以做一些有用的事情，比如创建非参数密度估计的完全贝叶斯处理(参见 10.3 节)。

10.1.3 划分和等同类

由于许多非参数贝叶斯模型的离散性，我们经常发现它们对各种组合结构上的分布进行编码。集合的划分是依据相关性进行的，即将 $|A|=N$ 个元素的集合 A 划分为 K 个子集 A_1，A_2，…，A_K(组或分区)，使得子集是完备的($A_1\cup A_2\cup\cdots\cup A_K=A$)和互斥的($A_i\cap A_j=\varnothing$，$1\leqslant i$，$j\leqslant K$ 且 $i\neq j$)。例如，以三个元素 $a=\{1, 2, 3\}$ 为例，可以分为以下 5 个不同的分区：$\{\{1\}, \{2\}, \{3\}\}$，$\{\{1, 2\}, \{3\}\}$，$\{\{1, 3\}, \{2\}\}$，$\{\{1\}, \{2, 3\}\}$和$\{\{1, 2, 3\}\}$。这种分区的数目由集合的大小决定，并由贝尔数给出，贝尔数从 $B_0=1$ 开始，递归地定义为 $B_{N+1}=\sum_{n=0}^{N}\binom{N}{n}B_n$。序列中的前几个数字是 1，1，2，5，15，52，203，877，4140，21147，…。B_N 的增长速度比 e^N 快，但略慢于 $N!$。

通常，贝叶斯非参数模型是可交换的，对于这种模型，分区的特定标签是不相关的。因此，两个分区在标签的排列方式下是相同的，例如，如果我们交换$\{1, 2, 3\}\to\{2, 3, 1\}$，那么$\{\{1, 2\}, \{3\}\}\to\{\{2, 3\}, \{1\}\}$，这样，后面两个分区就没有太大差异了，分区的数量从 5 减少到了 3。在这种情况下，唯一区别分区的是子集的大小。这种置换不变分区 C_N 的数目具有序列 1，1，2，3，5，7，11，15，22，30，…。这与整数分区的数目相同(即将小于或等于 N 的整数相加，使其和等于 N 的方法的数目)，当 $N\to\infty$时，

$$C_N\to\frac{1}{4N\sqrt{3}}\exp\left(\pi\sqrt{\frac{2N}{3}}\right) \tag{10.8}$$

因此，置换不变分区的增长随着元素数量的增多是渐近指数增长的，显然，对于给定的 N，这样的划分要比标签问题少得多。尽管如此，随着数目 N 的增长而爆炸性增长的分区数量意味着暴力聚类解决方案通常是不切实际的(见组合优化，2.6 节)。

除分区以外的结构也自然地出现在贝叶斯非参数的应用中。这些等价关系包括根据某些共享属性将集合的成员分组在一起的等价关系。例如，所有自然数 N 的集合的每个成员都可被 2 整除或不能被 2 整除，因此，等价关系 $x\sim y\Leftrightarrow x\equiv y \bmod 2$。那么，这两个数 x，$y\in\mathbb{N}$ 是等价的，记为 $x\sim y$，如果它们同为偶数或奇数。很明显，这个关系将整数划分为偶数或奇数。一个总体思路是：集合上的等价关系将集合划分为子集。给定子集的每个成员都被称为在同一个等价类中，因此它们都在同一个分区元素中。

10.2 高斯过程

回归是机器学习和 DSP 中普遍使用的工具。我们已经在 6.4 节讨论了几种回归之间

的联系。线性回归，包括参数回归中的线性回归，是一个简单直接的解析贝叶斯对应。核回归方法及其离散时间 DSP 卷积/滤波方法(7.3 节)是非线性的，但它们也不是贝叶斯的。在这一节中，我们将介绍一种自然的、贝叶斯对应的非线性回归，其利用了(连续指数)高斯过程(GP)优雅的数学性质。

10.2.1　从基回归到核回归

考虑具有 M 个基函数的 $Y\in\mathbb{R}$ 的线性参数回归模型 h_i：$\mathbb{R}^D\to\mathbb{R}$，$i=1, 2, \cdots, M$，在输入向量 $\boldsymbol{x}\in\mathbb{R}^D$ 上：

$$E[Y|\boldsymbol{X}]=y(\boldsymbol{x})=\sum_{i=1}^{M}w_ih_i(\boldsymbol{x})=\boldsymbol{\omega}^{\mathrm{T}}\boldsymbol{h}(\boldsymbol{x}) \tag{10.9}$$

其中权重向量 $\boldsymbol{w}\in\mathbb{R}^M$。给定回归输入数据 $\boldsymbol{x}_n$ 和输出数据 y_n，其中 $n\in 1, 2, \cdots, N$，正则化参数 $\lambda>0$ 的 L_2 范数正则化(岭回归)最大后验概率解通过最小化以下关于权重的误差泛函获得：

$$E(\boldsymbol{w})=\frac{1}{2}\sum_{n=1}^{N}(\boldsymbol{w}^{\mathrm{T}}\boldsymbol{h}(\boldsymbol{x}_n)-y_n)^2+\frac{\lambda}{2}\|\boldsymbol{w}\|_2^2 \tag{10.10}$$

使用这个正则化解 $\hat{\boldsymbol{w}}$，现在可以完全基于核函数 $\kappa(\boldsymbol{x};\ \boldsymbol{x}')=\boldsymbol{h}(\boldsymbol{x})^{\mathrm{T}}\boldsymbol{h}(\boldsymbol{x}')$给出预测函数：

$$\hat{y}(\boldsymbol{x})=\hat{\boldsymbol{\omega}}^{\mathrm{T}}\boldsymbol{h}(\boldsymbol{x})=\boldsymbol{k}(\boldsymbol{x})^{\mathrm{T}}(\boldsymbol{K}+\lambda\boldsymbol{I})^{-1}\boldsymbol{y} \tag{10.11}$$

其中核矩阵 $\boldsymbol{K}$ 定义为 $k_{nn'}=\kappa(\boldsymbol{x}_n;\ \boldsymbol{x}_{n'})$，$n$，$n'\in 1, 2, \cdots, N$，向量 $k_n(\boldsymbol{x})=\kappa(\boldsymbol{x};\ \boldsymbol{x}_n)$输出数据向量 $\boldsymbol{y}=(y_1, y_2, \cdots, y_N)^{\mathrm{T}}$。现在，定义权重函数 $\boldsymbol{g}(\boldsymbol{x})=(\boldsymbol{K}+\lambda\boldsymbol{I})^{-1}\boldsymbol{k}(\boldsymbol{x})$，预测函数为 $\hat{y}(\boldsymbol{x})=\boldsymbol{g}(\boldsymbol{x})^{\mathrm{T}}\boldsymbol{y}$。因此，这使得正则化线性基函数回归和核回归(式(6.56))之间有了重要的联系。正则化参数 λ 控制回归中的平滑度。如果输入数据 $\boldsymbol{x}$ 是单变量的，并且信号是均匀采样的，这将只是描述一种特定的线性有限脉冲响应滤波器，参见 7.3 节。

将输入空间连续体中出现的回归情况理想化，可以使用傅里叶分析对该权函数进行分析计算(Rasmussen 和 Williams，2006，第 7 章，第 151～155 页)。例如，可以证明拉普拉斯基 $h(x)=\exp(-c|x|)$，其中带宽为 $c>0$ 是它自己的理想权函数，高斯基的权函数 $h(x)=\exp\left(-\frac{c}{2}x^2\right)$很好地用 sinc 函数进行近似(图 10.2)。

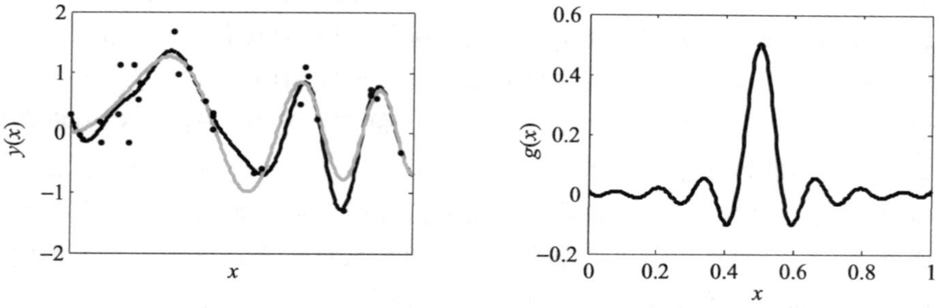

图 10.2　将核函数与正则基函数回归联系起来。给定模型 $y(x)=\dfrac{\sin(17.3x^2)}{x+0.5}+\epsilon$ 的 $N=30$ 个样本(左图，黑点)，其中 $\epsilon\sim\mathcal{N}(0,\ 0.3)$；高斯核函数为 $\kappa(x;\ x')=\exp(-c(x-x')^2)$，其中 $c=50$ 和 $\lambda=10^{-3}$ 使得回归估计平滑(左图，黑色曲线)。等效权函数 $g(x)$的行为非常类似于 sinc 函数(右图，黑色曲线)

10.2.2 函数空间上的分布：高斯过程

上一节中的推导没有对回归中参数向量 $\boldsymbol{w}\in\mathbb{R}^M$ 的分布做出任何明确的假设。在本节中，我们将进一步假设 $\boldsymbol{w}$ 是具有单位方差 $\boldsymbol{W}\sim\mathcal{N}(0,\boldsymbol{I})$ 的球状多元高斯函数。因此，每个 $\boldsymbol{w}$ 能够从预测函数空间中确定不同的预测函数 $y(\boldsymbol{x})=\boldsymbol{w}^{\mathrm{T}}\boldsymbol{h}(\boldsymbol{x})$（见图 10.3）。

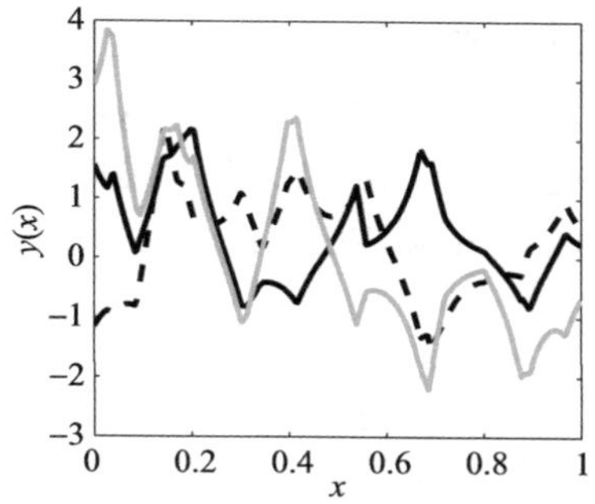

图 10.3 在线性基回归模型 $y(\boldsymbol{x})=\boldsymbol{w}^{\mathrm{T}}\boldsymbol{h}(\boldsymbol{x})$ 中，权重 $\boldsymbol{w}$ 为球状多元高斯函数（包含 $M=30$ 的基函数 $h_i(x)=\exp(-c\,|x-x_i|)$，其中 x_i 是从 [0，1]随机均匀采样的样本）。实现了这个分布，我们就可以探索预测函数的隐含空间

现在，利用统计稳定性，我们知道分布 $f(y;\boldsymbol{x})$ 也必须是高斯分布，因为 $y(\boldsymbol{x})=\boldsymbol{w}^{\mathrm{T}}\boldsymbol{h}(\boldsymbol{x})$ 只是 $\boldsymbol{w}$ 的线性加权组合。由此，我们还知道，对于任意一组 N 个点 $\boldsymbol{x}$，向量 $\boldsymbol{y}=(y(\boldsymbol{x}_1),\ y(\boldsymbol{x}_2),\ \cdots,\ y(\boldsymbol{x}_N))^{\mathrm{T}}$ 必须是多元高斯的，我们可以计算联合随机变量 $\boldsymbol{Y}=(Y_1,\ Y_2,\ \cdots,\ Y_N)^{\mathrm{T}}$ 的均值向量和协方差矩阵。为了简化表示，我们用 $\boldsymbol{H}$ 表示一个 $M\times N$ 的设计矩阵，其中每一项为 $h_{in}=h_i(\boldsymbol{x}_n)$。平均向量为零，因为：

$$\boldsymbol{m}=E[\boldsymbol{Y}]=E[\boldsymbol{W}^{\mathrm{T}}\boldsymbol{H}]=E[\boldsymbol{W}^{\mathrm{T}}]\boldsymbol{H}=\boldsymbol{0} \tag{10.12}$$

基于此，我们可以计算协方差：

$$\begin{aligned}\mathrm{cov}[Y_n,\ Y_{n'}]&=E[\boldsymbol{W}^{\mathrm{T}}\boldsymbol{h}(\boldsymbol{x}_n)\boldsymbol{W}^{\mathrm{T}}\boldsymbol{h}(\boldsymbol{x}_{n'})]=E[\boldsymbol{h}(\boldsymbol{x}_n)^{\mathrm{T}}\boldsymbol{W}\boldsymbol{W}^{\mathrm{T}}\boldsymbol{h}(\boldsymbol{x}_{n'})]\\&=\boldsymbol{h}(\boldsymbol{x}_n)^{\mathrm{T}}E[\boldsymbol{W}\boldsymbol{W}^{\mathrm{T}}]\boldsymbol{h}(\boldsymbol{x}_{n'})=\boldsymbol{h}(\boldsymbol{x}_n)^{\mathrm{T}}\boldsymbol{h}(\boldsymbol{x}_{n'})=k_{nn'}\end{aligned} \tag{10.13}$$

我们可以将最后一行认为是上一节内核矩阵 $\boldsymbol{K}$ 中的项。这告诉我们，用基函数定义的核矩阵直接决定回归模型中多元高斯预测的协方差。因此，我们可以写为 $f(\boldsymbol{y};\ \boldsymbol{x})=\mathcal{N}(\boldsymbol{0},\ \boldsymbol{K})$。

接下来，我们将焦点从有限数量的输入数据点 N 转移到整个输入空间。首先，考虑一组数据的子集 $M<N$。在 1.4 节中，我们知道该子集中的 M 个样本也是多元高斯的。我们将把 $\mathbb{R}^D$ 子集上的这些“自边际”分布看作某个随机过程的有限维分布(f. d. d. s)。而且，这些有限维分布是可交换的，因此我们可以应用 Kolmogorovk 扩展定理来证明由连续空间 $\mathbb{R}^D$ 索引的过程的分布确实存在(Grimmett 和 Stirzaker，2001，第 372 页)。它还表明，高斯过程是由适当的均值和协方差唯一确定的；映射关系为 $\mathbb{R}^D\to\mathbb{R}$，换言之，他们是这样的函数：我们称其为均值 $\mu(\boldsymbol{x})$ 和方差函数 $\kappa(\boldsymbol{x};\ \boldsymbol{x}')$。此外，这个过程的任何一个实现的样本路径也是一个函数 $y(\boldsymbol{x})$，我们可以写为 $f(y(\boldsymbol{x}))=\mathrm{GP}(\mu(\boldsymbol{x}),\ \kappa(\boldsymbol{x};\ \boldsymbol{x}'))$。因此，高斯过程是一般非线性函数在空间上的分布。高斯过程的样本路径的 N 个子集都是分布为 $\boldsymbol{Y}\sim\mathcal{N}(\mu(\boldsymbol{x}_n),\ \kappa(\boldsymbol{x}_n;\ \boldsymbol{x}_{n'}))$ 的多元高斯向量，其中 $n,\ n'\in1,\ 2,\ \cdots,\ N$。需要注意的是，这并不约束样本路径(从高斯过程中提取的函数)的其他属性，例如，连续性或可微性。这些特性取决于高斯过程的特定参数。

由于从高斯过程中提取的可以是任意函数，机器学习实践者通常依赖于协方差函数的

"工具包"，从而产生具有特定行为的函数。下面是一些具体的例子(见图 10.4)，从 $\kappa(\boldsymbol{x};\boldsymbol{x}')=g(\|\boldsymbol{x}-\boldsymbol{x}'\|)$ 形式的球对称核开始。这些内核指定了固定高斯过程。例如 $g(r)=b\exp\left(-\frac{1}{2}(r/\sigma)^2\right)$，其中 $b>0$ 且 $\sigma>0$ 被称为高斯或平方指数核。具有此核的高斯过程的样本是无限可微的(Rasmussen 和 Williams，2006，第 15 页)，这在某些情况下是一个理想的属性。参数 σ 控制核的"有效宽度"，如果这是大的(或小的)，那么从过程中得出的样本是平滑的(或粗糙的)，并且相关性在 $\boldsymbol{x}$ 的空间中跨越大的(或小的)距离。尺度因子 b 控制相关性的整体大小。更一般地说，任何形式为 $g(r)=b\exp(-(r/\sigma)^p)$ 的函数，其中 $0<p\leqslant 2$，是一个有效的、静止的高斯核。一个重要的特例是柯西核 $p=1$。在一维中，这是具有不可微样本路径的 Ornstein-Uhlenbeck 过程(Rasmussen 和 Williams，2006，第 86 页)。

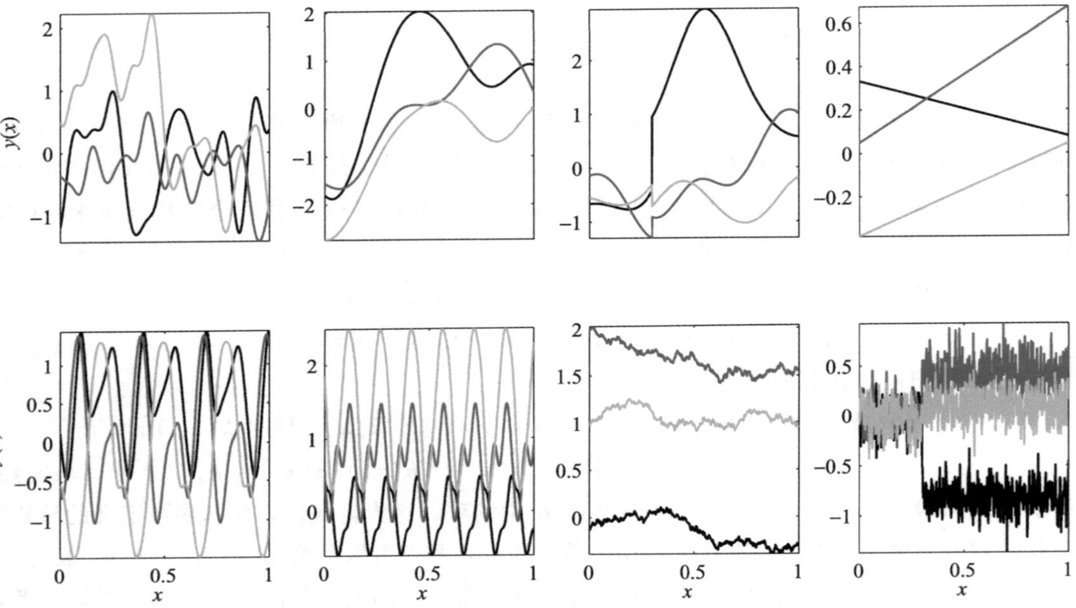

图 10.4　从具有一系列协方差函数的零均值高斯过程中绘制。从左到右从上到下依次为：高斯核，长度尺度 $\sigma=0.05$，尺度因子 $b=1$；高斯核 $\sigma=0.2$，$b=1$；高斯核 $\sigma=0.2$，且在 $x=0.3$ 处出现跳变；$\sigma=0.5$ 的线性回归核；周期(谐波)核 $\sigma=1$ 且 $p=0.3$；周期核 $\sigma=1.5$，$p=0.15$；全极点(1)核 $a=1-10^{-4}$；最后是独立同分布(白)噪声核，且在 $x=0.3$ 和 $\sigma=0.15$ 处有 0.5 的跳变

贝叶斯线性回归是核函数的一个特例：

$$\kappa(\boldsymbol{x};\boldsymbol{x}')=\sigma^2+(\boldsymbol{x}-\boldsymbol{\mu})^{\mathrm{T}}(\boldsymbol{x}'-\boldsymbol{\mu}) \tag{10.14}$$

参数 $\boldsymbol{\mu}\in\mathbb{R}^D$ 确定 $\boldsymbol{x}$ 空间中的原点。核还可以对周期性进行编码，这在 DSP 应用中具有重要价值。下面的周期核具有有效宽度 $\sigma>0$ 和周期 $p>0$：

$$\kappa(\boldsymbol{x};\boldsymbol{x}')=\exp\left(-\frac{2}{\sigma^2}\sin^2\left[\frac{\pi}{p}\|\boldsymbol{x}-\boldsymbol{x}'\|\right]\right) \tag{10.15}$$

该核的周期采样路径在傅里叶域中有很好的理解：有效宽度控制频率内容。如果它是大的(或小的)，那么更高的频率成分将被抑制(或放大)。DSP 应用程序的最后一个有趣的核是

离散时间指数上的自回归(全极点/无限脉冲响应)核 n, $n' \in \mathbb{Z}$:

$$\kappa(n;\ n') = a^{|n-n'|} \tag{10.16}$$

其中$-1<a<1$。基于此核的高斯过程的采样路径是一阶无限脉冲响应滤波器的单参数 a 和独立同分布高斯噪声输入的实现。这可以扩展到任意阶 $P>1$ 无限脉冲响应滤波器，使用无限脉冲响应滤波器的自协方差的一般形式，即 $\kappa(n;\ n') = \sum_{j=1}^{P} b_j p_j^{|n-n'|}$，其中 p_j 是传递函数的极点(7.4 节)，而 $b_j \in \mathbb{R}$ 是任意的无限脉冲响应初始条件。

利用 6.1 节中 Mercer 核的性质，我们可以取任意核 $\kappa'(\boldsymbol{x};\ \boldsymbol{x}')$，并在所选位置包含一个跳跃间断 $\boldsymbol{\mu}$，$\kappa(\boldsymbol{x};\ \boldsymbol{x}') = \kappa'(\boldsymbol{x};\ \boldsymbol{x}') + c\delta[(\boldsymbol{x} \geqslant \boldsymbol{\mu}) \wedge (\boldsymbol{x}' \geqslant \boldsymbol{\mu})]$，其中 δ 是克罗内克三角信号(Kronecker delta)(图 10.4)。

我们应该指出，内核并不局限于实际数据：它们可以为许多不同的数据类型构建，包括符号序列(字符串)、集合和图形(Shawe Taylor 和 Christiani，2004，第 11 章)。有关更多的内核方案，请参见 Rasmussen 和 Williams(2006)。

10.2.3 贝叶斯高斯过程核回归

在 4.5 节中，我们知道多元高斯分布是指数族分布，当协方差固定时，它对平均向量有一个共轭先验，这个先验也是多元高斯分布。我们考虑这个情况，希望从数据中估计的函数的先验是一个具有零均值函数和协方差核 $k_0(\boldsymbol{x};\ \boldsymbol{x}')$的高斯过程，我们可以把它写成 $f(y(\boldsymbol{x});\ \kappa_0(\boldsymbol{x};\ \boldsymbol{x}')) = \mathrm{GP}(y(\boldsymbol{x});\ 0,\ \kappa_0(\boldsymbol{x};\ \boldsymbol{x}'))$，为了简单起见，我们在下面的推导中假设均值为零，但是可以直接修改它们以使用任意的均值函数代替。与多元高斯情形类似，我们希望估计的函数是高斯过程的平均函数。为了探索共轭性，我们假设函数的似然也是一个具有白噪声协方差函数的高斯过程，例如 $f(\widetilde{y}(\boldsymbol{x}) \mid y(\boldsymbol{x})) = \mathrm{GP}(\widetilde{y}(\boldsymbol{x});\ y(\boldsymbol{x}),\ \sigma^2\delta[\boldsymbol{x}=\boldsymbol{x}'])$，其中 $\widetilde{y}(\boldsymbol{x})$是一个观察函数(数据)。这意味着后验函数也具有高斯过程分布：$f(y(\boldsymbol{x}) \mid \widetilde{y}(\boldsymbol{x})) = \mathrm{GP}(y(\boldsymbol{x});\ \mu(\boldsymbol{x}),\ \kappa(\boldsymbol{x};\ \boldsymbol{x}'))$其中 $\mu(\boldsymbol{x})$和 $\kappa_0(\boldsymbol{x};\ \boldsymbol{x}')$分别是后验均值和协方差函数。以上讲述的内容将为求解易于处理的贝叶斯非线性回归提供一个方法的基础，该方法依赖于寻找后验和后验预测高斯过程的参数。

实际上，我们只有一组有限的样本 $\boldsymbol{x}_n$，y_n，其中 $n=1,\ 2,\ \cdots,\ N$。然后，数据上边缘化的似然高斯过程变为有限多元高斯分布 $f(\widetilde{\boldsymbol{y}} \mid \boldsymbol{x}_1,\ \boldsymbol{x}_2,\ \cdots,\ \boldsymbol{x}_N;\ \sigma^2) = \mathcal{N}(\widetilde{\boldsymbol{y}};\ \boldsymbol{y}(\boldsymbol{x}),\ \sigma^2\boldsymbol{I})$，其中 $\widetilde{\boldsymbol{y}} = (y_1,\ y_2,\ \cdots,\ y_N)^{\mathrm{T}}$ 且 $\boldsymbol{y}(\boldsymbol{x}) = (y(\boldsymbol{x}_1),\ y(\boldsymbol{x}_2),\ \cdots,\ y(\boldsymbol{x}_N))^{\mathrm{T}}$。我们现在可以使用正态共轭来计算后验高斯过程，其参数：

$$\mu(\boldsymbol{x}) = \widetilde{\boldsymbol{\kappa}}(\boldsymbol{x})^{\mathrm{T}}(\widetilde{\boldsymbol{K}} + \sigma^2 I)^{-1}\widetilde{\boldsymbol{y}} \tag{10.17}$$

$$\kappa(\boldsymbol{x};\ \boldsymbol{x}') = \kappa_0(\boldsymbol{x};\ \boldsymbol{x}') - \widetilde{\boldsymbol{\kappa}}(\boldsymbol{x})^{\mathrm{T}}(\widetilde{\boldsymbol{K}} + \sigma^2\boldsymbol{I})^{-1}\widetilde{\boldsymbol{\kappa}}(\boldsymbol{x}') \tag{10.18}$$

这里，$N \times N$ 的数据核 $\widetilde{\boldsymbol{K}}$ 的项写为 $\widetilde{k}_{nn'} = \kappa_0(\boldsymbol{x}_n;\ \boldsymbol{x}_{n'})$，而长度为 N 的数据核向量 $\widetilde{\boldsymbol{\kappa}}(\boldsymbol{x})$ 的元素为 $\widetilde{\kappa}_n(\boldsymbol{x}) = \kappa_0(\boldsymbol{x};\ \boldsymbol{x}_n)$。

由于后验高斯过程平均值与 $\boldsymbol{x}$ 的任何值的模式一致，因此函数的最大后验概率值为式(10.17)，实际上这与正则化核回归最大后验概率公式(10.11)相同，其中 $\lambda = \sigma^2$。因此，将高斯过程回归称为*贝叶斯核回归*是完全合理的，其中先验协方差核函数决定了对等的、非贝叶斯核回归中的核(图 10.5)。类似的，后验预测分布也是高斯分布，$f(\overline{y} \mid \boldsymbol{y};\ \sigma^2) =$

$\mathcal{N}(\bar{y};\ \bar{\mu}(\boldsymbol{x}),\ \bar{\sigma}^2(\boldsymbol{x}))$，其中均值和方差为：

$$\bar{\mu}(\boldsymbol{x})=\bar{\boldsymbol{\kappa}}(\boldsymbol{x})^{\mathrm{T}}(\widetilde{\boldsymbol{K}}+\sigma^2\boldsymbol{I})^{-1}\widetilde{\boldsymbol{y}} \tag{10.19}$$

$$\bar{\sigma}^2(\boldsymbol{x})=\boldsymbol{\kappa}_0(\bar{\boldsymbol{x}};\ \bar{\boldsymbol{x}})-\bar{\boldsymbol{\kappa}}(\boldsymbol{x})^{\mathrm{T}}(\widetilde{\boldsymbol{K}}+\sigma^2\boldsymbol{I})^{-1}\bar{\boldsymbol{\kappa}}(\boldsymbol{x})+\sigma^2 \tag{10.20}$$

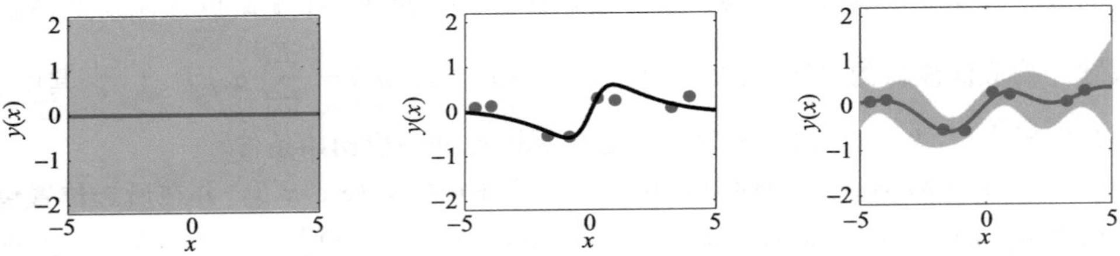

图 10.5　贝叶斯高斯过程的回归需要选择一个先验均值函数(左图，深灰色线)和核协方差函数(左图，浅灰色填充区域显示 x 每个值的 95%置信区间)。$N=8$ 时噪声，以及标准差 $\sigma=0.2$(中图，深灰色点)用来估计 $y(x)=2\sin\left(\frac{1}{5}\pi x\right)/(x^2+1)$(中图，深灰色点)。这些来自似然高斯过程的观察结果被用来寻找后验高斯过程均值函数(右图，深灰色曲线)和核协方差(右图，浅灰色填充区域，95%区间)

上式中 $\bar{\kappa}_n(\bar{\boldsymbol{x}})=\kappa_0(\bar{\boldsymbol{x}};\ \boldsymbol{x}_n)$。考虑求 $\widetilde{\boldsymbol{K}}+\sigma^2\boldsymbol{I}$ 的逆所需的 $O(N^3)$ 计算量，那么每个预测均值都需要 $O(N)$ 计算量，计算方差则需要 $O(N^2)$ 计算量。

高斯过程回归与频率派的核回归相比有许多优点。例如，对于 $\boldsymbol{x}$ 的任何值，我们可以计算未知函数回归估计的置信度。回归模式周围的后验分布在远离观测数据的地方自然增加，而这个增加的速度取决于先验核的隐式“长度尺度”。例如，高斯核的长度尺度由 σ 参数决定。因此，具有短尺度的先验核对回归曲线的整体形状几乎没有确定性，同时对接近观测数据的回归预测提供高置信度(图 10.5)。

我们可以在许多应用中使用这个置信区间。在 DSP 中，对于均匀采样的数据，我们可以在一个概念框架内有效地进行有限脉冲响应滤波并估计滤波器的后验分布。Roberts 等人(2012)介绍了高斯过程回归在 DSP 中的应用实例，如海洋学中的潮位预测和预报、天文学中的系外行星光曲线平滑和推断、金融工程中的市场指数等。在序贯采样情况下，我们可以找到后验不确定度较高的区域，并在这些区域中进行目标采样，最大程度降低总体不确定度。高斯过程回归也以这种顺序的方式被用作解决非线性优化问题的工具(Osborne 等人，2009)。

高斯回归是一种非参数回归，在经验机器学习研究中常常优于参数回归，正如核回归常常优于线性回归等参数方法一样。这两种方法都需要访问整个训练数据集来进行预测。这就提出了如何管理高斯过程回归模型复杂性的问题，高斯过程回归依赖于先验均值和协方差函数的光滑性。更平滑的先验通常会得到更平滑(不太复杂)的后验函数，因此，样本外预测的有用性将取决于这些先验选择，以及这些选择是否与生成数据的基础函数的真实长度尺度相匹配(见下一节)。

高斯过程回归的主要缺点是计算复杂度。计算矩阵的逆$(\widetilde{\boldsymbol{K}}+\sigma^2\boldsymbol{I})^{-1}$ 需要 $O(N^3)$次运算，这对于很长的信号是不可取的。鉴于此，大量的研究致力于解决高斯过程回归的计算复杂度。这些技术中的许多部分都是基于这样一种思想：找到一个大小为 $M\ll N$ 的数据子集，从这个子集中，只需 $O(M^3)$的运算就可以估计出回归后验值的一个很好的近似值。

我们将研究其中一种方法，称为信息向量机(Rasmussen 和 Williams，2006，8.3.3 节)。考虑到数据大小为 M 的所有子集是一个指数复杂度的组合问题，这显然是不可行的。相反，我们可以使用贪婪优化启发式方法(2.6 节)。一个合理的贪婪准则是选择数据集的一个成员，在 $\boldsymbol{x}_i$ 输入空间特定位置(并在该数据集包括子集中该位置的观测数据项前后)最大化后验高斯过程的熵差：

$$\Delta H = H[f(y(\boldsymbol{x}_i)\mid \boldsymbol{y}_{S\setminus i})] - H[f(y(\boldsymbol{x}_i)\mid \boldsymbol{y}_S)] \tag{10.21}$$

其中 S 是一个数据指数 1，2，…，N 的子集，而向量 $\boldsymbol{y}_S=(y_i)_{i\in S}$ 是所选子集中的数据。根据该准则，大多数减少后验不确定性的观测以贪婪、逐步的方式包含在子集中。而对于高斯过程，任何位置的边缘都是一元高斯方差 $\boldsymbol{\tau}^2$，其熵为 $\frac{1}{2}\ln(2\pi e\boldsymbol{\tau}^2)$。单变量高斯分布在包含单个观测值后的后验方差为 $\sigma_P^2=(1/\boldsymbol{\tau}^2+1/\sigma^2)^{-1}$，那么有：

$$\Delta H = \frac{1}{2}\ln\left(\frac{2\pi e\boldsymbol{\tau}^2}{2\pi e\sigma_P^2}\right) = \frac{1}{2}\ln\left(\frac{\sigma^2+\boldsymbol{\tau}^2}{\sigma^2}\right) \tag{10.22}$$

该表达式用于算法 10.1。这可以理解为贪婪组合邻域搜索的一种形式，其中每个邻域都是从 $\boldsymbol{x}$ 的整个空间中提取的(算法 2.8)。

算法 10.1　高斯过程(GP)信息向量机回归

(1) 初始化。设置 $\Omega=\{1,2,\cdots,N\}$ 和 $\overline{S}=\varnothing$，选择最终回归子集尺寸 M。

(2) 采样随机子集。从大小数据中均匀随机选取指标的子集 R，其中数据选自 Ω，大小 $|R|=T$。

(3) 最小化熵值。对于每一个 $i\in 1,2,\cdots,T$，计算 $\Delta H_i=\frac{1}{2}\ln((\sigma^2+\boldsymbol{\tau}_i^2)/\sigma^2)$，在给定 y_R 和 $\boldsymbol{x}_R$ 的情况下，$\boldsymbol{\tau}_i^2$ 是 $y(\boldsymbol{x}_{R_i})$ 的后验方差。

(4) 选择下一项。解决 $j=\mathrm{argmax}_i\Delta H_i$，将其并入子集中 $S\leftarrow S\cup R_j$，移除 $\Omega\leftarrow\Omega\setminus R_j$。

(5) 迭代。设置 $m\leftarrow m+1$，如果 $m<M$，则返回第二步，否则对指数为 S 的数据子集执行高斯过程回归。

有关降低高斯过程回归复杂性的其他方法的综合讨论，请参见 Rasmussen 和 Williams(2006，第 8 章)。

10.2.4　高斯过程回归和 Wiener 滤波

Wiener 滤波(见 7.4 节)是高斯过程回归的一个特例，我们将在下面介绍。考虑在 $x_n=\Delta n$ 处采样的函数 $y(x)$，其中 Δ 是采样间隔。对于采样为 $y_n=y(x_n)$ 的观测数字信号 $\boldsymbol{y}$，其中 $n\in 1,2,\cdots,N$，长度为 N 的后验高斯过程平均函数可以写成(Rasmussen 和 Williams，2006，第 25 页)：

$$\boldsymbol{\mu}=\boldsymbol{K}_0(\boldsymbol{K}_0+\sigma^2\boldsymbol{I})^{-1}\boldsymbol{y}=\sum_{n=1}^{N}\boldsymbol{u}_n\frac{\alpha_n}{\alpha_n+\sigma^2}\boldsymbol{u}_n^{\mathrm{T}}\boldsymbol{y} \tag{10.23}$$

其中 $\boldsymbol{u}_n$ 和 α_n 是高斯过程先验自协方差矩阵 $\boldsymbol{K}_0$ 的特征向量和特征值，其中的项表示为 $k_{nn'}=\kappa_0(\Delta n;\Delta n')$，后验均值信号 $\boldsymbol{\mu}$ 中每一个元素为 $\mu_n=\mu(x_n)$。这正是 Wiener 滤波器

(式(7.149))给出的最大后验概率的预测。高斯过程回归优于 Wiener 滤波的主要优点是后验协方差的计算，换言之，我们可以进行 Wiener 滤波，同时还可以得到滤波操作中不确定性的估计。

对于 DSP 的应用，高斯过程回归需要 $O(N^3)$计算量来完成 $\boldsymbol{K}_0+\sigma^2\boldsymbol{I}$ 操作，这不太实际。然而，对于特殊的信号类，我们可以更高效地进行计算。特别是，考虑到平移不变量高斯过程的先验自协方差函数 $\kappa_0(x;\ x')=g_0(x-x')$。那么 $\boldsymbol{K}_0+\sigma^2\boldsymbol{I}$ 是 Toeplitz(即对角线恒定)的，所以它可以用 $O(N^2)$运算量的 Levinson 递归来求逆。这是一个实质性的改进，但我们可以做得更好。另外，我们认为信号是周期性的，使得对于所有 $n\in\mathbb{Z}$，都有 $y_{n+N}=y_n$，并且先验自协方差是对称的，那么 $\boldsymbol{K}_0+\sigma^2\boldsymbol{I}$ 是循环的，这意味着它可以在傅里叶基中进行对角化。我们可以利用它来进行更高效的实现。我们将后验均值信号写为 $\boldsymbol{\mu}=\boldsymbol{K}_0\boldsymbol{h}$，其中 $\boldsymbol{h}=(\boldsymbol{K}_0+\sigma^2\boldsymbol{I})^{-1}\boldsymbol{y}$。将 $\boldsymbol{h}$ 的线性问题重写为$(\boldsymbol{K}_0+\sigma^2\boldsymbol{I})\boldsymbol{h}=\boldsymbol{y}$，这是一个循环卷积$(\boldsymbol{k}_0+\sigma^2\boldsymbol{\delta})\bigstar_N\boldsymbol{h}=\boldsymbol{y}$ 的形式，其中 $\boldsymbol{k}_0+\sigma^2\boldsymbol{\delta}$ 是循环矩阵 $\boldsymbol{K}_0+\sigma^2\boldsymbol{I}$ 中一个在第一行(或第一列)长度为 N 的向量。然后，我们可以使用离散傅里叶变换的卷积特性来显示(见 7.2 节)：

$$F_k[(\boldsymbol{k}_0+\sigma^2\boldsymbol{\delta})\bigstar_N\boldsymbol{h}]=F_k[\boldsymbol{k}_0+\sigma^2\boldsymbol{\delta}]F_k[\boldsymbol{h}]=F_k[\boldsymbol{y}] \tag{10.24}$$

因此，对应的解为：

$$\boldsymbol{h}=F_k^{-1}\left[\frac{F_k[\boldsymbol{y}]}{F_k[\boldsymbol{k}_0+\sigma^2\boldsymbol{\delta}]}\right] \tag{10.25}$$

总之，利用离散傅里叶变换可以有效地计算高斯过程矩阵的逆问题。这里的优点是我们可以使用计算量为 $O(N\ln N)$的快速傅里叶变换运算来实现离散傅里叶变换。与一般的高斯过程回归问题相比，这里省掉了非常可观的计算量。我们也可以用类似的效率去计算后验均值，因为它是另一个循环卷积 $\boldsymbol{\mu}=\boldsymbol{k}_0\bigstar_N\boldsymbol{h}$，其中 $\boldsymbol{k}_0$ 是 $\boldsymbol{K}_0$ 的第一排或第一列：

$$\boldsymbol{\mu}=F_k^{-1}\left[\frac{F_k[\boldsymbol{k}_0]}{F_k[\boldsymbol{k}_0+\sigma^2\boldsymbol{\delta}]}F_k[\boldsymbol{y}]\right] \tag{10.26}$$

这只是式(10.23)的一个特例，离散傅里叶变换将先验高斯过程自协方差进行了对角化。

10.2.5　其他与高斯过程相关的问题

高斯过程(GP)回归具有足够的通用性，可用于解决其他机器学习或 DSP 问题，例如，高斯过程在分类中的各种用途(见 6.3 节)已被广泛探讨。这是一个非常简单的例子。考虑用类成员标签 Y 编码一个两类分类问题 $Y\in\{0,\ 1\}$，其中的给定输入数据 $\boldsymbol{X}\in\mathbb{R}^D$。我们可以使用高斯过程回归来直接对决策边界进行建模，通过对训练数据$(\boldsymbol{x}_n,\ y_n)_{n=1}^N$ 进行回归计算，得到函数 $y(\boldsymbol{x})$的后验分布。由于每个 $\boldsymbol{x}$ 处的边缘后验概率是单变量正态分布，我们可以找到后验分类概率 $p(\boldsymbol{x})=1-\Phi\left(\frac{1}{2};\ \mu(\boldsymbol{x}),\ \kappa(\boldsymbol{x};\ \boldsymbol{x})\right)$，其中 $\Phi(x;\ \mu,\ \sigma^2)$是带参数的单变量正态分布的累积分布函数，其参数为 μ，σ^2。同样地，我们也可以用 $\bar{\mu}(\boldsymbol{x})$，$\bar{\kappa}(\boldsymbol{x},\ \boldsymbol{x})$来寻找后验预测概率。基于最大后验概率分类，当 $p(\boldsymbol{x})>\frac{1}{2}$时，分类标签为 $Y=1$，反之当 $p(\boldsymbol{x})\leqslant\frac{1}{2}$时，分类标签为 $Y=0$。为了选择合适的(光滑)核函数，在 $\boldsymbol{x}$ 空间上进行分类的正则化，这在 DSP 中有实际应用(图 10.6)。

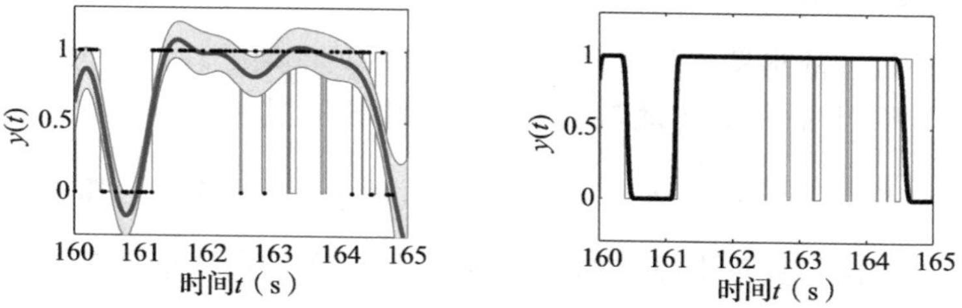

图 10.6　使用高斯过程回归进行分类的一个简单的例子。对数字音频信号(左图，浅灰色曲线)的阈值瞬时(10ms)对数能量进行随机采样(黑点)。采用具有长度尺度为 0.5 的高斯先验核的高斯过程回归来预测决策函数的后验分布(均值、深灰色曲线；两个标准偏差置信区间，浅灰色阴影)。然后用它来预测后验 $Y=1$ 分类概率(右图，黑色曲线)

更详细的基于高斯过程的分类方法也被提了出来。通常这些都是能被辨识的，比如在逻辑回归问题(6.26)中，用一个高斯过程先验的非线性函数来代替线性决策函数 $b_0+\boldsymbol{b}^{\mathrm{T}}\boldsymbol{x}$ (Rasmussen 和 Williams，2006，3.3 节)。参数估计和后验估计很快变得复杂，但是由于简单的高斯共轭使得后验推断变得简单，因此我们需要转向数值逼近。

高斯过程也被应用于降维。通过在概率主成分分析(6.6 节)中将隐变量 $\boldsymbol{Z}$ 和观测变量 $\boldsymbol{X}$ 之间的映射建模为隐变量 $\boldsymbol{Z}$ 索引的高斯过程，可以形成一个一般的非线性概率主成分分析，称为高斯过程隐变量模型(Lawrence，2004)。

10.3 狄利克雷过程

在之前的 4.8 节中，我们讨论了核密度估计，而在 6.2 节中，探讨了混合模型。我们可以把这两个模型看作是频率密度估计。为更好地说明，我们考虑简单的高斯的情况 $\Omega_X=\mathbb{R}$，其中固定方差 σ^2，令两个内核 κ 和混合成分的分布 f 为高斯分布，参数仅为各成分的均值。对于核密度估计，均值与 N 个样本中的每一个都相等，对于给定数据，有 $\mu_n=x_n$，因此有 N 个分量，而对于混合物，有 K 个平均参数 μ_k。那么哪个统计模型最好呢？可以比较某个数据集的似然，并选择两者中具有较大似然的模型。尽管如此，很明显，核密度估计具有“最大”复杂性，从这个意义上讲，它需要 N 个参数(数据中的值)。相比而言，混合模型需要 K 个参数。在所有其他条件相同的情况下，这使得核密度估计更容易过度拟合。

当然，我们可以自由地用单个带宽参数 σ^2 改变模型的复杂度，但这就假设了 PDF 曲线的复杂度在实数线的任何地方都是局部相同的，因此不能进行太多的控制。另一方面，如果数据具有中等复杂度，我们总是可以用含有大量分量的混合密度来拟合它。然而，面对有多少组分这个问题，就像核密度估计带宽的选择一样，没有一个单一的、完全令人满意的答案。正则化方法(AIC、BIC、MDL 等，见 4.2 节)不是完全贝叶斯的，因此我们无法量化密度估计中的不确定性。作为替代的方法，狄利克雷过程(DP)模型提供了一种简单、完全贝叶斯的密度估计方法，以恰当的方式解决了为某个数据集选择适当数量分量的问题。

10.3.1 狄利克雷分布：分类分布的规范先验

我们理解高斯过程的出发点是对狄利克雷分布的贝叶斯处理。考虑有限离散样本空间 $\Omega_X=\{1, 2, \cdots, K\}$ 上的一般离散随机变量。如果没有其他信息，我们可以说它是分类分布。概率质量函数是 $f_X(x)=p_x$，其中参数向量 $\boldsymbol{p}\in[0, 1]^K$，那么就有 $\sum_{k=1}^{K} p_k=1$。很容易证明，从这个随机变量中提取的 N 个独立同分布的最大似然参数就是归一化计数 $\hat{p}_k=N_k/N$，其中我们可以使用 Kronecker 三角信号的形式写为 $N_k=\sum_{n=1}^{N}\delta[x_n-k]$。采用简单的贝叶斯方法，我们可以将问题转向指数族，对于指数族，其分类前的共轭是狄利克雷分布的，参数 $a_k>0$(图 10.7)。我们把它写成 $\mathrm{Dir}(\boldsymbol{p}; \boldsymbol{a})$和随机向量 $\boldsymbol{p}\sim\mathrm{Dir}(\boldsymbol{a})$。相应的概率质量函数为：

$$f(\boldsymbol{p}; \boldsymbol{a})=C(\boldsymbol{a})\prod_{k=1}^{K} p_k^{a_k-1} \tag{10.27}$$

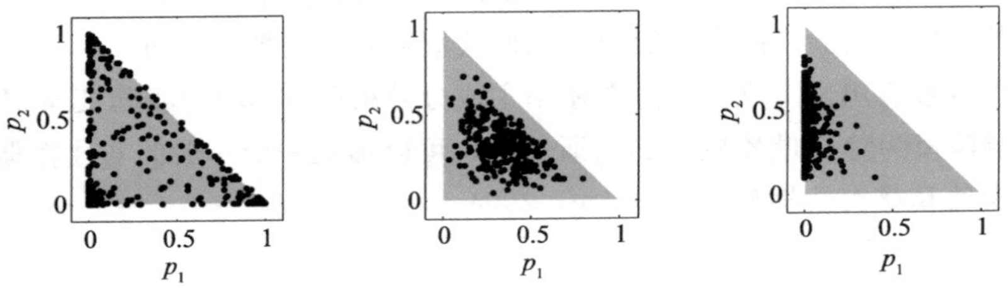

图 10.7　狄利克雷分布的样本。样本空间的分布为 $p_k\in[0, 1]$，而 $\sum_{k=1}^{K} p_k=1$，其中 $k=1, 2, \cdots, K$。这是 $K-1$ 维单纯形，此处显示为 $K=3$(灰色区域)。小参数值将样本集中在单纯形边缘(左图，参数向量 $\boldsymbol{a}=(0.3, 0.3, 0.3)$)，而大参数值将样本集中在单纯形内部(中图，$\boldsymbol{a}=(3.8, 3.8, 3.8)$)。聚集可以是不均匀的，有利于一个边缘超过其他边缘(右图，$\boldsymbol{a}=(0.3, 3.8, 5.1)$)

使用归一化因子 $C(\boldsymbol{a})=\Gamma\left(\sum_{k=1}^{K} a_k\right)/\prod_{k=1}^{K}\Gamma(a_k)$。数据的分类似然为：

$$f(\boldsymbol{x}\mid\boldsymbol{p})=\prod_{n=1}^{N} p_{x_n}=\prod_{k=1}^{K} p_k^{N_k} \tag{10.28}$$

基于联合分布：

$$\begin{aligned}f(\boldsymbol{p}, \boldsymbol{x}; \boldsymbol{a})&=C(\boldsymbol{a})\prod_{k=1}^{K} p_k^{a_k+N_k-1}=\frac{C(\boldsymbol{a})}{C(\boldsymbol{a}+\boldsymbol{N})}C(\boldsymbol{a}+\boldsymbol{N})\prod_{k=1}^{K} p_k^{a_k+N_k-1}\\&=\frac{C(\boldsymbol{a})}{C(\boldsymbol{a}+\boldsymbol{N})}\mathrm{Dir}(\boldsymbol{p}; \boldsymbol{a}+\boldsymbol{N})\end{aligned} \tag{10.29}$$

其中 $\boldsymbol{N}=(N_1, N_2, \cdots, N_K)$。证据概率为：

$$\begin{aligned}f(\boldsymbol{x}; \boldsymbol{a})&=\int_{\Omega_P} f(\boldsymbol{p}, \boldsymbol{x}; \boldsymbol{a})\mathrm{d}\boldsymbol{p}=\frac{C(\boldsymbol{a})}{C(\boldsymbol{a}+\boldsymbol{N})}\int_{\Omega_P}\mathrm{Dir}(\boldsymbol{p}; \boldsymbol{a}+\boldsymbol{N})\mathrm{d}\boldsymbol{p}\\&=\frac{C(\boldsymbol{a})}{C(\boldsymbol{a}+\boldsymbol{N})}\end{aligned} \tag{10.30}$$

基于此，很容易给出后验分布的共轭性：

$$f(\boldsymbol{p}\mid\boldsymbol{x};\ \boldsymbol{a})=f(\boldsymbol{p},\ \boldsymbol{x};\ \boldsymbol{a})/f(\boldsymbol{x};\ \boldsymbol{a})=\mathrm{Dir}(\boldsymbol{p};\ \boldsymbol{a}+\boldsymbol{N}) \tag{10.31}$$

为了推导后验预测分布的简单公式，条件分类：

$$\begin{aligned}f(x_{N+1}=x\mid x_N,\ x_{N-1},\ \cdots,\ x_1;\ \boldsymbol{a})&=f(x_{N+1}=x,\ \boldsymbol{x};\ \boldsymbol{a})/f(\boldsymbol{x};\ \boldsymbol{a})\\&=\frac{C(\boldsymbol{a})}{C(\boldsymbol{a}+\boldsymbol{N}+\boldsymbol{\delta}_x)}\Big/\frac{C(\boldsymbol{a})}{C(\boldsymbol{a}+\boldsymbol{N})}=\frac{C(\boldsymbol{a}+\boldsymbol{N})}{C(\boldsymbol{a}+\boldsymbol{N}+\boldsymbol{\delta}_x)}=\frac{a_x+N_x}{\sum_{k=1}^{K}a_k+N}\end{aligned} \tag{10.32}$$

其中 $\boldsymbol{\delta}_x=\boldsymbol{e}_x$，是一个 K 维的标准基向量。证明这一点的依据是 $\Gamma(x+1)=x\Gamma(x)$。

关于狄利克雷分布的一个关键事实是边缘分子的聚集性。因此，如果 $\boldsymbol{p}\sim\mathrm{Dir}(\boldsymbol{a})$，那么就有 $\boldsymbol{p}'=(p_1,\ \cdots,\ p_i+p_j,\ \cdots,\ p_K)\sim\mathrm{Dir}(a_1,\ \cdots,\ a_i+a_j,\ \cdots,\ a_K)$其中 $1\leqslant i,\ j\leqslant K$ 而 $i\neq j$。这意味着通过组合样本空间的各个部分来形成新的样本空间(即$[0,\ 1]^K$，$\sum_{k=1}^{K}p_k=1$)在这个较小的样本空间上产生另一个狄利克雷分布。

参数向量 $\boldsymbol{p}$ 是一个归一化概率向量，意味着它是一个一般的离散概率质量函数。贝叶斯非参数机器学习最重要的一点是，这是一个随机向量，这意味着它也是一个随机概率质量函数。因此，狄利克雷先验是分布上的分布。此外，狄利克雷分布与分类分布是共轭的，因此后验分布也是狄利克雷分布。我们将使用一组 K 基测度参数 $b_k>0$，$\sum_{k=1}^{K}b_k=1$ 和一个尺度参数 $\alpha>0$ 来定义狄利克雷参数(参数 α 也称为精度或逆扩散参数，因为它与方差近似成反比)。狄利克雷参数就变成 $\boldsymbol{a}=\alpha\boldsymbol{b}$。在这里，我们把它写成 $\mathrm{Dir}(\boldsymbol{p};\ \alpha,\ \boldsymbol{b})$。在这种参数排列中，共轭狄利克雷分类模型可以通过观测与随机概率质量函数的贝叶斯更新概念相一致。看以下公式可以得到一些信息。每个随机变量 p_k 的均值和方差为：

$$\begin{aligned}\mu_k&=E[p_k]=b_k\\ \sigma_k^2&=E[(p_k-b_k)^2]=\frac{b_k(1-b_k)}{\alpha+1}\end{aligned} \tag{10.33}$$

因此，当 $\alpha\to\infty$时有 $\sigma_k^2\to0$，这意味着 p_k 高度集中在平均b_k 周围。鉴于此，α 经常被称之为集中度参数。后验狄利克雷分布可以写成：

$$f(\boldsymbol{p}\mid\boldsymbol{x};\ \alpha,\ \boldsymbol{b})=\mathrm{Dir}\left(\boldsymbol{p};\ \alpha+N,\ \frac{1}{\alpha+N}\left[\alpha\boldsymbol{b}+\sum_{n=1}^{N}\boldsymbol{\delta}_{x_n}\right]\right) \tag{10.34}$$

因此，我们可以将贝叶斯更新过程视为将样本累积到基本测度中。

为了从这个贝叶斯模型中抽取样本 x_n，我们可以使用原始采样，在原始采样中我们首先抽取一个分类参数向量 $\boldsymbol{p}\sim\mathrm{Dir}(\alpha,\ \boldsymbol{b})$，然后用参数向量 $\boldsymbol{p}$ 从分类分布中抽取样本。这涉及从狄利克雷分布采样，但由于累积分布函数没有封闭形式，因此很难使用第 3 章中描述的通用技术。下面，我们将探究一下两个特殊算法。第一种最直接的方法是归一化 gamma 方法，首先，从 gamma 分布生成K 个随机数 y_k，其概率密度函数为 $y_k^{\alpha b_k-1}\exp(-y_k)/\Gamma(\alpha b_k)$，接下来，归一化 $p_k=y_k/\sum_{k=1}^{K}y_k$ 具有所需的分布(Devroye，1986，定理 4.1)。第二种方法是断棍法，它利用了狄利克雷具有 Beta 分布的边缘分布这一事实。首先，抽取 $K-1$ 个随机数 $v_k\sim\mathrm{Beta}\left(\alpha b_k,\ \alpha\sum_{j=k+1}^{K}b_j\right)$，其中 $k=1,\ 2,\ \cdots,\ K-1$。那么变量 $p_k=$

$v_k\prod_{j=1}^{k-1}(1-v_j)$且 $p_K=1-\sum_{k=1}^{K-1}$ 具有所需的分布(Devroye，1986，定理 4.2)。这种方法很容易推广，在贝叶斯非参数中得到了广泛的应用，我们将在下面讨论。

或者，使用后验预测分布(10.32)，我们可以描述如何直接绘制样本 x_n 而不必首先绘制分布 $\boldsymbol{p}$：

$$f(x_{N+1}=x\mid\boldsymbol{x};\ \alpha,\ \boldsymbol{b})=\frac{\alpha b_x}{\alpha+N}+\frac{1}{\alpha+N}\sum_{n=1}^{N}\delta[x-x_n]\tag{10.35}$$

因此，我们可以制定以下算法，称为 Polyá urn 方法，用于从该贝叶斯模型中提取样本 x_n。首先，我们从离散的分类分布中抽取一个样本 x_1，其中参数 $\boldsymbol{b}$ 是基本测度。对于下一个样本，我们要么用概率 $\alpha/(\alpha+1)$，从基本测度中得出，要么用概率 $1/(\alpha+1)$从基本测度中得出与 x_1 相同的值。下一个采样以概率 $\alpha/(\alpha+2)$从基本测度取得，或者以概率 $1/(\alpha+2)$从 x_1 或 x_2 中的一个中取得，等等。集中度参数决定了先验和似然之间的平衡(如 $\alpha\to\infty$)，因此，先验基本测度占主导地位，样本的累积顺序不影响未来的采样。相反的，对于 $\alpha\to 0$，累积样本完全决定了未来样本的选择。

由于在此过程中样品将重复，所以式(10.35)中的第二项与 $\sum_{k=1}^{K}N_k\delta[x-k]$成比例，其揭示了 Polyá urn 方法的一个关键性质：当抽取更多的样本时，它们在后续抽取中被选中的概率取决于有多少先前样本以同样的值被抽取到。因此，x 的某些特定值 $x\in 1, 2, \cdots, K$ 来支配其他样本，这就是众所周知的富者越富的狄利克雷分类模型。此外，Polyá urn 分布是可交换的，所以根据 de Finetti 定理存在一个随机参数向量，通过构造我们知道它是 $\boldsymbol{p}\sim\mathrm{Dir}(\alpha,\ \boldsymbol{b})$。

10.3.2　定义狄利克雷和相关的过程

在描述了上述共轭狄利克雷-贝叶斯模型的结构之后，描述狄利克雷过程(DP)的一种非正式方法是通过无限维视角，我们在本节中对此进行了严格的描述。类似于狄利克雷分布是有限离散样本空间上分布的分布，因此狄利克雷过程是不可数无限空间 Ω 上分布的分布。选择 Ω 上任何有限可测量分区 A_1，A_2，…，A_K(“可测量”的规定仅仅意味着分区的每个元素都是 Ω 上底层 σ 代数的子集，因为我们需要在它们上面定义随机变量)。那么 g 是狄利克雷过程分布测量，如果：

$$(g(A_1),\ g(A_2),\ \cdots,\ g(A_K))\sim\mathrm{Dir}(\alpha,\ (b(A_1),\ b(A_2),\ \cdots,\ b(A_K)))\tag{10.36}$$

其中 b 是一个基本测量，一个样本空间 Ω 的分布。我们将其写为 $g\sim\mathrm{DP}(\alpha,\ b)$。有关此过程的技术构造，使得我们可以创建有用的概率测度，参阅 Orbanz(2011)。这一定义表明了有限划分单元的随机向量按狄利克雷分布，参数是相应单元的先验基测度。与狄利克雷分布一样，它与一般分布是共轭的关系，其在不可数空间中可以用经验密度函数(1.45)来定义(不可数的类似于范畴概率质量函数)。g 是我们可以从分布 $x_n\in\Omega$ 中进行的采样，如图 10.8 所示。假设狄利克雷过程先验为 $f(g;\ \alpha,\ b)=\mathrm{DP}(g;\ \alpha,\ b)$，经验密度函数作为一种似然，那么后验就必须是狄利克雷过程，因为式(10.36)适用于所有可能的有限划分，而后验则由于狄利克雷先验对分类分布的共轭性，对有限的情况做了镜像(Ferguson，1973)：

$$f(g \mid \boldsymbol{x};\ \alpha,\ b)=\mathrm{DP}\left(g;\ \alpha+N,\ \frac{1}{\alpha+N}\left[\alpha b+\sum_{n=1}^{N}\delta_{x_n}\right]\right) \tag{10.37}$$

其中 $\delta_{x_n}(x)=\delta[x-x_n]$是 Dirac 三角函数。后验测度 $b'=\frac{1}{\alpha+N}\left[\alpha b+\sum_{n=1}^{N}\delta_{x_n}\right]$是一个关于先验测度$b(x)$的有趣的混合，它可能是平滑的，以及是位于数据中每个样本值处的一系列原子。

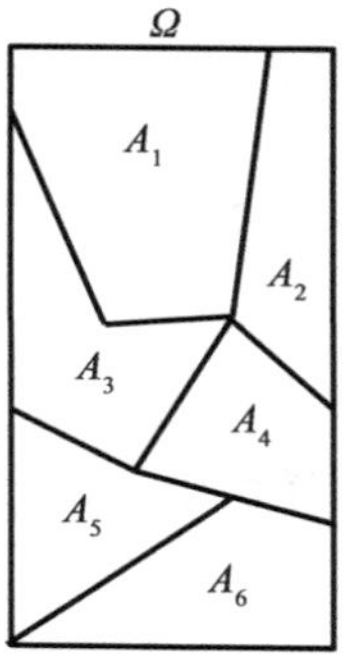

图 10.8　狄利克雷过程是样本空间上的随机过程 Ω，从过程 g 中采样得到的是随机分布。它具有这样的性质：空间的任何有限分划的测度都是狄利克雷分布的，从某种意义上说就是$(g(A_1),\ g(A_2),\ \cdots,\ g(A_K))\sim \mathrm{Dir}(\alpha,\ (b(A_1),\ b(A_2),\ \cdots,\ b(A_K)))$。图中给出了 $K=6$ 的例子

而对于离散的情况，抽取样本路径 $g\sim \mathrm{DP}(\alpha,\ b)$有一种直接的断棍方法，即 $v_k\sim \mathrm{Beta}(1,\ \alpha)$，其中 $k=1,\ 2,\ \cdots$。那么变量 $w_k=v_k\prod_{j=1}^{k-1}(1-v_j)$和 $x_k\sim b$ 定义了权重以及狄利克雷过程采样的点进程表示的原子的位置：

$$g(x)=\sum_{k=1}^{\infty}w_k\delta[x-x_k] \tag{10.38}$$

见图 10.9。实践中，这需要进行截断处理。我们也可以直接用 Polyá urn 方案进行采样：

$$f(x_{N+1} \mid \boldsymbol{x};\ \alpha,\ b)=\frac{\alpha}{\alpha+N}b(x_{N+1})+\frac{1}{\alpha+N}\sum_{n=1}^{N}\delta[x_{N+1}-x_n] \tag{10.39}$$

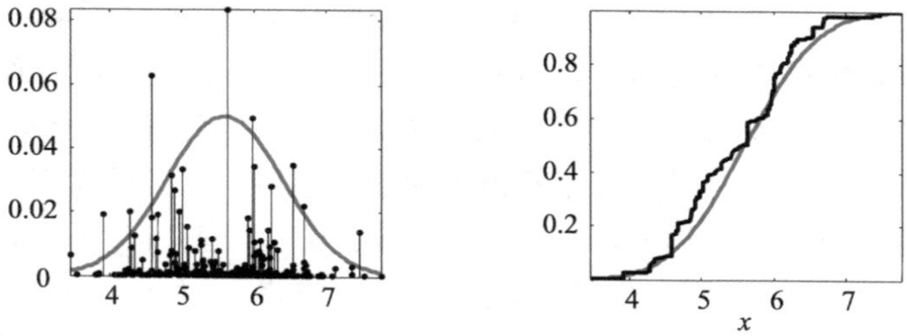

图 10.9　从狄利克雷过程中采样，$g(x)$(左图，黑色尖峰)是离散分布，它由从基测量 $b(x)$中抽取的、无限的、可数的 Dirac 三角信号组成(左图，灰色曲线，这里是一个高斯分布，$\mu=5.6$，$\sigma=0.8$)。左图纵轴表示权重 w_k 的概率值。对应的采样经验累积分布函数，$G_N(x)$在从 $g(x)$中(右图，黑色曲线)抽取的每个样本值 x_n 处有跳跃，其本随着无限次采样，收敛于基本测度累积分布函数 $g(x)$(右图，灰色曲线)

这个离散的 Polyá urn 分布引入了一个纯粹的组合分析。依次从式(10.39)中提取样本，我们首先从 b 中提取样本开始。后续的样本要么以概率 $\alpha/(\alpha+N)$从 b 中提取，或者以概率 $1/(\alpha+N)$从先前提取的样本中抽取。因此，狄利克雷过程 Polyá urn 生成的样本

被划分为 K^+ 个不同的值，分别为 x_k，其中 $k=1, 2, \cdots, K^+$。要注意 K^+ 和每个 N_k 是随机变量。因此，我们可以用以下概率密度函数来描述 Polyá urn：

$$f(x_{N+1} \mid \boldsymbol{x}; \alpha, b)=\frac{\alpha}{\alpha+N} b(x_{N+1})+\sum_{k=1}^{K^+} \frac{N_k}{\alpha+N} \delta[x_{N+1}-x_k] \tag{10.40}$$

从 $K^+=0$ 开始，第一次从 b 开始抽取。当样本按顺序抽取时，我们可以从 b 中抽取一个新样本，然后 K^+ 将增加 1，这个新样本可以在随后的抽取中再次被选中。N_k 将根据刚刚抽中的样本而增加。

但是考虑到这种离散的分区描述，我们可以完全集中于每个采样 x_n 所属的分区元素 $z_n \in 1, 2, \cdots, K^+$(集群)。这种方法就得出了所谓的中国餐馆过程：

$$f(z_{N+1}=k \mid \boldsymbol{z}; \alpha)=\begin{cases}\dfrac{N_k}{\alpha+N} & k \in 1, 2, \cdots, K^+ \\[2ex] \dfrac{\alpha}{\alpha+N} & k=K^+ +1\end{cases} \tag{10.41}$$

我们将其写为 $\boldsymbol{z} \sim \mathrm{CRP}(\alpha)$。由于 K^+ 的值以概率 $\alpha/(\alpha+N-1)$ 递增 1，则分区元素的预期数量为：

$$\begin{aligned} E[K^+ \mid N, \alpha] &= \sum_{n=0}^{N-1} \frac{\alpha}{\alpha+n}=\alpha(\psi(\alpha+N)-\psi(\alpha)) \\ &\approx \alpha \ln\left(1+\frac{N}{\alpha}\right) \approx \alpha \ln N \end{aligned} \tag{10.42}$$

其中 ψ 是 Digama 函数。最后一行上的近似值，适用于大的 N 和 α 值，这就表明了，不同于参数贝叶斯模型，狄利克雷过程模型的复杂度(以参数数量表示)是无界的，随着数据规模而增长，但缺乏非参数频率模型(如核回归或核密度估计，见下一节)，其参数数量通常与数据本身的大小成正比。它同时证明了集中度参数 α 控制分区元素的增长速度。当然，参数的数量并不是衡量复杂性的唯一标准，但它允许在参数模型和非参数模型之间进行直接比较(参见 1.5 节)。

另一个重要的观察是由于式(10.41)在 z_n 上是可交换的，它完全取决于分区的大小和样品的数量，而不是顺序或特定标记。因此，这是 N 个元素的集合的置换不变分区上的分布。因此，分区元素计数 z_n 上的 N_k 形成一个随机分区。计算这个分区上的分布是很有用的。这与指标值 $\boldsymbol{z}$ 向量上的联合分布所包含的信息相同，我们可以使用中国餐馆过程分布(10.41)进行计算。对于 N 个样本，我们在分母有 α，$\alpha+1$，$\alpha+2$ 一直到 $\alpha+N-1$ 项。类似地，K^+ 递增的每个样本给分子贡献一个 α。或者，对于 z 的每个剩余值 $z \in 1, 2, \cdots, K^+$，当分区第 k 个元素被选中时，将有一个项 $N_k=0$，第二次选择时，将有一个项 $N_k=1$，依此类推。因此，联合分布为：

$$\begin{aligned} f(\boldsymbol{z} \mid \alpha, N) &= f(N_1, N_2, \cdots, N_{K^+} \mid \alpha, N)=\frac{\alpha^{K^+}}{[\alpha]^N} \prod_{k=1}^{K^+} (N_k-1)! \\ &= \frac{\Gamma(\alpha)}{\Gamma(N+\alpha)} \alpha^{K^+} \prod_{k=1}^{K^+} \Gamma(N_k) \end{aligned} \tag{10.43}$$

其中我们使用升阶乘表示法 $[a]^n=a(a+1)(a+2)\cdots(a+n-1)$。最后一行给出了用 gamma 函数表示相同分布的方法，这在某些计算中很有用。这个分布是一个可交换分区概率函数(exchangeable partition probability function，EPPF)的例子。

虽然狄利克雷过程是任意分布的规范先验，但划分元素的数目只随 N 呈对数增长，并且只有一个参数控制这种增长。在许多情况下，分区可能需要更加激进一些，因为我们需要捕获更多细节以生成准确的分布模型，并且我们可能需要更多的自由度来捕获特定情况。PYP(Pitman-Yor 过程)用一个额外的自由度，一个折损因子 β 来推广狄利克雷过程，这样就可以更好地控制狄利克雷过程的富者更富的效果，这控制了少数分区元素可以支配其余分区元素的程度。

用于抽取 PYP 分布样本路径 $g \sim \mathrm{PYP}(\alpha, \beta, b)$ 的 PYP 断棍方法推广了狄利克雷过程方法：$v_k \sim \mathrm{Beta}(1-\beta, \alpha+k\beta)$，其中 $k=1, 2, \cdots$，而 $0 \leqslant \beta < 1$ 且 $\alpha > -\beta$。变量 w_k 和 $x_k \sim b$ 定义了 PYP 抽取的点过程表征的权重和原子位置，其获得方式与狄利克雷过程相同。PYP 有一个类似的预测指标分布：

$$f(z_{N+1}=k \mid \boldsymbol{z};\ \alpha,\ \beta)=\begin{cases}\dfrac{N_k-\beta}{\alpha+N} & k \in 1, 2, \cdots, K^{+} \\ \dfrac{\alpha+\beta K^{+}}{\alpha+N} & k=K^{+}+1\end{cases} \tag{10.44}$$

和一个对应的可交换分区概率函数(Lijoi 和 Prüster，2010)：

$$f(\boldsymbol{z} \mid \alpha,\ \beta,\ N)=\frac{\prod_{k=1}^{K^{+}-1}(\alpha+k\beta)}{[\alpha+1]^{N-1}} \prod_{k=1}^{K^{+}}[1-\beta]^{N_k-1} \tag{10.45}$$

可以确定几个特殊情况。对于 $\beta=0$ 我们恢复狄利克雷过程，$\alpha=0$ 的情况是一个稳定的进程。最终，特殊情况 $\alpha=0$ 和 $\beta=1/2$ 称为归一化逆高斯过程(normalized inverse-Gaussian process，NIGP)。不幸的是，除了 NIGP 的情况外，没有已知的 PYP 的有限维分布的闭式表达式。与中国餐馆过程一样，可以计算分区元素的期望数量作为 N 和 PYP 参数的函数(Pitman，2002)：

$$E[K^{+} \mid N,\ \alpha,\ \beta] \approx \frac{\Gamma(1+\alpha)}{\beta \Gamma(\beta+\alpha)} N^{\beta} \tag{10.46}$$

其中 $N \rightarrow \infty$。这表明 PYP 的元素数随 N 呈幂律增长，这在我们期望比相应的狄利克雷过程参数值更多、更小的分区元素的情况下非常有用(图 10.10)。

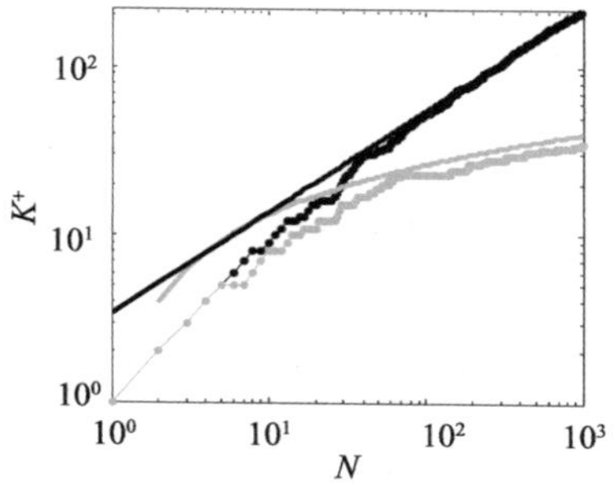

图 10.10 比较狄利克雷过程(灰色)和 PYP(黑色)过程生成的划分元素 K^+(成分)的数量，作为样本数量 N 的函数。PYP 生成的分区元素数是幂律数，而对于狄利克雷过程，这个数随着采样数的增加呈对数增长。连续曲线是期望成分数的近似值，点是模拟数

10.3.3 无限混合模型

上述狄利克雷过程(和 PYP)的最有价值的应用之一是通过含有无限个分量的混合模型

(即无限混合模型)进行贝叶斯非参数密度估计。狄利克雷过程分布密度函数是离散的点过程表示(式(10.7)),但在实践中,连续随机变量的密度估计通常要求密度函数(至少分段)光滑。如果我们用点密度与核密度函数 $h(\boldsymbol{x};\ \boldsymbol{p})$ 做卷积,我们得到无限混合模型:

$$f(\boldsymbol{x})=\sum_{k=1}^{K} w_k h(\boldsymbol{x};\ \boldsymbol{x}_k) \tag{10.47}$$

这种表示统一了几种不同的密度估计。对于有限的 K,权重 w_k 可以简单地通过有限混合模型中的 w_k 进行辨识,h 则是混合分量的密度。当 $K\to\infty$ 时,通过从狄利克雷过程先验中断棍得到权重,在此情况下,我们得到了狄利克雷过程(无限)混合模型(DPMM)。如果 $h=\kappa$ 是一个核函数,那么我们设置 $K=N$,数据集中的数据点数 x_n,然后标识 $w_k=1/N$,我们得到核密度估计(4.96)。相反,如果 $K=N$ 是有限的,则 $h(\boldsymbol{x};\ \boldsymbol{p})=\delta[\boldsymbol{x}-\boldsymbol{p}]$(即 Dirac 三角函数),这样就得到经验密度函数(1.45)。

我们可以比较这些密度估计器的适用性。有限混合模型显然存在一个问题,即我们可能不知道混合分量的个数 K。类似地,在核密度估计中,并非所有的数据点在估计器中都具有相同的重要性。经验密度函数不是连续的,这些模型都不是完全贝叶斯的,因此不能考虑关于密度的先验信息。而我们本节介绍的狄利克雷过程混合模型,解决了这些局限性。

开发一个推断狄利克雷过程混合模型参数的方法的主要困难在于参数的数量实际上是无限的。因此,为了使过程简化,我们将从有限混合模型的吉布斯采样的修改版本开始(6.2 节),然后将其扩展到无限的情况。要做到这一点,我们需要提供一个先验的混合模型的权重 $\boldsymbol{\pi}=(\pi_1,\ \pi_2,\ \cdots,\ \pi_K)$,从中提取指数变量 z_n 的分类分布参数,然后我们将对其进行集合得到输出(图 10.13)。在这些参数上放置一个对称的共轭狄利克雷,$\mathrm{Dir}\left(\frac{\alpha}{K},\ \cdots,\ \frac{\alpha}{K}\right)$ 得到后验分布 $f(\boldsymbol{\pi}\,|\,\boldsymbol{z};\ \alpha)=\mathrm{Dir}\left(\pi;\ N_1+\frac{\alpha}{K},\ \cdots,\ N_K+\frac{\alpha}{K}\right)$,其中 N_k 是能够让 $z_n=k$ 的数字指示符。将分类参数边际化,我们得到了后验预测分布,这是一个狄利克雷多项式:

$$f(\boldsymbol{z}\,|\,\alpha)=\frac{\Gamma(\alpha)}{\Gamma(\alpha+N)}\prod_{k=1}^{K}\frac{\Gamma(N_k+\alpha/K)}{\Gamma(\alpha/K)} \tag{10.48}$$

使用以上这个式子,我们可以找到每个指标变量对所有其他指标变量的条件概率:

$$f(z_n=k\,|\,\boldsymbol{z}_{-n},\ \alpha)=\frac{N_{k,-n}+\alpha/K}{N+\alpha-1} \tag{10.49}$$

其中 $\boldsymbol{z}_{-n}=(z_1,\ \cdots,\ z_{n-1},\ z_{n+1},\ \cdots,\ z_N)$,而 $N_{k,-n}=\sum_{n\neq m}\delta[z_n-k]$,其中 $n,\ m=1,\ 2,\ \cdots,\ N$(这是分配给聚类 k 的数据点的数量,不包括当前数据点 $\boldsymbol{x}_n$)。因此,给定成分参数的指数变量的条件概率为:

$$f(z_n=k\,|\,\boldsymbol{x},\ \boldsymbol{p},\ \boldsymbol{z}_{-n};\ \alpha)=\frac{(N_{k,-n}+\alpha/K)f(\boldsymbol{x}_n;\ \boldsymbol{p}_k)}{\sum_{j=1}^{K}(N_{j,-n}+\alpha/K)f(\boldsymbol{x}_n;\ \boldsymbol{p}_j)} \tag{10.50}$$

这可得到两步(块)吉布斯取样器:

(1) $f(z_n\,|\,\boldsymbol{x},\ \boldsymbol{p},\ \boldsymbol{z}_{-n};\ \alpha)$ 中的样本指数 z_n,其中 $n=1,\ 2,\ \cdots,\ N$。

(2) 样品成分参数 $\boldsymbol{p}_k$ 来自 $f(\boldsymbol{p}_k\,|\,\boldsymbol{z},\ \boldsymbol{x};\ \boldsymbol{q})$,其中 $k=1,\ 2,\ \cdots,\ K$。

当然，其他顺序采样方案也是可行的。例如，我们可以按任意(随机化)顺序遍历指数 z_n，并按任意(随机化)顺序遍历参数。我们还可以以某种方式对指数和成分参数进行“交错”采样。

下一步是让 $K\to\infty$。这样做的过程将混合模型转换为(无限)狄利克雷过程混合模型，如下所示。后验预测分配概率(10.49)变为：

$$f(z_n=k\mid \boldsymbol{z}_{-n};\ \alpha)=\frac{N_{k,-n}}{N+\alpha-1} \tag{10.51}$$

考虑未分配数据点的分量的相应边际概率，即：

$$\begin{aligned}f(\widetilde{\boldsymbol{z}}_{-n}\mid \boldsymbol{z}_{-n};\ \alpha)&=1-\sum_{j:\ N_{j,-n}>0}\frac{N_{j,-n}}{N+\alpha-1}=1-\frac{1}{N+\alpha-1}\sum_{j:\ N_{j,-n}>0}N_{j,-n}\\&=1-\frac{N-1}{N+\alpha-1}=\frac{\alpha}{N+\alpha-1}\end{aligned} \tag{10.52}$$

其中 $\widetilde{\boldsymbol{z}}_{-n}$ 表示指向聚类数不等于 z_n 的所有指标变量。我们可以将式(10.52)表示为生成未分配给任何现有数据的新聚类的概率，而式(10.51)表示任何现有聚类的概率。

我们现在可以在基于中国餐馆过程的吉布斯采样器中使用这些后验预测概率。假设给定有限数量的 N 个数据点，存在 K^+ 聚类。则下一点 $\boldsymbol{x}_{N+1}$ 属于现有混合分量的概率为：

$$f(z_{N+1}=k\mid \boldsymbol{x},\ \boldsymbol{p},\ \boldsymbol{z};\ \alpha)\propto N_{k,-n}f(\boldsymbol{x}_{N+1}\mid \boldsymbol{p}_k) \tag{10.53}$$

其中 $k\in 1,\ 2,\ \cdots,\ K^+$。我们还需要得到被分到一个新聚类的概率，但在这种情况下，有无穷多个相应的混合分量参数，我们无法从中进行取样。因此，我们处理这个问题的方式和处理指数的方式一样：把他们整合在一起。我们所需的边际概率是：

$$f(z_{N+1}=K^++1\mid \boldsymbol{x};\ \alpha)\propto\alpha\int f(\boldsymbol{x}_{N+1}\mid \boldsymbol{p})f(\boldsymbol{p};\ \boldsymbol{q})\mathrm{d}\boldsymbol{p} \tag{10.54}$$

其中 $f(\boldsymbol{p};\ \boldsymbol{q})$是混合分量参数 $\boldsymbol{p}$ 的先验值。在简单情况下，$f(\boldsymbol{x}_{N+1}\mid \boldsymbol{p})$和 $f(\boldsymbol{p};\ \boldsymbol{q})$是共轭指数族分布(见 4.5 节)，然后后验预测分布 $f(\boldsymbol{x};\ \boldsymbol{q})$将有一个简单的封闭形式，其使指数概率的计算变得简单明了。类似的，后验成分参数的分布也是共轭后验概率算法 10.2 将这些成分组合在一起。

算法 10.2　狄利克雷过程混合模型吉布斯样本

(1) 初始化。设置成分的数量 $K^+=1$，设置 $z_n=1$，其中 $n=1,\ 2,\ \cdots,\ N$，设置迭代次数 $i=0$。

(2) 开始数据扫描。设置 $n=1$。

(3) 指数采样。使用参数 $f(z_n=k\mid \boldsymbol{x},\ \boldsymbol{p},\ \boldsymbol{z};\ \alpha)$去采样一个新的类别 $z_n\in 1,\ 2,\ \cdots,\ K^++1$，其中 $k\in 1,\ 2,\ \cdots,\ K^+$ 而 $f(z_n=K^++1\mid \boldsymbol{x};\ \alpha)$。

(4) 创建新的成分。如果 $z_n=K^++1$，设置 $K^+\leftarrow K^++1$，从单点后验 $f(\boldsymbol{p}\mid \boldsymbol{x}_n;\ \boldsymbol{q})\propto f(\boldsymbol{x}_n\mid \boldsymbol{p})f(\boldsymbol{p};\ \boldsymbol{q})$ 中采样新的成分参数 $\boldsymbol{p}_{K^+}$。

(5) 指数迭代。更新 $n\leftarrow n+1$，如果 $n\leqslant N$，那么回到第三步。

(6) 成分参数采样。给定上述指数的值，从成分后验 $f(\boldsymbol{p}\mid \boldsymbol{x},\ \boldsymbol{z};\ \boldsymbol{q})\propto\prod_{n:\ z_n=k}f(\boldsymbol{x}_n\mid \boldsymbol{p})f(\boldsymbol{p};\ \boldsymbol{q})$ 中采样样品混合物成分参数 $\boldsymbol{p}_k$，其中 $k=1,\ 2,\ \cdots,\ K^+$。

(7) 吉布斯迭代。当 i 足够小的时候，$i\leftarrow i+1$，返回第二步，否则退出。

需要注意的是，算法 10.2 可以得出 $N_{k,-n}=0$，因此任何分量 k 都不能再分配任何数据点。因此，对算法进行合理的调整将删除发生这种情况的所有元素。

与高斯混合模型吉布斯采样器(6.2 节)的比较是有启发意义的，为了更清晰地表达，我们将在单变量高斯情况下进行比较。现有的和新的聚类指数后验概率为：

$$f(z_n=k\,|\,\boldsymbol{\mu},\ \boldsymbol{z},\ \boldsymbol{x};\ \mu_0,\ \sigma_0,\ \alpha)\propto\begin{cases}N_{k,-n}\mathcal{N}(x_n;\ \mu_k,\ \sigma^2) & k\in 1,\ 2,\ \cdots,\ K^+\\ \alpha\mathcal{N}(x_n;\ \mu_0,\ \sigma^2+\sigma_0^2) & k=K^++1\end{cases} \tag{10.55}$$

后验均值参数分布为：

$$f(\mu_k\,|\,\boldsymbol{z},\ \boldsymbol{x};\ \mu_0,\ \sigma_0)=\mathcal{N}(\mu_k;\ \bar{\mu}_k,\ \bar{\sigma}_k) \tag{10.56}$$

$$f(\mu_{K^+}\,|\,x_n;\ \mu_0,\ \sigma_0)=\mathcal{N}\left(\mu_{K^+};\ \frac{\sigma^2\mu_0+\sigma_0^2x_n}{\sigma^2+\sigma_0^2},\ \frac{\sigma^2\sigma_0^2}{\sigma^2+\sigma_0^2}\right) \tag{10.57}$$

且：

$$\bar{\mu}_k=\frac{1}{\sigma^2+\sigma_0^2N_k}\left(\sigma^2\mu_0+\sigma_0^2\sum_{n:\ z_n=k}x_n\right)$$
$$\bar{\sigma}_k=\frac{\sigma^2\sigma_0^2}{\sigma^2+\sigma_0^2N_k} \tag{10.58}$$

狄利克雷过程混合模型可以在任何需要密度估计的地方使用。比如，让我们看一个线性预测编码信号压缩的例子(8.3 节)。将水文(河流流量)数据串联起来，然后分割成 50 个互不重叠的窗口进行观测。一阶 $M=1$ 线性预测编码模型被拟合到每个窗口，这就产生了一组系数。为这些系数的分布找到一个简单的模型是有用的，这样数据压缩可以使用每个窗口的单个系数索引，取代存储每个系数所需要的完整的、4 字节浮点表示的这一需要。对于 $K^+=K=5$ 的聚类，狄利克雷过程混合模型能够找到比高斯混合模型更可靠的匹配核密度估计(需要所有数据)(见图 10.11)这意味着每个窗口最多 3 位(而不是 32 位)就足以执行系数表示的有效(但有损)压缩。

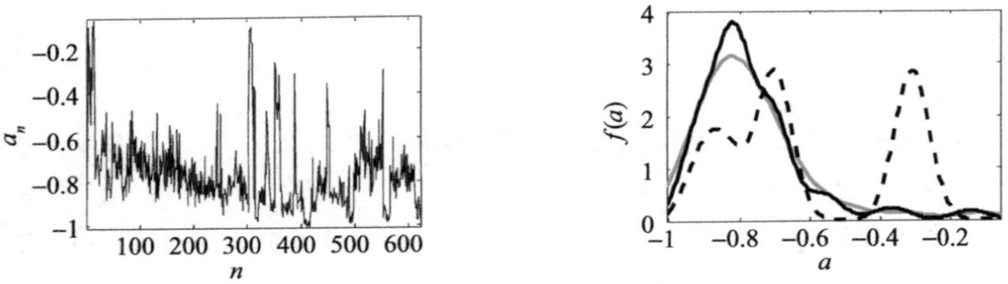

图 10.11　水文(河流流量)数据的 50 个样本窗口(窗口索引 $n=1,\ 2,\ \cdots,\ N$)的一阶($M=1$)线性预测编码系数 a_n(左图)的参数和非参数密度估计。这些系数的高斯狄利克雷过程混合(右图，黑色曲线，$\alpha=10^{-2}$，$\sigma=0.05$，$\sigma_0=0.1$ 和 μ_0 设置为系数数据的中位数，使用吉布斯拟合)更接近全核密度估计(使用所有数据)，这其中只有 $K^+=5$ 个分量。相比之下，一个有限的 $K=5$ 高斯混合产生不了比较好的拟合(右图，黑色虚线曲线)

狄利克雷过程混合模型生成紧凑的分布估计，其中分量的数量随着 N 的增加而缓慢增长。对于可能会面对复杂度会更“激进”增长的情况，可以直接通过将式(10.53)中 $N_{k,-n}$ 替换成 $N_{k,-n-\beta}$ 以及将式(10.54)中 α 替换成$\alpha+\beta K^+$得到 Pitman-Yor 混合模型(PYMM)。

狄利克雷过程混合模型吉布斯采样器实现起来比较简单，但往往需要大量迭代才能收敛，因此不适合于嵌入式 DSP 应用。一种更简单、更易处理的算法称为狄利克雷过程均值，类似于 K 均值(Kulis 和 Jordan，2012)，适用于多元高斯情况(算法 10.3)。算法 10.3 的推导遵循从高斯混合模型吉布斯采样器获得 K 均值的推导(6.5 节)。首先，假设均值上的先验是球形的，零均值高斯分布，$f(\boldsymbol{p};\ \boldsymbol{q})=f(\boldsymbol{\mu};\ \rho)=\mathcal{N}(\boldsymbol{0},\ \rho\boldsymbol{I})$，其中 $\rho>0$ 是一个先验尺度参数。另外，假设分量的似然是球面高斯的 $f(\boldsymbol{x}\mid\boldsymbol{p})=f(\boldsymbol{x}\mid\boldsymbol{\mu})=\mathcal{N}(\boldsymbol{\mu},\ \sigma\boldsymbol{I})$，其中 $\sigma>0$ 为另一个尺度参数。对于现有分量，分配概率变为：

$$f(z_n=k\mid\boldsymbol{x},\ \boldsymbol{\mu},\ \boldsymbol{z};\ \sigma,\ \alpha)\propto\frac{N_{k,-n}}{(2\pi\sigma^2)^{D/2}}\exp\left(-\frac{1}{2\sigma^2}\left\|\boldsymbol{x}_n-\boldsymbol{\mu}_k\right\|_2^2\right)\tag{10.59}$$

算法 10.3　狄利克雷过程均值(DP-means)算法。

(1) 初始化。设置成分数量 $K^+=1$，设置 $z_n^0=1$，其中 $n=1,\ 2,\ \cdots,\ N$，设置 $\boldsymbol{\mu}_1^0=\frac{1}{N}\sum_{n=1}^{N}\boldsymbol{x}_n$，设置迭代数 $i=0$。

(2) 开始数据扫描，设置 $n=1$。

(3) 更新指数。设置距离向量 $\boldsymbol{d}=\left(\left\|\boldsymbol{x}_n-\boldsymbol{\mu}_1^i\right\|_2^2,\ \left\|\boldsymbol{x}_n-\boldsymbol{\mu}_2^i\right\|_2^2,\ \cdots,\ \left\|\boldsymbol{x}_n-\boldsymbol{\mu}_{K^+}^i\right\|_2^2,\ \lambda\right)$，接下来令 $z_n^{i+1}=\underset{j\in 1,2,\cdots,K^++1}{\arg\min}\ d_j$。

(4) 创建新的簇。如果 $z_n^{i+1}=K^++1$，设置 $K^+\leftarrow K^++1$，那么设置新的簇参数 $\boldsymbol{\mu}_{K^+}^i=\boldsymbol{x}_n$。

(5) 指数迭代。更新 $n\leftarrow n+1$，如果 $n\leqslant N$，回到第三步。

(6) 更新成分均值。计算 $\boldsymbol{\mu}_k^{i+1}=\frac{1}{N_k}\sum_{n:\ z_n^{i+1}=k}\boldsymbol{x}_n$，其中 $k=1,\ 2,\ \cdots,\ K^+$。

(7) 收敛性检查，迭代。如果 K^+ 比上一次迭代增加，或者任何 $z_n^i\neq z_n^{i+1}$，则更新 $i\leftarrow i+1$，返回第二步，否则退出。

而对于新分量则为：

$$f(z_n=K^++1\mid\boldsymbol{x};\ \sigma,\ \rho,\ \alpha)\propto\frac{\alpha}{(2\pi(\rho^2+\sigma^2))^{D/2}}\times\exp\left(-\frac{1}{2(\rho^2+\sigma^2)}\left\|\boldsymbol{x}_n\right\|_2^2\right)\tag{10.60}$$

我们也会将 α 写为 σ 和 ρ 两者的函数：

$$\alpha=\left(1+\frac{\rho^2}{\sigma^2}\right)^{D/2}\exp\left(-\frac{\lambda}{2\sigma^2}\right)\tag{10.61}$$

其中 $\lambda>0$ 是第三个参数。这个表达式可能看起来有点像人为设定的，事实上也确实如此，但在这种形式下，新的分量分配概率可以写成：

$$f(z_n=K^++1\mid\boldsymbol{x};\ \sigma,\ \rho,\ \alpha)\propto\exp\left(-\frac{1}{2\sigma^2}\left[\lambda+\frac{\sigma^2}{\rho^2+\sigma^2}\left\|\boldsymbol{x}_n\right\|_2^2\right]\right)\tag{10.62}$$

现在，和 K 均值一样，我们将 $\sigma^2\to 0$，其结果是(就像 K 均值一样)z_n 的吉布斯样本成为观测值 $\boldsymbol{x}_n$ 与其当前最接近分量的直接赋值结果，除非 λ 值小于所有这些距离，在这种情况下，$z_n=K^++1$。和 K 均值一样，分量的均值后验会坍落到分配给每个聚类的所有数据均值上，新分量均值的后验值即为观测 $\boldsymbol{x}_n$。

Kulis 和 Jordan(2012)表明，狄利克雷过程均值算法不能增加以下误差函数：

$$E=\sum_{k=1}^{K^+}\sum_{n:\ z_n=k}\left\|\boldsymbol{x}_n-\boldsymbol{\mu}_k\right\|_2^2+\lambda K^+ \tag{10.63}$$

这其实就是 K 均值目标函数(6.63)，但还有一个附加正则化项 λK^+，用于惩罚过于复杂的模型(在结构上，这与 AIC、MDL 或 BIC 非常相似，见 4.2 节)。综合考虑在有限的(但非常大)可能的分组安排数目时，式(10.63)的提升还不足的情况，我们发现迭代必须到达一个固定点。一个限制是，这个固定点完全取决于数据的顺序，相反，K 均值也取决于聚类质心初始值的选择 $\boldsymbol{\mu}_k$。狄利克雷过程均值相当快：与 K 均值一样，每次迭代都需要 $O(NK^+)$次运算，而且由于 $K^+\approx\alpha\ln N$，因此，每次迭代都趋向于 $O(N\ln N)$次运算(对于大型 α 和 N)。狄利克雷过程均值有助于解决 DSP 中(天文学的信号处理应用示例，见图 10.12)的大规模聚类问题，但由于高斯混合成分选择的局限性等原因，狄利克雷过程均值的性能往往优于更复杂的算法(Raykov 等人，2016a)。

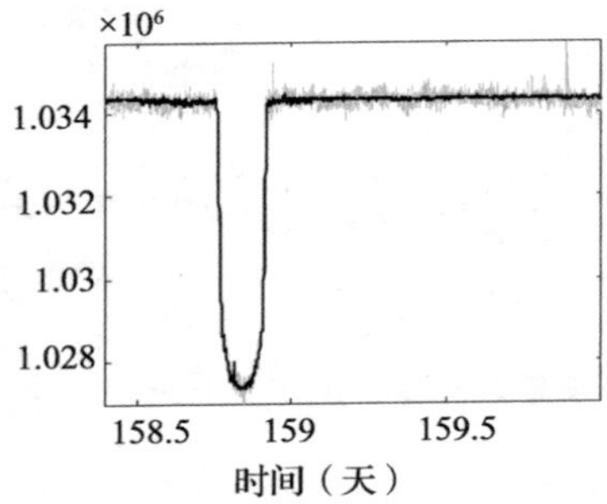

图 10.12　使用狄利克雷过程均值在天文问题中进行降噪处理：开普勒卫星系外行星过渡光(强度)曲线(灰色)。输入光照曲线被划分为占据 1/4 过渡期的非重叠窗口(2.21 天，为清晰起见，此处仅显示一个过渡期)。得到的 $N=60$ 个窗口中的每一个形成一组 $D=807$ 维观察向量 $\boldsymbol{x}_n$，并且使用参数 $\lambda=2\times109$ 的狄利克雷过程均值对这些向量进行聚类，在两次迭代中收敛，最终 $K^+=2$。重排均值 μ 顺序中的 μ_{z_n} 使得可以重建去噪光曲线(黑色)

对于狄利克雷过程均值，最好的理解是一种计算上易于处理的“无限聚类”方法，但是无限混合建模需要一种类似的易于处理的算法。在这些情况下，最大后验概率狄利克雷过程(MAP-DP)是吉布斯采样的一种实用的替代方法。核心概念是使用迭代条件模式(iterative conditional mode，ICM)(算法 5.2)，即迭代条件模式使用每个分布的最大后验概率值，而不是从图形模型中进行条件分布采样。这保证不会降低图形模型的联合似然，从而推导出一种简单的、确定性的推理方法。

为了开发该算法，我们从狄利克雷过程吉布斯采样器(算法 10.2)开始，坍落出分量参数 $\boldsymbol{p}$，以获得观测 $\boldsymbol{x}$ 的先验和后验预测分布(图 10.13)。这个变量坍落有几个优点。第一，它简化了建模，我们只需要计算出预测密度函数。第二，它简化了最大后验概率的估计，因为最大化只有在指数的条件概率上才需要。这种最大化是通过对 k 的所有可能值进行暴力计算来解决的，其中 $k\in 1, 2, \cdots, K^++1$，我们不需要成分参数后验模态的解析表达式。第三，正如我们将看到的，达到收敛的典型迭代次数将大幅减少。

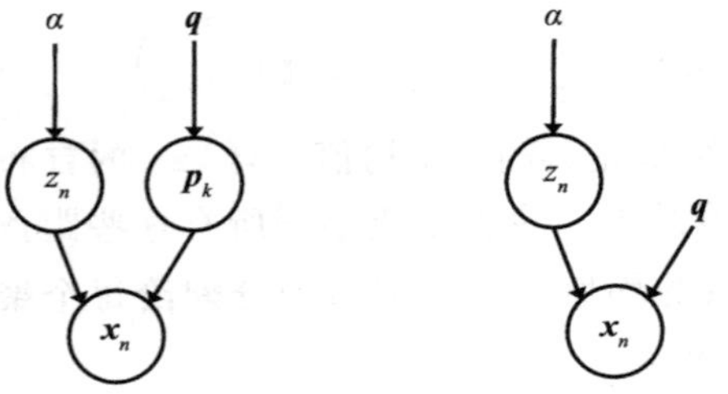

图 10.13　在结合了混合(或狄利克雷过程断棍)权重(左图)之后，以及在结合成分参数(右图)后，通用贝叶斯混合模型(有限和无限狄利克雷过程情况)的概率图模型

由于我们使用的是指数族分布，观测参数 $\boldsymbol{p}$ 上的先验分布和后验分布将具有相同的形式。分配给分量 k 但不包括观测值 $\boldsymbol{x}_n$ 的所有观测值均表示为 $\boldsymbol{x}_{k,-n}$。坍落以后，只需对指标的后验分布进行采样：

$$f(z_n=k\mid\boldsymbol{x},\ z\alpha,\ \boldsymbol{q})\propto\begin{cases}N_{k,-n}f(\boldsymbol{x}_n\mid\boldsymbol{x}_{k,-n};\ \boldsymbol{q}) & k\in 1,\ 2,\ \cdots,\ K^+\\ \alpha f(\boldsymbol{x}_n;\ \boldsymbol{q}) & k=K^++1\end{cases}\tag{10.64}$$

用最大后验概率步长代替吉布斯采样步长，用最小负对数后验步长代替最大后验概率步长，得到最大后验概率狄利克雷过程，即算法 10.4。

算法 10.4　共轭指数族分布的最大后验狄利克雷过程混合折叠(MAP-DP)算法。

(1) 初始化。设置成分数量 $K^+=1$，设置 $z_n^0=1$，其中 $n=1,\ 2,\ \cdots,\ N$，设置迭代数 $i=0$。

(2) 开始数据扫描。设置 $n=1$。

(3) 成分的共轭超参数贝叶斯更新。对于 $k\in 1,\ 2,\ \cdots,\ K^+$，给定所有分配给 k 组的观测值，其中不包括观测值 $\boldsymbol{x}_n$。

(4) 更新指数。设置距离向量 $d_k=-\ln f(\boldsymbol{x}_n\mid\boldsymbol{x}_{k,-n};\ \boldsymbol{q})-\ln N_{k,-n}$，其中 $k\in 1,\ 2,\ \cdots,\ K^+$，而 $d_{K^++1}=-\ln f(\boldsymbol{x}_n;\ \boldsymbol{q})-\ln\alpha$，那么 $z_n^{i+1}=\arg\min_{k\in 1,2,\cdots,K^++1}d_k$。

(5) 创建新簇。如果 $z_n^{i+1}=K^++1$，设置 $K^+\leftarrow K^++1$。

(6) 指数迭代。更新 $n\leftarrow n+1$，如果 $n\leqslant N$，回到第三步。

(7) 收敛性检查，迭代。如果 K^+ 比上一次迭代增加，或者任何 $z_n^i\neq z_n^{i+1}$，则更新 $i\leftarrow i+1$，返回第二步，否则退出。

当为特定问题选择适当的分量分布时，最大后验概率狄利克雷过程与狄利克雷过程均值(精度较低)和吉布斯采样(其具有计算量更大的数量级)相比，往往表现得非常好(Raykov 等人，2016a)，见图 10.14。这里给出了一些对于给定 MAP-DP 实现简单的提升的办法，当指定参数发生变化时，集群大小的计数 $N_{k,-n}$ 和贝叶斯超参数更新 $q_{k,-n}$ 需要进行改变。负对数后验预测分布具有一种特殊的简单而优雅的形式，当以充分的统计形式写入时，仅使用对数归一化函数(见第 4.5 节)，这可以用来进一步简化算法的实现(Raykov 等人，2016b)。

与狄利克雷过程均值方法一样，我们可以写下一个目标函数，这是集合了分量参数的模型的负对数损失(Raykov 等人，2016a)：

$$E=-\sum_{k=1}^{K^+}\sum_{n:\ z_n=k}\ln f(\boldsymbol{x}_n\mid\boldsymbol{x}_{k,-n};\ \boldsymbol{q})-K^+\ln\alpha-\sum_{k=1}^{K^+}\ln\Gamma(N_k)+C(\alpha,\ N)\tag{10.65}$$

上式中第二和第三项即是特定聚类结构的负对数(10.43)，最后一项可以忽略，因为它在迭代过程中不随任何可调参数变化。

任何坍落的成分参数的模型(如最大后验概率狄利克雷过程)都不会在收敛时提供这些参数的估计，但计算这些参数是很简单的。所需要做的就是在给定每个聚类在分别收敛时，求解这些参数的最大似然估计并分配。例如，对于高斯的情况，均值向量 $\hat{\boldsymbol{\mu}}_k$ 和每个聚类的协方差 $\hat{\boldsymbol{\Sigma}}_k$，其中 $k\in 1,\ 2,\ \cdots,\ K^+$，可以根据依据收敛指数 $\boldsymbol{z}$ 而得到的数据划分来进行估计(例如，参见图 10.14)。

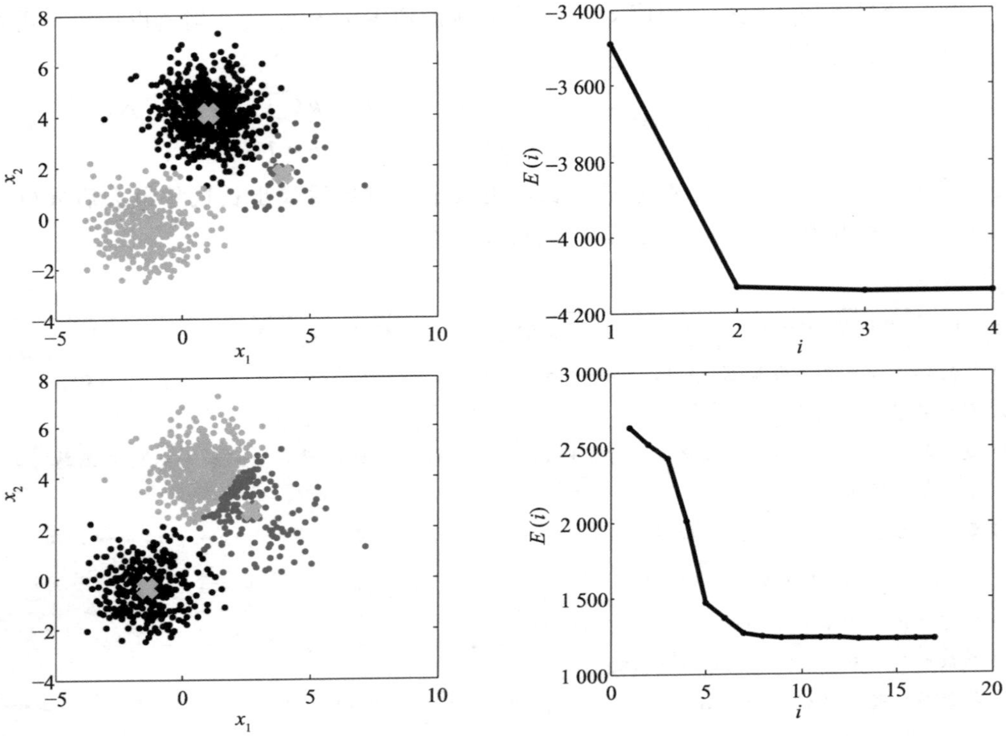

图 10.14　对于非参数狄利克雷过程聚类，最大后验概率狄利克雷过程(上图)与狄利克雷过程均值(下图)的对比。尽管这里的 $K=3$ 合成聚类是球形高斯(与狄利克雷过程均值的隐式假设完全匹配)，狄利克雷过程均值不能准确识别最小聚类(灰色)，而具有更灵活的簇模型的最大后验概率狄利克雷过程则可以。最大后验概率狄利克雷过程的收敛速度比狄利克雷过程方法快得多，主要是因为分量参数被坍塌了。$E(i)$指的是第 i 次迭代时的目标函数

10.3.4　用基于狄利克雷过程的模型能否推断成分的数量?

我们无法用基于狄利克雷过程的模型推断出成分的数量。原因是无限狄利克雷过程混合有 $\alpha \ln N$ 个分量，其随 N 的增加而不断增加。因此，对于使用有限 K 分量生成模型生成的一些数据，狄利克雷混合模型显然不能随着 N 的增加而一致地估计 K。因此，狄利克雷混合模型和其他基于狄利克雷过程的模型不适合作为 K 的估计器(比如，在固定聚类应用中)。相反，最好将狄利克雷混合模型看作给定 N 的“简单”模型，其中分量的数量随 N 呈次线性增长。相比之下，核密度估计则更为复杂，因为它们尺寸的成长是呈 $O(N)$的。同时，有限混合不会随着 N 的增加而增加复杂度，只有当数据的结构随着 N 的增加而保持不变时，这才是合适的。对于复杂性事先未知的一般数据，狄利克雷混合模型往往优于有限混合，并且与核密度估计不同，狄利克雷混合模型表示对输入数据的压缩，该压缩对数据中基本但未知的细节敏感。这是大多数贝叶斯非参数模型的一个共同特征：它们具有无限维，随着观测数据的增长而缓慢增长，对于任何一组有限的观测数据，这使得它们在实际应用中非常有用和有效。

参考文献

Aji, S.M. and McEliece, R.J. (2000). The Generalized Distributive Law. *IEEE Transactions on Information Theory*, **46**(2).

Akaike, H. (1974). A new look at the statistical model identification. *IEEE Transactions on Automatic Control*, **19**(6), 716–723.

Arce, Gonzalo R. (2005). *Nonlinear signal processing: a statistical approach.* Wiley-Interscience, Hoboken, N.J.

Arlot, Sylvain and Celisse, Alain (2010). A survey of cross-validation procedures for model selecion. *Statistics Surveys*, **4**, 40–79.

Berger, Toby and Gibson, Jerry D. (1998). Lossy source coding. *IEEE Transactions on Information Theory*, **44**(6), 2693–2723.

Bernardo, J.M. and Smith, A.F.M. (2000). *Bayesian Theory.* John Wiley & Sons, Chichester.

Bertsekas, Dimitri P. (1995). *Nonlinear programming.* Athena Scientific, Belmont, Mass.

Bishop, Christopher M. (2006). *Pattern recognition and machine learning.* Information Science and Statistics. Springer, New York.

Bollobás, Béla (1998). *Modern graph theory.* Graduate Texts in Mathematics; 184. Springer, New York.

Bormin, Huang and Jing, Ma (2007). On asymptotic solutions of the Lloyd-Max scalar quantization. In *Information, Communications and Signal Processing, 2007 6th International Conference on*, pp. 1–6.

Borß, C. and Martin, R. (2012). On the construction of window functions with constant-overlap-add constraint for arbitrary window shifts. In *2012 IEEE International Conference on Acoustics, Speech and Signal Processing (ICASSP)*, Kyoto, Japan. IEEE.

Boyd, Stephen P. and Vandenberghe, Lieven (2004). *Convex optimization.* Cambridge University Press, Cambridge, UK; New York.

Brandenburg, Karlheinz (1999). MP3 and AAC Explained. In *Audio Engineering Society Conference: 17th International Conference: High-Quality Audio Coding*, Florence, Italy. Audio Engineering Society.

Byrd, R. H. and Payne, D. A. (1979). Convergence of the interatively reweighted least squares algorithm for robust regression.

Candès, E.J. (2006). Modern statistical estimation via oracle inequalities. *Acta Numerica*, **15**, 1–69.

Candès, E.J. and Wakin, M.B. (2008). An introduction to compressive sampling. *IEEE Signal Processing Magazine*, **25**(2), 21–30.

Casella, George (1985). An introduction to empirical Bayes data analysis. *The American Statistician*, **39**(2), 83–87.

Cavanaugh, J.E. and Neath, A.A. (1999). Generalizing the derivation of the Schwarz information criterion. *Communications in Statistics - Theory and Methods*, **28**(1), 49–66.

Cheng, Y.Z. (1995). Mean shift, mode seeking, and clustering. *IEEE Transactions on Pattern Analysis and Machine Intelligence*, **17**, 790–799.

Chib, Siddhartha and Greenberg, Edward (1995). Understanding the Metropolis-Hastings algorithm. *The American Statistician*, **49**(4), 327–335.

Chowdhury, R.A., Kaykobad, M., and King, I. (2002). An efficient decoding technique for Huffman codes. *Information Processing Letters*, **81**, 305–308.

Cortes, C. and Vapnik, V. (1995). Support-vector networks. *Machine Learning*, **20**(3), 273–297.

Cover, T. M. and Thomas, Joy A. (2006). *Elements of Information Theory* (2nd edn). Wiley-Interscience, Hoboken, N.J.

Cowles, M.K. and Carlin, B.P. (1996). Markov Chain Monte Carlo convergence diagnostics: A comparative review. *Journal of the American Statistical Association*, **91**(434), 883–904.

Craven, P.G. and Gerzon, M.A. (1992). Compatible improvement of 16 bit systems using subtractive dither. *Audio Engineering Society Conference Proceedings*.

Dasgupta, Sanjoy, Papadimitriou, Christos H., and Vazirani, Umesh Virkumar (2008). *Algorithms*. McGraw-Hill Higher Education, Boston.

Daubechies, I. (1992). *Ten lectures on wavelets*. Society for Industrial and Applied Mathematics, Philadelphia, USA.

DeFatta, D.J., Lucas, J.G., and Hodgkiss, W.S. (1988). *Digital signal processing: a system design approach*. Wiley.

Dempster, A.P., Laird, N.M., and Rubin, D.B. (1977). Maximum likelihood from incomplete data via the EM algorithm. *Journal of the Royal Statistical Society: Series B*, **39**, 1–38.

Devroye, Luc (1986). *Non-uniform random variate generation*. Springer-Verlag, New York. Luc Devroye. 25 cm. Includes index.

Dummit, David Steven and Foote, Richard M. (2004). *Abstract algebra* (3rd edn). Wiley, Hoboken, NJ.

Dunn, J.C. (1973). A fuzzy relative of the ISODATA process and its use in detecting compact well-separated clusters. *Journal of Cybernetics*, **3**(3), 32–57.

Ferguson, T.S. (1973). A Bayesian analysis of some nonparametric problems. *Annals of Statistics*, **1**(2), 209–230.

Gelman, Andrew (2004). *Bayesian data analysis* (2nd edn). Texts in statistical science. Chapman & Hall/CRC, Boca Raton, Fla.

Geweke, J. (1991). Evaluating the accuracy of sampling-based approaches to the calculation of posterior moments. Technical Report 148, Federal Reserve Bank of Minneapolis.

Gilchrist, Warren (2000). *Statistical modelling with quantile functions*. Chapman and Hall/CRC, Boca Raton. Warren G. Gilchrist. ill. ; 24 cm.

Gondzio, J. (2012). Interior point methods 25 years later. *European Journal of Operational Research*, **218**, 587–601.

Görür, D. and Teh, Y.W. (2011). Concave-convex adaptive rejection sampling. *Journal of Computational and Graphical Statistics*, **20**(3), 670–691.

Gray, R.M. and Neuhoff, D.L. (1998). Quantization. *IEEE Transactions on Information Theory*, **44**(6), 1–63.

Grimmett, Geoffrey and Stirzaker, David (2001). *Probability and random processes* (3rd edn). Oxford University Press, Oxford; New York.

Hairer, E., Lubich, Christian, and Wanner, Gerhard (2006). *Geomet-*

ric numerical integration: structure-preserving algorithms for ordinary differential equations (2nd edn). Springer, Berlin ; New York. Ernst Hairer, Christian Lubich, Gerhard Wanner. ill. ; 25 cm. Springer series in computational mathematics, 31.

Hand, David J. (2006). Classifier technology and the illusion of progress. *Statistical Science*, **21**(1), 1–14.

Hansen, Mark H. and Yu, Bin (2001). Model selection and the principle of minimum description length. *Journal of the American Statistical Association*, **96**(454), 746–774.

Hastie, Trevor, Tibshirani, Robert, and Friedman, J. H. (2009). *The elements of statistical learning : data mining, inference, and prediction* (2nd edn). Springer, New York, NY. Trevor Hastie, Robert Tibshirani, Jerome Friedman. ill. (some col.) ; 25 cm. Springer series in statistics.

Henle, Michael (1994). *A combinatorial introduction to topology.* Dover, New York.

Hoffman, Matthew D. and Gelman, Andrew (2014). The No-U-Turn sampler: Adaptively setting path lengths in Hamiltonian Monte Carlo. *The Journal of Machine Learning Research*, **15**.

Horst, Reiner, Pardalos, P. M., and Thoai, Nguyen V. (2000). *Introduction to global optimization* (2nd edn). Nonconvex optimization and its applications. Kluwer Academic Publishers, Dordrecht ; Boston.

Humphreys, J. F. (1996). *A course in group theory.* Oxford Science Publications. Oxford University Press, Oxford; New York.

Jain, A.K. (2010). Data clustering: 50 years beyond K-means. *Pattern Recognition Letters*, **31**(8), 651–666.

Jiang, K., Kulis B. and Jordan, M.I. (2012). Small-variance asymptotics for exponential family Dirichlet process mixture models. In *Advances in Neural Information Processing Systems*, pp. 3158–3166.

Kaye, Richard and Wilson, Robert (1998). *Linear algebra.* Oxford University Press, Oxford; New York.

Kemeny, John G. and Snell, J. Laurie (1976). *Finite Markov chains.* Springer-Verlag, New York.

Kim, S.-J., Koh, K., Boyd, S., and Gorinevsky, D. (2009). L1 trend filtering. *SIAM Review*, **51**(2), 339–360.

Koh, K., Kim, S.-J., and Boyd, S. (2007). An interior-point method for large-scale L1-regularized logistic regression. *Journal of Machine Learning Research*, **8**, 1519–1555.

Kulis, B. and Jordan, M.I. (2012). Revisiting K-means: New algorithms via Bayesian nonparametrics. In *ICML 2012: Proceedings of the 29th International Conferencce on Machine Learning*, Edinburgh, Scotland, pp. 1131–1138. Omnipress.

Kurihara, K. and Welling, M. (2009). Bayesian K-means as a 'maximization-expectation' algorithm. *Neural Computation*, **21**(4), 1145–1172.

Landsman, Zinoviy M. and Valdez, Emiliano A. (2003). Tail conditional expectations for elliptical distributions. *North American Actuarial Journal*, **7**(4), 55–71.

Lawrence, N.D. (2004). Gaussian process latent variable models for visualisation of high dimensional data. In *Advances in Neural Information Processing Systems (NIPS)*, pp. 329–336.

Lighthill, M.J. (1958). *An Introduction to Fourier Analysis and Generalised Functions.* Cambridge University Press.

Lijoi, A. and Prüster, I. (2010). Models beyond the Dirichlet process. In *Bayesian Nonparametrics* (ed. N. Hjort, C. Holmes, P. Müller, and S. Walker), pp. 80–136. Cambridge University Press, Cambridge.

Little, M.A. and Jones, N.S. (2011*a*). Generalized methods and solvers for noise removal from piecewise constant signals. I. Background theory. *Proceedings of the Royal Society A: Mathematical, Engineering and Physical Sciences*, **467**(2135).

Little, M.A. and Jones, N.S. (2011*b*). Generalized methods and solvers for noise removal from piecewise constant signals. II. New methods. *Proceedings of the Royal Society A: Mathematical, Engineering and Physical Sciences*, **467**(2135).

Lloyd, Stuart (1982). Least squares quantization in PCM. *IEEE Transactions on Information Theory*, **28**(2), 129–137.

Makhoul, J. (1975). Linear prediction: a tutorial review. *Proceedings of the IEEE*, **63**(4), 561–580.

Makhoul, J., Roucos, S., and Gish, H. (1985). Vector quantization in speech coding. *Proceedings of the IEEE*, **73**(11), 1551–1588.

Mallat, S. G. (2009). *A wavelet tour of signal processing: the sparse way* (3rd edn). Elsevier/Academic Press, Amsterdam ; Boston.

Mckay, David J.C. (2003). *Information Theory, Inference and Learning Algorithms* (4th edn). Cambridge University Press.

Murphy, K.P. (2012). *Machine Learning: A Probabilistic Perspective*. MIT Press, Cambridge, MA.

Neal, Radford M. (2003). Slice sampling. *Annals of statistics*, 705–741.

Nesterov, I. U. E. (2004). *Introductory lectures on convex optimization: a basic course*. Applied optimization; v. 87. Kluwer Academic Publishers, Boston.

Nocedal, Jorge and Wright, Stephen J. (2006). *Numerical optimization* (2nd edn). Springer series in operations research. Springer, New York.

Ohlsson, H., Gustafsson, F., Ljung, L., and Boyd, S. (2010). State smoothing by sum-of-norms regularization. In *49th IEEE Conference on Decision and Control (CDC)*.

O'Neill, B. (2009). Exchangeability, correlation, and Bayes' effect. *International Statistical Review*, **77**(2), 241–250.

Orbanz, Peter (2009). Functional conjugacy in parametric Bayesian models. Technical report, Cambridge University.

Orbanz, Peter (2011). Projective limit random probabilities on Polish spaces. *Electronic Journal of Statistics*, **5**, 1354–1373.

Osborne, M.A., Garnett, R., and Roberts, S.J. (2009). Gaussian processes for global optimization. In *3rd International Conference on Learning and Intelligent Optimization (LION3)*, pp. 1–15.

Pei, Soo-Chang and Chang, Kuo-Wei (2016). Optimal discrete Gaussian function: the closed-form functions satisfying Tao's and Donoho's uncertainty principle with Nyquist bandwidth. *IEEE Transactions on Signal Processing*, **64**(12).

Pei, Soo-Chang and Tseng, Chien-Cheng (1998). A comb filter design using fractional-sample delay. *IEEE Transactions on Circuits and Systems II: Analog and Digital Signal Processing*, **45**(5), 649–653.

Pelleg, D. and Moore, A.W. (2000). X-means: Extending K-means with efficient estimation of the number of clusters. In *ICML '00: Proceedings of the Seventeenth International Conference on Machine Learning*, Volume 1, Stanford, California, USA.

Petersen, K.B. and Pedersen, M.S. (2008). The matrix cookbook. Technical report, Technical University of Denmark.

Pitman, J. (2002). Combinatorial stochastic processes. Technical Report 621, University of California.

Platt, J.C. (1999). Fast training of support vector machines using sequential minimal optimization. *Advances in Kernel Methods*, 185–208.

Powell, M. J. D. (1976). Some global convergence properties of a variable metric algorithm for minimization without exact line search. In *Nonlinear Programming: Proceedings of a Symposium in Applied Mathematics of the AMS and SIAM*, Volume 9, New York.

Press, William H. (1992). *Numerical recipes in C : the art of scientific computing* (2nd edn). Cambridge University Press, Cambridge ; New York.

Priestley, H.A. (2003). *Introduction to Complex Analysis.* Oxford University Press, Oxford, UK.

Proakis, John G. and Manolakis, Dimitris G. (1996). *Digital signal processing: Principles, algorithms and applications.* Prentice-Hall, Upper Saddle River, NJ, US.

Puschel, M. (2003). Cooley-tukey FFT like algorithms for the DCT. In *2003 IEEE International Conference on Acoustics, Speech and SIgnal Processing*, Hong Kong, China. IEEE.

Puschel, M. and Moura, J.M.F. (2008). Algebraic signal processing theory: Cooley-Tukey type algorithms for DCTs and DSTs. *IEEE Transactions on Signal Processing*, **56**(4), 1502–1521.

Rabiner, L.R. and Schafer, R.W. (2007). Introduction to digital speech processing. *Foundations and Trends in Signal Processing*, **1**(1), 1–194.

Rasmussen, C.E. and Williams, C.K.I. (2006). *Gaussian Processes for Machine Learning.* MIT Press.

Raykov, Y.P., Boukouvalas, A., Baig, F., and Little, M.A. (2016*a*). What to do when K-means clustering fails: a simple yet principled alternative algorithm. *PLoS One*, **11**(9), e0162259.

Raykov, Y.P., Boukouvalas, A., and Little, M.A. (2016*b*). Simple approximate MAP inference for Dirichlet processes mixtures. *Electronic Journal of Statistics*, **10**, 3548–3578.

Riedel, K.S. and Sidorenko, A. (1995). Minimum bias multiple taper spectral estimation. *IEEE Transactions on Signal Processing*, **43**(1), 188–195.

Robert, Christian P. and Casella, George (1999). *Monte Carlo statistical methods.* Springer texts in statistics. Springer, New York. Christian P. Robert, George Casella. ill. ; 24 cm.

Roberts, G.O. and Smith, A.F.M. (1994). Simple conditions for the convergence of the Gibbs sampler and Metropolis-Hastings algorithms. *Stochastic Processes and their Applications*, **49**, 207–216.

Roberts, S., Osborne, M., Ebden, M., Reece, S., Gibson, N., and Aigrain, S. (2012). Gaussian processes for time-series modelling. *Philosophical Transactions of the Royal Society A: Mathematical, Physical and Engineering Sciences*, **371**(1984).

Rosset, S. and Zhu, J. (2007). Piecewise linear regularized solution paths. *The Annals of Statistics*, **35**(3), 1012–1030.

Rotman, Joseph J. (2000). *A first course in abstract algebra* (2nd edn). Prentice Hall, Upper Saddle River, N.J.

Roweis, S.T. and Saul, L.K. (2000). Nonlinear dimensionality reduction by locally linear embedding. *Science*, **290**(5500), 2323–2326.

Schwarz, G. (1978). Estimating the dimension of a model. *Annals of Statistics*, **6**(2), 461–464.

Scott, David W. (1992). *Multivariate density estimation: theory, practice and visualization.* Wiley.

Shawe-Taylor, J. and Christianini, N. (2004). *Kernel Methods for Pattern Analysis.* Cambridge University Press, New York.

Sherlock, B.G. and Kakad, Y.P. (2002). MATLAB programs for generating orthonormal wavelets. In *Advances in Multimedia, Video and Signal Processing Systems*, pp. 204–208. World Scientific and Engineering Society Press.

Shumway, Robert H. and Stoffer, David S. (2016). *Time Series Analysis and Its Applications* (4th edn). Springer.

Silverman, B.W. (1998). *Density estimation for statistics and data analysis.* Chapman and Hall/CRC, New York.

Smith, J.O. (2010). *Physical audio signal processing.* W3K Publishing.

Stoica, P. and Moses, R. (2005). *Spectral Analysis of Signals.* Prentice-Hall, Upper Saddle River, NJ.

Stone, M. (1977). An asymptotic equivalence of choice of model by cross-validation and Akaike's criterion. *Journal of the Royal Statistical Society: Series B*, **39**(1), 44–47.

Sugiyama, Masashi, Krauledat, Matthias, and Müller, Klaus-Robert (2007). Covariate shift adaptation by importance weighted cross validation. *Journal of Machine Learning Research*, 985–1005.

Sutherland, W. A. (2009). *Introduction to metric and topological spaces* (2nd edn). Oxford University Press, Oxford.

Thomson, D.J. (1982). Spectrum estimation and harmonic analysis. *Proceedings of the IEEE*, **70**(9), 1055–1096.

Tibshirani, R.J. and Taylor, J. (2011). The solution path of the generalized lasso. *The Annals of Statistics*, **39**(3), 1335–1826.

Tipping, M.E. and Bishop, C.M. (1999). Probabilistic principal component analysis. *Journal of the Royal Statistical Society: Series B*, **61**(3), 611–622.

Tropp, Joel A., Laska, Jason N., Duarte, Marco F., and Romberg, Justin K. (2010). Beyond Nyquist: Efficient sampling of sparse bandlimited signals. *IEEE Transactions on Information Theory*, **56**(1), 520–544.

Tsochantaridis, I., Joachims, T., Hofmann, T., and Altun, Y. (2005). Large margin methods for structured and interdependent output variables. *Journal of Machine Learning Research*, 1453–1484.

Unser, Michael (1999). Splines: A perfect fit for signal and image processing. *IEEE Signal Processing Magazine*, **16**(6), 22–38.

Vaidyanathan, P.P. (2007). *The Theory of Linear Prediction.* Morgan and Claypool.

van der Maaten, L.J.P., Postma, E.O., and van den Herik, H.J. (2009). Dimensionality reduction: A comparative review. Technical Report TR2009-005, Tilburg University.

Vedaldi, A. and Soatto, S. (2008). Quick shift and kernel methods for mode seeking. In *European Conference on Computer Vision*, pp. 705–718.

Vidakovic, B. (1999). *Statistical Modelling by Wavelets.* John Wiley and Sons, New York.

Wahba, G. (1980). Automatic smoothing of the log periodogram. *Journal of the American Statistical Association*, **75**(369), 122–132.

Wannamaker, R.A. (2003). *The theory of dithered quantization.* Ph.D. thesis, University of Waterloo.

Widrow, B. and Kollar, I. (1996). Statistical theory of quantization. *IEEE Transactions on Instrumentation and Measurement*, **45**(2).

Wiegand, Thomas and Schwarz, Heiko (2011). Source coding: Part I of fundamentals of source and video coding. *Foundations and Trends in Signal Processing*, **4**(1-2), 1–222.

Wornell, G. and Willsky, A. (2004). 6.432 stochastic processes, detection, and estimation: Course notes.

Wu, C. F. J. (1983). On the convergence properties of the EM algorithm. *The Annals of Statistics*, **11**(1), 95–103.

Yen, J.L. (1956). On nonuniform sampling of bandwidth-limited signals. *IRE Transactions on Circuit Theory*, **3**(4), 251–257.

推荐阅读

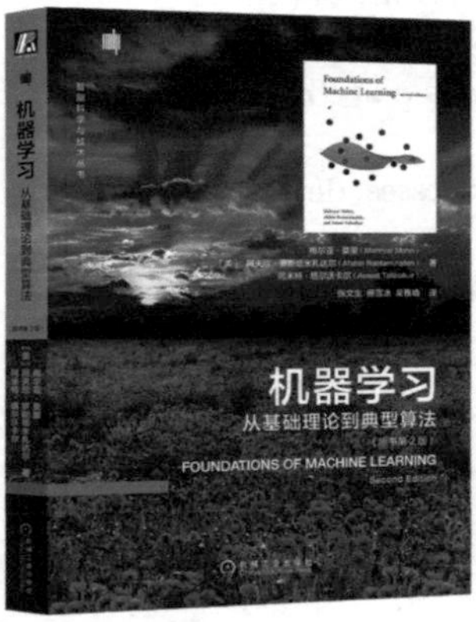

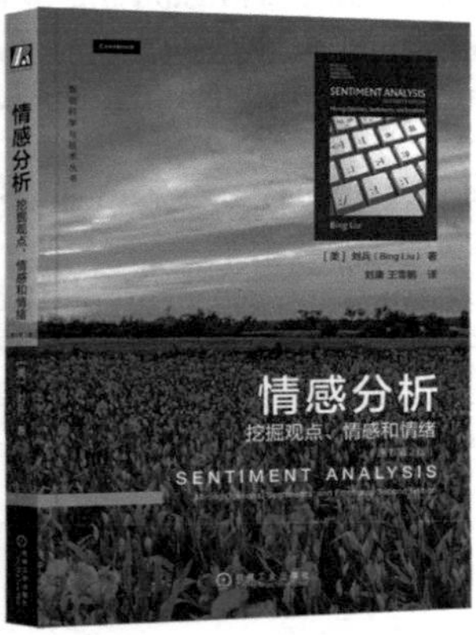

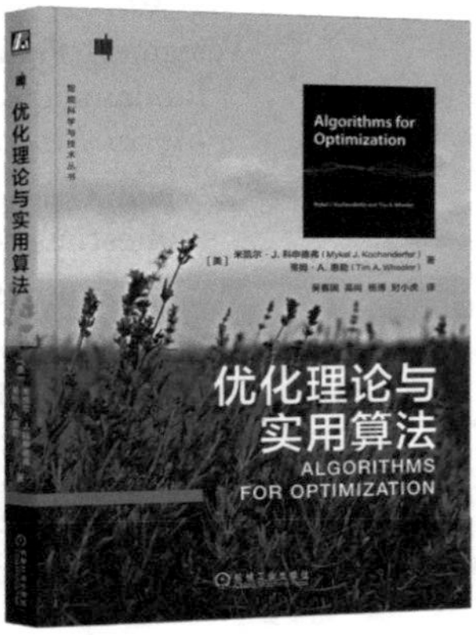

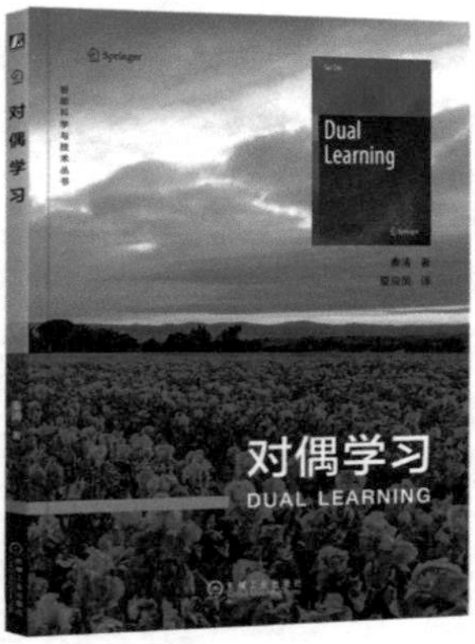

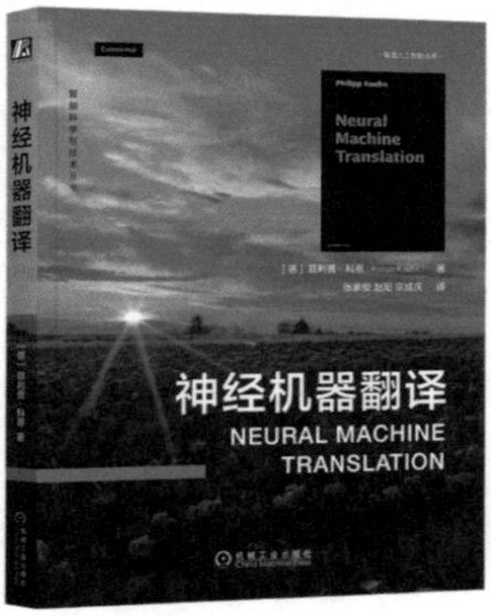

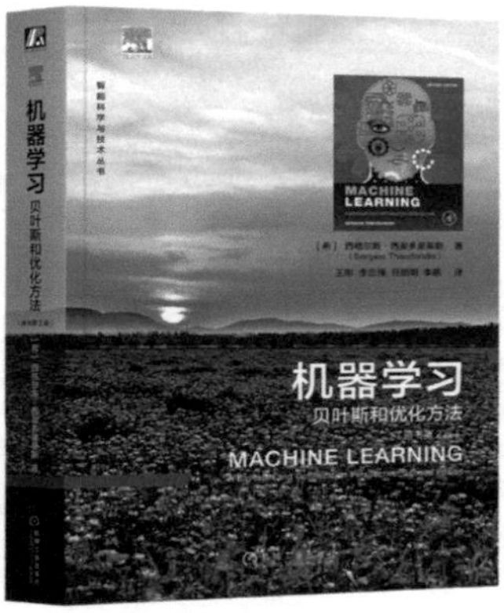

机器学习：从基础理论到典型算法（原书第2版）

作者：[美]梅尔亚·莫里 等 ISBN：978-7-111-70894-0 定价：119.00元

情感分析：挖掘观点、情感和情绪（原书第2版）

作者：[美] 刘兵 ISBN：978-7-111-70937-4 定价：129.00元

优化理论与实用算法

作者：[美]米凯尔·J. 科申德弗 等 ISBN：978-7-111-70862-9 定价：129.00元

对偶学习

作者：秦涛 ISBN：978-7-111-70719-6 定价：89.00元

神经机器翻译

作者：[德]菲利普·科恩 ISBN：978-7-111-70101-9 定价：139.00元

机器学习：贝叶斯和优化方法（原书第2版）

作者：[希]西格尔斯·西奥多里蒂斯 ISBN：978-7-111-69257-7 定价：279.00元

推荐阅读

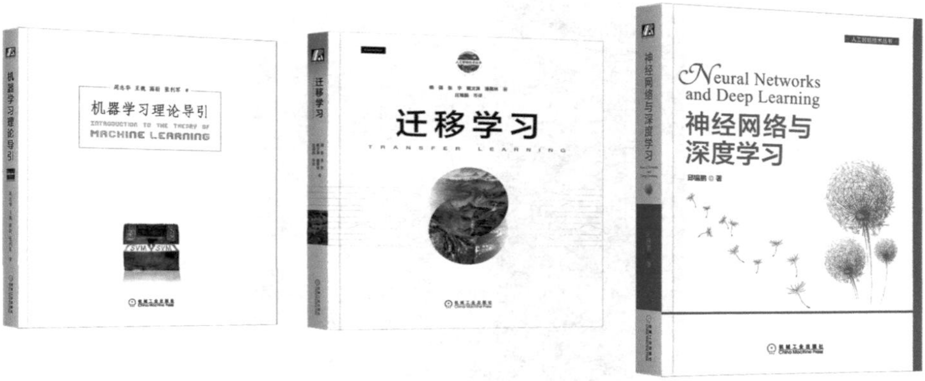

机器学习理论导引

作者：周志华 王魏 高尉 张利军 著 书号：978-7-111-65424-7 定价：79.00元

本书由机器学习领域著名学者周志华教授领衔的南京大学LAMDA团队四位教授合著，旨在为有志于机器学习理论学习和研究的读者提供一个入门导引，适合作为高等院校智能方向高级机器学习或机器学习理论课程的教材，也可供从事机器学习理论研究的专业人员和工程技术人员参考学习。本书梳理出机器学习理论中的七个重要概念或理论工具（即：可学习性、假设空间复杂度、泛化界、稳定性、一致性、收敛率、遗憾界），除介绍基本概念外，还给出若干分析实例，展示如何应用不同的理论工具来分析具体的机器学习技术。

迁移学习

作者：杨强 张宇 戴文渊 潘嘉林 著 译者：庄福振 等 书号：978-7-111-66128-3 定价：139.00元

本书是由迁移学习领域奠基人杨强教授领衔撰写的系统了解迁移学习的权威著作，内容全面覆盖了迁移学习相关技术基础和应用，不仅有助于学术界读者深入理解迁移学习，对工业界人士亦有重要参考价值。全书不仅全面概述了迁移学习原理和技术，还提供了迁移学习在计算机视觉、自然语言处理、推荐系统、生物信息学、城市计算等人工智能重要领域的应用介绍。

神经网络与深度学习

作者：邱锡鹏 著 ISBN：978-7-111-64968-7 定价：149.00元

本书是复旦大学计算机学院邱锡鹏教授多年深耕学术研究和教学实践的潜心力作，系统地整理了深度学习的知识体系，并由浅入深地阐述了深度学习的原理、模型和方法，使得读者能全面地掌握深度学习的相关知识，并提高以深度学习技术来解决实际问题的能力。本书是高等院校人工智能、计算机、自动化、电子和通信等相关专业深度学习课程的优秀教材。

推荐阅读

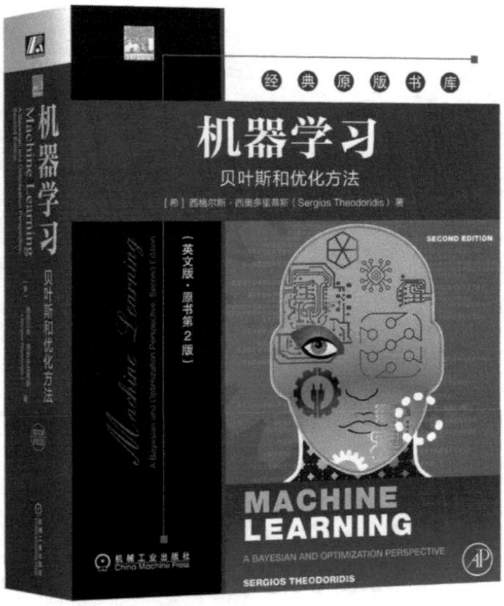

机器学习：贝叶斯和优化方法（英文版·原书第2版）

作者：[希] 西格尔斯·西奥多里蒂斯 ISBN：978-7-111-66837-4 定价：299.00元

本书对所有重要的机器学习方法和新近研究趋势进行了深入探索，通过讲解监督学习的两大支柱——回归和分类，站在全景视角将这些繁杂的方法一一打通，形成了明晰的机器学习知识体系。

新版对内容做了全面更新，使各章内容相对独立。全书聚焦于数学理论背后的物理推理，关注贴近应用层的方法和算法，并辅以大量实例和习题，适合该领域的科研人员和工程师阅读，也适合学习模式识别、统计/自适应信号处理、统计/贝叶斯学习、稀疏建模和深度学习等课程的学生参考。